现代数学丛书

A First Course in Abstract Algebra

Eighth Edition

抽象代数基础教程

（原书第8版）

[美] 约翰·B. 弗雷利（John B. Fraleigh） 尼尔·布兰德（Neal Brand） 著

朱一心 王姿婷 李慧敏 译

机械工业出版社
CHINA MACHINE PRESS

图书在版编目（CIP）数据

抽象代数基础教程：原书第 8 版 /（美）约翰·B. 弗雷利（John B. Fraleigh），（美）尼尔·布兰德（Neal Brand）著；朱一心，王姿婷，李慧敏译. —北京：机械工业出版社，2024.6

（现代数学丛书）

书名原文：A First Course in Abstract Algebra, Eighth Edition

ISBN 978-7-111-75498-5

Ⅰ. ①抽…　Ⅱ. ①约…　②尼…　③朱…　④王…　⑤李…　Ⅲ. ①抽象代数-教材　Ⅳ. ①O153

中国国家版本馆 CIP 数据核字（2024）第 066503 号

机械工业出版社（北京市百万庄大街 22 号　邮政编码 100037）

策划编辑：刘　慧　　　　责任编辑：刘　慧

责任校对：马荣华　李　杉　　　　责任印制：任维东

河北鹏盛贤印刷有限公司印刷

2024 年 7 月第 1 版第 1 次印刷

186mm×240mm · 32.25 印张 · 623 千字

标准书号：ISBN 978-7-111-75498-5

定价：139.00 元

电话服务	网络服务
客服电话：010-88361066	机　工　官　网：www.cmpbook.com
010-88379833	机　工　官　博：weibo.com/cmp1952
010-68326294	金　　书　　网：www.golden-book.com
封底无防伪标均为盗版	机工教育服务网：www.cmpedu.com

译者序

本书已经是《抽象代数基础教程》的第 8 版了，可见其受读者欢迎的程度以及作者认真修订的执着精神.

正如作者在前言中所说，该教程希望在基础内容中教给学生尽可能多的群、环和域的知识. 抽象代数的数学公理化处理方式，是很多学生第一次接触到的抽象方法. 因此作者在编写上花了很多工夫，以保证学生容易理解掌握、教师容易教学指导. 例如，在“学生前言”中为学生介绍学习方法，在“教师前言”中给初次参加教学的教师写了具体教学建议，介绍了作者教学的一些经验.

除此之外，本教程还有如下几个特点. 教程知识体系上是自洽完备的，几乎不需要借助其他结论，就建立了从群、环、域的基本概念到五次方程伽罗瓦理论的体系. 这个体系是完整而简约的，目标是明确的，章节编排逻辑清晰. 教程非常顾及学生的学习感受，具有良好的可读性. 例如，内容所涉及的初等结论，通过例题、习题得到丰富的体现; 习题的安排很用心，兼顾计算性、论证性、严谨性；有专门的术语纠正和判断题，帮助学生培养正确的概念书写能力；历史笔记也增加了教程的可读性，这些历史笔记虽然短小但都是严肃可考而不是泛泛的抄录.

本书由朱一心组织翻译. 李慧敏翻译文前、第 0 章和第 1 ~ 6 章形成初稿，王姿婷翻译第 7 ~ 9 章及附录形成初稿，朱一心翻译习题答案，统审译稿并校勘全稿.

为了让读者熟悉数学名词的英文表达，在正文中，凡是首次出现在定义中的数学名词都在括号里给出相应的英文.

由于译者中英文水平有限，本书难免存在不足甚至错误，敬请读者批评指正，以待有机会重印时改正.

教师前言

本书是一本抽象代数的导引教材. 假设学生已经学习了微积分和线性代数. 然而，这主要是指数学能力；微积分和线性代数的具体知识主要用来解释例子和习题.

本书的前几版一直试图在基础教程中教给学生尽可能多的群、环和域的知识. 对很多学生而言，抽象代数是他们第一次接触到用公理化处理数学. 只要认识到这一点，实际上就可以解释本书试图完成什么，怎样完成，以及为什么选择以这样的方式来完成. 熟练掌握本书的知识，可以为更专业的代数工作奠定坚实基础，也为进一步研究数学公理化提供宝贵经验.

本版更新

编者按：读者可能已经注意到，这一版新增加了一位作者！很高兴尼尔·布兰德同意参与更新这部经典教材. 他工作十分认真细心，编写的内容忠实于本书所传递的精神. 尼尔在北得克萨斯州大学多年教授这门课程的经验，使他能够对约翰·B. 弗雷利的著作提供有意义和有价值的更新.

习题

这一版更新了很多习题，并且增加了许多新习题. 为防止学生使用上一版本的答案，特意替换或改写了一些习题.

作者写了一个教师解答手册，可以在 www.pearson.com 上找到，仅供教师使用. [⊖]其中的答案和证明，大多是概要式的或是简单提示，不是完整规范形式.

组织和修改

下面对每章的改动进行说明，先说明整体改动，然后列出每节内容的重要改动. 改动较小的部分不罗列.

第 1 章：群和子群

- 改动概述：主要目的是定义群，尽早引入对称群和二面体群. 通过有限群的具体例子介绍这两类群，这些例子在整本书中都有用.

⊖ 关于教辅资源，仅提供给采用本书作为教材的教师用于课堂教学、布置作业、发布考试等. 如有需要的教师，请直接联系 Pearson 北京办公室查询并填表申请. 联系邮箱：Copub.Hed@pearson.com. ——编辑注

- 1.1 节（二元运算）对应旧版第 2 节. 增加了二元运算单位元的定义.
- 1.2 节（群）对应旧版第 4 节. 包含群同构的正式定义.
- 1.3 节（交换群的例子）对应旧版第 1 节. 包含单位圆群，$\mathbb{R}_a$ 和 $\mathbb{Z}_n$ 的定义. 用单位圆群证明 $\mathbb{Z}_n$ 和 $\mathbb{R}_a$ 的结合律.
- 1.4 节（非交换群的例子）基于旧版第 5 节、第 8 节和第 9 节的部分内容. 定义了二面体群和对称群. 给出二面体群的标准记号. 在对称群中引入置换的两行表示法和循环表示法.
- 1.5 节（子群）对应旧版第 5 节. 包含子集是子群的两个充分条件，将其证明留作习题. 对新版第 4 节中的例子的使用稍做改动.
- 1.6 节（循环群）对应旧版第 6 节. 增加二面体群和对称群的应用例子.
- 1.7 节（生成集和凯莱有向图）在旧版第 7 节的基础上稍做改动.

第 2 章：群结构

- 改动概述：主要目的是更早给出同态的正式定义，以便简化凯莱定理和拉格朗日定理的证明.
- 2.8 节（置换群）包含同态的正式定义. 基于旧版第 8 节、第 9 节和第 13 节部分内容. 在证明凯莱定理之前，用置换的两行表示法引出证明. 删除旧版第 13 节前半部分 (放在新版第 4 节中). 删除奇/偶置换的行列式证明，因为行列式的定义通常要用到置换的符号. 保留轨道计数证明. 把行列式证明和对换计数的证明留作习题.
- 2.9 节（有限生成交换群）对应旧版第 11 节. 增加定理的不变因子版本，说明在基本定理的两个版本之间如何转换.
- 2.10 节 (陪集和拉格朗日定理) 对应旧版第 10 节. 改变编排次序，把拉格朗日定理放在前面，然后引出 G/H.
- 2.11 节（平面等距变换）在旧版第 12 节的基础上稍做改动.

第 3 章：同态和商群

- 改动概述：主要目的是通过增加更多例子来引出理论，并介绍如何用群作用证明群的性质.
- 3.12 节 $\sim$ 3.15 节分别以旧版第 14 $\sim$ 17 节为基础.
- 3.12 节（商群）从例子 $\mathbb{Z}/n\mathbb{Z}$ 开始引出一般结构. 从正规子群而不是从同态来定义商群. 再介绍如何由同态形成商群.
- 3.13 节（商群计算和单群）增加了一些商群计算的例子. 在计算中明确使用同态基本定理.

- 3.14 节 (群在集合上的作用) 拓展一般线性群和二面体群在集合上的作用的例子. 增加群对有限群作用的应用，得到西罗定理，包括柯西定理和 p 群有非平凡中心的事实.
- 3.15 节 (G 集在计数中的应用) 稍做改动.

第 4 章：群论进阶

- 改动概述：这一章移到更靠近其他群论部分，增加更多例子来阐明概念.
- 4.16 节（同构定理）对应旧版第 3 节. 增加了两个例子，重写两个定理的证明.
- 4.17 节（西罗定理）对应旧版第 36 节和第 37 节. 在新版 4.14 节中，已介绍由柯西定理结合其他定理推导西罗定理，所以这部分内容在本节中不再出现，同时合并了旧版第 36 节和第 37 节. 增加一些例子和习题，重写了一个证明.
- 4.18 节（群列）对应旧版 4.35 节. 查森豪斯引理的证明放在舒赖尔定理之后，而不是定理之前. 增加了一个例子.
- 4.19 节（自由交换群）、4.20 节 (自由群) 和 4.21 节 (群的表现) 在旧版第 38 ~ 40 节的基础上稍做改动.

第 5 章：环和域

- 改动概述：将旧版第 4 章分为两章，一章是入门，另一章给出环和域的构造方法.
- 5.22 节（环和域的概念）在旧版第 18 节的基础上稍做改动.
- 5.23 节（整环）对应旧版第 19 节. 旧版定理 19.3 改写为对 $\mathbb{Z}_n$ 进行分类. 增加推论说明 $\mathbb{Z}_p$ 是域的条件，得到有限整环是域的定理.
- 5.24 节（费马定理和欧拉定理）对应旧版第 20 节. 通过用 $\mathbb{Z}_n$ 中的元素分类，简化广义欧拉定理的证明.
- 5.25 节（加密）是概要介绍 RSA 加密原理的新小节. 为 5.24 节介绍的内容提供了一个很好的应用.

第 6 章：环和域的构造

- 改动概述：6.6 章包含旧版第 4 章和第 5 章的一些小节. 强调环和域的构造技巧.
- 6.26 节（整环的商域）对应旧版第 21 节. 重写之后包含整环及其商域的两个例子，引出一般构造方法.
- 6.27 节（多项式环）在旧版第 22 节的基础上稍做改动.
- 6.28 节（域上多项式的因式分解）对应旧版第 23 节. 重写旧版定理 23.1，给出一个引理证明如何降低多项式的次数. 旧版定理 23.11 的证明包含在习题中.
- 6.29 节（代数编码理论）是介绍编码理论的新小节，重点介绍多项式编码. 给出有限域上多项式计算的应用.

- 6.30 节（同态和商环）对应旧版第 26 节. 以 $\mathbb{Z}/n\mathbb{Z}$ 为例子引出理想需要的必要条件. 改变编排次序，由 R 的理想 I 得到商环 R/I，从核的角度处理同态和商环的结论. 拓展旧版定理 26.3 的陈述以便于阅读.
- 6.31 节（素理想和极大理想）在旧版第 27 节的基础上稍做改动.
- 6.32 节（非交换例子）在旧版第 24 节的基础上稍做改动.

第 7 章：交换代数

- 改动概述：本章包含了适合放在交换代数标题下的小节.
- 7.33 节 (向量空间) 对应旧版第 30 节. 增加了两个例子，由向量空间和交换群引出环上 R 模的简介. 将旧版定理 30.23 移到 9.45 节域扩张部分.
- 7.34 节 (唯一分解整环) 对应旧版第 45 节. 包含诺特环的定义，以及一些小的改动.
- 7.35 节 (欧几里得整环) 和 7.36 节 (数论) 分别在旧版第 46 节和第 47 节的基础上稍做改动.
- 7.37 节 (代数几何) 基于旧版第 28 节前半部分. 增加了希尔伯特基定理的证明.
- 7.38 节（理想的 Gröbner 基）基于旧版第 28 节前半部分. 增加了 Gröbner 基的两个应用：导出圆锥曲线公式和确定一个图是否可以用 k 种颜色着色.

第 8 章：扩域

- 改动概述：在旧版第 6 章的基础上稍做改动.
- 8.39 节 (扩域介绍) 对应旧版第 29 节. 将旧版定理 29.13 分成一个定理和一个推论. 重写旧版定理 29.18 及其证明，使其更容易理解. 包含旧版第 30 节中的一些例子.
- 8.40 节 (代数扩张)、8.41 节 (几何构造) 和 8.42 节 (有限域) 分别在旧版第 31 ～ 33 节的基础上稍做改动.

第 9 章：伽罗瓦理论

- 改动概述：旧版第 10 章重写成新版的第 9 章，目的是提高内容的可读性，同时保持理论的严谨性.
- 9.43 节 (伽罗瓦理论导引) 是全新的一节. 用 $\mathbb{Q}(\sqrt{2},\sqrt{3})$ 作为域扩张例子，引出和解释基本定义和定理，其中包括域的自同构、被自同构保持不变的域，以及保持子域不变的自同构群、共轭和共轭同构定理. 始终用一个易于理解的例子，使概念更具体.
- 9.44 节 (分裂域) 包含旧版第 49 节和第 50 节，并进行了完全重写. 较少强调域的代数闭包，更多强调分裂域的子域.
- 9.45 节 (可分扩张) 包含旧版第 51 节的大部分内容和旧版第 53 节的一部分内容，

并进行了重写. 省略了记号 $\{E:F\}$，由零点的重数给出域扩张的可分性定义. 强调复数域的子域.

- 删除旧版第 52 节关于完全不可分扩张的部分，因为在其他地方不再涉及，这部分不利于第 9 章整体的顺畅性.
- 9.46 节 (伽罗瓦理论主要定理) 对应旧版第 53 节. 把伽罗瓦理论分成几个定理. 用同一个例子引出和说明定理. 最后，用这个例子解释如何应用伽罗瓦理论.
- 9.47 节 (伽罗瓦理论的描述) 在旧版第 54 节的基础上稍做改动.
- 9.48 节 (分圆扩张) 对应旧版第 55 节. 为便于阅读，限定域的扩张为复数的子域对于有理数域的扩张，本书也仅涉及这种情况.
- 9.49 节 (五次方程的不可解性) 对应旧版第 56 节. 用具体的多项式代替不可根式求解的多项式的构造. 不可解多项式的构造移至习题中.

保留特色

继续将大多数习题分为计算、概念、证明概要和理论四类. 书后继续保留大多数奇数编号习题不带证明的答案. 提供真假判断习题中 a、c、e、g 和 i 的答案. 继续保留维克多・卡茨（Victor Katz）出色的历史笔记.

对新教师的建议

教过多次代数的教师已经知道了难点，并有自己的解决方案，这里的建议不是针对他们的.

从学生的角度来说，本书相对于经典的大学本科微积分有一个较大转变. 课堂上花很多时间在黑板上写定义和证明的研究生式的讲课方式，对大多数学生来说并不适用. 我发现最好在每节课的前半段时间回答学生在作业中的问题，找一名学生来给出习题中要求的证明，以此来检查他们是否理解相应的课程内容. 通常来说，在 50 分钟的课堂上，我只花最后 20 分钟来讨论新课内容，并至少给出一个证明. 实际上，在黑板上写出所有的定义和证明是在浪费时间，因为内容就在书本中.

建议作业中至少有一半是计算题. 学生通常只习惯于在微积分中做计算. 尽管可以在作业中安排证明题，但还是建议最多安排 $2\sim3$ 道证明题，并在下一堂课上找一名学生来解释每个证明如何做. 当然应该要求学生在每次作业中至少做一道证明题.

学生面对一连串的定义和定理，这是他们之前未遇到过的，他们不太习惯把握这类内容. 在测试中考查一些定义和证明是合理的，但考试成绩往往会较低，这对大多数学生和教师来说，是令人沮丧的. 为鼓励学生跟得上基本内容，每学期进行大约 10 次小测验，通常包括陈述一个定义、举一个例子或者陈述一个主要定理.

在北得克萨斯州大学，抽象代数是两个学期的课程. 第一学期是数学专业学生必修的，第二学期是选修的. 因为大多数学生第二学期不选修，所以选修课不是每年都开设. 无论是必修课还是选修课，我都会安排三场 50 分钟的课堂考试. 除去考试复习和考试时间，新内容的学习仅留下大约 36 课时.

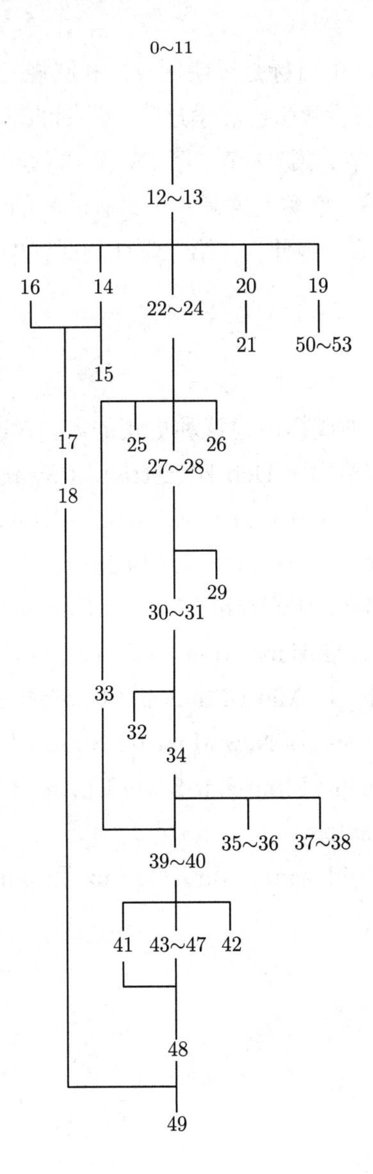

对于第一学期的课程，我讲授的基本内容涵盖第 0 ~ 6 节、第 8 节、第 9 节、第 12 节、第 13 节和第 22 ~ 25 节. 平均每节安排两课时，所以通常可以多讲几节. 剩余的时间，我会在第 14 节、第 15 节、第 26 ~ 28 节、第 17 节，或者第 30 节、第 31 节中进行选择. 有一个学期，为了涵盖第 41 节，曾经尝试介绍足够的关于域扩张的内容. 这需要教师仔细选择第 27 节、第 28 节、第 39 节和第 40 节中的内容，以便为学生学习第 41 节做好准备.

对于第二学期的课程，我的目标是证明用直尺和圆规三等分角的不可能性，以及给出五次多项式的不可解性. 假设学生已经学过第一学期的基本内容，这两个目标的完成还需要用到第 16 节、第 18 节、第 27 节、第 28 节、第 30 节、第 31 节、第 33 节、第 34 节和第 39 ~ 49 节的内容. 事实上这是一个雄心勃勃的计划，重写第 9 章的目的就是让学生更容易理解相关内容，因此，在第二学期的课程中介绍伽罗瓦理论的目标变得更加可行.

致谢

非常感谢那些审阅过本书或提出建议和更正的人. 对改进本书做出贡献的人员有[以人名（所在学校）的形式给出]：Deb Bergstrand（Swarthmore College）、Anthony E. Clement（Brooklyn College）、Richard M. Green（University of Colorado）、Cheryl Grood（Swarthmore College）、Gary Gordon（Lafayette College）、John Harding（New Mexico State University）、Timothy Kohl（Boston University）、Cristian Lenart（University at Albany，SUNY）、Mariana Montiel（Georgia Southern University）、Anne Shiu（Texas A&M University）、Mark Stankus（California Polytechnic State University）、Janet Vassilev（University of New Mexico）、Cassie L. Williams（James Madison University）、T. E. Williamson（Montclair State University）和 Michael Zuker（Massachusetts Institute of Technology）.

感谢培生公司的 Jeff Weidenaar、Tara Corpuz 和 Jon Krebs 对出版本书给予的帮助.

尼尔·布兰德
北得克萨斯州大学

学生前言

本书可能需要你用不同于以前学习数学的方式来学习. 你可能已经习惯于做作业时翻书本查找类似的问题, 只要更改一些数字就可以解决问题. 在本书中, 使用这种方式只能处理一小部分习题, 对大部分习题均不奏效. 理解学习在本课程学习中非常重要, 若不先学习书本内容, 就不可能解决习题.

现在提出如下学习建议. 注意书中充满了定义、定理、推论和例子. 定义是至关重要的, 必须在术语上保持一致才能取得进步. 有时, 定义后面会跟着一个例子用于说明这个概念. 例子也许是学习书中内容最重要的帮手. 请多关注例子.

建议在第一次阅读某节时跳过定理的证明, 除非你真的对证明 "情有独钟". 应该阅读定理的陈述并尝试理解它的意思. 通常, 一个定理之后或之前都会有一个例子来说明它, 这对于理解定理的内容非常有帮助.

总之, 第一次预习或阅读某节时, 建议专注于该节提供的信息并真正理解它. 如果不理解定理在陈述什么, 那么阅读它的证明可能毫无意义.

证明是数学的基础. 在理解了某节的内容后, 应该阅读并尝试理解其中的至少一些证明. 推论的证明通常是最简单的, 因为它们通常直接来自定理. "理论" 标题下的许多习题都需要证明. 尽量不要在一开始就气馁, 需要一点实践和经验. 代数的证明可能比几何和微积分的证明更难, 因为一般没有*启示*性的图可画. 通常, 如果你恰巧看到正确的表达式, 就很容易给出定理的证明. 当然, 如果不能真正理解要证明什么, 那么想要给出一个证明是不可能的. 例如, 如果习题要求证明给定的对象是某个集合的元素, 你必须*知道*某个对象成为该集合元素的判断标准, 然后证明这个给定对象满足该标准.

正文后面有几个辅助资料. 当然, 你会发现给出的奇数编号习题答案不包含证明. 如果遇到不理解的符号, 例如 $\mathbb{Z}_n$, 请查看书前的记号列表.

总之, 理解学习对每门数学课都很重要, 对学习本书来说更是如此. 希望你能从本书中获益.

记 号

$\in, a \in S$	元素属于
$\varnothing$	空集
$\notin$，$a \notin S$	元素不属于
$\{x \mid P(x)\}$	所有满足 $P(x)$ 的 x 的集合
$B \subseteq A$	集合 A 包含 B
$B \subset A$	集合 B 真包含于 A，$B \neq A$
$A \times B$	集合的笛卡儿积
$\mathbb{Z}$	整数集合
$\mathbb{Q}$	有理数集合
$\mathbb{R}$	实数集合
$\mathbb{C}$	复数集合
$\mathbb{Z}^+, \mathbb{Q}^+, \mathbb{R}^+$	$\mathbb{Z}, \mathbb{Q}, \mathbb{R}$ 中正数集合
$\mathbb{Z}^*, \mathbb{Q}^*, \mathbb{R}^*$	$\mathbb{Z}, \mathbb{Q}, \mathbb{R}$ 中非零数集合
$\mathscr{R}$	关系
$\lvert A \rvert$	A 中元素个数，群的阶
$\phi : A \to B$	由 ϕ 确定的 A 到 B 的映射
$\phi(a)$	元素 a 在 ϕ 下的象
$\phi[A]$	集合 A 在 ϕ 下的象
$\leftrightarrow$	(一一对应) 单射
ϕ^{-1}	映射 ϕ 的逆映射
$\aleph_0$	$\mathbb{Z}^+$ 的基数
$\bar{x}$	S 中含 x 的类
$\mathbb{Z}/n\mathbb{Z}$	模 n 剩余类
$\equiv_n$，$a \equiv b \pmod{n}$	模 n 同余
$\mathscr{P}(A)$	A 的幂集

U	满足 $\|z\|=1$ 的所有 $z\in\mathbb{C}$ 的集合
$\mathbb{R}_c$	所有 $0\leqslant x<c$ 的 $x\in\mathbb{R}$ 的集合
$+_c$	模 c 加法
U_n	n 次单位根群
$\mathbb{Z}_n$	$\{0,1,2,\cdots,n-1\}$
	模 n 加法下的循环群 $\{0,1,\cdots,n-1\}$
	模 n 加法和乘法下的环 $\{0,1,\cdots,n-1\}$
$*$，$a*b$	二元运算
$\circ$，$f\circ g$，$\sigma\tau$	映射复合
e	单位元
$M_{m\times n}(S)$	元素在 S 中的 $m\times n$ 矩阵
$M_n(S)$	元素在 S 中的 $n\times n$ 矩阵
$\mathrm{GL}(n,\mathbb{R})$	n 次一般线性群
$\det(\boldsymbol{A})$	矩阵 $\boldsymbol{A}$ 的行列式
a^{-1}，$-a$	a 的逆
$H\leqslant G;K\leqslant L$	子群包含; 子结构包含
$H<G;K<L$	子群包含，$H\neq G$；子结构包含，$K\neq L$
$\langle a\rangle$	由 a 生成的循环群
	由 a 生成的主理想
$n\mathbb{Z}$	由 n 生成的 $\mathbb{Z}$ 的子群
	由 n 生成的 $\mathbb{Z}$ 的子环 (理想)
$\boldsymbol{A}^{\mathrm{T}}$	$\boldsymbol{A}$ 的转置
gcd	最大公因子
$\cap_{i\in I}S_i, S_1\cap S_2\cap\cdots\cap S_n$	集合的交
S_A	A 的置换群
$\imath$	恒等映射
S_n	n 个字母上的对称群
$n!$	n 的阶乘
D_n	n 次二面体群
A_n	n 个字母上的交错群
aH，$a+H$	包含 a 的 H 的左陪集
Ha，$H+a$	包含 a 的 H 的右陪集

$(G:H)$	H 在 G 中的指数
φ	欧拉函数
$\Pi_{i=1}^{n}B_i, B_1\times B_2\times\cdots\times B_n$	集合的笛卡儿积
$\Pi_{i=1}^{n}G_i$	群的直积
$\oplus_{i=1}^{n}G_i$	群的直和
lcm	最小公倍数
$\overline{G_i}$	$\Pi_{i=1}^{n}G_i$ 的自然子群
$H\lhd G$	G 的正规子群 H
$\mathrm{SL}(n,\mathbb{R})$	特殊线性群
ϕ_a	求值同态
π_i	第 i 个分量上的投影
$\phi^{-1}[B]$	集合 B 在 ϕ 下的逆象
$\mathrm{Ker}(\phi)$	同态 ϕ 的核
G/N；R/N	商群；商环
γ	典范剩余类映射
i_g	内自同态
$Z(G)$	群 G 的中心
C	换位子群
X_g	X 中被 g 保持不变的子集
G_x	保持 x 不变的 G 的稳定子群
G_x	G 中 x 的轨道
$R[x]$	系数在 R 中的多项式环
$R[x_1,x_2,\cdots,x_n]$	n 个不定元的多项式
$F(x)$	$F[x]$ 的商域
$F(x_1,x_2,\cdots,x_n)$	n 个不定元的有理函数域
$\Phi_{p(x)}$	$p-1$ 次分圆多项式
$\mathrm{End}(A)$	A 的自同态
RG	群环
FG	域 F 上的群代数
$\mathbb{H}$	四元数
ACC	升链条件
F^n	笛卡儿积

$F[\boldsymbol{x}]$	域 F 上 $x_1, x_2, \cdots, x_n$ 的多项式环
$V(S)$	S 中多项式的代数簇
$\langle b_1, b_2, \cdots, b_r\rangle$	由元素 $b_1, b_2, \cdots, b_r$ 生成的理想
$\mathrm{lt}(f)$	多项式 f 的首项
$\mathrm{lp}(f)$	$\mathrm{lt}(f)$ 的幂积
$\mathrm{irr}(\alpha, F)$	α 在 F 上的不可约多项式
$\deg(\alpha, F)$	α 在 F 上的次数
$F(\alpha)$	F 上添加 α 的扩域
$[E:F]$	E 对 F 的指数
$F(\alpha_1, \alpha_2, \cdots, \alpha_n)$	F 上添加 $\alpha_1, \alpha_2, \cdots, \alpha_n$ 的扩域
$\overline{F_E}$	F 在 E 中的代数闭包
$\overline{F}$	F 的代数闭包
$\mathrm{GF}(p^n)$	p^n 阶伽罗瓦域
HN	集合乘积
$H \vee N$	子群连接
$N[H]$	H 的正规化子
$F[A]$	A 上的自由群
$(x_j : r_i)$	群的表现
$a\|b$	a 整除 b(a 是 b 的一个因子)
UFD	唯一分解整环
PID	主理想整环
$\cup_{i\in I}S_i$，$S_1 \cup S_2 \cup \cdots \cup S_n$	集合的并
ν	欧拉范数
$N(\alpha)$	α 的范数
$\psi_{\alpha,\beta}$	$F(\alpha)$ 与 $F(\beta)$ 的共轭同构
$E_{\{\sigma_i\}}$，E_H	E 的被所有 σ_i 或所有 $\sigma \in H$ 保持不变的 E 的子域
$G(E/F)$	E 对 F 的自同构群
$\lambda(E)$	保持 E 不变的自同构

目　录

第 0 章　集合和关系

定义与集合的概念

很多学生没有意识到定义对数学的重要性. 这种重要性源于数学家相互交流的需要. 如果两个人试图对某个话题进行交流, 就必须对涉及的术语有相同的理解. 然而, 有一个重要的结构性缺陷:

不可能定义每个数学概念.

例如, 假设将术语集合定义为 "**集合** (set) 是确定的对象的全体". 我们自然会问全体是什么意思. 如果将全体定义为 "对象的总体". 那么, 什么是总体? 现在无词可替换了, 只要几次就会用完新词, 不得不重复一些已经使用过的词. 这样定义就形成了循环表述, 显然毫无价值. 数学家意识到必须有一些不定义的或原始的概念, 用它们作为数学定义的开始. 为了达成共识, 将集合作为一个原始概念. 不必去定义集合, 而只是希望当使用 "所有实数构成的集合" 或 "美国参议院所有成员的集合" 这样的表述时, 我们对其所代表的含义的各种理解充分接近, 不影响互相交流.

下面简要总结一些关于集合的假设事项.

1. 集合 S 由**元素** (element) 组成, 如果 a 是其中一个元素, 用 $a \in S$ 来表示.

2. 一个集合不包含任何元素, 称为**空集** (empty set), 用 $\varnothing$ 表示.

3. 可以通过给出元素的特征性质来描述一个集合, 例如 "美国参议院所有成员的集合", 或者通过列举出集合的所有元素. 列举出所有元素描述集合的标准方式是, 用大括号将元素的名称括起来, 元素之间用逗号分隔, 例如 $\{1, 2, 15\}$. 如果集合由其元素 x 的特征性质 $P(x)$ 来描述, 则经常用大括号记号 $\{x|P(x)\}$, 读作 "关于陈述 $P(x)$ 为真的 x 的集合". 因此

$$\{2,4,6,8\} = \{x|x\text{是一个小于或等于8的偶数}\} = \{2x|x = 1,2,3,4\}$$

$\{x|P(x)\}$ 通常称为 "集合构成记号".

4. 集合是**良好定义的** (well defined), 意思是, 如果 S 是一个集合, 而 a 是某个对象, 那么, 要么 a 确定在 S 中, 用 $a \in S$ 表示; 要么 a 确定不在 S 中, 用 $a \notin S$ 表示.

因此, 不能说 “考虑一个包含某些正数的集合 S”, 因为无法确定 $2 \in S$ 还是 $2 \notin S$. 但是, 可以考虑所有素数组成的集合 T, 因为可以确定每个正整数是素数或不是素数, 例如 $5 \in T$ 和 $14 \notin T$. 实际上确定一个对象是否在一个集合中, 可能很难. 例如, 直至本书出版时, 很可能还不知道 $2^{2^{65}}+1$ 是否在集合 T 中. 但是, 可以肯定 $2^{2^{65}}+1$ 要么是素数要么不是素数.

不可能将本书涉及的所有对象的定义都追溯到集合的概念. 例如, 不会用集合来定义数 π.

每个定义都是一个当且仅当式的陈述.

在这样的意义下, 定义通常以仅当的充分方式给出, 实际只是定义的一半陈述. 因此, 可以这样定义等腰三角形:“三角形称为**等腰** (isoscele) 的, 如果它有两条边相等. ” 实际上真正的含义是, 三角形称为等腰的当且仅当它有两条边相等.

本书中, 需要定义许多术语. 对于所需要的主要代数概念的定义, 使用定义标签和编号. 为避免标签和编号过多, 许多术语定义放在正文和习题中, 用黑体字标注出来.

黑体字约定 句子中出现的**黑体**术语是由这个句子定义的.

定义不必逐字记忆. 重要的是对概念的理解, 这样就可以用自己的话准确地描述这个概念. 因此, 定义 “**等腰**三角形是具有两条等长边的三角形” 也是完全正确的. 当然, 在前面对集合的讨论中, 不能用黑体, 因为没有定义集合!

作为说明和回顾, 本节要定义集合论中的一些常见概念. 先给出一些定义和记号.

定义 0.1 称集合 B 是集合 A 的**子集** (subset), 如果 B 中的每个元素都在 A 中, 记作 $B \subseteq A$ 或 $A \supseteq B$. 记号 $B \subset A$ 或 $A \supset B$ 表示 $B \subseteq A$ 但 $B \neq A$.

注意, 由子集的定义, 对于任意一个集合 A, A 本身和 $\varnothing$ 都是 A 的子集.

定义 0.2 对任意集合 A, 称 A 是 A 的**非真子集** (improper subset). A 的任意其他子集都是 A 的**真子集** (proper subset).

例 0.3 设 $S=\{1,2,3\}$, 则 S 共有 8 个子集, 分别是 $\varnothing$, $\{1\}$, $\{2\}$, $\{3\}$, $\{1,2\}$, $\{1,3\}$, $\{2,3\}$, $\{1,2,3\}$.

定义 0.4 设 A, B 为两个集合, 则集合 $A \times B=\{(a,b) | a \in A, b \in B\}$ 称为 A 和 B 的**笛卡儿积** (Cartesian product).

例 0.5 设 $A=\{1,2,3\}, B=\{3,4\}$, 则 $A \times B=\{(1,3),(1,4),(2,3),(2,4),(3,3),(3,4)\}$.

本书中的很多内容都涉及一些熟悉的数集. 为此统一如下集合符号.

$\mathbb{Z}$ 是整数集合 (即所有整数, 包括正整数, 负整数和零).

$\mathbb{Q}$ 是有理数集合 (即可以表示为整数商的数 m/n, 其中 $n \neq 0$).

$\mathbb{R}$ 是实数集合.

$\mathbb{Z}^+,\mathbb{Q}^+,\mathbb{R}^+$ 分别是 $\mathbb{Z},\mathbb{Q},\mathbb{R}$ 的正数集合.

$\mathbb{C}$ 是复数集合.

$\mathbb{Z}^*,\mathbb{Q}^*,\mathbb{R}^*,\mathbb{C}^*$ 分别是 $\mathbb{Z},\mathbb{Q},\mathbb{R},\mathbb{C}$ 的非零数集合.

例 0.6 集合 $\mathbb{R}\times\mathbb{R}$ 是熟知的欧几里得平面, 在第一学期微积分中用来绘制函数图像.

集合间关系

下面引入集合 A 中元素 a 与集合 B 中元素 b 相关的概念, 记为 $a\mathscr{R}b$. 记号 $a\mathscr{R}b$ 按从左到右的次序记, 类似于 $A\times B$ 中的元素 (a,b). 这样可以将关系 $\mathscr{R}$ 定义成集合.

定义 0.7 *集合 A 和 B 之间的***关系** *(relation) 是 $A\times B$ 的一个子集 $\mathscr{R}$, $(a,b)\in\mathscr{R}$ 读作 "a 与 b 相关", 记作 $a\mathscr{R}b$.*

例 0.8 对于任一集合 S, 可以定义 S 到自身的**相等关系** (equality relation)= 为 $S\times S$ 的子集 $\{(x,x)|x\in S\}$. 这当然并不新鲜, 就是通常两个 "对象" 的相等. 所以如果 $x,y\in S$ 且是不同的元素, 那么它们在相等关系下不是相关的, 记作 $x\neq y$; 如果 x 和 y 相同, 记作 $x=y$.

如前面例子所示, 集合 S 到自身的任意关系, 都称为集合 S 上的**关系** (relation).

例 0.9 函数 $f(x)=x^3(x\in\mathbb{R})$ 的图像是集合 $\mathbb{R}\times\mathbb{R}$ 的子集 $\{(x,x^3)|x\in\mathbb{R}\}$, 因此, 它是 $\mathbb{R}$ 上的一个关系. 函数完全由它的图像所决定.

上述例子表明, 与其将 "函数"$y=f(x)$ 定义为对每一个给定的 $x\in\mathbb{R}$ 确定一个 $y\in\mathbb{R}$ 与之对应的 "规则", 不如将其描述为 $\mathbb{R}\times\mathbb{R}$ 的某种子集更容易, 即作为集合间的一种关系给出函数. 可以从 $\mathbb{R}$ 中跳出来, 对任意集合 X 与 Y 进行讨论.

定义 0.10 *集合 X 到 Y 上的***函数** *(function)ϕ 是集合 X 与 Y 之间的一种关系, 具有性质: 在 ϕ 中, 任意一个 $x\in X$ 作为有序对 (x,y) 中的第一个元素, 恰好仅出现在一个有序对中. 这样的函数也称为***映射** *(map) 或者 X 到 Y 中的***映射** *(mapping) [㊀]. 把 $\phi:X\to Y$ 和 $(x,y)\in\phi$ 记作 $\phi(x)=y$. 称集合 X 为 ϕ 的***定义域** *(domain), 集合 Y 为 ϕ 的***上域** *(codomain). ϕ 的***值域**[㊁] *(range) 是 $\phi[X]=\{\phi(x)|x\in X\}$.*

例 0.11 可以把实数的加法看作一个函数 $+:(\mathbb{R}\times\mathbb{R})\to\mathbb{R}$, 即由 $\mathbb{R}\times\mathbb{R}$ 到 $\mathbb{R}$ 的映射. 例如, $+$ 作用在 $(2,3)\in\mathbb{R}\times\mathbb{R}$, 用函数符号表示为 $+((2,3))=5$, 在集合方式表示为 $((2,3),5)\in+$. 当然, 最熟悉的记号是 $2+3=5$.

㊀ 在中文中, 习惯对数集用函数, 对一般集合用映射. 本书后文中出于习惯区别为函数或映射. ——译者注

㊁ 在中文中, 一般不专门命名上域, 只关注值域, 这样并不利于深入的代数理解. ——译者注

基数

集合 X 中元素的个数称为集合 X 的**基数** (cardinality), 通常记为 $|X|$. 例如, $|\{2,5,7\}|=3$. 知道两集合是否有相同的基数是很重要的. 如果两个集合都是有限的, 解决这个问题不难: 只要计算每个集合中元素的个数即可. 然而 $\mathbb{Z}$, $\mathbb{Q}$ 和 $\mathbb{R}$ 有相同的基数吗? 为了确定两个集合 X 和 Y 具有相同的基数, 尝试将 X 中的每个 x 与 Y 中唯一个 y 配对, 使得 Y 的每个元素在配对中仅用过一次. 对于集合 $X=\{2,5,7\}$ 和 $Y=\{?,!,\#\}$, 配对方式

$$2 \leftrightarrow ?, 5 \leftrightarrow \#, 7 \leftrightarrow !$$

表明它们具有相同的基数. 注意, 也可以将这种配对表示为 $\{(2,?),(5,\sharp),(7,!)\}$, 这是 $X \times Y$ 的子集, 是 X 和 Y 之间的一种关系. 配对方式

$$\begin{array}{ccccccccccc}
1 & 2 & 3 & 4 & 5 & 6 & 7 & 8 & 9 & 10 & \cdots \\
\updownarrow & \updownarrow & \updownarrow & \updownarrow & \updownarrow & \updownarrow & \updownarrow & \updownarrow & \updownarrow & \updownarrow & \\
0 & -1 & 1 & -2 & 2 & -3 & 3 & -4 & 4 & -5 & \cdots
\end{array}$$

表明集合 $\mathbb{Z}$ 和 $\mathbb{Z}^+$ 有相同的基数. 这样的配对表能说明集合 X 和 Y 具有相同基数, 是 X 和 Y 之间一种特殊关系 $\leftrightarrow$, 称为**一一对应** (one-to-one correspondence). 因为 X 的每个元素 x 在此关系下仅出现一次, 可以将这个一一对应视为一个定义域为 X 的函数. 该函数的值域是 Y, 因为 Y 中的每个 y 也出现在某一配对 $x \leftrightarrow y$ 中. 将上述讨论正式表述为一个定义.

定义 0.12[㊀] 映射 $\phi: X \to Y$ 称为**一对一的** (one-to-one) 或**单的** (injective), 如果仅当 $x_1 = x_2$ 时才有 $\phi(x_1)=\phi(x_2)$. 映射 ϕ 称为**到上的** (onto) 或**满的** (surjective), 如果 ϕ 的值域是 Y. 如果 ϕ 既是单的又是满的, 称 ϕ 为**双的** (bijective).

如果 $X \times Y$ 的一个子集是单映射 ϕ, 且将 X 满映射到 Y. 对每个 $x \in X$, 作为 ϕ 中有序对的第一个元素, 恰好仅出现在一个有序对中. 而同样对每个 $y \in Y$, 作为 ϕ 中有序对的第二个元素, 恰好仅出现在一个有序对中. 因此, 如果交换 ϕ 中所有有序对 (x,y) 的第一个和第二个元素, 得到有序对 (y,x) 的集合, 即得到了 $Y \times X$ 的一个子集, 由此得到 Y 到 X 的映射是既单又满的. 这个映射叫作 ϕ 的**逆映射** (inverse function), 记为 ϕ^{-1}. 总之, 如果 ϕ 将 X 既单又满地映射到 Y, 且 $\phi(x)=y$, 则 ϕ^{-1} 将 Y 既单又满地映射到 X, 且 $\phi^{-1}(y)=x$.

㊀ 在其他场合可能遇到布尔巴基学派常用的另一套术语, 一一映射是**单射**, 到上映射是**满射**, 既是一一映射又是到上映射, 则该映射是**双射**. (译者注: 本书采用布尔巴基学派的术语).

定义 0.13　称两个集合 X 和 Y 具有**相同的基数** (same cardinality), 如果 X 和 Y 之间存在既单又满的映射, 即 X 和 Y 之间存在一一对应.

例 0.14　函数 $f:\mathbb{R}\to\mathbb{R}$, $f(x)=x^2$, 不是单映射, 因为 $f(2)=f(-2)=4$, 但 $2\neq-2$. 同样, 它也不是 $\mathbb{R}$ 上的一个满映射, 因为其值域是所有非负数构成的 $\mathbb{R}$ 的真子集. 但是, 由 $g(x)=x^3$ 定义的 $g:\mathbb{R}\to\mathbb{R}$ 是既单又满的.

前面证明了 $\mathbb{Z}$ 和 $\mathbb{Z}^+$ 有相同的基数, 记这个基数为 $\aleph_0$, 所以 $|\mathbb{Z}|=|\mathbb{Z}^+|=\aleph_0$. 令人着迷的是, 无限集合的真子集可能与整个集合有相同数量的元素; **无限集合** (infinite set) 可用此性质来定义.

我们自然想知道是否所有无限集合都有和集合 $\mathbb{Z}$ 一样的基数. 一个集合有基数 $\aleph_0$ 当且仅当它的所有元素都可以在一个无穷列中依次列出, 并且能用 $\mathbb{Z}^+$ 给它们编号. 图 0.15 表明, 对于集合 $\mathbb{Q}$ 来说这是可能的. 图中分数构成的方阵无限地向右和向下延伸, 包含了 $\mathbb{Q}$ 的所有元素. 在方阵中有一条线依次串联分数. 想象一下串在这条线上的分数, 牵着线的头将其沿着箭头向左拉直, 此时 $\mathbb{Q}$ 的所有元素在其上, 以 $0,\frac{1}{2},-\frac{1}{2},1,-1,\frac{3}{2},\cdots$ 的次序出现在一个无限延伸的序列中. 因此 $|\mathbb{Q}|=\aleph_0$.

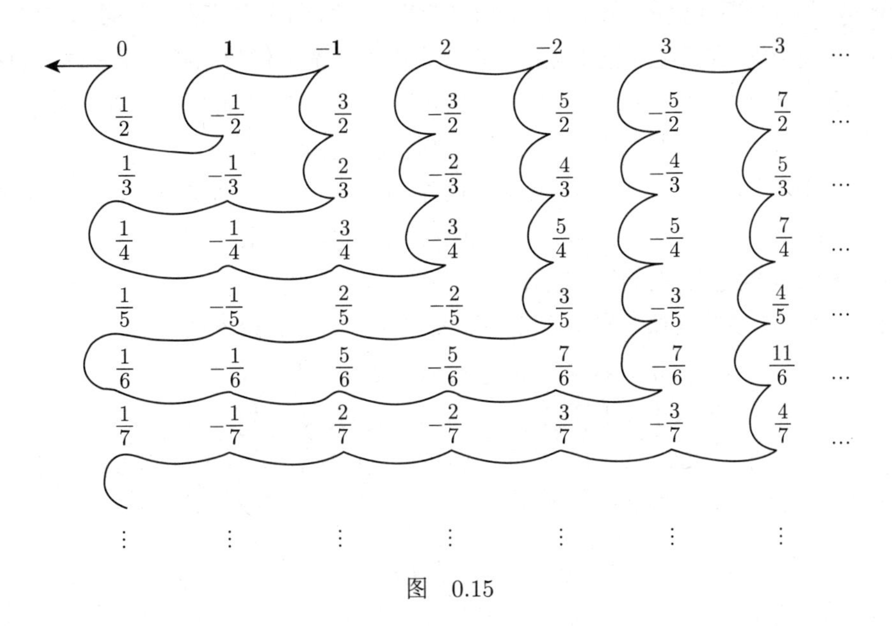

图　0.15

如果集合 $S=\{x\in\mathbb{R}|0<x<1\}$ 的基数为 $\aleph_0$, 它所有的元素都可作为无限十进制小数依次排列在无限向下延伸的序列中, 例如可以是如下形式:

$$\begin{gathered}0.3659663426\cdots\\0.7103958453\cdots\\0.0358493553\cdots\\0.9968452214\cdots\\\vdots\end{gathered}$$

我们断言, 任何这样的排列都必然会遗漏 S 中的某些数. S 中肯定包含这样一个数 r, 其小数点后的第 n 位数字不是 0, 不是 9, 也不是上述排列中第 n 个数的第 n 位数字. 例如, r 可能以 $0.5637\cdots$ 开始的, 小数点后第一位是 5 而不是 3 表明 r 不是上述排列中的第一个数; 第二位是 6 而不是 1 表明 r 不是排列中的第二个数, 依此类推. 由于可以将这个办法用于任何排列, 可以看到 S 有太多元素无法与 $\mathbb{Z}^+$ 中元素进行配对. 习题 15 表明 $\mathbb{R}$ 与 S 有相同数量的元素. 用 $|\mathbb{R}|$ 来表示 $\mathbb{R}$ 中元素个数. 习题 19 表明有无穷多种不同的基数大于 $|\mathbb{R}|$.

划分和等价关系

两个集合称为**不相交的** (disjoint), 如果两集合中没有公共元素. 在例 0.17 中, 将整数集分成一些子集, 最终看到如何在 $\mathbb{Z}$ 的这些子集上定义代数结构. 就是说, 可以通过对两个子集做 "加法" 得到另一个子集. 将集合分成一些子集的方法, 在许多场合是一个相当有价值的工具, 下面以集合划分的简要研究来结束本节.

定义 0.16　*集合 S 的*划分 *(partition) 是 S 的非空子集的集合, 使得 S 中的每个元素恰好在其中一个子集中. 这些子集称为该划分的*类 *(cell).*

讨论集合 S 的划分时, 用 $\overline{x}$ 表示包含元素 x 的 S 的类.

例 0.17　将 $\mathbb{Z}$ 分成偶数子集和奇数子集, 将 $\mathbb{Z}$ 划分为以下两个类:

$$\overline{0}=\{\cdots,-8,-6,-4,-2,0,2,4,\cdots\}$$
$$\overline{1}=\{\cdots,-7,-5,-3,-1,1,3,5,\cdots\}$$

将 $\overline{0}$ 视为可被 2 整除的整数, 将 $\overline{1}$ 视为除以 2 余 1 的整数. 这个想法可用于其他正整数. 例如, 可以将 $\mathbb{Z}$ 划分为三个类:

$$\overline{0}=\{x\in\mathbb{Z}|x\text{是3的倍数}\}$$
$$\overline{1}=\{x\in\mathbb{Z}|x\text{是除以3余1的整数}\}$$
$$\overline{2}=\{x\in\mathbb{Z}|x\text{是除以3余2的整数}\}$$

注意, 一个负数除以 3 时, 仍然得到一个非负余数. 例如, $-5\div 3$ 得商 -2, 余数为 1, 即 $\overline{-5}=\overline{1}$.

一般地, 对每个 $n \in \mathbb{Z}^+$, 得到由 n 个类组成的 $\mathbb{Z}$ 的一个划分, $\overline{0}, \overline{1}, \overline{2}, \cdots, \overline{n-1}$. 对于每个 $r(0 \leqslant r \leqslant n-1)$, x 在类 $\overline{r}$ 中相当于 $x \div n$ 的余数是 r. 这些类称为 $\mathbb{Z}$ 中的**模 n 剩余类** (residue classes modulo n), n 称为**模数** (modulus). 记 $\mathbb{Z}/n\mathbb{Z}$ 为此划分中所有类的集合. 例如, $\mathbb{Z}/3\mathbb{Z} = \{\overline{0}, \overline{1}, \overline{2}\}$. 易见 $\mathbb{Z}/n\mathbb{Z} = \{\overline{0}, \overline{1}, \overline{2}, \cdots, \overline{n-1}\}$ 有 n 个元素.

集合 S 的每个划分自然产生 S 上的一个关系 $\mathscr{R}$: 对于 $x, y \in S$, 令 $x\mathscr{R}y$ 当且仅当 x 和 y 划分在同一个类中. 在集合的记号下, $x\mathscr{R}y$ 写为 $(x, y) \in \mathscr{R}$(参见定义 0.7). 进一步可以证明集合 S 上的这个关系 $\mathscr{R}$ 满足下面定义中等价关系的三个性质.

定义 0.18 集合 S 上的一个关系 $\mathscr{R}$ 称为**等价关系** (equivalence relation)$\mathscr{R}$, 如果对所有的 $x, y, z \in S$ 都满足以下三个性质:

1. (自反性)$x\mathscr{R}x$.
2. (对称性) 如果 $x\mathscr{R}y$, 则 $y\mathscr{R}x$.
3. (传递性) 如果 $x\mathscr{R}y$ 和 $y\mathscr{R}z$, 则 $x\mathscr{R}z$.

为说明与集合 S 的划分相对应的关系 $\mathscr{R}$ 满足对称性, 只须说明如果 y 与 x 在同一个类中 (即, 如果 $x\mathscr{R}y$), 则 x 与 y 在同一个类中 (即 $y\mathscr{R}x$). 类似的自反性和传递性的验证留作习题 28.

例 0.19 对于任意非空集合 S, 由 $S \times S$ 的子集 $\{(x, x) | x \in S\}$ 定义的相等关系 $=$ 是一种等价关系.

例 0.20 (模 n 同余) 设 $n \in \mathbb{Z}^+$. 如例 0.17 所示, $\mathbb{Z}$ 上对应于将 $\mathbb{Z}$ 划分为模 n 同余类的等价关系, 为**模 n 同余** (congruence modulo n), 有时用 $\equiv_n$ 表示. 通常把 $a \equiv_n b$ 写成 $a \equiv b \pmod n$, 读作 "a 与 b 模 n 同余". 例如, $15 \equiv 27 \pmod 4$, 因为 15 和 27 除以 4 的余数都为 3.

例 0.21 设集合 $\mathbb{Z}$ 上一个关系 $\mathscr{R}$ 定义为: $n\mathscr{R}m$ 当且仅当 $nm \geqslant 0$, 判断 $\mathscr{R}$ 是否为等价关系.

自反性: $a\mathscr{R}a$, 因为对于所有 $a \in \mathbb{Z}$, $a^2 \geqslant 0$.

对称性: 如果 $a\mathscr{R}b$, 则 $ab \geqslant 0$, 所以 $ba \geqslant 0$, 即 $b\mathscr{R}a$.

传递性: 如果 $a\mathscr{R}b$ 且 $b\mathscr{R}c$, 则 $ab \geqslant 0$ 且 $bc \geqslant 0$. 因此 $ab^2c = acb^2 \geqslant 0$.

如果知道 $b^2 > 0$, 则可以从 $ac \geqslant 0$ 推出 $a\mathscr{R}c$. 必须单独检查 $b = 0$ 的情况. 稍加思考, 就有 $-3\mathscr{R}0$ 和 $0\mathscr{R}5$, 但没有 $-3\mathscr{R}5$. 因此关系 $\mathscr{R}$ 不是传递的, 从而 $\mathscr{R}$ 不是一个等价关系.

由上面讨论可知, 集合的划分产生一个自然的等价关系. 现在来证明集合上的等价关系产生自然的集合划分, 下面的定理包含了这两方面的结果.

定理 0.22 (等价关系和划分) 设 S 为非空集, $\sim$ 为集合 S 上的一个等价关系,

则 $\sim$ 产生 S 的一个划分, 其中

$$\overline{a}=\{x\in S|x\sim a\}$$

反之, S 的每个划分都产生 S 上的一个等价关系 $\sim$, 其中 $a\sim b$ 当且仅当 a 和 b 在划分的同一个类中.

证明　必须要证明, 不同的类 $\overline{a}=\{x\in S|x\sim a\}(a\in S)$ 给出了 S 的一个划分, 使得 S 的每个元素都在某个类中, 并且如果 $a\in\overline{b}$, 则 $\overline{a}=\overline{b}$. 设 $a\in S$. 那么, 根据等价关系的自反性, 有 $a\in\overline{a}$, 所以 a 至少在一个类中.

假设 $a\in\overline{b}$. 需要证明 $\overline{a}=\overline{b}$ 是同一集合, 由此证明 a 不会出现在多于一个类中. 证明两个集合相同有一个标准的方法:

证明每个集合都是另一个集合的子集.

先证明 $\overline{a}\subseteq\overline{b}$. 设 $x\in\overline{a}$, 则有 $x\sim a$. 但 $a\in\overline{b}$, 所以 $a\sim b$. 通过传递性, 有 $x\sim b$, 所以 $x\in\overline{b}$. 因此 $\overline{a}\subseteq\overline{b}$. 再证明 $\overline{b}\subseteq\overline{a}$. 设 $y\in\overline{b}$. 则有 $y\sim b$. 但 $a\in\overline{b}$, 所以 $a\sim b$, 根据对称性, 有 $b\sim a$. 再通过传递性, 由 $y\sim a$, 所以 $y\in\overline{a}$. 因此 $\overline{b}\subseteq\overline{a}$. 所以 $\overline{a}=\overline{b}$, 完成证明. □

由等价关系产生的划分的每个类都是等价的故称为**等价类** (equivalence class).

习题

在习题 1~4 中, 用列举法表示集合.

1. $\{x\in\mathbb{R}|x^2=3\}$.

2. $\{m\in\mathbb{Z}|m^2+m=6\}$.

3. $\{m\in\mathbb{Z}|mn=60$ 对某个 $n\in\mathbb{Z}\}$.

4. $\{x\in\mathbb{Z}|x^2-10x+16\leqslant 0\}$.

在习题 5~10 中, 确定所描述的对象是否为一个集合 (是否良好定义). 对每个集合给出另外一种描述.

5. $\{n\in\mathbb{Z}^+|n$ 是一个大数 $\}$.

6. $\{n\in\mathbb{Z}|n^2<0\}$.

7. $\{n\in\mathbb{Z}|39<n^3<57\}$.

8. $\{r\in\mathbb{Q}|r$ 乘以 2 的足够大的幂次后为整数 $\}$.

9. $\{x\in\mathbb{Z}^+|x$ 是一个容易因子分解的数 $\}$.

10. $\{x\in\mathbb{Q}|x$ 可以写成分母为正的小于 4 的分数 $\}$.

11. 列出 $\{a,b,c\}\times\{1,2,c\}$ 中的元素.

12. 设 $A=\{1,2,3\}, B=\{2,4,6\}$. A 和 B 之间的关系由 $A\times B$ 的子集给出, 确定其是否为 A 到 B 的映射. 如果是, 判断是单的还是满的.

a. $\{(1,2),(2,6),(3,4)\}$ b. $\{(1,3),(5,7)\}$

c. $\{(1,6),(1,2),(1,4)\}$ d. $\{(2,2),(3,6),(1,6)\}$

e. $\{(1,6),(2,6),(3,6)\}$ f. $\{(1,2),(2,6)\}$

13. 指出图 0.23 中 CD 上什么样的点 y 可能与 AB 上的点 x 配对, 从几何上解释两条不同长度的线段 AB 和 CD 有相同数量的点.

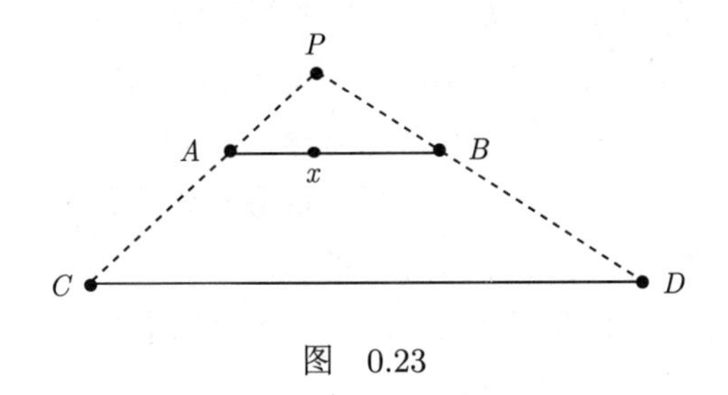

图 0.23

14. 回顾, 对于 $a,b\in\mathbb{R}$ 且 $a<b$, 定义 $\mathbb{R}$ 中的**闭区间** (closed interval) $[a,b]$ 为 $[a,b]=\{x\in\mathbb{R}|a\leqslant x\leqslant b\}$. 给出将第一个区间映射到第二个区间的一个既单又满的映射 f 的公式, 以此证明所给区间有相同的基数.

a.$[0,1]$ 和 $[0,2]$ b.$[1,3]$ 和 $[5,7]$ c.$[a,b]$ 和 $[c,d]$

15. 证明 $S=\{x\in\mathbb{R}|0<x<1\}$ 与 $\mathbb{R}$ 具有相同的基数. (提示: 找出微积分中的一个初等函数, 做一个区间到 $\mathbb{R}$ 的既单又满的映射, 然后适当平移和缩放使其定义域为 S.)

对于集合 A, 用 $\mathscr{P}(A)$ 表示 A 的所有子集的集合. 例如, 如果 $A=\{a,b,c,d\}$, 则 $\{a,b,d\}\in\mathscr{P}(A)$. 集合 $\mathscr{P}(A)$ 称为 A 的**幂集** (power set). 习题 16~19 中用到集合 A 的幂集的概念.

16. 列出给定集合的幂集的元素, 并给出幂集的基数.

a. $\varnothing$ b. $\{a\}$ c. $\{a,b\}$ d. $\{a,b,c\}$

17. 设 A 为有限集, 令 $|A|=s$. 根据上一个习题, 猜想 $|\mathscr{P}(A)|$ 的值. 试证明猜想.

18. 对于任意有限或无限集合 A, 设 B^A 是所有将 A 映射到集合 $B=\{0,1\}$ 的映射的集合. 证明 B^A 与集合 $\mathscr{P}(A)$ 的基数相等. (提示:B^A 的每个元素自然地决定 A 的一个子集.)

19. 证明无论是有限还是无限集合 A 的幂集, 有太多的元素不能放入与 A 一一对应的关系中. 由此直观地解释为什么存在无限种无限基数. (提示: 设想有一个将 A 映

射到 $\mathscr{P}(A)$ 的单映射 ϕ. 考虑是否有 $x \in \phi(x)$, 并以此定义 A 的一个不在 ϕ 的值域中的子集 S. 证明 ϕ 不是到 $\mathscr{P}(A)$ 上的满射. ）一切事物构成的集合在逻辑上是可接受的概念吗? 为什么?

20. 设 $A = \{1,2\}, B = \{3,4,5\}$.

a. 用 A 和 B 解释, 为什么 $2+3=5$. 选择适当的集合, 用类似的推理, 解释如何确定下述运算的值:

i. $3+\aleph_0$　　　ii. $\aleph_0+\aleph_0$

b. 在平面 $\mathbb{R}\times\mathbb{R}$ 中绘制 $A\times B$ 的点, 以此来解释, 为什么 $2\times 3=6$. 借助书中的图, 用类似的推理, 解释如何确定运算 $\aleph_0\times\aleph_0$ 的值.

21. 区间 $0 \leqslant x \leqslant 1$ 中有多少个数可以用 0.## 的形式表示, 其中每个 # 是 $0,1,2,3,\cdots,9$ 中的一个数字. 0.##### 形式的数有多少? 按照这个想法结合习题 15, 如何确定 $10^{\aleph_0}$ 的值, 以及 $12^{\aleph_0}$ 和 $2^{\aleph_0}$ 的值.

22. 接着上一习题的思路, 结合习题 18 和习题 19, 用指数符号填空, 给出五个基数使得每个基数都大于前一个. $\aleph_0, |\mathbb{R}|$, ________, ________, ________.

在习题 23~27 中, 确定给定元素个数的集合的不同划分数.

23. 1 个元素.

24. 2 个元素.

25. 3 个元素.

26. 4 个元素.

27. 5 个元素.

28. 考虑集合 S 的一个划分. 定义 0.18 后面的一段解释了为什么关系

$$x\mathscr{R}y \text{ 当且仅当 } x \text{ 和 } y \text{ 在同一个类中}$$

满足对称性. 类似地解释为什么反身性和传递性也满足.

在习题 29~34 中, 确定给定的关系是否为集合上的等价关系. 对每个等价关系描述由其产生的划分.

29. 在 $\mathbb{Z}$ 中, 若 $nm>0$, 则 $n\mathscr{R}m$.

30. 在 $\mathbb{R}$ 中, 若 $x \geqslant y$, 则 $x\mathscr{R}y$.

31. 在 $\mathbb{Z}^+$ 中, 若 x 和 y 的最大公因子大于 1, 则 $x\mathscr{R}y$.

32. 在 $\mathbb{R}\times\mathbb{R}$ 中, 若 $x_1^2+y_1^2=x_2^2+y_2^2$, 则 $(x_1,y_1)\mathscr{R}(x_2,y_2)$.

33. 在 $\mathbb{Z}^+$ 中, 若 n 和 m 在通常的十进制表示中具有相同的位数, 则 $n\mathscr{R}m$.

34. 在 $\mathbb{Z}^+$ 中, 若 n 和 m 在通常的十进制表示中具有相同的最后一位数, 则 $n\mathscr{R}m$.

35. 用 $\{\cdots,\#,\#,\#,\cdots\}$ 形式的集合记号, 写出如例 0.17 所示 $\mathbb{Z}$ 中的模 n 剩余类. n

的值为:

a. 3　　b. 4　　c. 5

36. 列出下列集合的元素.

a. $\mathbb{Z}/3\mathbb{Z}$　　b. $\mathbb{Z}/4\mathbb{Z}$　　c. $\mathbb{Z}/5\mathbb{Z}$

37. 在讨论剩余类时, 解释为什么在给出模数 n 之前, $\bar{1}$ 的定义并不明确.

38. 设 $n \in \mathbb{Z}^+$, $\sim$ 定义在 $\mathbb{Z}$ 上, $r \sim s$ 当且仅当 $r - s$ 被 n 整除, 即当且仅当存在某个 $q \in \mathbb{Z}$ 使得 $r - s = nq$.

a. 证明 $\sim$ 是 $\mathbb{Z}$ 上的一个等价关系.

b. 证明这样的 $\sim$ 是例 0.20 所示等价关系模 n 同余.

39. 设 $n \in \mathbb{Z}^+$, 用习题 38 中的关系证明, 如果 $a_1 \sim a_2$ 且 $b_1 \sim b_2$, 则 $(a_1 + b_1) \sim (a_2 + b_2)$.

40. 设 $n \in \mathbb{Z}^+$, 用习题 38 中的关系证明, 如果 $a_1 \sim a_2$ 且 $b_1 \sim b_2$, 则 $(a_1b_1) \sim (a_2b_2)$.

41. 学生经常对一对一映射的概念有误解. 究其原因, 一个映射 $\phi : A \to B$ 有一个与之相关的从 A 到 B 的方向. 因此把一对一的映射想成, 只是将 A 的一个点映射到 B 的一个点, 似乎是合理的. 当然, 每个A 到 B 的映射都有这样的性质, 而定义 0.12 并没有提及此. 考虑到这种不完美情况, 尽可能设计一个教学案例, 把定义 0.12 替换成二对二函数的定义 (改过的术语几乎不可能有更广泛的应用.)

第 1 章　群和子群

1.1　二元运算

从小学算术到高中代数均涉及用字母表示未知数以及研究方程和代数式子的基本性质. 高中代数中主要的两种二元运算是加法和乘法, 在抽象代数中有了进一步抽象. 不仅运算的量是未知的, 而且涉及的实际运算也可能是未知的! 下面将研究具有数的加法和乘法运算类似性质的二元运算的集合. 第 1 章的目标是建立群的基本性质. 在本节中将定义二元运算, 命名二元运算的性质, 给出相应例子, 以此开始对群的研究.

定义和例子

给出二元运算的确切数学定义是理解群概念的第一步, 以推广常见的数的加法和乘法的定义. 回顾定义 0.4, 对于任意集合 S, 集合 $S \times S$ 是由所有有序对 $(a, b), a, b \in S$ 构成的.

定义 1.1　非空集合 S 上的**二元运算** (binary operation)$*$ 是 $S \times S$ 到 S 的映射. 对 $(a, b) \in S \times S$, 用 $a * b$ 表示 S 中的元素 $*((a, b))$.

直观上, 可以把 S 上的二元运算等同于给 S 的每个有序对 (a, b) 指定 S 的一个元素 $a * b$.

二元指的是将 S 的一对元素映射到 S 中. 我们也可以定义三元运算为把 S 中元素的三元组映射到 S 中的映射, 但这种运算是没有必要的. 本书中常忽略二元, 用运算代称二元运算.

例 1.2　通常的加法 $+$ 是集合 $\mathbb{R}$ 上的一个运算. 通常的乘法 $\cdot$ 是集合 $\mathbb{R}$ 上的另一个运算. 本例中, 可以用集合 $\mathbb{C}, \mathbb{Z}, \mathbb{R}^+, \mathbb{Z}^+$ 中的任何一个来替换 $\mathbb{R}$.

注意, 集合 S 上的运算要求对 S 的每一个有序元素对 (a, b) 有定义.

例 1.3　令 $M(\mathbb{R})$ 为所有元素为实数的矩阵 ㊀的集合. 通常的矩阵加法 $+$ 不是这个集合上的一个运算, 因为 $A + B$ 对于具有不同行数或列数的有序矩阵对 (A, B) 是没

㊀ 由于大多数学习抽象代数的学生已经学过线性代数, 熟悉矩阵和矩阵运算. 因此书中经常给出涉及矩阵的例子. 不熟悉矩阵的读者可以跳过有关矩阵的所有内容, 或者阅读书后附录中关于矩阵的简短介绍.

有定义的.

有时对 S 的运算也是对 S 的子集 H 的运算. 下面给出正式定义.

定义 1.4 设 $*$ 是 S 上的一个运算, H 是 S 的一个子集. 称子集 H 在 $*$ 下是**封闭的** (closed), 如果对于所有 $a,b \in H$ 都有 $a * b \in H$. 此时, H 上的运算是将 $*$ 限制在 H 上得到的, 称为 $*$ 在 H 上的**诱导运算** (induced operation).

根据集合 S 上运算的定义, S 在 $*$ 下是封闭的, 但是其子集可能不是, 如下面的例子所示.

例 1.5 通常在实数集合 $\mathbb{R}$ 上的加法并不能诱导出非零实数集合 $\mathbb{R}^*$ 上的运算, 因为 $2 \in \mathbb{R}^*$ 和 $-2 \in \mathbb{R}^*$, 而 $2 + (-2) = 0$ 且 $0 \notin \mathbb{R}^*$. 因此 $\mathbb{R}^*$ 在 $+$ 下不封闭.

在本书中, 经常要决定 S 的一个子集 H 是否在 S 的运算 $*$ 下封闭. 为了得到正确的结论, 必须知道一个元素在 H 中意味着什么, 并且用好这个事实. 学生在这方面经常遇到麻烦, 因此要确保理解下面的例子.

例 1.6 设 $+$ 和 $\cdot$ 是集合 $\mathbb{Z}$ 上通常的加法和乘法运算, $H = \{n^2 | n \in \mathbb{Z}^+\}$. 确定 H 是否在加法和乘法下封闭.

对于加法, 只需要观察 H 中的 $1^2 = 1$ 和 $2^2 = 4$, 但 $1 + 4 = 5$ 而 $5 \notin H$. 因此 H 在加法下不封闭.

对于乘法, 设 $r \in H$ 以及 $s \in H$, 由 r 和 s 在 H 中的意义, 存在 $\mathbb{Z}^+$ 中的整数 n 和 m, 使得 $r = n^2$ 和 $s = m^2$. 因此 $rs = n^2m^2 = (nm)^2$. 根据 H 中元素的特征和 $nm \in \mathbb{Z}^+$, 这意味着 $rs \in H$, 因此在乘法下 H 是封闭的.

例 1.7 设 F 是所有定义域为实数集 $\mathbb{R}$ 的实值函数 f 的集合. 在微积分中已经熟悉 F 上的运算 $+, -, \cdot$ 和 $\circ$. 也就是说, 对于 F 中函数的每个有序对 (f, g), 对每个 $x \in \mathbb{R}$ 定义

$$\text{加法} f + g : (f + g)(x) = f(x) + g(x)$$

$$\text{减法} f - g : (f - g)(x) = f(x) - g(x)$$

$$\text{乘法} f \cdot g : (f \cdot g)(x) = f(x)g(x)$$

$$\text{复合} f \circ g : (f \circ g)(x) = f(g(x))$$

所有这四个函数都是定义域为 $\mathbb{R}$ 的实值函数, 因此 F 在四个运算 $+, -, \cdot, \circ$ 下都是封闭的.

上面例子中描述的运算是大家非常熟悉的. 在本书中, 要从熟悉的代数中抽象出基本结构概念. 为了强调抽象的概念来自这些熟悉的代数, 用一些不熟悉的例子来说明这些结构概念.

描述给定集合上特定二元运算 $*$ 的最重要方法是, 对每对 (a,b), 用 a 和 b 的一些性质来确定元素 $a*b$.

例 1.8 在 $\mathbb{Z}^+$ 上, 定义运算 $a*b$ 等于 a 和 b 中的较小者, 或者如果 $a=b$, 则定义为公共值. 因此, $2*11=2$; $15*10=10$; $3*3=3$.

例 1.9 在 $\mathbb{Z}^+$ 上, 定义运算 $a*'b=a$. 因此 $2*'3=2, 25*'10=25, 5*'5=5$.

例 1.10 在 $\mathbb{Z}^+$ 上, 定义运算 $a*''b=(a*b)+2$, 其中 $*$ 是例 1.8 中定义的. 因此 $4*''7=6, 25*''9=11, 6*''6=8$.

这些例子似乎并不重要, 但事实上它们每天被使用数百万次. 例如, 考虑安装在汽车和手机上的 GPS 导航系统. 它搜索不同的驾驶路线, 计算行程时间, 并确定哪条路线时间更短. 例 1.8 中的运算被程序化在现代 GPS 系统中, 它扮演着重要的角色.

例 1.8 和例 1.9 可以用来说明运算是否取决于给定数对的顺序. 在例 1.8 中, $a*b=b*a$ 对所有 $a,b\in\mathbb{Z}^+$ 成立, 在例 1.9 中则并非如此, $5*'7=5$, 而 $7*'5=7$.

定义 1.11 *集合 S 上的运算 $*$ 称为***交换的** *(commutative), 当 (且仅当) $a*b=b*a$ 对所有 $a,b\in S$ 成立.*

正如第 0 章所指出的, 在数学中习惯性地省略了定义中的*且仅当*, 实际上定义应该被理解为当且仅当的陈述. 而定理并不总是当且仅当的陈述, 定理中没有这样的约定.

现在假设要考虑形如 $a*b*c$ 的式子. 二元运算 $*$ 只允许结合两个元素, 而这里有三个. 将这三个元素结合起来的明显尝试是形如 $(a*b)*c$ 或者 $a*(b*c)$. 在例 1.8 中, $(2*5)*9$ 可以由 $2*5=2$ 和 $2*9=2$ 计算出来. 同样, $2*(5*9)$ 可以由 $5*9=5$ 和 $2*5=2$ 计算出来. 因此 $(2*5)*9=2*(5*9)$, 不难看出, 对这个 $*$ 有

$$(a*b)*c=a*(b*c)$$

因此写 $a*b*c$ 没有什么歧义. 但是对于例 1.10,

$$(2*''5)*''9=4*''9=6$$

而

$$2*''(5*''9)=2*''7=4$$

因此 $(a*''b)*''c$ 不必等于 $a*''b*''c$, 式子 $a*''b*''c$ 的含义是模糊的.

定义 1.12 *集合 S 上的运算称为是***结合的** *(associative), 如果 $(a*b)*c=a*(b*c)$ 对所有 $a,b,c\in S$ 成立.*

可以证明, 如果 $*$ 是结合的, 那么长一点的式子, 如 $a*b*c*d$ 的含义就不是模糊的. 在计算时, 可以任意插入括号, 所得到的计算方式的最终结果是相同的.

回顾例 1.7 中 $\mathbb{R}$ 映射到 $\mathbb{R}$ 的函数的复合. 对于任意集合 S 以及 S 到 S 的任意映射 f 和 g, 类似定义 g 跟 f 的复合 $f \circ g$, 是 S 到 S 的映射, 使得 $(f \circ g)(x) = f(g(x))$ 对所有 $x \in S$ 成立. 一些重要的二元运算是用映射复合来定义的. 无论何时定义复合映射, 它总是结合的, 记住这点非常重要.

定理 1.13 (复合的结合性) 设 S 是一个集合, f, g, h 是 S 到 S 的映射. 那么 $f \circ (g \circ h) = (f \circ g) \circ h$.

证明 为了证明这两个映射数相等, 必须证明它们对每个 $x \in S$ 赋予相同的象. 计算发现

$$(f \circ (g \circ h))(x) = f((g \circ h)(x)) = f(g(h(x)))$$

和

$$((f \circ g) \circ h)(x) = (f \circ g)(h(x)) = f(g(h(x)))$$

因此确实得到了 S 的相同元素 $f(g(h(x)))$. □

以下例子说明应用定理 1.13 可以减少工作量, 回顾在证明 $n \times n$ 的矩阵乘法满足结合律时, 用求和号来书写是一个相当痛苦的练习. 在线性代数课程中, 如果首先证明矩阵和线性变换之间存在一一对应关系, 并且矩阵的乘法对应于线性变换 (映射) 的复合, 可以立即从定理 1.13 中得到这种结合性.

集合上的运算还有另一个性质, 在代数学中尤其重要. 数字 0 和 1 在实数中扮演着特殊角色, 因为对于任何实数 a, $a + 0 = a$, $a \times 1 = a$. 由于这些性质, 0 在 $\mathbb{R}$ 中被称为*加法单位元*, 1 在 $\mathbb{R}$ 中被称为*乘法单位元*. 一般来说, 单位元的定义如下.

定义 1.14 设 S 是具有二元运算 $*$ 的集合. 如果 $e \in S$ 对于所有 $a \in S$, 有 $a * e = e * a = a$, 那么称 e 为关于 $*$ 的**单位元** (identity element).

在单位元的定义中包含了两个条件 $a * e = a$ 和 $e * a = a$, 因为并没有假设 S 上的运算是交换的. 当然, 如果运算是交换的, 比如实数上的 $+$ 和 $\times$, 那么只需要检查其中一个条件, 另一个条件由交换性得.

定理 1.15 (单位元的唯一性) 具有二元运算的集合中最多只有一个单位元.

证明 需要证明不能有两个不同的单位元. 为此, 假设 e 和 e' 都是单位元, 证明 $e = e'$. 考虑元素 $e * e'$. 因为 e 是一个单位元, 所以 $e * e' = e'$. 但是 $e * e' = e$, 因为 e' 也是一个单位元. 因此, $e = e'$. □

例 1.16 继续例 1.7, 设 F 是所有实数映射到实数的函数的集合. 下面来验证由 $\imath(x) = x$ 定义的函数是函数复合运算的单位元. 设 $f \in F$. 那么 $f \circ \imath(x) = f(\imath(x)) = f(x)$ 和 $\imath \circ f(x) = \imath(f(x)) = f(x)$.

函数 $m(x)=1$ 是函数乘法运算的单位元, $a(x)=0$ 是函数加法运算的单位元, 但函数减法没有单位元.

本节考虑的最后一个性质是逆元的存在性. 对于实数加法, a 的逆是 $-a$. 对乘法, 非零实数 a 的逆是 $1/a$. 现在给出元素 x 的逆元的正式定义.

定义 1.17　如果 $*$ 是集合 S 上的一个运算, 且 S 有单位元 e, 那么任一元素 $x\in S$ 的**逆元** (inverse element) 是一个元素 x', 使得 $x*x'=x'*x=e$.

例 1.18　继续例 1.16, 设 F 是把实数映射到实数的函数集合, 具有函数复合运算. 对函数 $f\in F$ 的逆有两个定义, 一个是反函数的通常定义, 另一个是定义 1.17 中所定义的. 这两个定义是一致的, 因为它们都是说, f 的逆函数 f' 是一个函数, 使得 $f\circ f'=f'\circ f=\imath$. 所以 $f\in F$ 有逆当且仅当 f 是既单又满的.

运算表

对于一个有限集合, 集合上的二元运算可以通过一个表格来定义, 在这个运算表中, 集合的元素排在顶部行作为列的头, 排在左边列作为行的头. 元素在顶部行与左边列的排列顺序相同. 下面例子说明如何使用表格来定义二元运算.

例 1.19　表 1.20 通过以下规则定义了 $S=\{a,b,c\}$ 上的二元运算 $*$:(左边列第 i 个元素)$*$(顶部行第 j 个元素)=(表中第 i 行第 j 列的元素). 因此, $a*b=c$, $b*a=a$, 所以 $*$ 不是交换的.

表 1.20

$*$	a	b	c
a	b	c	b
b	a	c	b
c	c	b	a

容易看出, 一个由运算表定义的二元运算是交换的, 当且仅当表中的元素关于表中由左上角到右下角的对角线是对称的.

例 1.21　完成表 1.22, 使得 $*$ 是集合 $S=\{a,b,c,d\}$ 上的一个交换运算.

表 1.22

$*$	a	b	c	d
a	b			
b	d	a		
c	a	c	d	
d	a	b	b	c

表 1.23

$*$	a	b	c	d
a	b	d	a	a
b	d	a	c	b
c	a	c	d	b
d	a	b	b	c

解 从表 1.22 中看出 $b*a=d$, 为了使 $*$ 满足交换律, 必须有 $a*b=d$. 因此要把 d 放在由 $a*b$ 决定的方格中, 它在表 1.23 中位于由 $b*a$ 决定的方格关于对角线的对称位置. 以这种方式得到表 1.23 的其余部分.

例 1.24 当运算有单位元时, 习惯上将单位元放在顶部行的首位. 使得第一行和第一列分别与顶部行和左边列相同, 如表 1.25 所示.

表 1.25

$*$	e	a	b	c
e	e	a	b	c
a	a	c	c	a
b	b	a	e	c
c	c	e	a	b

提醒

课堂经验表明, 如果要求学生在一个集合上定义一个二元运算, 可能会导致混乱. 记住, 在集合 S 上定义二元运算 $*$ 时, 需要满足两个条件:

1. *恰好有一个元素对应于 S 的每个给定的有序元素对.*

2. *对于 S 的每一有序元素对, 与之对应的元素也在 S 中.*

关于条件 1, 学生经常试图将 "大多数" 有序对对应于 S 的一个元素, 但对少数几个有序对不指定对应任何元素. 在这种情况下, $*$ 并不是在 S 的**每一处都有定义**. 也可能发生某些有序对试图对应 S 的几个元素中的任何一个的情况, 也就是说, 存在不确定的歧义. 在任何有歧义的情况下, $*$ 都**不是良好定义的**. 如果违反了条件 2, 则 S 在 $*$ 下**不是封闭的**.

例 1.26 在集合 $\mathbb{Q}, \mathbb{Q}^*, \mathbb{Z}^+$ 的哪个中, 公式 $a*b=a/b$ 定义了一个运算? 注意, 这个公式在 $b=0$ 时没有意义. 例如, $2*0=2/0$ 没有定义, 这意味着条件 1 不满足. 所以 $*$ 不是 $\mathbb{Q}$ 上的运算.

如果去掉 0, 就得到了 $\mathbb{Q}^*$ 上的运算, 因为条件 1 和条件 2 都满足了. 也就是说, 对于任意 $a, b \in \mathbb{Q}^*, a*b=a/b$ 是一个非零有理数.

集合 $\mathbb{Z}^+$ 不包括 0, 但还有另一个问题. 例如, $1*2=1/2 \notin \mathbb{Z}^+$, 这意味着违反了条件 2, $*$ 不是 $\mathbb{Z}^+$ 上的运算.

下面是一些尝试在集合上定义运算的例子. 其中有些还需要进一步的工作! 在这些例子中, 符号 $*$ 都表示运算.

例 1.27　如例 1.7 所示, 设 F 是定义域为 $\mathbb{R}$ 的所有实值函数的集合. 假设 "定义"$*$ 为通常的 f 除以 g 的商, 即 $f*g=h$, 使得 $h(x)=f(x)/g(x)$. 这样违反了条件 2, 因为 F 中的函数是对所有实数有定义的, 但对于某些 $g\in F$, 对于 $\mathbb{R}$ 中的某些 x 值, $g(x)$ 为零. 因此对于 $\mathbb{R}$ 中的这些数, $h(x)$ 将没有定义. 例如, 如果 $f(x)=\cos x$ 且 $g(x)=x^2$, 那么 $h(0)$ 是没有定义的, 因此 $h\notin F$.

例 1.28　设 F 如例 1.27 所示, $f*g=h$, 其中 h 是大于 f 和 g 的函数. 这个 "定义" 非常模糊. 首先, 还没有定义一个函数大于另一个函数意味着什么. 即使有, 任何合理的定义都会有许多函数大于 f 和 g, 因此 $*$ 不是良好定义的.

例 1.29　设 S 是一个由 20 个人组成的集合, 其中没有两个人的身高相同. 用 $a*b=c$ 来定义 $*$, 其中 c 是 S 中 20 个人中最高的. 这是集合上一个恰当的二元运算, 尽管不是一个特别有趣的运算.

例 1.30　设 S 如例 1.29 所示, $a*b=c$, 其中 c 是 S 中比 a 和 b 都高的人中最矮的人. $*$ 并不是处处有定义的, 因为如果 a 或 b 是集合中最高的人, 那么 $a*b$ 就没有定义.

习题

计算

在习题 1~4 中, $*$ 是由表 1.31 给出的 $S=\{a,b,c,d,e\}$ 上的二元运算.

表 1.31

$*$	a	b	c	d	e
a	a	b	c	b	d
b	b	c	a	e	c
c	c	a	b	b	a
d	b	e	b	e	d
e	d	b	a	d	c

表 1.32

$*$	a	b	c	d
a	a	b	c	
b	b	d		c
c	c	a	d	b
d	d			a

1. 计算 $b*d, c*c$ 和 $[(a*c)*e]*a$.

2. 计算 $(a*b)*c$ 和 $a*(b*c)$. 根据计算, 说明 $*$ 是否可结合.

3. 计算 $(b*d)*c$ 和 $b*(d*c)$. 根据计算, 说明 $*$ 是否可结合.

4. $*$ 是交换的吗? 为什么?

5. 补全表 1.32, 使之定义出 $S=\{a,b,c,d\}$ 上的交换运算 $*$.

6. 补全表 1.33, 使之定义出 $S=\{a,b,c,d\}$ 上的结合运算 $*$. S 有单位元吗?

在习题 7~11 中, 确定哪个运算 $*$ 是结合的, 哪个运算 $*$ 是交换的, 哪个集合有运算单位元.

表 1.33

$*$	a	b	c	d
a	a	b	c	d
b	b	a	c	d
c	c	d	c	d
d				

7. 在 $\mathbb{Z}$ 上定义 $a*b=a-b$.

8. 在 $\mathbb{Q}$ 上定义 $a*b=2ab+3$.

9. 在 $\mathbb{Z}$ 上定义 $a*b=ab+a+b$.

10. 在 $\mathbb{Z}^+$ 上定义 $a*b=2^{ab}$.

11. 在 $\mathbb{Z}^+$ 上定义 $a*b=a^b$.

12. 设 S 是只有一个元素的集合. 在 S 上可以定义多少种不同的二元运算? 对于 S 恰好有 2 个元素, 恰好有 3 个元素, 恰好有 n 个元素, 回答同样的问题.

13. 有多少种不同的交换二元运算定义在一个二元集上? 在一个三元集上? 在一个 n 元集上?

14. 在有 n 个元素的集合 S 上有多少种不同的二元运算, 具有性质: 对所有 $x\in S, x*x=x$?

15. 在有 n 个元素的集合 S 上有多少种不同的二元运算具有单位元?

概念

在习题 16~19 中, 不参考书本, 根据需要更正楷体术语的定义, 使其成立.

16. 二元运算是*交换的*当且仅当 $a*b=b*a$.

17. 集合 S 上的二元运算 $*$ 是*结合的*当且仅当对于所有 $a,b,c\in S$, 有 $(b*c)*a=b*(c*a)$.

18. 集合 S 的子集 H 在 S 的二元运算 $*$ 下是*封闭的*当且仅当 $(a*b)\in H$ 对于所有 $a,b\in S$ 成立.

19. 具有二元运算 $*$ 的集合 S 中的*单位元*是一个元素 $e\in S$ 使得 $a*e=e*a=a$.

20. 是否有这样的集合 S, 它具有一个二元运算 $*$ 和两个不同的元素 $e_1,e_2\in S$, 使得对于所有 $a\in S$, $e_1*a=a$ 和 $a*e_2=a$? 如果有, 给出例子; 如果没有, 给出证明.

在习题 21~26 中, 确定 $*$ 的定义是否给出了集合上的一个二元运算. 如果不是二元运算, 请说明违反了条件 1 还是条件 2，还是同时违反了两个条件.

21. 在 $\mathbb{Z}^+$ 上定义 $a * b = b^a$.

22. 在 $\mathbb{R}^+$ 上定义 $a * b = 2a - b$.

23. 在 $\mathbb{R}^+$ 上定义 $a * b$ 为 a 和 $b-1$ 的较小者, 若 a 与 $b-1$ 不同; 若 a 与 $b-1$ 相同, 则定义 $a * b$ 为此相同值.

24. 在 $\mathbb{R}$ 定义 $a * b = c$ 使得 $c^b = a$.

25. 在 $\mathbb{Z}^+$ 上定义 $a * b = c$, 其中 c 至少比 $a + b$ 大 5.

26. 在 $\mathbb{Z}^+$ 上定义 $a * b = c$, 其中 c 是小于 a 和 b 的乘积的最大整数.

27. 设 H 是 $M_2(\mathbb{R})$ 的子集, 由所有形如 $\begin{bmatrix} a & -b \\ b & a \end{bmatrix}$ 的矩阵构成, 其中 $a, b \in \mathbb{R}$. H 在以下运算下封闭吗?

a. 矩阵加法.　　　b. 矩阵乘法.

28. 判断下列命题的真假.

a. 如果 $*$ 是集合 S 上的二元运算, 那么对于所有 $a \in S$, $a * a = a$.

b. 如果 $*$ 是集合 S 上的交换二元运算, 那么对于所有 $a, b, c \in S$, $a * (b * c) = (b * c) * a$.

c. 如果 $*$ 是集合 S 上的结合二元运算, 那么对于所有 $a, b, c \in S$, $a * (b * c) = (b * c) * a$.

d. 唯一重要的二元运算是定义在数集上的.

e. 集合 S 上的二元运算 $*$ 是交换的, 如果存在 $a, b \in S$ 使得 $a * b = b * a$.

f. 集合上的每个二元运算恰有一个元素既是交换的又是结合的.

g. 集合 S 上的二元运算为每一个有序元素对指定至少一个 S 中的元素.

h. 集合 S 上的二元运算为每一个有序元素对指定最多一个 S 中的元素.

i. 集合 S 上的二元运算为每一个有序元素对指定恰好一个 S 中的元素.

j. 集合 S 上的二元运算可以为某一个有序元素对指定多个 S 中的元素.

k. 对于集合 S 上的任何二元运算 $*$, 如果 $a, b, c \in S$, $a * b = a * c$, 那么 $b = c$.

l. 对于集合 S 上的任何二元运算 $*$, 有一个元素 $e \in S$, 使得对于所有 $x \in S$ 有 $x * e = x$.

m. 集合 $S = \{e_1, e_2, a\}$ 上有一个运算 $*$, 使得对于所有 $x \in S$ 有 $e_1 * x = e_2 * x = x$.

n. 单位元总是称为 e.

29. 给出一个既不是书中例子描述过的, 又不是由数字组成的集合, 并在这个集合上定义两种不同的二元运算 $*$ 和 $*'$. 确保集合是良好定义的.

理论

30. 证明, 如果 $*$ 是集合 S 上的结合和交换二元运算, 那么

$$(a * b) * (c * d) = [(d * c) * a] * b$$

对于所有 $a, b, c, d \in S$ 成立. 假设结合律只对三个元素成立, 也就是说, 只假设对于所有 $x, y, z \in S$,

$$(x * y) * z = x * (y * z)$$

在习题 31 和习题 32 中, 要么证明结论, 要么给出反例.

31. 由单个元素组成的集合上的二元运算都是交换的和结合的.

32. 只有两个元素的集合上的交换二元运算都是结合的.

设 F 是定义域为 $\mathbb{R}$ 的所有实值函数的集合. 例 1.7 定义了 F 上的二元运算 $+, -, \cdot, \circ$. 在习题 33~41 中, 要么证明结论, 要么给出反例.

33. F 上的函数加法 $+$ 是结合的.

34. F 上的函数减法 $-$ 是交换的.

35. F 上的函数减法 $-$ 是结合的.

36. F 在函数减法 $-$ 下有单位元.

37. F 在函数乘法 $\cdot$ 下有单位元.

38. F 上的函数乘法 $\cdot$ 是交换的.

39. F 上的函数乘法 $\cdot$ 是结合的.

40. F 上的函数复合 $\circ$ 是交换的.

41. 如果 $*$ 和 $*'$ 是集合 S 上的两个二元运算, 那么对 $a, b, c \in S$ 有

$$a * (b *' c) = (a * b) *' (a * c)$$

42. 设 $*$ 是集合 S 上的结合二元运算, $H = \{a \in S | a * x = x * a,\ x \in S\}$. 证明 H 在 $*$ 下是封闭的. (H 是由 S 中这样的元素组成的: 它们与 S 中的所有元素交换.)

43. 设 $*$ 是集合 S 上的结合和交换二元运算, 证明 $H = \{a \in S | a * a = a\}$ 在 $*$ 下是封闭的. (H 的元素是二元运算 $*$ 的**幂等元**.)

44. 设 $*$ 是集合 S 上满足以下两个法则的二元运算:

- $x * x = x$ 对所有 $x \in S$ 成立;
- $(x * y) * z = (y * z) * x$ 对所有 $x, y, z \in S$ 成立.

证明 $*$ 是结合的和交换的. (1971 年普特南数学竞赛问题 B-1.)

1.2 群

在高中代数中, 一个关键的目标是学习如何解方程. 甚至在学习代数之前, 小学生就会遇到像 $5 + \square = 2$ 或 $2 \times \square = 3$ 这样的问题. 这些问题在高中代数中会变成 $5 + x = 2$ 和 $2x = 3$. 下面来仔细研究解这类方程的步骤:

$$\begin{aligned} 5 + x &= 2, && \text{给定} \\ -5 + (5 + x) &= -5 + 2, && \text{加} - 5 \\ (-5 + 5) + x &= -5 + 2, && \text{结合律} \\ 0 + x &= -5 + 2, && \text{计算} - 5 + 5 \\ x &= -5 + 2, && 0\text{的性质} \\ x &= -3, && \text{计算} - 5 + 2 \end{aligned}$$

严格地说, 这里不是证明 -3 是一个解, 而是证明它是唯一解. 为了证明 -3 是一个解, 只需要计算 $5 + (-3)$. 对于方程 $2x = 3$, 可以用有理数乘法运算进行类似的分析:

$$\begin{aligned} 2x &= 3, && \text{给定} \\ \frac{1}{2} \times 2x &= \frac{1}{2} \times 3, && \text{乘}\frac{1}{2} \\ \left(\frac{1}{2} \times 2\right) x &= \frac{1}{2} \times 3, && \text{结合律} \\ 1 \cdot x &= \frac{1}{2} \times 3, && \text{计算}\frac{1}{2} \times 2 \\ x &= \frac{1}{2} \times 3, && 1\text{的性质} \\ x &= \frac{3}{2}, && \text{计算}\frac{1}{2} \times 3 \end{aligned}$$

假设集合 S 上有一个二元运算 $*$. 这个运算需要什么性质, 才能对 S 中的给定元素 a 和 b, 解形如 $a * x = b$ 的方程? 方程 $5 + x = 2$ 和 $2x = 3$ 都有这种形式; 第一个的运算是 $+$, 第二个的运算是 $\times$. 检查所使用的步骤, 可以看到运算 $*$ 所需要的性质, 如下表所示.

性质	$+$	$\times$
结合律	$-5 + (5 + x) = (-5 + 5) + x$	$\frac{1}{2} \times (2x) = \left(\frac{1}{2} \times 2\right) x$
单位元	$0 : 0 + x = x$	$1 : 1 \times x = x$
逆元	$-5 : -5 + 5 = 0$	$\frac{1}{2} : \frac{1}{2} \times 2 = 1$

如果 S 上有一个运算 $*$ 满足这三个性质, 那么形如 $a*x=b$ 的方程可以用解 $5+x=2$ 或 $2x=3$ 的步骤来解出 x. 这三个基本性质是组成一个群所必需的. 现在可以给出群的确切定义.

定义和例子

定义 2.1 一个群 (group)$\langle G,*\rangle$ 是一个集合 G, 在一个二元运算 $*$ 下封闭, 且满足以下公理:

$\mathscr{G}_1$: 对于任意 $a,b,c\in G$ 有

$$(a*b)*c=a*(b*c).\quad *\text{的}\textbf{结合律}(\text{associativity})$$

$\mathscr{G}_2$: G 中有一个元素 e 使得对任意 $x\in G$ 有

$$e*x=x*e.\quad *\text{的}\textbf{单位元}(\text{identity element})e$$

$\mathscr{G}_3$: 对于 G 中每个元素 a, 存在元素 $a'\in G$ 有

$$a*a'=a'*a=e.\quad a\text{的}\textbf{逆元}(\text{inverse})a'$$

例 2.2 $\langle\mathbb{R},+\rangle$ 是单位元为 0 的群, 任何实数 a 的相反数 $-a$ 是其逆元. 而由于 0 没有倒数, $\langle\mathbb{R},\cdot\rangle$ 不是一个群. 此例中仍然可以解 $2x=3$, 因为 $\langle\mathbb{R}^*,\cdot\rangle$ 是一个群, 这是由于实数的乘法是可结合的, 1 是单位元, 除了 0 之外的所有实数都有倒数.

通常说, G 在运算 $*$ 下构成群, 这比说 $\langle G,*\rangle$ 是一个群更为方便. 有时, 只有一个明显的运算 $*$, 使 $\langle G,*\rangle$ 成为一个群. 在这种情况下, 可以省略记号直接说 G 是一个群. 例如, 当说 $\mathbb{R}$ 是一个群, 通常指 $\mathbb{R}$ 是一个加法群.

定义 2.3 如果群 G 的运算是交换的, 那么称它是**交换** (abelian) **群**.

下面给出一些集合上二元运算的例子, 它们有的构成群, 有的不构成群.

例 2.4 集合 $\mathbb{Z}^+$ 在加法下不构成群. 在 $\mathbb{Z}^+$ 在 $+$ 下没有单位元.

例 2.5 所有非负整数 (包括 0) 的集合在加法下仍然不是一个群. 虽然有加法单位元 0, 但 2 没有逆元.

历史笔记

抽象群论的发展在 19 世纪的数学文献中有三个明显的历史根源: 代数方程论、数论和几何学. 所有这三个领域都用了群论的推理方法, 而在第一个领域中的应用比在其余两个领域要更为明显.

19 世纪几何学的中心主题之一是寻找各种几何变换下的不变量. 渐渐地, 人们

的注意力开始集中在几何变换本身, 在许多情况下, 这些几何变换可以认为是群的元素.

在数论中, 早在 18 世纪, 莱昂哈德·欧拉 (Leonhard Euler) 就已经考虑了幂 a^n 模素数 p 的剩余, 这些剩余具有群的性质. 同样, 卡尔·F. 高斯 (Carl F. Gauss) 在他的《算术研究》(*Disquisitiones Arithmeticae*, 1800) 中, 广泛地处理了二次型 $ax^2 + 2bxy + cy^2$, 证明了二次型的等价类在合同变换下具有相同的群论性质.

最后, 代数方程理论提供了群概念的最明确的预示. 约瑟夫-路易斯·拉格朗日 (Joseph-Louis Lagrange, 1736—1813) 事实上开创了方程根置换的研究, 并将它用于解方程. 当然, 这些置换被看作一个群的元素.

瓦尔特·冯·戴克 (Walther von Dyck, 1856—1934) 和海因里希·韦伯 (Heinrich Weber, 1842—1913) 在 1882 年结合三个历史根源, 独立地给出抽象群概念的明确定义.

例 2.6 整数、有理数、实数和复数通常的加法性质表明, $\mathbb{Z}, \mathbb{Q}, \mathbb{R}$ 和 $\mathbb{C}$ 在加法下构成交换群.

例 2.7 集合 $\mathbb{Z}^+$ 在乘法下不构成群. 虽然有单位元 1, 但 3 没有逆元.

历史笔记

交换群也被称为*阿贝尔群*以纪念挪威数学家尼尔斯·亨里克·阿贝尔 (Niels Henrik Abel, 1802—1829). 阿贝尔对多项式方程的可解性问题很感兴趣. 在 1828 年的一篇论文中, 他证明了如果一个多项式方程的所有根可以表示为其中一个 (比如 x) 的有理函数 $f, g, \cdots, h$, 且对于任意两个根, $f(x)$ 和 $g(x)$ 的关系 $f(g(x)) = g(f(x))$ 总是成立, 那么这个方程是可用根式解的. 阿贝尔证明了这些函数实际上是方程根的置换, 因此, 这些函数是根的置换群的元素. 正是这些与可解方程相关的置换群的交换性质, 使得卡米尔·约当 (Camille Jordan) 在 1870 年的代数论文中将这些群命名为*阿贝尔群*; 此后, 这个名字被广泛地应用于交换群.

阿贝尔青少年时期就被数学所吸引, 很快就超越了他在挪威的所有老师. 1825 年, 他终于得到了前往其他地方学习的政府旅行资助, 去了柏林, 在那里他结识了最有影响力的德国数学期刊的创始人奥古斯特·克雷尔 (August Crelle). 在接下来的几年里, 阿贝尔为《克雷尔杂志》贡献了大量的论文, 包括在椭圆函数领域的许多论文, 其中的理论均由他独创. 1827 年, 阿贝尔回到挪威, 没有职业, 债台高筑. 尽管如此, 他还是继续写出了一些杰出论文. 在克雷尔为他在柏林找到一个大学职位的两天前, 他死于肺结核, 年仅 26 岁.

例 2.8 整数、有理数、实数和复数通常的乘法性质表明, 正数集 $\mathbb{Q}^+, \mathbb{R}^+$ 和非零数集 $\mathbb{Q}^*, \mathbb{R}^*, \mathbb{C}^*$ 在乘法下构成交换群.

例 2.9 定义域为 $\mathbb{R}$ 的所有实值函数的集合在函数加法下构成交换群.

例 2.10 (线性代数) 学习过向量空间的人应该注意到, 一个向量空间 V 仅就关于向量加法的公理, 使得 V 在向量加法下构成交换群.

例 2.11 所有 $m \times n$ 矩阵的集合 $M_{m\times n}(\mathbb{R})$ 在矩阵加法下构成交换群. 其中所有元素为 0 的 $m \times n$ 矩阵是单位矩阵.

例 2.12 所有 $n \times n$ 矩阵的集合 $M_n(\mathbb{R})$ 在矩阵乘法下不构成群. 其中所有元素为 0 的 $n \times n$ 矩阵没有逆元.

上面例子中的群都是交换群. 有许多不是交换群的例子, 现在介绍其中的两个.

例 2.13 这是一个非交换群的例子. 令 T 为平面上等距变换的集合. 平面的**等距变换** (isometry) 是平面到平面保持两点距离不变的映射. 如果 ϕ 是平面上的等距变换, 而 P, Q 是平面上的点, 那么 P 和 Q 之间的距离就等于 $\phi(P)$ 和 $\phi(Q)$ 之间的距离. 平面上的等距变换将平面一一对应到平面本身. 平面上的平移和旋转是等距变换. 集合 T 在映射复合运算下构成一个群. 为验证这一点, 首先检查变换映射复合是否是一个运算. 显然, 两个等距变换的复合是等距变换, 因为每个等距变换都保持距离. 所以映射复合是 T 上的一个运算. 定理 1.13 表明映射复合是可结合的, 因此满足 $\mathscr{G}_1$. 将平面上的每个点 P 映射到自身的恒等映射 $\imath$ 是 T 中的单位元, 这意味着 $\mathscr{G}_2$ 满足. 最后, 对于任何等距变换 ϕ, 逆映射 ϕ^{-1} 也是等距变换, 它正是 $\mathscr{G}_3$ 中定义的逆映射. 因此 T 在映射复合下构成群.

为了说明 T 是非交换群, 只需要找到两个等距变换 ϕ 和 θ, 使得 $\phi \circ \theta \neq \theta \circ \phi$. 映射 $\phi(x, y) = (-x, y)$(关于 y 轴的反射) 和 $\theta(x, y) = (-y, x)$(围绕原点旋转 $\pi/2$) 满足要求. 注意 $\phi \circ \theta(1, 0) = \phi(\theta(1, 0)) = \phi(0, 1) = (0, 1)$ 和 $\theta \circ \phi(1, 0) = \theta(\phi(1, 0)) = \theta(-1, 0) = (0, -1)$, 这意味着 $\phi \circ \theta \neq \theta \circ \phi$, 因此 T 不是交换群.

例 2.14 证明由所有 $n \times n$ 可逆矩阵组成的 $M_n(\mathbb{R})$ 的子集 S, 在矩阵乘法下构成一个群.

解 先证明 S 在矩阵乘法下是封闭的. 设 $\boldsymbol{A}, \boldsymbol{B} \in S$, 于是 $\boldsymbol{A}^{-1}$ 和 $\boldsymbol{B}^{-1}$ 都存在, $\boldsymbol{A}\boldsymbol{A}^{-1} = \boldsymbol{B}\boldsymbol{B}^{-1} = \boldsymbol{I}_n$. 因此

$$(\boldsymbol{AB})(\boldsymbol{B}^{-1}\boldsymbol{A}^{-1}) = \boldsymbol{A}(\boldsymbol{B}\boldsymbol{B}^{-1})\boldsymbol{A}^{-1} = \boldsymbol{A}\boldsymbol{I}_n\boldsymbol{A}^{-1} = \boldsymbol{I}_n$$

因此 $\boldsymbol{AB}$ 是可逆的, 也在 S 中.

由于矩阵乘法是结合的, $\boldsymbol{I}_n$ 是单位元, 而由 S 的定义, S 的每个元素都有逆元, 于是 S 是一个群. 这个群不是交换的.

上面例子中描述的可逆 $n \times n$ 矩阵群在线性代数中是非常重要的. 称为 n 次**一般线性群**, 通常记为 $\mathrm{GL}(n,\mathbb{R})$. 学过线性代数的人知道, $\mathrm{GL}(n,\mathbb{R})$ 中的矩阵 $\boldsymbol{A}$ 引起一个可逆的线性映射 $T:\mathbb{R}^n \to \mathbb{R}^n$, 使得 $T(\boldsymbol{x}) = \boldsymbol{A}\boldsymbol{x}$. 反过来, $\mathbb{R}^n$ 上的每一个可逆线性变换都是由 $\mathrm{GL}(n,\mathbb{R})$ 中的某个矩阵定义的. 此外, 矩阵乘法对应于线性变换的复合. 因此, 所有 $\mathbb{R}^n$ 上的可逆线性变换在映射复合下构成一个群, 这个群通常记为 $\mathrm{GL}(\mathbb{R}^n)$. 由于集合 $\mathrm{GL}(\mathbb{R}^n)$ 和 $\mathrm{GL}(n,\mathbb{R})$ 及其运算在本质上是相同的, 因此说这两个群是同构的. 在本节后面将给出一个正式的定义.

下面用一个看起来有点人为的例子来结束群例子的列举. 列举它是为了说明定义群的方法有很多, 并说明验证一个带有二元运算的集合是一个群所需要的步骤.

例 2.15　在 $\mathbb{Q}^+$ 中定义运算 $a * b = ab/2$. 那么

$$(a*b)*c = \frac{ab}{2} * c = \frac{abc}{4}$$

同样地,

$$a*(b*c) = a * \frac{bc}{2} = \frac{abc}{4}$$

因此 $*$ 是结合的. 计算得

$$2*a = a*2 = a$$

对于所有的 $a \in \mathbb{Q}^+$ 成立, 2 是单位元. 最后,

$$a * \frac{4}{a} = \frac{4}{a} * a = 2$$

所以 $a' = 4/a$ 是 a 的逆元, 对于所有的 $a \in \mathbb{Q}^+$ 成立. 因此 $\mathbb{Q}^+$ 在运算 $*$ 下构成群.

群的基本性质

要证明关于群的第一个定理, 必须用定义 2.1, 因为这是目前唯一知道的关于群的知识. 第二个定理的证明可以同时使用定义 2.1 和第一定理; 第三定理的证明可以使用定义 2.1 和前两个定理, 等等.

第一个定理将建立消去律. 在实数算术中, 已经知道 $2a = 2b$ 意味着 $a = b$. 只须将方程 $2a = 2b$ 的两边同时除以 2, 或者等价地两边同乘以 2 的乘法逆元 $1/2$. 模仿这个证明来为任意群建立消去律, 注意其中用了结合律.

定理 2.16 如果 G 是具有二元运算 $*$ 的群, 那么 G 中左、右**消去律** (cancellation laws) 成立, 即 $a*b=a*c$ 意味着 $b=c$, 而 $b*a=c*a$ 意味着 $b=c$, 对于所有 $a,b,c\in G$ 成立.

证明 假设 $a*b=a*c$. 那么由 $\mathscr{G}_3$, 存在 a' 使得

$$a'*(a*b)=a'*(a*c)$$

根据结合律,

$$(a'*a)*b=(a'*a)*c$$

根据 $\mathscr{G}_3$ 中 a' 的定义, $a'*a=e$, 所以

$$e*b=e*c$$

根据 $\mathscr{G}_2$ 中 e 的定义,

$$b=c$$

类似地, 从 $b*a=c*a$, 可以在右边乘 a' 并根据群的公理, 推出 $b=c$. □

下一个定理的证明可以使用定理 2.16. 证明群中的"线性方程"有唯一解.

定理 2.17 如果 G 是具有二元运算 $*$ 的群, 而 a 和 b 是 G 中任意元素, 那么线性方程 $a*x=b$, $y*a=b$ 有唯一解.

证明 首先, 通过计算 $a'*b$ 是 $a*x=b$ 的解证明至少有一个解存在. 注意,

$$\begin{aligned} a*(a'*b) &= (a*a')*b, && \text{结合律}\\ &= e*b, && a'\text{的定义}\\ &= b, && e\text{的性质}\end{aligned}$$

因此 $x=a'*b$ 是 $a*x=b$ 的解. 类似地, $y=b*a'$ 是 $y*a=b$ 的一个解.

为证明 y 的唯一性, 可以使用标准方法. 假设有两个解 y_1 和 y_2, 因此 $y_1*a=b$ 和 $y_2*a=b$, 那么 $y_1*a=y_2*a$, 根据定理 2.16, $y_1=y_2$. 类似地有 x 的唯一性. □

当然, 为了证明上面定理中的唯一性, 可以按照群定义来构造方法, 证明如果 $a*x=b$, 那么 $x=a'*b$. 然而再选择用标准方法来证明唯一性, 也就是说, 假设有两个这样的对象, 然后证明它们一定是相同的. 注意解 $x=a'*b$ 和 $y=b*a'$ 不一定相同, 除非 $*$ 是交换的.

因为群有一个二元运算, 从定理 1.15 知道群中的单位元 e 是唯一的. 作为下一个定理的一个简单情况, 再次陈述这个结论.

定理 2.18 在具有二元运算 $*$ 的群 G 中, 只有一个元素 e 对于所有的 $x \in G$, 满足

$$e * x = x = x * e = x$$

同样, 对于每个 $a \in G$, 在 G 中只有一个元素 a' 使得

$$a' * a = a * a' = e$$

也就是说, 群中单位元和逆元是唯一的.

证明 定理 1.15 表明, 任何二元运算的单位元都是唯一的. 不需要使用群的其他公理证明这一点.

关于逆元的唯一性, 假设 $a \in G$ 有逆元 a' 和 a'', 因此 $a' * a = a * a' = e$ 以及 $a'' * a = a * a'' = e$, 于是

$$a * a' = a * a'' = e$$

由定理 2.16,

$$a * a'' = a * a'$$

所以群中 a 的逆元是唯一的. □

注意在群 G 中, 有

$$(a * b) * (b' * a') = a * (b * b') * a' = (a * e) * a' = a * a' = e$$

再由定理 2.18 知, $b' * a'$ 是 $a * b$ 的唯一逆元, 即 $(a * b)' = b' * a'$. 这是定理 2.18 的推论.

推论 2.19 设 G 是群. 任给 $a, b \in G$, 有 $(a * b)' = b' * a'$.

注意, 在二元代数结构中, 比群具有更少公理的运算结构, 也被广泛研究. 在这些较弱的结构中, 具有结合二元运算结构的**半群** (semigroup), 可能是最受关注的. **幺半群** (monoid) 是具有运算单位元的半群. 而群既是半群也是幺半群.

最后, 可以给出群 $\langle G, * \rangle$ 的乍看起来较弱的如下公理:

1. G 上二元运算 $*$ 是可结合的;

2. 在 G 中存在一个**左单位元** (left identity element)e, 使得对所有的 $x \in G$, 有 $e * x = x$;

3. 对每一个 $a \in G$, G 中都存在一个**左逆元** (left inverse)a', 使得 $a' * a = e$.

从这个*单侧定义*可以证明左单位元也是右单位元, 左逆元也是同一个元素的右逆元. 因此, 这些公理不应该被称为*弱公理*, 因为它们导致完全相同的所谓群的结构. 可以想象, 在某些情况下, 检查这些*左侧公理*可能比检查*双侧公理*更容易. 当然, 由对称性可以清楚地知道, 它们也是群的*右侧公理*.

群同构

目前为止已给的所有例子都是关于无限群的, 也就是说, 集合 G 有无限个元素. 现在转向有限群, 从最小的有限集合开始.

由于一个群至少有一个元素, 即单位元, 所以可能产生群的最小集合是单元集 $\{e\}$. 在 $\{e\}$ 上唯一可能的二元运算是由 $e * e = e$ 定义的. 群的三个公理都成立. 群的单位元的逆元总是它自己.

存在只有两个元素的群 $G = \{1, -1\}$, 其运算是通常数的乘法运算. 很明显, G 在乘法运算下是封闭的, 而乘法运算是结合运算. 此外, 1 是单位元, 1 的逆元是 1, 而 -1 的逆元是 -1. 表 2.20 是 G 的运算表.

表 2.20

$*$	1	-1
1	1	-1
-1	-1	1

这是具有两个元素的唯一群吗? 要看到这一点, 可以尝试在一个包含两个元素的集合上建立群结构. 由于其中一个元素必须是单位元, 可以将单位元记为 e, 将另一个元素记为 a. 按照惯例, 将单位元放在顶部和左边, 如下所示.

$*$	e	a
e		
a		

由于 e 是单位元, 因此

$$x = x * e = x$$

对于所有 $x \in \{e, a\}$ 都成立. 为了使 $*$ 给出一个群, 必须按照下面的方法来填表:

$*$	e	a
e	e	a
a	a	

由于 a 有一个逆元 a' 使得

$$a * a' = a' * a = e$$

此时 a' 只能是 a 或者 e. 因为 $a' = e$ 显然不允许, 必须有 $a' = a$, 所以完成的表格只能如表 2.21 所示.

表 2.21

$*$	e	a
e	e	a
a	a	e

群的所有公理现在都满足了, 除了结合律还没有检验. 但是, 如果在表 2.20 中将 1 重新标记为 e, 将 -1 重新标记为 a, 就得到表 2.21. 因此, 为 $\{e, a\}$ 构造的表也必须满足结合律 $\mathscr{G}_1$. 该表还表明, $\mathscr{G}_2$ 和 $\mathscr{G}_3$ 也满足, 因此 $\langle\{e, a\}, *\rangle$ 是一个群. 群 $\{1, -1\}$ 和 $\{e, a\}$ 不相同, 但它们本质上是相同的, 因为通过将一个群的元素重新标记为另一个群的元素, 它们的运算是对应的. 当一个群的元素可以与另一个群的元素对应使得运算也是对应相同的, 称两个群是**同构的**, 这种对应称为**群同构**. 已经证明了任何有两个元素的群与 $\{1, -1\}$ 的乘法群是同构的. 表示群同构的符号是 $\simeq$, 所以可以写成 $\langle\{1, -1\}, \times\rangle \simeq \langle\{e, a\}, *\rangle$. 当然这个对应是从一个群到另一个群的既单又满的映射. 如果只对那些表格易于计算的群感兴趣, 那么就不需要更精确的同构定义. 只需要看是否可以重新标记一个群运算表, 使它看起来像另一个. 然而, 对于无限群或者元素个数较多的群, 需要用更好的方法来验证群是否同构. 下面给出一个更精确的群同构定义.

定义 2.22 设 $\langle G_1, *_1\rangle$ 和 $\langle G_2, *_2\rangle$ 是群, $f : G_1 \to G_2$. 如果 f 满足以下两个条件, 就称 f 是一个**群同构** (group isomorphism).

1. 映射 f 是既单又满的.
2. 对于所有 $a, b \in G_1, f(a *_1 b) = f(a) *_2 f(b)$.

注意, 条件 1 只是给出了一种用 G_2 中的元素重新标记 G_1 中的元素的方法. 条件 2, 称之为**同态性质** (homomorphism property), 说明了在这个重新标记下, G_1 上的运算 $*_1$ 对应于 G_2 上的运算 $*_2$. 在群论中, 常用同构这个术语来表示群同构. 如果存在群 G_1 到群 G_2 的同构映射, 称 G_1 与 G_2 是**同构的** (isomorphic)(G_1 同构于 G_2). 在习题 44 中, 要求证明如果 $f : G_1 \to G_2$ 是同构映射, 那么逆映射 $f^{-1} : G_2 \to G_1$ 也是同构映射. 因此如果 G_1 与 G_2 是同构的, 那么 G_2 与 G_1 是同构的. 如果想验证两个群 G_1 与 G_2 是同构的, 可以构造一个 G_1 到 G_2 的同构映射, 或者 G_2 到 G_1 的同构映射.

例 2.23 在习题 10 中, 要求证明偶数集 $2\mathbb{Z}$ 在加法下构成一个群. 这里要证明 $\mathbb{Z}$ 和 $2\mathbb{Z}$ 是同构的. 此时两个群的运算都是加法运算. 需要建立一个既单又满的映射 $f:\mathbb{Z}\to 2\mathbb{Z}$. 设 $f:\mathbb{Z}\to 2\mathbb{Z}$ 由 $f(m)=2m$ 给出. 先验证条件 1, 说明 f 是既单又满的. 设 $a,b\in\mathbb{Z}, f(a)=f(b)$. 那么 $2a=2b$, 这意味着 $a=b$, 所以 f 是单的. 再证明 f 是满的. 设 $y\in 2\mathbb{Z}$. 由于 y 是偶数, 有某个 $c\in\mathbb{Z}$ 使得 $y=2c$. 因此, $y=2c=f(c)$, 于是 f 是 $\mathbb{Z}$ 到 $2\mathbb{Z}$ 的满射. 现在需要证明同态性质, 考虑任意 $a,b\in\mathbb{Z}$. 那么

$$f(a+b)=2(a+b)=2a+2b=f(a)+f(b)$$

这证明了条件 2. 因此 f 是一个群同构, $\mathbb{Z}$ 同构于 $2\mathbb{Z}$.

如上面提到的, 可以用逆映射 $f^{-1}:2\mathbb{Z}\to\mathbb{Z}$ 来定义同构映射, 其中 $f^{-1}(x)=x/2$.

群运算表的性质

以表 2.21 为例, 我们能够发现有限集上的二元运算表能给出群结构的必要条件. 集合中有一个元素是单位元, 记为 e. 条件 $e*x=x$ 意味着表格最左边与 e 相对的那一行元素就是出现在表格顶端的那一行元素并保持相同的顺序. 类似地, 条件 $x*e=x$ 意味着表格最顶端 e 下面的列的元素就是以同样顺序出现在最左边的元素. 每个元素 a 都既有右逆又有左逆, 这意味着在最左边有 a 的行中, 元素 e 必须出现, 而在最顶端 a 下面的列中, 元素 e 必须出现. 因此 e 必须出现在每一行和每一列中. 然而, 可以得到更好的结论. 根据定理 2.17, 不仅方程 $a*x=e$ 和 $y*a=e$ 有唯一解, 方程 $a*x=b$ 和 $y*a=b$ 也有唯一解. 通过类似的论证, 这意味着群中的每个元素 b 必须在表中的每一行和每一列中出现且仅出现一次.

反过来假设一个有限集合上的二元运算表使得, 有一个元素作为单位元, 集合的每一个元素在每一行每一列中恰好出现一次. 这样的结构是一个群结构, 当且仅当结合律成立. 如果二元运算 $*$ 是由一张运算表给出的, 那么结合律通常很难检验. 如果运算 $*$ 是由 $a*b$ 的某种特征性质定义的, 那么结合律通常很容易检验. 幸运的是, 第二种情况是经常遇到的.

已经看到, 本质上只有一种两个元素的群, 如果元素用 e,a 表示, 且单位元 e 先出现, 那么运算表必须如表 2.21 所示. 假设一个集合有三个元素. 和前面一样, 可以设集合为 $\{e,a,b\}$. 因为 e 是单位元, 这个集合上的二元运算的运算表必须如表 2.24 所示. 还有四个位置需要填充. 很快看到, 按照每一行和每一列恰好包含每个元素一次, 填满表 2.24 只能如表 2.25 所示. 可以找到一个群, 它的运算表与表 2.25 相同, 该群的元素是三个矩阵.

$$e=\begin{bmatrix}1&0\\0&1\end{bmatrix},a=\begin{bmatrix}-\dfrac{1}{2}&-\dfrac{\sqrt{3}}{2}\\\dfrac{\sqrt{3}}{2}&-\dfrac{1}{2}\end{bmatrix},b=\begin{bmatrix}-\dfrac{1}{2}&\dfrac{\sqrt{3}}{2}\\-\dfrac{\sqrt{3}}{2}&-\dfrac{1}{2}\end{bmatrix}$$

令 $G=\{e,a,b\}$. 习题 18 要求证明 G 在矩阵乘法下构成群. 通过计算矩阵积, 很容易验证 G 的运算表与表 2.25 相同. 因此, 表 2.25 给出了一个群.

表 2.24

$*$	e	a	b
e	e	a	b
a	a		
b	b		

表 2.25

$*$	e	a	b
e	e	a	b
a	a	b	e
b	b	e	a

假设 G' 是任何其他三个元素的群, 并假设 G' 的运算表中也是单位元首先出现. 由于填充 $G=\{e,a,b\}$ 的运算表只能用一种方法, 可以看到如果填充 G' 的运算表, 重新标记元素, 单位元记为 e, 下一个元素记为 a, 最后一个元素记为 b, 得到的 G' 的运算表必须与 G 的相同. 如上所述, 这个重新标记给出了群 G' 与群 G 的同构. 上面的工作可以总结为: 所有具有单个元素的群都是同构的, 所有只有两个元素的群都是同构的, 所有只有三个元素的群都是同构的. 以后用术语在同构意义下来表达这个唯一性. 可以说, "在同构意义下, 只有唯一一个三个元素的群".

群论中的一个有趣的问题是确定具有给定 n 个元素的所有群的同构类. 习题 20 要求证明 4 阶群有两个同构类. 对这个问题的深入研究超出了本书的范围, 但在后面的章节中对 n 的一些特殊值解决这个问题.

习题

计算

在习题 1~9 中, 判断二元运算 $*$ 是否给出给定集合上的群结构. 如果不是群结构, 按照定义 2.1 中公理 $\mathscr{G}_1,\mathscr{G}_2,\mathscr{G}_3$ 的顺序, 给出第一个不成立的公理.

1. 设 $*$ 定义在 $\mathbb{Z}$ 上, $a*b=ab$.

2. 设 $*$ 定义在 $2\mathbb{Z}=\{2n|n\in\mathbb{Z}\}$ 上, $a*b=a+b$.

3. 设 $*$ 定义在 $\mathbb{R}^+$ 上, $a*b=\sqrt{ab}$.

4. 设 $*$ 定义在 $\mathbb{Q}$ 上, $a*b=ab$.

5. 设 $*$ 定义在非零实数集 $\mathbb{R}^*$ 上, $a*b=a/b$.

6. 设 $*$ 定义在 $\mathbb{C}$ 上, $a*b=|ab|$.

7. 设 $*$ 定义在 $\{a,b\}$ 上, $a*b$ 运算由表 2.26 给出.

表 2.26

$*$	a	b
a	a	b
b	b	b

表 2.27

$*$	a	b
a	a	b
b	a	b

表 2.28

$*$	e	a	b
e	e	a	b
a	a	e	b
b	b	b	e

8. 设 $*$ 定义在 $\{a,b\}$ 上, $a*b$ 运算由表 2.27 给出.

9. 设 $*$ 定义在 $\{e,a,b\}$ 上, $a*b$ 运算由表 2.28 给出.

10. 设 n 为正整数, $n\mathbb{Z}=\{nm|m\in\mathbb{Z}\}$.

a. 证明 $\langle n\mathbb{Z},+\rangle$ 是一个群.

b. 证明 $\langle n\mathbb{Z},+\rangle\simeq\langle\mathbb{Z},+\rangle$.

在习题 11~18 中, 确定给定的一组矩阵在指定的矩阵加法或乘法下是否是群. 回顾, 一个**对角矩阵** (diagonal matrix) 是一个方阵, 它仅有的非零元素都在从左上角到右下角的**主对角线** (main diagonal) 上. **上三角形矩阵** (upper-triangular matrix) 是在主对角线下方只有零元素的方阵. 与每个 $n\times n$ 矩阵 $\boldsymbol{A}$ 对应的 $\boldsymbol{A}$ 的行列式, 用 $\det(\boldsymbol{A})$ 表示. 如果 $\boldsymbol{A}$ 和 $\boldsymbol{B}$ 都是 $n\times n$ 矩阵, 则 $\det(\boldsymbol{AB})=\det(\boldsymbol{A})\det(\boldsymbol{B})$. 还有 $\det(\boldsymbol{I}_n)=1$, $\boldsymbol{A}$ 是可逆的当且仅当 $\det(\boldsymbol{A})\neq 0$.

11. 所有 $n\times n$ 对角矩阵在矩阵加法下.

12. 所有 $n\times n$ 对角矩阵在矩阵乘法下.

13. 所有没有零对角元的 $n\times n$ 对角矩阵在矩阵乘法下.

14. 所有对角元为 1 或 -1 的 $n\times n$ 对角矩阵在矩阵乘法下.

15. 所有 $n\times n$ 上三角形矩阵在矩阵乘法下.

16. 所有 $n\times n$ 上三角形矩阵在矩阵加法下.

17. 所有行列式为 1 的 $n\times n$ 上三角形矩阵在矩阵乘法下.

18. 2×2 矩阵的集合 $G=\{\boldsymbol{e},\boldsymbol{a},\boldsymbol{b}\}$, 其中

$$\boldsymbol{e}=\begin{bmatrix}1&0\\0&1\end{bmatrix},\boldsymbol{a}=\begin{bmatrix}-\frac{1}{2}&-\frac{\sqrt{3}}{2}\\ \frac{\sqrt{3}}{2}&-\frac{1}{2}\end{bmatrix},\boldsymbol{b}=\begin{bmatrix}-\frac{1}{2}&\frac{\sqrt{3}}{2}\\ -\frac{\sqrt{3}}{2}&-\frac{1}{2}\end{bmatrix}$$

在矩阵乘法下.

19. 设 S 是除 -1 以外的所有实数的集合. 在 S 上定义 $*$ 为 $a*b=a+b+ab$.

a. 证明 $*$ 是 S 上的二元运算.　　b. 证明 $\langle S,*\rangle$ 是一个群.

c. 在 S 中解方程 $2*x*3=7$.

20. 本题证明存在两个非同构的四元群结构.

设集合为 $\{e,a,b,c\}$, e 为群运算的单位元. 群运算表必有表 2.29 所示形式. 表中问号位置不能填 a. 可以填单位元 e 或不同于 e 和 a 的元素. 在后一种情况下, 不失一般性, 记这个元素为 b. 如果问号位置填 e, 那么可以用两种填表方法来得到一个群. 找出这两个运算表 (不需要检查结合律). 如果问号位置填 b, 那么只有一种填表方法来得到一个群. 找出这个运算表 (不需要检查结合律). 在得到的三个运算表中, 有两个给出了同构群. 确定这是哪两个运算表, 给出它们之间的重新标记字母的同构映射.

a. 所有四元群都是交换的吗?

b. 重新标记 4 个矩阵

$$\left\{\begin{bmatrix}1&0\\0&1\end{bmatrix},\begin{bmatrix}0&-1\\1&0\end{bmatrix},\begin{bmatrix}-1&0\\0&-1\end{bmatrix},\begin{bmatrix}0&1\\-1&0\end{bmatrix}\right\}$$

使得它们的矩阵乘法表和你构造的三个运算表之一相同. 这就表明你构造的运算表是结合的, 因此给出了一个群.

c. 证明对于特殊的 n, 可以对习题 14 中给出的群的元素重新标记, 使得它的运算表与你构造的群运算之一相同. 这就表明你的运算表是结合的.

表 2.29

$*$	e	a	b	c
e	e	a	b	c
a	a	?		
b	b			
c	c			

21. 根据 1.1 节习题 12, 在一个两个元素的集合上有 16 种可能的二元运算. 其中有多少给出了群结构? 在三个元素的集合上的 19683 种可能的二元运算中, 有多少种给出了群结构?

概念

22. 考虑群的公理 $\mathscr{G}_1,\mathscr{G}_2,\mathscr{G}_3$. 可以按照 $\mathscr{G}_1\mathscr{G}_2\mathscr{G}_3$ 的顺序给出. 其他的次序是 $\mathscr{G}_1\mathscr{G}_3\mathscr{G}_2$, $\mathscr{G}_2\mathscr{G}_1\mathscr{G}_3$, $\mathscr{G}_2\mathscr{G}_3\mathscr{G}_1$, $\mathscr{G}_3\mathscr{G}_1\mathscr{G}_2$, $\mathscr{G}_3\mathscr{G}_2\mathscr{G}_1$. 在这六种可能的次序中, 恰好有三种次序可以出

现在定义中. 哪些次序不能在定义中出现, 为什么?(注意, 大多数教师至少在一次考试中要求学生确定一个群.)

23. 下面群的“定义”是从那些写得有点过快和粗心大意的学生的论文中逐字逐句地摘录下来的, 包括拼写和标点符号. 请做评改.

a. 群 G 是一些元素构成的集合加上一个二元运算 $*$, 满足以下条件

$*$ 是结合的

存在 $e \in G$ 使得

$$e * x = x * e = x = \text{单位元}$$

对于每一个 $a \in G$, 存在一个 a'(逆) 使得

$$a \cdot a' = a' \cdot a = e$$

b. 群是一个集合 G 满足

G 上的运算是结合的.

G 中有一个单位元 (e).

对于每一个 $a \in G$, 存在一个 a'(每一个元素有逆元).

c. 群是一个有二元运算的集合, 满足

二元运算有定义

存在一个逆元

存在一个单位元

d. 集合 G 称为二元运算 $*$ 上的一个群, 如果对于所有的 $a, b \in G$

二元运算 $*$ 在加法运算下是结合的

存在一个元素 $\{e\}$ 使得

$$a * e = e * a = e$$

对每个元素 a, 存在一个元素 a' 使得

$$a * a' = a' * a = e$$

24. 在下面集合上给出一个运算表, 使其定义的运算满足群定义中的公理 $\mathscr{G}_2, \mathscr{G}_3$, 但不满足公理 $\mathscr{G}_1$.

a. $\{e, a, b\}$.

b. $\{e, a, b, c\}$.

25. 判断下列命题的真假.

a. 一个群可能有多个单位元.

b. 任何两个三元群都是同构的.

c. 在群中, 每个线性方程都有解.

d. 对待一个定义的正确态度是记住它, 这样你就可以把它一字不差地复述出来.

e. 如果一个人能够证明满足他定义的群的一切, 也满足书上群的定义, 那么他给出的群的任何定义都应该是正确的.

f. 如果一个人能证明满足他给出的定义的任何东西都满足书中的定义, 那么他给出的群的任何定义都应该是正确的, 反之亦然.

g. 最多有三个元素的有限群是交换的.

h. 形如 $a * x * b = c$ 的方程在群中总有唯一解.

i. 空集可以被认为是一个群.

j. 每个群都是二元代数结构.

证明概要

现在给出一个证明概要的例子. 下面是一句话的证明概要, 证明群 $\langle G, *\rangle$ 中元素 a 的逆元是唯一的.

$$\text{设}a * a' = e\text{和}a * a'' = e,\text{对等式}a * a' = a * a''\text{用左消去律.}$$

注意, 说的是 "左消去律", 而不是 "定理 2.16". 总是假定概要是在午餐时的谈话中给出的, 不做定理编号, 而且使用尽可能少的记号.

26. 给出定理 2.16 中左消去律的一句话证明概要.

27. 给出定理 2.17 中方程 $ax = b$ 在群中有唯一解的最多两句话的证明概要.

理论

28. 如果 $a * a = e$, 称群中元素 $a \neq e$ 的阶为 2. 证明如果 G 是一个群, 且 $a \in G$ 的阶为 2, 那么对于任意 $b \in G, b' * a * b$ 的阶也为 2.

29. 证明如果 G 是单位元为 e 的具有偶数个元素的有限群, 那么 G 中有一个 $a \neq e$ 使得 $a * a = e$.

30. 设 $\mathbb{R}^*$ 是除 0 以外的所有实数的集合. 在 $\mathbb{R}^*$ 上定义 $*$ 为 $a * b = |a|b$.

a. 证明 $*$ 给出了 $\mathbb{R}^*$ 上的一个结合二元运算.

b. 证明 $*$ 有一个左单位元, $\mathbb{R}^*$ 的每个元有右逆元.

c. $\mathbb{R}^*$ 在这个二元运算下是一个群吗?

d. 解释这个习题的意义.

31. 设 $*$ 是集合 S 上的二元运算, 如果 $x * x = x$, 称元素 x 是 S 中的**幂等元** (idempotent). 证明一个群只有一个幂等元. (可以使用书中迄今为止证明过的任何定理.)

32. 设群 G 的单位元为 e, 证明若对任意 $x \in G$ 都有 $x * x = e$, 则 G 是交换群. (提示: 考虑 $(a * b) * (a * b)$.)

33. 设 G 是交换群, $c^n = c * c * \cdots * c$, 其中 $c \in G, n \in \mathbb{Z}^+$. 用数学归纳证明: 对任意 $a, b \in G$ 有 $(a * b)^n = a^n * b^n$.

34. 设 G 是一个群, $a, b \in G$ 满足 $a * b = b * a'$, 其中 a' 是 a 的逆. 证明 $b * a = a' * b$.

35. 设 G 是一个群, a, b 是 G 的元素, 满足 $a * b = b * a^3$. 将 $(a * b)^2$ 改写成 $b^k * a^r$ 的形式. (见习题 33 幂的记号.)

36. 设 G 是有限个元素的群. 证明对于任意 $a \in G$, 存在一个 $n \in \mathbb{Z}^+$ 使得 $a^n = e$. (a^n 的意义见习题 33.) (提示: 考虑 $e, a, a^2, a^3, \cdots, a^m$, 其中 m 是 G 中元素的个数, 使用消去律.)

37. 证明如果对群 G 中的 a, b 有 $(a * b)^2 = a^2 * b^2$, 那么 $a * b = b * a$. (a^2 的意义见习题 33.)

38. 设 G 是一个群, $a, b \in G$. 证明 $(a * b)' = a' * b'$ 当且仅当 $a * b = b * a$.

39. 设 G 是一个群, 如果对 $a, b, c \in G$ 有 $a * b * c = e$, 证明 $b * c * a = e$.

40. 证明若集合 G 上有一个二元运算 $*$ 满足推论 2.19 中所述左侧公理 1, 2, 3, 那么 G 是一个群.

41. 证明若在非空集合 G 上有一个满足结合律的二元运算 $*$, 而且对任意 $a, b \in G$, 方程 $a * x = b, y * a = b$ 都有解, 那么 G 是一个群. (提示: 用习题 40.)

42. 设 G 是一个群. 证明 $(a')' = a$.

43. 设 $\phi : \mathbb{R}^2 \to \mathbb{R}^2$ 是平面的等距变换.

a. 证明 ϕ 是单射. b. 证明 ϕ 是 $\mathbb{R}^2$ 上的满射.

44. 设 $f : G_1 \to G_2$ 是群 $\langle G_1, *_1 \rangle$ 到群 $\langle G_2, *_2 \rangle$ 的同构, 证明 $f^{-1} : G_2 \to G_1$ 也是群同构.

45. 设 G 是一个 n 元群, $A \subseteq G$ 有超过 $n/2$ 个元素. 证明对于任意 $g \in G$, 存在 $a, b \in A$, 使得 $a * b = g$. (1968 年普特南数学竞赛问题 B-2.)

1.3 交换群的例子

本节介绍交换群的两个系列和一个特殊的交换群. 这些群对于群的研究非常有用, 它们提供了理解概念和验证猜想的例子. 其中有些群在研究中经常用到.

先定义 $\mathbb{Z}_n=\{0,1,2,3,\cdots,n-1\}$, 前 $n-1$ 个正整数与 0 一起构成 n 个元素的集合. 定义 $\mathbb{Z}_n$ 上的运算 $+_n$ 如下, 设 $a,b\in\mathbb{Z}_n$

$$a+_n b=\begin{cases} a+b, & \text{若} a+b<n \\ a+b-n, & \text{若} a+b\geqslant n \end{cases}$$

注意到对任意 $a,b\in\mathbb{Z}_n, 0\leqslant a+b\leqslant 2n-2$, 所以 $0\leqslant a+_n b\leqslant n-1$ 是一个运算, 称之为**模 n 加法** (addition modulo n). 模 n 加法显然是交换的:$a+_n b=b+_n a$ 对任意 $a,b\in\mathbb{Z}_n$ 都对. 数 0 是单位元. 若 $a\neq 0$, $a\in\mathbb{Z}_n$ 逆元是 $n-a$; 而 0 的逆元是 0. 仅须证明 $+_n$ 满足结合律, 就可以证明 $\langle\mathbb{Z}_n,+_n\rangle$ 是交换群. 虽然直接证明 $+_n$ 满足结合律并不困难, 但是有点烦琐, 所以暂时不证明. 等讨论完单位圆群后, 利用单位圆群的性质再证明 $\langle\mathbb{Z}_n,+_n\rangle$ 是交换群.

例 3.1 对 $n=1$, $\mathbb{Z}_1=\{0\}$ 是只有一个元素的平凡群. 对于 $n=2$, $\mathbb{Z}_2=\{0,1\}$, 如在 1.2 节中所见, 它同构于 $\{1,-1\}$ 的乘法群. 需要注意的是, 集合上完全不同的运算仍然可以定义同构群. 在 1.2 节中还看到, 任意一个有三个元素的群与另外任意一个有三个元素的群是同构的. 因此, $\mathbb{Z}_3$ 在模 3 加法下的群与以下三个矩阵在矩阵乘法下构成的群是同构的,

$$\begin{bmatrix} 1 & 0 \\ 0 & 1 \end{bmatrix}, \begin{bmatrix} -\frac{1}{2} & -\frac{\sqrt{3}}{2} \\ \frac{\sqrt{3}}{2} & -\frac{1}{2} \end{bmatrix}, \begin{bmatrix} -\frac{1}{2} & \frac{\sqrt{3}}{2} \\ -\frac{\sqrt{3}}{2} & -\frac{1}{2} \end{bmatrix}$$

再次看到两个同构的群可以具有完全不同的集合和运算.

例 3.2 仔细查看 $\mathbb{Z}_4$ 的群运算表, 从表 3.3 中看到 0 的逆元是 0, 1 的逆元是 $4-1=3$, 2 的逆元是 $4-2=2$. 由 1.2 节的习题 20, 四个元素的群恰有两种. 另一个群是**克莱因四元群** (Klein 4-group), 记为 V(或 K_4, 德语中 "四" 是 Vier). V 的群运算表见表 3.4. 怎样才能知道 $\mathbb{Z}_4$ 和 V 不是同构的? 可以尝试从 $\mathbb{Z}_4$ 到 V 的所有可能的双射, 看看它们中是否有使 $\mathbb{Z}_4$ 的运算表看起来像 V 的运算表的. 这样做是乏味的, 所以需要找一种巧妙方法. 注意, V 的运算表中对角线上都是单位元. 无论如何重新安排 $\mathbb{Z}_4$ 运算表中各位置的元素, 对角线上只能有两个元素是相同的. 由此 $\mathbb{Z}_4$ 与 V 不是同构的.

回顾 $+_n$ 的定义, 没有理由把运算仅限制在 $0\leqslant a<n$ 的整数 a 上. 事实上, 可以对所有满足 $0\leqslant a<n$ 的实数 a 用同样的公式定义运算. 一般地, 设 c 是一个正实数,

$a, b \in [0, c)$. 可以定义 $+_c$ 如下

$$a +_c b = \begin{cases} a+b, & 若 a+b < c \\ a+b-c, & 若 a+b \geqslant c \end{cases}$$

表 3.3

$\mathbb{Z}_4$:

$+_4$	0	1	2	3
0	0	1	2	3
1	1	2	3	0
2	2	3	0	1
3	3	0	1	2

表 3.4

V :

*	e	a	b	c
e	e	a	b	c
a	a	e	c	b
b	b	c	e	a
c	c	b	a	e

这个运算叫作**模 c 加法** (addition modulo c). 容易看出模 c 加法是 $[0, c)$ 上的一个运算, 是交换的, 0 是单位元, 0 的逆元是 0, 任意 $a \in (0, c)$ 的逆元是 $c - a$. 把这个集合记为 $\mathbb{R}_c$ 而不是 $[0, c)$. 为了证明 $\langle \mathbb{R}_c, +_c \rangle$ 是交换群, 还需要证明 $+_c$ 是可结合的. 同样, 把证明放到讨论单位圆群之后.

例 3.5 设 $c = 2\pi$. 那么 $\frac{2}{5}\pi +_{2\pi} \frac{6}{5}\pi = \frac{8}{5}\pi$, 而 $\frac{7}{5}\pi +_{2\pi} \frac{6}{5}\pi = \frac{3}{5}\pi$. $\frac{\pi}{2}$ 的逆元是 $2\pi - \frac{\pi}{2} = \frac{3}{2}\pi$.

在群 $\langle \mathbb{R}_{2\pi}, +_{2\pi} \rangle$ 中, 本质上 0 等同于 2π, 即若 a 和 b 相加得到 2π, 那么 $a +_{2\pi} b = 0$. 在几何直观上可以看作取一根长度为 2π 的绳子, 把两端连在一起形成半径为 1 的圆. 为使这个想法表述更精确, 下面在平面单位圆上定义一个群, 并证明这个群与 $\mathbb{R}_{2\pi}$ 同构. 为此, 需要先回顾一些关于复数的事实.

复数

一个实数在几何上可以看成通常称作 x 轴的直线上的一个点. 一个复数可以看作欧氏平面上的一个点, 如图 3.6 所示. 注意, 竖直轴标记为 yi 轴而不是 y 轴, 原点上方的一个单位标记为 i 而不是 1. 具有笛卡儿坐标 (a, b) 的点在图 3.6 中标记为 $a + b$i. **复数** (complex number) 集 $\mathbb{C}$ 定义为

$$\mathbb{C} = \{a + b\mathrm{i} | a, b \in \mathbb{R}\}$$

通过把实数 r 与复数 $r + 0$i 视为等同, 可以把实数 $\mathbb{R}$ 看成复数的一个子集. 例如, 把

$3+0\mathrm{i}$ 写成 3, 把 $-\pi+0\mathrm{i}$ 写成 $-\pi$, 把 $0+0\mathrm{i}$ 写成 0. 类似地, 把 $0+1\mathrm{i}$ 写成 i, 把 $0+s\mathrm{i}$ 写成 $s\mathrm{i}$.

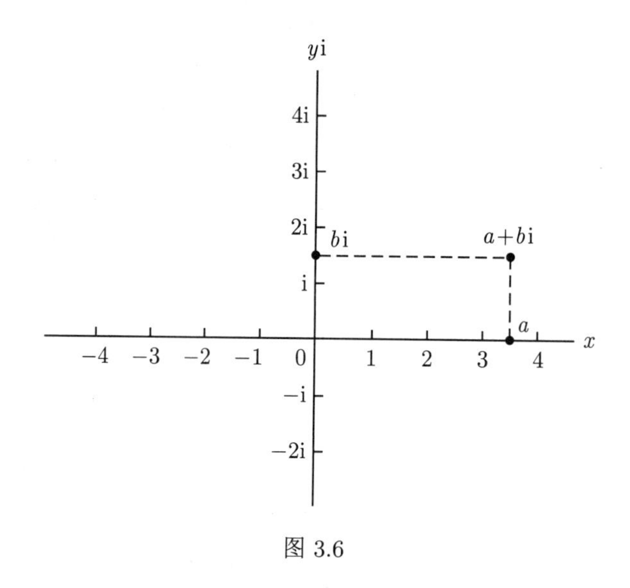

图 3.6

复数是在实数发展之后发展起来的. 发明 i 这个复数是为了给一元二次方程 $x^2=-1$ 提供一个解, 所以要求

$$\mathrm{i}^2=-1 \tag{1}$$

不幸的是, i 被称为一个**虚数** (imaginary number), 这个术语使得一代又一代的学生对复数比对实数持更多怀疑态度. 事实上, 所有的数, 比如 $1,3,\pi,-\sqrt{3}$ 和 i 都是人类大脑的发明. 没有一个物理实体是数字 1. 如果有的话, 它一定会出现在某个伟大的科学博物馆的荣誉之地, 围绕着它, 会有一群群数学家不断涌来, 怀着惊奇和敬畏的心情凝视着它. 本书的一个基本目标是说明当多项式的系数不一定是实数时, 如何发明多项式方程的解!

复数的乘积

乘积 $(a+b\mathrm{i})(c+d\mathrm{i})$ 应该按照已经熟悉的实数运算的性质定义, 并且要求 $\mathrm{i}^2=-1$, 即符合式 (1). 也就是说, 希望

$$\begin{aligned}(a+b\mathrm{i})(c+d\mathrm{i}) &= ac+ad\mathrm{i}+bc\mathrm{i}+bd\mathrm{i}^2\\ &= ac+ad\mathrm{i}+bc\mathrm{i}+bd(-1)\\ &= (ac-bd)+(ad+bc)\mathrm{i}\end{aligned}$$

因此, 定义 $z_1 = a + b\mathrm{i}$ 和 $z_2 = c + d\mathrm{i}$ 的乘积为

$$z_1z_2 = (a + b\mathrm{i})(c + d\mathrm{i}) = (ac - bd) + (ad + bc)\mathrm{i} \tag{2}$$

其形式为 $r + s\mathrm{i}, r = ac - bd$ 和 $s = ad + bc$. 可以检验通常的性质 $z_1z_2 = z_2z_1$(交换律)、$z_1(z_2z_3) = (z_1z_2)z_3$(结合律) 和 $z_1(z_2 + z_3) = z_1z_2 + z_1z_3$(分配律) 对所有 $z_1, z_2, z_3 \in \mathbb{C}$ 都成立.

例 3.7　计算 $(2 - 5\mathrm{i})(8 + 3\mathrm{i})$.

解　不必背式 (2), 而是按照这个等式产生的想法来计算乘积. 因此,

$$(2 - 5\mathrm{i})(8 + 3\mathrm{i}) = 16 + 6\mathrm{i} - 40\mathrm{i} + 15 = 31 - 34\mathrm{i}$$

为了确定复数乘法的几何意义, 首先定义 $a + b\mathrm{i}$ 的**绝对值** (absolute value)$|a + b\mathrm{i}|$ 为

$$|a + b\mathrm{i}| = \sqrt{a^2 + b^2} \tag{3}$$

这个绝对值是一个非负实数, 是图 3.6 中 $a + b\mathrm{i}$ 到原点的距离. 现在可以用极坐标形式表示一个复数

$$z = |z|(\cos\theta + \mathrm{i}\sin\theta) \tag{4}$$

其中 θ 是从正 x 轴逆时针方向旋转至由 0 到 z 的向量的夹角, 如图 3.8 所示. 由欧拉提出的一个著名公式:

$$\mathrm{e}^{\mathrm{i}\theta} = \cos\theta + \mathrm{i}\sin\theta \quad \textbf{欧拉公式}$$

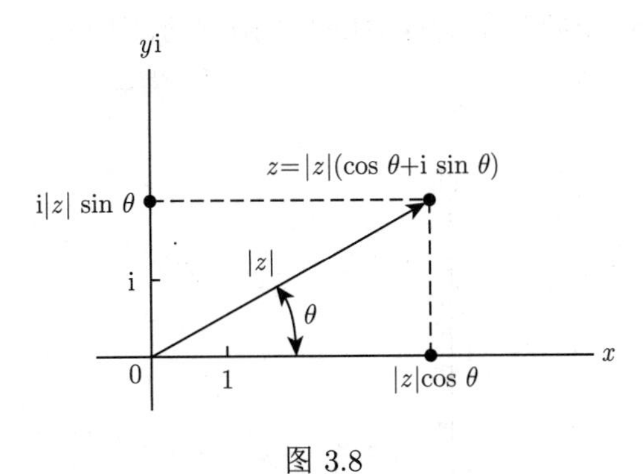

图 3.8

在习题 43 中, 要求根据 $\mathrm{e}^\theta, \cos\theta, \sin\theta$ 的幂级数展开式正式推导出欧拉公式. 利用这个公式, 由于 $z = |z|\mathrm{e}^{\mathrm{i}\theta}$, 可以用式 (4) 表示 z. 设

$$z_1 = |z_1|\mathrm{e}^{\mathrm{i}\theta_1}, \quad z_2 = |z_2|\mathrm{e}^{\mathrm{i}\theta_2}$$

在这种形式下计算它们的乘积, 并假设通常的指数定律适用于复数指数. 可以得到

$$
\begin{aligned}
z_1 z_2 &= |z_1|\mathrm{e}^{\mathrm{i}\theta_1}|z_2|\mathrm{e}^{\mathrm{i}\theta_2} = |z_1||z_2|\mathrm{e}^{\mathrm{i}(\theta_1+\theta_2)} \\
&= |z_1||z_2|[\cos(\theta_1+\theta_2) + \mathrm{i}\sin(\theta_1+\theta_2)] \qquad (5)
\end{aligned}
$$

注意, 式 (5) 的极坐标形式就是式 (4), 其中 $|z_1 z_2| = |z_1||z_2|$, $z_1 z_2$ 的极角 θ 是和 $\theta = \theta_1 + \theta_2$. 因此, 在几何上, 可以通过把绝对值相乘和极角相加来得到复数的乘积, 如图 3.9 所示. 习题 41 指出了如何通过三角恒等式得出这个结论, 而不需要用欧拉公式以及关于复数指数的假设.

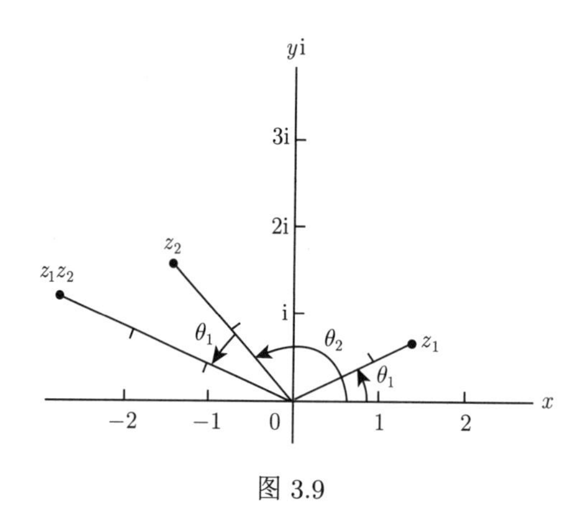

图 3.9

注意 i 的极角为 $\pi/2$, 绝对值为 1, 如图 3.10 所示. 因此 i^2 的极角为 $2(\pi/2) = \pi$, 而 $|1 \cdot 1| = 1$, 所以 $\mathrm{i}^2 = -1$.

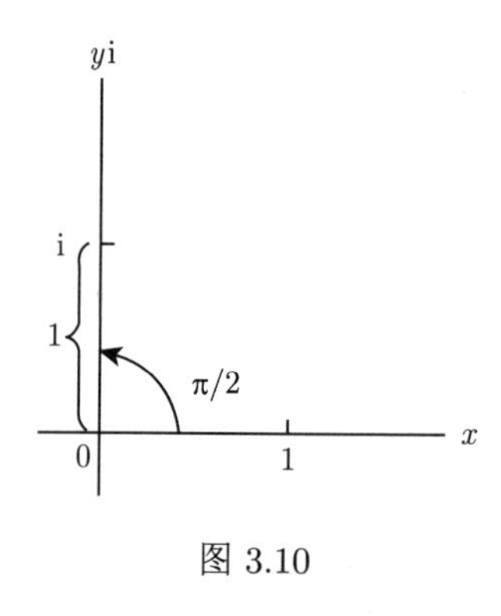

图 3.10

例 3.11　找出方程 $z^2 = \mathrm{i}$ 在 $\mathbb{C}$ 中的所有解.

解　把方程 $z^2 = \mathrm{i}$ 写成极坐标形式, 并用式 (5), 得到

$$|z|^2(\cos 2\theta + \mathrm{i}\sin 2\theta) = 1(0 + \mathrm{i})$$

因此 $|z|^2 = 1$, 所以 $|z| = 1$. z 的极角 θ 满足 $\cos 2\theta = 0, \sin 2\theta = 1$. 于是存在整数 n, 使得 $2\theta = (\pi/2) + n(2\pi)$, 所以 $\theta = (\pi/4) + n\pi$. 使得 θ 满足 $0 \leqslant \theta < 2\pi$ 的 n 值为 0 和 1, 因此有 $\theta = \pi/4$ 和 $\theta = 5\pi/4$. 得到的解为

$$z_1 = 1\left(\cos\frac{\pi}{4} + \mathrm{i}\sin\frac{\pi}{4}\right), z_2 = 1\left(\cos\frac{5\pi}{4} + \mathrm{i}\sin\frac{5\pi}{4}\right)$$

即

$$z_1 = \frac{1}{\sqrt{2}}(1 + \mathrm{i}), z_2 = \frac{-1}{\sqrt{2}}(1 + \mathrm{i})$$

例 3.12　找出 $z^4 = -16$ 的所有解.

解　如同例 3.11, 用极坐标表示方程, 得到

$$|z|^4(\cos 4\theta + \mathrm{i}\sin 4\theta) = 16(-1 + 0\mathrm{i})$$

因此, $|z|^4 = 16$, 所以 $|z| = 2$, 而 $\cos 4\theta = -1, \sin 4\theta = 0$. 存在整数 n 使得 $4\theta = \pi + n(2\pi)$, 因此 $\theta = (\pi/4) + n(\pi/2)$. 得到满足 $0 \leqslant \theta < 2\pi$ 的不同的 θ 值分别为 $\pi/4, 3\pi/4, 5\pi/4, 7\pi/4$. 因此 $z^4 = -16$ 的一个解是

$$2\left(\cos\frac{\pi}{4} + \mathrm{i}\sin\frac{\pi}{4}\right) = 2\left(\frac{1}{\sqrt{2}} + \frac{1}{\sqrt{2}}\mathrm{i}\right) = \sqrt{2}(1 + \mathrm{i})$$

类似地, 找到另外三个解为

$$\sqrt{2}(-1 + \mathrm{i}), \sqrt{2}(-1 - \mathrm{i}), \sqrt{2}(1 - \mathrm{i})$$

上面两个例子说明可以通过极坐标形式方程来找到方程 $z^n = a + b\mathrm{i}$ 的解. 只要 $a + b\mathrm{i} \neq 0$, 该方程总有 n 个解. 习题 16~21 要求解此类方程.

我们不用复数的加法或除法, 但是应该知道加法是由下式给出的:

$$(a + b\mathrm{i}) + (c + d\mathrm{i}) = (a + c) + (b + d)\mathrm{i} \tag{6}$$

$a + b\mathrm{i}$ 除以非零的 $c + d\mathrm{i}$ 可以只使用实数除法表达, 如

$$\begin{aligned}\frac{a + b\mathrm{i}}{c + d\mathrm{i}} &= \frac{a + b\mathrm{i}}{c + d\mathrm{i}} \cdot \frac{c - d\mathrm{i}}{c - d\mathrm{i}} = \frac{(ac + bd) + (bc - ad)\mathrm{i}}{c^2 + d^2} \\ &= \frac{ac + bd}{c^2 + d^2} + \frac{bc - ad}{c^2 + d^2}\mathrm{i}\end{aligned} \tag{7}$$

单位圆上的代数

设 $U=\{z\in\mathbb{C}\,||z|=1\}$, 因此 U 是欧氏平面上中心在原点半径为 1 的圆, 如图 3.13 所示.

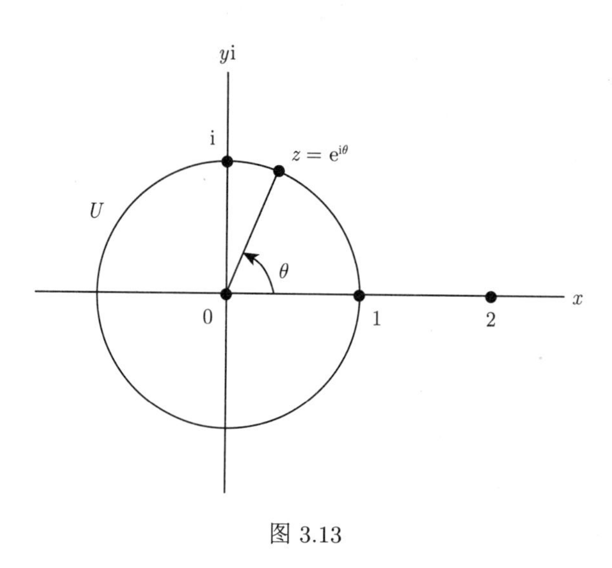

图 3.13

定理 3.14 $\langle U,\cdot\rangle$ 是交换群.

证明 先验证 U 在乘法下封闭. 设 $z_1,z_2\in U$, 则 $|z_1|=|z_2|=1$, 因此 $|z_1z_2|=1$, 证明了 $z_1z_2\in U$.

由于一般复数的乘法是结合的和交换的, U 中的乘法也是结合的和交换的, 从而验证了 $\mathscr{G}_1$ 和交换律.

数 $1\in U$ 是单位元, 验证了 $\mathscr{G}_2$.

对于每个 $a+b\mathrm{i}\in U$,

$$(a+b\mathrm{i})(a-b\mathrm{i})=a^2-(b\mathrm{i})^2=a^2+b^2=|a+b\mathrm{i}|^2=1$$

所以 $a+b\mathrm{i}$ 的逆元是 $a-b\mathrm{i}$, 验证了 $\mathscr{G}_3$. 因此 U 关于乘法是交换群. □

图 3.13 给出了一种将 U 中的点重新标记为 $\mathbb{R}_{2\pi}$ 中的点的方法. 仅需要将 z 标记为 θ, 其中 $0\leqslant\theta<2\pi$. 设 $f:U\to\mathbb{R}_{2\pi}$, $f(z)=\theta$, 就对应于这个重新标记. 于是对于 $z_1,z_2\in U$, 有 $f(z_1z_2)=f(z_1)+_{2\pi}f(z_2)$, 因为 U 中乘法仅是对应极角的相加:

$$z_1\leftrightarrow\theta_1,z_2\leftrightarrow\theta_2,\text{因此}z_1\cdot z_2\leftrightarrow\theta_1+_{2\pi}\theta_2 \tag{8}$$

至此, 要证明 $\mathbb{R}_{2\pi}$ 是一个群仅需要证明 $+_{2\pi}$ 是可结合的. 利用上述重新标记, U 中的乘法运算和 $\mathbb{R}_{2\pi}$ 中的模 2π 加法运算是相同的, 而 U 中的乘法运算是结合运算, 因此

模 2π 加法也是结合运算. 这就证明了 $\langle \mathbb{R}_{2\pi}, +_{2\pi}\rangle$ 是一个群. 此外, 式 (8) 表明 $\langle U, \cdot\rangle$ 和 $\langle \mathbb{R}_{2\pi}, +_{2\pi}\rangle$ 是同构的两个群. 在习题 45 中将证明, 对于任意的 $b > 0$ 和 $c > 0$, $\langle \mathbb{R}_b, +_b\rangle$ 是一个交换群, 而且 $\langle \mathbb{R}_b, +_b\rangle \simeq \langle \mathbb{R}_c, +_c\rangle$. 由于 $\langle \mathbb{R}_{2\pi}, +_{2\pi}\rangle$ 与 $\langle U, \cdot\rangle$ 同构, 因此对于每个 $c > 0$, $\langle \mathbb{R}_c, +_c\rangle$ 也与 $\langle U, \cdot\rangle$ 同构, 这意味着它们具有相同的代数性质.

例 3.15 方程 $z \cdot z \cdot z \cdot z = 1$ 在 U 中恰有四个解, 即 $1, \mathrm{i}, -1, -\mathrm{i}$.

由于 $1 \in U$ 对应于 $0 \in \mathbb{R}_{2\pi}$, 方程 $x +_{2\pi} x +_{2\pi} x +_{2\pi} x = 0$ 在 $\mathbb{R}_{2\pi}$ 中恰有四个解, 即 $0, \pi/2, \pi, 3\pi/2$, 分别对应于 $1, \mathrm{i}, -1, -\mathrm{i}$.

单位根

集合 $U_n = \{z \in \mathbb{C} | z^n = 1\}$ 的元素称为 n 次**单位根** (root of unity). 在习题 46 中, 要求证明 U_n 是一个乘法群. 用例 3.11 和例 3.12 的技巧, 看到这个集合的元素是

$$\mathrm{e}^{\left(m\frac{2\pi}{n}\right)\mathrm{i}} = \cos\left(m\frac{2\pi}{n}\right) + \mathrm{i}\sin\left(m\frac{2\pi}{n}\right), m = 0, 1, 2, \cdots, n-1$$

它们的绝对值都是 1, 所以 $U_n \subset U$. 如果记 $\zeta = \cos\frac{2\pi}{n} + \mathrm{i}\sin\frac{2\pi}{n}$, 那么 n 次单位根可以写成

$$1 = \zeta^0, \zeta^1, \zeta^2, \zeta^3, \cdots, \zeta^{n-1} \tag{9}$$

因为 $\zeta^n = 1$, 因此 ζ 的 n 次方在乘法运算下是封闭的. 例如, 在 $n = 10$ 时, 有

$$\zeta^6\zeta^8 = \zeta^{14} = \zeta^{10}\zeta^4 = 1 \cdot \zeta^4 = \zeta^4$$

因此, 可以把 i 和 j 看作 $\mathbb{Z}_n$ 的元素, 通过计算 $i +_n j$ 来计算 $\zeta^i\zeta^j$.

通过把 $\zeta^m \in U_n$ 重新标记为 $m \in \mathbb{Z}_n$, 可以看到 $\mathbb{Z}_n$ 中的模 n 加法也是可结合的, 这就证明了 $\langle \mathbb{Z}_n, +_n\rangle$ 是交换群.

例 3.16 用试错法解 $\mathbb{Z}_8$ 中的方程 $x +_8 x +_8 x = 1$. 简单代入就知道 $0, 1, 2$ 都不是解. 然而将 $x = 3$ 代入, 得到 $3 +_8 3 +_8 3 = 6 +_8 3 = 1$, 因此 $x = 3$ 是一个解. 继续通过代入知道 $4, 5, 6, 7$ 都不是解. 所以唯一解是 $x = 3$. 由于 $\mathbb{Z}_8$ 与 U_8 是同构的, 其对应是将 $k \in \mathbb{Z}_8$ 对应于 $\zeta^k \in U_8$, 在此对应下, 在 U_8 中的对应方程是 $z \cdot z \cdot z = \zeta = \mathrm{e}^{\frac{2\pi}{8}\mathrm{i}}$. 不需要进一步的计算就知道 U_8 中的对应方程 $z \cdot z \cdot z = \zeta$ 只有一个解, 解为 $z = \zeta^3 = \mathrm{e}^{3\frac{2\pi}{8}\mathrm{i}} = \cos(6\pi/8) + \mathrm{i}\sin(6\pi/8) = -\frac{\sqrt{2}}{2} + \frac{\sqrt{2}}{2}\mathrm{i}$, 这是 $\mathbb{Z}_8$ 中的对应解.

$z^3 = \zeta$ 在 U 中有三个解. 留给读者去寻找求解方法, 并检验其中只有一个 ζ^3 在 U_8 中.

总结本节的结果如下.

1. 对于任意 $n \in \mathbb{Z}^+$, $\mathbb{Z}_n$ 是模 n 加法下的交换群.

2. 对于任意 $n \in \mathbb{Z}^+, \mathbb{Z}_n$ 与复数乘法下的交换群 U_n 同构.

3. 对于任意 $c > 0$, $\mathbb{R}_c$ 在模 c 加法下是一个群.

4. U 在乘法下是一个群.

5. 对于任意 $c \in \mathbb{R}^+$, $\mathbb{R}_c$ 的模 c 加法群与 U 在乘法下的群同构.

习题

在习题 1~9 中, 计算各式, 并将所得结果表示成 $a + b\mathrm{i}$ 形式, 其中 $a, b \in \mathbb{R}$.

1. i^3.

2. i^4.

3. i^{26}.

4. $(-\mathrm{i})^{39}$.

5. $(3 - 2\mathrm{i})(6 + \mathrm{i})$.

6. $(8 + 2\mathrm{i})(3 - \mathrm{i})$.

7. $(2 - 3\mathrm{i})(4 + \mathrm{i}) + (6 - 5\mathrm{i})$.

8. $(1 + \mathrm{i})^3$.

9. $(1 - \mathrm{i})^5$(用二项式定理).

10. 计算 $|5 - 12\mathrm{i}|$.

11. 计算 $|\pi + e\mathrm{i}|$.

在习题 12~15 中, 把给定的复数 z 写成极坐标形式 $|z|(p + q\mathrm{i})$, 其中 $|p + q\mathrm{i}| = 1$.

12. $3 - 4\mathrm{i}$.

13. $-1 - \mathrm{i}$.

14. $12 + 5\mathrm{i}$.

15. $-3 + 5\mathrm{i}$.

在习题 16~21 中, 找出给定方程在 $\mathbb{C}$ 中的所有解.

16. $z^4 = 1$.

17. $z^4 = -1$.

18. $z^3 = -125$.

19. $z^3 = -27\mathrm{i}$.

20. $z^6 = 1$.

21. $z^6 = -64$.

在习题 22~27 中, 用指定的模加法计算给定的式子.

22. $10 +_{17} 16$.

23. $14 +_{99} 92$.

24. $3.141 +_4 2.718$.

25. $\frac{1}{2} +_1 \frac{7}{8}$.

26. $\frac{3\pi}{4} +_{2\pi} \frac{3\pi}{2}$.

27. $2\sqrt{2} +_{\sqrt{32}} 3\sqrt{2}$.

28. 解释为什么 $\mathbb{R}_6$ 中表达式 $5 +_6 8$ 没有意义.

在习题 29~34 中, 找出给定方程的所有解.

29. $x +_{10} 7 = 3$ 在 $\mathbb{Z}_{10}$ 中.

30. $x +_{2\pi} \pi = \frac{\pi}{2}$ 在 $\mathbb{R}_{2\pi}$ 中.

31. $x +_7 x = 3$ 在 $\mathbb{Z}_7$ 中.

32. $x +_{13} x +_{13} x = 5$ 在 $\mathbb{Z}_{13}$ 中.

33. $x +_{12} x = 2$ 在 $\mathbb{Z}_{12}$ 中.

34. $x +_8 x +_8 x +_8 x = 4$ 在 $\mathbb{Z}_8$ 中.

35. 对任意 $n \in \mathbb{Z}^+, a \in \mathbb{Z}_n$, 方程 $x +_n x = a$ 在 $\mathbb{Z}_n$ 中至多有两个解. 证明此结论或给出一个反例.

36. 对任意 $n \in \mathbb{Z}^+, a \in \mathbb{Z}_n$, 如果 n 不是 3 的倍数, 则方程 $x +_n x +_n x = a$ 在 $\mathbb{Z}_n$ 中恰有一个解. 证明此结论或给出一个反例.

37. 存在 U_8 与 $\mathbb{Z}_8$ 的同构, 使得 $\zeta = \mathrm{e}^{\mathrm{i}(\pi/4)} \leftrightarrow 5, \zeta^2 \leftrightarrow 2$. 找出 $\mathbb{Z}_8$ 中对应于 U_8 中剩下的六个元素 $\zeta^m(m = 0,3,4,5,6,7)$ 的元素.

38. 存在 U_7 与 $\mathbb{Z}_7$ 的同构, 使得 $\zeta = \mathrm{e}^{\mathrm{i}(2\pi/7)} \leftrightarrow 4$. 找出 $\mathbb{Z}_7$ 中对应于 $\zeta^m(m = 0,2,3,4,5,6)$ 的元素.

39. 为什么不存在 U_6 与 $\mathbb{Z}_6$ 的同构, 使得 $\zeta = \mathrm{e}^{\mathrm{i}(\pi/3)}$ 对应于 4?

40. 利用欧拉公式计算 $\mathrm{e}^{\mathrm{i}a}\mathrm{e}^{\mathrm{i}b}$, 推导公式

$$\sin(a+b) = \sin a \cos b + \cos a \sin b$$
$$\cos(a+b) = \cos a \cos b - \sin a \sin b$$

41. 设 $z_1 = |z_1|(\cos\theta_1 + \mathrm{i}\sin\theta_1), z_2 = |z_2|(\cos\theta_2 + \mathrm{i}\sin\theta_2)$. 利用习题 40 中的三角恒等式推导 $z_1z_2 = |z_1||z_2|[\cos(\theta_1+\theta_2) + \mathrm{i}\sin(\theta_1+\theta_2)]$.

42. a. 利用欧拉公式, 推导出 $\cos 3\theta$ 的关于 $\sin\theta$ 和 $\cos\theta$ 的表达式.

b. 从 a 中推导出公式 $\cos 3\theta = 4\cos^3\theta - 3\cos\theta$ 以及恒等式 $\sin^2\theta + \cos^2\theta = 1$. (在第 41 节中要用这个等式.)

43. 回顾微积分中幂级数展开式

$$e^x = 1 + x + \frac{x^2}{2!} + \frac{x^3}{3!} + \frac{x^4}{4!} + \cdots + \frac{x^n}{n!} + \cdots$$

$$\sin x = x - \frac{x^3}{3!} + \frac{x^5}{5!} + \frac{x^7}{7!} + \cdots + (-1)^{n-1}\frac{x^{2n-1}}{(2n-1)!} + \cdots$$

$$\cos x = 1 - \frac{x^2}{2!} + \frac{x^4}{4!} + \frac{x^6}{6!} + \cdots + (-1)^n \frac{x^{2n}}{(2n)!} + \cdots$$

根据这三个幂级数展开式推导出欧拉公式 $e^{i\theta} = \cos\theta + i\sin\theta$.

44. 不用 U_n 是结合的这个事实, 证明对于任意 $n \in \mathbb{Z}^+$, $\langle \mathbb{Z}_n, +_n \rangle$ 是可结合的.

45. 设 $b, c \in \mathbb{R}^+$. 找出一个既单又满的同态 $f: \mathbb{R}_b \to \mathbb{R}_c$. 由此得结论 $\mathbb{R}_c$ 是一个与 U 同构的交换群.

46. 证明对于任意 $n \geqslant 1$, U_n 是一个群.

1.4 非交换群的例子

符号和术语

现在需要解释群论中使用的一些常规符号和术语了. 代数学家通常不用特殊的符号 $*$ 来表示不同于通常的加法和乘法的二元运算. 他们坚持使用传统的加法或乘法符号来表示, 甚至根据不同的符号直接叫所做的运算为*加法*或*乘法*. 加法的符号当然是 $+$, 如果没有混淆的话, 通常乘法是不带点的并列表示. 因此, 记号 $a * b$, 可以用 $a + b$ 来代替, 读作 "a 与 b 的*和*", 或者用 ab 来代替, 读作 "a 与 b 的*乘积*". 有一种不成文的规定, 即符号 $+$ 只用来表示交换运算. 当看到 $a + b \neq b + a$ 时, 代数学家会感到非常不舒服. 因此, 一般情况下, 运算可能是交换的, 也可能不是交换的, 总是使用乘法符号.

代数学家经常用符号 0 表示加法单位元, 用符号 1 表示乘法单位元, 实际上它们可能并不是整数 0 和 1. 当然, 如果在同时讨论数字时, 防止产生混淆, 单位元就用符号 e 或 u 表示. 因此, 一个三元群的运算表可能像表 4.1 的样子, 或者, 由于这个群是交换的, 所以运算表可能像表 4.2 的样子. 一般情况下, 继续用 e 表示群的单位元.

表 4.1

	1	a	b
1	1	a	b
a	a	b	1
b	b	1	a

表 4.2

$+$	0	a	b
0	0	a	b
a	a	b	0
b	b	0	a

习惯上, 用乘法表示群运算时元素 a 的逆元记为 a^{-1}, 用加法表示群运算时元素 a 的逆元记为 $-a$. 从现在开始, 将用这些符号来代替符号 a'.

设 n 是一个正整数. 如果 a 是乘法群 G 的一个元素, 用 a^n 表示 n 个因子 a 的乘积 $aaa\cdots a$. 记 a^0 为单位元 e, 用 a^{-n} 表示 n 个因子 a^{-1} 的乘积 $a^{-1}a^{-1}a^{-1}\cdots a^{-1}$. 容易发现通常的指数定律, $a^m a^n = a^{m+n}$ 对 $m,n\in\mathbb{Z}$ 成立. 对于 $m,n\in\mathbb{Z}^+$ 这是显然的. 通过一个例子来说明一种不同情况:

$$\begin{aligned}a^{-2}a^5 &= (a^{-1}a^{-1})(aaaaa) = a^{-1}((a^{-1}a)(aaaa))\\ &= a^{-1}(e(aaaa)) = a^{-1}(aaaa)\\ &= (a^{-1}a)(aaa) = e(aaa)\\ &= aaa = a^3\end{aligned}$$

用 na 表示 n 个 a 的和式 $a+a+a+\cdots+a$, 用 $-na$ 表示 n 个 $-a$ 的和式 $(-a)+(-a)+(-a)+(-a)+\cdots+(-a)$, 记 $0a$ 为单位元 0. 注意: 在符号 na 中, 数字 n 在 $\mathbb{Z}$ 中, 而不是在 G 中. 一般地, 即使 G 是交换的, 仍喜欢用乘法表示群运算的一个原因是, 在表示法 na 中, 可能会把 n 看作 G 中的而引起混淆. 当 n 以指数形式出现时, 不会有此误解.

下表总结了使用加法和乘法表示群运算时的基本符号和事实. 这里 a 是群的元素, n,m 是整数, k 是正整数.

$*$符号	$+$符号	$\cdot$符号
不一定交换	交换	不一定交换
e	0	1
a'	$-a$	a^{-1}
$a*b$	$a+b$	ab
$\underbrace{a*a*\cdots*a}_{k}$	ka	a^k
$\underbrace{a'*a'*\cdots*a'}_{k}$	$-ka$	a^{-k}
	$0a=0$	$a^0=1$
	$(n+m)a=na+ma$	$a^{n+m}=a^n a^m$
	$n(ma)=(nm)a$	$(a^n)^m=a^{nm}$

通常陈述一个定理时, 用乘法表示运算, 但定理也适用于用加法表示运算时由上表对照得到的结论.

经常提到一个群中元素的个数, 有一个术语来表示这个数.

定义 4.3　设 G 是一个群, G 的**阶** (order) 是 G 的元素的个数或基数, 记为 $|G|$.

置换

已经了解了一些数构成的群, 比如 $\mathbb{Z}, \mathbb{Q}$ 和 $\mathbb{R}$ 在加法下的群. 还引入了矩阵群, 如 $\mathrm{GL}(2, \mathbb{R})$, 其每个元素 $\boldsymbol{A}$ 是平面 $\mathbb{R}^2$ 到自身的变换; 也就是说, 如果把 $\boldsymbol{x}$ 看作一个 2 个分量的列向量, 那么 $\boldsymbol{Ax}$ 也是一个 2 个分量的列向量. 群 $\mathrm{GL}(2, \mathbb{R})$ 是许多最有用的群中的典型, 它的元素通过变换*作用于对象*. 通常, 一个群元素产生的作用可以看作一个*映射*, 而群的二元运算可以看作一个*映射复合*. 在本节中, 构造一些有限群, 它们的元素作用于有限集合, 称为*置换*. 这些群提供了有限非交换群的例子.

可以把集合置换这个概念当成集合元素的重新排列. 如此, 对于集合 $\{1, 2, 3, 4, 5\}$, 元素的重排可以如图 4.4 所示, 产生新的排列 $\{4, 2, 5, 3, 1\}$. 把图 4.4 看作一个映射, 它把左边列的每个元素映射成右边列同一个集合中的一个元素 (不一定是不同的). 因此, 1 映射到 4, 2 映射到 2, 等等. 此外, 要成为集合置换, 这个映射必须使每个元素在右列中出现且仅出现一次. 例如, 图 4.5 给出的不是置换, 因为在右边的列中 3 出现了两次, 而 1 没有出现. 现在将置换定义为如下的映射.

图 4.4	图 4.5
$1 \to 4$	$1 \to 3$
$2 \to 2$	$2 \to 2$
$3 \to 5$	$3 \to 4$
$4 \to 3$	$4 \to 5$
$5 \to 1$	$5 \to 3$

定义 4.6　集合 A 的**置换** (permutation) 是一个既单又满的映射 $\phi: A \to A$.

置换群

现在证明映射复合 $\circ$ 是集合 A 的所有置换上的二元运算, 称这个运算为*置换乘法*. 设 A 是集合, σ 和 τ 是 A 的置换, 因此 σ 和 τ 都是 A 到 A 的既单又满映射. 复合映射 $\sigma \circ \tau$ 由下面图示定义:

$$A \xrightarrow{\tau} A \xrightarrow{\sigma} A$$

给出了 A 到 A 的映射. 不用置换乘法符号 $\circ$, 直接用 $\sigma\tau$ 表示 $\sigma\circ\tau$. 现在要证 $\sigma\tau$ 是一个置换, 只要证明它在 A 上是既单又满的. 注意 $\sigma\tau$ 对 A 的作用是从右到左的: 先用 τ 作用, 然后用 σ 作用. 先证明 $\sigma\tau$ 是单的. 如果

$$(\sigma\tau)(a_1)=(\sigma\tau)(a_2)$$

那么

$$\sigma(\tau(a_1))=\sigma(\tau(a_2))$$

由于 σ 是单的, 有 $\tau(a_1)=\tau(a_2)$. 又因为 τ 是单的, 所以 $a_1=a_2$. 因此 $\sigma\tau$ 是单的. 为证明 $\sigma\tau$ 是满的, 设 $a\in A$. 由于 σ 在 A 是满的, 存在 $a'\in A$ 使得 $\sigma(a')=a$. 由于 τ 在 A 上是满的, 存在 $a''\in A$, 使得 $\tau(a'')=a'$. 因此

$$a=\sigma(a')=\sigma(\tau(a''))=(\sigma\tau)(a'')$$

所以 $\sigma\tau$ 在 A 上是满的.

例 4.7　设

$$A=\{1,2,3,4,5\}$$

σ 是由图 4.4 给出的置换. 用更标准的符号写 σ, 把列改成括号中的行, 省略箭头, 成为

$$\sigma=\begin{pmatrix}1&2&3&4&5\\4&2&5&3&1\end{pmatrix}$$

于是 $\sigma(1)=4$, $\sigma(2)=2$, 依此类推. 设

$$\tau=\begin{pmatrix}1&2&3&4&5\\3&5&4&2&1\end{pmatrix}$$

那么

$$\sigma\tau=\begin{pmatrix}1&2&3&4&5\\4&2&5&3&1\end{pmatrix}\begin{pmatrix}1&2&3&4&5\\3&5&4&2&1\end{pmatrix}=\begin{pmatrix}1&2&3&4&5\\5&1&3&2&4\end{pmatrix}$$

例如, 按从右到左的顺序乘,

$$(\sigma\tau)(1)=\sigma(\tau(1))=\sigma(3)=5$$

历史笔记

最早有记载的关于排列的研究之一, 出现在成书于公元 8 世纪之前的《塞弗尔・耶茨拉》(*Sefer Yetsirah*) 或《创世纪》(*Book of Creation*) 中, 作者是一位不知名的犹太作家. 作者感兴趣的是计算希伯来字母表中字母排列的各种方式. 在那个时代某种意义上这是一个神秘的问题. 人们相信这些字母具有神奇的力量, 因此, 适当的排列可以征服自然的力量.《塞弗尔・耶茨拉》的真实文本非常罕见: "两个字母组成 2 个单词, 三个字母组成 6 个单词, 四个字母组成 24 个单词, 五个字母组成 120 个, 六个字母组成 720 个, 七个字母组成 5040 个." 有趣的是, 计算字母排列的想法也发生在 8 世纪和 9 世纪的伊斯兰数学中. 到了 13 世纪, 在伊斯兰文化和希伯来文化中, 排列的抽象概念已经扎根, 所以阿布–阿巴斯・本・班纳 (Abul-'Abbas ibn al-Banna, 1256—1321), 一位来自现在摩洛哥的马拉喀什的数学家, 和列维・本・格尔森 (Levi ben Gerson), 一位法国拉比, 哲学家和数学家, 都能严格证明任何 n 个元素的排列数是 $n!$ 同时证明了计数组合的各种结果.

然而, 列维和他的前辈们关注的排列只是给定有限集合的简单排列. 正是对多项式方程解法的探索, 使得拉格朗日和 18 世纪后期的其他人将置换看作一个有限集合上的映射, 这个集合是由给定方程的根组成的. 奥古斯丁–路易斯・柯西 (Augustin-Louis Cauchy, 1789—1857) 详细阐述了置换理论的基本定理, 并引进了本书中使用的标准符号.

现在来证明非空集 A 上所有置换的集合在置换乘法下构成群.

定理 4.8 设 A 是一个非空集, S_A 是 A 的所有置换的集合. 那么 S_A 在置换乘法下构成群.

证明 已经证明过 A 的两个置换的复合是 A 的置换, 因此在置换乘法下 S_A 是封闭的.

由于置换乘法定义为映射的复合, 在 1.1 节中已证明了映射复合是结合的. 因此满足 $\mathscr{G}_1$.

对于所有的 $a \in A$, 使得 $\imath(a) = a$ 的置换 $\imath$ 是单位元. 因此满足 $\mathscr{G}_2$.

置换 σ 的逆元 σ^{-1} 是与映射 σ 方向相反的置换, 即 $\sigma^{-1}(a)$ 是 A 的元素 a', 使得 $a = \sigma(a')$. 因为 σ 既是单的又是满的, 这样的 a' 是存在的. 对于每个 $a \in A$ 有

$$\imath(a) = a = \sigma(a') = \sigma(\sigma^{-1}(a)) = (\sigma\sigma^{-1})(a)$$

也有

$$\imath(a') = a' = \sigma^{-1}(a) = \sigma^{-1}(\sigma(a')) = (\sigma^{-1}\sigma)(a')$$

因此 $\sigma^{-1}\sigma$ 和 $\sigma\sigma^{-1}$ 都是置换 $\imath$. 因此满足 $\mathscr{G}_3$. □

提醒: 有的书按从左到右的顺序计算置换的乘积 $\sigma\mu$, 因此 $(\sigma\mu)(a) = \mu(\sigma(a))$. 由此得到的 $\sigma\mu$ 就是此处得到的 $\mu\sigma$. 习题 34 要求用两种方法验证都可以得到群. 参考其他书时, 要注意置换的乘法顺序.

在置换的定义中, 没有要求集合 A 是有限的. 然而置换群的大多数例子都是考虑有限集合上的置换. 注意群 S_A 的结构只与集合 A 中元素数量有关, 而与集合 A 中的元素是什么无关. 如果集合 A 和 B 有相同的基数, 则 $S_A \simeq S_B$. 为确定一个同构 $\phi : S_A \to S_B$, 设 $f : A \to B$ 是一个既单又满映射, 这样的映射存在是因为 A 和 B 具有相同的基数. 对于 $\sigma \in S_A$, 设 $\phi(\sigma)$ 为置换 $\overline{\sigma} \in S_B$, 使得 $\overline{\sigma}(f(a)) = f(\sigma(a))$ 对于所有 $a \in A$ 成立. 对集合 $A = \{1, 2, 3\}$ 和 $B = \{\#, \$, \%\}$ 来说, 映射 $f : A \to B$ 定义为

$$f(1) = \#, f(2) = \$, f(3) = \%$$

$$\phi : \begin{pmatrix} 1 & 2 & 3 \\ 3 & 2 & 1 \end{pmatrix} \mapsto \begin{pmatrix} \# & \$ & \% \\ \% & \$ & \# \end{pmatrix}$$

只需要用重命名标记映射 f, 用 B 中的元素重命名 A 的元素, 将置换用两行表示法表示, 就可以将 S_A 的元素重命名为 S_B 的元素. 由此可以把 $\{1, 2, 3, \cdots, n\}$ 作为 n 个元素的有限集 A 的典型.

定义 4.9 设 A 是有限集 $\{1, 2, \cdots, n\}$. A 的所有置换组成的群称为 n 个字母上的**对称群** (symmetric group), 记为 S_n.

注意 S_n 有 $n!$ 个元素,

$$n! = n(n-1)(n-2)\cdots 3 \cdot 2 \cdot 1$$

设

$$\sigma = \begin{pmatrix} 1 & 2 & 3 \\ 2 & 1 & 3 \end{pmatrix}, \tau = \begin{pmatrix} 1 & 2 & 3 \\ 1 & 3 & 2 \end{pmatrix}$$

那么

$$\sigma\tau(1) = \sigma(1) = 2, \tau\sigma(1) = 3$$

表明 $\sigma\tau \neq \tau\sigma$. 因此 S_3 不是交换群. 已经知道最多有四个元素的群都是交换群. 以后会看到, 在同构意义下, $\mathbb{Z}_5$ 是唯一的 5 阶交换群. 因此 S_3 是最小的非交换群.

例 4.10　设 $\sigma = \begin{pmatrix} 1 & 2 & 3 & 4 & 5 & 6 \\ 3 & 2 & 6 & 1 & 4 & 5 \end{pmatrix}$. 求 σ^{-1}. 在定理 4.8 的证明中看到置换的逆就是群元素的逆. 找到置换的逆是容易的, 只要把表格上、下行颠倒就可以了！也就是说, 把上、下行对换位置并将列按照上面行顺次排序:

$$\sigma^{-1} = \begin{pmatrix} 1 & 2 & 3 & 4 & 5 & 6 \\ 4 & 2 & 1 & 5 & 6 & 3 \end{pmatrix}$$

不相交循环

确定置换有一种更有效的方法. 在上面使用的两行表示法中, 从 1 到 n 的每个数字出现了两次, 上面一次下面一次. 不相交循环表示法保证每个数字用一次就可以表示置换. 用一个例子来说明. 设 $\sigma = \begin{pmatrix} 1 & 2 & 3 & 4 & 5 & 6 \\ 3 & 4 & 6 & 2 & 5 & 1 \end{pmatrix}$. 为写出不相交循环表示, 先写

$$(1$$

由于 $\sigma(1) = 3$, 所以把 3 放在 1 的右边:

$$(1, 3$$

由于 σ 把 3 映射到 6, 所以写

$$(1, 3, 6$$

所述置换把 6 映射到 1, 但没有必要重复写 1, 所以只在 6 后面放一个圆括号, 表示 6 映射回列出的第一个元素:

$$(1, 3, 6)$$

称这为一个**循环** (cycle), 因为当重复使用 σ 时, 循环遍历数字 1, 3, 6. 一个恰好包含 k 个数字的循环称为 ***k*-循环**. 所以 (1, 3, 6) 是一个 3-循环. σ 的作用还没有结束, 因为还没有指出 2 映射到 4. 所以需要开始另一个循环, 写

$$(1, 3, 6)(2, 4$$

来表示 σ 把 2 映射到 4. 由于 4 映射回 2, 因此得到一个 2-循环:

$$(1, 3, 6)(2, 4)$$

至此仍然没有指出 σ 对 5 的作用是什么. 可以用 $(1,3,6)(2,4)(5)$ 来表示 5 映射到它自己, 但通常会省略 1-循环, 理解为任何没有列出的数字都映射到它自己. 所以用不相交循环表示法为

$$\sigma=(1,3,6)(2,4)$$

可以看到 σ 是 3-循环和 2-循环的乘积. 有时把 2-循环称为**换位** (transposition).

一组循环称为**不相交** (disjoint) 的, 如果它们没有共同的元素. 注意 σ 也可以写成 $(3,6,1)(4,2)$, $(2,4)(1,3,6)$, 或者其他一些形式. 一般来说, 不相交循环的顺序并不重要, 在每个循环中, 只要保持循环顺序不变, 就可以从任意数字开始. 显然 S_n 中任何置换都可以用不相交循环表示, 而且表示法在不计循环次序和每个循环中循环顺序的意义下是唯一的.

例 4.11　$\sigma\in S_9$ 写成不相交循环表示为 $(1,5,2,7)(3,4,9)$. 现在用两行表示法重写 σ. 根据不相交循环表示法, 有 $\sigma(1)=5,\sigma(5)=2,\sigma(2)=7,\sigma(7)=1,\sigma(3)=4,\sigma(4)=9,\sigma(9)=3$. 由于 6 和 8 在每个循环中都不出现, 所以 $\sigma(6)=6,\sigma(8)=8$. 因此,

$$\sigma=\begin{pmatrix}1&2&3&4&5&6&7&8&9\\5&7&4&9&2&6&1&8&3\end{pmatrix}$$

由于 S_n 中运算是映射复合, 就可以看到如何用不相交的循环表示法写出置换的乘法.

例 4.12　设 $\sigma=(1,5,3,2,6),\tau=(1,2,4,3,6)$ 都在 S_6 中. 现在用不相交循环表示法写出 $\sigma\tau$, 而不必用两行表示法. 因此,

$$\sigma\tau=(1,5,3,2,6)(1,2,4,3,6)$$

需要用不相交循环重写这个乘积. 因此要问 1 映射到哪里. 因为运算是映射复合, 右边的循环 τ 把 1 映射到 2, 然后左边的循环把 2 映射到 6. 所以 $\sigma\tau(1)=6$, 先写

$$(1,6$$

现在 τ 把 6 映射到 1, σ 把 1 映射到 5, 所以写

$$(1,6,5$$

注意, 5 不在循环 $(1,2,4,3,6)$ 中, 所以 $\tau(5)=5,\sigma\tau(5)=\sigma(5)=3$. 所以写

$$(1,6,5,3$$

以同样的方式继续, 看到 3 映射到 1, 完成了第一个循环:

$$(1,6,5,3)$$

现在可以开始第二个循环了. 注意, 还没有看到 2 映射到哪里, 所以用 2 开始下一个循环, 用与第一个循环相同的方法写

$$\sigma\tau=(1,5,3,2,6)(1,2,4,3,6)=(1,6,5,3)(2,4)$$

因为已经使用了 1 到 6 每个数字, 所以写出了循环.

例 4.12 说明了一般的置换乘法过程. 在循环之间, 从右向左作用, 在循环内部, 从左向右作用.

例 4.13　用不相交循环表示法计算置换乘积

$$\sigma=(1,5)(2,4)(1,4,3)(2,5)(4,2,1)$$

从 1 开始. 右边的第一个循环映射 1 到 4. 因为用的是映射复合, 所以接下来看 $(2,5)$ 对 4 的作用, 它什么作用也没做. 因此看循环 $(1,4,3)$, 注意 4 映射到 3. 接下来, 3 不在循环 $(2,4)$ 中, 因此 $(2,4)$ 不动 3. 最后, $(1,5)$ 也不动 3, 得出 $\sigma(1)=3$. 接下来需要确定 3 被 σ 映射到哪里, 如此继续, 得到

$$\sigma=(1,3,5,4)(2)=(1,3,5,4)$$

有趣的是, 在例 4.13 中, 针对的不是一个特别的群. 对于任何 $n\geqslant 5$ 的 S_n, 计算都是有效的, 如 S_5, S_6.

例 4.14　计算 $\sigma=(1,5,7)(3,8,2,4,6)$ 的逆. 首先注意, 对于群, $(ab)^{-1}=b^{-1}a^{-1}$, 因此

$$\sigma^{-1}=(3,8,2,4,6)^{-1}(1,5,7)^{-1}$$

循环的逆就是反向写循环:

$$\sigma^{-1}=(6,4,2,8,3)(7,5,1)$$

这是写 σ^{-1} 的一种非常好的方法, 由于不相交循环可以相互交换, 因此可以从循环中的任何数字开始写循环, 可以写成

$$\sigma^{-1}=(1,7,5)(2,8,3,6,4)$$

通过这些实例, 用不相交循环表示法计算置换乘积变得很常规. 由此给出 S_3 的运算表. 见表 4.15.

表 4.15

$S_3, \circ$	$\imath$	$(1,2,3)$	$(1,3,2)$	$(1,2)$	$(1,3)$	$(2,3)$
$\imath$	$\imath$	$(1,2,3)$	$(1,3,2)$	$(1,2)$	$(1,3)$	$(2,3)$
$(1,2,3)$	$(1,2,3)$	$(1,3,2)$	$\imath$	$(1,3)$	$(2,3)$	$(1,2)$
$(1,3,2)$	$(1,3,2)$	$\imath$	$(1,2,3)$	$(2,3)$	$(1,2)$	$(1,3)$
$(1,2)$	$(1,2)$	$(2,3)$	$(1,3)$	$\imath$	$(1,3,2)$	$(1,2,3)$
$(1,3)$	$(1,3)$	$(1,2)$	$(2,3)$	$(1,2,3)$	$\imath$	$(1,3,2)$
$(2,3)$	$(2,3)$	$(1,3)$	$(1,2)$	$(1,3,2)$	$(1,2,3)$	$\imath$

再次看到 S_3 不是交换的, 因为表关于对角线不对称. 还注意到, 虽然不相交的循环可以交换, 但对于相交的循环却不能这样说. 例如, 在表 4.15 中看到 $(1,2)(2,3) = (1,2,3) \neq (1,3,2) = (2,3)(1,2)$.

二面体群

接下来根据正 n 边形的对称性定义一类有限群. 具体来说, 用 U_n 中的点作为正 n 边形的顶点. 回顾一下, U_n 中包含点 $(1,0)$, 其他点在单位圆周上均匀分布, 形成正 n 边形的顶点, 记正 n 边形为 P_n. 将点 $(1,0)$ 标记为 0, 然后按照逆时针方向依次标记各点为 $1,2,3,\cdots,n-1$. 注意, 这与第 3 节中的 U_n 和 $\mathbb{Z}_n$ 之间的同构相同. 当引用一个顶点时, 直接通过它的标记来引用. 所以顶点 0 就是点 $(1,0)$. 当 $0 \leqslant k \leqslant n-1$ 时, P_n 的边由顶点 k 和 $k +_n 1$ 之间的线段组成.

定义 4.16 设 $n \geqslant 3$. D_n 是 $\mathbb{Z}_n$ 上所有既单又满的映射 $\phi : \mathbb{Z}_n \to \mathbb{Z}_n$ 的集合, 使得顶点 i 和 j 之间的线段是 P_n 的边当且仅当 $\phi(i)$ 和 $\phi(j)$ 之间的线段是 P_n 的边. 集合 D_n 以映射复合为二元运算构成的群称为 n 次**二面体群** (dihedral group).

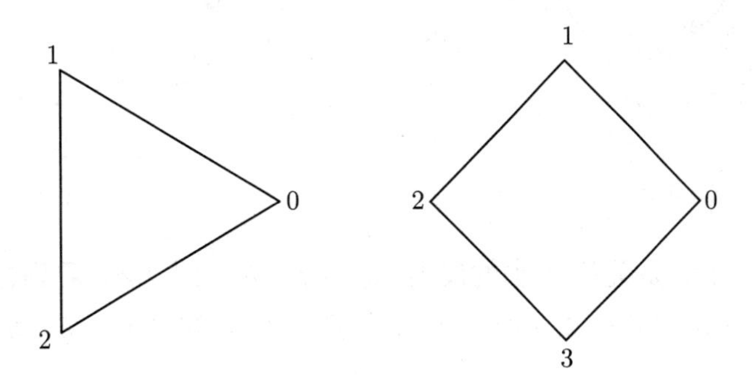

定理 4.17 将证明 $\langle D_n, \circ \rangle$ 是一个群.

定理 4.17 对任意 $n \geqslant 3$, $\langle D_n, \circ \rangle$ 是一个群.

证明 首先证明映射复合是 D_n 的运算. 设 $\phi, \theta \in D_n$, 设顶点 i 和 j 之间的线段是 P_n 的边. 由于 $\theta \in D_n$, 因此 $\theta(i)$ 和 $\theta(j)$ 之间的线段是 P_n 的边. 由于 $\phi \in D_n$, 且 $\theta(i)$ 和 $\theta(j)$ 之间的线段是 P_n 的边, 因此 $\phi(\theta(i)) = \phi \circ \theta(i)$ 和 $\phi(\theta(j)) = \phi \circ \theta(j)$ 之间的线段是 P_n 的边.

留给读者验证, 如果 $\phi(\theta(i)) = \phi \circ \theta(i)$ 和 $\phi(\theta(j)) = \phi \circ \theta(j)$ 之间的线段是 P_n 的边, 那么 i 和 j 之间的线段是 P_n 的边.

由于既单又满的映射的复合也是既单又满的, 所以 $\phi \circ \theta \in D_n$. 因此, 映射复合是 D_n 上的二元运算.

映射复合运算是结合运算, 因此满足 $\mathscr{G}_1$. 映射 $\imath : \mathbb{Z}_n \to \mathbb{Z}_n$ 定义为 $\imath(k) = k$ 是 D_n 中的单位元, 因此满足 $\mathscr{G}_2$. 最后, 如果 $\phi \in D_n$, 则 $\phi^{-1} \in D_n$, f 的逆映射就是群运算意义下的逆, 因此满足 $\mathscr{G}_3$. 证得 $\langle D_n, \circ \rangle$ 是一个群. □

按照惯例, 将二面体群中的运算用乘法表示, 而不是用 $\circ$. 如果 D_n 是交换的, 运算符号就可以用加号, 但是在例 4.18 中可看到, D_n 不是交换的.

例 4.18 设 $n \geqslant 3$, $\rho : \mathbb{Z}_n \to \mathbb{Z}_n$ 是对正 n 边形 P_n 旋转 $2\pi/n$, 恰好使每个顶点旋转到下一个顶点. 也就是说, 对于每个 $k \in \mathbb{Z}_n$,

$$\rho(k) = k +_n 1$$

如图 4.19 所示. ρ 把边映射到边, 是既单又满的. 因此 $\rho \in D_n$.

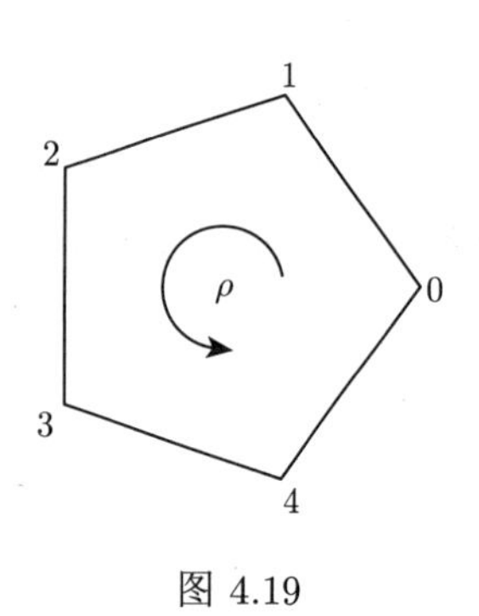

图 4.19

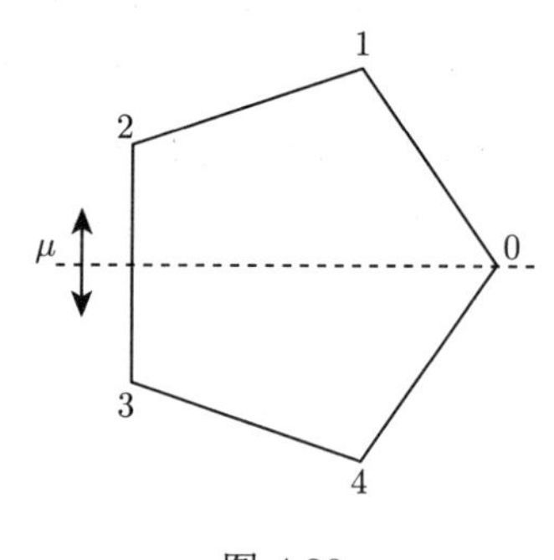

图 4.20

D_n 中的第二个元是关于 x 轴的反射, 记为 μ. 观察图 4.20, 看到在 D_5 中, $\mu(0) = 0, \mu(1) = 4, \mu(2) = 3, \mu(3) = 2, \mu(4) = 1$. 对任意 $n \geqslant 3$, 如果 $k \in \mathbb{Z}_n$, 那么

$$\mu(k) = -k$$

(回顾, 在 $\mathbb{Z}_n$ 中, $-k$ 是 k 的加法逆元, 当 $k>0$ 时, 为 $n-k$, 而且 $-0=0$.)

下面验证 $\mu\rho=\rho\mu$. 从对 0 的作用开始.

$$\mu(\rho(0))=\mu(1)=n-1$$

$$\rho(\mu(0))=\rho(0)=1$$

因为, 对于所有 $n\geqslant 3, n-1\neq 1$, 因此 $\mu\rho\neq\rho\mu$. 所以对 $n\geqslant 3$, D_n 是非交换的.

定理 4.21 设 $n\geqslant 3$. 二面体群 D_n 的阶为 $2n$,

$$D_n=\{\imath,\rho,\rho^2,\rho^3,\cdots,\rho^{n-1},\mu,\mu\rho,\mu\rho^2,\mu\rho^3,\cdots,\mu\rho^{n-1}\}$$

证明 首先证明 D_n 最多可以有 $2n$ 个元素. 如果把顶点集 $\mathbb{Z}_n$ 映射到顶点集 $\mathbb{Z}_n$, 顶点 0 有 n 个可能的象. 设 y 是顶点 0 的象. 由于 y 由边连接到恰好两个顶点, 所以 1 必须映射到这两个顶点中的一个. 因此, 在确定顶点 0 的象之后, 1 的象只有两个选择. 在确定顶点 0 和 1 的象之后, 其余的象是固定的. 这意味着 D_n 至多有 $2n$ 个元素.

为了证明 $|D_n|=2n$, 只需要证明

$$\imath=\rho^0,\rho,\rho^2,\rho^3,\cdots,\rho^{n-1},\mu,\mu\rho,\mu\rho^2,\mu\rho^3,\cdots,\mu\rho^{n-1}$$

中没有两个是相同的. 假定有某整数 $0\leqslant k\leqslant n-1$ 和 $0\leqslant r\leqslant n-1$ 满足 $\rho^k=\rho^r$. 那么,

$$\rho^k(0)=\rho^r(0)$$

$$k+_n 0=r+_n 0$$

$$k=r$$

这表明 $\imath=\rho^0,\rho,\rho^2,\rho^3,\cdots,\rho^{n-1}$ 中没有两个是相同的.

接下来证明 $\mu=\mu\rho^0,\mu\rho,\mu\rho^2,\mu\rho^3,\cdots,\mu\rho^{n-1}$ 中没有两个是相同的. 假设 $\mu\rho^k=\mu\rho^r$, 其中 $0\leqslant k\leqslant n-1, 0\leqslant r\leqslant n-1$ 为整数, 通过消去律, 得到 $\rho^k=\rho^r$. 但是如上所示 $k=r$. 因此 $\mu=\mu\rho^0,\mu\rho,\mu\rho^2,\mu\rho^3,\cdots,\mu\rho^{n-1}$ 没有两个是相同的.

现在只剩下证明没有 k 和 r 使得 $\rho^k=\mu\rho^r$. 注意, 无论对哪个 k, 以下顶点都按逆时针方向历遍正 n 边形所有顶点

$$\rho^k(0),\rho^k(1),\rho^k(2),\cdots,\rho^k(n-1).$$

另一方面,

$$\mu\rho^k(0),\mu\rho^k(1),\mu\rho^k(2),\cdots,\mu\rho^k(n-1)$$

则以顺时针方式遍历正 n 边形所有顶点. 这表明没有 k 和 r 使得 $\rho^k = \mu\rho^r$. 因此, D_n 至少有 $2n$ 个元素. 结合 D_n 最多有 $2n$ 个元素的结论, 表明 $|D_n| = 2n$, 且

$$D_n = \{\imath, \rho, \rho^2, \rho^3, \cdots, \rho^{n-1}, \mu, \mu\rho, \mu\rho^2, \mu\rho^3, \cdots, \mu\rho^{n-1}\}$$

□

定理 4.21 说明, 如果 $\phi \in D_n$, 则有一个整数 $0 \leqslant k \leqslant n-1$, 使得 $\phi = \rho^k$ 或 $\phi = \mu\rho^k$. 把 ϕ 的这种表示称为**标准形式** (standard form). 注意, μ 的每次作用的象都反转 $0, 1, 2, 3, \cdots, n$ 顺序的方向. 下面例子中要用这个事实.

例 4.22 设 $n \geqslant 3$. 由例 4.18 知 $\rho\mu \neq \mu\rho$, 下面来确定 $\rho\mu \in D_n$ 的标准形式. 每次 μ 作用的象, 都反转 $0, 1, 2, 3, \cdots, n-1$ 的方向. 这意味着 $\mu\rho\mu$ 反转方向两次, 所以旋转结果是逆时针方向的. 因此, 有某个 k 使得 $\mu\rho\mu = \rho^k$. 可以通过确定 0 的象来确定 k 的值:

$$k = \rho^k(0) = \mu\rho\mu(0) = \mu\rho(0) = \mu(1) = n-1$$

因此

$$\mu\rho\mu = \rho^{n-1}$$

两边左乘 μ 得到

$$\mu\mu\rho\mu = \mu\rho^{n-1}$$

由于 $\mu\mu = \imath$, 得到

$$\rho\mu = \mu\rho^{n-1}$$

当在 D_n 中计算乘积时, 通常要求得到标准形式的答案. 因此可以记住一些关于群 D_n 的基本事实, 这并不困难. 下面列出一些性质, 其余的将在习题中给出.

1. $\rho^n = \imath$(旋转 2π 是恒等映射).
2. $(\rho^k)^{-1} = \rho^{n-k}$.
3. $\mu^2 = \imath$, 这意味着 $\mu^{-1} = \mu$(关于一条直线反射两次是恒等映射).
4. $\rho^k\mu = \mu\rho^{n-k}$ (例 4.22 中给出了 $k=1$ 的情况, 习题 30 中对任意 k).

例 4.23 在群 D_5 中计算 $(\mu\rho^2)(\mu\rho)$.

$$(\mu\rho^2)(\mu\rho) = \mu\rho^2\mu\rho = \mu(\rho^2\mu)\rho = \mu(\mu\rho^{5-2})\rho = \mu^2\rho^4 = \rho^4$$

例 4.24 在二面体群 D_n 中计算 $(\mu\rho^k)^{-1}$.

$$(\mu\rho^k)^{-1} = (\rho^k)^{-1}\mu^{-1} = \rho^{n-k}\mu = \mu\rho^{n-(n-k)} = \mu\rho^k$$

在例 4.24 中得到 $\mu\rho^k$ 的逆是它自己, 这表明 $\mu\rho^k$ 可能是关于一条直线的反射. 在习题 37 中, 要求对此进行证明. 从几何上看, $\mu\rho^k$ 形式的每个元素都是关于一条直线的反射. 设计万花筒的基础是在 μ 的反射线上放置一面镜子, 在 $\mu\rho$ 的反射线上放置另一面镜子. 由于 $\rho=\mu\mu\rho$, 所以 D_n 中的任何元素都可以只用 μ 和 $\mu\rho$ 写成乘积. 在万花筒中, 镜面上的连续反射相当于对 μ 和 $\mu\rho$ 不断做乘积. 所以在万花筒中看到的图像具有 D_n 中的所有对称性. 也就是说, 可以将图像旋转 $360°/n$, 或者将图像沿 $\mu\rho^k$ 的任何一条反射线反射. 图 4.25 是具有二面体群 D_{16} 对称性的万花筒的典型图像.

图 4.25

习题

计算

在习题 1~5 中, 计算 S_6 中下面置换的乘积:

$$\sigma=\begin{pmatrix}1&2&3&4&5&6\\3&1&4&5&6&2\end{pmatrix},\tau=\begin{pmatrix}1&2&3&4&5&6\\2&4&1&3&6&5\end{pmatrix},\mu=\begin{pmatrix}1&2&3&4&5&6\\5&2&4&3&1&6\end{pmatrix}$$

1. $\sigma\tau$.

2. $\tau^2\sigma$.

3. $\mu\sigma^2$.

4. $\sigma^{-2}\tau$.

5. $\sigma^{-1}\tau\sigma$.

在习题 6~9 中, 用习题 1 前面定义的置换 σ,τ,μ 进行计算.

6. σ^6.

7. μ^2.

8. σ^{100}.

9. μ^{100}.

10. 将习题 1 前面定义的置换 σ, τ, μ 写成不相交循环表示.

11. 将 S_8 中以下置换的不相交循环表示转换为两行表示.

a. $(1,4,5)(2,3)$.　　b. $(1,8,5)(2,6,7,3,4)$.

c. $(1,2,3)(4,5)(6,7,8)$.

12. 计算置换乘积.

a. $(1,5,2,4)(1,5,2,3)$.　　b. $(1,5,3)(1,2,3,4,5,6)(1,5,3)^{-1}$.

c. $[(1,6,7,2)^2(4,5,2,6)^{-1}(1,7,3)]^{-1}$.

d. $(1,6)(1,5)(1,4)(1,3)(1,2)$.

13. 计算 D_{12} 的以下元素. 用标准形式写答案.

a. $\mu\rho^2\mu\rho^8$.　　b. $\mu\rho^{10}\mu\rho^{-1}$.　　c. $\rho\mu\rho^{-1}$.　　d. $(\mu\rho^3\mu^{-1}\rho^{-1})^{-1}$.

14. 写出 D_3 的运算表. 比较 D_3 和 S_3 的运算表. 它们是同构群吗?

设 A 是一个集合, $\sigma \in S_A$. 对于 $a \in A$, 集合 $\mathscr{O}_{a,\sigma} = \{\sigma^n(a) | n \in \mathbb{Z}\}$ 称为 a 在 σ 下的**轨道** (orbit). 在习题 15~17 中, 求出 1 在习题 1 中定义的置换下的轨道.

15. σ.

16. τ.

17. μ.

18. 验证 $H = \{\imath, \mu, \rho^2, \mu\rho^2\} \subseteq D_4$ 在映射复合运算下是一个群.

19. a. 证明以下六个矩阵构成一个矩阵乘法群

$$\begin{bmatrix} 1 & 0 & 0 \\ 0 & 1 & 0 \\ 0 & 0 & 1 \end{bmatrix}, \begin{bmatrix} 0 & 1 & 0 \\ 0 & 0 & 1 \\ 1 & 0 & 0 \end{bmatrix}, \begin{bmatrix} 0 & 0 & 1 \\ 1 & 0 & 0 \\ 0 & 1 & 0 \end{bmatrix}$$
$$\begin{bmatrix} 1 & 0 & 0 \\ 0 & 0 & 1 \\ 0 & 1 & 0 \end{bmatrix}, \begin{bmatrix} 0 & 0 & 1 \\ 0 & 1 & 0 \\ 1 & 0 & 0 \end{bmatrix}, \begin{bmatrix} 0 & 1 & 0 \\ 1 & 0 & 0 \\ 0 & 0 & 1 \end{bmatrix}$$

(提示: 不要尝试计算这些矩阵的所有乘积. 想想在列向量 $\begin{pmatrix} 0 \\ 1 \\ 2 \end{pmatrix}$ 左边乘以每个矩

阵是如何变换的.)

b. 本节讨论的哪个群与这六个矩阵的群是同构的?

20. 完成习题 18 后, 写出 8 个矩阵, 构成一个与 D_4 同构的矩阵乘法群.

概念

在习题 21~23 中, 不参考书本, 根据需要更正楷体术语的定义, 使其成立.

21. *二面体群* D_n 是所有映射 $\phi : \mathbb{Z}_n \to \mathbb{Z}_n$ 的集合, 使得 U_n 的顶点 i 和 j 之间的线段是 P_n 的边当且仅当 U_n 的顶点 $\phi(i)$ 和 $\phi(j)$ 之间的线段是 P_n 的边.

22. 集合 S 的*置换*是从 S 到 S 的单射.

23. 群的*阶*是群中元素的数量.

在习题 24~28 中, 确定给定的映射是否是 $\mathbb{R}$ 的置换.

24. $f_1 : \mathbb{R} \to \mathbb{R}$ 定义为 $f_1(x) = x + 1$.

25. $f_2 : \mathbb{R} \to \mathbb{R}$ 定义为 $f_2(x) = x^2$.

26. $f_3 : \mathbb{R} \to \mathbb{R}$ 定义为 $f_3(x) = -x^3$.

27. $f_4 : \mathbb{R} \to \mathbb{R}$ 定义为 $f_4(x) = \mathrm{e}^x$.

28. $f_5 : \mathbb{R} \to \mathbb{R}$ 定义为 $f_5(x) = x^3 - x^2 - 2x$.

29. 判断下列命题的真假.

a. 每个置换都是单射.

b. 一个映射是置换当且仅当它是单的.

c. 一个有限集合到自身的满射必是单的.

d. 交换群 G 的每个子集在与 G 相同运算下也是一个群.

e. 对称群 S_{10} 有 10 个元素.

f. 如果 $\phi \in D_n$, 则 ϕ 是集合 $\mathbb{Z}_n$ 上的一个置换.

g. 群 D_n 恰好有 n 个元素.

h. D_3 是 D_4 的子集.

理论

30. 设 $n \geqslant 3$ 且 $k \in \mathbb{Z}_n$. 证明在 D_n 中 $\rho^k \mu = \mu \rho^{n-k}$.

31. 证明当 $n \geqslant 3$ 时 S_n 是一个非交换群.

32. 习题 31 的继续, 证明当 $n \geqslant 3$ 时, 在 S_n 中对所有 $\gamma \in S_n$ 都满足 $\sigma\gamma = \gamma\sigma$ 的唯一元素是 $\sigma = \imath$, 即恒等置换.

33. 轨道是在习题 15 前的说明中定义的. 设 $a, b \in A, \sigma \in S_A$. 证明如果 $\mathscr{O}_{a,\sigma}$ 和 $\mathscr{O}_{b,\sigma}$ 有一个共同元素, 那么 $\mathscr{O}_{a,\sigma} = \mathscr{O}_{b,\sigma}$.

34. (参见定理 4.8 后的 "提醒".) 设 G 是一个有二元运算 $*$ 的群. G' 与 G 是同一个

集合, 定义了二元运算 $*'$, 使得 $x *' y = y * x$, 对 $x, y \in G'$.

a. (直观判断 G' 在 $*'$ 下是一个群.) 假设教室前面的墙是透明玻璃, G 在 $*$ 下的所有可能的乘积 $a * b = c$ 和所有可能的结合形式 $a * (b * c) = (a * b) * c$ 都用神奇笔写在了墙上. 当一个人在前面的隔壁房间看墙的另一面时, 会看到什么?

b. 从 $*'$ 的数学定义证明 G' 在 $*'$ 下是一个群.

35. 用同构的定义详细证明: 如果 G 和 G' 都是群, 且 G 是交换的而 G' 是非交换的, 则 G 和 G' 不是同构的.

36. 证明对于任意整数 $n \geqslant 2$, 至少有两个不同构的群都恰好有 $2n$ 个元素.

37. 设 $n \geqslant 3, 0 \leqslant k \leqslant n-1$. 证明映射 $\mu\rho^k \in D_n$ 是关于过原点与 x 轴成 $-k\pi/n$ 角的直线的反射.

38. 设 $n \geqslant 3, k, r \in \mathbb{Z}_n$. 根据习题 37, 确定 D_n 的元素, 对应于先做过原点与 x 轴成 $-2k\pi/n$ 角的直线的反射, 然后做过原点与 x 轴成 $-2r\pi/n$ 角的直线的反射. 证明你的答案.

1.5 子群

子集和子群

已经注意到, 有的较大的群包含了一些小群. 例如, 加法群 $\mathbb{Z}$ 包含在加法群 $\mathbb{Q}$ 中, 而 $\mathbb{Q}$ 又包含在加法群 $\mathbb{R}$ 中. 当把群 $\langle\mathbb{Z}, +\rangle$ 看成包含在群 $\langle\mathbb{R}, +\rangle$ 中的群时, 整数 n 和 m 看成 $\langle\mathbb{Z}, +\rangle$ 中元素时的 $+$ 运算结果, 与看成 $\langle\mathbb{R}, +\rangle$ 中元素时的 $+$ 运算结果相同, 都是 $n+m$, 这一点是非常重要的. 即使集合 $\mathbb{Q}^+$ 包含在 $\mathbb{R}$ 集合中, 也不能把 $\langle\mathbb{Q}^+, \cdot\rangle$ 看作 $\langle\mathbb{R}, +\rangle$ 中的群. 因为在 $\langle\mathbb{Q}^+, \cdot\rangle$ 中 $2 \cdot 3 = 6$, 而在 $\langle\mathbb{R}, +\rangle$ 中 $2 + 3 = 5$. 不仅要求一个群的集合是另一个群的集合的子集, 而且要求该群运算是子集上的诱导运算: 子集中的两个元素在子集上的群运算结果与在整个集合上的群运算结果相同.

定义 5.1 *如果群 G 的一个非空子集 H 在 G 的二元运算下是封闭的, 在 G 的诱导运算下 H 是一个群, 那么 H 称为 G 的一个**子群** (subgroup), 用记号 $H \leqslant G$ 或 $G \geqslant H$ 表示. $H < G$ 或 $G > H$ 表示 $H \leqslant G$ 但 $H \neq G$.*

因此 $\langle\mathbb{Z}, +\rangle < \langle\mathbb{R}, +\rangle$. 但 $\langle\mathbb{Q}^+, \cdot\rangle$ 不是 $\langle\mathbb{R}, +\rangle$ 的子群, 即使作为集合有 $\mathbb{Q}^+ \subset \mathbb{R}$. 每个群 G 都有子群 G 本身和 $\{e\}$, 其中 e 是 G 的单位元.

定义 5.2 *如果 G 是一个群, 那么由 G 本身组成的子群是 G 的**非真子群** (improper subgroup), 其他子群都是**真子群** (proper subgroup). 子群 $\{e\}$ 和 G 是 G 的**平凡子群***

(trivial subgroup), 所有其他子群都是**非平凡子群** (nontrivial subgroup).

来看一些例子.

例 5.3 设 $\mathbb{R}^n$ 是所有有 n 个实数分量的行向量的加法群. 所有第一个分量是 0 的向量组成的子集, 组成 $\mathbb{R}^n$ 的子群.

例 5.4 $\mathbb{Q}^+$ 的乘法群是 $\mathbb{R}^+$ 的乘法群的真子群.

例 5.5 $\mathbb{C}$ 上 n 次单位根全体 U_n, 构成绝对值为 1 的复数群 U 的一个子群, U 又是非零复数乘群 $\mathbb{C}^*$ 的一个子群.

例 5.6 回顾 $S_{\mathbb{Z}_n}$ 是所有 $\mathbb{Z}_n$ 到 $\mathbb{Z}_n$ 的既单又满映射的集合, 而 D_n 是所有 $\mathbb{Z}_n$ 到 $\mathbb{Z}_n$ 的既单又满映射 ϕ 的集合, 使得正 n 边形 P_n 中若 i 和 j 之间的线段是边当且仅当 $\phi(i)$ 和 $\phi(j)$ 之间的线段是边. $D_n \subseteq S_{\mathbb{Z}_n}$. 由于 D_n 和 $S_{\mathbb{Z}_n}$ 都是映射复合下的群, 所以 $D_n \leqslant S_{\mathbb{Z}_n}$.

例 5.7 四元群有两种不同类型的结构 (见 1.2 节习题 20). 通过它们的运算表 (表 5.8 和表 5.9) 来描述. 群 V 是克莱因四元群.

$\mathbb{Z}_4$ 的唯一非平凡真子群是 $\{0,2\}$. 注意 $\{0,3\}$ 不是$\mathbb{Z}_4$ 的子群, 因为 $\{0,3\}$ 在 $+$ 下不封闭. 例如, $3+3=2, 2\notin\{0,3\}$. 而群 V 有三个非平凡的真子群, $\{e,a\},\{e,b\},\{e,c\}$. 这里 $\{e,a,b\}$ 不是子群, 因为 $\{e,a,b\}$ 在 V 的运算下不是封闭的, $ab=c, c\notin\{e,a,b\}$.

表 5.8

$\mathbb{Z}_4$:

+	0	1	2	3
0	0	1	2	3
1	1	2	3	0
2	2	3	0	1
3	3	0	1	2

表 5.9

V:

	e	a	b	c
e	e	a	b	c
a	a	e	c	b
b	b	c	e	a
c	c	b	a	e

对于一个群, 绘制由子群构成的子群图通常是有用的. 在这个图中, 从群 G 向下到群 H 画一条线表示 H 是 G 的一个子群, 较大的群放在图的上部. 图 5.10 包含了例 5.7 中 $\mathbb{Z}_4$ 和 V 的子群图. 图 5.10a 为 $\mathbb{Z}_4$ 的子群图. 图 5.10b 为 V 的子群图.

注意, 如果 $H \leqslant G$ 且 $a \in H$, 则根据定理 2.17, 方程 $ax=a$ 有唯一解, 即 H 的单位元. 但这个等式也可以看作 G 中的, 这个唯一解也是 G 的单位元 e. 类似地对方程 $ax=e$ 讨论, 把它看成在 H 和 G 中, 可以得到 G 中 a 的逆元 a^{-1} 也是 a 在子群 H 中的逆元.

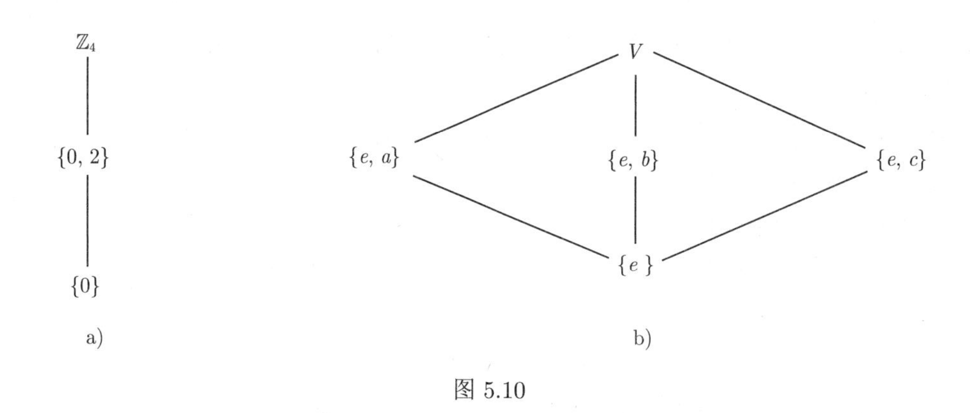

图 5.10

例 5.11 设 F 是 $\mathbb{R}$ 上所有实值函数的加法群. 由连续函数组成的 F 的子集是 F 的子群, 因为连续函数的和是连续的, 其中对所有 x 使得 $f(x)=0$ 成立的 f 是连续的, 是加法单位元. 如果 f 是连续的, 那么 $-f$ 是连续的.

用固定的步骤来确定群 G 的子集是否是子群很方便, 例 5.11 指出了这个步骤, 在下面定理中, 将证明步骤的有效性.

定理 5.12 群 G 的子集 H 是 G 的子群当且仅当:

1. H 在 G 的二元运算下是封闭的,
2. G 的单位元 e 在 H 中;
3. 对于所有的 $a \in H$, 也有 $a^{-1} \in H$.

证明 如果 $H \leqslant G$, 则由子群的定义和例 5.11 之前的注释可以看出条件 1~3 成立.

反之, 假设 H 是群 G 的一个子集, 使得条件 1~3 成立. 由条件 2 知道 $\mathscr{G}_2$ 满足. 而由条件 3 知道 $\mathscr{G}_3$ 也满足. 还需要检验结合公理 $\mathscr{G}_1$. 但是对所有 $a, b, c \in H$, 有 $(ab)c = a(bc)$ 在 H 中是对的, 实际上可以把它看作 G 中的等式, 结合律是成立的. 因此 $H \leqslant G$. □

例 5.13 设 F 如例 5.11 所示. 由可微函数组成的 F 的子集是 F 的子群, 因为可微函数的和是可微的, 常函数 0 是可微的, 如果 f 是可微的, 那么 $-f$ 是可微的.

例 5.14 回顾线性代数, 每个方阵 $\boldsymbol{A}$ 都有一个称为其行列式的数字 $\det(\boldsymbol{A})$ 与之相关联, 当且仅当 $\det(\boldsymbol{A}) \neq 0$ 时, $\boldsymbol{A}$ 是可逆的. 如果方阵 $\boldsymbol{A}$ 和 $\boldsymbol{B}$ 的阶相同, 则可以证明 $\det(\boldsymbol{AB}) = \det(\boldsymbol{A}) \cdot \det(\boldsymbol{B})$. 设 G 是 $\mathbb{C}$ 上所有 $n \times n$ 可逆矩阵的乘法群, T 是 G 中由行列式为 1 的 $n \times n$ 可逆矩阵组成的子集. 等式 $\det(\boldsymbol{AB}) = \det(\boldsymbol{A}) \cdot \det(\boldsymbol{B})$ 说明 T 在矩阵乘法下是封闭的. 注意单位矩阵 $\boldsymbol{I}_n$ 行列式为 1. 由等式 $\det(\boldsymbol{A}) \cdot \det(\boldsymbol{A}^{-1}) = \det(\boldsymbol{AA}^{-1}) = \det(\boldsymbol{I}_n) = 1$ 可以看到, 如果 $\det(\boldsymbol{A}) = 1$, 那么 $\det(\boldsymbol{A}^{-1}) = 1$. 由定理 5.12, T 是 G 的一个子群.

下面定理 5.15 提供了另一种检验群的子集是子群的方法.

定理 5.15 群 G 的非空子集 H 是 G 的子群, 当且仅当对于所有的 $a, b \in G$, 有 $ab^{-1} \in G$.

证明 证明作为习题 51. □

表面上看, 定理 5.15 比定理 5.12 简单, 因为只需要证明 H 不是空的, 以及另外一个条件. 实际上它与定理 5.12 效果相同. 另外, 定理 5.16 也经常使用.

定理 5.16 设 H 是群 G 的有限非空子集. 那么 H 是 G 的子群当且仅当 H 在 G 的运算下是封闭的.

证明 证明作为习题 57. □

例 5.17 回顾 $U_n = \{z \in \mathbb{C} | z^n = 1\}$. 可以用定理 5.16 证明 U_n 是 $\mathbb{C}^*$ 的子群, 因为 U_n 恰好有 n 个元素, 所以 U_n 是 $\mathbb{C}^*$ 的有限非空子集, 如果 $z_1, z_2 \in U_n$, 那么 $(z_1 z_2)^n = 1$, 这意味着 U_n 在乘法下是封闭的.

例 5.18 证明子集 $H = \{\imath = \rho_0, \rho, \rho^2, \cdots, \rho^{n-1}\} \subset D_n$ 是 D_n 的子群. 根据定理 5.16, 只需要检验在 D_n 的运算下 H 是封闭的. 设 $k, r \in \mathbb{Z}_n$. 那么 $\rho^k \rho^r = \rho^{k+_n r} \in H$, 因此 $H \leqslant D_n$.

循环子群

来看看 $\mathbb{Z}_{12}$ 的包含 3 的子群 H 有多大. 它必须包含单位元 0 和 3+3, 即 6. 它又必须包含 6+3, 也就是 9. 注意 3 的逆元是 9, 而 6 的逆元是 6. 容易验证 $H = \{0, 3, 6, 9\}$ 是 $\mathbb{Z}_{12}$ 的一个子群, 它是包含 3 的最小子群.

可以在一般情况下模仿这种推理. 如前所述, 一般地, 群运算总用乘法表示. 设 G 是一个群且 $a \in G$. 根据定理 5.12, G 的包含 a 的子群必然包含 a^n, 即由 a 自乘 n 次所得方幂, 其中 n 是一个正整数, 这些 a 的正整数幂给出了一个在乘法下封闭的集合. 但是, a 的逆元可能不在这个集合中. 当然, 一个包含 a 的子群必须包含 a^{-1}, 一般来说, 对于所有 $m \in \mathbb{Z}^+$, 它还必须包含 a^{-m}. 它必须包含单位元 $e = a^0$. 总之, 对于所有 $n \in \mathbb{Z}$, 一个包含元素 a 的 G 的子群必须包含所有元素 a^n(或加法群中的 na). 也就是说, 一个包含 a 的子群必包含 $\{a^n | n \in \mathbb{Z}\}$. 当然这些 a 的方幂 a^n 未必不同. 例如, 在例 5.7 的群 V 中,

$$a^2 = e, a^3 = a, a^4 = e, a^{-1} = a$$

这几乎已经证明了下一个定理.

定理 5.19 设 G 是群, 且 $a \in G$, 则 $H = \{a^n | n \in \mathbb{Z}\}$ 是 G 的子群, 是 G 中包含

a 的最小子群 ㊀, 即每个包含 a 的子群都包含 H.

证明 需要验证定理 5.12 中的子集是子群的三个条件. 由于对于 $r,s \in \mathbb{Z}$ 有 $a^ra^s = a^{r+s}$, 可以看到 H 的两个元素在 G 中的乘积还在 H 中, 因此 H 在 G 的群运算下是封闭的. 同时 $a^0 = e$, 因此 $e \in H$. 对于 $a^r \in H$, 有 $a^{-r} \in H$ 和 $a^{-r}a^r = e$, 因此所有的条件都满足, 于是 $H \leqslant G$. 定理之前的论证表明, G 的任意包含 a 的子群必包含 H, 所以 H 是 G 的包含 a 的最小子群. □

定义 5.20 设 G 是群, $a \in G$. 定理 5.19 中描述的 G 的子群 $\{a^n | n \in \mathbb{Z}\}$ 称为**由 a 生成的 G 的循环子群** (cyclic subgroup of G generated by a), 记为 $\langle a \rangle$.

例 5.21 找出 D_{10} 的两个循环子群. 首先对 $k \in \mathbb{Z}_{10}$ 考虑 $\langle \mu\rho^k \rangle$. 因为 $(\mu\rho^k)^2 = \imath$, 因此 $(\mu\rho^k)^{-1} = \mu\rho^k$. 于是对任意整数 $r, (\mu\rho^k)^r$ 为 $\mu\rho^k$ 或 $\imath$. 因此

$$\langle \mu\rho^k \rangle = \{\imath, \mu\rho^k\}$$

由于 $\rho^{-1} = \rho^9$, ρ 的每个负方幂也是 ρ 的正方幂, $\rho^{10} = \imath$,

$$\langle \rho \rangle = \{\imath, \rho, \rho^2, \cdots, \rho^9\}$$

定义 5.22 如果 $\langle a \rangle = G$, 称群 G 由元素 a **生成** (generate), 并称 a 为 G 的**生成元** (generator). 如果 G 中有一个元素 a 生成 G, 称 G 为**循环的** (cyclic).

例 5.23 设 $\mathbb{Z}_4$ 和 V 是例 5.7 中的群. 那么 $\mathbb{Z}_4$ 是循环的, 1 和 3 都是生成元, 即

$$\langle 1 \rangle = \langle 3 \rangle = \mathbb{Z}_4$$

然而, V 不是循环的, 因为 $\langle a \rangle, \langle b \rangle, \langle c \rangle$ 都是两个元素的真子群. 当然, $\langle e \rangle$ 是一个元素的平凡子群.

例 5.24 加法群 $\mathbb{Z}$ 是一个循环群. 1 和 -1 都是这个群的生成元, 它们是仅有的生成元. 此外, 对于 $n \in \mathbb{Z}^+$, 在模 n 加法下群 $\mathbb{Z}_n$ 是循环的. 如果 $n > 1$, 那么 1 和 $n-1$ 都是生成元, 但可能还有其他生成元.

例 5.25 考虑加法群 $\mathbb{Z}$. 找出 $\langle 3 \rangle$. 由于是加法群, $\langle 3 \rangle$ 必须包含

$$3, 3+3=6, 3+3+3=9, \cdots$$

$$0, -3, -3+-3=-6, -3+-3+-3=-9, \cdots$$

㊀ 有时候, 对于集合 S 的具有特殊性质的子集, 术语极小和最小是不同的. S 的子集 H 对于某个性质是极小子集, 如果 H 具有这个性质, 而满足 $K \subset H, K \neq H$ 的 K 没有这个性质. 如果 H 具有这个性质, 而具有这个性质的 K 都满足 $H \subseteq K$, 那么 H 是具有这个性质的最小子集. 可能有许多极小子集, 但只能有一个最小子集. 例如, $\{e,a\}, \{e,b\}, \{e,c\}$ 都是群 V 的极小非平凡子群 (见图 5.10). 然而, V 没有最小非平凡子群.

换句话说, 由 3 生成的循环子群包含 3 的所有倍数——正的、负的和零. 也用 $3\mathbb{Z}$ 来表示子群 $\langle 3\rangle$. 同样, 用 $n\mathbb{Z}$ 表示 $\mathbb{Z}$ 的循环子群 $\langle n\rangle$. 于是 $6\mathbb{Z} < 3\mathbb{Z}$.

例 5.26 对于正整数 n, U_n 是 $\mathbb{C}$ 中 n 次单位根的乘法群. 如图 5.27 所示, U_n 中元素可以几何表示为单位圆上等间距的点. 图中标记的点表示

$$\zeta = \cos\frac{2\pi}{n} + \mathrm{i}\sin\frac{2\pi}{n}$$

根据第 3 节中复数乘法的几何解释, 随着 ζ 的幂指数的增加, 它以逆时针方向绕着圆运动, 依次与 U_n 的每个元素重合. 因此, 在乘法下 U_n 是循环群, ζ 是其生成元. 群 U_n 是所有复数 z 的乘法群 U 的满足 $|z| = 1$ 的循环子群 $\langle\zeta\rangle$.

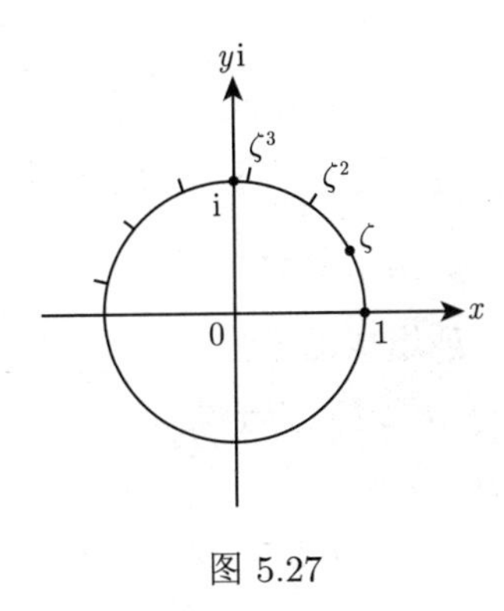

图 5.27

习题

计算

在习题 1~6 中, 确定给定的复数子集是否是复数加法群 $\mathbb{C}$ 的子群.

1. $\mathbb{R}$.

2. $\mathbb{Q}^+$.

3. $7\mathbb{Z}$.

4. 包含 0 的纯虚数的集合 $\mathrm{i}\mathbb{R}$.

5. π 的有理倍数的集合 $\pi\mathbb{Q}$.

6. 集合 $\{\pi^n | n \in \mathbb{Z}\}$.

7. 在习题 1~6 中, 哪些集合是非零复数乘法群 $\mathbb{C}^*$ 的子群?

在习题 8~13 中, 确定给定的实可逆 $n \times n$ 矩阵集合是否是 $\mathrm{GL}(n, \mathbb{R})$ 的子群.

8. 行列式大于或等于 1 的 $n \times n$ 矩阵.

9. 对角线上无零的 $n \times n$ 矩阵.

10. 对某整数 k, 行列式为 2^k 的 $n \times n$ 矩阵.

11. 行列式为 -1 的 $n \times n$ 矩阵.

12. 行列式为 -1 或 1 的 $n \times n$ 矩阵.

13. 所有满足 $\boldsymbol{A}^{\mathrm{T}}\boldsymbol{A} = \boldsymbol{I}_n$ 的 $n \times n$ 矩阵 $\boldsymbol{A}$ 的集合. (这些矩阵叫作**正交** (orthogonal) 矩阵. 回顾 $\boldsymbol{A}^{\mathrm{T}}$ 是 $\boldsymbol{A}$ 的转置矩阵, 当 $1 \leqslant j \leqslant n$ 时, 其第 j 列为 $\boldsymbol{A}$ 的第 j 行, 转置运算具有性质 $(\boldsymbol{AB})^{\mathrm{T}} = \boldsymbol{B}^{\mathrm{T}}\boldsymbol{A}^{\mathrm{T}}$.)

设 F 是 $\mathbb{R}$ 上所有实值函数的集合, $\widetilde{F}$ 是由在 $\mathbb{R}$ 中每一点取非零值的函数组成的 F 的子集. 在习题 14~19 中, 确定 F 的给定子集在诱导运算下是否有 (a) 加法群 F 的子群, (b) 乘法群 $\widetilde{F}$ 的子群.

14. 子集 $\widetilde{F}$.

15. 所有满足 $f(1) = 0$ 的 $f \in F$ 组成的子集.

16. 所有满足 $f(1) = 1$ 的 $f \in \widetilde{F}$ 组成的子集.

17. 所有满足 $f(0) = 1$ 的 $f \in \widetilde{F}$ 组成的子集.

18. 所有满足 $f(0) = -1$ 的 $f \in \widetilde{F}$ 组成的子集.

19. 所有常数函数组成的 $f \in F$ 子集.

20. 在下面给出的九个群 $G_1, G_2, \cdots, G_9$ 中. 给出群之间存在的所有形如 $G_i \leqslant G_j$ 的子群关系.

$G_1 = \mathbb{Z}$ 加法群,

$G_2 = 12\mathbb{Z}$ 加法群,

$G_3 = \mathbb{Q}^+$ 乘法群,

$G_4 = \mathbb{R}$ 加法群,

$G_5 = \mathbb{R}^+$ 乘法群,

$G_6 = \{\pi^n | n \in \mathbb{Z}\}$ 乘法群,

$G_7 = 3\mathbb{Z}$ 加法群,

$G_8 =$ 所有 6 的倍数加法群,

$G_9 = \{6^n | n \in \mathbb{Z}\}$ 加法群.

21. 写出以下每个循环中的至少 5 个元素.

a. $25\mathbb{Z}$ 加法群.　　b. $\{(1/2)^n \,|n \in \mathbb{Z}\}$ 乘法群.

c. $\{\pi^n | n \in \mathbb{Z}\}$ 乘法群.　　d. D_{18} 中的 $\langle \rho^3 \rangle$.　　e. S_6 中的 $\langle (1,2,3)(5,6) \rangle$.

在习题 22~25 中, 写出由给定 2×2 矩阵生成的 $\mathrm{GL}(2, \mathbb{R})$ 的循环子群中所有元素.

22. $\begin{bmatrix} 0 & -1 \\ -1 & 0 \end{bmatrix}$.

23. $\begin{bmatrix} 1 & 1 \\ 0 & 1 \end{bmatrix}$.

24. $\begin{bmatrix} 3 & 0 \\ 0 & 2 \end{bmatrix}$.

25. $\begin{bmatrix} 0 & -2 \\ -2 & 0 \end{bmatrix}$.

26. 下列哪些是循环群? 对于每个循环群, 给出所有生成元.

$G_1 = \langle \mathbb{Z}, + \rangle$, $G_2 = \langle \mathbb{Q}, + \rangle$, $G_3 = \langle \mathbb{Q}^+, \cdot \rangle$, $G_4 = \langle 6\mathbb{Z}, + \rangle$, $G_5 = \{6^n | n \in \mathbb{Z}\}$ 加法群, $G_6 = \{a + b\sqrt{2} | a, b \in \mathbb{Z}\}$ 加法群.

在习题 27~35 中, 找出由给定元素生成的循环子群的阶.

27. 由 3 生成的 $\mathbb{Z}_4$ 的子群.

28. 由 c 生成的 V 的子群 (见表 5.9).

29. 由 $\cos\dfrac{2\pi}{3} + \mathrm{i}\sin\dfrac{2\pi}{3}$ 生成的 U_6 的子群.

30. 由 8 生成的 $\mathbb{Z}_{10}$ 的子群.

31. 由 12 生成的 $\mathbb{Z}_{16}$ 的子群.

32. 由 $(2, 4, 6, 9)(3, 5, 7)$ 生成的对称群 S_8 的子群.

33. 由 $(1, 10)(2, 9)(3, 8)(4, 7)(5, 6)$ 生成的对称群 S_{10} 的子群.

34. 由 $\begin{bmatrix} 0 & 0 & 0 & 1 \\ 0 & 0 & 1 & 0 \\ 1 & 0 & 0 & 0 \\ 0 & 1 & 0 & 0 \end{bmatrix}$ 生成的可逆 4×4 矩阵乘法群 G 的子群.

35. 由 $\begin{bmatrix} 0 & 1 & 0 & 0 \\ 0 & 0 & 0 & 1 \\ 0 & 0 & 1 & 0 \\ 1 & 0 & 0 & 0 \end{bmatrix}$ 生成的可逆 4×4 矩阵乘法群 G 的子群.

36. a. 完成表 5.28, 给出 6 个元素的群 $\mathbb{Z}_6$.

b. 计算 a 中给出的群 $\mathbb{Z}_6$ 的子群 $\langle 0 \rangle, \langle 1 \rangle, \langle 2 \rangle, \langle 3 \rangle, \langle 4 \rangle, \langle 5 \rangle$.

c. 哪些元素是 a 中给出的群 $\mathbb{Z}_6$ 的生成元?

d. 给出 b 中 $\mathbb{Z}_6$ 的子群的子群图. (稍后会看到这些子群的子群都是 $\mathbb{Z}_6$ 的子群.)

表 5.28

$\mathbb{Z}_6$:

+	0	1	2	3	4	5
0	0	1	2	3	4	5
1	1	2	3	4	5	0
2	2					
3	3					
4	4					
5	5					

概念

在习题 37 和习题 38 中, 不参考书本, 根据需要更正楷体术语的定义, 使其成立.

37. 群 G 的一个*子群*是 G 的一个子集 H, 它包含 G 的单位元 e, 也包含它的每个元素的逆元.

38. 群 G 是*循环*的当且仅当存在 $a \in G$ 使得 $G = \{a^n | n \in \mathbb{Z}\}$.

39. 判断下列命题的真假.

a. 结合律对每个群成立.

b. 可能存在消去律不成立的群.

c. 每个群都是它自己的一个子群.

d. 每个群正好有两个非真子群.

e. 在循环群中, 每个元素都是生成元.

f. 循环群有唯一的生成元.

g. 每个由数字组成的加法群, 在乘法下也是群.

h. 子群可以定义为群的一个子集.

i. $\mathbb{Z}_4$ 是循环群.

j. 每个群的每个子集在诱导运算下都是一个子群.

k. 对于任意 $n \geqslant 3$, 二面体群 D_n 至少有 $n+2$ 个循环子群.

40. 举例说明, 在单位元为 e 的群 G 中, 一元二次方程 $x^2 = e$ 可能有多于两个解.

在习题 41~44 中, 设 B 是 A 的子集, 而 b 是 B 的一个特定元素. 在诱导运算下, 确定给定的集合是否是对称群 S_A 的一个子群. 其中 $\sigma[B] = \{\sigma(x) | x \in B\}$.

41. $\{\sigma \in S_A | \sigma(b) = b\}$.

42. $\{\sigma \in S_A | \sigma(b) \in B\}$.

43. $\{\sigma \in S_A | \sigma[B] \subseteq B\}$.

44. $\{\sigma \in S_A | \sigma[B] = B\}$.

理论

在习题 45~46 中, 设 $\phi : G \to G'$ 是群 $\langle G, * \rangle$ 到群 $\langle G', *' \rangle$ 的同构. 写出下面直观结论的证明.

45. 如果 H 是 G 的子群, 则 $\phi[H] = \{\phi(h) | h \in H\}$ 是 G' 的子群. 也就是说, 同构把子群变为子群.

46. 如果存在 $a \in G$ 使得 $\langle a \rangle = G$, 则 G' 是循环群.

47. 证明若 H 和 K 是交换群 G 的子群, 则 $\{hk | h \in H, k \in K\}$ 是 G 的子群.

48. 找出群 G 和两个子群 H, K 的例子, 使得习题 47 中的集合不是 G 的子群.

49. 证明对于任意 $n \geqslant 3$, S_n 有与 D_n 同构的子群.

50. 找出下面论证中的缺陷: "定理 5.12 的条件 2 是多余的, 因为它可以从条件 1 和条件 3 推出. 对于 $a \in H$, 那么由条件 3, $a^{-1} \in H$, 由条件 1, $aa^{-1} = e$ 是 H 的一个元素, 证明了条件 2. "

51. 证明定理 5.15.

52. 证明若 G 是循环群且 $|G| \geqslant 3$, 则 G 至少有 2 个生成元.

53. 证明如果 G 是单位元为 e 的交换乘法群, 那么满足方程 $x^2 = e$ 的所有元素 x 构成 G 的一个子群 H.

54. 一般地, 设交换群 G 的单位元为 e, 整数 $n \geqslant 1$, H 是方程 $x^n = e$ 的所有解 x 的集合, 重复证明习题 53 的结论.

55. 如果放弃交换性假设, 找出习题 53 的一个反例.

56. 证明如果 G 是具有单位元 e 的有限群, $a \in G$, 存在 $n \in \mathbb{Z}^+$ 使得 $a^n = e$.

57. 证明定理 5.16.

58. 设 G 是群, a 是 G 的一个给定元素, 证明 $H_a = \{x \in G | xa = ax\}$ 是 G 的子群.

59. 推广习题 58, 设 S 是群 G 的子集.

a. 证明 $H_S = \{x \in G | xs = sx$, 对于所有 $s \in S\}$ 是 G 的子群.

b. 参考 a, 称子群 H_G 是 G 的**中心** (center), 证明 H_G 是交换群.

60. 设 H 是群 G 的子群, 对于 $a, b \in G$, 设 $a \sim b$ 当且仅当 $ab^{-1} \in H$, 证明 $\sim$ 是 G 上的一个等价关系.

61. 对于集合 H 和 K, 定义集合的**交** (intersection)$H \cap K = \{x | x \in H$ 且 $x \in K\}$. 证明如果 $H \leqslant G, K \leqslant G$, 则 $H \cap K \leqslant G$. (注意:$\leqslant$ 表示 "是一个子群", 而不仅 "是

一个子集”.)

62. 证明循环群是交换群.

63. 设 G 是群, $G_n = \{g^n | g \in G\}$. 在关于 G 的什么假设下, 可以证明 G_n 是 G 的一个子群?

64. 证明没有非平凡真子群的群是循环的.

65. 饼干桶餐厅在每张桌子上放置一个名为“跳过所有只留一”的游戏谜题. 谜题由高尔夫球的球托排列成一个三角形, 如图 5.29a 所示, 其中实心点位置有一个球托, 空心点位置没有球托. 如果一个球托可以跳过一个相邻的球托, 落在一个空位上, 就可以进行移动. 移动时, 被跳过的球托被移除. 第一个可能的移动如图 5.29 b 所示. 最后目标是只剩下一个球托. 用克莱因四元群证明无论按照什么顺序 (合法的) 移动, 最后剩下的球托的位置都不能在底部的角落.

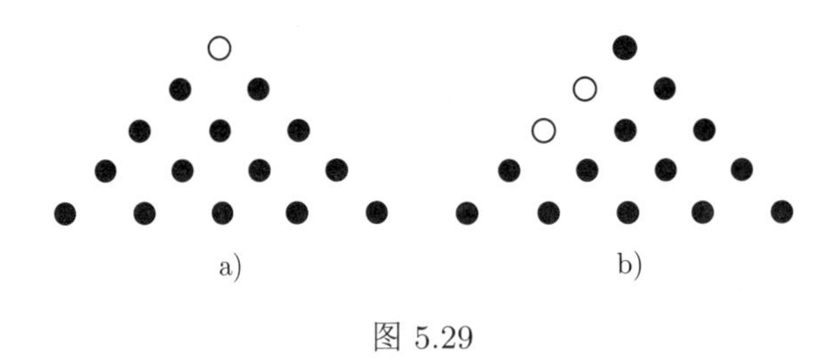

图 5.29

1.6 循环群

回顾第 5 节中以下事实和表示法. 如果 G 是一个群且 $a \in G$, 则

$$H = \{a^n | n \in \mathbb{Z}\}$$

是 G 的一个子群 (定理 5.19). 这是 G 的由元素 a **生成的循环子群** $\langle a \rangle$. 给定群 G 和 G 中一个元素 a, 如果

$$G = \{a^n | n \in \mathbb{Z}\}$$

那么 a 是 G 的**生成元** (generator), 群 $G = \langle a \rangle$ 是循环群. 现在介绍一些新的概念. 设 a 是群 G 的元素, 如果 G 的循环子群 $\langle a \rangle$ 是有限的, 那么 a 的**阶** (order) 就是这个循环子群的阶 $|\langle a \rangle|$. 否则, 称 a 是**无限阶** (infinite order) 的. 在这一节将看到, 如果 $a \in G$ 具有有限阶 m, 那么 m 是使 $a^m = e$ 的最小正整数.

本节的第一个目标是描述所有循环群和循环群的所有子群. 这不是一个无聊的习题. 在后面将看到循环群是交换群的重要的构造模块, 特别是对于有限交换群. 循环群是理解群的基础.

循环群的基本性质

首先证明循环群是交换群.

定理 6.1 每个循环群都是交换群.

证明 设 G 是循环群, a 是 G 的生成元, 有

$$G = \langle a \rangle = \{a^n | n \in \mathbb{Z}\}$$

如果 g_1 和 g_2 是 G 的任意两个元素, 存在整数 r 和 s 使得 $g_1 = a^r, g_2 = a^s$. 那么

$$g_1 g_2 = a^r a^s = a^{r+s} = a^{s+r} = a^s a^r = g_2 g_1$$

所以 G 是交换的. □

下面继续用乘法运算来陈述循环群的一般结论, 即使它们是交换的.

接下来的带余除法是众所周知的, 非常简单, 在小学就学过的. 如果用整数 n 除以正整数 m, 会得到商 q 和余数 r 两个整数, 其中 $0 \leqslant r < m$. 可以写成 $n \div m = q\text{R}r$, 也就是 $\dfrac{n}{m} = q + \dfrac{r}{m}$. 两边乘以 m 得到带余除法的形式, 带余除法是研究循环群的基本工具.

定理 6.2 $\mathbb{Z}$ **上带余除法** (division algorithm) 设 m 是一个正整数, n 是任意整数, 则存在唯一的整数 q, r 使得

$$n = mq + r, 0 \leqslant r < m$$

证明 用图 6.3 给出一个直观图解. 在数轴上标出 m 的倍数和 n 的位置. n 或者落在 m 的倍数 qm 上, 此时 r 可以看作 0, 或者落在 m 的两个倍数之间. 如果是后者, 设 qm 是 n 的左边的 m 的第一个倍数. 那么 r 如图 6.3 所示, 可以看到 $0 \leqslant r < m$. 至于 q 和 r 的唯一性, 如图 6.3 所示, 如果 n 不是 m 的倍数, 因为在 n 的左边有唯一的 m 的倍数 qm, 且与 n 的距离小于 m, 那么 $r = n - qm \neq 0$ 是唯一的. □

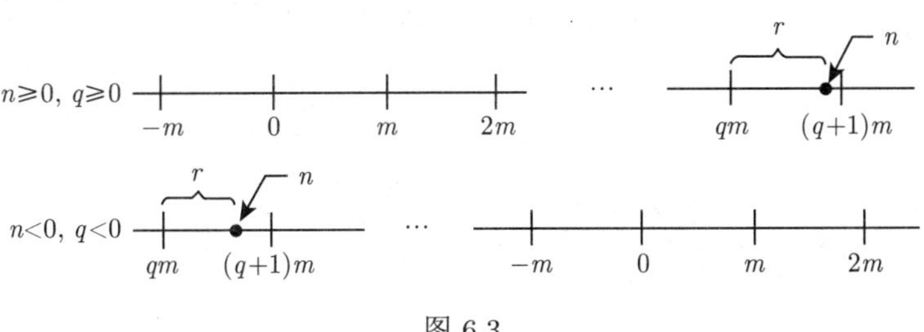

图 6.3

在带余除法中, 当 n 除以 m 时, q 为**商** (quotient), r 为非负**余数** (remainder).

例 6.4 根据带余除法, 给出 38 除以 7 时的商 q 和余数 r.

解 7 的正倍数是 $7, 14, 21, 28, 35, 42, \cdots$. 选择一个正倍数, 使非负余数小于 7, 写成

$$38 = 35 + 3 = 7 \times 5 + 3$$

所以商是 $q = 5$, 余数是 $r = 3$.

例 6.5 根据带余除法, 给出 -38 除以 7 时的商 q 和余数 r.

解 7 的负倍数是 $-7, -14, -21, -28, -35, -42, \cdots$. 选择一个倍数, 使非负余数小于 7, 写成

$$-38 = -42 + 4 = 7 \times (-6) + 4$$

所以商是 $q = -6$, 余数是 $r = 4$.

下面用带余除法来证明循环群 G 的子群 H 也是循环的. 想一想, 怎样才能证明这一点. 因为对于循环群的性质知道得还不多, 需要用循环群的定义. 也就是说, 需要利用 G 有一个生成元 a 这一事实. 必须证明, 对于这个生成元 a 而言, H 有某个生成元 $c = a^m$, 由此来证明 H 是循环的. 实际上只有一个自然的方法选择 a 的幂指数 m. 在看定理的证明之前, 能猜到怎么证明吗?

定理 6.6 *循环群的子群是循环的.*

证明 设 G 是由 a 生成的循环群, H 是 G 的子群. 如果 $H = \{e\}$, 则 $H = \langle e \rangle$ 是循环的. 如果 $H \neq \{e\}$, 那么有 $n \in \mathbb{Z}^+$, 使得 $a^n \in H$. 设 m 是 $\mathbb{Z}^+$ 中使得 $a^m \in H$ 的最小整数.

断言 $c = a^m$ 生成 H, 即

$$H = \langle a^m \rangle = \langle c \rangle$$

需要证明每个 $b \in H$ 是 c 的幂. 由于 $b \in H$ 以及 $H \leqslant G$, 对某 n 有 $b = a^n$, 用带余除法可得唯一的 q 和 r 使得

$$n = mq + r, \ 0 \leqslant r < m$$

那么

$$a^n = a^{mq+r} = (a^m)^q a^r$$

所以

$$a^r = (a^m)^{-q} a^n$$

既然 $a^n \in H, a^m \in H$, H 是一个群, 因此 $(a^m)^{-q}$ 和 a^n 都在 H 中, 那么

$$(a^m)^{-q}a^n \in H, a^r \in H$$

因为 m 是使得 $a^m \in H$ 的最小的正整数, 而 $0 \leqslant r < m$, 必有 $r = 0$. 因此 $n = mq$,

$$b = a^n = (a^m)^q = c^q$$

所以 b 是 c 的一个幂. □

如例 5.24 和例 5.25 所示, $\mathbb{Z}$ 是加法循环群. 对于正整数 n, n 的所有倍数的集合 $n\mathbb{Z}$, 在加法下构成 $\mathbb{Z}$ 的由 n 生成的循环子群. 定理 6.6 表明, 这样的循环子群是加法群 $\mathbb{Z}$ 仅有的子群. 把这个结果写成推论.

推论 6.7 *加法群 $\mathbb{Z}$ 的全部子群恰好是所有的加法群 $n\mathbb{Z}$, $n \in \mathbb{Z}$.*

这个推论给出了定义两个正整数 r 和 s 的最大公因子的简洁方法. 习题 54 将证明 $H = \{nr + ms | n, m \in \mathbb{Z}\}$ 是加法群 $\mathbb{Z}$ 的一个子群. 因此 H 是循环的, 有一个生成元 d, 可以选择 d 为正数.

定义 6.8 *设 r 为正整数, s 为非负整数. 循环群*

$$H = \{nr + ms | n, m \in \mathbb{Z}\}$$

*的正生成元 d 是 r 和 s 的***最大公因子** (greatest common divisor, gcd). *记为 $d = \gcd(r, s)$.*

注意到 $d\mathbb{Z} = H$, $r = 1r + 0s \in H$, $s = 0r + 1s \in H$. 于是有 $r, s \in d\mathbb{Z}$, 说明 d 是 r 和 s 的公因子. 由于 $d \in H$, 存在整数 n 和 m, 使得

$$d = nr + ms$$

可以看到整除 r 和 s 的整数都整除等式右边, 因此也整除 d. 所以 d 是整除 r 和 s 的最大数; 这解释了 d 在定义 6.8 中的名称.

存在整数 n 和 m, 使得 r 和 s 的最大公因子 d 可以写成 $d = nr + ms$, 这个事实称为贝祖恒等式. 贝祖恒等式在数论中非常有用, 正如在研究循环群时看到的那样.

例 6.9 给出 42 和 72 的最大公因子.

解 42 的正因子有 $1, 2, 3, 6, 7, 14, 21, 42$. 而 72 的正因子有 $1, 2, 3, 4, 6, 8, 9, 12, 18, 24, 36, 72$. 最大公因子是 6. 而且 $6 = 3 \times 72 + (-5) \times 42$. 有一个把 r 和 s 的最大公因子 d 表示成 $d = nr + ms$ 的算法, 但是在这里不需要用它. 感兴趣的读者可以在互联网上搜索欧几里得算法和贝祖恒等式来找到该算法.

如果两个正整数的最大公因子为 1, 那么称它们**互素** (relatively prime). 例如, 12 和 25 互素. 注意, 它们没有公共素因子. 在讨论循环群的子群时, 需要知道:

$$\text{如果}r\text{和}s\text{互素}, r\text{整除}sm, \text{那么}r\text{必整除}m. \tag{1}$$

下面来证明此结论. 如果 r 和 s 互素, 那么有

$$1 = ar + bs, a, b \in \mathbb{Z}$$

两边乘以 m, 得到

$$m = arm + bsm$$

现在 r 整除 arm 和 bsm, 因此 r 是等式右边的因数, 所以 r 必须整除 m.

循环群的结构

现在可以在同构意义下给出所有的循环群了.

定理 6.10 *设 G 是生成元为 a 的循环群. 如果 G 是无限阶的, 那么 G 同构于 $\langle \mathbb{Z}, + \rangle$. 如果 G 的阶为 n, 则 G 同构于 $\langle \mathbb{Z}_n, +_n \rangle$.*

证明 **情形 I** *对于所有正整数 m, $a^m \neq e$.*

在这种情况下, 断言没有两个不同的指数 h 和 k 使得 G 的元素 a^h 和 a^k 相等. 假设 $a^h = a^k$, 并且假设 $h > k$. 那么

$$a^h a^{-k} = a^{h-k} = e$$

与情形 I 的假设不符. 因此, G 的每个元素都可以唯一表示为 a^m, 其中 $m \in \mathbb{Z}$. 由 $\phi(a^i) = i$ 给出的映射 $\phi : G \to \mathbb{Z}$ 是良好定义的, 既单又满. 同时

$$\phi(a^i a^j) = \phi(a^{i+j}) = i + j = \phi(a^i) + \phi(a^j)$$

因此满足同态性质, ϕ 是一个同构.

情形 II *存在某个正整数 m, $a^m = e$.*

设 n 是最小的正整数, 使得 $a^n = e$. 若 $s \in \mathbb{Z}$, $s = nq + r$, $0 \leqslant r < n$, 则 $a^s = a^{nq+r} = (a^n)^q a^r = e^q a^r = a^r$. 与情形 I 一样, 如果 $0 \leqslant k < h < n$ 且 $a^h = a^k$, 那么 $a^{h-k} = e$ 且 $0 < h - k < n$, 与假设矛盾. 因此

$$a^0 = e, a, a^2, a^3, \cdots, a^{n-1}$$

都是不同的元素, 并且包含 G 的所有元素. 由 $\psi(a^i) = i, i = 0, 1, 2, \cdots, n-1$ 给出的 $\psi : G \to \mathbb{Z}_n$ 是良好定义的, 既单又满. 由于 $a^n = e$, 可以看到 $a^i a^j = a^k$, 其中 $k = i +_n j$. 因此

$$\psi(a^i a^j) = i +_n j = \psi(a^i) +_n \psi(a^j)$$

满足同态性质, ψ 是同构. □

例 6.13 由于对 U_n 的研究, 容易设想 n 阶循环群的元素 $e=a^0, a^1, a^2, \cdots, a^{n-1}$ 均匀地分布在一个圆上 (见图 6.11). 元素 a^h 位于圆上从 $e=a^0$ 处开始, 逆时针方向第 h 个单位处. 作为 a^h 和 a^k 乘积的图解, 可以从 a^h 开始, 在逆时针方向沿圆周加上 k 个单位. 从算术上看, 最终的结果是找到 q 和 r, 使得

$$h+k=nq+r, 0 \leqslant r<n$$

nq 就是绕着圆周 q 次, 最终在 a^r 处停下.

除了在点上标注生成元的指数外, 图 6.12 基本上与图 6.11 相同. 对这些指数的运算是模 n 加法.

这只是 $\langle a\rangle$ 和 $\mathbb{Z}_n$ 之间的同构. 也就是从 U_n 出发定义 $\mathbb{Z}_n$ 时, 用 a 代替 ζ 得到的同一个同构.

正如本节开头所陈述的那样, 现在可以看到, 群 G 中元素 a 的阶 n 是使得 $a^n=e$ 的最小正整数.

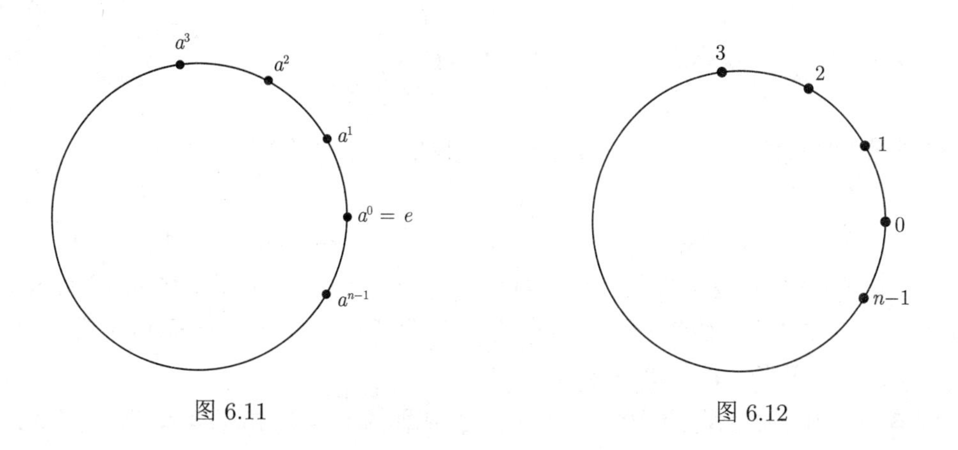

图 6.11　　图 6.12

例 6.14 在对称群中, 给出 k-循环 $\sigma=(a_1, a_2, a_3, \cdots, a_k)$ 的阶. σ 的阶是使得 σ 的幂为 $\imath$ 的最小正幂指数. 注意用 σ 作用是将 σ 中每个数字按循环中的次序映射到下一个数字. 在 σ 的 k 次作用后, 每个数都映射回它自己, 而在 σ 的 k 次作用之前不能回到它自己. 因此, k-循环的阶是 k.

有限循环群的子群

上面完成了循环群的描述, 现在转向它们的子群. 推论 6.7 给出了无穷循环群的子群的完整信息. 下面对于有限循环群的子群给出基于生成元的基本定理.

定理 6.15　设 G 是生成元为 a 的 n 阶循环群. 设 $b \in G, b = a^s$. 那么 b 生成一个包含 n/d 个元素的循环子群 H, 其中 d 是 n 和 s 的最大公因子. 而且 $\langle a^s \rangle = \langle a^t \rangle$, 当且仅当 $\gcd(s, n) = \gcd(t, n)$.

证明　由定理 5.19 得, b 生成的 G 的子群 H 是循环的. 只须证明 H 有 n/d 个元素. 由定理 6.10 的情形 Ⅱ 的证明, 使得 b 的幂为单位元的最小正幂指数 m 与 H 中的元素数量相等. 现在 $b = a^s, b^m = e$ 当且仅当 $(a^s)^m = e$, 或者当且仅当 n 整除 ms. 使得 n 整除 ms 的最小正整数 m 是什么? 设 d 是 n 和 s 的最大公因子, 那么存在整数 u 和 v, 使得

$$d = un + vs$$

由于 d 同时整除 n 和 s, 可以有

$$1 = u(n/d) + v(s/d)$$

其中 n/d 和 s/d 都是整数. 上面等式表明 n/d 和 s/d 互素, 任何整除它们的整数也必须整除 1. 需要找到最小正数 m, 使得

$$\frac{ms}{n} = \frac{m(s/d)}{(n/d)}$$

是一个整数. 根据例 6.9 后面的整除性质 (1), 得出 n/d 必须整除 m, 所以最小的 m 是 n/d. 因此 H 的阶是 n/d.

把 $\mathbb{Z}_n$ 作为 n 阶循环群的模型, 可以看到如果 d 是 n 的因子, 则 $\mathbb{Z}_n$ 的循环子群 $\langle d \rangle$ 有 n/d 个元素, 且包含所有小于 n 且使得 $\gcd(m, n) = d$ 的正整数 m, 因此 $\mathbb{Z}_n$ 只有一个 n/d 阶的子群. 结合上面的讨论, 这就证明了若 a 是循环群 G 的生成元, 那么 $\langle a^s \rangle = \langle a^t \rangle$ 当且仅当 $\gcd(s, n) = \gcd(t, n)$. □

例 6.16　作为加法群的例子, 考虑 $\mathbb{Z}_{12}$, 生成元为 $a = 1$. 由于 3 和 12 的最大公因子是 3, $3 = 3 \times 1$ 生成 $12/3 = 4$ 个元素的子群, 即

$$\langle 3 \rangle = \{0, 3, 6, 9\}$$

因为 8 和 12 的最大公因子是 4, 所以 8 生成 $12/4 = 3$ 个元素的子群, 即

$$\langle 8 \rangle = \{0, 4, 8\}$$

由于 12 和 5 的最大公因子是 1, 5 生成 $12/1 = 12$ 个元素的子群, 也就是说, 5 是整个群 $\mathbb{Z}_{12}$ 的生成元.

下面推论由定理 6.15 直接得到.

推论 6.17 设 a 是 n 阶循环群 G 的生成元, 那么 G 的其他生成元是形如 a^r 的元素, 其中 r,n 互素.

例 6.18 给出 $\mathbb{Z}_{18}$ 的所有子群并给出它们的子群图. 所有子群都是循环的. 根据推论 6.17, 元素 $1,5,7,11,13,17$ 都是 $\mathbb{Z}_{18}$ 的生成元. 从 2 开始,

$$\langle 2\rangle = \{0,2,4,6,8,10,12,14,16\}$$

是 9 阶的, 有形式 $h2$ 的生成元, 其中 h 与 9 互素, 即 $h=1,2,4,5,7,8$, 所以 $h2=2,4,8,10,14,16$. $\langle 2\rangle$ 的元素 6 生成 $\{0,6,12\}$, 12 也是这个子群的生成元.

至此找到了由 $0,1,2,4,5,6,7,8,10,11,12,13,14,16,17$ 生成的所有子群. 仅须考虑 $3,9,15$.

$$\langle 3\rangle = \{0,3,6,9,12,15\}$$

15 也生成这个 6 阶群, 因为 $15=5\times 3$, 而 5 和 6 的最大公因子是 1. 最后,

$$\langle 9\rangle = \{0,9\}$$

图 6.19 给出了 $\mathbb{Z}_{18}$ 的子群图.

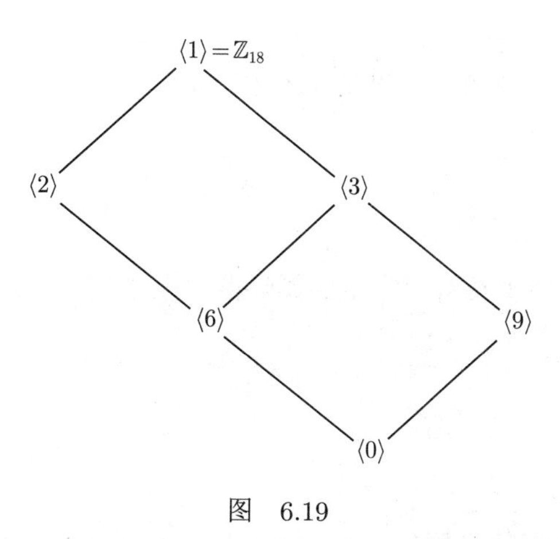

图 6.19

这个例子很简单, 写得太详细会令人担心它看起来很复杂. 习题中给出了一些同样思路的练习.

推论 6.20 设 G 是一个有限循环群, $H\leqslant G$. 那么 $|H|$ 整除 $|G|$. 也就是说, $|G|$ 是 $|H|$ 的倍数.

证明 设 g 是 G 的生成元, $n=|G|$. 由定理 6.6, H 是循环的, 所以存在 $h \in H$ 生成 H. 由于 $h \in H \leqslant G$, 存在某个 s, 使得 $h=g^s$. 定理 6.15 表明

$$|H|=\frac{n}{\gcd(n,s)}$$

是 n 的一个因子. □

例 6.21 给出 $\mathbb{Z}_{28}$ 的子群的阶. 因子分解给出 $28=2^2\cdot 7$, 所以循环群 $\mathbb{Z}_{28}$ 子群可能的阶是 $1,2,4,7,14,28$. 注意, $|\langle 0\rangle|=1, |\langle 14\rangle|=2, |\langle 7\rangle|=4, |\langle 4\rangle|=7, |\langle 2\rangle|=14, |\langle 1\rangle|=|\mathbb{Z}_{28}|=28$. 所以 $\mathbb{Z}_{28}$ 有 $1,2,4,7,14,28$ 阶的子群.

实际上, 推论 6.20 可以适当加强. 不必要假设 G 是循环的. 正如在第 10 节将看到的, 拉格朗日定理指出, 对于任何有限群, 子群的阶整除群的阶.

习题

计算

在习题 1~4 中, n 除以 m, 根据带余除法找出商和余数.

1. $n=42, m=9$.

2. $n=-42, m=9$.

3. $n=-37, m=8$.

4. $n=37, m=8$.

在习题 5~7 中, 找出两个整数的最大公因子.

5. 32 和 24.

6. 48 和 88.

7. 360 和 420.

在习题 8~11 中, 找出具有给定阶的循环群的生成元个数.

8. 5.

9. 8.

10. 24.

11. 84.

群与自身的同构是群的**自同构** (automorphism). 在习题 12~16 中, 找出给定群的自同构数. (提示: 可以用习题 53. 需要想象生成元在自同构下的象是什么?)

12. $\mathbb{Z}_2$.

13. $\mathbb{Z}_6$.

14. $\mathbb{Z}_8$.

15. $\mathbb{Z}$.

16. $\mathbb{Z}_{84}$.

在习题 17~23 中, 找出给定循环群中元素的个数.

17. 由 25 生成的 $\mathbb{Z}_{30}$ 的循环子群.

18. 由 30 生成的 $\mathbb{Z}_{42}$ 的循环子群.

19. 非零复数乘群 $\mathbb{C}^*$ 的循环子群 $\langle \mathrm{i} \rangle$.

20. 由 $(1+\mathrm{i})/\sqrt{2}$ 生成的习题 19 中群 $\mathbb{C}^*$ 的循环子群.

21. 由 $1+\mathrm{i}$ 生成的习题 19 中群 $\mathbb{C}^*$ 的循环子群.

22. D_{24} 的循环子群 $\langle \rho^{10} \rangle$.

23. D_{375} 的循环子群 $\langle \rho^{35} \rangle$.

24. 考虑群 S_{10}.

a. 循环 $(2,4,6,7)$ 的阶是多少?

b. $(1,4)(2,3,5)$, 以及 $(1,3)(2,4,6,7,8)$ 的阶是多少?

c. $(1,5,9)(2,6,7)$, 以及 $(1,3)(2,5,6,8)$ 的阶是多少?

d. $(1,2)(3,4,5,6,7,8)$, 以及 $(1,2,3)(4,5,6,7,8,9)$ 的阶是多少?

e. 根据 c 和 d, 给出一个定理的陈述. (提示: 需要的重要词是最小公倍数.)

在习题 25~30 中, 求出给定值 n 的 S_n 中元素的最大阶.

25. $n=5$.

26. $n=6$.

27. $n=7$.

28. $n=8$.

29. $n=10$.

30. $n=15$

在习题 31~33 中, 找出给定群的所有子群, 并画出子群图.

31. $\mathbb{Z}_{12}$.

32. $\mathbb{Z}_{36}$.

33. $\mathbb{Z}_8$.

在习题 34~38 中, 找出给定群的所有子群的阶.

34. $\mathbb{Z}_6$.

35. $\mathbb{Z}_8$.

36. $\mathbb{Z}_{12}$.

37. $\mathbb{Z}_{20}$.

38. $\mathbb{Z}_{17}$.

概念

在习题 39 和习题 40 中, 不参考书本, 根据需要更正楷体术语的定义, 使其成立.

39. 群 G 的元素 a 的阶为 $n \in \mathbb{Z}^+$ 当且仅当 $a^n = e$.

40. 两个正整数的最大公因子是整除它们的最大的正整数.

41. 判断下列命题的真假.

a. 每个循环群都是交换的.

b. 每个交换群都是循环的.

c. 加法群 $\mathbb{Q}$ 是循环群.

d. 循环群的每个元素都生成这个群.

e. 对于每个阶数大于 0 的有限阶数群, 至少有一个交换群.

f. 每个阶小于或等于 4 的群是循环的.

g. $\mathbb{Z}_{20}$ 的所有生成元都是素数.

h. 如果 G 和 G' 是群, 那么 $G \cap G'$ 是群.

i. 如果 H 和 K 是群 G 的子群, 那么 $H \cap K$ 是群.

j. 每个阶数大于 2 的循环群至少有两个不同的生成元.

在习题 42~46 中, 给出一个具有给定性质的群的例子, 或解释例子不存在的理由.

42. 非循环的有限交换群.

43. 非循环的无限群.

44. 只有一个生成元的循环群.

45. 有四个生成元的无限循环群.

46. 有四个生成元的有限循环群.

$\mathbb{C}$ 中所有 n 次单位根的循环乘法群 U_n 的生成元是 n 次**本原单位根** (primitive roots of unity). 在习题 47~50 中, 找出给定 n 的本原单位根.

47. $n = 4$.

48. $n = 6$.

49. $n = 8$.

50. $n = 12$.

证明概要

51. 给出定理 6.1 证明的一句话概要.

52. 给出定理 6.6 证明的最多三句话概要.

理论

53. 设 G 是具有生成元 a 的循环群, G' 是与 G 同构的群. 如果 $\phi : G \to G'$ 是同构, 证明对于任意 $x \in G$, $\phi(x)$ 完全由 $\phi(a)$ 决定. 也就是说, 如果 $\phi : G \to G'$ 和 $\psi : G \to G'$ 是使 $\phi(a) = \psi(a)$ 的两个同构, 那么 $\phi(x) = \psi(x)$ 对所有 $x \in G$ 成立.

54. 设 r 和 s 是整数. 证明 $\{nr + ms | n, m \in \mathbb{Z}\}$ 是 $\mathbb{Z}$ 的子群.

55. 证明若 G 是有限循环群, H 和 K 是 G 的子群, $H \neq K$, 则 $|H| \neq |K|$.

56. 设 a 和 b 是群 G 的元素, 证明如果 ab 的阶为 n, 那么 ba 的阶也为 n.

57. 设 r 和 s 为正整数.

a. 将 r 和 s 的**最小公倍数** (least common multiple) 定义为某个循环群的生成元.

b. 在什么条件下, r 和 s 的最小公倍数是乘积 rs?

c. 推广 b 部分, 证明 r 和 s 的最大公因子和最小公倍数的乘积是 rs.

58. 证明只有有限个子群的群必是有限群.

59. 举反例说明定理 6.6 的 "逆" 不是一个定理:"如果一个群 G 的每个真子群是循环的, 那么 G 是循环的. "

60. G 是群, 若 $a \in G$ 是唯一能生成 G 的 2 阶循环子群的元素. 证明对所有 $x \in G$ 有 $ax = xa$. (提示: 考虑 $(xax^{-1})^2$.)

61. 证明, 如果 G 是具有奇数个生成元的循环群, 那么 G 只有两个元素.

62. 设 p 和 q 是不同的素数. 求循环群 $\mathbb{Z}_{pq}$ 的生成元的数目.

63. 设 p 是素数. 求循环群 $\mathbb{Z}_{p^r}$ 的生成元数目, 其中 r 是大于或等于 1 的整数.

64. 证明在 n 阶有限循环群 G 中, 方程 $x^m = e$ 对于整除 n 的每个正整数 m, 在 G 中恰有 m 个解.

65. 参考习题 64, 如果 $1 < m < n$ 且 m 不整除 n, 会是什么情况?

66. 证明, 如果 p 是素数, 则 $\mathbb{Z}_p$ 没有非平凡真子群.

67. 设 G 是交换群, H 和 K 是有限循环子群, 且 $|H| = r$, $|K| = s$.

a. 证明如果 r 和 s 互素, 则 G 有 rs 阶循环子群.

b. 推广 a 部分, 证明 G 包含一个阶为 r 和 s 的最小公倍数的循环子群.

1.7 生成集和凯莱有向图

设 G 是一个群, 令 $a \in G$. 前面描述过 G 的循环子群 $\langle a \rangle$, 它是 G 中包含元素 a 的最小子群. 假如想在 G 中找到一个同时包含元素 a 和元素 b 的尽可能小的子群, 根据定理 5.19, 任何包含 a 和 b 的子群都必须包含所有形如 a^n 和 b^m 的元素, 其中 $m, n \in \mathbb{Z}$, 因此必须包含 a 和 b 的所有幂的有限乘积. 例如, 这样的表达式可能是 $a^2b^4a^{-3}b^2a^5$. 注意, 不能通过先写 a 的所有幂, 再写 b 的所有幂来 "简化" 这个表达式, 因为 G 可能是非交换的. 然而, 这种形式表达式的乘积仍然是这种形式的表达式. 此外, $e=a^0$ 且这种形式表达式的逆是同样的这种形式的表达式. 例如, $a^2b^4a^{-3}b^2a^5$ 的逆是 $a^{-5}b^{-2}a^3b^{-4}a^{-2}$. 由定理 5.12, 这证明了 a 和 b 的所有整数幂的乘积构成 G 的子群, 这个子群当然是包含 a 和 b 的最小子群. 称 a 和 b 为这个子群的**生成元** (generator). 如果这个子群恰是 G, 那么称 $\{a,b\}$ **生成** (generate)G. 当然, 只取两个元素 $a,b\in G$ 没有什么稀奇的. 可以对 G 的三个、四个或任意多个元素做类似的论证, 只要取它们的整数幂的有限乘积.

例 7.1 如前所见, 由于 D_n 中的每个元素都可以写成 ρ^k 或 $\mu\rho^k(0\leqslant k\leqslant n)$ 的形式, 所以二面体群是由 $\{\mu,\rho\}$ 生成的. 此外, 由于 $\rho=\mu(\mu\rho)$, 所以 $\{\mu,\mu\rho\}$ 也生成 D_n, 因此二面体群中的任何元素可以写成 μ 和 $\mu\rho$ 的多重乘积. 值得注意的是, μ 和 $\mu\rho$ 都是 2 阶的, 而在生成集 $\{\mu,\rho\}$ 中, 一个元素 2 阶, 另一个元素是 n 阶的.

例 7.2 例 5.7 中的克莱因四元群 $V=\{e,a,b,c\}$ 由 $\{a,b\}$ 生成, 因为 $ab=c$; 也可由 $\{a,c\},\{b,c\},\{a,b,c\}$ 生成. 若群 G 由一个集合 S 生成, 那么 G 的包含 S 的任何子集也生成 G.

例 7.3 $\mathbb{Z}_6$ 由 $\{1\}$ 和 $\{5\}$ 生成, 也可由 $\{2,3\}$ 生成, 因为 $2+3=5$, 所以任何包含 2 和 3 的子群都包含 5, 从而是 $\mathbb{Z}_6$. 它也由 $\{3,4\},\{2,3,4\},\{1,3\}$ 和 $\{3,5\}$ 生成, 但是它不是由 $\{2,4\}$ 生成的, 因为 $\langle 2\rangle=\{0,2,4\}$ 包含 2 和 4.

上面给出了由 G 的子集生成群 G 的子群的一个直观的解释. 下面是这个想法的另一种方式, 通过子群的交的语言的详细阐述. 当对一个概念有了直观的理解之后, 试着把它写得尽可能整洁是件好事. 下面给出一个集合论定义, 推广了第 5 节习题 61 中的一个定理.

定义 7.4 设 $\{S_i|i\in I\}$ 是集合族, 这里 I 可能是任何一组指标. 集合 S_i 的**交** (intersection)$\cap_{i\in I}S_i$ 是所有集合 S_i 中共同元素的集合, 即

$$\cap_{i\in I}S_i=\{x|x\in S_i,\text{对所有}i\in I\}$$

如果 I 是有限的, $I=\{1,2,\cdots,n\}$, 可以把 $\cap_{i\in I}S_i$ 写成

$$S_1\cap S_2\cap\cdots\cap S_n$$

定理 7.5 对于任意群 G 的任意非空子群族 $\{H_i\leqslant G|i\in I\}$, 所有子群 H_i 的交 $\cap_{i\in I}H_i$ 是 G 的一个子群.

证明 设 $a\in\cap_{i\in I}H_i,b\in\cap_{i\in I}H_i$, 则 $a\in H_i$, $b\in H_i$ 对所有 $i\in I$ 成立. 那么 $ab\in H_i$ 对所有 $i\in I$ 成立, 因为 H_i 是一个群. 因此 $ab\in\cap_{i\in I}H_i$.

由于对所有 $i \in I$ 都有 H_i 是子群, 所以对于所有 $i \in I$, 有 $e \in H_i$, 因此 $e \in \cap_{i\in I} H_i$.

最后, 对于 $a \in \cap_{i\in I} H_i$, 对于所有 $i \in I$, 有 $a \in H_i$, 所以对于所有 $i \in I$, 有 $a^{-1} \in H_i$, 这意味着 $a^{-1} \in \cap_{i\in I} H_i$. □

设 G 是一个群, 对 $i \in I$, 有 $a_i \in G$. 对于 $i \in I$, 至少有一个子群包含所有的元素 a_i, 比如 G 自己. 定理 7.5 保证了如果取 G 所有包含所有 a_i 的子群的交, 将得到 G 的一个子群 H. 这个子群 H 是 G 的包含所有 $a_i, i \in I$ 的最小子群.

定义 7.6 设 G 是一个群, 对 $i \in I$ 有 $a_i \in G$. G 的含 $\{a_i | i \in I\}$ 的最小子群称为由 $\{a_i | i \in I\}$ **生成的子群**. 如果这个子群恰是 G, 则称 $\{a_i | i \in I\}$ **生成**G, 且称 a_i 是 G 的**生成元**. 如果有一个有限集 $\{a_i | i \in I\}$ 生成 G, 则 G 是**有限生成的** (finitely generated).

注意, 这个定义与以前对循环群生成元的定义是一致的. 还要注意, a 是 G 的生成元可能意味着 $G = \langle a \rangle$ 或者 a 是生成 G 的子集的一个成员. 在用这种陈述时应明确. 下一个定理给出了由 $\{a_i | i \in I\}$ 生成的 G 的子群的结构, 在例 7.1 之前讨论过这样的有两个生成元的子群.

定理 7.7 如果 G 是群, 且对于 $i \in I \neq \varnothing$ 有 $a_i \in G$. 由 $\{a_i | i \in I\}$ 生成的 G 的子群 H 恰好由 G 中的那些 a_i 的整数幂的有限乘积构成, 其中某个 a_i 的幂可以在乘积中出现多次.

证明 设 K 表示 a_i 的整数幂的所有有限乘积的集合, 那么 $K \subseteq H$. 只须考察 K 是一个子群, 于是由于 H 是包含所有 $a_i, i \in I$ 的最小子群, 就有 $H = K$. 显然 K 中元素的乘积还是 K 中元素. 由于 $(a_i)^0 = e$, 有 $e \in K$. 对于 K 中每个元素 k, 如果从 k 的 a_i 的乘积形成给出一个新的乘积, 将 a_i 的次序反过来排, 并将 a_i 的幂指数换成相反数, 就得到 k^{-1}, 因此还在 K 中. 例如,

$$[(a_1)^3(a_2)^2(a_1)^{-7}]^{-1} = (a_1)^7(a_2)^{-2}(a_1)^{-3}$$

同样在 K 中. □

例 7.8 回顾, 二面体群 D_n 由 $\mathbb{Z}_n$ 的置换组成, 这些置换将正 n 边形 P_n 中的边映射到边. 用不相交循环表示法, $\rho = (0, 1, 2, 3, \cdots, n-1)$, 如果 n 是奇数, $\mu = (1, n-1)(2, n-2)\cdots\left(\frac{n-1}{2}, \frac{n+1}{2}\right)$. 如果 n 是偶数, $\mu = (1, n-1)(2, n-2)\cdots\left(\frac{n-2}{2}, \frac{n+2}{2}\right)$. 由于 $\mu^2 = \imath$ 和 $\rho^n = \imath$, 任何 μ 和 ρ 的整数幂的乘积都可以改写为只含 μ 的 0 或 1 次幂, 以及 ρ 的 $0, 1, 2, 3, \cdots, n-1$ 次幂. 此外, 关系 $\rho\mu = \mu\rho^{n-1}$ 使得我们可以将 μ 的所有幂向左移动, 将 ρ 的所有幂向右移动, 每次移动 μ, 要注意用 ρ^{n-1} 代替 ρ. 当 $n =$

6 时,

$$\rho^8\mu^9 = \rho^2\mu = \rho\mu\rho^5 = \mu\rho^5\rho^5 = \mu\rho^4$$

因此, 由 μ 和 ρ 生成的 $S_{\mathbb{Z}_n}$ 子群是集合

$$\{\imath, \rho, \rho^2, \cdots, \rho^{n-1}, \mu, \mu\rho, \mu\rho^2, \cdots, \mu\rho^{n-1}\}$$

这是一个二面体群.

凯莱图

对于有限群 G 的每个生成元集 S, 都有一个借助于生成元集的有向图来表示这个群. 有向图 (directed graph) 通常缩写为图 (digraph). 群的这种可视化表示是由凯莱 (Cayley) 设计的, 在文献中也被称为凯莱有向图.

直观地说, **有向图** (digraph) 中有有限个点, 这些点称为有向图的**顶点** (vertex), 以及连接顶点的**弧** (arc)(每条有一个方向用箭头表示). 在生成元集为 S 的群 G 的有向图中, G 的每个元素对应一个顶点, 用一个小黑点表示. S 中的每个生成元对应一条弧. 不同生成元对应的弧可以用不同颜色标识. 由于书本中不可能有不同的颜色, 所以可以用不同样式的弧, 如实线、虚线和点线, 来表示不同的生成元. 因此, 对于 $S = \{a, b, c\}$, a 可以用 $\longrightarrow$ 表示, b 可以用 $\dashrightarrow$ 表示, c 可以用 $\cdots\rightarrow\cdots$ 来表示. 基于这些符号, 如果在凯莱有向图中出现 $x\cdot \longrightarrow \cdot y$, 就意味着 $xa = y$. 也就是说, 沿着箭头方向经过一条弧, 表示对弧的起始点的元素 x, 在其右边乘以该弧对应的生成元 a, 得到弧末尾的元素 y. 当然, 因为在群中考虑, 所以立即有 $ya^{-1} = x$. 因此沿着与箭头相反的方向经过该弧, 相当于右边乘以对应生成元的逆. 如果 S 中的生成元的逆是它自己, 通常通过省略弧中的箭头, 而不是使用双箭头来表示. 例如, 如果 $b^2 = e$, b 可以用------来表示.

例 7.9 图 7.10 所示的两个有向图都表示生成元集 $S = \{1\}$ 的群 $\mathbb{Z}_6$. 弧的长度和形状以及弧之间的角度都不具有群论意义.

例 7.12 图 7.11 所示的两个有向图都表示生成元集 $S = \{2, 3\}$ 的群 $\mathbb{Z}_6$. 因为 3 是它自己的逆, 所以在代表 3 的虚线弧上没有箭头. 注意这个凯莱有向图看起来与图 7.10 中同一个群的有向图有很大的不同. 这种差别是由于生成元集的选择不同造成的.

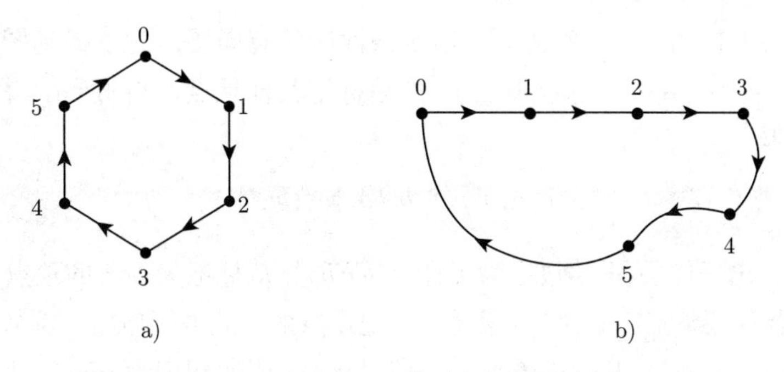

图 7.10 $S = \{1\}$ 生成的 $\mathbb{Z}_6$ 的两个有向图, 用 $\xrightarrow[1]{}$ 表示

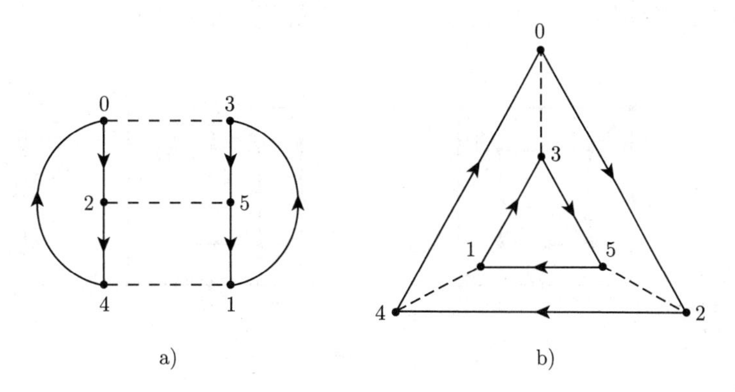

图 7.11 $S = \{2, 3\}$ 生成的 $\mathbb{Z}_6$ 的两个有向图, 用 $\xrightarrow[2]{}$, $\underset{3}{\cdots\cdots}$ 表示

群的有向图都必须满足以下四条性质, 相应理由如下.

性质	理由
1. 有向图是连通的, 也就是说, 可以从任何一个顶点 g, 连续经过弧, 到达任何一个顶点 h, 从 g 开始到 h 结束.	群中每个方程 $gx = h$ 都有解.
2. 最多有一条弧, 从顶点 g 出发到达顶点 h.	$gx = h$ 的解是唯一的.
3. 对每个顶点 g, 每个类型的弧正好有一条从 g 开始, 也正好有一条以 g 结束.	对于 $g \in G$, 每个生成元 b, 都可以算出 gb 和 $(gb^{-1})b = g$.
4. 如果两条不同的弧序列, 从某个顶点 g 开始到达同一个顶点 h, 那么这两条弧序列从任意一个顶点 u 开始也将到达同一个顶点 v.	如果 $gq = h$, $gr = h$, 那么 $uq = u(g^{-1}h) = ur$.

反之, 满足这四条性质的每个有向图都是一个群的凯莱有向图. 由于有向图的这种对称性, 可以为不同类型的弧选择对应的元素标签 a, b, c 等, 选定一个顶点 e 表示单位元, 其他顶点用从顶点 e 开始到达这个顶点的弧所标签的元素和它们的逆的乘积来表示. 有些有限群是用有向图构造 (发现) 的.

例 7.14 图 7.13a 是一个满足上述四条性质的有向图. 为了得到图 7.13b, 用标签 $\overset{\longrightarrow}{a}$, $\overset{- - - - -}{b}$, 选择顶点 e, 然后标记其他顶点, 如图所示. 得到一个由八个元素组成的群

$$\{e, a, a^2, a^3, b, ba, ba^2, ba^3\}$$

从图中可以计算出任何乘积. 例如, 为了计算 ba^2ba^3, 从标记为 ba^2 的顶点开始, 沿着一条虚边, 然后沿着三条实边到达 a. 注意, 标记顶点的方式并不唯一. 例如, 标记为 ba^3 的顶点可以直接通过从 e 开始沿着另一条路径到达, 因而标记为 ab. 这表示 $ab = ba^3$. 还看到 $a^4 = e$ 和 $b^2 = e$. 但愿这个例子看起来还算熟悉. 事实上, 图 7.13 是二面体群 D_4 的凯莱有向图, 仅用 ρ 重新标记 a, 用 μ 重新标记 b 而已!

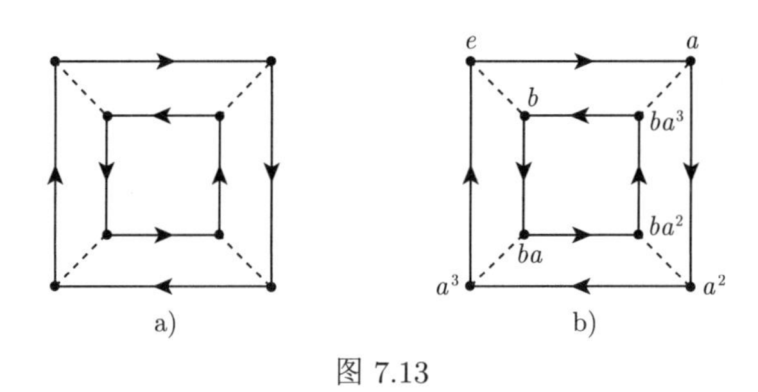

图 7.13

习题

计算

在习题 1~8 中, 列出由给定子集生成的子群的元素.

1. $\mathbb{Z}_{12}$ 的子集 $\{2, 3\}$.

2. $\mathbb{Z}_{12}$ 的子集 $\{4, 6\}$.

3. $\mathbb{Z}_{25}$ 的子集 $\{4, 6\}$.

4. $\mathbb{Z}_{36}$ 的子集 $\{12, 30\}$.

5. $\mathbb{Z}$ 的子集 $\{12, 42\}$.

6. $\mathbb{Z}$ 的子集 $\{18, 24, 39\}$.

7. D_8 的子集 $\{\mu, \mu\rho^2\}$.

8. D_{18} 的子集 $\{\rho^8, \rho^{10}\}$.

9. 用图 7.15 中的凯莱有向图计算乘积. 注意, 实线表示生成元 a, 虚线表示生成元 b.

a. $(ba^2)a^3$.　　b. $(ba)(ba^3)$.　　c. $b(a^2b)$.

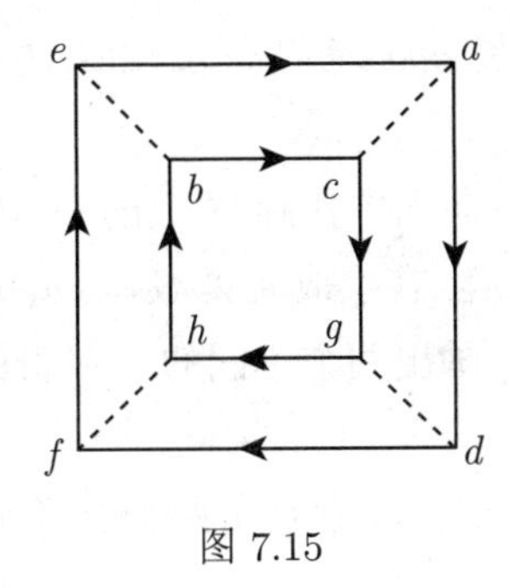

图 7.15

在习题 10~12 中, 对于有给定有向图的群, 给出群的运算表. 在每个有向图中, e 是单位元. 在运算表中先列出单位元 e, 然后按字母次序列出其余元素, 以便检验答案.

10. 图 7.16a 中的有向图.

11. 图 7.16b 中的有向图.

12. 图 7.16c 中的有向图.

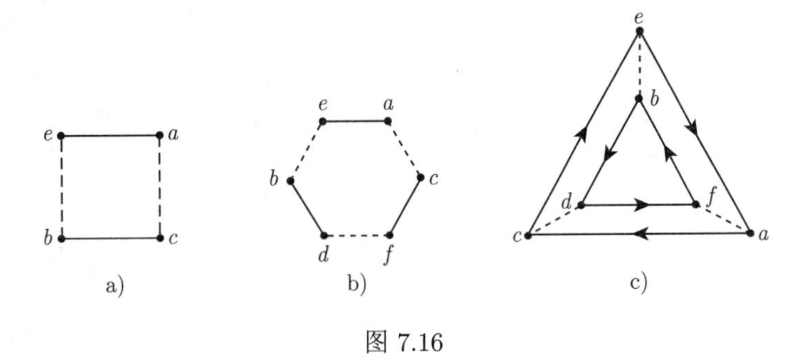

图 7.16

概念

13. 如何从凯莱有向图判断对应的群是否交换?

14. 用习题 13 中发现的条件, 证明图 7.13 中有向图对应的群非交换.

15. 从群的凯莱有向图可以看出群是否循环吗?(提示: 参看图 7.10b.)

16. 图 7.11b 中外面大的三角形表示 $\mathbb{Z}_6$ 的循环子群 $\{0,2,4\}$. 里面小的三角形是否同样表示 $\mathbb{Z}_6$ 的循环子群? 为什么?

17. $\mathbb{Z}_6$ 的生成元集 $S=\{1,2\}$ 包含的元素比必需的生成元多, 因为 1 是群的生成元. 然而, 可以用这个生成元集做一个 $\mathbb{Z}_6$ 的凯莱有向图. 画出这个凯莱有向图.

18. 画出 $\mathbb{Z}_8$ 对应于生成元集 $S=\{2,5\}$ 的凯莱有向图.

19. 群 G 的生成元集合 S 上的一个**关系** (relation) 是一个方程, 它使得生成元及其逆的一些乘积与群 G 的单位元相等. 例如, 如果 $S=\{a,b\}$ 且 G 是交换的, 于是

$ab = ba$, 那么有一个关系是 $aba^{-1}b^{-1} = e$. 如果还有 b 是它自己的逆, 那么另一个关系是 $b^2 = e$.

a. 解释如何从 G 的凯莱有向图中找到 S 上的一些关系.

b. 对于图 7.13b 所描述的群, 在生成元集 $S = \{a, b\}$ 上找到三个关系.

20. 利用尽可能小的生成元集, 画出两个不同的 4 阶群的有向图. 不必标记顶点.

理论

21. 利用凯莱有向图证明对于 $n \geqslant 3$, 存在由两个 2 阶元生成的具有 $2n$ 个元素的非交换群.

22. 证明至少有三个不同的 8 阶交换群. (提示: 找到一个凯莱有向图, 有一个 4 阶生成元和一个 2 阶生成元. 找到第二个凯莱有向图, 具有三个 2 阶生成元.)

第 2 章　群　结　构

2.8　置换群

设 $\phi: G \to G'$ 是群 G 到 G' 的映射. 回顾, 同构的同态性质表明, 对于所有 $a, b \in G$, $\phi(ab) = \phi(a)\phi(b)$. 当一个映射有此性质时, 无论是单射还是满射, 都称 ϕ 是一个**群同态** (group homomorphism). 显然, 任何群同构都是群同态, 但反之未必.

定义 8.1　设 G 和 G' 之间有映射 $\phi: G \to G'$. 如果同态性质

$$\phi(ab) = \phi(a)\phi(b)$$

对所有 $a, b \in G$ 成立, 则称映射 ϕ 为**同态** (homomorphism).

例 8.2　设 $\phi: \mathbb{R} \to U$(单位圆群) 由以下公式定义

$$\phi(x) = \cos(2\pi x) + \mathrm{i}\sin(2\pi x) = \mathrm{e}^{2\pi \mathrm{i} x}$$

则

$$\phi(a+b) = \cos(2\pi(a+b)) + \mathrm{i}\sin(2\pi(a+b)) = \mathrm{e}^{2\pi \mathrm{i}(a+b)}$$

利用指数函数的性质或两角和的三角函数性质, 可以看到

$$\phi(a+b) = (\cos(2\pi a) + \mathrm{i}\sin(2\pi a))(\cos(2\pi b) + \mathrm{i}\sin(2\pi b)) = \mathrm{e}^{2\pi a \mathrm{i}}\mathrm{e}^{2\pi b \mathrm{i}}$$

所以

$$\phi(a+b) = \phi(a)\phi(b)$$

也就是说, ϕ 是群同态. 虽然 ϕ 是满射, 但不是单射, 所以 ϕ 不是同构.

单位元 $0 \in \mathbb{R}$ 映射到 U 中单位元 1. 此外, 对于任何 $x \in \mathbb{R}$,

$$\phi(-x) = \mathrm{e}^{-2\pi \mathrm{i} x} = \frac{1}{\mathrm{e}^{2\pi \mathrm{i} x}} = (\phi(x))^{-1}$$

例 8.3　回顾 $U_n = \{z \in \mathbb{C} | z^n = 1\}$. 设 $\phi : U_{28} \to U_4$ 由 $\phi(z) = z^7$ 给出. 验证 ϕ 是良好定义的, 可以看到如果 $z \in U_{28}$, 则 $z^{28} = 1$. 因此,$(z^7)^4 = 1$, 意味着 $z^7 \in U_4$. 下面验证 ϕ 是同态.

$$\phi(z_1 z_2) = (z_1 z_2)^7 = z_1^7 z_2^7 = \phi(z_1)\phi(z_2)$$

与前面例子一样,ϕ 将 U_{28} 中单位元 1 映射到 U_4 中单位元 1. 此外,

$$\phi(z^{-1}) = z^{-7} = (z^7)^{-1} = (\phi(z))^{-1}$$

定义 8.4　令 $\phi : X \to Y$, 假设 $A \subseteq X$ 和 $B \subseteq Y$. 集合 $\phi[A] = \{\phi(a) | a \in A\}$ 称为映射 ϕ 下 A 在 Y 中的**象** (image). 集合 $\phi^{-1}[B] = \{a \in A | \phi(a) \in B\}$ 称为映射 ϕ 下 B 的**逆象** (inverse image).

下面定理中给出的同态的四个性质在同构的情况下是显而易见的, 因为同构可以看成是群元素重新标记. 然而, 这些性质是否适用于所有同态并不明显, 它可能既不是单射也不是满射. 因此, 需要证明这四个性质.

定理 8.5　设 ϕ 是群 G 到群 G' 的同态.

1. 如果 e 是 G 中的单位元, 那么 $\phi(e)$ 是 G' 中单位元 e'.
2. 如果 $a \in G$, 那么 $\phi(a^{-1}) = \phi(a)^{-1}$.
3. 如果 H 是 G 的子群, 那么 $\phi[H]$ 是 G' 的子群.
4. 如果 K' 是 G' 的子群, 那么 $\phi^{-1}[K']$ 是 G 的子群.

也就是说,ϕ 保持单位元、逆元和子群.

证明　由于 ϕ 是群 G 到群 G' 的同态, 则

$$\phi(e) = \phi(ee) = \phi(e)\phi(e)$$

左乘 $\phi(e)^{-1}$, 得到 $e' = \phi(e)$. 因此 $\phi(e)$ 是 G' 中的单位元 e'. 等式

$$e' = \phi(e) = \phi(aa^{-1}) = \phi(a)\phi(a^{-1})$$

表明对所有的 $a \in G$, $\phi(a^{-1}) = \phi(a)^{-1}$.

现在证明性质 3, 设 H 是 G 的子群, 令 $\phi(a)$ 和 $\phi(b)$ 是 $\phi[H]$ 中的任意两个元素. 所以 $\phi(a)\phi(b) = \phi(ab)$, 得到 $\phi(a)\phi(b) \in \phi[H]$, 因此 $\phi[H]$ 在 G' 的运算下封闭. 事实上, $e' = \phi(e)$, $\phi(a^{-1}) = \phi(a)^{-1}$, 这就证明了 $\phi[H]$ 是 G' 的子群.

性质 4 是性质 3 的另一个方向, 设 K' 是 G' 的子群. 令 a 和 b 是 $\phi^{-1}[K']$ 中元素. 由 K' 是一个子群有 $\phi(a)\phi(b) \in K'$. 而等式 $\phi(ab) = \phi(a)\phi(b)$ 表明 $ab \in \phi^{-1}[K']$.

因此 $\phi^{-1}[K']$ 在 G' 的运算下封闭. 另外,K' 包含单位元 $e'=\phi(e)$, 所以 $e\in\phi^{-1}[K']$. 如果 $a\in\phi^{-1}[K']$, 则 $\phi(a)\in K'$, 所以 $\phi(a)^{-1}\in K'$, 而 $\phi(a)^{-1}=\phi(a^{-1})$, 所以有 $a^{-1}\in\phi^{-1}[K']$. 因此 $\phi^{-1}[K']$ 是 G 的子群. □

设 $\phi:G\to G'$ 是同态, 且 e' 是 G' 的单位元. 现在 $\{e'\}$ 是 G' 的子群, 所以根据定理 8.5 的性质 4, $\phi^{-1}[\{e'\}]$ 是 G 的子群. 这个子群对同态的研究至关重要.

定义 8.6 设 $\phi:G\to G'$ 是群同态. 子群 $\phi^{-1}[\{e'\}]=\{x\in G|\phi(x)=e'\}$ 称为 ϕ 的**核** (kernel), 记为 $\mathrm{Ker}(\phi)$.

在本节后面定义交错群时会用到同态核.

另一个极端情况是在定理 8.5 的性质 3 中 $H=G$. 此时, 由定理可知 $\phi[G]$ 是 G' 的子群. 这可以用于证明凯莱定理.

例 8.7 如例 8.2 所示, 同态 $\phi:\mathbb{R}\to U$ 定义为 $\phi(x)=\cos(2\pi x)+\mathrm{i}\sin(2\pi x)=\mathrm{e}^{2\pi \mathrm{i}x}$. ϕ 的核是整数集合, 因为 $\cos(2\pi x)+\mathrm{i}\sin(2\pi x)=1$ 当且仅当 x 是整数. 设 n 是正整数. 则 $\langle 1/n\rangle$ 是 $\mathbb{R}$ 的一个子群

$$
\begin{aligned}
\phi[\langle 1/n\rangle] &= \phi[\{m/n|\, m\in\mathbb{Z}\}]\\
&= \{\cos(2\pi m/n)+\mathrm{i}\sin(2\pi m/n)|m\in\mathbb{Z}\}\\
&= U_n
\end{aligned}
$$

例 8.8 设 $\phi:\mathbb{Z}_n\to D_n$ 由 $\phi(k)=\rho^k$ 给出. 验证 ϕ 是同态. 令 $a,b\in\mathbb{Z}_n$. 如果 $a+b<n$, 则 $a+_n b=a+b$, 所以 $\phi(a+_n b)=\phi(a+b)=\rho^{a+b}=\rho^a\rho^b=\phi(a)\phi(b)$. 如果 $a+b\geqslant n$ 则 $\phi(a+_n b)=\phi(a+b-n)=\rho^{a+b-n}=\rho^a\rho^b\rho^{-n}=\rho^a\rho^b=\phi(a)\phi(b)$. 于是 $\phi[\mathbb{Z}_n]$ 的象为 $\langle\rho\rangle$.

凯莱定理

到目前为止见到的群, 都同构于某个集合上的置换群. 例如,$\mathbb{Z}_n$ 与循环群 $\langle(1,2,3,\cdots,n)\rangle\leqslant S_n$ 同构. 二面体群 D_n 定义为 $S_{\mathbb{Z}_n}$ 中具有以下性质的置换: 顶点 i 和 j 之间的线段是正 n 边形 P_n 中的一条边, 当且仅当 i 和 j 在该置换下的象之间的线段也是边. 无限群 $\mathrm{GL}(n,\mathbb{R})$ 可以看作 $\mathbb{R}^n$ 上的可逆线性变换. $\mathrm{GL}(n,\mathbb{R})$ 中每个元素置换 $\mathbb{R}^n$ 中的向量, 这使得 $\mathrm{GL}(n,\mathbb{R})$ 与 $\mathbb{R}^n$ 上的置换群同构. 可以称置换群的一个子群为**置换群** (group of permutation). 凯莱定理表明任何群都与一个置换群同构.

首先, 凯莱定理是一个值得注意的结果, 用它可以了解所有群. 事实上, 这是一个很好且有趣的经典结果. 可惜的是, 试图确定所有可能的置换群来发展群理论是不可行的. 另一方面, 凯莱定理确实显示了置换群的重要作用, 因此它在群论中占有特殊的地

位. 例如, 想找到某个群猜想的反例, 如果有就会在置换群中出现.

从任意一个群开始, 可以得到一个与所给群同构的置换群, 这看起来似乎是神奇的. 关键是要考虑群运算表. 因为每行只包含群中每个元素一次. 所以每行定义了群元素的一个置换, 在置换的两行表示中, 表头放在顶部, 将元素 a 所对应的行放在底部. 表 8.9 是 D_3 的群运算表. 用 $\mu\rho$ 所对应的行得到的置换是

$$\begin{pmatrix} \imath & \rho & \rho^2 & \mu & \mu\rho & \mu\rho^2 \\ \mu\rho & \mu\rho^2 & \mu & \mu\rho^2 & \imath & \rho \end{pmatrix}$$

表 8.9

D_3	$\imath$	ρ	ρ^2	μ	$\mu\rho$	$\mu\rho^2$
$\imath$	$\imath$	ρ	ρ^2	μ	$\mu\rho$	$\mu\rho^2$
ρ	ρ	ρ^2	$\imath$	$\mu\rho^2$	μ	$\mu\rho$
ρ^2	ρ^2	$\imath$	ρ	$\mu\rho$	$\mu\rho^2$	μ
μ	μ	$\mu\rho$	$\mu\rho^2$	$\imath$	ρ	ρ^2
$\mu\rho$	$\mu\rho$	$\mu\rho^2$	μ	ρ^2	$\imath$	ρ
$\mu\rho^2$	$\mu\rho^2$	μ	$\mu\rho$	ρ	ρ^2	$\imath$

需要证明凯莱定理, 至少在群是有限的情况下, 需要证明由群运算表中得到的置换群同构于原来群. 设 λ_x 是由表中的 x 所在行得到的 G 上置换, 那么对于任意 $g \in G$, $\lambda_x(g)$ 是 x 所在行和 g 所在列的对应的群元素. 换句话说,$\lambda_x(g) = xg$, 这在无限群和有限群的情形下是一样的. 将这种 G 和 G 上置换的联系写在定义 8.10 中.

定义 8.10 设 G 是一个群. 映射 $\phi : G \to S_G$ 由 $\phi(x) = \lambda_x$ 给出, 其中 $\lambda_x(g) = xg$ 对所有 $g \in G$, 称 ϕ 为 G 的**左正则表示** (left regular representation).

为了确保 λ_x 是一个置换, 应验证 λ_x 是既单又满的. 可以看到 λ_x 是单射, 因为如果 $\lambda_x(a) = \lambda_x(b)$,$xa = xb$, 由群的消去律得到 $a = b$. 此外,λ_x 是满的, 因为对于任何 $b \in G$, $\lambda_x(x^{-1}b) = b$. 现在可以证明凯莱定理了.

定理 8.11 (凯莱定理) 每个群与一个置换群同构.

证明 设 G 是一个群. 左正则表示给出了一个映射 $\phi : G \to S_G$, 由 $\phi(x) = \lambda_x$ 定义. 要验证 ϕ 是群同态且是单射. 由定理 8.5, $\phi[G]$ 是 S_G 的子群, 因此 $\phi : G \to \phi[G]$ 是同构.

先证明 ϕ 是单射. 假设 $a, b \in G$ 且 $\phi(a) = \phi(b)$. 那么置换 λ_a 和 λ_b 是相同的, 因此 $\lambda_a(e) = \lambda_b(e)$, 即 $ae = be$, 得到 $a = b$. 所以 ϕ 是单射.

再证明 ϕ 是群同态. 设 $a, b \in G$, 则 $\phi(ab) = \lambda_{ab}$ 且 $\phi(a)\phi(b) = \lambda_a\lambda_b$. 要证明 λ_{ab}

和 $\lambda_a\lambda_b$ 是两个相同的置换. 令 $g \in G$,

$$\lambda_{ab}(g) = (ab)g = a(bg) = \lambda_a(bg) = \lambda_a(\lambda_b(g)) = (\lambda_a\lambda_b)(g)$$

因此 $\lambda_{ab} = \lambda_a\lambda_b$, 这意味着 $\phi(ab) = \phi(a)\phi(b)$. 所以 ϕ 是一个单同态, 完成了证明. □

例 8.12 凯莱定理的证明表明, 任何群 G 都与 S_G 的一个子群同构, 但这通常不是具有与 G 同构的子群的最小对称群. 例如,D_n 与 $S_{\mathbb{Z}_n}$ 的子群同构, 但凯莱定理给出了与 S_{D_n} 的子群同构, 而 D_n 有 $2n$ 个元素, $\mathbb{Z}_n$ 只有 n 个元素. 从表面上看,$\mathbb{Z}_6$ 似乎不能与 $n<6$ 的 S_n 的子群同构, 而事实上 $(1,2,3)(4,5) \in S_5$ 生成的子群与 $\mathbb{Z}_6$ 同构.

定义 8.10 给出了左正则表示定义. 现在给出右正则表示的定义. 相应于用 λ_x 表示群运算表中 x 对应的行得到的置换, 现在用 σ_x 表示 x 对应的列得到的置换, 相应于用 ϕ 表示将 x 映射到置换 λ_x, 现在用 τ 表示将 x 映射到 $\sigma_{x^{-1}}$.

历史笔记

凯莱 (Cayley, 1821—1895) 在 1854 年的一篇文章中给出群的一个抽象定义:"由符号 $1, \alpha, \beta, \cdots$ 构成的集合, 所有符号全部不同, 且任何两个符号的乘积 (无论以何种顺序) 或任何符号自己的乘积, 都属于这个集合, 称这个集合为一个群." 接着他定义了群运算表, 并注意到表的每行和每列 "须包含所有符号 $1, \alpha, \beta, \cdots$". 然而, 凯莱的符号总是表示集合上的运算; 他似乎没有关注任何其他类型的群. 例如, 他注意到四个矩阵运算 $1, \alpha =$ 逆,$\beta =$ 转置,$\gamma = \alpha\beta$, 抽象地形成了四元非循环群. 不管怎样, 他的定义在长达 25 年内并没有引起人们注意.

1854 年的这篇论文是凯莱在找不到合适的教学岗位, 从事法律工作的那 14 年期间发表的大约 300 篇论文中的一篇. 1863 年, 他终于成为剑桥大学的教授. 1878 年, 他发表了四篇论文, 回归群论研究, 其中一篇就是本书的定理 8.11; 他的 "证明" 很简单, 就是从群运算表中注意到, 任何群元素的乘法是对群的全部元素进行置换. 然而, 他写道:"这并不是明智之举, 如果在处理一般问题 (找到给定阶的所有群) 时, 认为最佳或最简单的方法是将其转化为 (置换) 问题. 显然, 更好的做法是考虑一般问题本身."

不同于早期的论文, 1878 年的四篇论文找到了一个愿意接受的读者; 事实上, 这些论文对瓦尔特 · 冯 · 戴克 1882 年创造的抽象群的公理化定义有重要影响, 这个定义导致了抽象群理论的发展.

定义 8.13 设 G 是一个群. 映射 $\tau: G \to S_G$ 由 $\tau(x) = \sigma_{x^{-1}}$ 给出, 其中 $\sigma_x(g) = gx$ 称为 G 的**右正则表示** (right regular representation).

可以用右正则表示来替代左正则表示证明凯莱定理. 习题 54 要求给出详细证明.

奇置换和偶置换

通过对两个数对换位置的反复操作, 直觉看起来应该可以实现序列 $1,2,\cdots,n$ 的任何重新排序. 下面正式讨论.

定义 8.14　长度为 2 的循环称为**对换** (transposition).

对换将两个元素由一个变换到另一个, 而其他所有元素保持不变. 计算得

$$(a_1,a_2,\cdots,a_n)=(a_1,a_n)(a_1,a_{n-1})\cdots(a_1,a_3)(a_1,a_2)$$

因此, 长度为 n 的任何循环都可以写成 $n-1$ 个对换的乘积. 由于有限集的任何置换都可以写成循环的乘积, 因此有下述结论.

定理 8.15　至少有两个元素的有限集上的任何置换都是对换的乘积.

简单地说, 这个定理只是说明 n 个对象的任何重排都可以通过不断交换它们的两两位置来实现.

例 8.16　根据定理 8.15 前面的说明, 可以看出 $(1,6)(2,5,3)$ 是对换乘积 $(1,6)(2,3)$ $(2,5)$.

例 8.17　对于 $n\geqslant 2$,S_n 的单位元是对换的乘积 $(1,2)(1,2)$.

已经看到, 至少有两个元素的有限集上的每个置换都是对换的乘积. 对换可能不是不相交的, 且这些对换并不是唯一的. 例如, 始终可以在乘积前面加上两个对换 $(1,2)$, 因为 $(1,2)(1,2)$ 是单位元. 事实上, 用于表示给定置换的对换的数量总是偶数或总是奇数. 这是个重要事实, 其证明需要计算轨道, 是由布鲁姆 (David M.Bloom) 提出的.

设 $\sigma\in S_A$ 和 $a\in A$. 称集合 $\{\sigma^k(a)|k\in\mathbb{Z}\}$ 为 a 的**轨道** (orbit). 在 $\sigma\in S_n$ 时, 考虑 a 的轨道的简单方法是考虑 σ 的不相交循环表示中包含 a 的循环.

例 8.18　设 $\sigma=(1,2,6)(3,5)\in S_6$. 那么 1 的轨道是集合 $\{1,2,6\}$, 这也是 2 和 6 的轨道. 集合 $\{3,5\}$ 是 3 的轨道也是 5 的轨道. 如何求 4 的轨道? 回顾, 如果包括 1-循环,$\sigma=(1,2,6)(3,5)(4)$, 即 4 的轨道是 $\{4\}$.

定理 8.19　S_n 中的置换不能同时表示为偶数个和奇数个对换的乘积.

证明　设 $\sigma\in S_n$, $\tau=(i,j)$ 是 S_n 中的对换. 可以断言 σ 的轨道数和 $\tau\sigma$ 的轨道数相差 1.

情形 I　假设 i 和 j 在 σ 的不同轨道上. 将 σ 写成不相交循环的乘积, 其中第一个包含 j, 第二个包含 i, 在图 8.20 中由两个圆圈表示. 可以将这两个循环的乘积象征性地

表示为

$$(b, j, \times, \times, \times)(a, i, \times, \times)$$

其中, 符号 $\times$ 表示这些轨道中可能的其他元素.

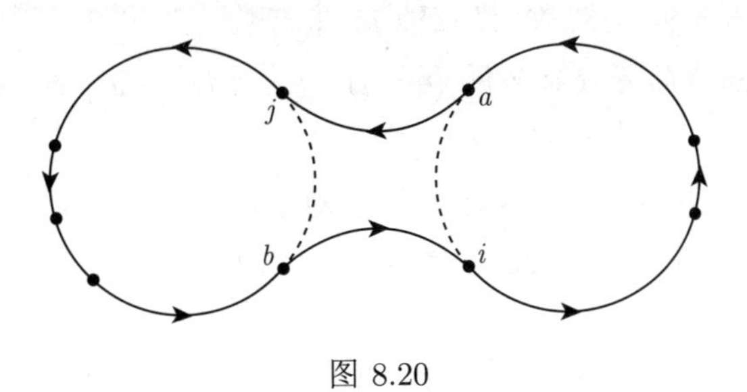

图 8.20

计算 $\tau\sigma = (i, j)\sigma$ 中的前三个循环的乘积, 得到

$$(i, j)(b, j, \times, \times, \times)(a, i, \times, \times) = (a, j, \times, \times, \times, b, i, \times, \times)$$

原来的两个轨道连接在一起, 在 $\tau\sigma$ 中仅形成一个如图 8.20 所示的轨道. 习题 42 要求计算证明 i 和 j 中的一个或两个是 σ 轨道中的仅有元素, 那么结论是相同的.

情形 II 假设 i 和 j 在 σ 的同一轨道上, 那么将 σ 写成不相交循环的乘积, 可以设其中第一个循环的形式为

$$(a, i, \times, \times, \times, b, j, \times, \times)$$

用图 8.20 中的圆圈表示. 计算 $\tau\sigma = (i, j)\sigma$ 的前两个循环, 得到

$$(i, j)(a, i, \times, \times, \times, b, j, \times, \times) = (a, j, \times, \times)(b, i, \times, \times, \times)$$

原来的单轨道被分割成两个, 如图 8.21 所示.

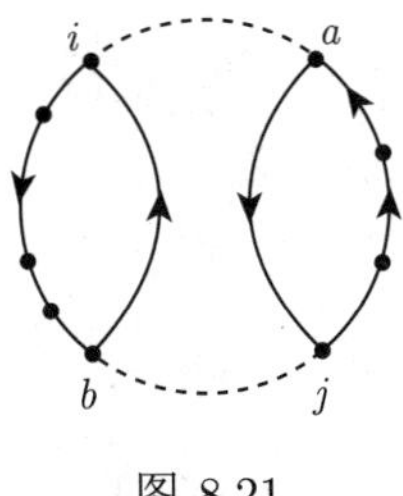

图 8.21

这样证明了 $\tau\sigma$ 的轨道数与 σ 的轨道相差 1. 注意到单位置换 $\imath$ 有 n 个轨道, 因为每个元素都是它的轨道中唯一的元素. 而给定置换 $\sigma \in S_n$ 的轨道数与 n 相差要么是偶

数, 要么是奇数. 因此, 它无法用两种方法写成

$$\sigma = \tau_1\tau_2\tau_3\cdots\tau_m\,\imath$$

其中 τ_k 是对换, 而一种 m 是偶数, 另一种 m 是奇数. □

定义 8.22 有限集的置换称为**偶** (even) 的或者**奇** (odd) 的, 如果它可以表示为偶数或奇数个对换的乘积.

例 8.23 S_n 中的单位置换是偶置换, 因为 $\imath = (1,2)(1,2)$. 如果 $n = 1$, 没法形成这种乘积, 规定 $\imath$ 为偶置换. 另外 S_6 中置换 $(1,4,5,6)(2,1,5)$ 可以写成

$$(1,4,5,6)(2,1,5) = (1,6)(1,5)(1,4)(2,5)(2,1)$$

它有五个对换, 所以是一个奇置换.

交错群

断言对于 $n \geqslant 2, S_n$ 中偶置换与奇置换的数量相同; 也就是说, S_n 被奇、偶置换平分, 两者都有 $n!/2$ 个置换. 为了说明这一点, 设 A_n 是 S_n 中偶置换的集合,B_n 是奇置换的集合. 接着定义从 A_n 到 B_n 的双射, 以证明 A_n 和 B_n 有相同数量的元素.

设 τ 是 S_n 中的任何固定对换; 这总是有的, 因为 $n \geqslant 2$. 不妨设 $\tau = (1,2)$. 定义映射

$$\lambda_\tau : A_n \to B_n, \lambda_\tau(\sigma) = \tau\sigma$$

即 $\sigma \in A_n$ 被 λ_τ 映射为 $(1,2)\sigma$. 由于 σ 是偶置换, $(1,2)\sigma$ 为 (1+ 偶数) 奇数个置换的乘积, 因此 $(1,2)\sigma$ 在 B_n 中. 如果 A_n 中的 σ 和 μ 满足 $\lambda_\tau(\sigma) = \lambda_\tau(\mu)$, 则

$$(1,2)\sigma = (1,2)\mu$$

因为 S_n 是一个群, 所以有 $\sigma = \mu$. 因此 λ_τ 是单射. 而且

$$\tau = (1,2) = \tau^{-1}$$

所以如果 $\rho \in B_n$, 那么

$$\tau^{-1}\rho \in A_n$$

且

$$\lambda_\tau(\tau^{-1}\rho) = \tau(\tau^{-1}\rho) = \rho$$

因此 λ_τ 是满射. A_n 中元素的数量与 B_n 中元素的数量相等, 因为两个集合之间有双射.

注意, 两个偶置换的乘积还是偶置换. 由于 $n \geqslant 2, S_n$ 有对换 $(1,2)$ 且 $\imath = (1,2)(1,2)$ 是偶置换. 最后, 注意如果 σ 表示为对换的乘积, 则将这些对换按照相反的顺序做乘积, 就是 σ^{-1}. 因此, 如果 σ 是一个偶置换, σ^{-1} 也是偶置换. 参考定理 5.12, 实际已经证明了以下结论.

定理 8.24 如果 $n \geqslant 2$, 则 $\{1,2,3,\cdots,n\}$ 的所有偶置换的集合构成 S_n 的阶为 $n!/2$ 的子群.

可以通过以下公式定义一个称为**置换符号** (sign of a permutation) 的映射: $\operatorname{sgn}(\sigma): S_n \to \{1,-1\}$

$$\operatorname{sgn}(\sigma) = \begin{cases} 1, \sigma\text{为偶} \\ -1, \sigma\text{为奇} \end{cases}$$

把 $\{1,-1\}$ 看作乘法群, 容易看出 sng 是一个同态. 因为 1 是群 $\{1,-1\}$ 中的单位元, 因此 $\operatorname{Ker}(\operatorname{sgn}) = \operatorname{sgn}^{-1}[\{1\}]$ 是由所有偶置换构成的 S_n 的子群. 同态 sgn 也用来定义方阵的行列式. 习题 52 要求用这个定义来证明行列式的一些事实.

定义 8.25 由偶置换构成的 S_n 的子群 A_n 称为 n 个字母上的**交错群** (alternating group).

B_n 和 A_n 都是非常重要的群. 凯莱定理表明, 每个有限群 G 在结构上与 $n = |G|$ 的 S_n 的某子群相同. 它可以用来证明五次以上的多项式方程没有求根公式. 这实际上由 A_n 而得, 尽管可能看起来如此令人惊讶.

习题

计算

在习题 1~10 中, 确定给定的映射是否为群同态. (提示: 要验证一个映射是同态, 必须检查它具有同态的性质. 确认一个映射不是同态, 或者可以找到这样 a 和 b 使 $\phi(ab) \neq \phi(a)\phi(b)$, 或者可以检查其不满足定理 8.5 的任意一个性质.)

1. 设 $\phi: \mathbb{Z}_{10} \to \mathbb{Z}_2, \phi(x)$ 为 x 除以 2 的余数.

2. 设 $\phi: \mathbb{Z}_9 \to \mathbb{Z}_2, \phi(x)$ 为 x 除以 2 的余数.

3. 设 $\phi: \mathbb{Q}^* \to \mathbb{Q}^*$, $\phi(x) = |x|$.

4. 设 $\phi: \mathbb{R} \to \mathbb{R}^+, \phi(x) = 2^x$.

5. 设 $\phi: D_4 \to \mathbb{Z}_4, \phi(\rho^i) = \phi(\mu\rho^i) = i, 0 \leqslant i \leqslant 3$.

6. 设 F 是 $\mathbb{R}$ 到 $\mathbb{R}$ 的所有函数的加法群.$\phi: F \to F$ 由 $\phi(f) = g$ 定义, 其中 $g(x) = f(x) + x$.

7. 设 F 如习题 6 所示,$\phi: F \to F$ 由 $\phi(f) = 5f$ 定义.

8. 设 F 是 $\mathbb{R}$ 到 $\mathbb{R}$ 的所有连续函数的加法群. $\phi: F \to \mathbb{R}$ 由 $\phi(g) = \int_0^1 g(x)\mathrm{d}x$ 定义.

9. 设 M_n 是实 $n \times n$ 矩阵的加法群. $\phi: M_n \to \mathbb{R}$ 由 $\phi(\boldsymbol{A}) = \det(\boldsymbol{A})$ 定义, 其中 $\det(\boldsymbol{A})$ 是 $\boldsymbol{A}$ 的行列式.

10. 设 M_n 如习题 9 所示,$\phi: M_n \to \mathbb{R}$ 由 $\phi(\boldsymbol{A}) = \mathrm{tr}(\boldsymbol{A})$ 定义, 其中 $\mathrm{tr}(\boldsymbol{A})$ 是 $\boldsymbol{A}$ 的迹, 即对角线上元素的和.

在习题 11~16 中, 计算给定同态 ϕ 的核.

11. $\phi: \mathbb{Z} \to \mathbb{Z}_8$, 使 $\phi(1) = 6$.

12. $\phi: \mathbb{Z} \to \mathbb{Z}_8$, 使 $\phi(1) = 12$.

13. $\phi: \mathbb{Z} \times \mathbb{Z} \to \mathbb{Z}$, 其中 $\phi(1,0) = 3, \phi(0,1) = -5$.

14. $\phi: \mathbb{Z} \times \mathbb{Z} \to \mathbb{Z}$, 其中 $\phi(1,0) = 6, \phi(0,1) = 9$.

15. $\phi: \mathbb{Z} \times \mathbb{Z} \to \mathbb{Z} \times \mathbb{Z}$, 其中 $\phi(1,0) = (2,5)$ 且 $\phi(0,1) = (-3,2)$.

16. 设 D 是所有 $\mathbb{R}$ 到 $\mathbb{R}$ 的可微函数的加法群, F 是所有 $\mathbb{R}$ 到 $\mathbb{R}$ 的函数的加法群. $\phi: D \to F$ 由 f 的导数定义,$\phi(f) = f'$.

在习题 17~22 中, 找出给定置换的所有轨道.

17. $\begin{pmatrix} 1 & 2 & 3 & 4 & 5 & 6 \\ 5 & 1 & 3 & 6 & 2 & 4 \end{pmatrix}$.

18. $\begin{pmatrix} 1 & 2 & 3 & 4 & 5 & 6 & 7 & 8 \\ 5 & 6 & 2 & 4 & 8 & 3 & 1 & 7 \end{pmatrix}$.

19. $\begin{pmatrix} 1 & 2 & 3 & 4 & 5 & 6 & 7 & 8 \\ 2 & 3 & 5 & 1 & 4 & 6 & 8 & 7 \end{pmatrix}$.

20. $\sigma: \mathbb{Z} \to \mathbb{Z}$, 其中 $\sigma(n) = n + 1$.

21. $\sigma: \mathbb{Z} \to \mathbb{Z}$, 其中 $\sigma(n) = n + 2$.

22. $\sigma: \mathbb{Z} \to \mathbb{Z}$, 其中 $\sigma(n) = n - 3$.

在习题 23~25 中, 将 $\{1,2,3,4,5,6,7,8\}$ 上的置换表示为不相交循环的乘积, 然后表示为对换的乘积.

23. $\begin{pmatrix} 1 & 2 & 3 & 4 & 5 & 6 & 7 & 8 \\ 8 & 2 & 6 & 3 & 7 & 4 & 5 & 1 \end{pmatrix}$.

24. $\begin{pmatrix} 1 & 2 & 3 & 4 & 5 & 6 & 7 & 8 \\ 3 & 6 & 4 & 1 & 8 & 2 & 5 & 7 \end{pmatrix}$.

25. $\begin{pmatrix} 1 & 2 & 3 & 4 & 5 & 6 & 7 & 8 \\ 5 & 3 & 2 & 8 & 4 & 7 & 6 & 1 \end{pmatrix}$.

26. 图 8.26 用生成集 $S = \{(1,2,3),(1,2)(3,4)\}$ 给出了交错群 A_4 的凯莱有向图. 用 A_4 的元素把其他 9 个顶点表示为不相交循环的乘积.

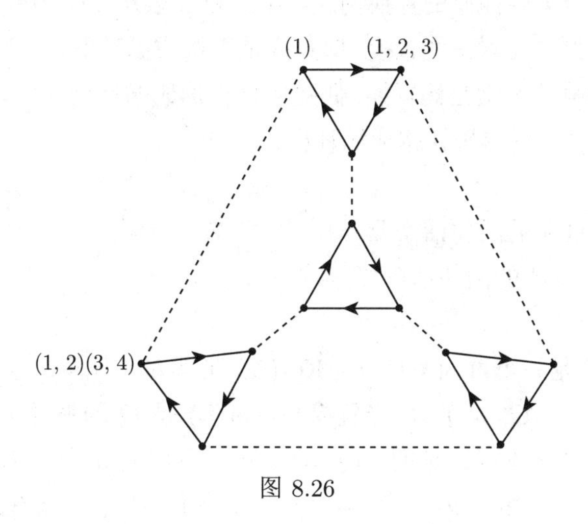

图 8.26

概念

在习题 27~29 中, 不参考书本, 根据需要更正楷体术语的定义, 使其成立.

27. 对于集合 A 的一个置换 σ,σ 的*轨道*是被 σ 映射到自身的 A 的最小非空子集.

28. 群 G 的*左正则表示*是 G 到 S_G 的映射, 其在 $g \in G$ 上的象为 G 的一个置换, 使得 $x \in G$ 置换到 gx.

29. *交错群*是所有偶置换构成的群.

30. 在证明凯莱定理之前, 证明了 λ_x 是单射. 在证明中, 单射又证明了一次. 有必要吗? 请解释.

31. 判断下列命题的真假.

a. 每个置换都是一个循环.

b. 每个循环都是一个置换.

c. 奇、偶置换的定义可以在定理 8.19 之前给出.

d. S_9 的每个包含某奇置换的非平凡子群 H 都包含一个对换.

e. A_5 有 120 个元素.

f. 对任何 $n \geqslant 1$,S_n 都不是循环群.

g. A_3 是交换群.

h. S_7 与 S_8 中所有保持数字 8 不变的元素所构成的子群同构.

i. S_7 与 S_8 中所有保持数字 5 不变的元素所构成的子群同构.

j. S_8 中的奇置换构成 S_8 的一个子群.

k. 每个群 G 与 S_G 的一个子群同构.

32. 二面体群由具有某些性质的置换构成. 用 μ 和 ρ 表示 D_n 中的元素.

a. 确定 D_3 中哪些元素是偶置换. 偶置换是否构成循环群?

b. 确定 D_4 的哪些元素是偶置换. 偶置换是否构成循环群?

c. 对于哪些 n,D_n 的偶置换构成循环群?

证明概要

33. 给出凯莱定理证明的两句话概要.

34. 给出定理 8.19 证明的两句话概要.

理论

35. 设 $\phi: G \to G'$ 是一个群同态且 $a \in \text{Ker}(\phi)$. 证明对于任意 $g \in G, gag^{-1} \in \text{Ker}(\phi)$.

36. 证明同态 $\phi: G \to G'$ 是单射, 当且仅当 $\text{Ker}(\phi)$ 是 G 的平凡子群.

37. 设 $\phi: G \to G'$ 是群同态. 证明 $\phi(a) = \phi(b)$ 当且仅当 $a^{-1}b \in \text{Ker}(\phi)$.

38. 利用习题 37 证明如果 $\phi: G \to G'$ 是群满同态且 G 是有限群, 则对于任何 $b, c \in G'$, $|\phi^{-1}[\{b\}]| = |\phi^{-1}[\{c\}]|$. 因此, 如果 $|G|$ 是素数, 那么, 要么 ϕ 是一个同构, 要么 G' 是一个平凡群.

39. 证明如果 $\phi: G \to G'$ 和 $\gamma: G' \to G''$ 是群同态, 则有 $\gamma \circ \phi: G \to G''$ 也是一个群同态.

40. 设 $\phi: G \to G'$ 是群同态. 证明 $\phi[G]$ 是交换的, 当且仅当对所有 $x, y \in G$ 有 $xyx^{-1}y^{-1} \in \text{Ker}(\phi)$.

41. 对 $n \geqslant 3$, 证明以下关于 S_n 的结论.

a. S_n 中的每个置换可以写成最多 $n-1$ 个对换的乘积.

b. S_n 中的非循环置换可以写成最多 $n-2$ 个对换的乘积.

c. S_n 中的每个奇置换可以写成 $2n+3$ 个对换的乘积, 每个偶置换可以写成 $2n+8$ 个对换的乘积.

42. a. 绘制类似图 8.20 的图, 说明如果 i 和 j 含于 σ 的不同轨道且 $\sigma(i) = i$, 那么 $(i, j)\sigma$ 的轨道数比 σ 的轨道数少一.

b. 如果 $\sigma(j) = j$, 重复 a 的证明.

43. 证明当 $n \geqslant 2$ 时, 对 S_n 的每个子群 H, 要么 H 中都是偶置换, 要么正好一半是偶置换.

44. 设 σ 是集合 A 的置换. 称"σ **移动 (move)**$a \in A$" 如果 $\sigma(a) \neq a$. 如果 A 是有限集, 有多少元素被长度为 n 的循环 $\sigma \in S_A$ 移动了?

45. 设 A 为无限集. 设 H 是所有移动 (见习题 44) 有限个元素的 $\sigma \in S_A$ 的集合. 证明 H 是 S_A 的一个子群.

46. 设 A 为无限集. 设 K 是所有移动最多 50 个元素的 $\sigma \in S_A$ 的集合.K 是 S_A 的一个子群吗? 为什么?

47. 对 $n \geqslant 2$ 考虑 S_n 中给定奇置换 σ. 证明 S_n 中的每个奇置换为 σ 与 A_n 中某置换的乘积.

48. 证明如果 σ 是奇数长度的循环, 那么 σ^2 是一个循环.

49. 按照习题 48 的思路, 添加一个关于 n 和 r 的条件使得下述结果是一个定理:
如果 σ 是长度为 n 的一个循环, 那么 σ^r 也是一个循环当且仅当 ……

50. 证明 S_n 是由 $\{(1,2),(1,2,3,\cdots,n)\}$ 生成的. (提示: 证明对不同的 r, $(1,2,3,\cdots,n)^r(1,2)(1,2,3,\cdots,n)^{n-r}$ 给出所有的对换 $(1,2),(2,3),(3,4),\cdots,(n-1,n),(n,1)$. 然后证明任何对换是这种对换的乘积, 再用定理 8.15.)

51. 设 $\sigma \in S_n$, 定义 $\{1,2,3,\cdots,n\}$ 上的一个关系 $i \sim j$, 当且仅当对于某个 $k \in \mathbb{Z}$ 有 $j = \sigma^k(i)$.

a. 证明 $\sim$ 是等价关系.

b. 证明对任何 $1 \leqslant i \leqslant n, i$ 的等价类是 i 的轨道.

52. $n \times n$ 矩阵 $\boldsymbol{A} = (a_{i,j})$ 的行列式的通常定义为

$$\det(\boldsymbol{A}) = \sum_{\sigma \in S_n} \operatorname{sgn}(\sigma) a_{1,\sigma(1)} a_{2,\sigma(2)} a_{3,\sigma(3)} \cdots a_{n,\sigma(n)}$$

其中 $\operatorname{sgn}(\sigma)$ 是 σ 的符号. 利用这个定义, 证明行列式的下列性质.

a. 如果矩阵 $\boldsymbol{A}$ 有一行元素全是零, 则 $\det(\boldsymbol{A}) = 0$.

b. 如果交换 $\boldsymbol{A}$ 的两个不同行得到 $\boldsymbol{B}$, 则 $\det(\boldsymbol{B}) = -\det(\boldsymbol{A})$.

c. 如果将 r 乘以 $\boldsymbol{A}$ 的一行加到 $\boldsymbol{A}$ 的另一行, 得到矩阵 $\boldsymbol{B}$, 则 $\det(\boldsymbol{A}) = \det(\boldsymbol{B})$.

d. 如果 $\boldsymbol{A}$ 的行乘以 r 得到矩阵 $\boldsymbol{B}$, 则 $\det(\boldsymbol{B}) = r\det(\boldsymbol{A})$.

53. 证明对于任何有限群 G, 存在某个 n, 使得 G 与 $\mathrm{GL}(n,\mathbb{R})$ 的子群同构. (提示: 对于每个 $\sigma \in S_n$, 在 $\mathrm{GL}(n,\mathbb{R})$ 中找到将每个基向量 $\boldsymbol{e}_i$ 映射到 $\boldsymbol{e}_{\sigma(i)}$ 的矩阵. 由此证明 S_n 与 $\mathrm{GL}(n,\mathbb{R})$ 的子群同构.)

54. 用右正则表示而不是左正则表示证明凯莱定理.

55. 设 $\sigma \in S_n$. 逆序对 (i, j) 是指当 $i < j$ 时有 $\sigma(i) > \sigma(j)$. 说明对换与置换相乘将置换的逆序对数改变奇数次, 以此证明定理 8.19.

56. 十六字谜由编号为 1 到 15 的 15 块方块组成, 排列成 4×4 的网格, 其中一个位置留作空白. 一个移动是指将空白位置附近的方块滑动到空白位置. 目标是通过一系列移动将数字按顺序排列. 是否可以从图 8.27a 的形状开始, 移动到图 8.27b 的形状? 通过寻找一系列移动来解决或证明这是不可能解决的.

1	2	3	4
5	6	7	8
9	10	11	12
13	15	14	

a)

1	2	3	4
5	6	7	8
9	10	11	12
13	14	15	

b)

图 8.27

2.9　有限生成交换群

直积

现在回顾一下至今学习过的群. 先从有限群开始, 对于每个正整数 n, 有循环群 $\mathbb{Z}_n$, 有对称群 S_n 和交错群 A_n. 还有二面体群 D_n 和克莱因四元群 V. 当然, 还有这些群的子群. 关于无限群, 有由数集构成的在通常加法或乘法下的群, 例如在加法下的 $\mathbb{Z}, \mathbb{R}$ 和 $\mathbb{C}$, 以及它们的非零元在乘法下的群. 模长为 1 的复数乘法群, 它与每个模 c 加法群 $\mathbb{R}_c$ 同构, 其中 $c \in \mathbb{R}^+$. 还有无限集 A 上的置换群 S_A, 以及各种矩阵构成的群, 如 $\mathrm{GL}(n, \mathbb{R})$.

本节的目的之一是用已知群作为基本材料构建更多的群. 克莱因四元群将由循环群再次构造出来. 将这个过程用于循环群可以得到一大类交换群, 可以证明它们包含了有限交换群的所有可能的结构. 首先推广定义 0.4.

定义 9.1　集合 $B_1, B_2, \cdots, B_n$ 的**笛卡儿积** (Cartesian product) 是所有 n 元有序组 $(b_1, b_2, \cdots, b_n)$ 的集合, 其中 $b_i \in B_i, i = 1, 2, \cdots, n$. 笛卡儿积记为

$$B_1 \times B_2 \times \cdots \times B_n$$

或

$$\Pi_{i=1}^n B_i$$

也可以定义无穷多集合的笛卡儿积, 但是定义要复杂得多, 暂时不需要它.

现在设 $G_1, G_2, \cdots, G_n$ 是群, 用乘法表示所有群的运算. 将 G_i 视为集合, 构造 $\Pi_{i=1}^n G_i$. 可以证明 $\Pi_{i=1}^n G_i$ 在由分量乘法定义的二元运算下构成群. 再次注意, 群的记号与群的元素的集合的记号是同一个.

定理 9.2 设 $G_1, G_2, \cdots, G_n$ 为群. 对于 $\Pi_{i=1}^n G_i$ 中 $(a_1, a_2, \cdots, a_n)$ 和 $(b_1, b_2, \cdots, b_n)$, 定义 $(a_1, a_2, \cdots, a_n)(b_1, b_2, \cdots, b_n)$ 为元素 $(a_1b_1, a_2b_2, \cdots, a_nb_n)$. 那么 $\Pi_{i=1}^n G_i$ 是一个群, 称为群 G_i 的**直积** (direct product).

证明 注意, 因为 $a_i \in G_i, b_i \in G_i$, 以及 G_i 是群, 有 $a_ib_i \in G_i$. 因此, 定义在 $\Pi_{i=1}^n G_i$ 上所给的二元运算是有意义的; 也就是说, $\Pi_{i=1}^n G_i$ 在二元运算下封闭.

$\Pi_{i=1}^n G_i$ 中的结合律回到每个分量的结合得到:

$$\begin{aligned}
&(a_1, a_2, \cdots, a_n)[(b_1, b_2, \cdots, b_n)(c_1, c_2, \cdots, c_n)] \\
&= (a_1, a_2, \cdots, a_n)(b_1c_1, b_2c_2, \cdots, b_nc_n) \\
&= (a_1(b_1c_1), a_2(b_2c_2), \cdots, a_n(b_nc_n)) \\
&= ((a_1b_1)c_1, (a_2b_2)c_2, \cdots, (a_nb_n)c_n) \\
&= (a_1b_1, a_2b_2, \cdots, a_nb_n)(c_1, c_2, \cdots, c_n) \\
&= [(a_1, a_2, \cdots, a_n)(b_1, b_2, \cdots, b_n)](c_1, c_2, \cdots, c_n)
\end{aligned}$$

如果 e_i 是 G_i 中的单位元, 那么, 由分量乘法, $(e_1, e_2, \cdots, e_n)$ 是 $\Pi_{i=1}^n G_i$ 中的一个单位元. 最后, 计算元素乘积得 $(a_1, a_2, \cdots, a_n)$ 的逆元是 $(a_1^{-1}, a_2^{-1}, \cdots, a_n^{-1})$. 因此 $\Pi_{i=1}^n G_i$ 是一个群. □

如果每个 G_i 的运算是交换的, 有时在 $\Pi_{i=1}^n G_i$ 中使用加法符号, 而把 $\Pi_{i=1}^n G_i$ 叫作群 G_i 的**直和** (direct sum). 此时, 有时用 $\bigoplus_{i=1}^n G_i$ 代替 $\Pi_{i=1}^n G_i$, 尤其是当把交换群中运算记为 $+$ 时. 交换群 $G_1, G_2, \cdots, G_n$ 的直和可以写为 $G_1 \bigoplus G_2 \bigoplus \cdots \bigoplus G_n$. 证明交换群的直积还是交换群留作习题 46.

立即看出, 如果 B_i 有 r_i 个元素, $i = 1, 2, \cdots, n$, 那么 $\Pi_{i=1}^n B_i$ 有 $r_1r_2\cdots r_n$ 个元素, 因为在 n 元组中, 第一分量在 B_1 中有 r_1 个选择, 第二分量在 B_2 中有 r_2 个选择, 以此类推.

例 9.3 考虑群 $\mathbb{Z}_2 \times \mathbb{Z}_3$, 它有 $2 \times 3 = 6$ 个元素, 即 $(0,0),(0,1),(0,2),(1,0),(1,1),(1,2)$. 我们断言 $\mathbb{Z}_2 \times \mathbb{Z}_3$ 是循环群. 只要找到一个生成元即可. 试试 $(1,1)$. 此处 $\mathbb{Z}_2$ 和 $\mathbb{Z}_3$ 中的运算是加法, 所以在直积 $\mathbb{Z}_2 \times \mathbb{Z}_3$ 中也这样做.

$$
\begin{aligned}
(1,1) &= (1,1) \\
2(1,1) &= (1,1)+(1,1) = (0,2) \\
3(1,1) &= (1,1)+(1,1)+(1,1) = (1,0) \\
4(1,1) &= 3(1,1)+(1,1) = (1,0)+(1,1) = (0,1) \\
5(1,1) &= 4(1,1)+(1,1) = (0,1)+(1,1) = (1,2) \\
6(1,1) &= 5(1,1)+(1,1) = (1,2)+(1,1) = (0,0)
\end{aligned}
$$

因此 $(1,1)$ 生成 $\mathbb{Z}_2 \times \mathbb{Z}_3$ 中所有元素. 因为在同构意义下, 给定阶的循环群只有一个, 因此 $\mathbb{Z}_2 \times \mathbb{Z}_3$ 与 $\mathbb{Z}_6$ 同构.

例 9.4 考虑 $\mathbb{Z}_3 \times \mathbb{Z}_3$. 这是一个有 9 个元素的群. 我们断言 $\mathbb{Z}_3 \times \mathbb{Z}_3$ 不是循环的. 因为加法是按分量进行的, 而在 $\mathbb{Z}_3$ 中每个元素自身加 3 次得到单位元, 在 $\mathbb{Z}_3 \times \mathbb{Z}_3$ 中也是如此. 因此, 没有元素可以生成该群, 因为一个生成元应该自身连加 9 次之后得到单位元. 由此得到了非循环的 9 阶群. 类似的讨论得到 $\mathbb{Z}_2 \times \mathbb{Z}_2$ 不是循环群. 因此 $\mathbb{Z}_2 \times \mathbb{Z}_2$ 必须与克莱因四元群同构.

前面的例子说明了以下定理.

定理 9.5 *群 $\mathbb{Z}_m \times \mathbb{Z}_n$ 是循环的, 并且与 $\mathbb{Z}_{mn}$ 同构, 当且仅当 m 与 n 互素, 即 m 和 n 的最大公因子为 1.*

证明 考虑定理 5.19 所述的由 $(1,1)$ 生成的 $\mathbb{Z}_m \times \mathbb{Z}_n$ 的循环子群, 如前所示, 这个循环子群的阶是使得 $(1,1)$ 的幂为 $(0,0)$ 的最小幂指数. 这里在加法记号中取 $(1,1)$ 的幂就是 $(1,1)$ 的重复相加. 按照分量相加, 第一个分量 $1 \in \mathbb{Z}_m$ 需要相加 m 次、$2m$ 次, 等等, 得到 0. 而第二个分量 $1 \in \mathbb{Z}_n$ 相加 n 次、$2n$ 次, 等等, 得到 0. 要使它们同时为 0, 求和次数必须既是 m 的倍数, 又是 n 的倍数. m 和 n 的公倍数的最小值为 mn 当且仅当 m 与 n 的最大公因子为 1; 在这种情况下,$(1,1)$ 生成一个 mn 阶循环子群, 这恰是整个群的阶. 这就证明了 $\mathbb{Z}_m \times \mathbb{Z}_n$ 是 mn 阶循环, 从而与 $\mathbb{Z}_{mn}$ 同构, 当且仅当 m 与 n 互素.

反之, 假设 m 与 n 的最大公因子是 $d > 1$. 那么 mn/d 是被 m 和 n 整除的. 因此,

对于 $\mathbb{Z}_m \times \mathbb{Z}_n$ 中的任何 (r,s), 有

$$\underbrace{(r,s)+(r,s)+\cdots+(r,s)}_{mn/d\text{项}}=(0,0)$$

因此, $\mathbb{Z}_m \times \mathbb{Z}_n$ 中的元素 (r,s) 都不能生成整个群, 即 $\mathbb{Z}_m \times \mathbb{Z}_n$ 不是循环群, 因此与 $\mathbb{Z}_{mn}$ 不同构. □

这个定理的结论可以通过类似的方法推广到两个以上因子的乘积. 这作为一个推论, 不给出详细证明.

推论 9.6 群 $\Pi_{i=1}^n \mathbb{Z}_{m_i}$ 是循环的, 且与 $\mathbb{Z}_{m_1 m_2 \cdots m_n}$ 同构, 当且仅当 m_i 中任意两个的最大公因子是 1, $i=1,2,\cdots,n$.

例 9.7 推论 9.6 表明, 如果 n 是不同素数的幂的乘积, 如

$$n=p_1^{n_1}p_2^{n_2}\cdots p_r^{n_r}$$

那么 $\mathbb{Z}_n$ 同构于

$$\mathbb{Z}_{p_1^{n_1}}\times\mathbb{Z}_{p_2^{n_2}}\times\cdots\times\mathbb{Z}_{p_r^{n_r}}$$

特别地, $\mathbb{Z}_{72}$ 与 $\mathbb{Z}_8 \times \mathbb{Z}_9$ 同构.

注意, 改变直积中因子的次序会产生一个与原来的同构的群. 元素的改变只是在于 n 元组中分量的次序.

第 6 节习题 57 要求定义正整数 r 和 s 的最小公倍数作为某个循环群的生成元. 很容易证明, 由 r 和 s 的公倍数组成的整数集是 $\mathbb{Z}$ 的子群, 因此是循环群. 同样, 所有 n 个正整数 $r_1, r_2, \cdots, r_n$ 的公倍数的集合是 $\mathbb{Z}$ 的子群, 因此也是循环的.

定义 9.8 设 $r_1, r_2, \cdots, r_n$ 为正整数. 它们的**最小公倍数** (least common multiple)(缩写为 lcm) 是 r_i 的所有公倍数循环群的正生成元, 即可被每个 r_i 整除的所有整数, 构成的循环群的正生成元,$i=1,2,\cdots,n$.

由定义 9.8 和对循环群的研究, 可以看到 $r_1, r_2, \cdots, r_n$ 的最小公倍数是每个 r_i 的公倍数中最小的正整数,$i=1,2,\cdots,n$, 因此称为最小公倍数.

定理 9.9 设 $(a_1, a_2, \cdots, a_n) \in \Pi_{i=1}^n G_i$. 如果 a_i 在 G_i 中有有限阶 r_i, 那么 $(a_1, a_2, \cdots, a_n)$ 在 $\Pi_{i=1}^n G_i$ 中的阶等于所有 r_i 的最小公倍数.

证明 这只是重复定理 9.5 的证明中用过的结论. 为了使 $(a_1, a_2, \cdots, a_n)$ 的幂为 $(e_1, e_2, \cdots, e_n)$, 幂指数必须为 r_1 的倍数, 这样第一个分量 a_1 的幂才能是 e_1; 同时幂指数是 r_2 的倍数, 所以第二个分量 a_2 的幂才能是 e_2; 以此类推. □

例 9.10　找出群 $\mathbb{Z}_{12}\times\mathbb{Z}_{60}\times\mathbb{Z}_{24}$ 中元素 $(8,4,10)$ 的阶.

解　由于 8 和 12 的最大公因子是 4, 所以可以看到 8 在 $\mathbb{Z}_{12}$ 中的阶是 $12/4=3$(参见定理 6.15). 类似地,4 在 $\mathbb{Z}_{60}$ 中阶为 15, 而 10 在 $\mathbb{Z}_{24}$ 中的阶为 10. 由于 3, 15 和 12 的最小公倍数为 $3\cdot5\cdot4=60$, 因此 $(8,4,10)$ 在群 $\mathbb{Z}_{12}\times\mathbb{Z}_{60}\times\mathbb{Z}_{24}$ 中的阶是 60.

例 9.11　群 $\mathbb{Z}\times\mathbb{Z}_2$ 由元素 $(1,0)$ 和 $(0,1)$ 生成. 一般来说,n 个循环群的直积, 每个循环群是 $\mathbb{Z}$ 或某个 $\mathbb{Z}_m$, 由下面 n 个 n 元组生成:

$$(1,0,0,\cdots,0),(0,1,0,\cdots,0),(0,0,1,\cdots,0),\cdots,(0,0,0,\cdots,1)$$

这样的直积也可能由较少的元素生成. 例如,$\mathbb{Z}_3\times\mathbb{Z}_4\times\mathbb{Z}_{35}$ 由单个元素 $(1,1,1)$ 生成.

注意, 如果 $\Pi_{i=1}^{n}G_i$ 是群 G_i 的直积, 那么子集

$$\overline{G}_i=\{(e_1,e_2,\cdots,e_{i-1},a_i,e_{i+1},\cdots,e_n)|a_i\in G_i\}$$

也就是说, 除第 i 个分量以外的所有分量都是单位元的所有 n 元组的集合, 是 $\Pi_{i=1}^{n}G_i$ 的子群. 易见, 子群 $\overline{G}_i$ 与 G_i 有自然同构; 只须用 a_i 重命名

$$(e_1,e_2,\cdots,e_{i-1},a_i,e_{i+1},\cdots,e_n)$$

群 G_i 是 $\overline{G}_i$ 中元素在第 i 个分量上的镜像, 而不管其他分量上的 e_j. 我们将 $\Pi_{i=1}^{n}G_i$ 视为子群 G_i 的*内直积*. 定理 9.2 给出的直积称为群 G_i 的*外直积*. 内和外的术语, 用于群的直积, 仅反映是否将每个分量群作为乘积群的子群. 通常会省略外和内, 只说*直积*. 具体的意思可以根据上下文来确定.

有限生成交换群的结构

抽象代数的一些定理很容易理解和使用, 尽管它们的证明可能非常需要技巧且耗时. 而在这一节中, 只解释定理的含义和意义, 不给出它的证明. 给出一个定理而省略证明的方法, 是可以理解的, 并且应该习惯这个做法. 如果将涉及的所有定理都给出完整证明的话, 就不可能在一个学期的课程中给出这些迷人的结论. 这里陈述的定理给出了许多交换群的结构信息, 特别是关于所有有限交换群的完整信息.

历史笔记

卡尔・高斯在他的《算术研究》中, 给出了许多现今在数论教材中看到的交换群的理论. 他不仅广泛接触二次型的等价类, 也考虑了给定整数模的剩余类. 尽管他注意到这两个方面的结果是相似的, 但他并没有试图发展交换群的抽象理论.

19 世纪 40 年代, 恩斯特 · 库默尔 (Ernst Kummer) 在处理理想复数时, 注意到他的结果在许多方面类似于高斯的 (见第 30 节历史笔记). 然而, 库默尔的学生克罗内克 (Leopold Kronecker)(见第 39 节历史笔记) 最终认识到, 可以从这些类似现象中发展抽象群论. 他在 1870 年写道: “这些原则 (来自高斯和库默尔的工作) 属于一个更普遍、更抽象的领域. 因此, 将它们从所有不重要的限制中解放出来进行发展是适当的, 从而避免人们在不同的情况下重复相同的结论. 这样做的优势已经在它的发展过程中有所凸现, 如果以最一般可接受的方式给出结论, 那么表达就变得简单了, 因为最重要的特性出现得非常清晰.” 然后, 克罗内克继续发展了有限交换群理论的基本定理, 可以陈述和证明为定理 9.12 的一个有限群版本.

定理 9.12 (有限生成交换群基本定理的初等因子版本) 每个有限生成交换群 G 同构于一些循环群的直积, 形如

$$\mathbb{Z}_{p_1^{r_1}} \times \mathbb{Z}_{p_2^{r_2}} \times \cdots \times \mathbb{Z}_{p_n^{r_n}} \times \mathbb{Z} \times \mathbb{Z} \times \cdots \times \mathbb{Z}$$

其中 p_i 是素数, 不一定是不同的,r_i 是正整数. 除了可能的因子重排, 直积是唯一的; 也就是说, 因子 $\mathbb{Z}$ 的数量 [G 的**贝蒂** (Betti) **数**] 是唯一的, 素数幂 $p_i^{r_i}$ 是唯一的.

证明 省略证明. □

例 9.13 找出同构意义下所有 360 阶交换群. 术语同构意义下表示, 任何 360 阶交换群的结构应与所给出的 360 阶群中的一个同构.

解 利用定理 9.12. 因为考虑的群是 360 阶的, 所以因子 $\mathbb{Z}$ 不出现在定理所示的直积中. 首先将 360 表示为素数幂的乘积 $2^3 3^2 5$. 然后用定理 9.12, 得到所有的可能性:

1. $\mathbb{Z}_2 \times \mathbb{Z}_2 \times \mathbb{Z}_2 \times \mathbb{Z}_3 \times \mathbb{Z}_3 \times \mathbb{Z}_5$
2. $\mathbb{Z}_2 \times \mathbb{Z}_2 \times \mathbb{Z}_2 \times \mathbb{Z}_9 \times \mathbb{Z}_5$
3. $\mathbb{Z}_2 \times \mathbb{Z}_4 \times \mathbb{Z}_3 \times \mathbb{Z}_3 \times \mathbb{Z}_5$
4. $\mathbb{Z}_2 \times \mathbb{Z}_4 \times \mathbb{Z}_9 \times \mathbb{Z}_5$
5. $\mathbb{Z}_8 \times \mathbb{Z}_3 \times \mathbb{Z}_3 \times \mathbb{Z}_5$
6. $\mathbb{Z}_8 \times \mathbb{Z}_9 \times \mathbb{Z}_5$

因此, 有 6 个不同的交换群 (同构意义下) 的阶为 360.

有限生成交换群基本定理还有另一个版本. 每个版本可以由另一个版本得到证明, 因此, 从技术上讲, 如果一个版本可以用来证明某些东西, 另一个版本也可以. 然而, 有时对于特定问题, 用一个版本比用另一个版本更方便.

定理 9.14 (有限生成交换群基本定理的不变因子版本) 每个有限生成交换群同构

于一些循环群的直积

$$\mathbb{Z}_{d_1} \times \mathbb{Z}_{d_2} \times \mathbb{Z}_{d_3} \times \cdots \times \mathbb{Z}_{d_k} \times \mathbb{Z} \times \mathbb{Z} \times \cdots \times \mathbb{Z}$$

其中每个 $d_i \geqslant 2$ 是一个整数, d_i 整除 d_{i+1}, $1 \leqslant i \leqslant k-1$. 而且这种表示是唯一的.

群的贝蒂数是定理 9.12 和定理 9.14 中 $\mathbb{Z}$ 的因子数. 而 d_i 称为**不变因子** (invariant factor) 或**挠数** (torsion coefficient). 定理 9.12 推出定理 9.14, 反之亦然. 下面用例子说明如何把一个有限群从定理 9.12 中的形式表示成定理 9.14 中的形式.

例 9.15 给出初等因子形式的交换群 $G = \mathbb{Z}_2 \times \mathbb{Z}_2 \times \mathbb{Z}_4 \times \mathbb{Z}_8 \times \mathbb{Z}_3 \times \mathbb{Z}_9 \times \mathbb{Z}_7$ 的不变因子形式. 可以制作一个表格, 每行对应 G 所涉及的一个素数 2, 3 和 7. 按照初等因子中每个素数幂从最高次幂到最低次幂排列, 用 $1 = p^0$ 补充填满较短的行. 表 9.16 是 G 对应的表格. 群 G 是表中所列阶的循环群的直积. 表中列的乘积给出了不变因子. 对于 G, 不变因子为 $d_4 = 8 \cdot 9 \cdot 7 = 504, d_3 = 4 \cdot 3 \cdot 1 = 12, d_2 = 2 \cdot 1 \cdot 1 = 2, d_1 = 2 \cdot 1 \cdot 1 = 2$. 表的结构确保 d_1 整除 d_2, d_2 整除 d_3,d_3 整除 d_4, 因此 G 同构于 $\mathbb{Z}_{d_1} \times \mathbb{Z}_{d_2} \times \mathbb{Z}_{d_3} \times \mathbb{Z}_{d_4} = \mathbb{Z}_2 \times \mathbb{Z}_2 \times \mathbb{Z}_{12} \times \mathbb{Z}_{504}$.

表 9.16

8	4	2	2
9	3	1	1
7	1	1	1

例 9.15 给出了如何从有限生成交换群的初等因子形式创建一个表格, 从表中可以找到群的不变因子形式. 这个过程很容易倒过来, 通过分解不变因子来找到初等因子.

应用

根据定理 9.12 和定理 9.14 很容易证明一些有限生成交换群的结论. 以下给出几个.

定义 9.17 群 G 称为**可分解的** (decomposable), 如果 G 同构于两个非平凡真子群的直积. 否则称 G 是**不可分解的** (indecomposable).

定理 9.18 有限不可分解交换群恰好是素数幂阶循环群.

证明 设 G 是有限不可分解交换群. 根据定理 9.12, G 同构于素数幂阶循环群的直积. 由于 G 是不可分解的, 这个直积只能包含一个循环群, 其阶是某个素数的幂.

反之, 设 p 是素数. 那么 $\mathbb{Z}_{p^r}$ 是不可分解的, 因为如果 $\mathbb{Z}_{p^r}$ 与 $\mathbb{Z}_{p^i} \times \mathbb{Z}_{p^j}$ 同构, 其中 $i + j = r$, 那么每个元素的阶至多为 $p^{\max(i,j)} < p^r$. □

定理 9.19 如果 m 整除有限交换群 G 的阶, 则 G 有一个 m 阶子群.

证明 根据定理 9.12, 可以把 G 看作

$$\mathbb{Z}_{p_1^{r_1}} \times \mathbb{Z}_{p_2^{r_2}} \times \cdots \times \mathbb{Z}_{p_n^{r_n}}$$

其中并非所有的素数 p_i 都不同. 因为 G 的阶为 $p_1^{r_1}p_2^{r_2}\cdots p_n^{r_n}$, 则 m 必须形如 $p_1^{s_1}p_2^{s_2}\cdots p_n^{s_n}$, 其中 $0 \leqslant s_i \leqslant r_i$. 根据定理 6.15, $p_i^{r_i-s_i}$ 生成 $\mathbb{Z}_{p_i^{r_i}}$ 的一个循环子群, 其阶为 $p_i^{r_i}$ 与 $p_i^{r_i}$ 和 $p_i^{r_i-s_i}$ 的最大公因子的商. 而 $p_i^{r_i}$ 和 $p_i^{r_i-s_i}$ 的最大公因子是 $p_i^{r_i-s_i}$. 因此 $p_i^{r_i-s_i}$ 生成的 $\mathbb{Z}_{p_i^{r_i}}$ 的循环子群的阶为

$$p_i^{r_i}/p_i^{r_i-s_i} = p_i^{s_i}$$

回顾 $\langle a\rangle$ 表示 a 生成的循环子群, 可以看到

$$\langle p_1^{r_1-s_1}\rangle \times \langle p_2^{r_2-s_2}\rangle \times \cdots \times \langle p_n^{r_n-s_n}\rangle$$

是所求的 m 阶子群. □

定理 9.20 如果 m 是无平方因子的整数, 即 m 不可被任何整数 $n \geqslant 2$ 的平方整除. 那么每个 m 阶交换群都是循环的.

证明 设 G 是有限交换群, 阶 m 无平方因子, 那么根据定理 9.14, G 同构于

$$\mathbb{Z}_{d_1} \times \mathbb{Z}_{d_2} \times \cdots \times \mathbb{Z}_{d_k}$$

其中每个 $d_i \geqslant 2$ 整除 d_{i+1}, $1 \leqslant i \leqslant k-1$. G 的阶为 $m = d_1 \cdot d_2 \cdots d_k$. 如果 $k \geqslant 2$, 那么 d_1^2 整除 m, 矛盾. 因此 $k=1, G$ 是循环的. □

习题

计算

1. 列出 $\mathbb{Z}_2 \times \mathbb{Z}_4$ 的元素. 找出每个元素的阶. 这个群循环吗?

2. 对群 $\mathbb{Z}_3 \times \mathbb{Z}_4$ 重复习题 1.

在习题 3~7 中, 找出直积中给定元素的阶.

3. $\mathbb{Z}_4 \times \mathbb{Z}_{12}$ 中的 $(2,6)$.

4. $\mathbb{Z}_{21} \times \mathbb{Z}_{12}$ 中的 $(3,4)$.

5. $\mathbb{Z}_{45} \times \mathbb{Z}_{18}$ 中的 $(40,12)$.

6. $\mathbb{Z}_4 \times \mathbb{Z}_{12} \times \mathbb{Z}_{15}$ 中的 $(3,10,9)$.

7. $\mathbb{Z}_4 \times \mathbb{Z}_{12} \times \mathbb{Z}_{20} \times \mathbb{Z}_{24}$ 中的 $(3,6,12,16)$.

8. 找出 $\mathbb{Z}_6 \times \mathbb{Z}_8$ 和 $\mathbb{Z}_{12} \times \mathbb{Z}_{15}$ 的循环子群中的最大阶.

9. 找出 $\mathbb{Z}_2 \times \mathbb{Z}_2$ 的所有非平凡真子群.

10. 找出 $\mathbb{Z}_2 \times \mathbb{Z}_2 \times \mathbb{Z}_2$ 的所有非平凡真子群.

11. 找出 $\mathbb{Z}_2 \times \mathbb{Z}_4$ 的所有 4 阶子群.

12. 找出所有与克莱因四元群同构的 $\mathbb{Z}_2 \times \mathbb{Z}_2 \times \mathbb{Z}_4$ 的子群.

13. 改变因子群的阶, 尽可能多地写出两个或两个以上形如 $\mathbb{Z}_n$ 群的直积, 使得所得直积与 $\mathbb{Z}_{60}$ 同构.

14. 填空.

a. $\mathbb{Z}_{24}$ 的由 18 生成的循环子群的阶为 ______.

b. $\mathbb{Z}_3 \times \mathbb{Z}_4$ 的阶为 ______.

c. $\mathbb{Z}_{12} \times \mathbb{Z}_8$ 的元素 $(4,2)$ 的阶为 ______.

d. 克莱因四元群同构于 $\mathbb{Z}$______ $\times$ $\mathbb{Z}$______.

e. $\mathbb{Z}_2 \times \mathbb{Z} \times \mathbb{Z}_4$ 有 ______ 个有限阶元素.

15. 找出 $\mathbb{Z}_4 \times \mathbb{Z}_6$ 中元素的最大阶.

16. 群 $\mathbb{Z}_2 \times \mathbb{Z}_{12}$ 和 $\mathbb{Z}_4 \times \mathbb{Z}_6$ 是否同构? 为什么?

17. 找出 $\mathbb{Z}_8 \times \mathbb{Z}_{28} \times \mathbb{Z}_{24}$ 中元素的最大阶.

18. 群 $\mathbb{Z}_8 \times \mathbb{Z}_{10} \times \mathbb{Z}_{24}$ 和 $\mathbb{Z}_4 \times \mathbb{Z}_{12} \times \mathbb{Z}_{40}$ 是否同构? 为什么?

19. 找出 $\mathbb{Z}_4 \times \mathbb{Z}_{18} \times \mathbb{Z}_{15}$ 中元素的最大阶.

20. 群 $\mathbb{Z}_4 \times \mathbb{Z}_{18} \times \mathbb{Z}_{15}$ 和 $\mathbb{Z}_3 \times \mathbb{Z}_{36} \times \mathbb{Z}_{10}$ 是否同构? 为什么?

在习题 21~25 中, 如例 9.13 所示, 在同构意义下找出所有给定阶的交换群. 找出每个群的不变因子以及与其同构的定理 9.14 中所示形式的群.

21. 8 阶.

22. 16 阶.

23. 32 阶.

24. 720 阶.

25. 1089 阶.

26. 24 阶交换群有多少个 (同构意义下)? 25 阶呢? 24×25 阶呢?

27. 按照习题 26 中的思路, 设正整数 m 与 n 互素. 证明如果有 r 个 m 阶交换群 (同构意义下) 和 s 个 n 阶交换群, 那么有 rs 个 mn 阶交换群 (同构意义下).

28. 用习题 27 确定 10^5 阶交换群的数量 (同构意义下).

29. a. 设 p 是素数. 填写表格第二行, 给出阶为 p^n 的交换群的数量 (同构意义下).

n	2	3	4	5	6	7	8
群的数量							

b. 设 p, q 和 r 是不同的素数. 利用表格找出给定阶的交换群的个数 (同构意义下).

i) $p^3q^4r^7$ ii) $(qr)^7$ iii) $p^5r^4q^3$

30. 画出群 $\mathbb{Z}_m \times \mathbb{Z}_n$ 关于生成元集 $S = \{(1,0),(0,1)\}$ 的凯莱有向图的示意图.

31. 考虑由两个正 n 边形 $(n \geqslant 3)$ 构成的具有两种弧类型的凯莱有向图, 一种是带箭头的实线, 另一种是不带箭头的虚线. 实线弧连接同一个多边形的顶点, 虚线弧连接外部 n 边形到内部 n 边形的顶点. 图 7.11b 是 $n = 3$ 时这种形式的凯莱有向图, 图 7.13b 为 $n = 4$ 时的例子. 外部 n 边上的箭头方向 (顺时针或逆时针) 与内部 n 边形上的方向可以相同, 也可以相反. 设 G 为具有这样的凯莱有向图的群.

a. 在什么情况下 G 是可交换的?

b. 如果 G 是交换的, 它同构于哪种已知群?

c. 如果 G 是交换的, 在什么情况下它是循环的?

d. 如果 G 不是交换的, 它与讨论过的哪种群是同构的?

概念

32. 判断下列命题的真假.

a. 如果 G_1 和 G_2 是任意群, 那么 $G_1 \times G_2$ 与 $G_2 \times G_1$ 同构.

b. 如果知道每个分量群中如何计算, 那么很容易在群的外直积中计算.

c. 有限阶群一定是用于构造外直积的.

d. 素数阶群不能是两个非平凡真子群的内直积.

e. $\mathbb{Z}_2 \times \mathbb{Z}_4$ 与 $\mathbb{Z}_8$ 同构.

f. $\mathbb{Z}_2 \times \mathbb{Z}_4$ 与 S_8 同构.

g. $\mathbb{Z}_3 \times \mathbb{Z}_8$ 与 S_4 同构.

h. $\mathbb{Z}_4 \times \mathbb{Z}_8$ 中的元素都是 8 阶的.

i. $\mathbb{Z}_{12} \times \mathbb{Z}_{15}$ 的阶为 60.

j. 无论 m 和 n 是否互素, $\mathbb{Z}_m \times \mathbb{Z}_n$ 都有 mn 个元素.

33. 举例说明并非每个非平凡交换群都是两个非平凡真子群的内直积.

34. a. $\mathbb{Z}_5 \times \mathbb{Z}_6$ 有多少子群与 $\mathbb{Z}_5 \times \mathbb{Z}_6$ 同构?

b. $\mathbb{Z} \times \mathbb{Z}$ 有多少子群与 $\mathbb{Z} \times \mathbb{Z}$ 同构?

35. 给出一个非素数阶群且不是两个非平凡子群的内直积的例子.

36. 判断以下命题的真假.

a. 素数阶交换群是循环的.

b. 素数幂阶交换群是循环的.

c. $\mathbb{Z}_8$ 由 $\{4,6\}$ 生成.

d. $\mathbb{Z}_8$ 由 $\{4,5,6\}$ 生成.

e. 所有有限交换群根据定理 9.12 分为同构类.

f. 具有相同贝蒂数的两个有限生成交换群同构.

g. 阶被 5 整除的交换群包含一个 5 阶循环子群.

h. 阶被 4 整除的交换群包含一个 4 阶循环子群.

i. 阶被 6 整除的交换群包含一个 6 阶循环子群.

j. 有限交换群的贝蒂数为 0.

37. 设 p 和 q 是不同的素数. 比较阶为 p^r 与 q^r 交换群的数量 (同构意义下) 有什么不同?

38. 设 G 是 72 阶交换群.

a. 说出 G 的 8 阶子群有多少个, 为什么?

b. 说出 G 的 4 阶子群有多少个, 为什么?

39. 设 G 是交换群. 证明 G 中有限阶元构成一个子群. 该子群称为 G 的**挠子群** (torsion subgroup).

习题 40~43 涉及上面定义的挠子群的概念.

40. 求 $\mathbb{Z}_4 \times \mathbb{Z} \times \mathbb{Z}_3$ 的挠子群的阶, 以及 $\mathbb{Z}_{12} \times \mathbb{Z} \times \mathbb{Z}_{12}$ 的挠子群的阶.

41. 求非零实数乘法群 $\mathbb{R}^*$ 的挠子群.

42. 求非零复数乘法群 $\mathbb{C}^*$ 的挠子群 T.

43. 交换群称为**无挠的** (torsion free), 如果 e 是唯一的有限阶元. 用定理 9.12 证明有限生成交换群是其挠子群和无挠子群的内直积子群.(注意, $\{e\}$ 可能是挠子群, 也可能是无挠的.)

44. 找出以下群的挠数.

a. $\mathbb{Z}_2 \times \mathbb{Z}_3 \times \mathbb{Z}_4$.

b. $\mathbb{Z}_2 \times \mathbb{Z}_4 \times \mathbb{Z}_8 \times \mathbb{Z}_3 \times \mathbb{Z}_{27}$.

c. $\mathbb{Z}_8 \times \mathbb{Z}_2 \times \mathbb{Z}_{49} \times \mathbb{Z}_7$.

d. $\mathbb{Z}_2 \times \mathbb{Z}_4 \times \mathbb{Z}_2 \times \mathbb{Z}_3 \times \mathbb{Z}_3 \times \mathbb{Z}_9 \times \mathbb{Z}_5$.

证明概要

45. 给出定理 9.5 证明的两句话概要.

理论

46. 证明交换群的直积是交换群.

47. 设 G 是交换群. 设 H 是由单位元 e 和所有 2 阶元构成的 G 的子集. 证明 H 是 G 的子群.

48. 按照习题 47 的思路, 如果 H 是由单位元 e 和所有 3 阶元组成的 G 的子集. 确定 H 是否为交换群 G 的一个子群. 换成 4 阶元. 如果 H 是由单位元 e 和所有 n

阶元组成的 G 的子集, 对于什么正整数 n, H 总是 G 的子群? 与第 5 节习题 54 比较.

49. 如果删去 G 的交换性, 找出习题 47 的反例.

设 H 和 K 为群 G 的子群. 习题 50 和习题 51 要求建立判断 G 为 H 和 K 的内直积的充分必要条件.

50. 设 H 和 K 为群,$G = H \times K$. 回顾,H 和 K 都自然是 G 的子群. 证明子群 H(实际上是 $H \times \{e\}$) 和 K(实际上是 $\{e\} \times K$) 具有以下性质.

a. G 的每个元素都形如 hk, 对某 $h \in H$ 和 $k \in K$.

b. $hk = kh$ 对所有 $h \in H$ 和 $k \in K$. c. $H \cap K = \{e\}$.

51. 设 H 和 K 是群 G 的子群, 满足习题 50 中列出的三个性质. 证明对于每个 $g \in G$, $g = hk$ 是唯一的, $h \in H, k \in K$. 因此可以重命名 $g = (h, k)$. 证明在这种重命名下,G 在结构上与 $H \times K$ 相同 (同构).

52. 证明有限交换群是非循环的当且仅当它包含同构于 $\mathbb{Z}_p \times \mathbb{Z}_p$ 的子群,p 为某个素数.

53. 证明如果有限交换群的阶是素数 p 的幂, 那么群中每个元素的阶是 p 的幂.

54. 设 G, H 和 K 是有限生成交换群. 证明如果 $G \times K$ 与 $H \times K$ 同构, 则 $G \simeq H$.

55. 用定理 9.14 的符号, 证明对于任何有限交换群 G,G 的每个循环子群阶数不超过 G 的最大不变因子 d_k.

2.10 陪集和拉格朗日定理

已经发现, 有限群 G 的子群 H 的阶总是 G 的阶的因数. 这就是下面将证明的拉格朗日定理, 将 G 划分成一些等价类, 所有等价类的大小都与 H 相同. 因此, 如果有 r 个等价类, 就会有

$$r \times (H\text{的阶}) = (G\text{的阶})$$

这样立即得出定理结论. 划分中的等价类称为 H 的*陪集*, 它们本身就很重要. 在第 12 节中将看到, 如果 H 满足某一性质, 则每个陪集都可以自然地看作某个群的元素. 在本节中, 给出这种*陪集群*的一些提示以帮助建立感觉.

陪集

设 H 是有限或无限群 G 的子群. 通过定义 G 上的等价关系 $\sim_L$, 可以得到 G 的一个划分.

定理 10.1 设 H 是 G 的子群. G 上的关系 $\sim_L$ 定义为

$$a \sim_L b \text{当且仅当} a^{-1}b \in H$$

则 $\sim_L$ 是 G 上的等价关系.

证明 注意证明过程中不断利用 H 是 G 的子群这一事实.

自反性: 设 $a \in G$, 则 $a^{-1}a = e$ 和 $e \in H$, 因为 H 是一个子群. 因此 $a \sim_L a$.

对称性: 设 $a \sim_L b$, 则 $a^{-1}b \in H$. 因为 H 是一个子群, 所以有 $(a^{-1}b)^{-1} \in H$ 和 $(a^{-1}b)^{-1} = b^{-1}a$, 所以 $b^{-1}a \in H$, 即 $b \sim_L a$.

传递性: 设 $a \sim_L b$ 和 $b \sim_L c$, 则 $a^{-1}b \in H$ 和 $b^{-1}c \in H$. 因为 H 是子群,$(a^{-1}b)(b^{-1}c) = a^{-1}c \in H$, 因此 $a \sim_L c$. □

定理 10.1 中的等价关系 $\sim_L$ 定义了 G 的划分, 如定理 0.22 所述. 看看这个划分中的等价类是什么. 设 $a \in G$. a 所在的等价类包含所有满足 $a \sim_L x$(即满足 $a^{-1}x \in H$) 的 $x \in G$. 而 $a^{-1}x \in H$ 当且仅当对于某 $h \in H$ 有 $a^{-1}x = h$. 或等价地, 当且仅当对某个 $h \in H$ 有 $x = ah$. 因此, 包含 a 的等价类是 $\{ah | h \in H\}$, 记为 aH.

定义 10.2 设 H 是群 G 的子群.G 的子集 $aH = \{ah | h \in H\}$ 称为包含 a 的 H 是**左陪集** (left coset).

例 10.3 给出 $\mathbb{Z}$ 的子群 $3\mathbb{Z}$ 的左陪集.

解 这里的运算是加法, 所以包含 m 的 $3\mathbb{Z}$ 的左陪集是 $m + 3\mathbb{Z}$. 设 $m = 0$, 可以看出,

$$3\mathbb{Z} = \{\cdots, -9, -6, -3, 0, 3, 6, 9, \cdots\}$$

自身是一个左陪集. 要找另外的左陪集, 选择 $\mathbb{Z}$ 的一个不在 $3\mathbb{Z}$ 中的元素, 比如说 1, 然后找到包含它的左陪集. 有

$$1 + 3\mathbb{Z} = \{\cdots, -8, -5, -2, 1, 4, 7, 10, \cdots\}$$

$3\mathbb{Z}$ 和 $1 + 3\mathbb{Z}$ 这两个左陪集还没有用尽 $\mathbb{Z}$. 例如,2 不在其中任何一个中. 包含 2 的左陪集是

$$2 + 3\mathbb{Z} = \{\cdots, -7, -4, -1, 2, 5, 8, 11, \cdots\}$$

显然这三个左陪集用尽了 $\mathbb{Z}$, 所以它们将 $\mathbb{Z}$ 划分为 $3\mathbb{Z}$ 的左陪集.

例 10.4 将 $\mathbb{Z}_{12}$ 划分成 $H = \langle 3 \rangle$ 的左陪集. 其中一个陪集是子群自己 $0 + H = \{0, 3, 6, 9\}$. 接下来是 $1 + H = \{1, 4, 7, 10\}$. 还没完, 因为还没有在列出的两个陪集中包含 $\mathbb{Z}_{12}$ 的每个元素. 最后,$2 + H = \{2, 5, 8, 11\}$, 可以得到 $\mathbb{Z}_{12}$ 中 H 的所有左陪集.

例 10.5 列出非交换群 $D_4=\{\imath,\rho,\rho^2,\rho^3,\mu,\mu\rho,\mu\rho^2,\mu\rho^3\}$ 的子群 $H=\langle\mu\rangle=\{\imath,\mu\}$ 的左陪集

$$\begin{aligned}\imath\{\imath,\mu\}&=\{\imath,\mu\}\\ \rho\{\imath,\mu\}&=\{\rho,\mu\rho^3\}\\ \rho^2\{\imath,\mu\}&=\{\rho^2,\mu\rho^2\}\\ \rho^3\{\imath,\mu\}&=\{\rho^3,\mu\rho\}\end{aligned}$$

这是完整左陪集的列表, 因为 D_4 的每个元素都正好出现在列出的陪集之一中.

拉格朗日定理

在例 10.4 中, $\langle 3\rangle\leqslant\mathbb{Z}_{12}$ 的每个左陪集有四个元素. 在例 10.5 中, 每个左陪集有两个元素. 从左陪集的计算来看, 毫无意外, 子群的所有左陪集都有相同数量的元素. 定理 10.6 证明就是一般情况下的结果.

定理 10.6 设 H 是 G 的子群, 那么对于任何 $a\in G$, 陪集 aH 的基数与 H 的相同.

证明 设 $f:H\to aH$ 由式 $f(h)=ah$ 定义. 为证明 f 是单射, 设 $b,c\in H$, $f(b)=f(c)$. 那么 $ab=ac$, 用左消去律得到 $b=c$. 所以 f 是单射. 现在设 $y\in aH$, 那么由左陪集 aH 的定义, 有一个 $h\in H$ 使得 $y=ah$. 因此 $y=f(h)$, f 是满射. 因为有一个将 H 映射到 aH 的既单又满映射, 所以 H 与 aH 具有相同的基数. □

在 H 是有限子群的情况下, 定理 10.6 指出, 对 G 中的任何元素 a, H 和 aH 具有相同的元素数. 这正是证明拉格朗日定理需要的结论.

定理 10.7 (拉格朗日定理) 设 H 是有限群 G 的子群, 那么 H 的阶是 G 的阶的因数.

证明 设 n 是 G 的阶, H 的阶是 m. 定理 10.6 表明 H 的每个陪集有 m 个元素. 设 r 是将 G 划分为左陪集的陪集个数, 那么 $n=rm$, 所以 m 是 n 的因数. □

注意, 得出这个优雅而重要的定理只需要计算陪集数和每个陪集中元素的个数. 定理 10.7 可以视为计数定理, 由此可以得到一些后续结论.

推论 10.8 素数阶群都是循环的.

证明 设 G 是素数阶群, 阶为 p, a 是 G 的一个非单位元. 那么由 a 生成的循环子群 $\langle a\rangle$ 至少有 a 和 e 两个元素. 但是根据定理 10.7, $\langle a\rangle$ 的阶 $m\geqslant 2$ 必须整除素数 p. 因此有 $m=p$, $\langle a\rangle=G$, 所以 G 是循环的. □

由于每个 p 阶循环群与 $\mathbb{Z}_p$ 同构, 可以看出, 给定素数 p, 在同构意义下只有一个 p 阶群. 看到了吗, 这个优雅而重要的结果由拉格朗日定理得到是多么容易. 拉格朗日定

理称得上是一个计数定理吧? 这是一个不能低估其作用的重要定理. 证明上述推论是一个常用的测验题.

定理 10.9 有限群元素的阶整除群的阶.

证明 注意元素的阶与该元素生成的循环子群的阶相同, 结论直接由拉格朗日定理得出. □

定义 10.10 设 H 是群 G 的子群. G 中 H 的左陪集的数量称为 G 中 H 的**指数** (index), 记为 $(G:H)$.

指数 $(G:H)$ 可以是有限的, 也可以是无限的. 如果 G 是有限的, 那么显然 $(G:H)$ 是有限的, 并且 $(G:H)=|G|/|H|$, 因为 H 的每个陪集都包含 $|H|$ 个元素. 下面给出一个关于子群指数的基本定理, 证明留作习题 40.

定理 10.11 设 H 和 K 是 G 群的子群, $K \leqslant H \leqslant G$. 假设 $(H:K)$ 和 $(G:H)$ 都是有限的. 那么 $(G:K)$ 是有限的, 并且 $(G:K)=(G:H)(H:K)$.

拉格朗日定理表明, 对于有限群 G 的任何子群 H,H 的阶整除 G 的阶. 但如果 d 是 G 的阶的因数,G 是否一定有一个恰好有 d 个元素的子群? 在第 13 节中将说明对于某些群答案是没有. 这就提出一个新问题: G 在什么条件下对应于它的阶的每个因数 d 都有一个 d 阶子群? 如第 9 节所述, 交换群的阶的因数都有一个对应阶数的子群. 完整回答这个问题超出了本书的范围, 但稍后还会回到这个问题.

左陪集和右陪集

用右陪集代替左陪集, 本节已有结论都可以相应成立, 只需要对定义和证明进行一些小而直接的修改. 下面简要给出右陪集的相应定义并指出一些特性.

设 H 是 G 的子群. 首先,$\sim_R$ 替代 $\sim_L$, 可以定义为

$$a \sim_R b \text{当且仅当} ab^{-1} \in H$$

根据这个定义,$\sim_R$ 是一个等价关系, 等价类是**右陪集**. 对于 $a \in G$, 包含 a 的 H 的右陪集是

$$Ha=\{ha|h \in H\}$$

与左陪集一样, 子群 H 的每个右陪集都具有与 H 相同的基数. 因此左陪集和右陪集具有相同的基数. 在交换群中, 右陪集和左陪集是相同的, 但对于非交换群它们通常是不同的. 如果右陪集和左陪集相同, 可以忽略左或右, 只说陪集.

例 10.12 如例 10.5 所示, 已经计算了群 $D_4=\{\imath,\rho,\rho^2,\rho^3,\mu,\mu\rho,\mu\rho^2,\mu\rho^3\}$ 的子群

$H = \langle \mu \rangle = \{\imath, \mu\}$ 的左陪集. 现在计算右陪集.

$$\{\imath, \mu\}\imath = \{\imath, \mu\}$$
$$\{\imath, \mu\}\rho = \{\rho, \mu\rho\}$$
$$\{\imath, \mu\}\rho^2 = \{\rho^2, \mu\rho^2\}$$
$$\{\imath, \mu\}\rho^3 = \{\rho^3, \mu\rho^3\}$$

右陪集和左陪集不一样. 例如,$\rho H = \{\rho, \mu\rho^3\}$, 而 $H\rho = \{\rho, \mu\rho\}$.

如果这些是左、右陪集仅有的全部内容, 就没有必要提到右陪集了. 只用左陪集, 就可以证明拉格朗日定理. 然而, 正如将在第 3 章中看到的, 当左陪集与右陪集相同时, 有惊喜. 用一个例子来说明.

例 10.13 $\mathbb{Z}_6$ 是交换群. 求 $\mathbb{Z}_6$ 划分为子群 $H = \{0, 3\}$ 的陪集.

解 一个陪集是 $\{0, 3\}$ 本身. 包含 1 的陪集是 $1 + \{0, 3\} = \{1, 4\}$. 包含 2 的陪集是 $2 + \{0, 3\} = \{2, 5\}$. 由于 $\{0, 3\}, \{1, 4\}$ 和 $\{2, 5\}$ 用尽了 $\mathbb{Z}_6$ 的所有元素, 因此这些是所有的陪集.

此处指出了一个引人入胜的事情, 在 3.12 节将详细展开. 回到例 10.13, 表 10.14 给出了 $\mathbb{Z}_6$ 的二元运算, 但元素按它们在陪集 $\{0, 3\}, \{1, 4\}, \{2, 5\}$ 中出现的次序列出. 根据陪集的不同标了阴影.

假设根据阴影用 LT(浅)、MD(中) 和 DK(暗) 表示这些陪集. 那么, 表 10.14 定义了这些阴影的二元运算, 如表 10.15 所示. 注意, 在表 10.15 中如果将 LT 替换为 0, 将 MD 替换为 1, 将 DK 替换为 2, 得到 $\mathbb{Z}_3$ 的运算表. 因此阴影表构成一个群!

表 10.14

$+_6$	0	3	1	4	2	5
0	0	3	1	4	2	5
3	3	0	4	1	5	2
1	1	4	2	5	3	0
4	4	1	5	2	0	3
2	2	5	3	0	4	1
5	5	2	0	3	1	4

表 10.15

	LT	MD	DK
LT	LT	MD	DK
MD	MD	DK	LT
DK	DK	LT	MD

在 3.12 节中将看到, 当左陪集和右陪集相同时, 那么如例 10.13 所示, 陪集构成一个群. 如果右陪集和左陪集不同, 则陪集不构成群.

例 10.16 设 $H=\{\imath,\mu\}\leqslant D_3$. 下面给出 D_3 的运算表, 元素按照同一个左陪集在一起排列. 双线分开不同陪集.

	$\imath$	μ	ρ	$\mu\rho^2$	ρ^2	$\mu\rho$
$\imath$	$\imath$	μ	ρ	$\mu\rho^2$	ρ^2	$\mu\rho$
μ	μ	$\imath$	$\mu\rho$	ρ^2	$\mu\rho^2$	ρ
ρ	ρ	$\mu\rho^2$	ρ^2	$\mu\rho$	$\imath$	μ
$\mu\rho^2$	$\mu\rho^2$	ρ	μ	$\imath$	$\mu\rho$	ρ^2
ρ^2	ρ^2	$\mu\rho$	$\imath$	μ	ρ	$\mu\rho^2$
$\mu\rho$	$\mu\rho$	ρ^2	$\mu\rho^2$	ρ	μ	$\imath$

这里的情况与例 10.13 中的情况大不相同. 在表 10.14 中的 2×2 块中, 每个只包含一个左陪集的元素. 在本例中, 大多数块不是只包含一个左陪集的元素. 而且, 即使试图用 2×2 的元素块来构成 3×3 群运算表, 第二行块包含两个块, 它们都具有相同的元素 $\{\rho^2,\mu\rho,\mu,\imath\}$. 因此块表中有一行具有相同元素重复出现. 在这种情况下, 没有自然的方法使左陪集构成一个群.

如果 G 是交换群, 那么左陪集和右陪集是相同的. 定理 10.17 给出了当左陪集和右陪集相同时的另一个条件. 回顾, 如果 $\phi: G\to G'$ 是群同态, 则 $\mathrm{Ker}(\phi)=\phi^{-1}[\{e\}]\leqslant G$ 是 ϕ 的核.

定理 10.17 *设 $\phi: G\to G'$ 是群同态. 那么 $\mathrm{Ker}(\phi)$ 的左陪集和右陪集是相同的. 此外,$a,b\in G$ 在 $\mathrm{Ker}(\phi)$ 的同一个陪集中当且仅当 $\phi(a)=\phi(b)$.*

证明 首先假设 a 和 b 在 $\mathrm{Ker}(\phi)$ 的相同左陪集中, 然后证明它们也在相同的右陪集中. 此时 $a^{-1}b\in\mathrm{Ker}(\phi)$, 所以 $\phi(a^{-1}b)=e$. 因为 ϕ 是同态, $\phi(a)^{-1}\phi(b)=e$, 这意味着 $\phi(a)=\phi(b)$. 因此, $\phi(ab^{-1})=\phi(a)\phi(b)^{-1}=\phi(a)\phi(a)^{-1}=e$. 因此 $ab^{-1}\in\mathrm{Ker}(\phi)$, 这表示 a 和 b 在同一个右陪集中. 这就证明了如果 a 和 b 在 $\mathrm{Ker}(\phi)$ 的同一左陪集中, 则 $\phi(a)=\phi(b)$.

现在假设 $\phi(a)=\phi(b)$, 则 $\phi(b^{-1}a)=\phi(b)^{-1}\phi(a)=e$. 因此 $b^{-1}a\in\mathrm{Ker}(\phi)$, 这意味着 a 和 b 在同一个左陪集中.

为完成证明, 还需要证明如果 a 和 b 在相同的右陪集中, 那么它们也在同一个左陪集中. 证明基本上与上述相同, 把这个细节留给读者. □

例 10.18 考虑行列式映射 $\det:\mathrm{GL}(2,\mathbb{R})\to\mathbb{R}^*$. 在线性代数中已有 $\det(\boldsymbol{AB})=\det(\boldsymbol{A})\det(\boldsymbol{B})$, 所以行列式是群同态. det 的核是所有行列式为 1 的 2×2 矩阵的集合. 两个矩阵 $\boldsymbol{A},\boldsymbol{B}\in\mathrm{GL}(2,\mathbb{R})$ 在 $\mathrm{Ker}(\det)$ 的同一左陪集中, 当且仅当它们在 $\mathrm{Ker}(\det)$ 的

同一右陪集中, 当且仅当 $\det(\boldsymbol{A}) = \det(\boldsymbol{B})$. 特别地, 两个矩阵为

$$\begin{bmatrix} 2 & 0 \\ 0 & 1 \end{bmatrix}, \begin{bmatrix} 3 & 2 \\ 2 & 2 \end{bmatrix}$$

行列式都为 2, 它们在 $\mathrm{Ker}(\det)$ 的相同左 (右) 陪集中.

推论 10.19 同态 $\phi : G \to G'$ 是单射当且仅当 $\mathrm{Ker}(\phi)$ 是 G 的平凡子群.

证明 首先假设 $\mathrm{Ker}(\phi) = \{e\}$. 那么 $\mathrm{Ker}(\phi)$ 的每个陪集只有一个元素. 设 $\phi(a) = \phi(b)$, 那么根据定理 10.17,a 和 b 在 $\mathrm{Ker}(\phi)$ 的同一陪集中 $a = b$.

现在假设 ϕ 是单射. 那么, 只有单位元 e 映射到 G' 的单位元, 所以 $\mathrm{Ker}(\phi) = \{e\}$. □

推论 10.19 意味着要检验同态 $\phi : G \to G'$ 是单射, 只需要检验 $\mathrm{Ker}(\phi)$ 是平凡子群. 换句话说, 证明 $\phi(x) = e'$ 的唯一解是 e, 其中 e 和 e' 分别是 G 和 G' 中的单位元.

例 10.20 设 $\phi : \mathbb{R} \to \mathbb{R}^+$ 定义为 $\phi(x) = 2^x$. 由于 ϕ 是同态, 可以通过检验 $\phi(x) = 1$ 是否有唯一解来检验 ϕ 是否为单射. 方程 $2^x = \phi(x) = 1$ 只有 0 解, 因为对于 $x > 0, 2^x > 1$, 对于 $x < 0, 2^x < 1$. 因此 ϕ 是单射.

习题

计算

1. 找出子群 $4\mathbb{Z}$ 在 $\mathbb{Z}$ 中的所有陪集.

2. 找出子群 $4\mathbb{Z}$ 在 $2\mathbb{Z}$ 中的所有陪集.

3. 找出子群 $\langle 3 \rangle$ 在 $\mathbb{Z}_{18}$ 中的所有陪集.

4. 找出子群 $\langle 6 \rangle$ 在 $\mathbb{Z}_{18}$ 中的所有陪集.

5. 找出子群 $\langle 18 \rangle$ 在 $\mathbb{Z}_{36}$ 中的所有陪集.

6. 找出子群 $\langle \mu\rho \rangle$ 在 D_4 中的所有左陪集.

7. 重复上一个习题, 找出所有右陪集. 它们和左陪集一样吗?

8. 对于 D_8 的子群 $\{\imath, \rho^4, \mu, \mu\rho^4\}$, 左陪集和右陪集是否相同? 如果是, 列出所有陪集. 如果不是, 找出一个左陪集, 它与任何右陪集都不同.

9. 找出子群 $\langle \rho^2 \rangle$ 在 D_4 中的所有左陪集.

10. 重复上一个习题, 找出所有右陪集. 左、右陪集相同吗? 如果是, 列出 D_4 的运算表, 将同一个陪集的元素排在同一块中. 检验四个块是否构成一个四元群, 并确定这是个什么样的 4 阶群.

11. 找出 $\langle \rho^2 \rangle$ 在 D_6 中的指数.

12. 找出 $\langle 3\rangle$ 在 $\mathbb{Z}_{24}$ 中的指数.

13. 找出 $12\mathbb{Z}$ 在 $\mathbb{Z}$ 中的指数.

14. 找出 $12\mathbb{Z}$ 在 $3\mathbb{Z}$ 中的指数.

15. 设 S_5 中的 $\sigma=(1,2,5,4)(2,3)$. 求 $\langle\sigma\rangle$ 在 S_5 中的指数.

16. 在 S_6 中设 $\mu=(1,2,4,5)(3,6)$. 求 $\langle\mu\rangle$ 在 S_6 中的指数.

概念

在习题 17~19 中, 不参考书本, 根据需要更正楷体术语的定义, 使其成立.

17. 设 G 为群,$H\subseteq G$. 包含 a 的 H 的左陪集是 $aH=\{ah|h\in H\}$.

18. 设 G 为群,$H\leqslant G$.H 在 G 中的指数是 H 在 G 中右陪集的数量.

19. 设 $\phi:G\to G'$. 那么ϕ 的核是 $\mathrm{Ker}(\phi)=\{g\in G|\phi(g)=e\}$.

20. 判断下列命题的真假.

a. 群的每个子群都有左陪集.

b. 有限群的子群的左陪集数整除群的阶.

c. 素数阶群是交换的.

d. 无限群的有限子群没有左陪集.

e. 子群本身是其所在群中的一个左陪集.

f. 只有有限群的子群才能有左陪集.

g. 当 $n>1$ 时,A_n 在 S_n 中的指数为 2.

h. 拉格朗日定理是一个很好的结果.

i. 有限群中含有以阶的每个因数为阶的元素.

j. 有限循环群含有以阶的每个因数为阶的元素.

k. 同态的核是同态象的子群.

l. 同态核的左陪集和右陪集是相同的.

在习题 21~26 中, 给出满足所述要求的子群和群的例子. 如果不可能, 请说明理由.

21. 无限群 G 的子群 H 在 G 中只有有限个左陪集.

22. 交换群 G 的子群的左陪集和右陪集给出了 G 的不同划分.

23. 群 G 的子群的左陪集将 G 划分为一个类.

24. 6 阶群的子群的左陪集将群划分为 6 个类.

25. 6 阶群的子群的左陪集将群划分为 12 个类.

26. 6 阶群的子群的左陪集将群划分为 4 个类.

证明概要

27. 用一句话概要证明拉格朗日定理.

理论

28. 证明用于定义右陪集的关系 $\sim_R$ 是一个等价关系.

29. 设 H 是群 G 的子群, 设 $g \in G$. 定义一个 H 到 Hg 的单射. 证明所作单射是满射.

30. 设 H 是群 G 的子群, 使得所有 $g \in G$, 所有 $h \in H$ 有 $g^{-1}hg \in H$. 证明每个左陪集 gH 与右陪集 Hg 相同.

31. 设 H 是群 G 的子群. 证明如果将 G 划分为 H 的左陪集与划分为 H 的右陪集是相同的, 那么 $g^{-1}hg \in H$ 对所有 $g \in G$ 和所有 $h \in H$ 都成立.(注意这是习题 30 的逆命题.)

设 H 是群 G 的子群,$a, b \in G$. 在习题 32~35 中, 证明结论或给出反例.

32. 如果 $aH = bH$, 则 $Ha = Hb$.

33. 如果 $Ha = Hb$, 则 $b \in Ha$

34. 如果 $aH = bH$, 则 $Ha^{-1} = Hb^{-1}$.

35. 如果 $aH = bH$, 则 $a^2H = b^2H$.

36. 设 G 是 pq 阶群, 其中 p 和 q 是素数. 证明 G 的每个真子群是循环的.

37. 证明群 G 的子群 H 的左陪集与右陪集的数量相同; 也就是说, 证明左陪集的集合到右陪集的集合有既单又满映射. (注意, 这个结果通过对有限群的计数可以明显看出. 证明必然适用于任何群.)

38. 1.2 节的习题 29 表明, 每个偶数 $2n$ 阶有限群都包含一个二阶元. 利用拉格朗日定理, 证明如果 n 是奇数, 那么 $2n$ 阶交换群恰好包含一个二阶元.

39. 证明至少有两个元素但没有非平凡真子群的群是有限素数阶的.

40. 证明定理 10.11. (提示: 设 $\{a_iH | i = 1, 2, \cdots, r\}$ 是 G 中 H 的不同左陪集的集合, $\{b_jK | j = 1, 2, \cdots, s\}$ 是 H 中 K 的不同左陪集的集合, 证明

$$\{(a_ib_j)K | i = 1, 2, \cdots, r; j = 1, 2, \cdots, s\}$$

是 G 中 K 的不同左陪集的集合.)

41. 证明如果 H 是有限群 G 中指数为 2 的子群, 那么 H 的每个左陪集也是 H 的右陪集.

42. 证明如果单位元为 e 的群 G 具有有限阶 n, 则对所有的 $a \in G$ 有 $a^n = e$.

43. 证明实数加法群的子群 $\mathbb{Z}$ 的每个左陪集恰好包含一个元素 x 满足 $0 \leqslant x < 1$.

44. 证明函数 sin 在实数加法群 $\mathbb{R}$ 的子群 $\langle 2\pi \rangle$ 的每个陪集上取相同的值. (因此, 正弦函数在陪集的集合上诱导一个良好定义的函数, 在陪集中选择一个元素 x 计算 $\sin x$, 得到陪集上的函数值.)

45. 设 H 和 K 是群 G 的子群. 在 G 上定义 $\sim$,$a \sim b$ 当且仅当对于某个 $h \in H$ 和某个 $k \in K$, $a = hbk$.

a. 证明 $\sim$ 是 G 上的等价关系.

b. 描述包含 $a \in G$ 的等价类.[这种等价类称为**双陪集** (double coset).]

46. 设 S_A 为集合 A 的所有置换的群, 设 c 为 A 的一个特定元素.

a. 证明 $\{\sigma \in S_A | \sigma(c) = c\}$ 是 S_A 的子群 $S_{c,c}$.

b. 设 $d \neq c$ 是 A 的另一个特殊元素. $S_{c,d} = \{\sigma \in S_A | \sigma(c) = d\}$ 是 S_A 的一个子群吗? 为什么?

c. 根据 a 部分的子群 $S_{c,c}$ 表征 b 部分的集合 $S_{c,d}$.

47. 证明如果 d 是 n 的因数, n 阶有限循环群恰好有一个 d 阶子群, 并且这些子群是它的所有子群.

48. **欧拉函数**φ 是对正整数 n 定义的,$\varphi(n) = s$, 其中 s 是小于或等于 n 的整数中, 与 n 互素的整数个数. 用习题 47 来证明

$$n = \sum_{d|n} \varphi(d)$$

其中求和对所有整除 n 的正整数 d 进行.(提示: 注意根据推论 6.17,$\mathbb{Z}_d$ 的生成元数是 $\varphi(d)$.)

49. 设 G 是有限群. 证明如果对于每个正整数 m, 方程 $x^m = e$ 在 G 中的解的个数最多为 m, 那么 G 是循环的. (提示: 使用定理 10.9 和习题 48 证明 G 必须包含一个阶为 $n = |G|$ 的元素.)

50. 证明有限群不能写成它的两个真子群的并集. 如果 "两" 替换为 "三", 结论是否正确?(1969 年普特南数学竞赛问题 B-2.)

2.11 平面等距变换 ㊀

考虑欧氏平面 $\mathbb{R}^2$. 所谓 $\mathbb{R}^2$ 上的**等距变换**是保持距离的变换 $\phi : \mathbb{R}^2 \to \mathbb{R}^2$, 因此对于 $\mathbb{R}^2$ 中任意点 P, Q, 点 P 与点 Q 之间的距离和点 $\phi(P)$ 与点 $\phi(Q)$ 之间的距离相等. 如果 ψ 也是 $\mathbb{R}^2$ 上的等距变换, 那么 $\psi(\phi(P))$ 与 $\psi(\phi(Q))$ 之间的距离和 $\phi(P)$ 与 $\phi(Q)$ 之间的距离相同, 后者又是 P 与 Q 之间的距离, 这就证明了两个等距变换的复合还是一个等距变换. 因为恒等映射是等距的, 等距的逆是等距的, 可以看到 $\mathbb{R}^2$ 上的等距构成 $\mathbb{R}^2$ 上置换群的一个子群.

㊀ 本节内容在本书余下的内容中用不到.

给定 $\mathbb{R}^2$ 的任意子集 S, 将 S 映射到其自身的等距变换构成 $\mathbb{R}^2$ 中等距变换群的一个子群, 这个子群称为 S 在 $\mathbb{R}^2$ 中的**对称群** (group of symmetry). 虽然二面体群 D_n 定义为从正 n 边的顶点到自身的保持边的既单又满映射, 但可以将 D_n 中的映射扩展到整个平面上的等距变换;μ 是关于 x 轴的反射,ρ 是围绕原点 $2\pi/n$ 的旋转. 所以可以把 D_n 看作 $\mathbb{R}^2$ 上正 n 边形的等距变换群.

在前面两段中定义的所有内容都同样适用于 n 维欧氏空间 $\mathbb{R}^n$, 但这里主要关注平面等距变换.

可以证明, 平面的每个等距变换都是四种类型之一 (参见文献 5). 下面列出所有类型并证明, 每种类型的等距变换恰好将对应的图形映成自身.

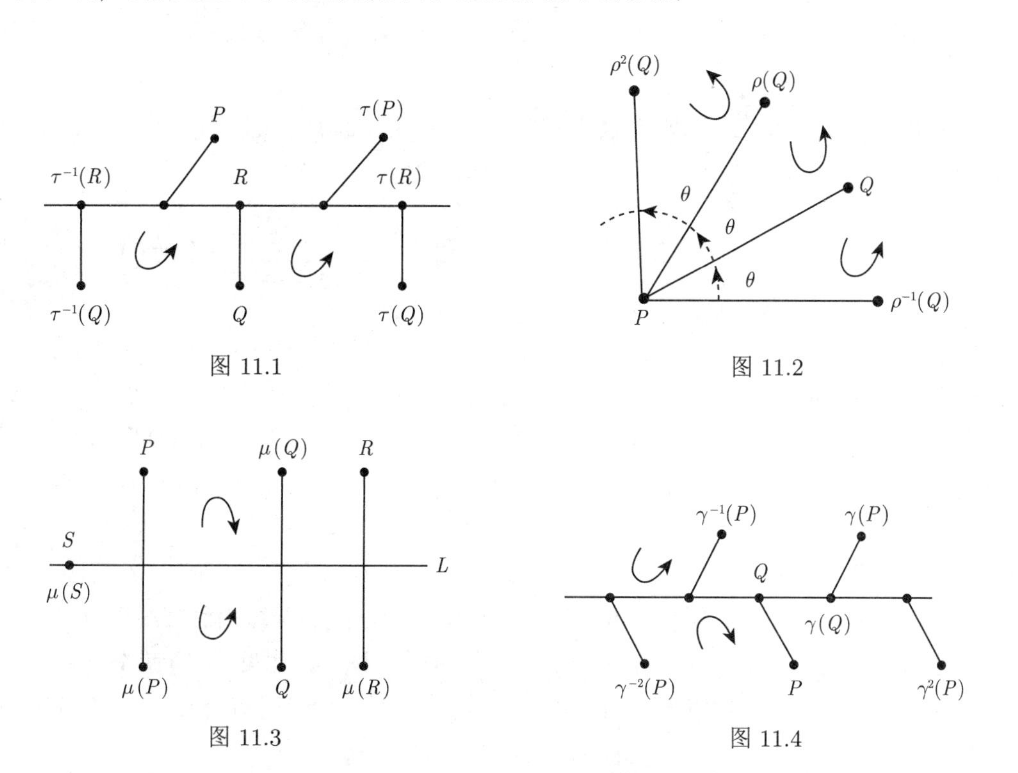

图 11.1

图 11.2

图 11.3

图 11.4

平移 τ: 在同一方向上以相同距离移动每个点. 如图 11.1 所示.[例如:$\tau(x,y)=(x,y)+(2,-3)=(x+2,y-3)$.]

旋转 ρ: 将平面绕点 P 旋转一个角度 θ. 如图 11.2 所示. [例如:$\rho(x,y)=(-y,x)$ 是绕原点 $(0,0)$ 逆时针旋转 90 度.]

反射 μ: 通过一条线 L 将每个点映射到其镜像 (μ 表示镜像变换) 中, μ 保持 L 上每个点不变. 如图 11.3 所示. 直线 L 是*反射轴* [例如: $\mu(x,y)=(y,x)$ 是关于直线 $y=x$

的一个反射.]

滑动反射 γ: 平移和反射的乘积, 其中反射轴在平移下不变. 如图 11.4 所示. [例如: $\gamma(x,y)=(x+4,-y)$ 是一个是沿 x 轴的滑动反射.]

注意, 图 11.1 至图 11.4 中的小弯曲箭头都变到对应的小弯曲箭头. 对于平移和旋转, 逆时针方向弯曲箭头保持不变, 但对于反射和滑动反射逆时针弯曲箭头映射为顺时针弯曲箭头. 因此平移和旋转*保持方向*, 而反射和滑动反射*反转方向*. 恒等变换不归类为四种类型中的任何一种, 也可以将其视为零矢量的平移或绕任意点旋转 $0°$. 滑动反射总可以看作非恒等变换的反射和平移的乘积.

下面定理描述了等距变换群的有限子群的可能结构.

定理 11.5　*平面等距变换群的有限子群 G 同构于克莱因四元群, 或 $\mathbb{Z}_n, n\geqslant 1$, 或 $D_n, n\geqslant 3$.*

证明　(概要) 首先, 证明平面上有一个点被 G 的每个元素固定不变. 设 $G=\{\phi_1,\phi_2,\phi_3,\cdots,\phi_m\}$ 以及 $(x_i,y_i)=\phi_i(0,0)$. 那么点

$$P=(\overline{x},\overline{y})=\left(\frac{x_1+x_2+x_3+\cdots+x_m}{m},\frac{y_1+y_2+y_3+\cdots+y_m}{m}\right)$$

是集合 $S=\{(x_i,y_i)|1\leqslant i\leqslant m\}$ 的质心, 其中每个 ϕ_i 通过在 $(0,0)$ 的值给该点加权. 容易看出 G 中的等距变换置换 S 中的点, 因为对于每个 i 和 j, 有某 k 使得 $\phi_i\circ\phi_j=\phi_k$. 因此 $\phi_i(x_j,y_j)=(x_k,y_k)$. 这意味着 $\phi(S)$ 的质心与 S 的质心相同. 可以证明, 给定从质心到集合 S 的点的距离, 质心是唯一与 S 的点有此距离的点. 这表明 $(\overline{x},\overline{y})$ 在 G 的每个等距变换下不动.

G 的保方向等距变换构成 G 的子群 H, 它或者是 G 或是 $m/2$ 阶的. 在习题 22 中要求证明这一点. 显然 H 由恒等变换和绕点 $(\overline{x},\overline{y})$ 的可能的旋转构成. 如果 H 只有一个元素, 则 G 只有一个或两个元素, 从而与 $\mathbb{Z}_1$ 或 $\mathbb{Z}_2$ 同构. 如果 H 有两个元素,G 有两个或四个元素, 因此同构于克莱因四元群、$\mathbb{Z}_4$ 或 $\mathbb{Z}_2$. 所以可以假设 H 至少有三个元素.

在 H 的所有元素中选择具有最小旋转角 θ 的旋转 ρ, 那么 ρ 生成 H. 这个事实的证明类似于证明循环群的子集是循环的, 在习题 23 中要求给出详细的证明. 如果 $G=H$, 那么 G 与 $\mathbb{Z}_m$ 同构. 因此, 可以假设 G 包含一个反射, 如 μ. 那么陪集 μH 只包含 G 的反向等距变换. 陪集 H 和 μH 各包含了 G 的一半元素, 所以 $G=H\cup\mu H$.

现在考虑正 n 边形 (回顾 n 大于或等于 3) 的中心点 $(\overline{x},\overline{y})$ 并且有一个顶点 v_0 在 μ 固定不变的直线上. G 的每个元素都置换 n 边形的顶点并把边变到边. 此外,G 中没有两

个元素以相同的方式置换顶点. 因此 G 同构于二面体群 D_n 的子群. 由于 $|G| = |D_n|$,G 与 D_n 同构. □

在定理 11.5 中, 克莱因四元群 V 似乎是一个例外. 然而,V 属于二面体群系列, 因为 V 有两个 2 阶元 a 和 b, 其中 $ab = ba^{-1}$. 有时 V 记为 D_2, 视为一个二面体群. 平面上将一条直线映射到其自身的平面等距变换群与 V 同构.

前面的定理给出了平面有限等距变换群的完整故事. 现在来看一些在装饰和艺术中自然产生的平面无限等距变换群. 其中包括*离散饰带群*. 离散的饰带由宽度和高度有限的图案组成, 沿基线在两个方向上不停地重复, 形成无限长但高度有限的饰带; 可以把它想象成房间里天花板旁边墙纸上的一条装饰性边带. 考虑那些将每个基本图案变到其自身或变到另一个基本图案的等距变换, 所有这些等距变换的集合称为"**饰带群** (frieze group)". 离散饰带群是无限的, 并且有一个由平移生成的与 $\mathbb{Z}$ 同构的子群, 这个平移沿饰带方向滑动, 使得基本图案与下一个基本图案重合. 作为离散饰带群的简单例子, 考虑等距间隔的积分符号, 并无限向左、右延伸, 如下所示.

$$\cdots \int\int\int\int\int\int\int\int\int\int\int\int\int\int\int\int\int\int\int\int\int \cdots$$

把积分符号看作一个单位的间距. 此饰带的对称群由将平面向右滑动一个单位的平移 τ, 以及关于某个积分符号中心点的 $180°$ 角的旋转 ρ 生成. 没有水平或垂直方向的反射, 无滑动反射. 该饰带群为非交换的; 可以验证 $\tau\rho = \rho\tau^{-1}$. τ 和 ρ 之间的关系看起来很熟悉. 二面体群 D_n 也由满足关系 $\rho\mu = \mu\rho^{-1}$ 的两个元素 ρ 和 μ 生成. 如果将饰带群中的 τ 和 ρ 分别替换为 ρ 和 μ, 则得到与 D_n 中相同的结果关系,μ 的阶为 2, 饰带群中的 ρ 也是如此. 但是, D_n 中的 ρ 的阶为 n, 而 τ 是无穷阶的. 因此, 很自然地将这个非交换饰带群记为 D_∞.

另一个例子是考虑由无限长的 D 串给出的饰带.

$$\cdots \mathrm{DDDDDDDDDDDDDDDDDDDDD} \cdots$$

该群由向右移动一步的平移 τ 和关于穿过所有 D 的中间的水平线的竖直反射 μ 生成的. 可以验证这两个生成元是交换的, 即 $\tau\mu = \mu\tau$, 所以这个饰带群是可交换的, 与 $\mathbb{Z} \times \mathbb{Z}_2$ 同构.

可以证明, 对饰带群分类时, 如果仅根据其是否包含旋转、水平轴反射、竖直轴反射和非平凡滑动反射, 那么总共有七种可能性. 对称群中的*非平凡滑动反射*不等于群中的平移和反射的乘积. 上面 D 串的群包含关于穿过 D 的中间的水平线的滑动反射, 但是每个滑动反射中的平移分量也在群中, 因此它们可以看成饰带群中的平凡滑动反射.

饰带

$$\cdots \ \mathrm{D} \quad \mathrm{D} \quad \mathrm{D} \quad \mathrm{D} \quad \mathrm{D} \quad \mathrm{D} \ \cdots$$
$$\cdots \ \mathrm{D} \quad \mathrm{D} \quad \mathrm{D} \quad \mathrm{D} \quad \mathrm{D} \quad \mathrm{D} \ \cdots$$

的饰带群包含一个非平凡滑动反射, 其平移分量不是群中元素. 习题中将展示七种可能的情况, 并要求说出上面的四种等距变换, 哪一种出现在对称群中. 此处没有得出七种不同的群结构. 可以证明得到的每个群同构于下面之一:

$$\mathbb{Z}, D_{\infty}, \mathbb{Z} \times \mathbb{Z}_2, D_{\infty} \times \mathbb{Z}_2$$

同样有趣的对称性研究, 是将正方形、平行四边形、菱形或六边形通过沿两个非平行方向的平移重复来填充整个平面, 就像壁纸上的图案一样. 这些群称为*壁纸群*或*平面晶体群*. 饰带不能由小于 180° 的正角度旋转变为自身, 但是对于一些平面填充图, 可以有 60°、90°、120° 和 180° 角的旋转. 图 11.6 给出一个例子, 其中图形是一个正方形. 把这个正方形变为自身或者另一个正方形的平面等距变换群是令人感兴趣的. 该群的生成元有两个平移 (一个将一个正方形滑动到右边的相邻的一个, 另一个滑动到上面的相邻的一个)、关于正方形中心 90° 的旋转, 以及关于正方形边线的竖直 (或水平) 方向上的反射. 一次反射只需要将 "平面翻转"; 也可以使用对角线反射. 在翻转后, 可以再次用平移和旋转. 这个平面周期图案的等距变换群显然包含一个与 $\mathbb{Z} \times \mathbb{Z}$ 同构的子群 (由向右和向上平移一个单位的平移生成) 以及一个与 D_4 同构的子群 [由将一个正方形 (可以是任何正方形) 变为自己的等距变换生成].

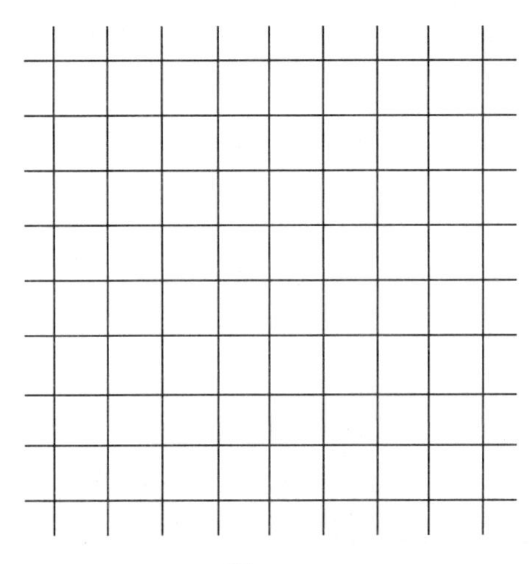

图 11.6

如果平面由平行四边形填充, 如图 11.7 所示, 那么得不到由图 11.6 得出的所有类型的等距变换. 这次得到的对称群是由箭头表示的平移和关于平行四边形的任何顶点的 180° 旋转生成.

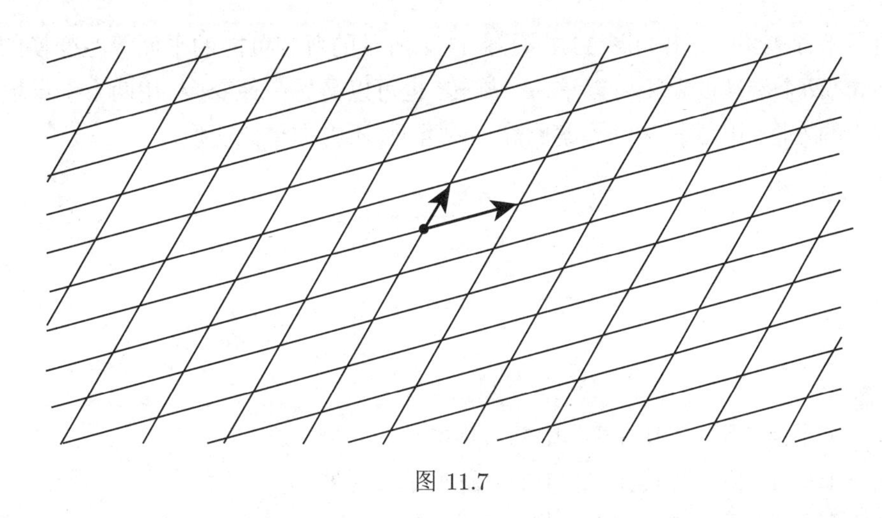

图 11.7

可以证明, 根据旋转、反射和非平凡滑动反射的分类, 共有 17 种不同类型的壁纸图案在这些等距变换下不变. 可以参考文献 8 中的 17 种图案和图表, 以了解和识别它们. 习题中有其中的一部分. 空间中的情况更为复杂; 可以证明共有 230 个三维晶体群. 最后一个习题涉及空间中的旋转.

M.C. 埃舍尔 (M.C.Escher, 1898—1973) 是一位艺术家, 他的作品包括平面填充图. 在习题中, 要求分析他的两部此类作品.

习题

1. 本习题表明, 某种几何图形的对称群可能取决于图形所在空间的维数.

a. 描述实直线 $\mathbb{R}$ 上一点的对称群; 也就是说, 描述 $\mathbb{R}$ 的使得一个点稳定不变的所有等距变换.

b. 描述平面 $\mathbb{R}^2$ 中一点的所有对称群 (平移、反射等).

c. 描述 $\mathbb{R}$ 中线段的所有对称群.

d. 描述 $\mathbb{R}^2$ 中线段的所有对称群.

e. 描述 $\mathbb{R}^3$ 中线段的一些对称群.

2. 设 P 代表保向平面等距变换,R 代表反向平面等距变换. 用 P 或 R 填写下面表格表示乘积的保向性或反向性.

	P	R
P		
R		

3. 填写下面表格, 给出如图 11.1 至图 11.4 所示的所有可能的平面等距变换的乘积, 例如, 两个旋转的乘积可以是一个旋转, 也可以是另一种变换. 用两个字母填写 $\rho\rho$ 对应的方框. 用习题 2 的答案删除一些类型. 不考虑单位变换.

	τ	ρ	μ	γ
τ				
ρ				
μ				
γ				

4. 画一个平面图形, 使其在 $\mathbb{R}^2$ 中的对称群是一元群.

5. 画一个平面图形, 使其在 $\mathbb{R}^2$ 中的对称群是二元群.

6. 画一个平面图形, 使其在 $\mathbb{R}^2$ 中的对称群是三元群.

7. 画一个平面图形, 使其在 $\mathbb{R}^2$ 中的对称群是与 $\mathbb{Z}_4$ 同构的四元群.

8. 画一个平面图形, 使其在 $\mathbb{R}^2$ 中的对称群是与克莱因四元群同构的四元群.

9. 对于四种类型的平面等距变换 (恒等变换除外), 给出每一种在平面等距变换群中的阶.

10. 平面等距变换 ϕ 称为有*不动点*, 如果平面上有一个点 P, 使得 $\phi(P) = P$. 四种类型的平面等距变换 (恒等变换除外) 哪种有不动点?

11. 参考习题 10, 哪种类型的平面等距变换 (如果有) 恰好有一个不动点?

12. 参考习题 10, 哪种类型的平面等距变换 (如果有) 恰好有两个不动点?

13. 参考习题 10, 哪些类型的平面等距变换 (如果有) 具有无穷多个不动点?

14. 从几何角度论证, 使三个非共线点不动的平面等距变换必须是恒等变换.

15. 利用习题 14, 用代数方法证明如果两个平面等距变换 ϕ 和 ψ 在三个非共线点上一致, 也就是说, 如果 $\phi(P_i) = \psi(P_i)$ 对非共线点 P_1, P_2 和 P_3 成立, 那么 ϕ 与 ψ 是相同的变换.

16. 旋转与恒等变换一起是否构成平面等距变换群的一个子群? 为什么?

17. 平移与恒等变换一起是否构成平面等距变换群的一个子群? 为什么?

18. 绕一个定点 P 的旋转与恒等变换一起是否构成平面等距变换群的一个子群? 为什么?

19. 关于一条定直线 L 的反射与恒等变换一起是否构成平面等距变换群的一个子群? 为什么?

20. 滑动反射与恒等变换一起是否构成平面等距变换群的一个子群? 为什么?

21. 四种类型的平面等距变换中, 哪一种是平面等距变换群的有限子群的元素?

22. 完成定理 11.5 的详细证明, 设 G 是一个平面等距变换有限群. 证明 G 中的旋转与恒等变换一起构成 G 的子群 H, 且 $H = G$ 或 $|G| = 2|H|$. (提示: 用证明 $|S_n| = 2|A_n|$ 相同的方法.)

23. 完成定理 11.5 的详细证明, 设 G 是一个由恒等变换和绕平面中定点 P 的旋转构成的有限群. 证明 G 是循环的, 由 G 中绕 P 逆时针旋转最小角度 $\theta > 0$ 的平面旋转生成. (提示: 根据循环群的子群是循环群的证明方法.)

习题 24~30 展示了七种不同类型的饰带, 根据它们的对称群分类. 想象, 图形向左、右两侧无限延伸. 饰带的对称群总是包含平移. 对于每个饰带对称群回答下面问题.

a. 饰带群是否包含旋转?

b. 饰带群是否包含关于水平线的反射?

c. 饰带群是否包含关于竖直线的反射?

d. 饰带群是否包含非平凡的滑动反射?

e. 饰带群同构于 $\mathbb{Z}, D_\infty, \mathbb{Z} \times \mathbb{Z}_2, D_\infty \times \mathbb{Z}_2$ 中的哪一个?

24. FFFFFFFFFFFFFFFFFFF

25. TTTTTTTTTTTTTTTTTTTT

26. EEEEEEEEEEEEEEEEEEE

27. ZZZZZZZZZZZZZZZZZZZ

28. HHHHHHHHHHHHHHHH

29.

30.

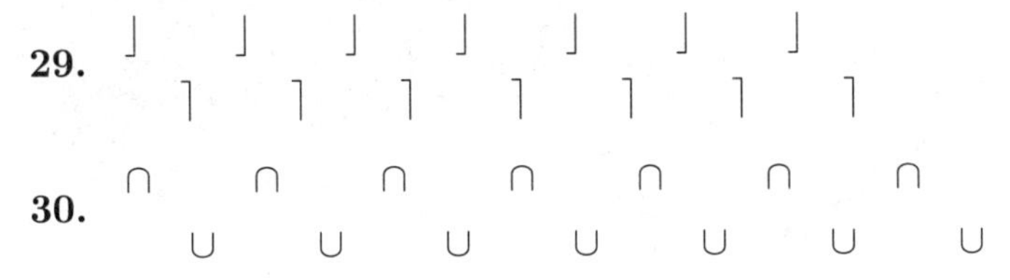

习题 31~37 描述了一种通过在指定的两个方向上平移填充平面的图形. 回答下列问题.

a. 对称群是否包含旋转? 如果是, 旋转角 $\theta(0 < \theta \leqslant 180°)$ 是多少?

b. 对称群是否包含反射?

c. 对称群是否包含非平凡滑动反射?

31. 具有水平和竖直边的正方形, 平移方向由向量 $(1,0)$ 和 $(0,1)$ 给出的平移.

32. 习题 31 中的正方形, 平移方向由向量 $(1,1/2)$ 和 $(0,1)$ 给出的平移.

33. 习题 31 中的正方形中心有字母 L, 平移方向由向量 $(1,0)$ 和 $(0,1)$ 给出的平移.

34. 习题 31 中的正方形中心有字母 E, 平移方向由向量 $(1,0)$ 和 $(0,1)$ 给出的平移.

35. 习题 31 中的正方形中心有字母 H, 平移方向由向量 $(1,0)$ 和 $(0,1)$ 给出的平移.

36. 顶点位于顶部的正六边形, 平移方向由向量 $(1,0)$ 和 $(1,\sqrt{3})$ 给出的平移.

37. 顶点位于顶部的正六边形, 包含顶点位于顶部的等边三角形, 平移方向由向量 $(1,0)$ 和 $(1,\sqrt{3})$ 给出的平移.

习题 38 和习题 39 涉及 M.C.Escher 的艺术作品. 通过搜索互联网查找艺术图像. 忽略图形中的阴影和颜色, 并假设每个人物图形、爬行动物和骑手都是一样的, 即便可能因为阴影而看不见它们. 回答习题 31~36 中的问题 a、b 和 c, 并回答下面的问题 d.

d. 设水平坐标轴和竖直坐标轴具有相等的单位长度, 给出两个生成平移子群的非平行向量. 不必给出向量的长度.

38. 骑手平面的规则剖分.

39. 爬行动物平面的规则剖分.

40. 设 $\phi:\mathbb{R}\to U$ 由 $\phi(\theta)=\cos(\theta)+\mathrm{i}\sin(\theta)$ 给出, 且 $S=\phi[\mathbb{Z}]$.

a. 证明从 S 到 S 的任何旋转都是旋转角为 $n\in\mathbb{Z}$ 的旋转, 其中角度用弧度度量.

b. 证明 x 轴上的反射将 S 映射到 S.

c. S 的对称群是什么?

41. 证明立方体在空间中的旋转构成一个与 S_4 同构的群. (提示: 立方体的旋转置换立方体的对角线.)

第 3 章　同态和商群

3.12　商群

回顾 2.10 节, 对于某些群运算表, 可以从表的顶部和左侧开头排列元素, 以便元素按照子群的左陪集分组, 这样陪集分块构成一个群运算表. 本节开始将仔细研究为什么 $\{0,3\} \leqslant \mathbb{Z}_6$ 的陪集构成一个群, 而 $\{\imath,\mu\} \leqslant D_3$ 的陪集不能. 表 12.1 是 $\mathbb{Z}_6$ 的运算表, 表头在顶部和左侧, 按照 $\{0,3\}$ 的陪集分组.

表 12.1

$+_6$	0	3	1	4	2	5
0	0	3	1	4	2	5
3	3	0	4	1	5	2
1	1	4	2	5	3	0
4	4	1	5	2	0	3
2	2	5	3	0	4	1
5	5	2	0	3	1	4

根据表 12.1, 陪集 $\{1,4\}$ 加上陪集 $\{2,5\}$ 是陪集 $\{0,3\}$. 这意味着如果在 $\mathbb{Z}_6$ 中将 1 或 4 加到 2 或 5, 得到 0 或 3. 这容易通过四种可能的加法情况验证:

$$1 +_6 2 = 3, 1 +_6 5 = 0, 4 +_6 2 = 0, 4 +_6 5 = 3$$

可以看到, 如果希望将一个群按照左陪集划分, 使得群运算成为左陪集上的运算, 需要确保如果 a_1, a_2 在同一左陪集且 b_1, b_2 在同一左陪集, 那么 a_1b_1 和 a_2b_2 应该在同一左陪集. 如果子群 $H \leqslant G$ 满足此条件, 则称 H 的左陪集上的运算是由 G 的运算**诱导的** (induced), 或者 G 的运算**诱导** (induce) 出 H 的左陪集上的运算. 在这种情况下, 对于

任何 $a,b\in G$, 写

$$(aH)(bH)=(ab)H$$

表示 aH 中任何元素乘以 bH 中任何元素的乘积, 必须在左陪集 $(ab)H$ 中.

例 12.2 证明群 $\mathbb{Z}$ 中的运算 + 诱导出 $5\mathbb{Z}\leqslant\mathbb{Z}$ 的陪集上的运算. 先列出左陪集.

$$5\mathbb{Z}=\{\cdots-10,-5,0,5,10,\cdots\}$$

$$1+5\mathbb{Z}=\{\cdots-9,-4,1,6,11,\cdots\}$$

$$2+5\mathbb{Z}=\{\cdots-8,-3,2,7,12,\cdots\}$$

$$3+5\mathbb{Z}=\{\cdots-7,-2,3,8,13,\cdots\}$$

$$4+5\mathbb{Z}=\{\cdots-6,-1,4,9,14,\cdots\}$$

设 a_1 和 a_2 在 $5\mathbb{Z}$ 的同一左陪集中, 则 $a_2=a_1+5r$ 对某个 $r\in\mathbb{Z}$. 再设 b_1,b_2 在 $5\mathbb{Z}$ 的同一左陪集中, 则 $b_2=b_1+5s$ 对某个 $s\in\mathbb{Z}$. 计算 a_2+b_2.

$$\begin{aligned}
a_2+b_2 &= (a_1+5r)+(b_1+5s) \\
&= a_1+5r+b_1+5s \\
&= a_1+b_1+5r+5s \qquad (1)\\
&= (a_1+b_1)+5(r+s) \qquad (2)\\
&\in (a_1+b_1)+5\mathbb{Z}
\end{aligned}$$

因此,a_2+b_2 与 a_1+b_1 在同一陪集中, 即 $\mathbb{Z}$ 中的加法诱导出五个左陪集 $5\mathbb{Z},1+5\mathbb{Z},2+5\mathbb{Z},3+5\mathbb{Z},4+5\mathbb{Z}$ 上的运算. 回顾上述计算, 除了在式 (1) 中用到 $\mathbb{Z}$ 是交换群, 每个步骤只用了对所有群成立的性质. 此外, 式 (2) 不是必要的, 因为 $5\mathbb{Z}$ 是 $\mathbb{Z}$ 的子群, 所以 $5\mathbb{Z}$ 在加法下封闭. 从这个例子可以看出, 只要 G 是交换群,G 的运算在 G 的任何子群的左陪集上诱导出一个运算.

在例 12.2 的式 (1) 中, 用了 $5r+b_1=b_1+5r$ 这一事实. 如果用乘法表示群运算进行相同的计算, 并对任意群 G 和 G 的子群 H 讨论, 这对应于 $hb_1=b_1h$. 如果群 G 不是交换的, 那么这个计算就失败了. 然而, 可以稍微削弱交换条件仍然对左陪集进行诱导运算. 真正需要的是 $hb_1=b_1h'$ 对某 $h'\in H$ 成立, 当左陪集 b_1H 与右陪集 Hb_1 相同时, 就会发生这种情况.

定义 12.3 *设 H 是 G 的子群. 如果对所有 $g\in G$ 有 $gH=Hg$, 称 H 是 G 的***正规** (normal) *子群. 如果 H 是 G 的正规子群, 记为 $H\trianglelefteq G$.*

回顾定理 10.17 说明, 如果 $\phi: G \to G'$ 是群同态,e' 是 G 中的单位元, 则 $\operatorname{Ker}(\phi) = \{g \in G | \phi(g) = e'\}$ 有性质 $\operatorname{Ker}(\phi)$ 的左陪集和右陪集是相同的. 所以任何同态的核都是正规子群.

例 12.4 偶置换子群 $A_n \leqslant S_n$ 是正规的, 因为 A_n 是同态 $\operatorname{sgn}: S_n \to \{1, -1\}$ 的核.

例 12.5 如果 $H \leqslant G$,G 是交换群, 那么 H 是 G 的正规子群.

例 12.6 设 $H = \{\boldsymbol{A} \in \operatorname{GL}(n, \mathbb{R}) | \det(\boldsymbol{A}) = 1\}$. 行列式映射满足 $\det(\boldsymbol{AB}) = \det(\boldsymbol{A})\det(\boldsymbol{B})$, 这意味着行列式映射是同态, $\det: \operatorname{GL}(n, \mathbb{R}) \to \mathbb{R}^*$. 因此 $H = \operatorname{Ker}(\det)$, 说明 $H \trianglelefteq \operatorname{GL}(n, \mathbb{R})$. 此子群 H 称为**特殊线性群** (special linear group), 记为 $\operatorname{SL}(n, \mathbb{R})$.

定理 12.7 *设 H 是群 G 的子群, 则等式*

$$(aH)(bH) = (ab)H$$

定义的左陪集乘法是良好定义的, 当且仅当 H 是 G 的正规子群时.

证明 设 $(aH)(bH) = (ab)H$ 在左陪集上给出了一个良好定义的二元运算. 设 $a \in G$. 需要证明 aH 和 Ha 是同一个集合. 采用证明集合一个是另一个的子集的标准操作.

设 $x \in aH$. 选择代表元 $x \in aH$ 和 $a^{-1} \in a^{-1}H$, 有 $(xH)(a^{-1}H) = (xa^{-1})H$. 另一方面, 选择代表元 $a \in aH$ 和 $a^{-1} \in a^{-1}H$, 看到 $(aH)(a^{-1}H) = eH = H$. 由于假设左陪集代表元乘法是良好定义的, 必须有 $xa^{-1} = h \in H$, 那么 $x = ha$, 所以 $x \in Ha$, 即 $aH \subseteq Ha$. 对称地可以证明 $Ha \subseteq aH$, 留作习题 26.

现在反过来证明: 如果 H 是正规子群, 那么代表元的左陪集乘法是良好定义的. 根据假设, 可以省略左和右直接说陪集. 要想计算 $(aH)(bH)$. 选择 $a \in aH$ 和 $b \in bH$, 得到陪集 $(ab)H$. 选择不同的代表 $ah_1 \in aH$ 和 $bh_2 \in bH$, 得到陪集 ah_1bh_2H. 必须证明这是相同的陪集. 因为 $h_1b \in Hb = bH$, 因此对某个 $h_3 \in H$, 有 $h_1b = bh_3$. 所以

$$(ah_1)(bh_2) = a(h_1b)h_2 = a(bh_3)h_2 = (ab)(h_3h_2)$$

而 $(ab)(h_3h_2) \in (ab)H$. 因此, ah_1bh_2 在 $(ab)H$ 中. □

定理 12.7 表明, 对 $H \leqslant G$,G 的运算诱导出 H 左陪集上的运算, 当且仅当 H 是 G 的正规子群. 接下来验证这个运算使 G 中 H 的陪集 G/H 构成一个群.

推论 12.8 *设 H 是 G 的正规子群, 那么 H 的陪集 G/H 在二元运算 $(aH)(bH) = (ab)H$ 下构成群.*

证明 计算, $(aH)[(bH)(cH)] = (aH)[(bc)H] = [a(bc)]H$, 同样, $[(aH)(bH)](cH) = [(ab)c]H$, 因此 G/H 中的结合律因 G 的结合律而成立. 因为 $(aH)(eH) = (ae)H =$

$aH = (ea)H = (eH)(aH)$, 可以看出 $eH = H$ 是 G/H 中的单位元. 最后,$(a^{-1}H)(aH) = (a^{-1}a)H = eH = (aH)(a^{-1}H)$ 说明 $a^{-1}H = (aH)^{-1}$. □

定义 12.9　前面推论中的群 G/H 称为 G 对 H 的**因子群** (factor qroup) 或**商群** (quotient group).

例 12.10　由于 $\mathbb{Z}$ 是交换群,$n\mathbb{Z}$ 是正规子群. 由推论 12.8 可以构造商群 $\mathbb{Z}/n\mathbb{Z}$. 对于任何整数 m, 带余除法得到 $m = nq + r$, 其中 $0 \leqslant r < n$. 因此,$m \in r + n\mathbb{Z}$. 于是 $\mathbb{Z}/n\mathbb{Z} = \{k + n\mathbb{Z} | 0 \leqslant k < n\}$. 所以 $\langle 1 + n\mathbb{Z}\rangle = \mathbb{Z}/n\mathbb{Z}$, 这意味着 $\mathbb{Z}/n\mathbb{Z}$ 是循环的, 与 $\mathbb{Z}_n$ 同构.

例 12.11　考虑加法下的交换群 $\mathbb{R}$, 设 $c \in \mathbb{R}^+$. $\mathbb{R}$ 的循环子群 $\langle c\rangle$ 包含元素

$$\cdots - 3c, -2c, -c, 0, c, 2c, 3c, \cdots$$

$\langle c\rangle$ 的每个陪集只包含一个元素 x, 且 $0 \leqslant x < c$. 如果在 $\mathbb{R}/\langle c\rangle$ 的计算中选择这些元素作为陪集的代表, 发现计算它们的模 c 加法和, 与第 3 节中所述 $\mathbb{R}_c$ 的计算是一样的. 例如, $c = 5.37$, 则陪集 $4.65 + \langle 5.37\rangle$ 和 $3.42 + \langle 5.37\rangle$ 的和是陪集 $8.07 + \langle 5.37\rangle$, 其中 $8.07 - 5.37 = 2.7$, 即 $4.65 +_{5.37} 3.42$. 用满足 $0 \leqslant x < c$ 的陪集元素 x, 可以看到第 3 节中的群 $\mathbb{R}_c$ 同构于 $\mathbb{R}/\langle c\rangle$, 同构映射为 $\psi(x) = x + \langle c\rangle$, 对所有 $x \in \mathbb{R}_c$. 当然, $\mathbb{R}/\langle c\rangle$ 也同构于模长为 1 的复数乘法单位圆群 U.

已经看到, 群 $\mathbb{Z}/\langle n\rangle$ 与群 $\mathbb{Z}_n$ 同构. 作为一个集合,$\mathbb{Z}_n = \{0, 1, 2, 3, \cdots, n-1\}$ 是小于 n 的非负整数集. 例 12.11 说明群 $\mathbb{R}/\langle c\rangle$ 与群 $\mathbb{R}_c$ 同构. 在第 3 节中, 小于 c 的实数非负半开区间的符号用 $\mathbb{R}_c$ 而非通常的 $[0, c)$. 现在看到这样做是为了比较 $\mathbb{Z}$ 的商群和 $\mathbb{R}$ 的商群.

同态与商群

已经知道任何群同态 $\phi : G \to G'$ 的核是 G 的正规子群. 那么所有正规子群都是这样产生的吗? 也就是说, 对于任何正规子群 $H \trianglelefteq G$, 是否有对某群 G' 的群同态 $\phi : G \to G'$, 使得 H 是 G 的核? 回答是肯定的, 如定理 12.12 所示.

定理 12.12　设 H 是 G 的正规子群, 那么 $\gamma(x) = xH$ 给出的 $\gamma : G \to G/H$ 是一个核为 H 的群同态.

证明　设 $x, y \in G$. 那么

$$\gamma(xy) = (xy)H = (xH)(yH) = \gamma(x)\gamma(y)$$

所以 γ 是群同态. 因为 $xH = H$ 当且仅当 $x \in H$, 可以看到 γ 的核确实是 H. □

由于任意同态 $\phi: G \to G'$ 的核是一个正规子群, 自然会问商群 $G/\mathrm{Ker}(\phi)$ 与 G 有什么关系. 定理 12.12 和下面的例子说明了存在一个非常紧密的联系.

例 12.13 (模 n 剩余) 设 $\phi: \mathbb{Z} \to \mathbb{Z}_n$ 定义 $\phi(m)$ 为 m 除以 n 的余数. 可以验证 ϕ 是群同态. 设 $m_1, m_2 \in \mathbb{Z}$, 带余除法给出

$$m_1 = nq_1 + r_1, m_2 = nq_2 + r_2$$

则 $m_1 + m_2 = n(q_1 + q_2) + r_1 + r_2$. 如果 $r_1 + r_2 < n$, 则

$$\phi(m_1 + m_2) = r_1 + r_2 = \phi(m_1) +_n \phi(m_2)$$

另一方面, 如果 $r_1+r_2 \geqslant n$, 则 $m_1+m_2 = n(q_1+q_2+1)+(r_1+r_2-n)$ 且 $0 \leqslant r_1+r_2-n < n$, 这意味着

$$\phi(m_1 + m_2) = r_1 + r_2 - n = \phi(m_1) +_n \phi(m_2)$$

ϕ 的核是 n 的所有倍数的集合 $n\mathbb{Z}$. 所以 $\mathbb{Z}/\mathrm{Ker}(\phi) = \mathbb{Z}/n\mathbb{Z}$, 与 $\mathbb{Z}_n$ 同构.

前面的例子是同态基本定理的一个特例.

定理 12.14 (同态基本定理) 设 $\phi: G \to G'$ 是一个具有核 H 的群同态. 那么 $\phi[G]$ 是一个群, 并且由 $\mu(gH) = \phi(g)$ 给出的 $\mu: G/H \to \phi[G]$ 是一个群同构. 如果 $\gamma: G \to G/H$ 是由 $\gamma(g) = gH$ 给出的同态, 则对每个 $g \in G$ 有 $\phi(g) = \mu \circ \gamma(g)$.

证明 定理 8.5 指出 $\phi[G]$ 是 G 的子群. 定理 10.17 说明 $G/H \to \phi[G]$ 是良好定义的. 需要证明 μ 是同态. 令 $aH, bH \in G/H$. 那么 $\mu((aH)(bH)) = \mu((ab)H) = \phi(ab) = \phi(a)\phi(b) = \mu(aH)\mu(bH)$. 因为 ϕ 是 G 到 $\phi[G]$ 上的满射, μ 是 G/H 到 $\phi[G]$ 上的满射. 为证明 μ 是单的, 计算 μ 的核. 由于 $\mu(aH) = \phi(a)$,μ 的核是 $\{aH|\phi(a) = e'\}$. 但是 $\phi(a) = e'$ 当且仅当 $a \in \mathrm{Ker}(\phi) = H$. 所以 $\mathrm{Ker}(\mu) = \{H\}$, 这是 G/H 的平凡子群. 由推论 10.19 知 μ 单的, 这就证明了 μ 是同构.

接下来, 证明定理的最后结论. 设 $g \in G$. 那么

$$\phi(g) = \mu(gH) = \mu(\gamma(g)) = \mu \circ \gamma(g)$$ □

同态基本定理有时称为第一同构定理. 顾名思义, 还有其他相关的定理. 事实上, 在第 16 节将证明另外两个, 第二同构定理和第三同构定理.

定理 12.14 给出 $\phi(g) = \mu \circ \gamma(g)$. 这可以用图 12.15 表示. 如果从元素 $g \in G$ 开始, 将其映射到 $\phi(g)$, 也可以先将 g 映射到 $\gamma(g)$, 然后将 $\gamma(g)$ 映射到 $\mu \circ \gamma(g)$ 得到相同的结果. 在这种情况下, 称映射 ϕ 可以分解为 $\phi = \mu \circ \gamma$.

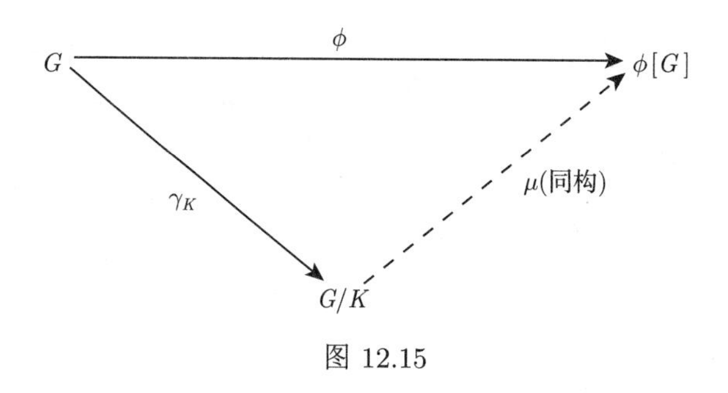

图 12.15

定理 12.14 中的同构 μ 称为自然同构或典范同构, 同样的词也用于描述同态 γ. 这些群之间还有其他同构和同态, 但映射 μ 和 γ 与 ϕ 有特殊关系, 是由定理 12.14 唯一确定的.

总之, 每一个从 G 出发的同态都产生一个商群 G/H, 每个商群 G/H 都产生一个 G 到 G/H 的同态映射. 同态与商群密切相关. 举一个例子, 说明这种关系如何有用.

例 12.16 根据有限生成交换群基本定理 (定理 9.12), 分类群 $(\mathbb{Z}_4\times\mathbb{Z}_2)/(\{0\}\times\mathbb{Z}_2)$.

解 投影映射 $\pi_1:\mathbb{Z}_4\times\mathbb{Z}_2\to\mathbb{Z}_4$ 由 $\pi_1(x,y)=x$ 给出, 是一个 $\mathbb{Z}_4\times\mathbb{Z}_2$ 到 $\mathbb{Z}_4$ 的同态, 核为 $\{0\}\times\mathbb{Z}_2$. 由定理 12.14, 这里给出的商群与 $\mathbb{Z}_4$ 同构.

正规子群与自同构

下面给出正规子群的一些性质, 这些性质提供的方法比找出左陪集和右陪集划分更容易检查正规性.

设 H 是 G 的子群, 使得 $ghg^{-1}\in H$ 对所有 $g\in G$ 和所有 $h\in H$ 成立. 那么 $gHg^{-1}=\{ghg^{-1}|h\in H\}\subseteq H$ 对所有 $g\in G$ 成立. 实际上 $gHg^{-1}=H$. 仅需要证明 $H\subseteq gHg^{-1}$ 对于所有 $g\in G$ 成立. 设 $h\in H$. 在关系 $ghg^{-1}\in H$ 中用 g 替换 g^{-1}, 得到 $g^{-1}h(g^{-1})^{-1}=g^{-1}hg=h_1$, 其中 $h_1\in H$. 因此 $h=gh_1g^{-1}\in gHg^{-1}$, 完成了证明.

设 $gH=Hg$ 对于所有 $g\in G$ 成立. 那么 $gh=h_1g$, 所以 $ghg^{-1}\in H$ 对所有 $g\in G$ 和所有 $h\in H$ 成立. 由前一段证明, 这意味着 $gHg^{-1}=H$ 对于所有的 $g\in G$ 成立. 反之, 如果 $gHg^{-1}=H$ 对于所有 $g\in G$ 成立, 那么 $ghg^{-1}=h_1$, 因此 $gh=h_1g\in Hg$, 得 $gH\subseteq Hg$. 同时, 由 $g^{-1}Hg=H$ 得出 $g^{-1}hg=h_2$, 因此 $hg=gh_2$ 且 $Hg\subseteq gH$.

定义 12.3 后的说明, 任何同态的核是原象的正规子群. 此外, 定理 12.12 给出, 任何正规子群是某个同态的核.

将这些工作总结为一个定理.

定理 12.17 *以下是群 G 的子群 H 为 G 的正规子群的四个等价条件.*

1. *$ghg^{-1}\in H$ 对于所有 $g\in G$ 和 $h\in H$ 成立.*

2. $gHg^{-1} = H$ 对于所有 $g \in G$ 成立.

3. 存在群同态 $\phi : G \to G'$, 使得 $\mathrm{Ker}(\phi) = H$.

4. $gH = Hg$ 对所有 $g \in G$ 成立.

条件 2 通常视为 H 是 G 的正规子群的定义.

例 12.18 交换群 G 的每个子群 H 是正规的. 只需要注意 $gh = hg$ 对所有 $h \in H$ 和所有 $g \in G$ 成立. 当然, $ghg^{-1} = h \in H$ 对所有 $g \in G$ 和所有 $h \in H$ 成立.

如果 G 是群,$g \in G$, 那么映射 $i_g : G \to G$ 定义为 $i_g(x) = gxg^{-1}$ 是一个群同态, 因为 $i_g(xy) = gxyg^{-1} = gxg^{-1}gyg^{-1} = i_g(x)i_g(y)$. 注意 $gag^{-1} = gbg^{-1}$ 当且仅当 $a = b$, 因此 i_g 是单的. 因为 $g(g^{-1}yg)g^{-1} = y$, 所以 i_g 在 G 上是满的, 所以它是 G 到自身的同构.

定义 12.19 群 G 的同构 $\phi : G \to G$ 称为 G 的**自同构** (automorphism). 自同构 $i_g : G \to G$ 对所有 $x \in G$ 有 $i_g(x) = gxg^{-1}$, 称为由 g 生成的 G 的**内自同构** (inner automorphism). 变换 i_g 在 x 上的作用称为 g 对 x 的**共轭** (conjugation).

定理 12.17 中条件 1 和条件 2 的等价性说明,$gH = Hg$ 对所有 $g \in G$ 成立, 当且仅当 $i_g[H] = H$ 对所有 $g \in G$ 成立, 也就是说, 当且仅当 H 在 G 的所有内自同构下**不变** (invariant). 认识集合等式 $i_g[H] = H$ 非常重要; 不是对所有 h 都有 $i_g(h) = h \in H$, 即 i_g 可以是集合 H 的非平凡置换. 可以看到群 G 的正规子群正是那些在所有内自同构下不变的子群. G 的子群 K 称为 H 的**共轭子群** (conjugate subgroup), 如果 $K = i_g[H] = gHg^{-1}$, 对某 $g \in G$ 成立.

习题

计算

在习题 1~8 中, 找出给定商群的阶.

1. $\mathbb{Z}_6/\langle 3\rangle$.

2. $(\mathbb{Z}_4 \times \mathbb{Z}_{12})/(\langle 2\rangle \times \langle 2\rangle)$.

3. $(\mathbb{Z}_4 \times \mathbb{Z}_2)/\langle(2,1)\rangle$.

4. $(\mathbb{Z}_3 \times \mathbb{Z}_5)/(\{0\} \times \mathbb{Z}_5)$.

5. $(\mathbb{Z}_3 \times \mathbb{Z}_6)/\langle(1,1)\rangle$.

6. $(\mathbb{Z}_{50} \times \mathbb{Z}_{75})/\langle(15,15)\rangle$.

7. $(\mathbb{Z}_{26} \times \mathbb{Z}_{15})/\langle(1,1)\rangle$.

8. $(\mathbb{Z}_8 \times S_3)/\langle(2,(1,2,3))\rangle$.

在习题 9~15 中, 给出商群中元素的阶.

9. $\mathbb{Z}_{12}/\langle 4\rangle$ 中 $5+\langle 4\rangle$.

10. $\mathbb{Z}_{60}/\langle 12\rangle$ 中 $26+\langle 12\rangle$.

11. $(\mathbb{Z}_3\times\mathbb{Z}_6)/\langle(1,1)\rangle$ 中 $(2,1)+\langle(1,1)\rangle$.

12. $(\mathbb{Z}_4\times\mathbb{Z}_4)/\langle(1,1)\rangle$ 中 $(3,1)+\langle(1,1)\rangle$.

13. $(\mathbb{Z}_{10}\times\mathbb{Z}_4)/\langle(0,3)\rangle$ 中 $(2,3)+\langle(0,3)\rangle$.

14. $(\mathbb{Z}_3\times\mathbb{Z}_6)/\langle(1,2)\rangle$ 中 $(2,5)+\langle(1,2)\rangle$.

15. $(\mathbb{Z}_6\times\mathbb{Z}_8)/\langle(4,4)\rangle$ 中 $(2,0)+\langle(4,4)\rangle$.

16. 对二面体群 D_3 的子群 $H=\{l,\mu\}$ 计算 $i_\rho[H]$.

概念

在习题 17~19 中, 不参考书本, 根据需要更正楷体术语的定义, 使其成立.

17. G 的*正规子群*H 是一个满足 $hG=Gh$ 对所有 $h\in H$ 成立的子群.

18. G 的*正规子群*H 是一个满足 $g^{-1}hg\in H$ 对所有 $h\in H$ 和所有 $g\in G$ 成立的子群.

19. G 的*自同构*是 G 到 G 的同态映射.

20. 群 G 的*正规子群*有什么重要性?

学生在首次证明关于商群的定理时, 常常会写些无意义的话. 接下来的两个习题是为提醒注意一种基本错误而设计的.

21. 要求学生证明, 如果 H 是交换群 G 的正规子群, 那么 G/H 就是交换群. 学生的证明如下:

要证明 G/H 是交换的. 设 a 和 b 是 G/H 的两个元素.

a. 为什么阅读此证明的老师, 从学生目前的陈述中没有发现有意义的句子?

b. 学生应该写些什么?

c. 完成此证明.

22. **挠群**是所有元素都是有限阶的群. **无挠群**是单位元为唯一有限阶元的群. 要求学生证明, 如果 G 是一个挠群, 那么对 G 的任意正规子群 H,G/H 也是挠群. 学生写道:

要证明 G/H 的每个元素都是有限阶的. 设 $x\in G/H$.

回答习题 21 中的相同问题.

23. 判断下列命题的真假.

a. 说商群 G/N 是有意义的当且仅当 N 是群 G 的正规子群.

b. 交换群 G 的每个子群都是 G 的正规子群.

c. 交换群的唯一自同构是单位映射.

d. 有限群的每个商群都是有限阶的.

e. 挠群的每个商群都是挠群.(参见习题 22.)

f. 无挠群的每个商群都是无挠的.(参见习题 22.)

g. 交换群的每个商群都是交换群.

h. 非交换群的每个商群都是非交换的.

i. $\mathbb{Z}/n\mathbb{Z}$ 是 n 阶循环群.

j. $\mathbb{R}/n\mathbb{R}$ 是 n 阶循环群, 其中 $n\mathbb{R} = \{nr | r \in \mathbb{R}\}$, $\mathbb{R}$ 看成加法群.

理论

24. 设 G_1 和 G_2 为群,$\pi_1 : G_1 \times G_2 \to G_1$ 由 $\pi_1(a, b) = a$ 定义. 证明 π_1 是群同态, 找出 $\mathrm{Ker}(\pi_1)$, 并证明 $(G_1 \times G_2)/\mathrm{Ker}(\pi_1)$ 与 G_1 同构.

25. 设 G_1 和 G_2 为群,$\phi : G_1 \times G_2 \to G_1 \times G_2$ 由 $\phi(a, b) = (a, e_2)$ 定义, 其中 e_2 为 G_2 的单位元. 证明 ϕ 是群同态, 找出 $\mathrm{Ker}(\phi)$, 并证明 $(G_1 \times G_2)/\mathrm{Ker}(\phi)$ 与 G_1 同构.

26. 完成定理 12.7 的证明. 证明如果 H 是 G 群的子群, 左陪集乘法 $(aH)(bH) = (ab)H$ 是良好定义的, 那么 $Ha \subseteq aH$.

27. 证明交换群 G 的挠子群 T 是 G 的正规子群,G/T 是无挠子群. (参见习题 22.)

28. 群 G 的子群 H 称为与子群 K 共轭, 如果存在 G 的内自同构 i_g, 使得 $i_g[H] = K$. 证明共轭是 G 的子群集合上的等价关系.

29. 根据上一个习题中的群的子群之间的共轭关系的类, 描述群 G 的正规子群的特征.

30. 找出 D_3 的所有与 $H = \{\imath, \mu\}$ 共轭的子群.(参见习题 28.)

31. **(求值同态)** 设 F 是将实数映射到实数的所有函数的集合,$c \in \mathbb{R}$. 两个函数的和 $f + g$ 是由 $(f + g)(x) = f(x) + g(x)$ 定义的函数. 函数加法使 F 成为一个群. 设 $\phi_c : F \to \mathbb{R}$ 由 $\phi_c(f) = f(c)$ 定义.

a. 证明 ϕ_c 是群同态.

b. 求 $\mathrm{Ker}(\phi_c)$.

c. 确定包含常数函数 $f(x) = 1$ 的 $\mathrm{Ker}(\phi_c)$ 的陪集.

d. 找出一个与 $F/\mathrm{Ker}(\phi_c)$ 同构的已知群. 用基本同态定理来证明结论.

32. 设 H 是群 G 的正规子群, 设 $m = (G : H)$. 证明 $a^m \in H$ 对每个 $a \in G$ 成立.

33. 证明群 G 的正规子群的交集也是 G 的正规子群.

34. 给定群 G 的任何子集 S, 证明包含 S 的最小正规子群是存在的. (提示: 用习题 33.)

35. 设 G 为群.G 的元素如果可以用 $aba^{-1}b^{-1}$ 表示, 其中 $a, b \in G$, 则称为 G 中的一个**换位子** (commutator). 上一个习题说明群 G 有一个包含所有换位子的最小的正规子群 C; C 称为 G 的**换位子群** (commutator subgroup). 证明 G/C 是一个交换群.

36. 证明如果有限群 G 恰好只有一个给定阶的子群 H, 则 H 是 G 的正规子群.

37. 证明如果 H 和 N 是群 G 的子群, 并且 N 在 G 中是正规的, 那么 $H \cap N$ 在 H 中是正规的. 举例说明 $H \cap N$ 在 G 中不一定是正规的.

38. 设 G 是包含至少一个给定阶 s 的子群的群, 证明 G 的所有 s 阶子群的交是 G 的正规子群. (提示: 用事实如果 H 的阶是 s, 那么对所有的 $x \in G$,$x^{-1}Hx \in G$ 也是 s 阶的.)

39. a. 证明群 G 的所有自同构在映射复合下构成一个群.

b. 证明群 G 的内自同构在映射复合下构成 G 的所有自同构群的正规子群. (提示: 确保证明内自同构确实构成一个子群.)

40. 证明使得 $i_g : G \to G$ 是恒等内自同构 i_e 的所有 $g \in G$ 的集合, 构成群 G 的正规子群.

41. 设 G 和 G' 为群,H 和 H' 分别为 G 和 G' 的正规子群, 且 ϕ 是 G 到 G' 的群同态. 证明如果 $\phi[H] \subseteq H'$, 那么 ϕ 诱导了一个自然同态 $\phi_* : (G/H) \to (G'/H')$. (这一事实经常用于代数拓扑.)

42. 用 $n \times n$ 矩阵的性质 $\det(\boldsymbol{AB}) = \det(\boldsymbol{A}) \cdot \det(\boldsymbol{B})$ 和 $\det(\boldsymbol{I}_n) = 1$, 证明行列式为 ± 1 的 $n \times n$ 矩阵构成 $\mathrm{GL}(n, \mathbb{R})$ 的正规子群.

43. 设 G 是群,$\mathscr{P}(G)$ 是 G 的所有子集的集合. 对于任何 $A, B \in \mathscr{P}(G)$, 定义乘积 $AB = \{ab | a \in A, b \in B\}$.

a. 证明子集的乘法是可结合的, 并且有一个单位元, 但 $\mathscr{P}(G)$ 不是群.

b. 证明如果 N 是 G 的正规子群, 则 N 的陪集的集合在上述 $\mathscr{P}(G)$ 中的运算下是封闭的, 并且该运算与推论 12.8 中公式给出的乘法一致.

c. 证明 (不使用推论 12.8)G 中 N 的陪集的集合在上述运算下形成一个群. 它的单位元与 $\mathscr{P}(G)$ 的单位元相同吗?

3.13 商群计算和单群

商群可能是一个难以掌握的话题. 没有比做一点计算更好的方法来加强数学理解了. 从尝试提高对商群的直觉开始, 本节中将处理正规子群, 通常用 N 来表示群 G 的正规子群而不是 H.

设 N 是 G 的正规子群. 在商群 G/N 中, 子群 N 起到单位元的作用. 可以将 N 视为折叠成的单个元素, 看成加法运算中的 0 或乘法运算中的 e. N 的折叠与 G 的代数结构一起, 要求 G 的其他子集, 即 G 中 N 的陪集, 每个也折叠为商群中的一个元素. 这个折叠的可视化由图 13.1 给出. 回顾定理 12.12,$\gamma : G \to G/N$ 定义为 $\gamma(a) = aN$ 对

$a \in G$, 是 G 到 G/N 的同态. 图 13.1 底部的 "线"G/N, 可以看作由 G 中 N 的陪集折叠成一个点而得到的. 因此,G/N 的每个点对应于阴影部分中一条完整的竖直线段, 代表 G 中 N 的一个陪集. 重要的是,G/N 中陪集的乘法可以用陪集的代表元在 G 中的乘法计算, 如图 13.1 所示.

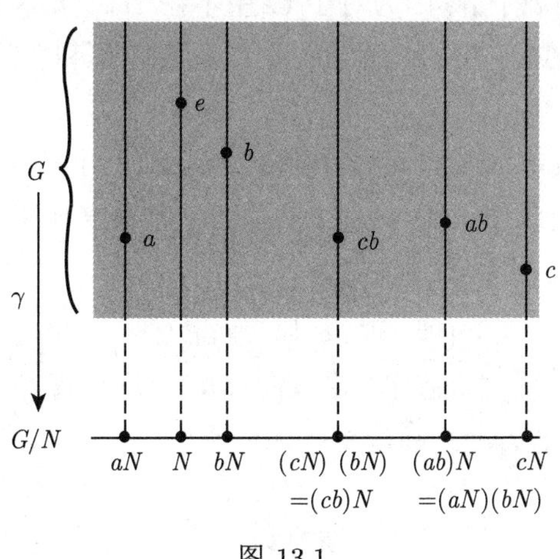

图 13.1

此外, G 的两个元素如果它们只是相差 N 中的一个元素, 那么会折叠为 G/N 的相同元素. 如果 ab^{-1} 在 N 中, 那么 a 和 b 折叠为一个元. 折叠的程度从不存在到灾难性. 举两个极端的例子说明.

例 13.2 $\mathbb{Z}$ 的平凡子群 $N = \{0\}$ 当然是一个正规子群. 计算 $\mathbb{Z}/\{0\}$.

解 由于 $N = \{0\}$ 只有一个元素, 所以 N 的每个陪集只有一个元素. 也就是说, 陪集形如 $\{m\}$,$m \in \mathbb{Z}$. 这种情况下根本没有折叠, 因此 $\mathbb{Z}/\{0\} \cong \mathbb{Z}$. 每个 $m \in \mathbb{Z}$ 在 $\mathbb{Z}/\{0\}$ 中重命名为 $\{m\}$.

例 13.3 设 n 为正整数. 集合 $n\mathbb{R} = \{nr | r \in \mathbb{R}\}$ 是 $\mathbb{R}$ 的加法子群, 因为 $\mathbb{R}$ 是交换的, 所以 $n\mathbb{R}$ 是正规的. 计算 $\mathbb{R}/n\mathbb{R}$.

解 稍微考虑一下, 实际上 $n\mathbb{R} = \mathbb{R}$, 因为每个 $x \in \mathbb{R}$ 形如 $n(x/n)$ 以及 $x/n \in \mathbb{R}$. 因此 $\mathbb{R}/n\mathbb{R}$ 只有一个元素, 即子群 $n\mathbb{R}$. 商群是仅由单位元构成的平凡群.

如例 13.2 和例 13.3 所示, 对于任何群 G, 有 $G/\{e\} \cong G$ 和 $G/G \cong \{e\}$, 其中 $\{e\}$ 是仅由单位元 e 构成的平凡群. 这两个极端的商群并不重要. 最好能从商群 G/N 的信息得出关于 G 的结构的信息. 如果 $N = \{e\}$, 商群与 G 具有相同的结构, 不如直接研究 G. 如果 $N = G$, 商群没有显著结构可以提供关于 G 的信息. 如果 G 是有限群, $N \neq \{e\}$ 是 G 的正规子群, 那么 G/N 是比 G 小的群, 因此结构可能比 G 简单. G/N

中陪集的乘法可以由 G 的乘法给出, 陪集的乘积可以通过陪集代表元在 G 中的运算来计算.

下面给出两个例子, 说明如果 G/N 为 2 阶的, 可以得出一些有用的结果. 如果 G 是有限群, 并且 G/N 只有两个元素, 那么必有 $|G| = 2|N|$. 注意, 有限群 G 的包含一半元素的子群 H 必是正规子群, 因为对于 G 中不在 H 中元素 a, 左陪集 aH 和右陪集 Ha 必包含 G 中所有不在 H 中的元素. 因此 H 的左陪集和右陪集相同,H 是 G 的正规子群.

例 13.4　因为 $|S_n| = 2|A_n|$, 可以看到 A_n 是 S_n 的正规子群,S_n/A_n 的阶是 2. 设 σ 是 S_n 中的奇置换, 因此 $S_n/A_n = \{A_n, \sigma A_n\}$. 重命名元素 A_n 为"偶"和 σA_n 为"奇", S_n/A_n 中如表 13.5 所示的乘法成为

(偶)(偶)= 偶　(奇)(偶)= 奇
(偶)(奇)= 奇　(奇)(奇)= 偶

因此, 商群反映了 S_n 中所有置换的这些乘法性质.

表 13.5

	A_n	σA_n
A_n	A_n	σA_n
σA_n	σA_n	A_n

例 13.4 说明, 知道 G/N 中两个陪集的乘积并不能知道 G 的两个元素的乘积是什么, 但是可以知道 G 中两种类型元素的乘积是某种类型.

例 13.6 (拉格朗日定理的逆不成立)　回顾拉格朗日定理, 有限群 G 的子群的阶必整除 G 的阶. 现在可以证明, 尽管群 A_4 有 12 个元素, 6 整除 12, 但 A_4 没有 6 阶子群.

反设 H 是 A_4 的一个 6 阶子群. 如在例 13.4 所示, 那么 H 就是 A_4 的正规子群. 因此 A_4/H 只有两个元素, 即为 H 和 σH, 其中 $\sigma \in A_4$ 不在 H 中. 因为在群中每个 2 阶元的平方是单位元, 得到 $HH = H$ 和 $(\sigma H)(\sigma H) = H$. 因为商群中的计算可以通过原群中的计算来实现. 因此, 在 A_4 中计算, 发现对每个 $\alpha \in H$ 必有 $\alpha^2 \in H$ 以及每个 $\beta \in \sigma H$ 必有 $\beta^2 \in H$. 也就是说, A_4 中每个元素的平方必在 H 中. 但在 A_4 中, 有

$$(1,2,3) = (1,3,2)^2, (1,3,2) = (1,2,3)^2$$

所以 $(1,2,3)$ 和 $(1,3,2)$ 在 H 中. 类似的计算表明 $(1,2,4), (1,4,2), (1,3,4), (1,4,3), (2,3,4), (2,4,3)$ 都在 H 中. 这说明 H 中至少有 8 个元素, 这与 H 是 6 阶的相矛盾.

现在来看几个计算商群的例子. 如果原群是有限生成和交换的, 那么它的商群也是. 计算此类商群意味着根据基本定理 (定理 9.12 或定理 9.14) 对其进行分类.

例 13.7 计算商群 $(\mathbb{Z}_4 \times \mathbb{Z}_6)/\langle(0,1)\rangle$. 这里 $\langle(0,1)\rangle$ 是由 $(0,1)$ 生成的 $\mathbb{Z}_4 \times \mathbb{Z}_6$ 的循环子群 H. 因此

$$H = \{(0,0),(0,1),(0,2),(0,3),(0,4),(0,5)\}$$

由于 $\mathbb{Z}_4 \times \mathbb{Z}_6$ 有 24 个元素,H 有 6 个元素, 所以 H 的每个陪集有 6 个元素, 因此 $(\mathbb{Z}_4 \times \mathbb{Z}_6)/H$ 是 4 阶的. 由于 $\mathbb{Z}_4 \times \mathbb{Z}_6$ 是交换的, 所以 $(\mathbb{Z}_4 \times \mathbb{Z}_6)/H$ 也是 (注意, 商群中计算通过代表元在原群中计算). 在加法群中, 陪集是

$$H = (0,0)+H, (1,0)+H, (2,0)+H, (3,0)+H$$

由于可以通过选择代表 $(0,0),(1,0),(2,0),(3,0)$ 进行计算, 显然 $(\mathbb{Z}_4 \times \mathbb{Z}_6)/H$ 与 $\mathbb{Z}_4$ 同构. 这正是期望的, 因为在模 H 的商群中,H 中的一切都成为单位元; 也就是说, 实际上是将 H 中的一切都看成零. 因此, $\mathbb{Z}_4 \times \mathbb{Z}_6$ 的整个第二个因子 $\mathbb{Z}_6$ 折叠, 只留下第一个因子 $\mathbb{Z}_4$.

例 13.7 是下面陈述和证明的一般定理的特例. 通过折叠一个因子为单位元, 我们对这个定理有一种直观感觉.

定理 13.8 *设 $G = H \times K$ 是群 H 和 K 的直积, 则 $\overline{H} = \{(h,e)|h \in H\}$ 是 G 的正规子群. 并且 $G/\overline{H}$ 与 K 自然同构. 同样, 自然有 $G/\overline{K} \cong H$.*

证明 考虑同态 $\pi_2 : H \times K \to K$, 其中 $\pi_2(h,k) = k$. 因为 $\mathrm{Ker}(\pi_2) = \overline{H}$. 可以看出 $\overline{H}$ 是 $H \times K$ 的正规子群, 因为 π_2 是到 K 上的满射, 由定理 12.14 知道 $(H \times K)/\overline{H} \cong K$. □

继续进行交换商群的加法计算. 为了说明如果在整个群中计算, 那么在商群中计算显得多么容易, 证明以下定理.

定理 13.9 *如果 G 是循环群,N 是 G 的子群, 那么 G/N 是循环群.*

证明 G 是一个循环群, 因此对某 $a \in G$, 有 $\langle a \rangle = G$. 设 N 是 G 的任意子群, 因为 G 是交换的, 所以 N 是 G 的正规子群. 计算 G/N 的由 aN 生成循环子群,

$$\langle aN \rangle = \{(aN)^n | n \in \mathbb{Z}\} = \{a^n N | n \in \mathbb{Z}\}$$

因为 $\{a^n | n \in \mathbb{Z}\} = G$,

$$\{a^n N | n \in \mathbb{Z}\} = \{gN | g \in G\}$$

所以 $\langle aN \rangle$ 包含 G 的每个陪集, 因此 G/N 是由 aN 生成的循环群. □

例 13.10 计算商群 $(\mathbb{Z}_4 \times \mathbb{Z}_6)/\langle(0,2)\rangle$. 此时 $(0,2)$ 生成子群

$$H = \{(0,0),(0,2),(0,4)\}$$

是 $\mathbb{Z}_4 \times \mathbb{Z}_6$ 的 3 阶子群. 第一个因子 $\mathbb{Z}_4$ 保留. 第二个因子 $\mathbb{Z}_6$ 被折叠成一个三阶子群, 给出一个 2 阶因子商群, 与 $\mathbb{Z}_2$ 同构. 因此 $(\mathbb{Z}_4 \times \mathbb{Z}_6)/\langle(0,2)\rangle$ 与 $\mathbb{Z}_4 \times \mathbb{Z}_2$ 同构.

可以用定理 12.14 证明 $(\mathbb{Z}_4 \times \mathbb{Z}_6)/\langle(0,2)\rangle$ 与 $\mathbb{Z}_4 \times \mathbb{Z}_2$ 同构. 需要一个同态 $\phi : \mathbb{Z}_4 \times \mathbb{Z}_6 \to \mathbb{Z}_4 \times \mathbb{Z}_2$ 为满射, 具有核 $\langle(0,2)\rangle$. 用 $\phi(a,b) = (0,r)$ 定义 ϕ, 其中 r 是 b 除以 2 的余数就可以了.

例 13.11 计算商群 $(\mathbb{Z}_4 \times \mathbb{Z}_6)/\langle(2,3)\rangle$. 小心! 将 $\mathbb{Z}_4$ 的 2 和 $\mathbb{Z}_6$ 的 3 都设为 0, 似乎是一个很好的尝试, 因此 $\mathbb{Z}_4$ 折叠成一个与 $\mathbb{Z}_2$ 同构的商群, 而 $\mathbb{Z}_6$ 折叠成一个与 $\mathbb{Z}_3$ 同构的商群, 于是给出一个与 $\mathbb{Z}_2 \times \mathbb{Z}_3$ 同构的商群. 但这是错误的! 注意

$$H = \langle(2,3)\rangle = \{(0,0),(2,3)\}$$

为 2 阶的, 因此 $(\mathbb{Z}_4 \times \mathbb{Z}_6)/\langle(2,3)\rangle$ 的阶为 12, 而不是 6. 设 $(2,3)$ 等于 0 不能使 $(2,0)$ 和 $(0,3)$ 分别等于 0, 因此因子不会分别折叠.

可能的 12 阶交换群是 $\mathbb{Z}_4 \times \mathbb{Z}_3$ 和 $\mathbb{Z}_2 \times \mathbb{Z}_2 \times \mathbb{Z}_3$, 必须决定商群与哪一个同构. 这两个群最容易区分, 因为 $\mathbb{Z}_4 \times \mathbb{Z}_3$ 有一个 4 阶元, 而 $\mathbb{Z}_2 \times \mathbb{Z}_2 \times \mathbb{Z}_3$ 没有. 可以断言陪集 $(1,0)+H$ 在商群 $(\mathbb{Z}_4 \times \mathbb{Z}_6)/H$ 中是 4 阶的. 为在模 H 的商群中找出等于单位元的陪集的最小幂次, 需要选择代表元, 找出代表元在 H 中的最小幂次. 现在,

$$4(1,0) = (1,0)+(1,0)+(1,0)+(1,0) = (0,0)$$

是 $(1,0)$ 自身相加首次得到 H 中的元素. 因此,$(\mathbb{Z}_4 \times \mathbb{Z}_6)/\langle(2,3)\rangle$ 有一个 4 阶元, 与 $\mathbb{Z}_4 \times \mathbb{Z}_3$ 或 $\mathbb{Z}_{12}$ 同构.

可以用定理 12.14 来验证 $(\mathbb{Z}_4 \times \mathbb{Z}_6)/\langle(2,3)\rangle$ 与 $\mathbb{Z}_{12}$ 同构, 尽管找出同态 $\phi : \mathbb{Z}_4 \times \mathbb{Z}_6 \to \mathbb{Z}_{12}$ 是什么有点困难. 定义 $\phi : \mathbb{Z}_4 \times \mathbb{Z}_6 \to \mathbb{Z}_{12}$ 为 $\phi(a,b) = 3a +_{12} (12-2b)$. 这里将 $3a$ 和 $2b$ 解释为整数乘法, 因此 $0 \leqslant 3a < 12$ 和 $0 \leqslant 2b < 12$. 映射 ϕ 是同态, 但是还需要一些验证, 将此留给读者. 此外, $\mathrm{Ker}(\phi) = \{(a,b) \in \mathbb{Z}_4 \times \mathbb{Z}_6 | 3a = 2b\} = \{(0,0),(2,3)\} = \langle(2,3)\rangle$. 我们也可以看出 $\phi(1,1) = 1$, 这意味着 ϕ 是到 $\mathbb{Z}_{12}$ 上的满映射. 由同态基本定理,$(\mathbb{Z}_4 \times \mathbb{Z}_6)/\langle(2,3)\rangle$ 与 $\mathbb{Z}_{12}$ 同构.

例 13.12 计算 (即按照定理 9.12 分类) 群 $(\mathbb{Z} \times \mathbb{Z})/\langle(1,1)\rangle$. 如图 13.13 所示, 可以将 $\mathbb{Z} \times \mathbb{Z}$ 视为平面中坐标为整数的点. 子群 $\langle(1,1)\rangle$ 由位于过原点与 x 轴夹角为 $45°$ 的直线上的点组成, 如图所示. 陪集 $(1,0)+\langle(1,1)\rangle$ 由过点 $(1,0)$ 的 $45°$ 直线上的点组

成, 如图所示. 继续, 我们看到每个陪集都由图中一条 45° 直线上的点组成. 在商群中进行计算的这些陪集的代表元选择为

$$\cdots,(-3,0),(-2,0),(-1,0),(0,0),(1,0),(2,0),(3,0),\cdots$$

因为这些代表元对应于 x 轴上的整数点, 可以看到商群 $(\mathbb{Z}\times\mathbb{Z})/\langle(1,1)\rangle$ 与 $\mathbb{Z}$ 同构.

同样, 可以用同态基本定理作为另一种方法计算这个群. 设 $\phi:\mathbb{Z}\times\mathbb{Z}\to\mathbb{Z}$ 由 $\phi(n,m)=n-m$ 定义. 容易验证 ϕ 是群同态,ϕ 是到 $\mathbb{Z}$ 上的满射,$\mathrm{Ker}(\phi)=\{(n,m)\in\mathbb{Z}\times\mathbb{Z}|n=m\}=\langle(1,1)\rangle$. 因此, 由同态基本定理,$(\mathbb{Z}\times\mathbb{Z})/\langle(1,1)\rangle$ 与 $\mathbb{Z}$ 同构. 此外, 同构由 $\mu((n,m)+(1,1))=n-m$ 给出. 这与在上面看到的同构相同.

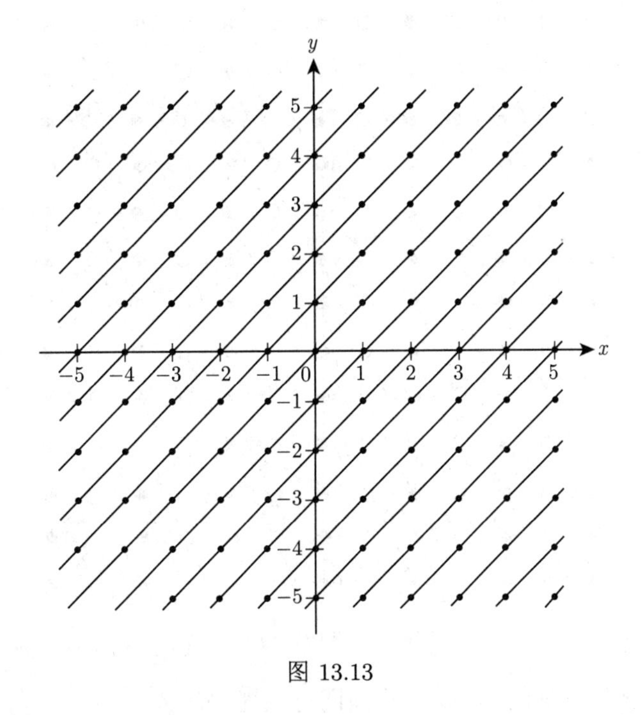

图 13.13

例 13.14 现在计算 $(\mathbb{Z}\times\mathbb{Z})/\langle(2,4)\rangle$. 这与例 13.12 类似, 但这个有一点绕. 在这个例子中, 商群有一个 2 阶元, 因为 $(1,2)\notin\langle(2,4)\rangle$, 但 $(1,2)+(1,2)\in\langle(2,4)\rangle$. 此外,$(\mathbb{Z}\times\mathbb{Z})/\langle(2,4)\rangle$ 有一个无限阶元 $(1,0)+\langle(2,4)\rangle$, 因为对任意 $n\in\mathbb{Z}^+$ 有 $(n,0)\notin\langle(2,4)\rangle$. 图 13.15 说明了这种情况. 沿直线 $y=2x$, 每隔一个格点在 $\langle(2,4)\rangle$ 中. 这些点在图中的用实心点表示. 每一条斜率为 2 的直线包含两个陪集, 一个用实心点表示, 另一个用空心点表示. 加 $(1,2)$ 相当于移动同一条直线上实心点陪集到空心点陪集, 同时移动空心点陪集中到实心点陪集. 加 $(0,1)$ 相当于将陪集从一个移动到下一个. 可以选

择实心点陪集代表元为

$$\cdots,(0,-3),(0,-2),(0,-1),(0,0),(0,1),(0,2),(0,3),\cdots$$

空心点陪集代表元为

$$\cdots,(1,-3),(1,-2),(1,-1),(1,0),(1,1),(1,2),(1,3),\cdots$$

看起来有两个整数的副本, 一个是第一个坐标为 0, 另一个是第一个坐标中为 1. 这样可以猜测 $(\mathbb{Z}\times\mathbb{Z})/\langle(2,4)\rangle$ 与 $\mathbb{Z}_2\times\mathbb{Z}$ 同构.

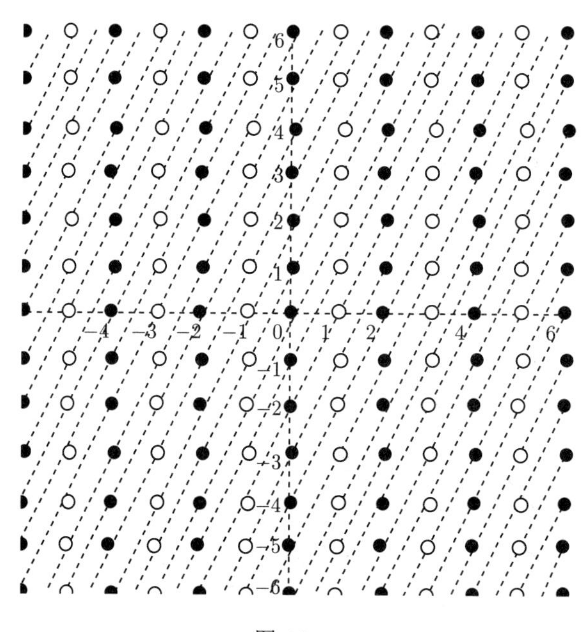

图 13.15

为了验证猜测是正确的, 需要寻找满同态映射 $\phi:\mathbb{Z}\times\mathbb{Z}\to\mathbb{Z}_2\times\mathbb{Z}$, 使得其核为 $\langle(2,4)\rangle$. 设 $\phi(a,b)=(r,2a-b)$, 其中 r 是 a 除以 2 的余数. 容易验证 ϕ 是同态. 此外,$\phi(0,-1)=(0,1)$, $\phi(1,2)=(1,0)$, 这意味着 ϕ 是到 $\mathbb{Z}\times\mathbb{Z}_2$ 的满射. 还需要计算 $\mathrm{Ker}(\phi)$.

$$\mathrm{Ker}(\phi)=\{(a,b)|b=2a\text{且}a\text{为偶}\}=\{(2n,4n)|n\in\mathbb{Z}\}=\langle(2,4)\rangle$$

因此, 由同态基本定理,$(\mathbb{Z}\times\mathbb{Z})/\langle(2,4)\rangle$ 与 $\mathbb{Z}\times\mathbb{Z}_2$ 同构, 同构映射 $\mu:(\mathbb{Z}\times\mathbb{Z})/\langle(2,4)\rangle\to\mathbb{Z}_2\times\mathbb{Z}$ 定义为 $\mu((a,b)+\langle(2,4)\rangle)=(r,2a-b)$, 其中 r 是 a 除以 2 的余数.

单群

如前一节所述, 商群的一个特征是, 它给出关于整个群结构的粗略信息. 当然, 有时可能没有非平凡的正规子群. 例如, 拉格朗日定理表明素数阶群不能有任何非平凡真子群.

定义 13.16 如果一个非平凡群没有非平凡真正规子群, 则称该群是**单群** (simple group).

定理 13.17 交错群 A_n 对于 $n \geqslant 5$ 是单的.

证明 证明见习题 41. □

除上述群外, 还有许多单群. 例如,A_5 是 60 阶的,A_6 是 360 阶的, 在它们之间有一个非素数阶单群, 是 168 阶的.

有限单群的完全确定和分类是 20 世纪数学的一个胜利. 数百名数学家从 1950 年到 1980 年一直致力于这项工作. 可以证明, 有限群有一种方式的分解使其因子为单群, 其中因子是按阶唯一的. 这种情况类似于将正整数分解为素数的乘积. 有限单群的知识可以用来解决有限群理论和组合理论的一些问题.

在本书中, 已经看到有限单交换群与 $\mathbb{Z}_p$ 同构. 1963 年, 汤普森 (Thompson) 和费特 (Feit) 发表了他们对伯恩赛德 (Burnside) 猜想的证明, 证明了每个有限非交换单群的阶是偶数, 参见文献 21. 20 世纪 70 年代, 阿什巴赫在完全分类方面做出重要进展. 20 世纪 80 年代初, 格里斯 (Griess) 宣布, 他建立了一个关于阶为

$$808,017,424,794,512,875,886,459,904,$$

$$961,710,757,005,754,368,000,000,000$$

的单群 “大魔” 群的一个预言. 阿什巴赫于 1980 年 8 月添加了分类的最终细节. 对整个分类有贡献的论文大约占 5000 个期刊页面.

现在转向群 G 的正规子群 N 的特征, 其中 G/N 是单群. 首先, 对定理 8.5 中关于群同态的结论进行补充. 证明留作习题 37 和习题 38.

定理 13.18 设 $\phi: G \to G'$ 是群同态. 如果 N 是 G 的正规子群, 则 $\phi[N]$ 是 $\phi[G]$ 的正规子群. 同样, 如果 N' 是 $\phi[G]$ 的正规子群, 则 $\phi^{-1}[N']$ 是 G 的正规子群.

定理 13.18 应视为同态 $\phi: G \to G'$ 保持 G 和 $\phi[G]$ 之间的正规子群. 需要注意的是, 即使 N 在 G 中是正规的,$\phi[N]$ 也可能在 G' 中不正规. 例如,$\phi: \mathbb{Z}_2 \to S_3$, 其中 $\phi(0) = \imath$ 和 $\phi(1) = (1,2)$ 是同态,$\mathbb{Z}_2$ 是其自身的正规子群, 但 $\{\imath, (1,2)\}$ 不是 S_3 的正规子群.

现在可以描述 G/N 是一个单群的情况.

定义 13.19 群 G 的**极大正规子群** (maximal normal subgroup) 是不等于 G 的正规子群 M, 使得没有 G 的正规子群 N 真包含 M.

定理 13.20 M 是 G 的极大正规子群当且仅当 G/M 是单群.

证明 设 M 是 G 的极大正规子群. 考虑定理 12.12 给出的典范同态 $\gamma: G \to G/M$. 那么 γ^{-1} 使得 G/M 的任何非平凡真正规子群对应于 G 的包含 M 的真正规子群. 但 M 是极大的, 所以这不会发生. 因此 G/M 是单群.

反之, 定理 13.18 说明, 如果 N 是 G 的正规子群真包含 M, 则 $\gamma[N]$ 在 G/M 中正规. 如果 $N \neq G$, 则

$$\gamma[N] \neq G/M, \gamma[N] \neq \{M\}$$

因此, 如果 G/M 是单群, 那么不可能存在这样的 $\gamma[N]$, 不可能存在这样的 N, 从而 M 是极大的. □

中心子群和换位子群

每个非交换群 G 都有两个重要的正规子群, G 的中心$Z(G)$(字母 Z 来自德语单词 zentrum, 意思是中心) 和 G 的换位子群C. 中心 $Z(G)$ 定义为

$$Z(G) = \{z \in G | zg = gz, g \in G\}$$

第 5 节的习题 59 证明 $Z(G)$ 是 G 的交换子群. 因为对每个 $g \in G$ 和 $z \in Z(G)$, 有 $gzg^{-1} = zgg^{-1} = ze = z$, 马上看到 $Z(G)$ 是 G 的一个正规子群. 如果 G 是交换的, 则 $Z(G) = G$; 在这种情况下, 中心没有用处.

例 13.21 群 G 的中心总是包含单位元 e. 可以是 $Z(G) = \{e\}$, 在这种情况下, 称 G 的**中心是平凡的** (center trivial). 例如, 验证群 S_3 的运算表 4.15 表明 $Z(S_3) = \{\imath\}$, 因此 S_3 的中心是平凡的. (这是习题 40 的一个特例, 它表明每个非交换 pq 阶群的中心是平凡的, 其中 p 和 q 是素数.) 因此,$S_3 \times \mathbb{Z}_5$ 的中心必为 $\{\imath\} \times \mathbb{Z}_5$, 与 $\mathbb{Z}_5$ 同构.

谈到换位子群, 回顾在模正规子群 N 形成 G 的商群时, 实际上把在 N 中 G 的每个元素等同于 e, 因为 N 在商群中形成了新的单位元. 这表明了商群的另一个用处. 例如, 假设需要研究非交换群 G 的结构. 由于定理 9.12 给出了有限生成交换群结构的完整信息, 尝试构造一个尽可能像 G 的交换群, 即构造 G 的一个交换版本, 可能是有趣的. 从 G 开始, 在新的群中, 要求对所有 a 和 b 有 $ab = ba$. 要求 $ab = ba$ 即要求 $aba^{-1}b^{-1} = e$. 元素 $aba^{-1}b^{-1}$ 是该群的**换位子**. 因此, 要想构造 G 的交换版本, 可以尝试将 G 的每个换位子替换为 e 来实现. 考察本段开头, 可以通过模最小正规子群去包含 G 的所有换位子, 尝试构造 G 的商群.

定理 13.22 设 G 是群. 全部换位子 $aba^{-1}b^{-1}(a,b\in G)$ 生成 G 的子群 C(**换位子群**). C 是 G 的正规子群. 此外, 如果 N 是 G 的正规子群, 那么 G/N 是交换的当且仅当 $C\leqslant N$.

证明 换位子当然生成一个子群 C; 需要证明 C 在 G 中正规. 注意, $(aba^{-1}b^{-1})^{-1}$ 还是换位子, 就是 $bab^{-1}a^{-1}$. 同时 $e=eee^{-1}e^{-1}$ 是换位子. 定理 7.7 说明 C 包含了换位子的所有有限乘积. 对于 $x\in C$, 必须证明 $g^{-1}xg\in C$ 对于所有 $g\in G$ 成立. 或者说, 如果 x 是换位子的乘积, 那么对所有 $g\in G$ 来说 $g^{-1}xg$ 也是. 在 x 中出现的每个换位子乘积之间插入 $e=gg^{-1}$, 可以看出只要对每个换位子 $cdc^{-1}d^{-1}$ 证明 $g^{-1}(cdc^{-1}d^{-1})g$ 在 C 中. 但是

$$\begin{aligned}g^{-1}(cdc^{-1}d^{-1})g&=(g^{-1}cdc^{-1})(e)(d^{-1}g)\\&=(g^{-1}cdc^{-1})(gd^{-1}dg^{-1})(d^{-1}g)\\&=[(g^{-1}c)d(g^{-1}c)^{-1}d^{-1}][dg^{-1}d^{-1}g]\end{aligned}$$

它在 C 中. 因此 C 在 G 中是正规的.

只要对商群有正确的感觉, 定理的余下部分证明就显而易见了.G/C 是交换的写出来就如下:

$$(aC)(bC)=abC=ab(b^{-1}a^{-1}ba)C$$

$$=(abb^{-1}a^{-1})baC=baC=(bC)(aC)$$

此外, 如果 N 是 G 的正规子群, 并且 G/N 是交换的, 那么 $(a^{-1}N)(b^{-1}N)=(b^{-1}N)(a^{-1}N)$, 即 $aba^{-1}b^{-1}N=N$, 因此 $aba^{-1}b^{-1}\in N$, 即 $C\leqslant N$. 最后, 如果 $C\leqslant N$, 那么

$$(aN)(bN)=abN=ab(b^{-1}a^{-1}ba)N$$

$$=(abb^{-1}a^{-1})baN=baN=(bN)(aN)$$ □

例 13.23 用对称群 S_3 中循环的记号, 一个换位子为

$$(1,2,3)(2,3)(1,2,3)^{-1}(2,3)^{-1}=(1,2,3)(2,3)(1,3,2)(2,3)=(1,3,2)$$

所以换位子群 C 包含交错群 $\langle(1,3,2)\rangle=A_3$. 因为 S_3/A_3 是交换的 (与 $\mathbb{Z}_2$ 同构), 定理 13.22 表明 $C\leqslant A_3$. 因此,A_3 就是换位子群.

习题

计算

在习题 1~14 中, 根据有限生成交换群基本定理对给定的群进行分类.

1. $(\mathbb{Z}_2 \times \mathbb{Z}_4)/\langle(0,1)\rangle$.

2. $(\mathbb{Z}_2 \times \mathbb{Z}_4)/\langle(0,2)\rangle$.

3. $(\mathbb{Z}_2 \times \mathbb{Z}_4)/\langle(1,2)\rangle$.

4. $(\mathbb{Z}_4 \times \mathbb{Z}_8)/\langle(1,2)\rangle$.

5. $(\mathbb{Z}_4 \times \mathbb{Z}_4 \times \mathbb{Z}_8)/\langle(1,2,4)\rangle$.

6. $(\mathbb{Z} \times \mathbb{Z})/\langle(0,1)\rangle$.

7. $(\mathbb{Z} \times \mathbb{Z})/\langle(0,2)\rangle$.

8. $(\mathbb{Z} \times \mathbb{Z} \times \mathbb{Z})/\langle(1,1,1)\rangle$.

9. $(\mathbb{Z} \times \mathbb{Z} \times \mathbb{Z}_4)/\langle(3,0,0)\rangle$.

10. $(\mathbb{Z} \times \mathbb{Z} \times \mathbb{Z}_8)/\langle(0,4,0)\rangle$.

11. $(\mathbb{Z} \times \mathbb{Z})/\langle(2,2)\rangle$.

12. $(\mathbb{Z} \times \mathbb{Z} \times \mathbb{Z})/\langle(3,3,3)\rangle$.

13. $(\mathbb{Z} \times \mathbb{Z})/\langle(2,6)\rangle$.

14. $(\mathbb{Z} \times \mathbb{Z} \times \mathbb{Z}_2)/\langle(1,1,1)\rangle$.

15. 找出 D_4 的中心子群和换位子群.

16. 找出 $\mathbb{Z}_3 \times S_3$ 的中心子群和换位子群.

17. 找出 $S_3 \times D_4$ 的中心子群和换位子群.

18. 描述群 $\mathbb{Z}_4 \times \mathbb{Z}_4$ 中所有阶小于或等于 4 的子群, 并用定理 9.12 求 $\mathbb{Z}_4 \times \mathbb{Z}_4$ 模每个子群的商群. 例如, 描述子群使得 $\mathbb{Z}_4 \times \mathbb{Z}_4$ 模该子群的商群与 $\mathbb{Z}_2 \times \mathbb{Z}_4$ 同构, 或是其他情况. (*提示*: $\mathbb{Z}_4 \times \mathbb{Z}_4$ 有六个不同的循环 4 阶子群. 用生成元来描述它们, 例如子群 $\langle(1,0)\rangle$. 有一个与克莱因四元群同构的 4 阶子群. 共有三个 2 阶子群.)

概念

在习题 19~20 中, 不参考书本, 根据需要更正楷体术语的定义, 使其成立.

19. 群 G 的*中心*包含 G 的所有与 G 的每个元素交换的元素.

20. 群 G 的*换位子群*是 $\{a^{-1}b^{-1}ab | a,b \in G\}$.

21. 判断下列命题的真假.

a. 循环群的商群是循环的.

b. 非循环群的商群是非循环的.

c. 加法群 $\mathbb{R}/\mathbb{Z}$ 没有 3 阶元.

d. 加法群 $\mathbb{R}/\mathbb{Q}$ 没有 2 阶元.

e. 加法群 $\mathbb{R}/\mathbb{Z}$ 有无穷多个 4 阶元.

f. 如果群 G 的换位子群 C 是 $\{e\}$, 那么 G 是交换群.

g. 如果 G/H 是交换群, 则 G 的换位子群 C 包含 H.

h. 单群 G 的换位子群是 G 本身.

i. 非交换单群 G 的换位子是 G 本身.

j. 非平凡的有限单群是素数阶的.

在习题 22~25 中, 设 F 是将 $\mathbb{R}$ 映射到 $\mathbb{R}$ 的所有函数的加法群, 设 F^* 为 F 的在 $\mathbb{R}$ 的任何点上都不取 0 值的所有函数的乘法群.

22. 设 K 是由常函数构成的 F 的子群. 找出与 F/K 同构的 F 的子群.

23. 设 K^* 是由非零常数函数构成的 F^* 的子群. 找出与 F^*/H^* 同构的 F^* 的子群.

24. 设 K 是 F 中连续函数构成的子群.F/K 中有 2 阶元吗? 为什么?

25. 设 K^* 是由 F^* 中连续函数构成的子群.F^*/K^* 中有 2 阶元吗? 为什么?

在习题 26~28 中, 设 U 是乘法群 $\{z \in \mathbb{C}||z| = 1\}$.

26. 设 $z_0 \in U$. 证明 $z_0U = \{z_0z|z \in U\}$ 是 U 的子群, 计算 U/z_0U.

27. 群 $U/\langle -1\rangle$ 与书中提到的哪个群同构?

28. 设 $\xi_n = \cos(2\pi/n) + \mathrm{i}\sin(2\pi/n)$, 其中 $n \in \mathbb{Z}^+$. 群 $U/\langle\xi_n\rangle$ 与书中提到的哪个群同构?

29. 加法群 $\mathbb{R}/\mathbb{Z}$ 与书中提到的哪个群同构?

30. 找出一个群 G 的例子, 使得 G 没有阶大于 1 的有限阶元, 有正规子群 $H \trianglelefteq G, H \neq G$, 而且 G/H 的每个元素都是有限阶的.

31. 设 H 和 K 是群 G 的正规子群. 举例说明可能有 $H \cong K$, 但是 G/H 与 G/K 不同构.

32. 描述下面单群的中心.

a. 交换群. b. 非交换群.

33. 描述下面单群的换位子群.

a. 交换群. b. 非交换群.

证明概要

34. 给出定理 13.9 证明的一句话概要.

35. 给出定理 13.20 的证明的至多两句话概要.

理论

36. 证明如果有限群 G 包含指数为 2 的非平凡子群, 则 G 不是单的.

37. 设 $\phi: G \to G'$ 是群同态,N 是 G 的正规子群. 证明 $\phi[N]$ 是 $\phi[G]$ 的正规子群.

38. 设 $\phi: G \to G'$ 是群同态,N' 是 G' 的正规子群. 证明 $\phi^{-1}[N']$ 是 G 的正规子群.

39. 证明如果 G 是非交换群, 那么商群 $G/Z(G)$ 不是循环的. (提示: 证明等价的逆否命题, 即如果 $G/Z(G)$ 是循环的, 那么 G 是交换的 (因此 $Z(G) = G$).)

40. 用习题 39, 证明 pq 阶的非交换群 G(其中 p 和 q 是素数) 的中心是平凡的.

41. 按照给出的步骤和提示证明 A_n 对 $n \geqslant 5$ 是单群.

a. 对 $n \geqslant 3$, 证明 A_n 包含每个 3 循环.

b. 对 $n \geqslant 3$, 证明 A_n 由 3 循环生成. (提示: 注意 $(a, b)(c, d) = (a, c, b)(a, c, d)$, $(a, c)(a, b) = (a, b, c)$.)

c. 对 $n \geqslant 3$, 设 r 和 s 是 $\{1, 2, \cdots, n\}$ 中的固定元素. 证明 A_n 是由 n 个形如 (r, s, i) 的特殊 3 循环生成的, $1 \leqslant i \leqslant n$. (提示: 证明每个 3 循环是特殊的 3 循环的乘积, 计算

$$(r, s, i)^2, (r, s, j)(r, s, i)^2, (r, s, j)^2(r, s, i)$$

和

$$(r, s, i)^2(r, s, k)(r, s, j)^2(r, s, i)$$

观察这些乘积提供所有可能的 3 循环.)

d. 对 $n \geqslant 3$, 设 N 是 A_n 的正规子群. 证明如果 N 包含 3 循环, 则 $N = A_n$. (提示: 通过计算

$$((r, s)(i, j))(r, s, i)^2((r, s)(i, j))^{-1}$$

证明由 $(r, s, i) \in N$ 推出 $(r, s, j) \in N$, 对 $j = 1, 2, \cdots, n$.)

e. 对 $n \geqslant 5$, 设 N 是 A_n 的非平凡正规子群. 证明以下情况之一必须成立, 并在每种情况下得出 $N = A_n$.

情况 I. N 包含 3 循环.

情况 II. N 包含不相交循环的乘积, 其中至少一个循环的长度大于 3. (提示: 假设 N 包含不相交循环的乘积 $\sigma = \mu(a_1, a_2, \cdots, a_r)$. 证明 $\sigma^{-1}(a_1, a_2, a_3)\sigma(a_1, a_2, a_3)^{-1}$ 在 N 中, 并计算出结果.)

情况 III. N 包含形如 $\sigma = \mu(a_4, a_5, a_6)(a_1, a_2, a_3)$ 的不相交循环乘积. (提示: 证明 $\sigma^{-1}(a_1, a_2, a_4)\sigma(a_1, a_2, a_4)^{-1}$ 在 N 中, 并计算出结果.)

情况 IV. N 包含形如 $\sigma = \mu(a_1, a_2, a_3)$ 的不相交循环乘积, 其中 μ 是不相交 2 循环的乘积. (提示: 证明 $\sigma^2 \in N$ 并计算出结果.)

情况 V. N 包含形如 $\sigma = \mu(a_3, a_4)(a_1, a_2)$ 的不相交循环乘积, 其中 μ 是偶数个不相交 2 循环的乘积. (提示: 证明 $\sigma^{-1}(a_1, a_2, a_3)\sigma(a_1, a_2, a_3)^{-1}$ 在 N 中, 计算并推出 $\alpha = (a_2, a_4)(a_1, a_3)$ 在 N 中. 根据 $n \geqslant 5$, 可以在 $\{1, 2, \cdots, n\}$ 找出 $i \neq a_1, a_2, a_3, a_4$. 设 $\beta = (a_1, a_3, i)$. 证明 $\beta^{-1}\alpha\beta\alpha \in N$, 并计算出结果.)

42. 设 N 是群 G 的正规子群,H 是 G 的任意子群. 设 $HN = \{hn | h \in H, n \in N\}$. 证明 HN 是 G 的子群, 是同时包含 N 和 H 的最小子群.

43. 参考上一个习题, 设 M 也是群 G 的正规子群. 证明 NM 也是 G 的正规子群.

44. 证明如果 H 和 K 是群 G 的正规子群,$H \cap K = \{e\}$, 那么对所有 $h \in H$ 和 $k \in K$ 有 $hk = kh$. (提示: 考虑换位子 $hkh^{-1}k^{-1} = (hkh^{-1})k^{-1} = h(kh^{-1}k^{-1})$.)

45. 参考前面三个习题, 设 H 和 K 是群 G 的正规子群,$HK = G$ 和 $H \cap K = \{e\}$. 证明 G 与 $H \times G$ 同构.

3.14 群在集合上的作用 ㊀

我们已经看到群作用于对象的例子, 比如三角形或正方形对称群、立方体的旋转群, 以及一般线性群作用于 $\mathbb{R}^n$ 等. 本节将给出群作用的一般概念, 用它来学习更多有限群的知识. 下一节将介绍在计数中的应用.

群作用的概念

定义 1.1 给出了集合 S 上二元运算 $*$ 是 $S \times S$ 到 S 的映射. 运算 $*$ 给出了 S 中元素 s_1 与 s_2"相乘" 的规则, 得出 S 中元素 $s_1 * s_2$.

一般来说, 对于任何集合 A, B, C, 都可以将映射 $* : A \times B \to C$ 视为定义的一种"乘法", 其中 A 的任意元素 a 乘以 B 的任意元素 b 得到 C 的某个元素 c. 当然, 写作 $a * b = c$, 或者简单地写成 $ab = c$. 在本节中, 将关注 X 是一个集合,G 是一个群, 映射 $* : G \times X \to X$. 把 $*(g, x)$ 写作 $g * x$ 或 gx.

例 14.1 设 $G = \mathrm{GL}(n, \mathbb{R})$, 而 X 为 $\mathbb{R}$ 中所有列向量的集合. 那么对于任何矩阵 $\boldsymbol{A} \in G$ 和向量 $\boldsymbol{v} \in X$, $\boldsymbol{Av}$ 是 X 中的向量, 因此乘法是一种作用 $* : G \times X \to X$. 由线性代数知, 如果 $\boldsymbol{B}$ 也是 G 中的矩阵, 那么 $(\boldsymbol{AB})\boldsymbol{v} = \boldsymbol{A}(\boldsymbol{Bv})$. 此外, 对于单位矩阵 $\boldsymbol{I}$, $\boldsymbol{Iv} = \boldsymbol{v}$.

例 14.2 设 G 为二面体群 D_n, 那么 D_n 中元素置换集合 $\mathbb{Z}_n = \{0, 1, 2, 3, \cdots, n-1\}$.

㊀ 本节内容只在第 15 节和第 17 节中需要.

例如,$\rho(k) = k +_n 1$. 因此有一个作用 $*: D_n \times \mathbb{Z}_n \to \mathbb{Z}_n$. 此外, 如果 $\alpha, \gamma \in D_n$ 和 $k \in \mathbb{Z}_n$, 那么 $(\alpha\gamma)(k) = \alpha(\gamma(k))$ 和 $\imath(k) = k$.

前面的两个例子有相同的性质, 将在定义 14.3 中描述.

定义 14.3 设 X 为集合,G 为群.G 对 X 的**作用** (action) 是一个映射 $*: G \times X \to X$ 满足

1. $ex = x$ 对所有 $x \in X$.

2. $(g_1 g_2)(x) = g_1(g_2 x)$ 对所有 $x \in X$ 和所有 $g_1, g_2 \in G$.

此时称 X 为 G **集**.

例 14.4 设 X 为任意集合, H 为 X 的所有置换的群 S_X 的子群. 那么 X 是一个 H 集, 其中 $\sigma \in H$ 在 X 上的作用是其作为 S_X 的元素的作用, 因此对所有 $x \in X$ 有 $\sigma x = \sigma(x)$. 条件 2 是以映射复合为置换乘法的结果, 条件 1 直接从单位置换是恒等映射得到. 注意, 特别地, $\{1, 2, 3, \cdots, n\}$ 是 S_n 集.

下一个定理表明, 对于每个 G 集 X 和每个 $g \in G$. 由 $\sigma_g(x) = gx$ 定义的映射 $\sigma_g: X \to X$ 是 X 上的置换, 并且存在同态 $\phi: G \to S_X$ 使得 G 对 X 的作用本质上是例 14.4 中的 S_X 的子群 $H = \phi[G]$ 对 X 的作用. 因此, S_X 的子群的作用在 X 上描述了 X 上所有可能的群作用. 在研究集合 X 时, 用 S_X 的子群作用就足够了. 然而, 有时通过群 G 对 X 的作用, 来研究 G, 因此需要比定义 14.3 更一般的概念.

定理 14.5 设 X 是 G 集. 对每个 $g \in G$, 由 $\sigma_g(x) = gx$ 定义的映射 $\sigma_g: X \to X$ 是 X 上的置换. 此外, 由 $\phi(g) = \sigma_g$ 定义的映射 $\phi: G \to S_X$ 是一个同态, 满足 $\phi(g)(x) = gx$.

证明 为了证明 σ_g 是 X 的置换, 必须证明 σ_g 是 X 自身上的既单又满映射. 设对 $x_1, x_2 \in X$,$\sigma_g(x_1) = \sigma_g(x_2)$, 则 $gx_1 = gx_2$. 因此 $g^{-1}(gx_1) = g^{-1}(gx_2)$. 用定义 14.3 中的条件 2, 可以看到 $(g^{-1}g)x_1 = (g^{-1}g)x_2$, 所以 $ex_1 = ex_2$. 由定义的条件 1, 得到 $x_1 = x_2$, 所以 σ_g 是单的. 定义的两个条件表明, 对于 $x \in X$, 有 $\sigma_g(g^{-1}x) = g(g^{-1})x = (gg^{-1})x = ex = x$, 所以 σ_g 是 X 到 X 上的满射. 因此 σ_g 是置换.

为了证明由 $\phi(g) = \sigma_g$ 定义的 $\phi: G \to S_X$ 是同态, 必须证明对所有 $g_1, g_2 \in G$, $\phi(g_1 g_2) = \phi(g_1)\phi(g_2)$. 通过证明它们都把 $x \in X$ 映射到同一元素, 来证明在 S_X 中这两个置换相等. 用定义 14.3 中的两个条件和映射复合法则, 得到

$$\phi(g_1 g_2)(x) = \sigma_{g_1 g_2}(x) = (g_1 g_2)x = g_1(g_2 x) = g_1 \sigma_{g_2}(x)$$

$$= \sigma_{g_1}(\sigma_{g_2}(x)) = (\sigma_{g_1} \circ \sigma_{g_2})(x) = (\sigma_{g_1}\sigma_{g_2})(x) = (\phi(g_1)\phi(g_2))(x)$$

因此 ϕ 是同态. ϕ 的性质由 ϕ 定义得, 有

$$\phi(g)(x) = \sigma_g(x) = gx \qquad \square$$

根据前面的定理和定理 12.17, 如果 X 是 G 集, 那么使 X 的每个元素不变的 G 的子集是 G 的正规子群 N, 可以将 X 看作一个 G/N 集, 其中陪集 gN 对 X 的作用由 $(gN)X = gx$ 给出,$x \in X$. 如果 $N = \{e\}$, 那么 G 的单位元是唯一使每个 $x \in X$ 不变的元素, 称 G **忠实地作用** (act faithfully) 于 X. 如果对每个 $x_1, x_2 \in X$, 存在 $g \in G$, 使得 $gx_1 = x_2$, 称群 G 是**传递** (transitive) 作用于 G 集 X.

继续介绍更多 G 集的例子.

例 14.6 每个群 G 本身是一个 G 集, 其中 $g_1 \in G$ 作用于 $g_2 \in G$ 由左乘给出. 也就是说, $*(g_1, g_2) = g_1g_2$. 如果 H 是 G 的一个子群, 也可以把 G 看作 H 集, 其中 $*(h, g) = hg$.

例 14.7 设 H 是 G 的子群, 那么 G 是共轭作用下的 H 集, 其中 $*(h, g) = hgh^{-1}$, 对于 $g \in G$ 和 $h \in H$. 条件 1 明显满足, 对于条件 2, 注意

$$*(h_1h_2, g) = (h_1h_2)g(h_1h_2)^{-1} = h_1(h_2gh_2^{-1})h_1^{-1} = *(h_1, *(h_2, g))$$

一般把 H 对 G 的这个作用写成共轭 hgh^{-1}. 前面定义中的缩写 hg 会导致与 G 上群运算的混淆.

例 14.8 设 H 是 G 的子群,L_H 是 H 的所有左陪集的集合, 那么 L_H 是 G 集, 其中 $g \in G$ 作用于左陪集 xH 由 $g(xH) = (gx)H$ 给出. 注意这个作用是良好定义的: 如果 $yH = xH$, 那么 $y = xh$ 对某个 $h \in H$, 于是 $g(yH) = (gy)H = (gxh)H = (gx)(hH) = (gx)H = g(xH)$. 一系列习题表明每个 G 集都同构于某个用左陪集作为基本模块构成的 G 集.(见习题 22~25.)

例 14.9 仔细考察二面体群 D_4, 它置换了如图 14.10 所示的正方形的顶点. 将顶点标记为通常的 $0, 1, 2, 3$, 边为 s_0, s_1, s_2, s_3, 边的中点为 P_0, P_1, P_2, P_3, 对角线为 d_1, d_2, 对边中点连线为 m_1, m_2, 将线段 d_1, d_2, m_1, m_2 的交点记为 C.

集合

$$X = \{0, 1, 2, 3, s_0, s_1, s_2, s_3, m_1, m_2, d_1, d_2, C, P_0, P_1, P_2, P_3\}$$

以自然方式构成 D_4 集. 表 14.11 展示了 D_4 对 X 的作用. 回顾,$\imath$ 是单位变换,ρ_k 是 $k\pi/2$ 的旋转,μ 是关于直线 d_2 的反射. 从表中看出 $\mu\rho$ 是关于直线 m_1 的反射,$\mu\rho^2$ 是关于直线 d_1 的反射, $\mu\rho^3$ 是关于直线 m_2 的反射. 在继续往下之前, 值得花一点时间来理解表 14.11 是如何构建的.

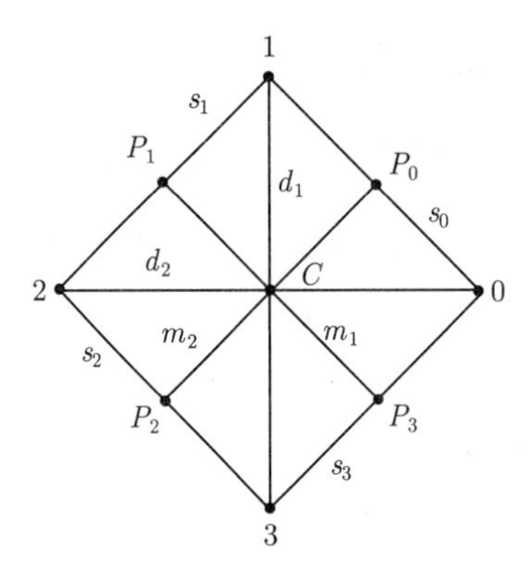

图 14.10

表 14.11

	0	1	2	3	s_0	s_1	s_2	s_3	m_1	m_2	d_1	d_2	C	P_0	P_1	P_2	P_3
ι	0	1	2	3	s_0	s_1	s_2	s_3	m_1	m_2	d_1	d_2	C	P_0	P_1	P_2	P_3
ρ	1	2	3	0	s_1	s_2	s_3	s_0	m_2	m_1	d_2	d_1	C	P_1	P_2	P_3	P_0
ρ^2	2	3	0	1	s_2	s_3	s_0	s_1	m_1	m_2	d_1	d_2	C	P_2	P_3	P_0	P_1
ρ^3	3	0	1	2	s_3	s_0	s_1	s_2	m_2	m_1	d_2	d_1	C	P_3	P_0	P_1	P_2
μ	0	3	2	1	s_3	s_2	s_1	s_0	m_2	m_1	d_1	d_2	C	P_3	P_2	P_1	P_0
$\mu\rho$	3	2	1	0	s_2	s_1	s_0	s_3	m_1	m_2	d_2	d_1	C	P_2	P_1	P_0	P_3
$\mu\rho^2$	2	1	0	3	s_1	s_0	s_3	s_2	m_2	m_1	d_1	d_2	C	P_1	P_0	P_3	P_2
$\mu\rho^3$	1	0	3	2	s_0	s_3	s_2	s_1	m_1	m_2	d_2	d_1	C	P_0	P_3	P_2	P_1

稳定子群

设 X 是一个 G 集. 设 $x \in X$ 和 $g \in G$. 知道 $gx = x$ 是很重要的. 令

$$X_g = \{x \in X | gx = x\}, G_x = \{g \in G | gx = x\}.$$

例 14.12　对于例 14.9 中的 D_4 集 X, 有

$$X_\imath = X, X_\rho = \{C\}, X_\mu = \{0, 2, d_1, d_2, C\}$$

此外, 用相同的 D_4 作用于 X 上,

$$G_0 = \{\imath, \mu\}, G_{s_2} = \{\imath, \mu\rho^3\}, G_{d_1} = \{\imath, \rho^2, \mu, \mu\rho^2\}$$

将 X_σ 和 G_x 的其他集合的计算留作习题 1 和习题 2.

注意, 在上述例子中给出的子集 G_x 都是 G 的子群, 这在通常情况下是对的.

定理 14.13 X 是 G 集. 那么对 $x \in X$,G_x 是 G 的子群.

证明 设 $x \in X$, 且设 $g_1, g_2 \in G_x$. 那么 $g_1x = x, g_2x = x$. 因此,$(g_1g_2)x = g_1(g_2x) = g_1x = x$, 所以 $g_1g_2 \in G_x$,G_x 在 G 诱导的运算下封闭. 当然,$ex = x$, 所以 $e \in G_x$. 如果 $g \in G_x$, 那么 $gx = x$, 所以 $x = ex = (g^{-1}g)x = g^{-1}(gx) = g^{-1}x$, 因此 $g^{-1} \in G_x$. 因此 G_x 是 G 的一个子群. □

定义 14.14 设 X 是 G 集, 设 $x \in X$. 子群 G_x 称为 x 的**稳定子群** (isotropy subgroup).

轨道

对于例 14.9 中具有表 14.11 中作用的 D_4 集 X, 子集 $\{0, 1, 2, 3\}$ 的元素在 D_4 的作用下还是这个子集中的元素. 此外, 元素 $0, 1, 2, 3$ 中的每一个都可由 D_4 的不同元素映射到该子集的所有其他元素. 可以证明, 每个 G 集 X 可以划分为该类型的子集的并.

定理 14.15 设 X 是 G 集. 对于 $x_1, x_2 \in X$, 令 $x_1 \sim x_2$ 当且仅当存在 $g \in G$ 使得 $gx_1 = x_2$. 那么 $\sim$ 是 X 上的一个等价关系.

证明 对每个 $x \in X$, 有 $ex = x$, 所以 $x \sim x$, 即 $\sim$ 是反身的.

设 $x_1 \sim x_2$, 所以对于某个 $g \in G$,$gx_1 = x_2$. 那么 $g^{-1}x_2 = g^{-1}(gx_1) = (g^{-1}g)x_1 = ex_1 = x_1$, 因此 $x_2 \sim x_1$, 即 $\sim$ 是对称的.

最后, 如果 $x_1 \sim x_2$ 及 $x_2 \sim x_3$, 对某个 $g_1, g_2 \in G$ 有 $g_1x_1 = x_2$ 和 $g_2x_2 = x_3$. 那么 $(g_2g_1)x_1 = g_2(g_1x_1) = g_2x_2 = x_3$, 所以 $x_1 \sim x_3$, 即 $\sim$ 是传递的. □

定义 14.16 设 X 是 G 集. 定理 14.15 中的等价关系的等价类, 称为 X 中 G 作用下的**轨道** (orbit). 如果 $x \in X$, 包含 x 的类称为 x 的**轨道**, 记为 Gx.

X 的轨道和 G 的群结构之间的关系是许多应用的核心. 下面的定理给出了这个关系. 回顾, 对于一个集合 X, 用 $|X|$ 表示 X 中元素的个数,$(G : H)$ 是群 G 中的子群 H 的指数.

定理 14.17 X 是 G 集, 设 $x \in X$. 有 $|Gx| = (G : G_x)$. 如果 $|G|$ 是有限的, 则 $|Gx|$ 是 $|G|$ 的因数.

证明 需要定义一个从 Gx 到 G_x 在 G 中左陪集的集合的既单又满映射 ψ. 设 $x_1 \in Gx$. 存在 $g_1 \in G$ 使得 $g_1x = x_1$. 定义 $\psi(x_1)$ 为 G_x 的左陪集 g_1G_x. 必须证明, 这个映射 ψ 是良好定义的, 独立于使得 $g_1x = x_1$ 的 $g_1 \in G$ 的选择. 假设还有 $g_1'x = x_1$, 那么 $g_1x = g_1'x$, 所以 $g_1^{-1}(g_1x) = g_1^{-1}(g_1'x)$, 由此推出 $x = (g_1^{-1}g_1')x$, 因此 $g_1^{-1}g_1' \in G_x$, 所以 $g_1' \in g_1G_x$,$g_1G_x = g_1'G_x$. 因此, 映射 ψ 是良好定义的.

为了证明映射 ψ 是单的, 假设 $x_1, x_2 \in Gx$, 且 $\psi(x_1) = \psi(x_2)$. 那么存在 $g_1, g_2 \in G$

使得 $x_1 = g_1x, x_2 = g_2x$, 有 $g_2 \in g_1G_x$. 因此 $g_2 = g_1g$ 对某个 $g \in G_x$, 所以 $x_2 = g_2x = g_1(gx) = g_1x = x_1$. 于是 ψ 是单的.

最后, 证明 G_x 在 G 中的每个左陪集都有形式 $\psi(x_1)$, 对于某个 $x_1 \in Gx$. 设 g_1G_x 是一个左陪集. 设 $g_1x = x_1$, 则有 $g_1G_x = \psi(x_1)$. 因此 ψ 将 Gx 既单又满地映射到左陪集集合上, 所以 $|Gx| = (G : G_x)$.

如果 $|G|$ 是有限的, 那么等式 $|G| = |G_x|(G : G_x)$ 说明 $|Gx| = (G : G_x)$ 是 $|G|$ 的因数. □

例 14.18　设 X 是例 14.9 中的 D_4 集, 表 14.11 给出了作用表. 对 $G = D_4$, 有 $G_0 = \{\imath, \mu\}$. 因为 $|G| = 8$, 所以 $|G0| = (G : G_0) = 4$. 从表 14.11, 看到 $G0 = \{0, 1, 2, 3\}$ 确有四个元素.

不仅要记住定理 14.17 中的基数等式, 还要记住将 x 映射为 g_1x 的 G 的元素正是左陪集 g_1G_x 的元素. 也就是说, 如果 $g \in G_x$, 则 $(g_1g)x = g_1(gx) = g_1x$. 另一方面, 如果 $g_2x = g_1x$, 有 $g_1^{-1}(g_2x) = x$, 所以 $(g_1^{-1}g_2)x = x$. 因此 $g_1^{-1}g_2 \in G_x$, 所以 $g_2 \in g_1G_x$.

G 集在有限群中的应用

定理 14.17 是研究有限群的一个非常有用的定理. 假设 X 是有限群 G 的一个 G 集, 从 X 的每个轨道中选取一个元素形成集合 $S = \{x_1, x_2, \cdots, x_r\}$, 其中下标这样排列, 如果 $i \leqslant j$, 则有 $|Gx_i| \geqslant |Gx_j|$. 也就是说, 按轨道大小排列, 最大的在前, 最小的在后. X 中的每一个元素正好在一个轨道上, 所以

$$|X| = \sum_{i=1}^{r} |Gx_i| \tag{1}$$

令 $X_G = \{x \in X | gx = x, g \in G\}$. 也就是说,$X_G$ 是 X 的所有轨道大小为 1 的元素的集合. 因此, 由式 (1),

$$|X| = |X_G| + \sum_{i=1}^{s} |Gx_i| \tag{2}$$

在这里, 只需要将所有只有一个元素的轨道放在 X_G 中, 剩下 s 个轨道每个至少包含两个元素. 虽然式 (2) 只是说如果把所有轨道的大小加起来, 就可以计算 X 的所有元素个数, 当结合定理 14.17, 它给出了一些非常有趣的结果. 本节余下部分给出一些这样的结论. 在第 17 节中, 将用式 (2) 来证明西罗定理.

本节余下部分, 假设 p 是素数.

定理 14.19　设 G 是含有 p^n 个元素的群. 如果 X 是 G 集, 则 $|X| \equiv |X_G| \bmod p$.

证明 用式 (2),

$$|X|=|X_G|+\sum_{i=1}^{s}|Gx_i|$$

因为对每个 $i\leqslant s,|Gx_i|\geqslant 2$, 且 $|Gx_i|=(G:G_{x_i})$ 是 $|G|=p^n$ 的因数, 由定理 14.17,p 整除和式 $\sum_{i=1}^{s}|Gx_i|$ 中的每一项, 因此 $|X|\equiv|X_G|(\bmod p)$. □

知道 k 整除群的阶并不足以假设该群有一个 k 阶子群. 例如, A_4 没有 6 阶子群. 一般来说, 如果 $n\geqslant 4$, 则 A_n 没有指数为 2 的子群. 好的方面, 如第 2 节的习题 29 中, 要求证明如果一个群有偶数个元素, 则有一个 2 阶元. 定理 14.20 推广了这个结果, 证明如果素数 p 整除群的阶, 则群具有 p 阶元. 这个定理的证明依赖于定理 14.19.

定理 14.20 (柯西定理) *设 G 是一个群,p 整除 G 的阶, 那么 G 有一个 p 阶元, 因此有 p 阶子群.*

证明 令

$$X=\{(g_0,g_1,g_2,\cdots,g_{p-1})|g_0,g_1,\cdots,g_{p-1}\in G,g_0g_1g_2\cdots g_{p-1}=e\}$$

也就是说,X 是所有 G 中 p 元组的集合, 使得其分量依次的乘积是 G 的单位元 e. 因为乘积是 e, 所以 $g_0=(g_1g_2\cdots g_{p-1})^{-1}$, 因此给定任何 $g_1g_2\cdots g_{p-1}\in G$, 通过选择 $g_0=(g_1g_2\cdots g_{p-1})^{-1}$, 在 X 中得到一个元素. 因此 $|X|=|G|^{p-1}$, 特别地, p 整除 X 的阶, 因为 p 整除 G 的阶.

假设 $(g_0,g_1,g_2,\cdots,g_{p-1})\in X$, 由于 $g_0=(g_1g_2\cdots g_{p-1})^{-1}$, 因此 $(g_1,g_2,\cdots,g_{p-1},g_0)$ 在 X 中. 重复此过程, 注意 $g_1=(g_2g_3\cdots g_{p-1}g_0)^{-1}$. 得到 $(g_2,g_3,g_4,\cdots,g_{p-1},g_0,g_1)\in X$. 继续这种方式, 对任何 $k\in\mathbb{Z}_p$, 有

$$(g_k,g_{k+_p1},g_{k+_p2},\cdots,g_{k+_p(p-1)})\in X$$

可以验证这给出了 X 上 $\mathbb{Z}_p$ 的群作用. 设 $k\in\mathbb{Z}_p$ 和 $(g_0,g_1,g_2,\cdots,g_{p-1})\in X$, 有

$$k(g_0,g_1,g_2,\cdots,g_{p-1})=(g_k,g_{k+_p1},g_{k+_p2},\cdots,g_{k+_p(p-1)})\in X$$

因为

$$0(g_0,g_1,g_2,\cdots,g_{p-1})=(g_0,g_1,g_2,\cdots,g_{p-1})$$

及

$$k(l(g_0,g_1,g_2,\cdots,g_{p-1}))=k(g_l,g_{l+_p1},g_{l+_p2},\cdots,g_{l+_p(p-1)})$$

$$= (g_{k+_pl}, g_{k+_pl+_p1}, \cdots, g_{k+_pl+_p(p-1)}) = (k+_p l)(g_0, g_1, g_2, \cdots, g_{p-1})$$

这确实是一个群作用.

根据定理 14.19, $0 \equiv |X| \equiv |X_{\mathbb{Z}_p}| \pmod p$. 而 p 元组 $(e, e, \cdots, e)$ 在 $X_{\mathbb{Z}_p}$ 中因为重新排列分量不会改变这个 p 元组. 由于 $X_{\mathbb{Z}_p}$ 至少包含一个元素且 p 整除 $|X_{\mathbb{Z}_p}|$, 所以 $X_{\mathbb{Z}_p}$ 包含除 $(e, e, \cdots, e)$ 以外的元素形如 $(a, a, \cdots, a), a \neq e$, 必有 $a^p = e$. 所以 a 是 p 元阶, 它生成的子群是 G 的一个 p 阶子群. □

定义 14.21 *群中的每个元素都是 p 的幂, 称该群为 p 群. 群的子群若是 p 群, 则称该子群为一个 p 子群.*

例 14.22 群 D_{16} 是一个 2 群, 因为 D_{16} 的任何元素的阶整除 $|D_{16}| = 32$.

例 14.23 由有限生成交换群基本定理, 有限交换群是 p 群当且仅当它同构于

$$\mathbb{Z}_{p^{r_1}} \times \mathbb{Z}_{p^{r_2}} \times \mathbb{Z}_{p^{r_3}} \times \cdots \times \mathbb{Z}_{p^{r_n}}$$

这是因为如果有一个形如 $\mathbb{Z}_{q^s}$ 的因子, 其中 $q \neq p$ 是素数以及 $s \geqslant 1$, 那么 G 中有一个 q^s 阶的元素, 不是 p 的幂.

在习题 30 中, 要求证明对于有限群 G,G 是 p 群当且仅当 G 的阶是 p 的幂.

下一个定理给出, 任何有限 p 群都有非平凡的正规子群, 即群的中心.

定理 14.24 *设 G 是有限 p 群, 那么 G 的中心 $Z(G)$ 不是平凡子群.*

证明 令 $X = G$, 用共轭作用把 X 变成 G 集. 也就是说, $*(g, a) = gag^{-1}$. 由式 (2) 有 $0 \equiv |X| \equiv |X_G| \pmod p$. 对所有 $g \in G$, $geg^{-1} = e$, 所以 X_G 至少有一个元素 e. 由于 X_G 中元素个数必须至少为 p, 因此有一个元素 $a \in X$ 使得 $a \neq e, gag^{-1} = a$ 对所有 $g \in G$. 因此 $ga = ag$ 对所有 $g \in G$, 这说明 $a \in Z(G)$. 因此, $Z(G)$ 是非平凡子群. □

在研究 p 群时, 中心不平凡的事实往往很有用. 以一个定理来结束本节, 该定理说明定理 14.24 的实用性.

定理 14.25 *p^2 阶群是交换的.*

证明 设 G 是一个中心为 $Z(G)$ 的 p^2 阶群. 根据定理 14.24, $Z(G)$ 非平凡, 所以它要么是 G 全部, 要么是 p 阶的. 用反证法证明 $Z(G) = G$. 假设 $Z(G)$ 有 p 个元素. 因为 $Z(G)$ 是 G 的正规子群, 可以构造商群 $G/Z(G)$. 群 $G/Z(G)$ 也有 p 个元素, 因此 $Z(G)$ 和 $G/Z(G)$ 都是循环群. 令 $\langle a \rangle = Z(G)$ 和 $\langle bZ(G) \rangle = G/Z(G)$. 令 $x, y \in G$, 则由 $Z(G)$ 的陪集划分 G, 可设 $x = b^i a^j$ 和 $y = b^r a^s$ 对某些整数 i, j, r, s. 由于 $\langle a \rangle$ 是 G 的中心, 所以

$$xy = b^i a^j b^r a^s = b^i b^r a^j a^s$$

于是

$$xy = b^{i+r}a^{j+s} = b^r b^i a^s a^j = b^r a^s b^i a^j = yx$$

由于 G 中每个元素都与其他元素交换, 所以 $Z(G) = G$, 这与假设中心只有 p 个元素矛盾. 所以 G 的中心必须是 G. 这意味着 G 是交换的. □

例 14.26 由于 p^2 阶群是交换的, 因此同态基本定理表明每个含有 p^2 个元素的群都与 $\mathbb{Z}_{p^2}$ 或 $\mathbb{Z}_p \times \mathbb{Z}_p$ 同构. 两个 4 阶群为 $\mathbb{Z}_4$ 和克莱因四阶群. 两个 9 阶群是 $\mathbb{Z}_9$ 和 $\mathbb{Z}_3 \times \mathbb{Z}_3$.

习题

计算

在习题 1~3 中, 令

$$X = \{0, 1, 2, 3, s_0, s_1, s_2, s_3, m_1, m_2, d_1, d_2, C, P_0, P_1, P_2, P_3\}$$

是例 14.9 中的 D_4 集. 求下面问题, 其中 $G = D_4$.

1. 每个 $\sigma \in D_4$ 的不动点集 X_σ.

2. 每个 x 的稳定子群 $G_x, x \in X$, 即 $G_0, G_1, \cdots, G_{P_2}, G_{P_3}$.

3. D_4 下 X 的轨道.

4. 定理 14.24 说明每个 p 群都有非平凡中心. 找出 D_8 的中心.

5. 找出 D_7 的中心.

6. 设 $G = X = S_3$, 用共轭作用使 X 成为 G 集, 即 $*(\sigma, \tau) = \sigma\tau\sigma^{-1}$. 找出 X 在此作用下的所有轨道. (用不相交循环表示置换.)

7. 设 $G = D_4$, X 是 D_4 的所有 2 阶子群的集合. 集合 X 在共轭作用下成为 G 集, $*(\sigma, H) = \sigma H\sigma^{-1}$. 找出这个群作用的所有轨道.

8. 设 $G = U = \{z \in \mathbb{C} || z| = 1\}$ 是单位圆群. 那么 $X = \mathbb{C}$, 在复数乘法给出的群作用下是一个 G 集. 也就是说, 如果 $z \in U$ 和 $w \in \mathbb{C}, *(z, w) = zw$. 找出这个作用的所有轨道. 另外, 找出 X_G.

9. 设 G 是一个 3 阶群,$|X| = 6$. 对于 G 对 X 的每个可能的作用, 给出轨道大小. 从大到小列出轨道. (回顾, 轨道划分集合 X.)

10. 设 G 是一个 9 阶群,$|X| = 10$. 对于 G 对 X 的每个可能的作用, 给出轨道大小. 从大到小列出轨道.

11. 设 G 是一个 8 阶群,$|X| = 10$. 对使 X 成为 G 集的每种可能, 用轨道划分 X, 给出轨道大小. 从大到小列出轨道.

概念

在习题 12 和习题 13 中, 不参考书本, 根据需要更正楷体术语的定义, 使其成立.

12. 群 G 忠实地作用于X 当且仅当由 $gx = x$ 推出 $g = e$.

13. G 在 G 集 X 上的作用是传递的当且仅当对某 $g \in G$,gx 可以是每个其他 x.

14. 设 X 是 G 集,$S \subseteq X$. 如果 $Gs \subseteq S$ 对所有 $s \in S$, 那么称 S 是一个 G **子集**. 用 X 在 G 下的轨道描述 G 集 X 的 G 子集.

15. 用轨道描述传递 G 集.

16. 判断下列命题的真假.

a. 每个 G 集也是一个群.

b.G 集的每个元素都被 G 的单位元固定.

c. 如果 G 集的每个元素都被 G 的相同元素 g 固定, 那么 g 必是单位元 e.

d. 设 X 是 G 集, 有元素 $x_1, x_2 \in X$, 且 $g \in G$. 如果 $gx_1 = gx_2$, 则 $x_1 = x_2$.

e. 设 X 是 G 集, 有 $x \in X$ 和 $g_1, g_2 \in G$. 如果 $g_1x = g_2x$, 则 $g_1 = g_2$.

f. G 集 X 的每个轨道都是一个传递 G 子集.(参见习题 14.)

g. 设 X 是 G 集, 设 $H \leqslant G$. 那么 X 可以自然地视为 H 集.

h. 参考 g, X 在 H 下的轨道与 X 在 G 下的轨道相同.

i. 如果 X 是一个 G 集, 那么 G 的每个元素对 X 的作用相当于置换.

j. 设 X 是 G 集,$x \in X$. 如果 G 是有限的, 那么 $|G| = |Gx| \cdot |G_x|$.

17. 设 X 和 Y 是同一个群 G 的 G 集. G 集 X 和 Y 之间的映射 $\phi : X \to Y$ 称为**同构**, 如果 ϕ 既单又满的, 并且对所有 $x \in X$ 和 $g \in G$ 都满足 $g\phi(x) = \phi(gx)$. 称两个 G 集**同构**, 如果它们之间存在这样的同构. 设 X 为例 14.9 中的 D_4 集.

a. 找出 X 的两个不同轨道, 它们是同构的 D_4 子集.(参见习题 14.)

b. 证明轨道 $\{0, 1, 2, 3\}$ 和 $\{s_0, s_1, s_2, s_3\}$ 不是同构的 D_4 子集. (提示: 找出元素 g 在两个轨道上以不同的方式作用.)

c. a 部分给出的轨道是 X 中仅有的两个不同构的 D_4 子集轨道吗?

18. 设 X 为例 14.9 中的 D_4 集.

a. D_4 忠实地作用于 X 吗?

b. 找出 X 在 D_4 作用下的轨道, 使得 D_4 忠实地作用在轨道上.(参见习题 14.)

理论

19. 设 X 是 G 集. 证明 G 忠实地作用于 X, 当且仅当 G 的两个不同元素不能对 X 的每个元素有相同的作用.

20. 设 X 是 G 集,$Y \subseteq X$. 令 $G_Y = \{g \in G | gy = y, y \in Y\}$. 证明 G_Y 是 G 的子群, 推

广定理 14.13.

21. 设 G 是实数加法群. 设 $\theta \in G$ 对实平面 $\mathbb{R}^2$ 的作用为将实平面绕原点逆时针旋转 θ 弧度. 设 P 是原点以外的平面中的点.

a. 证明 $\mathbb{R}^2$ 是一个 G 集.

b. 几何描述包含 P 的轨道.

c. 找出群 G_P.

习题 22~25 展示了如何由群 G 找出所有可能的不同构的 G 集 (参见习题 17).

22. 设 $\{X_i|i \in I\}$ 是不相交的集合, 所以 $X_i \cap X_j = \varnothing$ 对于 $i \neq j$, 设每个 X_i 都是同一个群 G 的 G 集.

a. 证明 $\cup_{i \in I} X_i$, 即 G 集 X_i 的**并集**, 可以自然地视为 G 集.

b. 证明每个 G 集 X 是其轨道的并集.

23. 设 X 为传递 G 集,$x_0 \in X$. 证明 X 同构于 (见习题 17) 例 14.8 所示的由 G_{x_0} 在 G 中的所有左陪集 L 构成的 G 集. (提示: 对于 $x \in X$, 设 $x = gx_0$, 定义 $\phi : X \to L$, $\phi(x) = gG_{x_0}$. 验证 ϕ 良好定义!)

24. 设 X_i,$i \in I$ 是同一个群 G 的 G 集, 假设 X_i 不一定不相交. 设 $X_i' = \{(x, i)|x \in X_i\}$, $i \in I$. 那么 X_i' 是不相交的, 并且每一个可以自然地视为 G 集. (给 X_i 的元素简单地加上标签 i, 以区别于来自不同的 $X_j, i \neq j$.) G 集 $\cup_{i \in I} X_i'$ 是 G 集 X_i 的**不相交并** (disjoint union). 用习题 22 和习题 23 证明每个 G 集同构于如例 14.12 所述的左陪集不相交并的 G 集.

25. 上一个习题表明, 每个 G 集 X 都同构于左陪集的不相交并的 G 集. 由此产生一个问题, 即 G 的不同子群 H 和 K 的左陪集 G 集本身是否可以同构. 注意, 习题 23"提示" 中定义的映射取决于选择 x_0 作为 "基点". 如果 x_0 被 g_0x_0 替换, 并且如果 $G_{x_0} \neq G_{g_0x_0}$, 那么 $H = G_{x_0}$ 的左陪集的集合 L_H 和 $K = G_{g_0x_0}$ 的左陪集的集合 L_K 形成不同的 G 集, 必须是同构的, 因为 L_H 和 L_K 都与 X 同构.

a. 设 X 是传递 G 集, 设 $x_0 \in X$ 和 $g_0 \in G$. 如果 $H = G_{x_0}$, 用 H 和 g_0 来描述 $K = G_{g_0x_0}$.

b. 基于 a 部分, 猜测 G 的子群 H 和 K 的条件, 使得 H 的左陪集 G 集和 K 的左陪集 G 集同构.

c. 证明 b 部分的猜想.

26. 在同构意义下, 有多少传递 $\mathbb{Z}_4$ 集 X?(用前面的习题.) 举出每个同构类的例子, 列出每个类的作用表, 如表 14.11 所示. 使用小写字母 a, b, c 等描述集合 X 中的元素.

27. 对群 $\mathbb{Z}_6$ 重复习题 26.

28. 对群 S_3 重复习题 26. 按照 $\imath, (1,2,3), (1,3,2), (2,3), (1,3), (1,2)$ 列出 S_3 的元素.

29. 证明如果 G 是 p^3 阶群, 其中 p 是素数, 那么 $|Z(G)|$ 是 p 阶或 p^3 阶的. 举出例子, 使得 $|Z(G)| = p$, 以及 $|Z(G)| = p^3$.

30. 设 p 是素数. 证明有限群 G 是 p 群当且仅当对某整数 $n \geqslant 0$, 有 $|G| = p^n$.

31. 设 G 共轭作用于 $X = \{H | H \leqslant G\}$. 也就是说, $g * H = gHg^{-1}$. 陈述并证明子群 H 是 G 的正规子群的等价条件.

a. G_H,H 的稳定子群.

b. GH,H 的轨道.

3.15　G 集在计数中的应用 ㊀

本节介绍 G 集在计数时的应用. 例如, 假设要计算一个立方体的六个面可以用多少种可区分的方法用一到六个点标记成一个骰子. 当标准的骰子放在桌子上时, 1 在底部, 2 在前面, 6 在上面, 3 在左面, 4 在右面, 5 在后面. 当然, 还有其他方法给立方体做标记, 得到不同的骰子.

为区分立方体的面, 暂时称之为底部、顶部、左面、右面、前面和后面. 那么底部可以用一个点到六个点的六种标记中的任何一个标记, 顶部是剩余五个标记中的任何一种标记, 依此类推, 总共有 $6! = 720$ 种方法标记立方的面. 有些标记产生与其他标记相同的结果, 比如说一种标记可以通过旋转立方体得到另一种标记. 例如, 将上述标准骰子逆时针方向旋转 $90°$. 当从上面向下看时,3 将位于前面, 而不是 2, 但它是同一个骰子.

一个立方体在桌子上有 24 个可能的放置方式, 六个面中的任何一个都可以放在桌子上, 然后四个面中的任何一个面都可以朝前, 给出 $6 \cdot 4 = 24$ 个可能的位置. 通过旋转骰子, 可以从另一种放置方式获得给定的放置方式. 这些旋转构成一个与 S_8 的子群同构的群 G. 设 X 是 720 种可能的标记立方体的方法, 让 G 通过旋转立方体作用于 X. 考虑两种标记, 其中一种可以在 G 的一个元素的作用下得到另一种, 也就是旋转立方体得到相同的骰子. 换句话说, 考虑 X 中每个 G 下轨道对应一个骰子, 不同的轨道给出不同的骰子. 因此, 确定不同骰子的数量就成为确定 G 集 X 中 G 下轨道数的问题.

下面的定理给出了一个确定 G 集 X 在 G 下轨道数的工具. 回顾, 对每个 $g \in G$,X_g 表示 X 中被 g 固定的元素的集合, 即 $X_g = \{x \in X | gx = x\}$. 再注意回顾, 对每个 $x \in X$,$G_x = \{g \in G | gx = x\}$, 而 Gx 是 x 在 G 下的轨道.

定理 15.1 (伯恩赛德公式)　*设 G 是有限群,X 是有限 G 集. 如果 r 是 G 下 X 的*

㊀ 本节内容在本书余下内容中用不到.

轨道数, 则

$$r \cdot |G| = \sum_{g \in G} |X_g| \tag{1}$$

证明 考虑所有使得 $gx = x$ 的二元对 (g, x), 设 N 为此类对的个数. 对每个 $g \in G$, 有 $|X_g|$ 个对以 g 为第一个元素. 因此

$$N = \sum_{g \in G} |X_g| \tag{2}$$

另外, 对每个 $x \in X$, 有 $|G_x|$ 个对以 x 为第二个元素. 因此有

$$N = \sum_{x \in X} |G_x|$$

根据定理 14.17, 有 $|Gx| = (G : G_x)$. 而 $(G : G_x) = |G|/|G_x|$, 所以 $|G_x| = |G|/|Gx|$. 那么

$$N = \sum_{x \in X} \frac{|G|}{|Gx|} = |G| \left(\sum_{x \in X} \frac{1}{|Gx|} \right) \tag{3}$$

由于 $1/|Gx|$ 在同一轨道上的所有 x 取值相同, 如果设 $\mathscr{O}$ 是一个轨道, 则

$$\sum_{x \in \mathscr{O}} \frac{1}{|Gx|} = \sum_{x \in \mathscr{O}} \frac{1}{|\mathscr{O}|} = 1 \tag{4}$$

将式 (4) 代入式 (3), 得到

$$N = |G| \cdot (X\text{在}G\text{下的轨道数}) = |G| \cdot r \tag{5}$$

比较式 (2) 和式 (5) 得出式 (1). □

推论 15.2 设 G 是有限群,X 是有限 G 集, 那么

$$(X\text{在}G\text{下的轨道数}) = \frac{1}{|G|} \sum_{g \in G} |X_g|$$

证明 直接由上面定理得到. □

作为第一个例子, 继续计算不同骰子的个数.

例 15.3 设 X 是立方体表面用 1 到 6 个点标记得到的 720 个不同标记的集合. 设 G 是立方体的 24 个旋转的群. 可以看到不同骰子的个数是 G 下 X 的轨道数. 现在

$|G| = 24$. 对 $g \in G$ 其中 $g \neq e$, 有 $|X_g| = 0$, 因为除恒等变换外的任何旋转将 720 个标记中的一个变为不同的另一个. 然而,$|X_e| = 720$, 因为恒等变换使所有 720 个标记保持不变. 根据推论 15.2, 有

$$(\text{轨道数}) = \frac{1}{24} \cdot 720 = 30$$

所以有 30 个不同的骰子.

当然, 可以不用前面的推论计算骰子的个数, 而用初等组合论, 如同在大学一年级的有限数学课程中教授过的那样. 在标记立方体得到骰子时, 必要时做一下旋转, 可以假设标记为 1 的面向下. 顶部 (相对) 面有五种选择. 当俯视时旋转骰子, 其余四个面都可以朝向前面, 所以正面没有不同的选择. 但相对于同一个正面的数字而言, 其余三个侧面有 $3 \cdot 2 \cdot 1$ 种选择可能性. 因此有 $5 \cdot 3 \cdot 2 \cdot 1 = 30$ 种可能性.

接下来的两个例子出现在一些有限数学课本中, 很容易通过初等方法解决. 现在用推论 15.2, 以便更多实践用轨道解决问题.

例 15.4 七个人可以有多少不同的方式围圆桌而坐, 其中圆桌上没有可辨别的 “开头”? 当然有 7! 种方式安排人坐在不同的椅子上. 可以认为 X 是 7! 种可能的安排方式. 一个旋转要求每个人向右移动一个位置, 而获得的结果是相同的. 这样的旋转生成一个 7 阶循环群 G, 它以显然的方式作用于 X. 只有单位元 e 固定任何安排, 保持 7! 个安排不变. 根据推论 15.2,

$$(\text{轨道数}) = \frac{1}{7} \cdot 7! = 6! = 720$$

例 15.5 用七个相同尺寸的不同颜色珠子, 可以制作多少条不同的项链 (无扣)? 项链可以翻转和旋转. 因此要考虑整个二面体群 D_7 的 $2 \cdot 7 = 14$ 个元素, 作用于 7! 个元素的集合 X 的所有可能性. 那么不同的项链的数量是

$$(\text{轨道数}) = \frac{1}{14} \cdot 7! = 360$$

在用推论 15.2 时, 必须计算 $|G|$, 对每个 $g \in G$ 计算 $|X_g|$. 在例子和习题中,$|G|$ 不会带来真正的麻烦. 下面举一个例子, 其中 $|X_g|$ 并不像前面的例子那样容易计算. 需要一些初等组合知识.

例 15.6 找出等边三角形的边用四种颜色上色的不同方法数, 每条边只用一种颜色, 不同边上可以用相同的颜色.

当然, 总共有 $4^3 = 64$ 种对边的上色方法, 因为三条边中的每一条可以用四种颜色中的任何一种上色. 设 X 是 64 种可能的三角形上色方法的集合. 三角形的对称群 G 作用于 X 上, 它与 S_3 同构, 把它看成 S_3. 需要对 S_3 中六个元素中的每一个 g 计算 $|X_g|$.

$\lvert X_\imath\rvert = 64$	每个上色三角形被 $\imath$ 固定.
$\lvert X_{(1,2,3)}\rvert = 4$	若要在 $(1,2,3)$ 下不变, 所有边的颜色必相同, 有 4 种可能的颜色
$\lvert X_{(1,3,2)}\rvert = 4$	理由与 $(1,2,3)$ 相同
$\lvert X_{(1,2)}\rvert = 16$	对换的两边颜色必相同, 有 4 种可能; 第三条边可以是任何一种颜色的, 有 4 种可能
$\lvert X_{(2,3)}\rvert = \lvert X_{(1,3)}\rvert = 16$	理由与 $(1,2)$ 相同

那么

$$\sum_{g\in S_3} |X_g| = 64+4+4+16+16+16 = 120$$

因此

$$(\text{轨道数}) = \frac{1}{6}\cdot 120 = 20$$

有 20 个不同的上色三角形.

例 15.7 重复例 15.6, 假设要求每条边用不同的颜色. 给边上色的可能方法数是 $4\cdot 3\cdot 2 = 24$, 设 X 为 24 种可能的三角形上色方法的集合. 同样, 考虑群 S_3 作用于 X. 由于所有边都是不同颜色的, 所以 $|X_\imath| = 24$, 而对 $g \neq \imath$, 有 $|X_g| = 0$. 因此

$$(\text{轨道数}) = \frac{1}{6}\cdot 24 = 4$$

所以有 4 个不同的上色三角形.

在第 17 节中将用群作用来证明西罗定理, 它给出关于有限群的大量信息. 在本节中, 仅仅初步了解了如何用伯恩赛德公式进行计数. 要进一步探索这个吸引人的话题, 请用 "循环指数" 和 "波利亚计数定理" 等关键词在互联网搜索. 给定集合上的群作用, 循环指数是指一个多项式, 对于较小的群可以手工计算, 而对较大的群可以用计算机计算. 波利亚计数定理说, 可以通过将某些值代入多项式来计算对象着色的不同方法数量. 值得注意的是, 计算几何对象不同上色方法数被优雅地简化为代数计算!

习题

计算

以下习题要用推论 15.2 计算, 尽管通过更初等的方法也可能获得答案.

1. 求 $\{1,2,3,4,5,6,7,8\}$ 在 S_8 的循环子群 $\langle(1,3,5,6)\rangle$ 作用下的轨道数.

2. 求 $\{1,2,3,4,5,6,7,8\}$ 在 S_8 的由 $(1,3)$ 和 $(2,4,7)$ 生成的子群作用下的轨道数.

3. 找出在面上标有 1 到 4 个点数的正四面体构成的不同骰子, 不是立方体.

4. 相同尺寸的立方体木块在每个面上涂上不同的颜色, 以制作儿童玩具. 如果有八种颜色, 可以制作出多少种不同的木块?

5. 如果可以在不同的面上涂相同的颜色, 回答习题 4. [提示: 立方体的包括恒等变换的 24 个旋转中,9 个使一对相对面保持不变,8 个使一对相对顶点保持不变, 6 个使一对相对边不变.]

6. 立方体的八个角都用四种颜色之一贴边, 每种颜色都可以用于每个角. 计算可能的不同上色数量. (参考习题 5 中的提示.)

7. 求用六种颜色的油漆给正方形纸板边缘上色的不同方法数量, 要求:

a. 一种颜色至多用一次.

b. 一种颜色可以用于多条边.

8. 六根等长的导线, 两端焊接在一起形成正四面体的边. 将 50Ω 或 100Ω 电阻器接入每条导线中间. 假设每种类型的电阻器至少有六个. 有多少种不同的接线可能?

9. 长 2ft、底部为 1ft^2 正方形的直棱柱, 六个面均涂上六种颜色之一, 有多少不同的涂色方法. 如果:

a. 不同的面上不能有相同的颜色.

b. 每种颜色可以用于多个面.

第 4 章 群论进阶

4.16 同构定理

有几个关于商群同构的定理称为群论的同构定理. 第一个是定理 12.14, 此处重述以方便参考. 如图 16.1 所示.

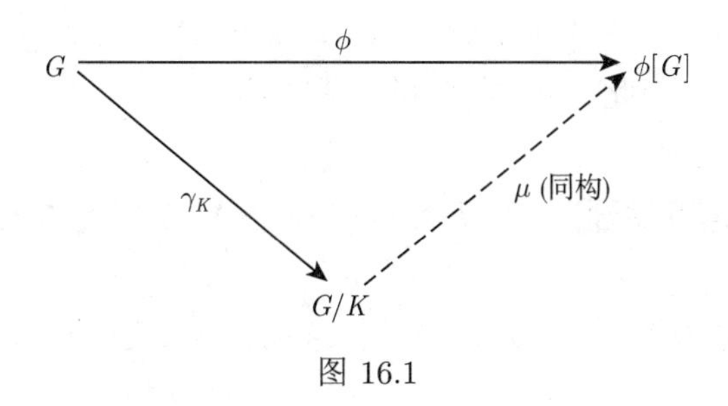

图 16.1

定理 16.2 (第一同构定理) 设 $\phi: G \to G'$ 是一个核为 K 的同态,$\gamma_K: G \to G/K$ 是典范同态, 则存在唯一的同构 $\mu: G/K \to \phi[G]$, 使每个 $x \in G$ 有 $\phi(x) = \mu(\gamma_K(x))$.

下面的引理将对其他两个同构定理的证明和直观理解有很大帮助.

引理 16.3 设 N 是群 G 的正规子群, 且 $\gamma: G \to G/N$ 是典范同态, 则由 $\phi(L) = \gamma[L]$ 给出的从包含 N 的 G 的正规子群集合到 G/N 的正规子群集合的映射 ϕ 是既单又满的.

证明 定理 13.18 表明, 如果 L 是包含 N 的 G 的正规子群, 则 $\phi(L) = \gamma[L]$ 是 G/N 的正规子群. 因为 $N \leqslant L$, 对每个 $x \in L$, G 中的整个陪集 xN 包含在 L 中. 根据定理 10.17, $\gamma^{-1}[\phi(L)] = L$. 如果 L 和 M 都是包含 N 的 G 的正规子群, 且 $\phi(L) = \phi(M) = H$, 则 $L = \gamma^{-1}[H] = M$. 因此 ϕ 是单的.

如果 H 是 G/N 的正规子群, 则根据定理 13.18 有 $\gamma^{-1}[H]$ 是 G 的正规子群. 因为 $N \in H$, $\gamma^{-1}[\{N\}] = N$, 可以看出 $N \subseteq \gamma^{-1}[H]$. 因此, $\phi(\gamma^{-1}[H]) = \gamma[\gamma^{-1}[H]] = H$. 这就证明了 ϕ 是到 G/N 的正规子群集合上的满射. □

如果 H 和 N 是群 G 的子群, 令 $HN = \{hn | h \in H, n \in N\}$. 定义 H 和 N 的连接

(join) $H \vee N$ 为 G 的包含 HN 的所有子群的交集. 因此 $H \vee N$ 是 G 中包含 HN 的最小子群. 当然 $H \vee N$ 也是 G 中同时包含 H 和 N 的最小子群, 因为任何这样的子群必须包含 HN. 一般地,HN 不一定是 G 的子群. 但有以下引理.

引理 16.4　如果 N 是 G 的正规子群,H 是 G 的子群, 那么 $H \vee N = HN = NH$. 此外, 如果 H 在 G 中是正规的, 那么 HN 在 G 中是正规的.

证明　只要证明 HN 是 G 的子群, 立即有 $H \vee N = HN$. 设 $h_1, h_2 \in H$ 以及 $n_1, n_2 \in N$. 由于 N 是一个正规子群, 因此对某个 $n_3 \in N$, 有 $n_1 h_2 = h_2 n_3$. 于是有 $(h_1 n_1)(h_2 n_2) = h_1(n_1 h_2) n_2 = h_1(h_2 n_3) n_2 = (h_1 h_2)(n_3 n_2) \in HN$, 所以 HN 在 G 中的诱导运算下封闭. 显然 $e = ee$ 在 HN 中. 对于 $h \in H$ 和 $n \in N$, 因为 N 是正规子群, 有 $n_4 \in N$ 使得 $(hn)^{-1} = n^{-1}h^{-1} = h^{-1}n_4$. 因此 $(hn)^{-1} \in HN$, 所以 $HN \leqslant G$. 类似地证明 NH 是一个子群, 所以 $NH = H \vee N = HN$.

假设 H 在 G 中也是正规的, 设 $h \in H, n \in N$, 以及 $g \in G$, 则 $ghng^{-1} = (ghg^{-1})(gng^{-1}) \in HN$, 因此 HN 是 G 的正规子群. □

下面是第二同构定理.

定理 16.5 (第二同构定理)　设 H 为 G 的子群,N 为 G 的正规子群, 则 $(HN)/N \cong H/(H \cap N)$.

证明　因为 $N \leqslant HN \leqslant G$, 并且 N 是 G 的正规子群, 所以 N 是 HN 的正规子群, 因此 HN/N 为群. 定义映射 $\phi : H \to HN/N$ 为 $\phi(h) = hN$, 则映射 ϕ 是同态, 因为对于任何 $h_1, h_2 \in H$, 有

$$\phi(h_1 h_2) = (h_1 h_2)N = (h_1 N)(h_2 N) = \phi(h_1)\phi(h_2)$$

映射 ϕ 是到 HN/N 的满射, 因为 HN/N 的元素可以写成 hnN, 其中 $h \in H$ 和 $n \in N$, 且有 $hnN = hN = \phi(h)$. 现在计算 ϕ 的核.

$$\mathrm{Ker}(\phi) = \{h \in H | hN = N\} = \{h \in H | h \in N\} = H \cap N$$

根据第一同构定理——定理 16.2, 由 $\mu(h(H \cap N)) = hN$ 定义的映射 $\mu : H/(H \cap N) \to HN/N$ 是同构. □

例 16.6　设 $G = \mathbb{Z} \times \mathbb{Z} \times \mathbb{Z}, H = \mathbb{Z} \times \mathbb{Z} \times \{0\}, N = \{0\} \times \mathbb{Z} \times \mathbb{Z}$. 显然 $HN = \mathbb{Z} \times \mathbb{Z} \times \mathbb{Z}, H \cap N = \{0\} \times \mathbb{Z} \times \{0\}$. 有 $(HN)/N \cong \mathbb{Z}$, 因此有 $H/(H \cap N) \cong \mathbb{Z}$.

例 16.7　设 $G = \mathbb{Z}, N = \langle n \rangle, H = \langle h \rangle$, 其中 n 和 h 为正数. 因为 $\mathbb{Z}$ 是交换群, 所以 N 是 $\mathbb{Z}$ 的正规子群. 而 $\mathbb{Z}$ 是加法群, 所以改写 NH 为 $N + H$ 以免混淆. 群 $N + H = \langle \gcd(n, h) \rangle$, 因为 $N + H$ 中任何元素是 $\gcd(n, h)$ 的倍数, 而 $\gcd(n, h) =$

$xn+yh \in N+H$, 其中 x 和 y 是整数. 此外,$N \cap H = \langle \mathrm{lcm}(n,h) \rangle$, 因为 $a \in N \cap H$ 当且仅当 a 是 n 和 h 的倍数. 第二个同构定理说明 $(N+H)/N = \langle \gcd(n,h) \rangle / \langle n \rangle$ 同构于 $H/(N \cap H) = \langle h \rangle / \langle \mathrm{lcm}(n,h) \rangle$. 在习题 10 中, 要求证明如果 $a, b \in \mathbb{Z}^+$ 且 a 整除 b, 则 $|\langle a \rangle / \langle b \rangle| = b/a$. 因为 $\langle \gcd(n,h) \rangle / \langle n \rangle \cong \langle h \rangle / \langle \mathrm{lcm}(n,h) \rangle$, 有

$$\frac{n}{\gcd(n,h)} = \frac{\mathrm{lcm}(n,h)}{h}$$

$$nh = \gcd(n,h)\mathrm{lcm}(n,h)$$

这也提供了一种证明数论基本事实的复杂方法! 得到结论

$$\langle \gcd(n,h) \rangle / \langle n \rangle \cong \langle h \rangle / \langle \mathrm{lcm}(n,h) \rangle \cong \mathbb{Z}_{\frac{n}{\gcd(n,h)}}$$

因为循环群的商群是循环的.

如果 H 和 K 是 G 的两个正规子群, 且 $K \leqslant H$, 则 H/K 为 G/K 的正规子群. 第三同构定理是关于这些群的.

定理 16.8 (第三同构定理) 设 H 和 K 是 G 群的正规子群, $K \leqslant H$, 则 $G/H \cong (G/K)/(H/K)$.

证明 因为 K 是 H 的子群, 对于任何 $g \in G, gK \subseteq gH$. 也就是说,K 的每个左陪集完全包含在 H 的一个陪集中. 定义 $\phi : G/K \to G/H$ 为 $\phi(gK) = gH$. 也就是说, 将 K 的陪集映射到包含它的 H 的陪集. 设法用第一同构定理. 可以证明映射 ϕ 是同态, 因为对于任何 $g_1, g_2 \in G$,

$$\begin{aligned} \phi((g_1K)(g_2K)) &= \phi((g_1g_2)K) = (g_1g_2)H \\ &= (g_1H)(g_2H) = \phi(g_1K)\phi(g_2K) \end{aligned}$$

映射 ϕ 是到 G/H 的满射, 因为对任何陪集 $gH \in G/H, \phi(gK) = gH$. 计算 ϕ 的核.

$$\begin{aligned} \mathrm{Ker}(\phi) &= \{gK \in G/K | gH = H\} \\ &= \{gK \in G/K | g \in H\} = H/K \end{aligned}$$

根据第一同构定理 $(G/K)/(H/K)$ 与 G/H 同构, 同构映射为 $\mu : (G/K)/(H/K) \to G/H, \mu((gK)H/K) = gH$. □

前面证明中的同构映射表明, 如果把 G 中的子群 K 折叠起来形成 G/K, 然后折叠 H 中所有 K 的陪集, 得到的子群与直接折叠子群 H 得到的子群相同. 图 16.9 说明了

这种情况. 把大椭圆看作群 G,H 的陪集由粗实线围绕. K 的陪集是 H 的陪集内较小的集合. 集合 G/H 由 H 的陪集组成, 用四个较大的区域表示, 每个区域是 G/H 中的一个点. G/K 由十二个较小的集合表示每个都折叠到一点. 那么 $(G/K)/(H/K)$ 将同一个 H 陪集中的三个小区域折叠到它们所在的 H 的陪集. 最终都将 H 的陪集折叠到一点.

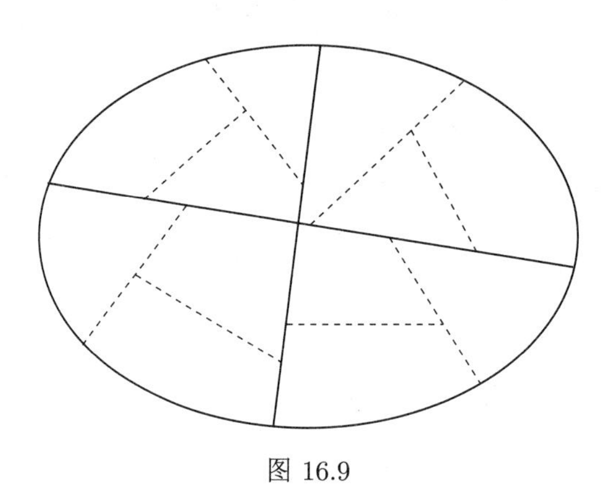

图 16.9

当定义中包含有多个商群时, 很难想象这个群是什么样子的. 例如, 元素 $(G/K)/(H/K)$ 是什么样子的? 注意, 商群中的元素是子群的陪集. 例 16.10 将说明群 $(G/K)/(H/K)$ 以及定理 16.8 的同构是什么样.

例 16.10　设 $G=\mathbb{Z}_8, H=\langle 2\rangle=\{0,2,4,6\}<G$, $K=\langle 4\rangle=\{0,4\}<H$. 列出定理 16.8 中的商群的元素如下.

$$G/K=\{\{0,4\},\{1,5\},\{2,6\},\{3,7\}\}$$

$$G/H=\{\{0,2,4,6\},\{1,3,5,7\}\}$$

$$H/K=\{\{0,4\},\{2,6\}\}$$

在列出 $(G/K)/(H/K)$ 元素之前, 要注意到该群的任何元素是子群 $H/K<G/K$ 的陪集. 每个元素都是以陪集为元素的陪集.

$$(G/K)/(H/K)=\{\{\{0,4\},\{2,6\}\},\{\{1,5\},\{3,7\}\}\}$$

比较 G/H 和 $(G/K)/(H/K)$, 可以发现 G/H 中的每个元素都是 G/K 中 K 的两个陪集的并集. 此外, 定理 16.8 中的同构映射 $\phi:(G/K)/(H/K)\to G/H$ 是由

$$\phi(\{\{0,4\},\{2,6\}\})=\{0,4,2,6\},\phi(\{\{1,5\},\{3,7\}\})=\{1,5,3,7\}$$

定义的. 因此, 如图 16.9 所示, 将 H 折叠构成 G/H, 可以首先通过折叠 K, 然后折叠 H/K 得到.

习题

计算

在用三个同构定理时, 通常需要知道具体的同构映射, 而不仅仅是群同构的事实. 下面的六个习题提供了这方面的训练.

1. 设 $\phi : \mathbb{Z}_{12} \to \mathbb{Z}_3$ 是同态, 使得 $\phi(1) = 2$.

a. 求 ϕ 的核 K.

b. 列出 $\mathbb{Z}_{12}/K$ 中的陪集, 给出每个陪集中的元素.

c. 给出定理 16.2 中描述的 $\mathbb{Z}_{12}/K$ 到 $\mathbb{Z}_3$ 的映射 μ.

2. 设 $\phi : \mathbb{Z}_{18} \to \mathbb{Z}_{12}$ 是同态, 其中 $\phi(1) = 10$.

a. 求 ϕ 的核 K.

b. 列出 $\mathbb{Z}_{18}/K$ 中的陪集, 给出每个陪集中的元素.

c. 找出群 $\phi[\mathbb{Z}_{18}]$.

d. 给出定理 16.2 中描述的 $\mathbb{Z}_{18}/K$ 到 $\phi[\mathbb{Z}_{18}]$ 的映射 μ.

3. 在群 $\mathbb{Z}_{24}$ 中, 设 $H = \langle 4 \rangle$ 和 $N = \langle 6 \rangle$.

a. 列出 HN 中的元素 (对于加群, 可以写为 $H + N$) 和 $H \cap N$ 中的元素.

b. 列出 HN/N 中的陪集, 给出每个陪集中的元素.

c. 列出 $H/(H \cap N)$ 中的陪集, 给出陪集中的元素.

d. 给出定理 16.5 的证明所述的 $H/(H \cap N)$ 到 HN/N 的对应.

4. 对二面体群 D_6 重复习题 3,$N = \{l, \mu, \rho^2, \mu\rho^2, \rho^4, \mu\rho^4\}, H = \langle \rho \rangle$.

5. 在群 $G = \mathbb{Z}_{24}$ 中, 设 $H = \langle 4 \rangle$ 和 $K = \langle 8 \rangle$.

a. 列出 G/H 中的陪集, 给出每个陪集中的元素.

b. 列出 G/K 中的陪集, 给出每个陪集中的元素.

c. 列出 H/K 中的陪集, 给出每个陪集中的元素.

d. 列出 $(G/K)/(H/K)$ 中的陪集, 给出每个陪集中的元素.

e. 给出定理 16.8 中描述的 $(G/K)/(H/K)$ 到 G/H 的映射.

6. 对二面体群 $G = D_8$, 重复习题 5.$H = \langle \rho^2 \rangle = \{l, \rho^2, \rho^4, \rho^6\}$, $K = \langle \rho^4 \rangle = \{\imath, \rho^4\}$.

理论

7. 由正规子群的定义直接证明, 如果 H 和 N 是群 G 的子群,N 是 G 的正规子群, 那么 $H \cap N$ 在 H 中正规.

8. 设 H, K, L 是 G 的正规子群, $H < K < L$. 设 $A = G/H, B = K/H, C = L/H$.

a. 证明 B 和 C 是 A 的正规子群, 并且 $B < C$.

b. G 的哪个商群与 $(A/B)/(C/B)$ 同构?

9. 设 K 和 L 是 G 的正规子群, $K \vee L = G$, 且 $K \cap L = \{e\}$. 证明 $G/K \cong L, G/L \cong K$.

10. 用同构定理证明, 如果 $a, b \in \mathbb{Z}^+$, a 整除 b, 则 $|a\mathbb{Z}/b\mathbb{Z}| = b/a$.

11. 设 G 是一个群,$H^* \leqslant H \leqslant G$ 且 $K^* \leqslant K \leqslant G$. 证明集合 $H^*(H \cap K^*) \cap (H \cap K)$ 与 $(H^* \cap K)(H \cap K^*)$ 是相同的.

4.17　西罗定理

有限生成交换群基本定理 (定理 9.12 和定理 9.14) 给出了有限交换群的完整信息. 有限非交换群要复杂得多. 西罗定理给出它们的一些重要信息.

拉格朗日定理表明, 如果 H 是有限群 G 的子群, 则 H 的阶整除 G 的阶. 有限生成交换群基本定理表明, 如果 k 整除有限交换群 G 的阶, 则 G 有一个 k 阶子群. 非交换群的情况不同. 例 13.6 表明, 尽管 A_4 有 12 个元素, 但它没有 6 阶子群. 此外, 对于 $n \geqslant 5, A_n$ 不能有指数为 2 的子群.

从好的方面来看, 柯西定理 (定理 14.20) 指出如果素数 p 整除群 G 的阶, 则 G 有一个 p 阶子群. 西罗定理推广了柯西定理, 表明只要 p 是素数, 如果 p^n 整除 G 的阶, 则 G 有一个 p^n 阶子群. 此外, 西罗定理还提供了 G 的这些子群之间关系. 可以看到, 这些信息在研究有限非交换群时非常有用.

西罗定理的证明提供了如第 14 节所述的群作用于集合的另一种应用, 这个集合本身由群构成; 在一些群作用的实例中集合是群本身, 有时是子群陪集的集合, 有时是子群的集合.

西罗定理

设 G 是群,$\mathscr{L}$ 是 G 的所有子群的集合. 令 G 通过共轭作用于 $\mathscr{L}$ 使其成为 G 集. 也就是说, 如果 $H \in \mathscr{L}$, 所以 $H \leqslant G$, 对 $g \in G$, 则 g 作用于 H 得到共轭子群 gHg^{-1}. (为避免混淆, 不把这个作用写成 gH.) 根据定理 14.13,$G_H = \{g \in G | gHg^{-1} = H\}$ 是 G 的子群, 称为 H 的稳定子群. 在本节的习题 14 中, 要求直接证明 G_H 是 G 的一个子群. 因为 G_H 由 G 中所有对 H 共轭作用不变的元素组成,G_H 是 G 中包含 H 作为正规子群的最大子群.

定义 17.1　*子群 G_H 称为 G 中 H 的***正规化子** (normalizer), *以后用 $N[H]$ 表示.*

在下面引理的证明中, 用到一个事实: 如果 H 是有限群 G 的子群, 如果对所有

$h \in H$ 有 $gHg^{-1} \in H$, 则 $g \in N[H]$. 要证明这一点, 只要注意, 如果 $gh_1g^{-1} = gh_2g^{-1}$, 则由 G 的消去律有 $h_1 = h_2$. 因此共轭映射 $i_g : H \to H, i_g(h) = ghg^{-1}$ 是单的. 因为 $|H|$ 是有限的, i_g 必须是 H 到 H 的满射, 因此 $gHg^{-1} = H$, 于是 $g \in N[H]$.

引理 17.2 设 H 是有限群 G 的 p 子群, 则 $(G:H) \equiv (N[H]:H) \pmod p$.

证明 设 $\mathscr{L}$ 是 G 中 H 的左陪集的集合, H 通过左平移作用于 $\mathscr{L}$, 使得 $h(xH) = (hx)H$, 则 $\mathscr{L}$ 变成 H 集. 记 $|\mathscr{L}| = (G:H)$.

下面来确定 $\mathscr{L}_H$, 即在 H 的元素作用下不变的左陪集. 由于 $xH = h(xH)$ 当且仅当 $H = x^{-1}hxH$, 或者当且仅当 $x^{-1}hx \in H$. 因此, 对于所有 $h \in H$, 有 $xH = h(xH)$ 当且仅当对所有 $h \in H$, 有 $x^{-1}hx = x^{-1}h(x^{-1})^{-1} \in H$, 或者当且仅当 $x^{-1} \in N[H]$(参见引理前说明), 或者当且仅当 $x \in N[H]$. 因此, $\mathscr{L}_H$ 中的左陪集是包含在 $N[H]$ 中的陪集. 此类陪集的个数是 $(N[H]:H)$, 所以 $|\mathscr{L}_H| = (N[H]:H)$.

因为 H 是一个 p 群, 所以它的阶数是 p 的幂. 由定理 14.19 得到 $|\mathscr{L}| \equiv |\mathscr{L}_H| \pmod p$, 即 $(G:H) \equiv (N[H]:H) \pmod p$. □

推论 17.3 设 H 是有限群 G 的 p 子群. 如果 p 整除 $(G:H)$, 则 $N[H] \neq H$.

证明 从引理 17.2 看出, p 整除 $(N[H]:H)$, 那么 $(N[H]:H)$ 一定不同于 1. 因此 $H \neq N[H]$ □

历史笔记

西罗定理源于挪威数学家西罗 (Peter Ludvig Mejdell Sylow, 1832—1918), 1872 年他在一篇简短的文章中发表了这些定理. 西罗用置换群 (因为当时尚未有群的抽象定义) 表述了定理. 弗罗贝尼乌斯 (Georg Frobenius)1887 年对抽象群重新证明了定理, 尽管他注意到事实上每个群可以看作一个置换群 [凯莱定理 (定理 8.11)]. 西罗自己立即将这些定理应用于求解代数方程的问题, 并证明了对应的伽罗瓦群的阶是素数 p 的幂的任何方程有根式解.

西罗职业生涯的大部分时间都是挪威哈尔顿的高中老师, 仅在 1898 年被任命在克里斯蒂安纳大学 (Christiana University) 供职. 他花了八年时间编辑他的同胞尼尔斯 · 亨利克 · 阿贝尔 (Niels Henrik Abel) 的数学著作.

现在陈述第一西罗定理, 它断言对于整除 $|G|$ 的素数幂, 存在素数幂阶子群.

定理 17.4 (第一西罗定理) 设 G 为有限群, $|G| = p^n m$, 其中 $n \geqslant 1$ 且 p 不整除 m, 则

1. G 有阶为 p^i 的子群, 其中 $1 \leqslant i \leqslant n$.

2. G 的每个阶为 p^i 的子群 H 都是一个阶为 p^{i+1} 的子群的正规子群, 其中 $1 \leqslant i < n$.

证明 1. 根据柯西定理 (定理 14.20), G 包含一个 p 阶子群. 下面用归纳法来证明, 当 $i < n$ 时, 由 p^i 阶子群的存在性推出存在 p^{i+1} 阶子群. 设 H 是阶为 p^i 的子群. 由于 $i < n$, 所以 p 整除 $(G{:}H)$. 由引理 17.2, p 整除 $(N[H]{:}H)$. 因为 H 是 $N[H]$ 的一个正规子群, 考虑 $N[H]/H$, 可以看出 p 整除 $|N[H]/H|$, 根据柯西定理, 商群 $N[H]/H$ 有一个阶为 p 的子群 K. 设 $\gamma{:}N[H] \to N[H]/H$ 是典范同态, 则 $\gamma^{-1}[K] = \{x \in N[H] | \gamma(x) \in K\}$ 是 $N[H]$ 的子群, 因此是 G 的子群. 该子群包含 H, 其阶为 p^{i+1}.

2. 重复 1 中的构造, 注意 $H < \gamma^{-1}[K] \leqslant N[H]$, 其中 $|\gamma^{-1}[K]| = p^{i+1}$. 由于 H 在 $N[H]$ 中是正规的, 所以在较小的群 $\gamma^{-1}[K]$ 中也是正规的. □

定义 17.5 群 G 的**西罗 p 子群**是 G 的极大 p 子群, 即不包含在更大的 p 子群中.

设 G 是有限群, 其中 $|G| = p^n m$, 如定理 17.4 所示. 定理表明 G 的西罗 p 子群是 p^n 阶子群. 如果 P 是一个西罗 p 子群, 每个 P 的共轭 gPg^{-1} 也是西罗 p 子群. 第二西罗定理表明, 每个西罗 p 子群都可以按照这种方式由 P 得到, 也就是说, 任何两个西罗 p 子群都是共轭的.

定理 17.6 (第二西罗定理) 设 P_1 和 P_2 是有限群 G 的西罗 p 子群, 那么 P_1 和 P_2 是 G 的共轭子群.

证明 让一个子群作用于另一个子群的左陪集, 并用定理 14.19. 设 $\mathscr{L}$ 是 P_1 左陪集的集合, 设 P_2 作用于 $\mathscr{L}$, 使得对于每个 $y \in P_2$ 有 $y(xP_1) = (yx)P_1$, 则 $\mathscr{L}$ 是 P_2 集. 根据定理 14.19, $|\mathscr{L}_{P_2}| \equiv |\mathscr{L}| \pmod p$, 且 $|\mathscr{L}| = (G : P_1)$ 不能被 p 整除, 所以 $|\mathscr{L}_{P_2}| \neq 0$. 设 $xP_1 \in \mathscr{L}_{P_2}$, 则对所有 $y \in P_2$ 有 $yxP_1 = xP_1$, 所以 $x^{-1}yxP_1 = P_1$ 对所有 $y \in P_2$ 成立. 因此 $x^{-1}yx \in P_1$ 对所有 $y \in P_2$ 成立, 所以 $x^{-1}P_2x \leqslant P_1$. 由于 $|P_1| = |P_2|$, 必有 $P_1 = x^{-1}P_2x$, 所以 P_1 和 P_2 是共轭子群. □

最后一个西罗定理给出了西罗 p 子群数的信息.

定理 17.7 (第三西罗定理) 如果 G 是有限群,p 整除 $|G|$, 那么西罗 p 子群数模 p 同余于 1, 且整除 $|G|$.

证明 设 P 是 G 的一个西罗 p 子群, $\mathscr{L}$ 是所有西罗 P 子群的集合, 令 P 通过共轭作用于 $\mathscr{L}$, 使得 $x \in P$ 把 $T \in \mathscr{L}$ 映射到 xTx^{-1}. 根据定理 14.19,$|\mathscr{L}| \equiv |\mathscr{L}_P| \pmod p$. 下面要找出 $\mathscr{L}_P$. 如果 $T \in \mathscr{L}_P$, 则对所有 $x \in P$ 有 $xTx^{-1} = T$. 因此 $P \leqslant N[T]$. 而 $T \leqslant N[T]$ 是当然的. 因为 P 和 T 都是 G 的西罗 p 子群, 它们也是 $N[T]$ 的西罗 p 子群. 根据定理 17.6 它们在 $N[T]$ 中共轭. 由于 T 是 $N[T]$ 的正规子群, 所以它在 $N[T]$ 中只有唯一的共轭. 因此 $T = P$, 得到 $\mathscr{L}_P = \{P\}$. 因为 $|\mathscr{L}| \equiv |\mathscr{L}_P| = 1 \pmod p$, 可以

看出西罗 p 子群数模 p 同余于 1.

现在令 G 共轭作用于 $\mathscr{L}$. 由于所有西罗 p 子群都是共轭的, 在 G 作用下,$\mathscr{L}$ 只有一个轨道. 如果 $P\in\mathscr{L}$, 则根据定理 14.17, $|\mathscr{L}|=|P$ 的轨道数 $|=(G:G_P)(G_P$ 实际上是 P 的正规化子). 但是,$(G:G_P)$ 是 $|G|$ 的因数, 所以西罗 p 子群数整除 $|G|$. □

定理 17.7 实际上比看到的要好得多. 设 $|G|=p^n m$, 其中素数 p 不整除 m. 设 G 包含 k 个西罗 p 子群. 那么, 定理 17.7 说明 k 模 p 同余于 1, 且 k 整除 $|G|$. 因为 $\gcd(k,p)=1$,k 一定整除 m.

西罗定理的应用

例 17.8 D_3 的西罗 2 子群的阶是 2. 三个西罗 2 子群是

$$\{\imath,\mu\},\{\imath,\mu\rho\},\{l,\mu\rho^2\}$$

注意, 定理 17.7 指出西罗 2 子群的个数 k 一定是奇数, 且 k 整除 6. 然而, 根据上面的观察,k 整除 3. 所以上面列出的三个子群为 D_3 的全部 2 阶子群.

引理 17.9 设 G 是一个包含正规子群 H 和 K 的群, 使得 $H\cap K=\{e\}$ 且 $H\vee K=G$, 那么 G 与 $H\times K$ 同构.

证明 首先证明对于 $k\in K$ 和 $h\in H$ 有 $hk=kh$. 考虑换位子 $hkh^{-1}k^{-1}=(hkh^{-1})k^{-1}=h(kh^{-1}k^{-1})$. 因为 H 和 K 是 G 的正规子群, 得到 $hkh^{-1}k^{-1}$ 同时属于 K 和 H. 因为 $K\cap H=\{e\}$, 所以 $hkh^{-1}k^{-1}=e$, 所以 $hk=kh$.

设 $\phi:H\times K\to G$ 定义为 $\phi(h,k)=hk$. 则

$$\begin{aligned}\phi((h,k)(h',k'))&=\phi(hh',kk')=hh'kk'\\&=hkh'k'=\phi(h,k)\phi(h',k')\end{aligned}$$

所以 ϕ 是一个同态.

如果 $\phi(h,k)=e$, 则 $hk=e$, 所以 $h=k^{-1}$, 且 h 和 k 都在 $H\cap K$ 中. 因此 $h=k=e$, 所以 $\mathrm{Ker}(\phi)=\{(e,e)\}$,$\phi$ 是单的.

由引理 16.4, $HK=H\vee K$, 且由假设得 $H\vee K=G$. 因此, ϕ 在 G 是满的, 且 $H\times K\cong G$. □

现在来讨论是否存在确定阶的单群. 已经看到, 素数阶群是单群. 对于 $n\geqslant 5$,A_n 是单群且 A_5 是最小的非素数阶单群. 曾经有一个著名的伯恩赛德猜想, 每个非素数阶有限单群必是偶数阶的. 汤普森和费特证明了这个结论, 这是一个了不起的工作; 见文献 21.

定理 17.10 如果 p 和 q 是满足 $p<q$ 的素数, 那么每个阶为 pq 的群 G 都有一个 q 阶单子群, 且这个子群在 G 中是正规的. 因此 G 不是单群. 如果 q 不是模 p 同余于 1, 则 G 是交换的且是循环的.

证明 由定理 17.4 和定理 17.7,G 有一个西罗 q 子群, 且这类子群的个数模 q 同余于 1, 整除 pq, 因此必整除 p. 由于 $p<q$, 唯一可能的数是 1. 因此 G 只有一个西罗 q 子群 Q. 这个群 Q 在 G 中是正规的, 因为在内自同构下它对应于一个相同阶的群, 只能是它本身. 因此 G 不是单群.

同样, G 有一个西罗 p 子群 P, 这些子群的个数整除 pq 且模 p 同余于 1. 这个数必须是 1 或 q. 如果 q 不是模 p 同余于 1 的, 则该数必须为 1, 于是 P 在 G 中是正规的. 假设 $q \not\equiv 1 \pmod p$. 因为 Q 中除 e 以外的元素都是 q 阶的, P 中除 e 之外的都是 p 阶的, 有 $Q \cap P=\{e\}$. 同时 $Q \vee P$ 一定是 G 的真包含 Q 的子群, 且其阶整除 pq. 因此 $Q \vee P=G$ 且根据引理 17.9 同构于 $Q \times P$ 或 $\mathbb{Z}_q \times \mathbb{Z}_p$. 因此 G 是交换的且是循环的. □

例 17.11 回顾, 如果 p 是素数, 那么在同构意义下, 只有一个 p 阶循环群. 定理 17.10 表明有许多非素数 n 使得每个 n 阶群都是循环的. 由于 5 不是模 3 同余于 1 的, 根据定理 17.10,15 阶群都是循环群. 习题 33 证明 15 是具有此性质的最小合数.

接下来的一些计算, 需要另一个引理.

引理 17.12 如果 H 和 K 是群 G 的有限子群, 则

$$|HK|=\frac{|H||K|}{|H \cap K|}$$

证明 设

$$h_1(H \cap K), h_2(H \cap K), h_3(H \cap K), \cdots, h_r(H \cap K)$$

是 $H \cap K$ 在 H 中不同的左陪集. 令

$$S=\{h_1, h_2, h_3, \cdots, h_r\}$$

它正好包含 $H \cap K$ 每个左陪集的一个元素. 所以

$$|S|=\frac{|H|}{|H \cap K|}$$

令 $f: S \times K \rightarrow HK$ 由 $f(h_i, k)=h_i k$ 定义. 下面证明 f 是既单又满的.

设 $hk \in HK$, 则 $h \in H$ 在 $H \cap K$ 的某个左陪集中, 所以对某个 $h_i \in S$, 有 $h \in h_i(H \cap K)$. 因此对某个 $x \in H \cap K$, 有 $h = h_i x$. 令 $k_1 = xk$, 则 $(h_i, k_1) \in S \times K$ 且

$$f(h_i, k_1) = h_i k_1 = h_i x k = hk$$

因此 f 为满射.

现在证明 f 是单的. 设 $f(h_i, k) = f(h_j, k_1)$. 所以 $h_i k = h_j k_1$, 则 $h_j^{-1} h_i = k_1 k^{-1} \in H \cap K$. 这意味着 h_i 和 h_j 在 $H \cap K$ 的同一个左陪集中. 所以 $h_i = h_j$. 由消去律,$k = k_1$,f 为单的.

因为有既单又满映射 $f : S \times K \to HK$, 所以

$$|HK| = |S||K| = \frac{|H|}{|H \cap K|} \cdot |K| = \frac{|H||K|}{|H \cap K|} \qquad \square$$

引理 17.12 是另一个重要结果, 不要低估它的作用. 引理可以这样用: 有限群 G 不能有太大的子群 H 和 K 具有太小的交, 或者, HK 的阶超过 G 的阶, 这是不可能的. 例如, 一个阶为 24 的群不能有两个阶为 12 和 8 的子群, 使得其交的阶为 2.

本节余下部分给出几个例子, 说明如何证明具有确定阶的群是交换群或具有非平凡正规子群, 也就是说, 不是单群. 回顾一下, 有限群 G 的指数为 2 的子群 H 是正规的. 这是因为 G 中 H 的两个左陪集是 H 和 G 中不在 H 中的所有元素的集合. 而这些也是所有的右陪集, 这就证明了 H 是 G 的正规子群.

例 17.13 对于任意 $r > 1$ 和素数 p, p^r 阶群不是单群. 根据定理 17.4, 这样的群 G 包含一个阶为 p^{r-1} 的子群在阶为 p^r 的子群中正规, 即是 G 的正规子群. 因此,16 阶群不是单群, 它有一个 8 阶正规子群.

例 17.14 20 阶群不是单群, 因为这样的群 G 包含西罗 5 子群, 子群数模 5 余 1, 且是 4 的因数, 只有 1. 因此这个西罗 5 子群是正规的, 因为它的所有共轭都是它自己.

例 17.15 30 阶群不是单群. 可以看出, 对于某个整除 30 的素数 p, 如果只有一个西罗 p 子群, 就完成了证明. 根据定理 17.7 西罗 5 子群的个数为 1 或 6, 西罗 3 子群的个数为 1 或 10. 但是如果 G 有 6 个西罗 5 子群, 那么任意两个的交集的阶整除 5, 因此只有 $\{e\}$. 因此, 每个西罗 5 子群包含 4 个阶为 5 的元素不在其他的西罗 5 子群中. 因此,G 必包含 24 个 5 阶元. 同样, 如果 G 有 10 个西罗 3 子群, 则它至少有 20 个 3 阶元. 这两种类型西罗子群一起需要 G 中至少有 44 个元素. 因此, G 必有一个 5 阶或 3 阶正规子群.

例 17.16 48 阶群不是单群. 事实上, 可以证明, 阶为 48 的群 G 有 1 个 16 阶或 8

阶正规子群. 根据定理 17.7, G 有 1 个或 3 个 16 阶西罗 2 子群. 如果只有 1 个 16 阶子群, 则它在 G 中是正规的, 这是熟悉的结论.

假设 G 有 3 个 16 阶子群, 令 H 和 K 是其中的两个, 则 $H \cap K$ 必须是 8 阶, 因为如果 $H \cap K$ 的阶小于或等于 4, 那么由引理 17.12,HK 至少有 $16 \cdot 16/4 = 64$ 个元素, 这与 G 只有 48 个元素矛盾. 因此, $H \cap K$ 在 H 和 K 中是正规的 (指数为 2, 或根据定理 17.4). 因此 $H \cap K$ 的正规化子包含 H 和 K, 其阶为 16 的大于 1 的倍数且是 48 的因数, 因此为 48. 于是 $H \cap K$ 是 G 的正规子群.

例 17.17　36 阶群不是单群. 这样的群 G 有 1 个或 4 个 9 阶子群. 如果只有 1 个这样的子群, 那么该子群是 G 的正规子群. 如果有 4 个这样的子群, 设 H 和 K 是其中的两个. 如例 17.16 所示,$H \cap K$ 至少有 3 个元素, 否则 HK 一定有 81 个元素, 这不可能. 因此 $H \cap K$ 的正规化子的阶是 9 的大于 1 的倍数, 且是 36 的因数, 因此阶是 18 或 36. 如果阶是 18, 则正规化子的指数为 2, 因此是 G 的正规子群. 如果阶是 36, 则 $H \cap K$ 在 G 中正规.

例 17.18　证明阶为 $255 = 3 \cdot 5 \cdot 17$ 的群是交换的 (因此根据交换群基本定理 9.12, 该群是循环的, 不是单的, 因为 255 不是素数). 根据定理 17.7, 这样的群 G 只有一个 17 阶子群 H. 因此 G/H 的阶为 15, 并且根据定理 17.10G/H 是交换的. 根据定理 13.22, 可以看出 G 的换位子群 C 包含在 H 中. 因此, 作为 H 的子群, C 的阶数为 1 或 17. 定理 17.7 表明 G 有 1 个或 85 个 3 阶子群, 以及 1 个或 51 个 5 阶子群. 然而, 85 个 3 阶子群需要 170 个 3 阶元,51 个 5 阶子群需要 205 个 5 阶元; 两者加在一起需要 G 有 375 个元素, 这不可能. 因此有 1 个 3 阶或 5 阶子群 K 是 G 的正规子群, 则 G/K 为 $5 \cdot 17$ 阶的或者 $3 \cdot 17$ 阶的, 在任何一种情况下, 定理 17.10 都表明 G/K 是交换的. 因此 $C \leqslant K$ 且阶为 3,5 或 1. 因为 $C \leqslant H$ 表明 C 的阶为 17 或 1, 得出 C 为 1 阶的. 因此 $C = \{e\}$, 且 $G/C \cong G$ 是交换的. 基本定理 9.12 表明 G 是循环的.

习题

计算

在习题 1~4 中, 确定使每个陈述成立的 n_i 值.

1. 12 阶群的西罗 3 子群的阶为 n_1.

2. 54 阶群的西罗 3 子群的阶为 n_1.

3. 24 阶群一定有 n_1 或 n_2 个西罗 2 子群.(仅用定理 17.7 给出的信息.)

4. $255 = 3 \cdot 5 \cdot 17$ 阶群一定有 n_1 或 n_2 个西罗 3 子群, 以及 n_3 或 n_4 个西罗 5 子群.

(仅用定理 17.7 给出的信息.)

5. 找出 S_4 的所有西罗 3 子群, 证明它们是共轭的.

6. 找出 S_4 的两个西罗 2 子群, 证明它们是共轭的.

7. 确定 $n \leqslant 20$ 使得 n 阶群都是交换的.

8. 确定 $n \leqslant 20$ 使得 n 阶群都是循环的.

概念

在习题 9~11 中, 不参考书本, 根据需要更正楷体术语的定义, 使其成立.

9. 设 p 为素数. p *群*是每个元素都是 p 阶的群.

10. 群 G 的子群 H 的*正规化子*$N[H]$ 是把 H 映射到它自身的所有内自同构的集合.

11. 设 G 是一个阶可被素数 p 整除的群. *西罗 p 子群*P 是 G 的阶为 p 的幂的最大子群.

12. 判断下列命题的真假.

a. 有限群的任意两个西罗 p 子群共轭.

b. 定理 17.7 表明,15 阶群只有一个西罗 5 子群.

c. 有限群的每个西罗 p 子群都有 p 的幂的阶.

d. 有限群的每个 p 子群都是西罗 p 子群.

e. 有限交换群对于整除 G 的阶的素数 p 仅有一个西罗 p 子群.

f. G 的子群 H 在 G 中的正规化子总是 G 的正规子群.

g. 如果 H 是 G 的子群, 那么 H 总是 $N[H]$ 的正规子群.

h. 有限群 G 的西罗 p 子群在 G 中是正规的当且仅当它是 G 的唯一西罗 p 子群.

i. 如果 G 是交换群,H 是 G 的子群, 则 $N[H] = H$.

j. 素数幂 p^n 阶群没有西罗 p 子群.

13. 判断下列命题的真假.

a. 159 阶群是循环的.

b. 102 阶群有非平凡真正规子群.

c. 设 p 是素数, 则 p^3 阶群是交换群.

d. 存在 1128 阶单群.

e. 用书中例子的方法证明阶在 60 到 168 之间的非素数阶群不是单群.

f. 21 阶群不是单群.

g. 有 125 个元素的群至少有 5 个元素与群中的每个元素可交换.

h. 42 阶群有 7 阶正规子群.

i. 42 阶群有 3 阶正规子群.

j. 仅有的单群是 $\mathbb{Z}_p$ 和 A_n, 其中 p 是素数, 且 $n > 4$.

理论

14. 设 H 是群 G 的子群. 不用定理 14.13 证明 $G_H = \{g \in G | gHg^{-1} = H\}$ 是 G 的子群.

15. 设 G 是有限群, 素数 p 和 $q \neq p$ 整除 $|G|$. 证明如果 G 恰有一个真西罗 p 子群, 那么它是正规子群, 所以 G 不是单群.

16. 证明 45 阶群有 9 阶正规子群.

17. 设 G 是有限群, 素数 p 整除 $|G|$. 设 P 是 G 的西罗 p 子群. 证明 $N[N[P]] = N[P]$. (提示: 证明 P 是 $N[N[P]]$ 的唯一西罗 p 子群, 并用定理 17.6.)

18. 设 G 是有限群, 素数 p 整除 $|G|$. 设 P 是 G 的西罗 p 子群,H 是 G 的任意 p 子群. 证明存在 $g \in G$ 使得 $gHg^{-1} \leqslant P$.

19. 证明 $(35)^3$ 阶群有 125 阶正规子群.

20. 证明不存在 $255 = 3 \cdot 5 \cdot 17$ 阶单群.

21. 证明不存在 $p^r m$ 阶单群, 其中 p 是素数,r 是正整数,$m < p$.

22. 证明阶不超过 20 的单群是循环群.

23. 设 p 为素数. 证明 p^n 阶群包含正规子群 $H_i, 0 \leqslant i \leqslant n$, 使得 $|H_i| = p^i$ 且 $H_i < H_{i+1}$ 对于 $0 \leqslant i < n$ 成立. (提示: 见定理 14.24.)

24. 设 G 是有限群,P 是 G 的正规 p 子群. 证明 P 包含在 G 的每个西罗 p 子群中.

25. 证明如果 $p \geqslant 3$ 是素数且 $k \geqslant 1$, 则 $2p^k$ 阶群 G 不是单群.

26. 证明 $5 \cdot 7 \cdot 47$ 阶群是可交换的且是循环的.

27. 证明 96 阶群不是单群.

28. 证明 30 阶群包含一个 15 阶子群. (提示: 用例 17.15 中的最后一句话, 考虑商群.)

29. 证明 160 阶群不是单群.

30. 设 G 是有限群, 并设对于整除 $|G|$ 的每个 k,G 至多有一个 k 阶子群. 证明 G 是循环的.

31. 设 G 是有限群. 用 G 对 G 进行群共轭作用,$g * x = gxg^{-1}$, 证明 $|G| = |Z(G)| + n_1 + n_2 + \cdots + n_k$, 其中 $Z(G)$ 是 G 的中心,$n_1, n_2, \cdots, n_k$ 是至少包含两个元素的轨道大小. 这个公式称为**类方程** (class equation).

32. 用本节例子中使用的类似的论证, 说明小于 60 阶的单群是循环的. 不必写下所有的细节.

33. 证明对每个正整数 $n < 15$, 如果 n 阶群是循环的, 则 n 是素数.

4.18 群列

次正规列和正规列

本节是关于群 G 的群列概念的, 给出 G 的深层次结构. 结果对交换群和非交换群都成立. 它们对于有限生成交换群来说不太重要, 因为已经有了有限生成交换群基本定理. 然而, 许多描述都是以交换群为例, 因为计算方便.

定义 18.1 群 G 的**次正规列** (subnormal series)(或次不变列) 是指 G 的子群的有限序列 $H_0, H_1, \cdots, H_n$, 使得 $H_i < H_{i+1}$, 且 H_i 是 H_{i+1} 的正规子群, 满足 $H_0 = \{e\}$ 和 $H_n = G$. G 的**正规列** (normal series)(或不变列) 是指 G 的正规子群的有限序列 $H_0, H_1, \cdots, H_n$, 满足 $H_i < H_{i+1}, H_0 = \{e\}, H_n = G$.

注意, 对于交换群, 次正规列和正规列的概念是一致的, 因为每个子群都是正规的. 正规列总是次正规列, 反之不一定. 在正规列之前定义次正规列, 因为次正规列的概念更为重要.

例 18.2 加法群 $\mathbb{Z}$ 的两个正规列是

$$\{0\} < 8\mathbb{Z} < 4\mathbb{Z} < \mathbb{Z}$$

和

$$\{0\} < 9\mathbb{Z} < \mathbb{Z}$$

例 18.3 设 $G = D_4$ 为二面体群. 群列

$$\{\imath\} < \{\imath, \mu\} < \{\imath, \mu, \rho^2, \mu\rho^2\} < D_4$$

是一个次正规列, 因为每个子群是其右侧的正规子群. 子群 $\{\imath, \mu\}$ 不是 D_4 的正规子群, 因为 $\rho\mu\rho^{-1} = \mu\rho^2 \notin \{\imath, \mu\}$. 所以这个群列只是次正规列, 而不是正规列.

定义 18.4 群 G 的次正规列 (正规列)$\{K_j\}$ 为次正规列 (正规列)$\{H_i\}$ 的**加细** (refinement), 如果 $\{H_i\} \subseteq \{K_j\}$, 也就是说, 每个 H_i 都是 K_j 中的一个.

例 18.5 群列

$$\{0\} < 72\mathbb{Z} < 24\mathbb{Z} < 8\mathbb{Z} < 4\mathbb{Z} < \mathbb{Z}$$

是群列

$$\{0\} < 72\mathbb{Z} < 8\mathbb{Z} < \mathbb{Z}$$

的加细. 插入了两个新的项 $4\mathbb{Z}$ 和 $24\mathbb{Z}$.

研究 G 的结构的兴趣在于商群 H_{i+1}/H_i. 这些商群在正规列和次正规列中都有定义, 因为在两种情况下,H_i 在 H_{i+1} 中都是正规的.

定义 18.6 群 G 的两个次正规列 (正规列)$\{H_i\}$ 和 $\{K_j\}$ 称为**同构**的, 如果商群集合 $\{H_{i+1}/H_i\}$ 与 $\{K_{j+1}/K_j\}$ 之间存在一一对应, 使得相应的商群是同构的.

显然, 两个同构的次正规列 (正规列) 具有相同数量的子群.

例 18.7 $\mathbb{Z}_{15}$ 的两个群列,

$$\{0\} < \langle 5\rangle < \mathbb{Z}_{15}$$

和

$$\{0\} < \langle 3\rangle < \mathbb{Z}_{15}$$

是同构的.$\mathbb{Z}_{15}/\langle 5\rangle$ 和 $\langle 3\rangle/\{0\}$ 都与 $\mathbb{Z}_5$ 同构,$\mathbb{Z}_{15}/\langle 3\rangle$ 和 $\langle 5\rangle/\{0\}$ 都与 $\mathbb{Z}_3$ 同构.

舒赖尔 (Schreier) 定理

进一步证明群 G 的两个次正规列的加细是同构的. 这是群列理论的基本结果. 证明需要点技巧, 可以分成几个部分, 以便理解. 在证明之前, 用一个例子来说明研究目的.

例 18.8 尝试找到例 18.2 中群列

$$\{0\} < 8\mathbb{Z} < 4\mathbb{Z} < \mathbb{Z}$$

和

$$\{0\} < 9\mathbb{Z} < \mathbb{Z}$$

的同构加细. 考虑 $\{0\} < 8\mathbb{Z} < 4\mathbb{Z} < \mathbb{Z}$ 的加细

$$\{0\} < 72\mathbb{Z} < 8\mathbb{Z} < 4\mathbb{Z} < \mathbb{Z}$$

以及 $\{0\} < 9\mathbb{Z} < \mathbb{Z}$ 的加细

$$\{0\} < 72\mathbb{Z} < 18\mathbb{Z} < 9\mathbb{Z} < \mathbb{Z}$$

这两种加细中都有四个商群同构于 $\mathbb{Z}_4, \mathbb{Z}_2, \mathbb{Z}_9$ 和 $72\mathbb{Z}$ 或 $\mathbb{Z}$. 商群出现的次序当然是不同的.

下面从查森豪斯 (Zassenhaus) 提出的一个相当技术性的引理开始. 这个引理有时称为蝴蝶引理, 因为引理相应的图 18.9, 是蝴蝶形状的.

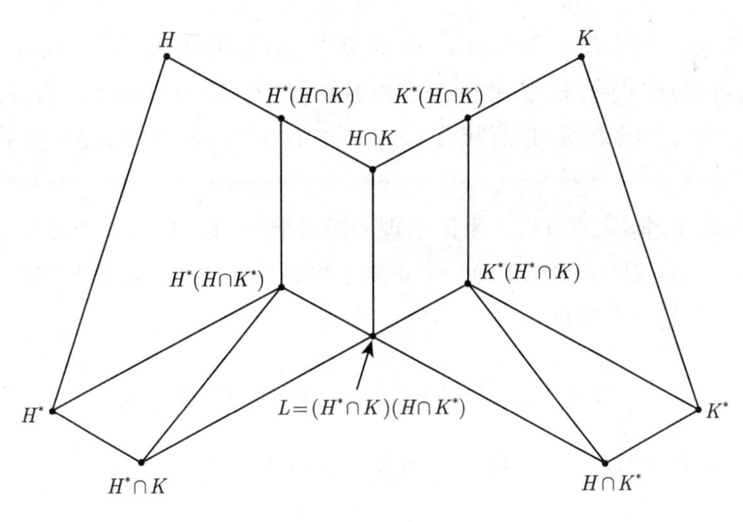

图 18.9

引理 18.10 (查森豪斯引理) 设 $H, K \leqslant G$ 是子群, 且 $H^* \trianglelefteq H, K^* \trianglelefteq K$ 分别是 H 和 K 的正规子群, 则

1. $H^*(H \cap K^*)$ 是 $H^*(H \cap K)$ 的正规子群,

2. $K^*(H^* \cap K)$ 是 $K^*(H \cap K)$ 的正规子群,

3. 商群 $H^*(H \cap K)/H^*(H \cap K^*), K^*(H \cap K)/K^*(H^* \cap K)$, 以及 $(H \cap K)/[(H^* \cap K)(H \cap K^*)]$ 都是同构的.

证明 按照图 18.9, 将证明中提到的子群关系图示是有帮助的. 在证明正规性之前, 要验证所涉及的集合是 G 的子群. 三个集合 $H^*, H \cap K^*, H \cap K$ 是 H 的子群. 此外, H^* 是 H 的正规子群, 所以根据引理 16.4, $H^*(H \cap K^*)$ 和 $H^*(H \cap K)$ 是 H 的子群. 因此 $H^*(H \cap K^*)$ 和 $H^*(H \cap K)$ 也是 G 的子群. 显然, $H^*(H \cap K^*)$ 是 $H^*(H \cap K)$ 的子群.

现在证明 $H^*(H \cap K^*)$ 是 $H^*(H \cap K)$ 的正规子群. 令 $w \in H^*(H \cap K^*)$ 及 $y \in H^*(H \cap K)$. 需要证明 $ywy^{-1} \in H^*(H \cap K^*)$. 根据定义, 存在 $h_1, h_2 \in H^*, x \in H \cap K^*, g \in H \cap K$, 使得 $w = h_1x, y = h_2g$. 于是有

$$
\begin{aligned}
ywy^{-1} &= h_2gh_1xg^{-1}h_2^{-1} \\
&= h_2(gh_1g^{-1})gxg^{-1}h_2^{-1} \\
&= h_2h_3gxg^{-1}h_2^{-1}
\end{aligned}
$$

其中 $h_3 \in H^*$, 因为 H^* 是 H 的正规子群. 注意, h_2^{-1} 和 h_2h_3 都是 $H^* \leqslant H^*(H \cap K^*)$

的元素. 此外,$gxg^{-1} \in K^*$, 因为 $g \in K$ 且 K^* 是 K 的正规子群. 同理 $gxg^{-1} \in H$, 因为 g 和 x 都是 H 的元素. 因此,$gxg^{-1} \in H \cap K^* \leqslant H^*(H \cap K^*)$. 所以,$ywy^{-1}$ 是群 $H^*(H \cap K^*)$ 中元素的乘积, 这意味着 $ywy^{-1} \in H^*(H \cap K^*)$. 由此证明了引理的第一部分.

用第二同构定理 (定理 16.5) 来证引理的第三部分. 设 $N' = H^*(H \cap K^*)$ 且 $H' = H \cap K$, 所以 N' 是 $H^*(H \cap K)$ 的一个正规子群且 H' 是 $H^*(H \cap K)$ 的一个子群. 由引理 16.4, $N'H'$ 是一个群且

$$N'H' = H^*(H \cap K^*)(H \cap K) = H^*(H \cap K)$$

由第二同构定理有 $N'H'/N' \cong H'/(H' \cap N')$. 因此有

$$N'H'/N' = H^*(H \cap K)/H^*(H \cap K^*)$$

以及

$$H'/(H' \cap N') = (H \cap K)/(H^*(H \cap K^*) \cap (H \cap K))$$

第 16 节中的习题 11 表明

$$H^*(H \cap K^*) \cap (H \cap K) = (H^* \cap K)(H \cap K^*)$$

因此

$$H^*(H \cap K)/(H^*(H \cap K^*)) \cong (H \cap K)/((H^* \cap K)(H \cap K^*))$$

通过调换 H 和 K(以及 H^* 和 K^*) 的角色, 上述证明给出了查森豪斯引理的第二部分和第三部分的另一半. □

定理 18.11 (舒赖尔定理) *群 G 的两个次正规列 (正规列) 加细后同构.*

证明 设 G 是一个群, 有如下两个次正规群列:

$$\{e\} = H_0 < H_1 < H_2 < \cdots < H_n = G \tag{1}$$

$$\{e\} = K_0 < K_1 < K_2 < \cdots < K_m = G \tag{2}$$

对于 $i, 0 \leqslant i \leqslant n-1$, 构成群链

$$H_i = H_i(H_{i+1} \cap K_0) \leqslant H_i(H_{i+1} \cap K_1) \leqslant \cdots \leqslant H_i(H_{i+1} \cap K_m) = H_{i+1}$$

这在 H_i 和 H_{i+1} 之间插入了 $m-1$ 个不一定不同的群. 如果对每个 i 都这样做, 其中 $0 \leqslant i \leqslant n-1$, 令 $H_{i,j} = H_i(H_{i+1} \cap K_j)$, 那么得到群链

$$
\begin{aligned}
\{e\} = H_{0,0} \quad & \leqslant H_{0,1} \leqslant H_{0,2} \leqslant \cdots \leqslant H_{0,m-1} \leqslant H_{1,0} \\
& \leqslant H_{1,1} \leqslant H_{1,2} \leqslant \cdots \leqslant H_{1,m-1} \leqslant H_{2,0} \\
& \leqslant H_{2,1} \leqslant H_{2,2} \leqslant \cdots \leqslant H_{2,m-1} \leqslant H_{3,0} \\
& \leqslant \cdots \qquad \vdots \\
& \leqslant H_{n-1,1} \leqslant H_{n-1,2} \leqslant \cdots \leqslant H_{n-1,m-1} \leqslant H_{n-1,m} \\
& = G
\end{aligned} \tag{3}
$$

群链式 (3) 包含 $nm+1$ 个不一定不同的群, 对于每个 $i, H_{i,0} = H_i$. 根据查森豪斯引理, 式 (3) 是一个次正规链, 也就是说, 每个群都是下一个群的正规群. 这条链加细了群列式 (1).

以对称的方式, 令 $K_{j,i} = K_j(K_{j+1} \cap H_i)$, 其中 $0 \leqslant j \leqslant m-1$ 和 $0 \leqslant i \leqslant n$. 得到一个次正规链

$$
\begin{aligned}
\{e\} = K_{0,0} \quad & \leqslant K_{0,1} \leqslant K_{0,2} \leqslant \cdots \leqslant K_{0,n-1} \leqslant K_{1,0} \\
& \leqslant K_{1,1} \leqslant K_{1,2} \leqslant \cdots \leqslant K_{1,n-1} \leqslant K_{2,0} \\
& \leqslant K_{2,1} \leqslant K_{2,2} \leqslant \cdots \leqslant K_{2,n-1} \leqslant K_{3,0} \\
& \leqslant \cdots \qquad \vdots \\
& \leqslant K_{m-1,1} \leqslant K_{m-1,2} \leqslant \cdots \leqslant K_{m-1,n-1} \leqslant K_{m-1,n} \\
& = G
\end{aligned} \tag{4}
$$

式 (4) 包含 $mn+1$ 个不一定不同的群, 对于每个 $j, K_{j,0} = K_j$. 这个链加细了群列式 (2).

根据查森豪斯引理 18.10, 有

$$H_i(H_{i+1} \cap K_{j+1})/H_i(H_{i+1} \cap K_j) \cong K_j(K_{j+1} \cap H_{i+1})/K_j(K_{j+1}) \cap H_i)$$

或

$$H_{i,j+1}/H_{i,j} \cong K_{j,i+1}/K_{j,i} \tag{5}$$

其中 $0 \leqslant i \leqslant n-1, 0 \leqslant j \leqslant m-1$. 式 (5) 的同构关系给出了次正规链式 (3) 和式 (4) 中同构的商群之间的一一对应. 为验证此对应关系, 注意 $H_{i,0} = H_i$ 和 $H_{i,m} = H_{i+1}$, 而 $K_{j,0} = K_j$ 和 $K_{j,n} = K_{j+1}$. 式 (3) 和式 (4) 中的每个链包含一个由 mn 个符号 $\leqslant$ 组成

的矩形. 每个 $\leqslant$ 产生一个商群. 式 (3) 中第 r 行的 $\leqslant$ 产生的商群对应于式 (4) 中第 r 列的 $\leqslant$ 产生的商群. 从式 (3) 和式 (4) 中删除重复的群, 得到由不同群组成的次正规列, 同构于式 (1) 和式 (2) 的加细. 这就证明了定理对次正规列的结论.

对于正规列, 其中 H_i 和 K_j 在 G 中都是正规的, 仅需要观察上面所有群 $H_{i,j}$ 和 $K_{j,i}$ 在 G 中也是正规的, 所以可用同样的证明. $H_{i,j}$ 和 $K_{j,i}$ 的正规性可以由引理 16.4 的第二个结论, 以及正规子群的交是正规子群立即得到. □

若尔当–赫尔德 (Jordan-Hölder) 定理

现在进入这个理论的关键.

定义 18.12　群 G 的次正规列 $\{H_i\}$ 称为**合成列** (composition series), 如果所有商群 H_{i+1}/H_i 是单群. G 的正规列 $\{H_i\}$ 称为**主列** (principal series) 或**主群列** (chief series), 如果所有商群 H_{i+1}/H_i 是单群.

注意, 对于交换群, 合成列和主群列的概念是一致. 此外, 由于每个正规列都是次正规的, 所以对任何群, 每个主群列都是合成列, 不管是否为交换群.

例 18.13　$\mathbb{Z}$ 没有合成列 (也没有主群列). 对于次正规列

$$\{0\} = H_0 < H_1 < \cdots < H_{n-1} < H_n = \mathbb{Z}$$

对于某 $r \in \mathbb{Z}^+$, 有 H_1 为 $r\mathbb{Z}$. 但是 H_1/H_0 与 $r\mathbb{Z}$ 同构,$r\mathbb{Z}$ 是无限循环群, 具有许多非平凡真正规子群, 如 $2r\mathbb{Z}$. 因此,$\mathbb{Z}$ 没有合成列 (也没有主群列).

例 18.14　对于 $n \geqslant 5$, 群列

$$\{e\} < A_n < S_n$$

是 S_n 的合成列 (也是主群列), 因为 $A_n/\{e\}$ 同构于 A_n, 当 $n \geqslant 5$ 时, 这是单群,S_n/A_n 与 $\mathbb{Z}_2$ 同构, 也是单群. 同样, 例 18.7 中给出的两个群列是 $\mathbb{Z}_{15}$ 的同构的合成列 (也是主群列), 如该例所示. 这就是稍后给出的主要定理.

根据定理 13.20, 当且仅当 H_i 是 H_{i+1} 的极大正规子群时,H_{i+1}/H_i 是单群. 因此, 对于合成列, 每个 H_i 必是 H_{i+1} 的极大正规子群. 为了构造群 G 的合成列, 需要寻找 G 的极大正规子群 H_{n-1}, 然后找 H_{n-1} 的极大正规子群 H_{n-2}, 依此类推. 如果此过程在有限步终止, 则有一个合成列. 注意, 根据定理 13.20, 合成列不能有加细. 为了构造一个主群列, 需要寻找 G 的极大正规子群 H_{n-1}, 然后找 H_{n-1} 的在 G 中正规的极大正规子群 H_{n-2}, 依此类推. 主要定理如下.

定理 18.15 (若尔当–赫尔德定理)　群 G 的任何两个合成列 (主群列) 同构.

证明 令 $\{H_i\}$ 和 $\{K_i\}$ 是 G 的两个合成列 (主群列). 由定理 18.11, 它们有同构的加细. 但由于所有商群已经是单群, 定理 13.20 表明, 这两个序列都没有进一步的加细. 因此 $\{H_i\}$ 和 $\{K_i\}$ 一定同构. □

对于有限群, 可以把合成列看作群分解为单商群的一种方式, 类似于正整数分解为素数因子的乘积. 这两种分解都是唯一到因子的次序.

例 18.16 用一个实例来比较整数的素数分解与合成列. 设 $n \in \mathbb{Z}^+$, 将 n 分解为素因子乘积 $n = p_1p_2p_3\cdots p_k$, 其中素因子可以相同, 且顺序是任意的. 群列

$$\{0\} < \langle p_1p_2p_3\cdots p_{k-1}\rangle < \langle p_1p_2p_3\cdots p_{k-2}\rangle < \langle p_1p_2p_3\cdots p_{k-3}\rangle < \cdots \langle p_1\rangle < \mathbb{Z}_n$$

是一个合成群列, 因为因子群与 $\mathbb{Z}_{p_k}, \mathbb{Z}_{p_{k-1}}, \mathbb{Z}_{p_{k-2}}, \cdots, \mathbb{Z}_{p_1}$ 同构, 它们都是单群. 对于素数 $p_1, p_2, \cdots, p_k$ 的每一种排序选择, 得到不同的合成列, 但它们都是同构的, 因为商群是某种次序的 $\mathbb{Z}_{p_1}, \mathbb{Z}_{p_2}, \cdots, \mathbb{Z}_{p_k}$.

历史笔记

后来发展成若尔当–赫尔德定理的结论, 第一次出现于 1869 年法国代数学家卡米尔・约当 (Camille Jordan, 1838—1922) 关于伽罗瓦工作的评论中. 文章的主题是研究置换群与多项式方程的根. 若尔当得出即使方程群的正规列 $G, I, J, \cdots$ 不一定唯一, 但是这个合成列的指数序列是唯一的. 若尔当在 1870 年的文章《代换与代数方程》(*Treatise on Substitutions and Algebraic Equations*) 中给出了证明. 这个稍晚的工作, 虽然仅限于现在所说的置换群, 此后许多年一直被看成群论中的标准论文.

定理的赫尔德部分, 即合成列中商群序列唯一到群的阶, 归功于奥托・赫尔德 (Otto Hölder, 1859—1937), 他在抽象群定义出现后的群论发展中充当了重要角色. 他的其他贡献有, 给出了 "商群" 的第一个严格定义, 确定了阶无平方因子的有限群的结构.

定理 18.17 如果 G 有一个合成列 (主群列), 且 N 是 G 的一个真正规子群, 则存在一个包含 N 的合成列 (主群列).

证明 群列

$$\{e\} < N < G$$

既是次正规列也是正规列. 由于 G 有一个合成列 $\{H_i\}$, 由定理 18.11, 存在次正规列 $\{e\} < N < G$ 的加细同构于 $\{H_i\}$ 的加细. 但是, 作为合成列,$\{H_i\}$ 没有进一步的加细,

因此 $\{e\} < N < G$ 可以加细为一个次正规序列, 使其所有商群都是单群, 即成为合成列. 由 G 的主群列 $\{K_j\}$ 开始讨论, 也有类似的结论. □

例 18.18　$\mathbb{Z}_4 \times \mathbb{Z}_9$ 的包含 $\langle(0,1)\rangle$ 的合成列 (也是主群列) 是

$$\{(0,0)\} < \langle(0,3)\rangle < \langle(0,1)\rangle < \langle 2\rangle \times \langle 1\rangle < \langle 1\rangle \times \langle 1\rangle = \mathbb{Z}_4 \times \mathbb{Z}_9$$

下一个定义是描述那些有根式解的多项式的基础.

定义 18.19　*群 G 称为***可解的** *(solvable), 如果它有一个合成列 $\{H_i\}$, 使得所有商群 H_{i+1}/H_i 是交换群.*

根据若尔当–赫尔德定理, 可以看到对于可解群, 每个合成列 $\{H_i\}$ 必有交换因子群 H_{i+1}/H_i.

例 18.20　群 S_3 是可解的, 因为合成列

$$\{e\} < A_3 < S_3$$

的商群与 $\mathbb{Z}_3$ 和 $\mathbb{Z}_2$ 同构, 它们是交换群. 群 S_5 不是可解的, 因为 A_5 是单群,

$$\{e\} < A_5 < S_5$$

是一个合成列, $A_5/\{e\}$ 与 A_5 同构, 不是交换群. 可以证明这个 60 阶的 A_5 是最小的不可解群. 这个事实与五次多项式方程一般没有根式解密切相关, 但次数小于或等于 4 的多项式方程是可解的.

上中心列

值得提一下, 群 G 的一个次正规列, 可以由群的中心构成. 回顾第 13 节, 群 G 的中心 $Z(G)$ 定义为

$$Z(G) = \{z \in G | zg = gz, g \in G\}$$

且 $Z(G)$ 是 G 的正规子群. 如果有有限群 G 的运算表, 很容易找到它的中心. 元素 a 属于 G 的中心, 当且仅当以 a 开始的行和以 a 开始的列, 以相同的次序排列 G 的元素.

设 G 是一个群,$Z(G)$ 是 G 的中心. 因为 $Z(G)$ 是 G 的正规子群, 所以有商群 $G/Z(G)$, 可以找到该商群的中心 $Z(G/Z(G))$. 由于 $Z(G/Z(G))$ 在 $G/Z(G)$ 中是正规的, 设若 $\gamma : G \to G/Z(G)$ 是典范映射, 则根据定理 13.18,$\gamma^{-1}[Z(G/Z(G))]$ 是 G 的正规子群 $Z_1(G)$. 因此, 可以构造商群 $G/Z_1(G)$ 并找到其中心, 取其在 $(\gamma_1)^{-1}$ 下的象得到 $Z_2(G)$, 依此类推.

定义 18.21 前面讨论中出现的群列

$$\{e\} \leqslant Z(G) \leqslant Z_1(G) \leqslant Z_2(G) \leqslant \cdots$$

称为群 G 的**上中心列** (ascending central series).

例 18.22 对 $n \geqslant 3$,S_n 的中心是 $\{\imath\}$. 因此,S_n 的上中心列为

$$\{\imath\} \leqslant \{\imath\} \leqslant \{\imath\} \leqslant \cdots$$

二面体群 D_4 的中心为 $\{\imath, \rho^2\}$. 商群 $D_4/\{\imath, \rho^2\}$ 的阶为 4, 且每个元素的阶为 1 或 2, 所以 $D_4/\{\imath, \rho^2\}$ 与克莱因四元群同构, 是交换群. 因此,$D_4/\{\imath, \rho^2\}$ 的中心是整个群, 因此 D_4 的中心列是

$$\{\imath\} \leqslant \{\imath, \rho^2\} \leqslant D_4 \leqslant D_4 \leqslant D_4 \leqslant \cdots$$

习题

计算

在习题 1~5 中, 给出两个群列的同构加细.

1. $\{0\} < 10\mathbb{Z} < \mathbb{Z}$ 和 $\{0\} < 25\mathbb{Z} < \mathbb{Z}$.

2. $\{0\} < 60\mathbb{Z} < 20\mathbb{Z} < \mathbb{Z}$ 和 $\{0\} < 245\mathbb{Z} < 49\mathbb{Z} < \mathbb{Z}$.

3. $\{0\} < \langle 9 \rangle < \mathbb{Z}_{54}$ 和 $\{0\} < \langle 2 \rangle < \mathbb{Z}_{54}$.

4. $\{0\} < \langle 9 \rangle < \langle 3 \rangle < \mathbb{Z}_{72}$ 和 $\{0\} < \langle 36 \rangle < \langle 12 \rangle < \mathbb{Z}_{72}$.

5. $\{(0,0)\} < (60\mathbb{Z}) \times \mathbb{Z} < (10\mathbb{Z}) \times \mathbb{Z} < \mathbb{Z} \times \mathbb{Z}$ 和
$\{(0,0)\} < \mathbb{Z} \times (80\mathbb{Z}) < \mathbb{Z} \times (20\mathbb{Z}) < \mathbb{Z} \times \mathbb{Z}$.

6. 找出 $\mathbb{Z}_{90}$ 的所有合成列, 证明它们是同构的.

7. 找出 $\mathbb{Z}_{48}$ 的所有合成列, 证明它们是同构的.

8. 找出 $\mathbb{Z}_5 \times \mathbb{Z}_5$ 的所有合成列.

9. 找出 $S_3 \times \mathbb{Z}_2$ 的所有合成列.

10. 找出 $\mathbb{Z}_2 \times \mathbb{Z}_5 \times \mathbb{Z}_7$ 的所有合成列.

11. 找出 $S_3 \times \mathbb{Z}_4$ 的中心.

12. 找出 $S_3 \times D_4$ 的中心.

13. 找出 $S_3 \times \mathbb{Z}_4$ 的上中心列.

14. 找出 $S_3 \times D_4$ 的上中心列.

概念

在习题 15 和习题 16 中, 不参考书本, 根据需要更正楷体术语的定义, 使其成立.

15. 群 G 的合成列是 G 的子群的有限序列

$$\{e\} = H_0 < H_1 < H_2 < \cdots < H_{n-1} < H_n = G$$

使得 H_i 是 H_{i+1} 的极大正规子群, 其中 $i = 0, 1, 2, \cdots, n-1$.

16. 可解群是具有交换合成列的群.

17. 判断下列命题的真假.

a. 正规列也是次正规列.

b. 次正规列也是正规列.

c. 主群列也是合成列.

d. 合成列也是主群列.

e. 交换群仅有一个合成列.

f. 有限群都有合成列.

g. 群是可解的当且仅当它有一个含有单群的合成列.

h. S_7 是可解的.

i. 若尔当-赫尔德定理与算术基本定理 (每个大于 1 的正整数可以分解成唯一到次序的素数乘积) 有一些相似之处.

j. 素数阶有限群都是可解的.

18. 求 $S_3 \times S_3$ 的一个合成列.$S_3 \times S_3$ 是否可解?

19. 二面体群 D_4 是否可解?

20. 设 G 为 $\mathbb{Z}_{36}$. 参考定理 18.11 的证明. 令次正规列式 (1) 为

$$\{0\} < \langle 12 \rangle < \langle 3 \rangle < \mathbb{Z}_{36}$$

令次正规列式 (2) 为

$$\{0\} < \langle 18 \rangle < \mathbb{Z}_{36}$$

找出链的式 (3) 和链的式 (4), 并给出证明中描述的同构商群. 把链的式 (3) 和链的式 (4) 写成证明中显示的矩形形式.

21. 对群 $\mathbb{Z}_{24}$ 重复习题 20, 次正规列式 (1) 为

$$\{0\} < \langle 12 \rangle < \langle 4 \rangle < \mathbb{Z}_{24}$$

次正规列式 (2) 为

$$\{0\} < \langle 6 \rangle < \langle 3 \rangle < \mathbb{Z}_{24}$$

理论

22. 令 H^*, H 和 K 是 G 的子群, 其中 H^* 是 H 的正规子群. 证明 $H^* \cap K$ 在 $H \cap K$ 中正规.

23. 证明如果

$$H_0 = \{e\} < H_1 < H_2 < \cdots < H_n = G$$

是群 G 的次正规列 (正规列),H_{i+1}/H_i 是阶为 s_{i+1} 的有限群, 则 G 是阶为 $s_1 s_2 \cdots s_n$ 的有限阶群.

24. 证明无限交换群没有合成列. (提示: 用习题 23 和无限交换群总有非平凡真子群.)

25. 证明可解群的有限直积是可解的.

26. 证明如果 H 是 G 的正规子群,H 是可解的,G/H 是可解的, 那么 G 是可解的.

27. 证明对 $n \geqslant 3$,D_n 是可解的.

28. 证明可解群 G 的子群 K 是可解的. (提示: 设 $H_0 = \{e\} < H_1 < \cdots < H_n = G$ 为 G 的合成列. 证明 $K \cap H_i, i = 0, 1, \cdots, n$ 中不同群构成 K 的一个合成列. 根据定理 16.5, 有

$$(K \cap H_i)/(K \cap H_{i-1}) \cong [H_{i-1}(K \cap H_i)]/H_{i-1}$$

其中 $H = K \cap H_i$, $N = H_{i-1}$, 以及 $H_{i-1}(K \cap H_i) \leqslant H_i$.)

29. 令 $H_0 = \{e\} < H_1 < \cdots < H_n = G$ 是群 G 的合成列. 设 N 是 G 的正规子群, 假设 N 是单群. 证明 $H_0, H_i N (i = 0, 1, \cdots, n)$ 中的不同群也构成 G 的一个合成列. (提示: 由引理 16.4,$H_i N$ 是一个群. 证明 $H_{i-1}N$ 在 $H_i N$ 中正规. 根据定理 16.5,

$$(H_i N)/(H_{i-1}N) \cong H_i/[H_i \cap (H_{i-1}N)]$$

根据定理 16.8, 它同构于

$$(H_i/H_{i-1})/[(H_i \cap (H_{i-1}N))/H_{i-1}]$$

但是 H_i/H_{i-1} 是单群.)

30. 设 $H_0 = \{e\} < H_1 < \cdots < H_n = G$ 是群 G 的合成列,N 为 G 的正规子群, 令 $\gamma : G \to G/N$ 是典范映射. 证明 $\gamma[H_i] (i = 0, 1, \cdots, n)$ 中的不同群, 构成 G/N 的合成列. (提示: 观察映射

$$\psi : H_i N \to \gamma[H_i]/\gamma[H_{i-1}]$$

定义为

$$\psi(h_i n) = \gamma(h_i n)\gamma[H_{i-1}]$$

是具有核 $H_{i-1}N$ 的同态. 根据定理 16.2,

$$\gamma[H_i]/\gamma[H_{i-1}] \cong (H_iN)/(H_{i-1}N)$$

按照定理 16.5, 如习题 29 的提示所示.)

31. 证明可解群的同态象是可解的. (提示: 用习题 30 得到同态象的合成列. 习题 29 和习题 30 的提示说明合成列的商群的性质.)

32. 证明有限 p 群是可解的.

33. 证明如果 $p > 2^n$ 是素数, 则 $2^n p^k$ 阶群 G 是可解的.

4.19 自由交换群

本节引入自由交换群的概念, 证明一些相关结论. 最后给出有限生成交换群基本定理 (定理 9.12).

自由交换群

先复习群 G 的生成集和有限生成群的概念, 如第 7 节所示. 本节将用如下加法符号专门讨论交换群:

$$\begin{gathered}0\text{表示单位元}, +\text{表示运算}\\ \left.\begin{aligned} na &= \underbrace{a+a+\cdots+a}_{n\text{项和}} \\ -na &= \underbrace{(-a)+(-a)+\cdots+(-a)}_{n\text{项和}}\end{aligned}\right\}\quad \text{对于}n\in\mathbb{Z}^+\text{和}a\in G\\ 0a=0\text{中, 左边0属于}\mathbb{Z}, \text{右边0属于}G.\end{gathered}$$

继续用符号 $\times$ 表示群的直积, 而不用直和的记号.

注意 $\{(1,0),(0,1)\}$ 是群 $\mathbb{Z}\times\mathbb{Z}$ 的生成集, 因为 $(n,m) = n(1,0)+m(0,1)$, 对于 $\mathbb{Z}\times\mathbb{Z}$ 中任何 (n,m) 成立. 该生成集具有以下特性,$\mathbb{Z}\times\mathbb{Z}$ 的每个元素可以唯一表示为形式 $n(1,0)+m(0,1)$. 也就是说, 表示式中系数 n 和 m 在 $\mathbb{Z}$ 中是唯一的.

定理 19.1 设 X 是非零交换群 G 的子集.X 的下列条件是等价的:

1. G 中每个非零元 a 在不考虑和项次序的情况下, 可以唯一地表示为形式 $a = n_1x_1+n_2x_2+\cdots+n_rx_r$, 其中 $n_i\in\mathbb{Z}, n_i\neq 0$ 以及 $x_i\in X$.

2. X 生成 G, $n_1x_1+n_2x_2+\cdots+n_rx_r=0$ 对于 $n_i\in\mathbb{Z}$ 和 $x_i\in X$ 成立当且仅当 $n_1=n_2=\cdots=n_r=0$.

证明 假设条件 1 为真. 由于 $G \neq \{0\}$, 有 $X \neq \{0\}$. 而由条件 1 有 $0 \notin X$, 因为如果 $x_i = 0$ 且 $x_j \neq 0$, 则有 $x_j = x_i + x_j$, 这与 x_j 的表达式唯一相矛盾. 根据条件 1,X 生成 G 且如果 $n_1 = n_2 = \cdots = n_r = 0$, 则 $n_1x_1 + n_2x_2 + \cdots + n_rx_r = 0$. 假设某一 $n_i \neq 0$ 使得 $n_1x_1 + n_2x_2 + \cdots + n_rx_r = 0$; 删除系数为零的项并重新编号, 可以假设所有 $n_i \neq 0$. 那么

$$\begin{aligned} x_1 &= x_1 + (n_1x_1 + n_2x_2 + \cdots + n_rx_r) \\ &= (n_1 + 1)x_1 + n_2x_2 + \cdots + n_rx_r \end{aligned}$$

这给出了两种 $x_1 \neq 0$ 的表示方法, 与条件 1 表示唯一矛盾. 因此, 条件 1 蕴含着条件 2.

现在证明条件 2 蕴含着条件 1. 设 $a \in G$. 由于 X 生成 G, 则 a 可以写成 $a = n_1x_1 + n_2x_2 + \cdots + n_rx_r$ 的形式. 假设 a 有另一种 X 的元素的表示式. 在这两个表示式中增加一些系数为零的项, 可以假设它们包含 X 中相同的元素, 并且可写为形式

$$\begin{aligned} a &= n_1x_1 + n_2x_2 + \cdots + n_rx_r \\ a &= m_1x_1 + m_2x_2 + \cdots + m_rx_r \end{aligned}$$

两式相减, 得到

$$0 = (n_1 - m_1)x_1 + (n_2 - m_2)x_2 + \cdots + (n_r - m_r)x_r$$

根据条件 2,$n_i - m_i = 0$, 有 $n_i = m_i$, 对于 $i = 1, 2, \cdots, r$ 成立. 因此系数唯一. □

定义 19.2 具有满足定理 19.1 条件的生成集 X 的交换群, 称为**自由交换群** (free abelian group), X 称为该群的**基** (basis).

例 19.3 群 $\mathbb{Z} \times \mathbb{Z}$ 是自由交换群,$\{(1,0),(0,1)\}$ 是基. 同样自由交换群 $\mathbb{Z} \times \mathbb{Z} \times \mathbb{Z}$ 的基是 $\{(1,0,0),(0,1,0),(0,0,1)\}$, 依此类推. 因此群 $\mathbb{Z}$ 与其自身的有限直积是自由交换群.

例 19.4 群 $\mathbb{Z}_n$ 不是自由交换群, 因为 $nx = 0$ 对每个 $x \in \mathbb{Z}_n$ 成立, 且 $n \neq 0$, 这与条件 2 矛盾.

从例 19.4 看出, 有理由相信, 如果非零交换群 G 有一个有限阶元, 则 G 不是自由交换群. 习题 10 要求证明这一事实. 然而, 还有其他障碍阻止群成为一个自由交换群. 例如, 虽然除 0 之外, 没有任何有理数是有限阶的, 但习题 13 要求证明 $\mathbb{Q}$ 不是自由交换群.

设自由交换群 G 有一个有限基 $X = \{x_1, x_2, \cdots, x_r\}$. 如果 $a \in G$ 且 $a \neq 0$, 则 a

具有形为

$$a = n_1x_1 + n_2x_2 + \cdots + n_rx_r, n_i \in \mathbb{Z}$$

的唯一表达式. 注意, 在上面 a 的表达式中, 包含了有限基 X 的所有元素 x_i. 与定理 19.1 条件 1 中的 a 表达式不同, 那里的基可能是无限的. 因此, 在上述 a 的表达式中, 应该允许某些系数 n_i 为零, 而在定理 19.1 的条件 1 中, 规定每个 $n_i \neq 0$.

定义

$$\phi : G \to \underbrace{\mathbb{Z} \times \mathbb{Z} \times \cdots \times \mathbb{Z}}_{r\text{个因子}}$$

$\phi(a) = (n_1, n_2, \cdots, n_r)$ 和 $\phi(0) = (0, 0, \cdots, 0)$. 容易验证 ϕ 是同构. 细节留作习题 (参见习题 9), 并将结果作为下一个定理.

定理 19.5　如果 G 是一个以 r 个元素为基的非零自由交换群, 则 G 同构于具有 r 个因子的 $\mathbb{Z} \times \mathbb{Z} \times \cdots \times \mathbb{Z}$.

自由交换群 G 的任意两个基包含相同个数的元素. 只对 G 有一个有限基的情况, 证明这一点; 虽然如果 G 的基是无限的, 结论也对. 证明很有趣, 它给出了通过商群大小来描述基的元素个数的简单方法.

定理 19.6　设 $G \neq \{0\}$ 是具有有限基的自由交换群, 那么 G 的每个基都是有限的, 并且 G 的所有基都有相同数量的元素.

证明　设 G 有一个基 $\{x_1, x_2, \cdots, x_r\}$, 那么 G 同构于具有 r 个因子的 $\mathbb{Z} \times \mathbb{Z} \times \cdots \times \mathbb{Z}$. 令 $2G = \{2g | g \in G\}$. 容易验证 $2G$ 是 G 的子群, 因为 $G \cong \mathbb{Z} \times \mathbb{Z} \times \cdots \times \mathbb{Z}$, 有

$$\begin{aligned} G/2G &\cong (\mathbb{Z} \times \mathbb{Z} \times \cdots \times \mathbb{Z})/(2\mathbb{Z} \times 2\mathbb{Z} \times \cdots \times 2\mathbb{Z}) \\ &\cong \mathbb{Z}_2 \times \mathbb{Z}_2 \times \cdots \times \mathbb{Z}_2. \end{aligned}$$

因此 $|G/2G| = 2^r$, 任何有限基 X 中的元素数为 $\log_2 |G/2G|$. 因此, 任意两个有限基具有相同数量的元素.

还需要证明 G 不能有无限基. 设 Y 为 G 的任何基,$\{y_1, y_2, \cdots, y_s\}$ 为 Y 中的不同元素. 设 H 为 G 由 $\{y_1, y_2, \cdots, y_s\}$ 生成的子群, 并设 K 是由 Y 的其余元素生成的 G 的子群. 容易验证 $G \cong H \times K$, 因此

$$G/2G \cong (H \times K)/(2H \times 2K) \cong (H/2H) \times (K/2K)$$

因为 $|H/2H| = 2^s$, 可以看出 $|G/2G| \geqslant 2^s$. 因为 $|G/2G| = 2^r$, 于是 $s \leqslant r$. 因此 Y 不可能是无限集, 否则可以取 $s > r$. □

定义 19.7 如果 G 是自由交换群, 称 G 的**秩** (rank) 为 G 的基中元素数. (所有基都有相同数量的元素.)

基本定理的证明

下面证明基本定理的不变因子版本 (定理 9.14), 证明任何有限生成交换群同构于如下形式的因子群:

$$(\mathbb{Z}\times\mathbb{Z}\times\cdots\times\mathbb{Z})/(d_1\mathbb{Z}\times d_2\mathbb{Z}\times\cdots\times d_s\mathbb{Z}\times\{0\}\times\cdots\times\{0\})$$

其中 "分子" 和 "分母" 都有 n 个因子,d_1 整除 d_2,d_2 整除 d_3, 等等, d_{s-1} 整除 d_s. 于是素因子版本定理 9.12 成立.

为证明 G 与这样的商群同构, 需要证明存在从 $\mathbb{Z}\times\mathbb{Z}\times\cdots\times\mathbb{Z}$ 到 G 的同态, 具有核 $d_1\mathbb{Z}\times d_2\mathbb{Z}\times\cdots\times d_s\mathbb{Z}\times\{0\}\times\cdots\times\{0\}$. 再由定理 12.14 得出结果. 下面的定理将给出证明细节. 这儿的介绍给出证明的目标以便阅读接下来的内容.

定理 19.8 设 G 是有生成集 $\{a_1,a_2,\cdots,a_n\}$ 的有限生成交换群.

$$\phi:\underbrace{\mathbb{Z}\times\mathbb{Z}\times\cdots\times\mathbb{Z}}_{n\text{个因子}}\to G$$

由 $\phi(h_1,h_2,\cdots,h_n)=h_1a_1+h_2a_2+\cdots+h_na_n$ 定义. 那么 ϕ 是 G 上的满同态映射.

证明 由 h_ia_i 的含意,$h_i\in\mathbb{Z}$ 和 $a_i\in G$, 马上看到

$$\begin{aligned}\phi[(h_1,\cdots,h_n)+(k_1,\cdots,k_n)]&=\phi(h_1+k_1,\cdots,h_n+k_n)\\&=(h_1+k_1)a_1+\cdots+(h_n+k_n)a_n\\&=(h_1a_1+k_1a_1)+\cdots+(h_na_n+k_na_n)\\&=(h_1a_1+\cdots+h_na_n)+(k_1a_1+\cdots+k_na_n)\\&=\phi(k_1,\cdots,k_n)+\phi(h_1,\cdots,h_n)\end{aligned}$$

因为 $\{a_1,\cdots,a_n\}$ 生成 G, 所以同态 ϕ 在 G 是满的. □

下面证明一种 "替换性质", 用于基的调整.

定理 19.9 如果 $X=\{x_1,\cdots,x_r\}$ 是自由交换群 G 的基, 且 $t\in\mathbb{Z}$, 则对于 $i\neq j$, 集合

$$Y=\{x_1,\cdots,x_{j-1},x_j+tx_i,x_{j+1},\cdots,x_r\}$$

也是 G 的基.

证明　因为 $x_j = (-t)x_i + (1)(x_j + tx_i)$, 看出 x_j 可以从 Y 中得到, 因此 Y 也生成 G. 假设

$$n_1x_1 + \cdots + n_{j-1}x_{j-1} + n_j(x_j + tx_i) + n_{j+1}x_{j+1} + \cdots + n_rx_r = 0$$

则

$$n_1x_1 + \cdots + (n_i + n_jt)x_i + \cdots + n_jx_j + \cdots + n_rx_r = 0$$

因为 X 是基,$n_1 = \cdots = n_i + n_jt = \cdots = n_j = \cdots = n_r = 0$. 由 $n_j = 0$ 和 $n_i + n_jt = 0$, 得到 $n_i = 0$, 所以 $n_1 = \cdots = n_i = \cdots = n_j = \cdots = n_r = 0$, 满足定理 19.1 的条件 2. 因此,$Y$ 是基. □

例 19.10　$\mathbb{Z}\times\mathbb{Z}$ 的一个基是 $\{(1,0),(0,1)\}$, 另一个基是 $\{(1,0),(4,1)\}$, 因为 $(4,1) = 4(1,0)+(0,1)$. 然而, $\{(3,0),(0,1)\}$ 不是基. 例如, 不能将 $(2,0)$ 表示为 $n_1(3,0)+n_2(0,1)$, 其中 $n_1, n_2 \in \mathbb{Z}$. 这里 $(3,0) = (1,0) + 2(1,0)$, 是基元素的倍数相加到自身, 而不是不同的基元素相加.

有限秩的自由交换群 G 可以有多个基. 可以证明如果 $K \leqslant G$, 则 K 也是秩不超过 G 的秩的自由交换群. 同样重要的是,G 和 K 的基, 相互之间存在关系.

定理 19.11　设 G 是有限秩 n 的非零自由交换群,K 是 G 的非零子群, 则 K 是秩 $s \leqslant n$ 的自由交换群. 此外, 存在 G 的一个基 $\{x_1, x_2, \cdots, x_n\}$ 和正整数 $d_1, d_2, \cdots, d_s$, 其中 d_i 整除 d_{i+1},$i = 1, 2, \cdots, s-1$, 使得 $\{d_1x_1, d_2x_2, \cdots, d_sx_s\}$ 是 K 的基.

证明　只要证明 K 具有所描述形式的基, 就证明了 K 是自由交换群, 且秩最多为 n. 假设 $Y = \{y_1, y_2, \cdots, y_n\}$ 是 G 的基,K 中的所有非零元可以用以下形式表示:

$$k_1y_1 + k_2y_2 + \cdots + k_ny_n$$

其中某些 $|k_i|$ 非零. 在 G 的所有基 Y 中, 选择一个 Y_1, 使得把 K 的非零元素用 Y_1 中基元素表示时, 得到的 $|k_i|$ 具有最小非零值. 如有必要, 重新编号 Y_1 的元素, 可以假设有 $w_1 \in K$ 使得

$$w_1 = d_1y_1 + k_2y_2 + \cdots + k_ny_n$$

其中 $d_1 > 0$, 且 d_1 是如上所述的最小可达到的系数. 用带余除法, 写 $k_j = d_1q_j + r_j$, 其中 $0 \leqslant r_j < d_1$, 而 $j = 2, 3, \cdots, n$, 那么

$$w_1 = d_1(y_1 + q_2y_2 + \cdots + q_ny_n) + r_2y_2 + \cdots + r_ny_n \tag{1}$$

现在令 $x_1 = y_1 + q_2y_2 + \cdots + q_ny_n$. 根据定理 19.9,$\{x_1, y_2, \cdots, y_n\}$ 也是 G 的基. 从式 (1) 和 Y_1 选择的最小系数 d_1, 可以看到 $r_2 = \cdots = r_n = 0$. 因此 $d_1x_1 \in K$.

现在考虑 G 的 $\{x_1, y_2, \cdots, y_n\}$ 形式的基.K 的元素可以表示为

$$h_1x_1 + k_2y_2 + \cdots + k_ny_n$$

因为 $d_1x_1 \in K$, 可以减去 d_1x_1 的适当倍数, 再由 d_1 的最小性得到 h_1 是 d_1 的倍数, 可以看出实际上 $k_2y_2 + \cdots + k_ny_n$ 在 K 中. 在所有这样的基 $\{x_1, y_2, \cdots, y_n\}$ 中, 选择一个 Y_2, 使得某个 $k_i \neq 0$ 最小. (可能所有 k_i 都是零. 在这种情况下,K 由 d_1x_1 生成, 证明就完成了.) 通过对 Y_2 的元素重新编号, 可以假设有 $w_2 \in K$ 使得

$$w_2 = d_2y_2 + \cdots + k_ny_n$$

其中 $d_2 > 0$, 且 d_2 为所述的最小值. 如前所述, 可以将 G 的基从 $Y_2 = \{x_1, y_2, \cdots, y_n\}$ 修改为基 $\{x_1, x_2, y_3, \cdots, y_n\}$, 其中 $d_1x_1 \in K$ 和 $d_2x_2 \in K$. 写 $d_2 = d_1q + r$, 其中 $0 \leqslant r < d_1$, 可以看出 $\{x_1+qx_2, x_2, y_3, \cdots, y_n\}$ 是 G 的基,$d_1x_1+d_2x_2 = d_1(x_1+qx_2)+rx_2$ 在 K 中. 由于 d_1 的最小选择, 看到 $r = 0$, 所以 d_1 整除 d_2.

现在考虑 G 的 $\{x_1, x_2, y_3, \cdots, y_n\}$ 形式的基, 并检查 K 中形如 $k_3y_3 + \cdots + k_ny_n$ 的元素. 模式很清楚. 这个过程一直进行下去直到得到一个基 $\{x_1, x_2, \cdots, x_s, y_{s+1}, \cdots, y_n\}$, 其中 K 中唯一形如 $k_{s+1}y_{s+1} + \cdots + k_ny_n$ 的元素为零, 即所有 k_i 均为零. 然后令 $x_{s+1} = y_{s+1}, \cdots, x_n = y_n$, 由此得到定理 19.11 中所述形式的 G 的基. □

上面证明了基本定理的不变因子版本定理 9.14. 为了便于参考, 重申如下.

定理 19.12 *有限生成交换群同构于一个以下形式的群:*

$$\mathbb{Z}_{m_1} \times \mathbb{Z}_{m_2} \times \cdots \times \mathbb{Z}_{m_r} \times \mathbb{Z} \times \mathbb{Z} \times \cdots \times \mathbb{Z}$$

其中 m_i 整除 m_{i+1}, $i = 1, 2, \cdots r-1$. 而且, 不考虑因子的次序, 这种表示是唯一的.

证明 在证明中, 为了方便, 使用符号 $\mathbb{Z}/1\mathbb{Z} = \mathbb{Z}/\mathbb{Z} \cong \mathbb{Z}_1 = \{0\}$. 设 G 由 n 个元素有限生成. 令 $F = \mathbb{Z} \times \mathbb{Z} \times \cdots \times \mathbb{Z}$ 有 n 个因子. 考虑定理 19.8 中所述的同态 $\phi : F \to G$, 设 K 为同态的核. 那么 F 有形如 $\{x_1, x_2, \cdots, x_n\}$ 的基, 其中 $\{d_1x_1, d_2x_2, \cdots, d_sx_s\}$ 是 K 的基, 对于 $i = 1, 2, \cdots, s-1$, d_i 整除 d_{i+1}. 根据定理 12.14,G 与 F/K 同构. 但是

$$\begin{aligned} F/K &\cong (\mathbb{Z} \times \mathbb{Z} \times \cdots \times \mathbb{Z})/(d_1\mathbb{Z} \times d_2\mathbb{Z} \times \cdots \times d_s\mathbb{Z} \times \{0\} \times \cdots \times \{0\}) \\ &\cong \mathbb{Z}d_1 \times \mathbb{Z}d_2 \times \cdots \times \mathbb{Z}d_s \times \mathbb{Z} \times \cdots \times \mathbb{Z} \end{aligned}$$

有可能 $d_1 = 1$, 在这种情况下,$\mathbb{Z}_{d_1} = \{0\}$ 可以删除 (看成同构). 类似地,d_2 可以是 1, 依此类推. 令 m_1 是第一个 $d_i > 1$,m_2 是下一个 d_i, 依此类推, 定理立即得证.

已经证明了基本定理中最难的部分. 当然由于可以将群 $\mathbb{Z}_{m_i}$ 分解为素数幂因子, 因此存在素数幂分解. 定理 9.12 的余下部分是贝蒂数、挠数和素数幂的唯一性. 贝蒂数为自由交换群 G/T 的秩, 其中 T 是 G 的挠子群. 由定理 19.6, 这个秩是不变的, 这就证明了贝蒂数的唯一性. 挠数和素数幂的唯一性证明难度大一些. 下面安排一些习题来表明它们的唯一性 (见习题 14~22). □

习题

计算

1. 找出 $\mathbb{Z}\times\mathbb{Z}\times\mathbb{Z}$ 的基 $\{(a_1,a_2,a_3),(b_1,b_2,b_3),(c_1,c_2,c_3)\}$, 其中 $a_i\neq 0, b_i\neq 0, c_i\neq 0$.(可以有很多答案.)

2. $\{(2,1),(3,1)\}$ 是 $\mathbb{Z}\times\mathbb{Z}$ 的基吗? 证明结论.

3. $\{(2,1),(4,1)\}$ 是 $\mathbb{Z}\times\mathbb{Z}$ 的基吗? 证明结论.

4. 求 $a,b,c,d\in\mathbb{Z}$ 的条件使得 $\{(a,b),(c,d)\}$ 是 $\mathbb{Z}\times\mathbb{Z}$ 的基. (提示: 在 $\mathbb{R}$ 中解 $x(a,b)+y(c,d)=(e,f)$, 并检查 x 和 y 何时属于 $\mathbb{Z}$.)

概念

在习题 5 和习题 6 中, 不参考书本, 根据需要更正楷体术语的定义, 使其成立.

5. 自由交换群 G 的秩是 G 的生成集中的元素个数.

6. 非零交换群 G 的基是生成集 $X\subseteq G$, 使得对于不同的 $x_i\in X$ 和 $n_i\in\mathbb{Z}$, $n_1x_1+n_2x_2+\cdots+n_mx_m=0$ 仅当 $n_1=n_2=\cdots=n_m=0$.

7. 举例说明有限秩 r 的自由交换群的真子群也可能具有秩 r.

8. 判断下列命题的真假.

a. 自由交换群都是无挠的.

b. 有限生成无挠交换群都是自由交换群.

c. 存在以任意正整数为秩的自由交换群.

d. 如果有限生成交换群的贝蒂数等于某生成集的元素个数, 则该群是自由交换群.

e. 如果 X 生成自由交换群 G 且 $X\subseteq Y\subseteq G$, 则 Y 生成 G.

f. 如果 X 是自由交换群 G 的基, 且 $X\subseteq Y\subseteq G$, 则 Y 是 G 的基.

g. 非零自由交换群都有无穷多个基.

h. 秩至少为 2 的自由交换群都有无穷多个基.

i. 如果 K 是有限生成自由交换群的非零子群, 那么 K 是自由交换群.

j. 如果 K 是有限生成自由交换群的非零子群, 那么 G/K 是自由交换群.

理论

9. 完成定理 19.5 的证明 (阅读定理前面的两句话).

10. 证明自由交换群不包含有限阶非零元.

11. 证明如果 G 和 G' 是自由交换群, 那么 $G \times G'$ 是自由交换群.

12. 证明有限秩的自由交换群正是不含有限阶非零元的有限生成交换群.

13. 证明加法群 $\mathbb{Q}$ 不是自由交换群.

习题 14~19 证明有限生成交换群的挠子群 T 的素数幂分解中出现的素数幂是唯一的.

14. 设 p 是给定素数. 证明 T 中 p 的幂阶的元素与零, 构成 T 的子群 T_p.

15. 证明在 T 的任何素数幂分解中, 上一习题中的子群 T_p 同构于循环因子的直积, 这些因子群的阶是系数 p 的幂. (这将要研究的问题约化为证明群 T_p 不能有本质上不同的方式将其分解成循环群的积.)

16. 设 G 是任意交换群,n 是任意正整数. 证明 $G[n] = \{x \in G | nx = 0\}$ 是 G 的一个子群. (用乘法符号, $G[n] = \{x \in G | x^n = e\}$.)

17. 参考习题 16, 证明对任意 $r \geqslant 1$ 和素数 p, 有 $\mathbb{Z}_{p^r}[p] \cong \mathbb{Z}_p$.

18. 利用习题 17, 证明如果每个 $r_i \geqslant 1$, 则

$$(\mathbb{Z}_{p^{r_1}} \times \mathbb{Z}_{p^{r_2}} \times \cdots \times \mathbb{Z}_{p^{r_m}})[p] \cong \underbrace{\mathbb{Z}_p \times \mathbb{Z}_p \times \cdots \times \mathbb{Z}_p}_{m\text{个因子}}$$

19. 设 G 是有限生成交换群,T_p 是习题 14 中定义的子群. 假设 $T_p \cong \mathbb{Z}_{p^{r_1}} \times \mathbb{Z}_{p^{r_2}} \times \cdots \times \mathbb{Z}_{p^{r_m}} \cong \mathbb{Z}_{p^{s_1}} \times \mathbb{Z}_{p^{s_2}} \times \cdots \times \mathbb{Z}_{p^{s_n}}$, 其中 $1 \leqslant r_1 \leqslant r_2 \leqslant \cdots \leqslant r_m, 1 \leqslant s_1 \leqslant s_2 \leqslant \cdots \leqslant s_n$. 需要证明 $m = n$, 以及对于 $i = 1, 2, \cdots, n$ 有 $r_i = s_i$, 以此完成素数幂分解唯一性的证明.

a. 用习题 18 证明 $n = m$.

b. 证明 $r_1 = s_1$. 假设对所有 $i < j$ 均有 $r_i = s_i$. 证明 $r_j = s_j$, 由此完成证明. (提示: 假设 $r_j < s_j$. 考虑子群 $p^{r_j}T_p = \{p^{r_j}x | x \in T_p\}$, 并证明该子群有两个包含不同数量非零因子的素数幂分解. 再由本习题的 a 部分证明这不可能.)

设 T 是有限生成交换群的挠子群. 假设 $T \cong \mathbb{Z}_{m_1} \times \mathbb{Z}_{m_2} \times \cdots \times \mathbb{Z}_{m_r} \cong \mathbb{Z}_{n_1} \times \mathbb{Z}_{n_2} \times \cdots \times \mathbb{Z}_{n_s}$, 其中对 $i = 1, 2, \cdots, r-1$ 有 m_i 整除 m_{i+1}, 以及对 $n = 1, 2, \cdots, s-1$ 有 n_j 整除 n_{j+1}, 并且 $m_1 > 1, n_1 > 1$. 要证明 $r = s$ 以及对于 $k = 1, 2, \cdots, r$ 有 $m_k = n_k$, 以此证明挠数的唯一性. 这在习题 20~22 中完成.

20. 说明如何从挠数分解中得到素数幂分解.(上面习题表明素数幂分解是唯一的.)

21. 根据习题 20,m_r 和 n_s 可以通过下述方式确定. 设 $p_1, p_2, \cdots, p_t$ 是整除 $|T|$ 的不同素数, 令 $p_1^{h_1}, p_2^{h_2}, \cdots, p_t^{h_t}$ 是出现在素数幂分解中的最高幂, 则 $m_r = n_s = p_1^{h_1} p_2^{h_2} \cdots p_t^{h_t}$.

22. 确定 m_{r-1} 和 n_{s-1}, 证明它们相等, 继续证明 $m_{r-i} = n_{s-i}$, 其中 $i = 1, 2, \cdots, r-1$, 那么 $r = s$.

4.20 自由群

对于含有元素 a 和 b 的群,a 和 b 必须满足某些关系, 因为它们是一个群的元素. 例如,$a^n a^m = a^{n+m}$ 和 $(ab)^{-1} = b^{-1}a^{-1}$. 迄今为止所研究的大多数群, 除了所有群所拥有的关系, 还有其他一些关系. 例如, 二面体群 D_n 中元素 μ 和 ρ 满足关系式 $\rho\mu = \mu\rho^{-1}$ 和 $\mu^2 = \rho^n = \imath$. 本节构造的自由群仅有群定义中的关系. 这些群及 4.21 节所述的商表现, 是代数和拓扑学研究感兴趣的对象.

单词和既约单词

设 $A \neq \varnothing$ 是任意 (不一定有限) 元素 a_i 的集合,$i \in I$. 将 A 看成**字母表**, 而 a_i 是字母表中的**字母**. 任何形如 a_i^n 的符号看成**音节**, $n \in \mathbb{Z}$, 且有限音节字符串 w 是一个**单词**. 引入**空单词**1, 它没有音节.

例 20.1　设 $A = \{a_1, a_2, a_3\}$, 则

$$a_1 a_3^{-4} a_2^2 a_3, a_2^3 a_2^{-1} a_3 a_1^2 a_1^{-7}, a_3^2$$

都是单词, 按照, 惯例, a_i^1 与 a_i 相同.

一个单词有两种自然的约化, 即**基本缩写**. 第一种用 a_i^{m+n} 替换单词中出现的 $a_i^m a_i^n$. 第二种用 1 替换单词中出现的 a_i^0, 即把它从单词中剔除. 通过有限次的基本缩写, 每个单词都可以改为**既约单词**, 即不能再进行基本缩写的单词. 请注意, 这些基本缩写形式上等于整数指数的常规操作, 如果希望字母是一个群的元素, 这些操作必须满足.

例 20.2　例 20.1 中单词 $a_2^3 a_2^{-1} a_3 a_1^2 a_1^{-7}$ 的既约形式为 $a_2^2 a_3 a_1^{-5}$.

应该一劳永逸地指出, 本书忽略了几点, 这在有的书上是花了很多篇幅来证明的, 通常通过复杂的归纳论证分解为许多情况. 例如, 假设对一个给定的单词, 希望找到它的既约形式. 可能有多种基本缩写方式可以执行. 怎么知道无论以什么次序进行基本缩写, 最后得到的既约单词都是一样的呢? 学生也许会说这是显而易见的. 一些作者花费了大

量的精力来证明这一点[⊖]. 本书在这里同意学生的观点, 认为这类证明很乏味, 而且它们从未使这个疑问令人更放心. 然而, 首先要承认我们不是伟大的数学家. 考虑到许多数学家认为这些事情确实需要大量的讨论, 因此本书用保留引号的短语"显然"来表述.

自由群

设由字母表 A 中所有的既约单词组成的集合为 $F[A]$. 下面以一种自然的方式使 $F[A]$ 成为一个群. 对于 $F[A]$ 中的 w_1 和 w_2, 将 $w_1 \cdot w_2$ 定义为连接两个单词 w_1, w_2 得到的既约单词.

例 20.3 如果

$$w_1 = a_2^3 a_1^{-5} a_3^2$$

$$w_2 = a_3^{-2} a_1^2 a_3 a_2^{-2}$$

则

$$w_1 \cdot w_2 = a_2^3 a_1^{-3} a_3 a_2^{-2}$$

"显然",$F[A]$ 上的乘法运算是良好定义的且具有结合律. 空单词 1 作为单位元. "看起来是明显的", 给定一个既约单词 $w \in F[A]$, 按照相反顺序写 w 的音节, 然后将每个 a_i^n 替换为 a_i^{-n}, 则得到的单词 w^{-1} 也是一个既约单词, 且

$$w \cdot w^{-1} = w^{-1} \cdot w = 1$$

定义 20.4 上面得到的群 $F[A]$ 称为由 A 生成的**自由群** (free group).

回顾定理 7.7 及其前面的定义, 可以看出现在使用的生成的含义与以前一致.

从群 G 和一个生成集 $\{a_i | i \in I\}$(简写为 $\{a_i\}$) 开始, 我们要问 G 是否为 $\{a_i\}$ 上的自由群, 也就是说, G 是否为由 $\{a_i\}$ 生成的自由群. 下面的定义确切说明这意味着什么.

定义 20.5 如果 G 是具有生成元 $A = \{a_i\}$ 的群, 且 G 在映射 $\phi : G \to F[A]$ 下与 $F[A]$ 同构, 其中 $\phi(a_i) = a_i$, 则称 G 在 A 上是**自由的**, 称 a_i 为 G 的**自由生成元**. 群称为**自由群**如果它在某非空集合 A 上是自由的.

例 20.6 之前唯一出现过的自由群是 $\mathbb{Z}$, 它在一个生成元上是自由的. 注意, 每个自由群都是无限的, 因为它包含一个同构于 $\mathbb{Z}$ 的子群.

以下三个定理的证明请参阅其他文献. 本书不用这些结果. 它们只是需要知道的有趣事实.

⊖ 原书作者进行了直观处理, 事实上这种直观带有"操作性"过程, 而每个人的操作过程可以不一样. 因此数学家需要定义"操作"并讨论操作的"等价性", 所以需要一定的逻辑描述篇幅. 在进一步的群论中, 这种严格的逻辑对于群的结构是有用的. ——译者注

定理 20.7　如果群 G 在 A 和 B 上都是自由的, 则集合 A 和 B 具有相同的元素数; 也就是说, 自由群的任意两组自由生成元具有相同的基数.

定义 20.8　如果 G 在 A 上是自由的, 则 A 中的元素数称为自由群 G 的**秩**.

下一个定理实际上是定理 20.7 非常明显的结果.

定理 20.9　两个自由群同构的充要条件是它们具有相同的秩.

定理 20.10　自由群的非平凡子群是自由的.

例 20.11　设 $F[\{x,y\}]$ 是 $\{x,y\}$ 上的自由群. 令

$$y_k = x^k y x^{-k}, k \geqslant 0$$

y_k 是它们所生成的 $F[\{x,y\}]$ 的子群的自由生成元. 这说明了一个奇怪的事实, 尽管自由群的一个子群是自由的, 但子群的秩可能远大于整个群的秩!

自由群的同态

本节的工作主要涉及自由群上同态的定义. 结果简单而优雅.

定理 20.12　设 G 由 $A=\{a_i|i\in I\}$ 生成, G' 是任意群. 如果 $a_i'(i\in I)$ 是 G' 的元素, 不一定是不同的. 那么最多有一个同态 $\phi:G\to G'$ 使得 $\phi(a_i)=a_i'$. 如果 G 在 A 上是自由的, 那么只有一个这样的同态.

证明　设 ϕ 是 G 到 G' 的同态, 使得 $\phi(a_i)=a_i'$. 根据定理 7.7, 对于任何 $x\in G$, 有生成元 a_i 的某有限乘积

$$x = \Pi_j a_{i_j}^{n_j}$$

其中出现的 a_{i_j} 不必不同. 由于 ϕ 是同态, 有

$$\phi(x) = \Pi_j \phi(a_{i_j}^{n_j}) = \Pi_j (a_{i_j}')^{n_j}$$

因此, 同态完全由它在生成元集上的值决定. 这表明至多存在一个同态, 使得 $\phi(a_i)=a_i'$.

假设 G 在 A 上是自由的; 也就是说,$G=F[A]$. 对于 G 中的

$$x = \Pi_j a_{i_j}^{n_j}$$

定义 $\psi:G\to G'$ 为

$$\psi(x) = \Pi_j (a_{i_j}')^{n_j}$$

该映射是良好定义的, 因为 $F[A]$ 由既约单词组成, $F[A]$ 中没有两个不同形式积是相等的. 由于结果中涉及的 G' 中的指数在形式上与 G 中的指数相同, 显然 $\psi(xy)=\psi(x)\psi(y)$ 对于 G 中任意元素 x 和 y 成立, 所以 ψ 是同态. □

也许应该更早证明定理 20.12 的第一部分, 而不是把它归入习题. 注意, 该定理表明群的一个同态完全由它在群的每个生成元上的值确定. 特别地, 循环群的同态完全由它的任意一个生成元确定.

定理 20.13 每个群 G' 都是自由群 G 的同态象.

证明 设 $G' = \{a_i' | i \in I\}$, 且 $A = \{a_i | i \in I\}$ 是与 G' 具有相同元素数的集合. 根据定理 20.12, 存在从 G 到 G' 同态映射 ψ, 使得 $\psi(a_i) = a_i'$. 显然,G 在 ψ 下的象是 G'. □

自由交换群

不混淆自由群的概念和自由交换群的概念是重要的. 多个生成元上的自由群不是交换群. 在前面的小节中, 自由交换群定义为具有基的交换群, 也就是有一个满足定理 19.1 所述性质的生成集. 还有另一种通过自由群得到自由交换群的方法. 下面描述这种方法.

设 $F[A]$ 为生成集 A 上的自由群. 下面用 F 代替 $F[A]$. 注意, 如果 A 包含多于 1 个元素, 则 F 不是交换群. 令 C 是 F 的换位子群, 则 F/C 是交换群, 不难证明 F/C 是基为 $\{aC | a \in A\}$ 的交换群. 如果把 aC 重命名为 a, 可以将 F/C 视为基为 A 的自由交换群. 这表明一个以给定集合为基的自由交换群可以重构. 每个自由交换群都可以用这种方式在同构意义下重构. 也就是说, 如果 G 是以 X 为基的自由交换群, 则构造自由群 $F[X]$, 构造 $F[X]$ 模其换位子群得到的商群, 则得到一个与 G 同构的群.

定理 20.7、定理 20.9 和定理 20.10 对于自由交换群和自由群都成立. 事实上, 定理 20.10 的交换版本是定理 19.11 中有限秩的情形. 与例 20.11 中自由群的情形相反, 一个自由交换群的子群的秩至多是整个群的秩. 定理 19.11 在有限秩情形也证明了这一点.

习题

计算

1. 找出下列每个单词的既约形式和既约形式的逆.

a. $a^2b^{-1}b^3a^3c^{-1}c^4b^{-2}$.　　b. $a^2a^{-3}b^3a^4c^4c^2a^{-1}$.

2. 设 $\{a, b, c\}$ 是生成一个自由交换群的基, 计算习题 1 中 a 和 b 中给出的乘积, 找出这些乘积的逆.

3. 秩为 2 的自由群有多少不同的单同态映到下列群.

a. $\mathbb{Z}_4$.　　b. $\mathbb{Z}_6$.　　c. S_3.

4. 秩为 2 的自由群有多少不同的满同态映到下列群.

a. $\mathbb{Z}_4$.　　b. $\mathbb{Z}_6$.　　c. S_3.

5. 秩为 2 的自由交换群有多少不同的单同态映到下列群.

a. $\mathbb{Z}_4$.　　b. $\mathbb{Z}_6$.　　c. S_3.

6. 秩为 2 的自由交换群有多少不同的满同态映到下列群.

a. $\mathbb{Z}_4$.　　b. $\mathbb{Z}_6$.　　c. S_3.

概念

在习题 7 和习题 8 中, 不参考书本, 根据需要更正楷体术语的定义, 使其成立.

7. *既约单词*是指这样的单词, 其中相邻两个音节没有相同字母且指数为 0 的音节不出现.

8. *自由群的秩*是该群的一组生成元的元素数.

9. 以本节中使用了短语 "显然" 的一个地方为例, 讨论你对那种情况的结论的反应.

10. 判断下列命题的真假.

a. 自由群的真子群是自由群.

b. 自由交换群的真子群是自由群.

c. 自由群的同态象是自由群.

d. 自由交换群都有一个基.

e. 有限秩的自由交换群就是有限生成交换群.

f. 没有自由群是自由的.

g. 没有自由交换群是自由的.

h. 没有秩大于 1 的自由交换群是自由的.

i. 任意两个自由群都是同构的.

j. 任意两个相同秩的自由交换群是同构的.

理论

11. 设 G 是单位元为 0 的有限生成交换群. 有限集 $\{b_1, b_2, \cdots, b_n\}$, 其中 $b_i \in G$, 称为 G 的一个**基**, 如果 $\{b_1, b_2, \cdots, b_n\}$ 生成 G 且 $\sum_{i=1}^{n} m_i b_i = 0$ 当且仅当每个 $m_i b_i = 0$, 其中 $m_i \in \mathbb{Z}$.

a. 证明 $\{2,3\}$ 不是 $\mathbb{Z}_4$ 的基. 找出 $\mathbb{Z}_4$ 的一个基.

b. 证明 $\{1\}$ 和 $\{2,3\}$ 都是 $\mathbb{Z}_6$ 的基. (这表明有限生成交换群 G 若有挠子群, 则基元素的个数可能不同; 也就是说, 它不必是 G 群的*不变量*.)

c. 第 19 节中定义的自由交换群的基可以在本习题中用吗?

d. 证明每个有限交换群都有一个基 $\{b_1, b_2, \cdots, b_n\}$, 其中 b_i 的阶整除 b_{i+1} 的阶.

在代数讲解中, 一种常用的 [尤其是布尔巴基 (N.Bourbaki) 学派] 引入新的代数结构的步骤如下:

(1) 描述这个代数结构拥有的代数性质.

(2) 证明具有这些性质的任何两个代数结构是同构的, 即性质是特征性质.

(3) 证明至少存在一个这样的代数结构.

接下来的三个习题演示了三个代数结构的这种技术, 以前见过这些结构. 为了暂时不泄露它们的身份, 在前两个习题中用了假名. 前两个习题的最后一部分要求给出结构的通常名称.

12. 设 G 为任意群. 一个交换群 G^* 称为 G 的一个**信号群** (blip group), 如果存在从 G 到 G^* 固定的满同态 ϕ, 使得每个从 G 到交换群 G' 的单同态 ψ 都可以分解为 $\psi = \theta\phi$, 其中 θ 是从 G^* 到 G' 的同态 (见图 20.14).

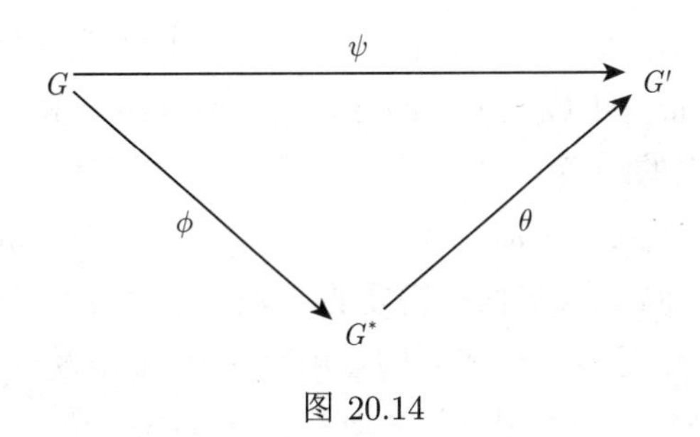

图 20.14

a. 证明 G 的任意两个信号群是同构的.[提示: 令 G_1^* 和 G_2^* 是 G 的两个信号群. 那么每个固定同态 $\phi_1 : G \to G_1^*$ 和 $\phi_2 : G \to G_2^*$ 都可通过另一个信号群分解, 如信号群定义所述; 也就是说, $\phi_1 = \theta_1\phi_2$ 和 $\phi_2 = \theta_2\phi_1$. 通过证明 $\theta_1\theta_2$ 和 $\theta_2\theta_1$ 都是单位映射来证明 θ_1 是从 G_2^* 到 G_1^* 的同构.]

b. 证明每个群 G 存在信号群 G^*.

c. 之前介绍的什么概念对应于 G 的这个信号群?

13. 设 S 为任意集合. 群 G 与固定映射 $g : S \to G$ 构成 S 的一个**团群** (blop group), 如果对于每个群 G' 和映射 $f : S \to G'$ 存在 G 的唯一单同态 ϕ_f, 使得 $f = \phi_f g$(参见图 20.15).

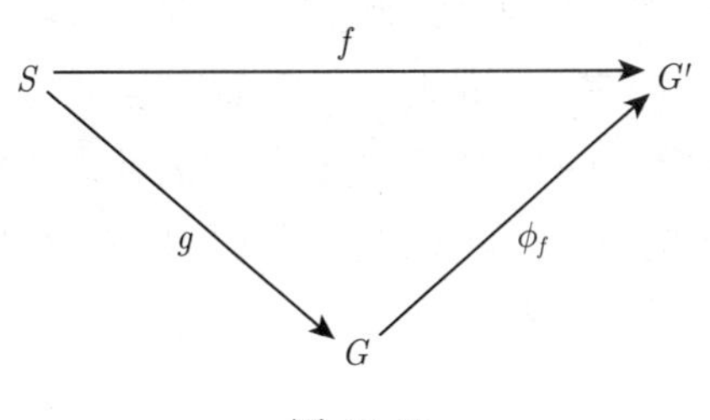

图 20.15

a. 令 S 是一个固定集. 证明如果 G_1 与 $g_1: S \to G_1$ 和 G_2 与 $g_2: S \to G_2$ 都是 S 上的团群, 那么 G_1 和 G_2 同构. (提示: 证明 g_1 和 g_2 是单射且 g_1S 和 g_2S 分别生成 G_1 和 G_2. 然后类似于习题 12 提示的办法进行.)

b. 令 S 是一个集合. 证明 S 上的团群存在. 可以用书中任何定理.

c. 之前介绍的什么概念与 S 上的团群的概念相对应?

14. 类似于习题 13 中的方式, 通过特征性质描述自由交换群.

4.21 群的表现

定义

与大多数群的表现的文献一样, 本节令 1 为群的单位元. *群的表现*的想法是通过给出群的生成元集和某些希望生成元满足的方程或关系来给出群. 我们希望群的生成元尽可能自由, 仅受这些关系的约束.

例 21.1 设除了关系 $xy = yx$, 即 $xyx^{-1}y^{-1} = 1$, G 对生成元 x 和 y 自由. 注意, 条件 $xy = yx$ 正是使 G 成为交换群所需要的, 虽然 $xyx^{-1}y^{-1}$ 只是 $F[\{x, y\}]$ 的众多可能的换位子之一. 因此 G 是两个生成元的自由交换群, 且同构于 $F[\{x, y\}]$ 模换位子群. $F[\{x, y\}]$ 的换位子群是包含 $xyx^{-1}y^{-1}$ 的最小正规子群, 因为任何包含 $xyx^{-1}y^{-1}$ 的正规子群给出一个交换商群, 因此由定理 13.22, 正规子群包含换位子群.

上面的例子说明了一般情况. 设 $F[A]$ 为自由群, 假设想构造一个尽可能像 $F[A]$ 一样的新群, 但希望满足某些方程. 每个方程都可以写成右侧为 1 的形式. 因此, 可以认为方程为 $r_i = 1$, 其中 $r_i \in F[A]$, $i \in I$. 如果要求 $r_i = 1$, 那么必须有

$$x(r_i^n)x^{-1} = 1$$

对于任意 $x \in F[A]$ 和 $n \in \mathbb{Z}$ 成立. 此外, 任何等于 1 的元素乘积都必须等于 1. 因此任何有限乘积

$$\Pi_j x_j(r_{i_j}^{n_j})x_j^{-1}$$

在新群中必须等于 1, 其中 r_{i_j} 不必不同. 容易验证, 所有这些有限乘积的集合 R 是 $F[A]$ 的正规子群. 因此, 任何看起来尽可能像 $F[A]$ 而满足 $r_i = 1$ 的群, 对每个 $r \in R$ 有 $r = 1$. 而 $F[A]/R$ 看起来像 $F[A]$(记住通过选择代表元乘积做陪集乘积), 除了 R 被折叠成单位元 1. 因此, 所要的群是 (至少同构于)$F[A]/R$. 可以验证, 此群由生成元集 A 和集合 $\{r_i | i \in I\}$ 给出, 后者缩写为 $\{r_i\}$.

历史笔记

群的表现的概念在阿瑟·凯莱 (Arthur Cayley)1859 年的论文《关于符号方程 $\theta^n = 1$ 中的群论 (第三部分)》*(On the Theory of Groups as Depending on the Symbolic Equation* $\theta^n = 1$*)* 就已出现. 在这篇文章中, 凯莱给出了五个 8 阶群, 每个群不仅列出了所有元素, 还给出了表示. 例如, 他的第三个例子是二面体群D_4; 凯莱表明该群由两个元素 α 和 β 生成, 满足关系 $\alpha^4 = 1, \beta^2 = 1, \alpha\beta = \beta\alpha^3$. 他还表明更一般地, 由 α 和 β 生成的群, 满足关系 $\alpha^m = 1, \beta^n = 1, \alpha\beta = \beta\alpha^s$ 当且仅当 $s^n \equiv 1 \pmod m$(参见习题 13).

1878 年, 凯莱重回群论, 并注意到其中的一个中心问题是确定所有给定阶 n 的群. 19 世纪 90 年代初, 奥托·赫尔德发表了几篇论文试图解决凯莱问题. 利用类似第 17 节和第 21 节中讨论的技术, 赫尔德确定了所有阶不超过 200 的单群, 且给出所有阶为 p^3, pq^2, pqr 和 p^4 的群, 其中 p, q, r 是不同的素数. 此外, 他还发展技术来确定, 如果给定群 G 的正规子群 H 与商群 G/H 的结构, 群 G 可能有什么结构. 有趣的是, 由于当时抽象群的概念还很新, 赫尔德的论文通常以定义群开始并强调同构群本质上是相同的群.

定义 21.2 设 A 为一个集合且 $\{r_i\} \subseteq F[A]$. 令 R 是 $F[A]$ 包含 $\{r_i\}$ 的最小正规子群. 从 $F[A]/R$ 到 G 的同构 ϕ 称为 G 的一个**表现** (presentation). 集合 A 和 $\{r_i\}$ 给出一个**群的表现** (group presentation). A 称为**表现的生成元**集合. r_i 称为一个**关系词** (relator). $r \in R$ 称为 $\{r_i\}$ 的**结果** (consequence). 等式 $r_i = 1$ 称为一个**关系** (relation). 当 A 和 $\{r_i\}$ 都是有限集时称为**有限表现** (finite presentation).

这个定义看起来复杂, 事实并非如此. 在例 21.1 中,$\{x, y\}$ 是生成元集合, $xyx^{-1}y^{-1}$ 是仅有的关系词. 等式 $xyx^{-1}y^{-1} = 1$ 或 $xy = yx$ 是一个关系. 这是一个有限群的表现的例子.

如果一个群的表现有生成元 x_j 和关系词 r_i, 用记号

$$(x_j : r_i), \text{或} (x_j : r_i = 1)$$

来表达群的表现.$F[\{x_j\}]/R$ 称为具有表现 $(x_j : r_i)$ 的群.

同构表示

例 21.3 考虑群的表现, 其中

$$A = \{a\}, \{r_i\} = \{a^6\}$$

即表现 $(a : a^6 = 1)$. 这个群由一个生成元 a 和关系 $a^6 = 1$ 给出, 与 $\mathbb{Z}_6$ 同构.

现在考虑由两个生成元 a 和 b 定义的群, 其中 $a^2 = 1, b^3 = 1, ab = ba$, 即具有表现

$$(a, b : a^2, b^3, aba^{-1}b^{-1})$$

的群. 条件 $a^2 = 1$ 给出 $a^{-1} = a$. 同样, $b^3 = 1$ 给出 $b^{-1} = b^2$. 因此, 群中元素可以写成 a 和 b 的非负幂的乘积. 关系 $aba^{-1}b^{-1} = 1$, 即 $ab = ba$, 因此允许先写所有包含 a 的因子后写所有包含 b 的因子. 因此, 群中每个元素都等于某个 $a^m b^n$. 但是, $a^2 = 1$ 和 $b^3 = 1$ 表明只有六个不同的元素

$$1, b, b^2, a, ab, ab^2$$

子群 $\langle ab \rangle$ 包含元素 $1, ab$ 和 ab 的幂

$$(ab)^2 = a^2b^2 = b^2$$

$$(ab)^3 = abb^2 = a$$

$$(ab)^4 = a(ab) = b$$

$$(ab)^5 = (ab)b = ab^2$$

所以这个群也是一个与 $\mathbb{Z}_6$ 同构的 6 阶循环群.

例 21.4　二面体群具有表现

$$D_n : (a, b : a^n, b^2, abab)$$

因为如果令 $a = \mu$ 和 $b = \rho$, 这三个关系就是 D_n 的定义关系. (最后一个关系 $abab = 1$ 等价于 $ab = ba^{-1}$.) 由 R 是正规子群有, 元素 $abab$ 在 R 中当且仅当 $b(abab)b^{-1}$ 在 R 中. 我们有 $b(abab)b^{-1} = baba$. 因此, 在 a 和 b 为生成元,$abab$ 为关系词的表现中, 可以用 $baba$ 替换 $abab$, 得到相同的子群 R 和相同的商群. 因此二面体群也有表现

$$D_n : (a, b : a^n, b^2, baba)$$

将关系词设为 1, 得到等价表现

$$(a, b : a^n = 1, b^2 = 1, ba = a^{-1}b^{-1})$$

也可以写为

$$(a, b : a^n = 1, b^2 = 1, ba = a^{n-1}b)$$

前面的例子说明, 不同的表现可以给出同构的群. 当这种情况发生时, 称为**同构表现**. 要确定两个表现是否同构可能非常困难. 已经证明 (参见文献 22), 有许多与此理论

相关的问题无一般解; 也就是说, 没有常规且良好定义的方法得到所有情况的解决方案. 这些无法解决的问题包括确定两个表现是否同构, 表现给出的群是否有限、自由、可交换, 或平凡, 以及著名的单词问题: 给定的单词 w 是否是给定关系集合 $\{r_i\}$ 的结果.

定理 20.13 表明了这个材料的重要性, 它说明*每个群都有一个表现*.

例 21.5 下面证明

$$(x, y : y^2x = y, yx^2y = x)$$

是仅有一个元素的平凡群的表现. 只需要证明 x 和 y 是关系词 y^2xy^{-1} 和 yx^2yx^{-1} 的结果, 或者 $x = 1$ 和 $y = 1$ 可以从 $y^2x = y$ 和 $yx^2y = x$ 推出. 下面给出这两种方法.

由 y^2xy^{-1}, 可以用 y^{-1} 共轭作用得到 yx. 由 yx 得到 $x^{-1}y^{-1}$, 而由 $(x^{-1}y^{-1})(yx^2y x^{-1})$ 得到 xyx^{-1}. 由 x^{-1} 共轭作用于 xyx^{-1}, 得到 y. 从 y 得到 y^{-1}, 而 $y^{-1}(yx)$ 即 x.

用关系而不是关系词, 从 $y^2x = y$ 左侧乘以 y^{-1}, 得出 $yx = 1$. 将 $yx = 1$ 代入 $yx^2y = x$[即 $(yx)(xy) = x$], 得到 $xy = x$, 再左侧乘以 x^{-1}, 有 $y = 1$. 将之代入 $yx = 1$, 得到 $x = 1$.

这两种方法是相同的工作, 但大多数人用关系处理更自然.

应用

以两个应用结束本章.

例 21.6 确定 10 阶群的同构类. 由基本定理 9.12, 每个 10 阶交换群都与 $\mathbb{Z}_{10}$ 同构. 设 G 是 10 阶非交换群. 根据西罗定理,G 包含一个 5 阶正规子群 H, 且 H 是循环群. 设 a 为 H 的生成元, 则 G/H 为 2 阶群, 与 $\mathbb{Z}_2$ 同构. 如果 $b \in G$ 且 $b \notin H$, 有 $b^2 \in H$. 由于 H 的每个元素 (1 除外) 阶为 5, 如果 b^2 不等于 1, 则 b^2 为 5 阶的, 所以 b 的阶是 10. 这意味着 G 是循环群, 与假设 G 不是交换群矛盾. 因此 $b^2 = 1$. 最后, 由于 H 是 G 的正规子群,$bHb^{-1} = H$, 特别地,$bab^{-1} \in H$. 由于 b 的共轭是 H 的自同构,bab^{-1} 是群 H 的另一个 5 阶元, 因此 bab^{-1} 等于 a, a^2, a^3 或 a^4 之一. 但是由 $bab^{-1} = a$ 得出 $ba = ab$, 则 G 是由 a 和 b 生成的交换群. 因此,G 可能的表现有:

1. $(a, b : a^5 = 1, b^2 = 1, ba = a^2b)$.
2. $(a, b : a^5 = 1, b^2 = 1, ba = a^3b)$.
3. $(a, b : a^5 = 1, b^2 = 1, ba = a^4b)$.

注意, 这三个表现可以给出阶至多为 10 的群, 因为后面的关系 $ba = a^ib$ 使得 G 中 a 和 b 的乘积形式的元素表示为 a^sb^t. 因此 $a^5 = 1$ 和 $b^2 = 1$ 表明集合

$$S = \{a^0b^0, a^1b^0, a^2b^0, a^3b^0, a^4b^0, a^0b^1, a^1b^1, a^2b^1, a^3b^1, a^4b^1\}$$

包括了 G 的所有元素.

尚不清楚 S 中所有这些元素是否互不相同, 因此所有阶为 10 的群有三种情况. 例如, 群的表现

$$(a, b : a^5 = 1, b^2 = 1, ba = a^2b)$$

给出了一个群, 由结合律,

$$a = b^2a = (bb)a = b(ba) = b(a^2b) = (ba)(ab)$$
$$= (a^2b)(ab) = a^2(ba)b = a^2(a^2b)b = a^4b^2 = a^4$$

因此, 在这个群中, $a = a^4$, 所以 $a^3 = 1$, 结合 $a^5 = 1$, 得到 $a^2 = 1$. 但是, 由 $a^2 = 1$ 和 $a^3 = 1$, 得到 $a = 1$. 所以表现为

$$(a, b : a^5 = 1, b^2 = 1, ba = a^2b)$$

的群中的每个元素等于 1 或 b; 也就是说, 这个群与 $\mathbb{Z}_2$ 同构.

用 $(bb)a = b(ba)$ 对

$$(a, b : a^5 = 1, b^2 = 1, ba = a^3b)$$

做类似的运算, 也有 $a = a^4$, 也产生了一个与 $\mathbb{Z}_2$ 同构的群.

只剩下

$$(a, b : a^5 = 1, b^2 = 1, ba = a^4b)$$

这是一种 10 阶非交换群的情况. 如例 21.4 所示, 这是二面体群 D_5 的表示.

如果不知道这是二面体群, 如何证明这个表示给出了包含 10 个元素的群呢? 可以做如下尝试. 通过定义 $(a^sb^t)(a^ub^v)$ 为 a^xb^y 把 S 构造为一个群, 其中 x 是根据带余除法 (定理 6.2) 得到的 $s+u(4^t)$ 除以 5 的余数, 而 y 是 $t+v$ 除以 2 的余数. 式 $s+u(4^t)$ 计算的是通过 t 个 b 移动 u 个 a 之后,a 的幂是多少. 换句话说, 用关系 $ba = a^4b$ 来指导如何定义 S 的两个元素的乘积 $(a^sb^t)(a^ub^v)$. 把 a^0b^0 看作单位元, 对于给定的 a^ub^v, 可以用如下的方式确定 t 和 s, 令

$$t \equiv -v \pmod 2, s \equiv -u(4^t) \pmod 5$$

得到 a^sb^t, 这是 a^ub^v 的左逆. 如此会得到 S 上的一个群结构当且仅当结合律成立. 习题 13 要求直接按照结合律计算以此讨论 S 在这样乘法定义下是一个群的条件. 习题的条件在这个例子中相当于同余

$$4^2 \equiv 1 \pmod 5$$

因此, 得到一个 10 阶群. 注意

$$2^2 \not\equiv 1 \pmod 5$$

及

$$3^2 \not\equiv 1 (\bmod 5)$$

所以习题 13 也表明

$$(a, b : a^5 = 1, b^2 = 1, ba = a^2 b)$$

和

$$(a, b : a^5 = 1, b^2 = 1, ba = a^3 b)$$

不能给出 10 阶群.

例 21.7 确定所有 8 阶群的同构类. 已经认识三个交换群:

$$\mathbb{Z}_8, \mathbb{Z}_2 \times \mathbb{Z}_4, \mathbb{Z}_2 \times \mathbb{Z}_2 \times \mathbb{Z}_2$$

利用生成元和关系, 给出非交换群的表示.

设 G 是 8 阶非交换群. 由于 G 是非交换群, 它没有 8 阶元, 所以每个除单位元外的元素, 其阶是 2 或 4. 如果每个元素的阶都为 2, 则对于 $a, b \in G$, 有 $(ab)^2 = 1$, 即 $abab = 1$. 又因为 $a^2 = 1$ 和 $b^2 = 1$, 于是有 $ba = a^2bab^2 = a(ab)^2b = ab$, 与假设 G 不是交换群矛盾. 因此 G 必须有一个元素阶为 4.

令 $\langle a \rangle$ 是群 G 的 4 阶子群. 如果 $b \notin \langle a \rangle$, 陪集 $\langle a \rangle$ 和 $b\langle a \rangle$ 遍历 G. 因此 a 和 b 是 G 的生成元, 且 $a^4 = 1$. 因为 $\langle a \rangle$ 是 G 的正规子群 (根据西罗定理, 或者因为它指数为 2), $G/\langle a \rangle$ 与 $\mathbb{Z}_2$ 同构, 有 $b^2 \in \langle a \rangle$. 如果 $b^2 = a$ 或 $b^2 = a^3$, 则 b 的阶是 8. 因此 $b^2 = 1$ 或 $b^2 = a^2$. 最后, 由于 $\langle a \rangle$ 是正规群, 有 $bab^{-1} \in \langle a \rangle$, 且因为 $b\langle a \rangle b^{-1}$ 是与 $\langle a \rangle$ 共轭的子群, 因此同构于 $\langle a \rangle$, 可以看出 bab^{-1} 一定是 4 阶元. 因此 $bab^{-1} = a$ 或 $bab^{-1} = a^3$. 如果 bab^{-1} 等于 a, 则 ba 等于 ab, 这样 G 为交换群. 因此,$bab^{-1} = a^3$, 所以 $ba = a^3b$. 因此, G 有两种表现, 即

$$G_1 : (a, b : a^4 = 1, b^2 = 1, ba = a^3 b)$$

和

$$G_2 : (a, b : a^4 = 1, b^2 = a^2, ba = a^3 b)$$

注意 $a^{-1} = a^3$, 而 b^{-1} 在 G_1 中是 b, 在 G_2 中是 b^3. 这些事实以及 $ba = a^3b$, 使得 G_i 中的每个元素都可以表示成 $a^m b^n$ 的形式, 如例 21.3 和例 21.6 所示. 由于 $a^4 = 1$, 且 $b^2 = 1$ 或 $b^2 = a^2$, 每个群中可能的元素是

$$1, a, a^2, a^3, b, ab, a^2b, a^3b$$

因此 G_1 和 G_2 的阶最多为 8. 第一个群 G_1 有时称为**八元数群** (octic group), 但如例 21.4 所示, 它与我们熟悉的 D_4 同构, 即二面体群. 对于第二种情况, 可以定义 $(a^ib^j)(a^rb^s)$ 为 a^xb^y 使 S 其成为一个群, 这里 y 是 $j+s$ 模 2 的余数, 若 $j+s<2$, 则 x 是 $i+r(2j+1)$ 除以 4 的余数; 若 $j+s=2$, 则 x 是 $i+2+r(2j+1)$ 除以 4 的余数. 证明这个运算使 S 成为一个群留作习题, 这证明了 G_2 是 8 阶群的一个表现.

由于 $ba=a^3b\neq ab$, 可以看到 G_1 和 G_2 都是非交换群. 两个群不是同构的, 因为计算表明 G_1 只有两个 4 阶元, 即 a 和 a^3. 而 G_2 中所有元素除 1 和 a^2 外, 阶都是 4. 把这些群的运算表留作习题 3. 作为示范, 假设要计算 $(a^2b)(a^3b)$. 反复使用 $ba=a^3b$, 得到

$$(a^2b)(a^3b)=a^2(ba)a^2b=a^5(ba)ab=a^8(ba)b=a^{11}b^2$$

对于 G_1, 有

$$a^{11}b^2=a^{11}=a^3$$

但如果在 G_2 中, 会有

$$a^{11}b^2=a^{13}=a$$

群 G_2 称为**四元数群**. 在 6.32 节中将再次遇到四元数群.

习题

计算

1. 给出包含一个、两个或三个生成元的 $\mathbb{Z}_4$ 的表示.

2. 给出包含三个生成元的 S_3 的表示.

3. 给出八元数群

$$(a,b:a^4=1,b^2=1,ba=a^3b)$$

和四元数群

$$(a,b:a^4=1,b^2=a^2,ba=a^3b)$$

的运算表. 在这两种情况下, 按 $1,a,a^2,a^3,b,ab,a^2b,a^3b$ 的顺序写出元素.(注意, 不必计算每个乘积. 这些表现给出 8 阶群, 一旦计算出足够多的乘积, 其余乘积都是确定的, 因此运算表中的每行每列都恰好包含每个元素一次.)

4. 确定 14 阶群的同构类. (提示: 按照例 21.6 所示的方式并用习题 13 的 b 部分.)

5. 确定 21 阶群的同构类. (提示: 按照例 21.6 所示的方式并用习题 13 的 b 部分. 似乎有两种表示给出非交换群. 证明它们同构.)

概念

在习题 6 和习题 7 中, 不参考书本, 根据需要更正楷体术语的定义, 使其成立.

6. 关系词的集合的结果是任何关系词提升为幂的有限乘积.

7. 两个群的表现是同构的, 当且仅当第一个表现的生成元与第二个表现的生成元之间有一一对应, 通过重命名生成元, 得到从第一个表现的关系词到第二个的关系词的一个一一对应.

8. 判断下列命题的真假.

a. 每个群都有一个表现.

b. 每个群都有许多不同表现.

c. 每个群都有两个不同构表现.

d. 每个群都有一个有限表现.

e. 每个有有限表现的群都是有限阶的.

f. 每个循环群都有一个仅有一个生成元的表现.

g. 关系词的每个共轭都是关系词的结果.

h. 具有相同生成元数的两个表现总是同构的.

i. 在交换群的表现中, 关系词的结果的集合包含生成元上自由群的换位子群.

j. 自由群的每个表现都以 1 作为唯一的关系词.

理论

9. 用本节和习题 13b 部分的方法, 证明不存在 15 阶非交换群.

10. 用习题 13 证明

$$(a, b : a^3 = 1, b^2 = 1, ba = a^2b)$$

给出了一个 6 阶群. 证明它是非交换的.

11. 证明习题 10 的表现

$$(a, b : a^3 = 1, b^2 = 1, ba = a^2b)$$

给出了 (同构) 唯一的 6 阶非交换群, 因此给出了一个与 S_3 同构的群.

12. 如例 13.6 所示, A_4 没有 6 阶子群. 前面的习题表明 A_4 的子群必须与 $\mathbb{Z}_6$ 或 S_3 同构. 通过考虑元素的阶再次说明这是不可能的.

13. 设

$$S = \{a^i b^j | 0 \leqslant i < m, 0 \leqslant j < n\}$$

也就是说, S 由所有从 a^0b^0 到 $a^{m-1}b^{n-1}$ 的乘积组成. 令 r 是一个正整数, 定义 S 上的乘法

$$(a^s b^t)(a^u b^v) = a^x b^y$$

其中 x 是带余除法 (定理 6.2)$s + u(r^t)$ 除以 m 的余数,y 是 $t + v$ 除以 n 的余数.

a. 证明结合律成立且 S 在此乘法下是群的充要条件是 $r^n \equiv 1 \pmod{m}$.

b. 从 a 部分推出表现

$$(a, b : a^m = 1, b^n = 1, ba = a^r b)$$

给出一个阶为 mn 的群当且仅当 $r^n \equiv 1 \pmod{m}$. (参阅本节的历史笔记.)

14. 不用习题 13, 证明 $(a, b : a^5 = 1, b^2 = 1, ba = a^3 b)$ 是 $\mathbb{Z}_2$ 的表现.

15. 以字母 a 到 z 作为生成元, 且以标准英语字典中的单词作为关系词的群的表现, 由此形成的群是平凡群吗? 给出证明.

第 5 章　环　和　域

5.22　环和域的概念

目前为止, 所有的讨论都只涉及集合上的一种运算. 对整数和实数的多年学习表明, 定义了两种二元运算的集合是非常重要的. 本节介绍这种代数结构. 一定意义上讲, 本节似乎比之前的讨论更直观, 因为所研究的结构与多年的学习接近. 然而, 这儿将用公理化方法继续讨论. 因此, 从另一个角度看, 这种研究比群论更复杂, 因为有两种二元运算和更多的公理要处理.

定义和基本性质

要研究的具有两种二元运算的一般代数结构称为环. 如定义 22.1 后的例 22.2 所示, 从小学起就一直在学习环.

定义 22.1　环 (ring)$\langle R,+,\cdot\rangle$ 是一个集合 R 上具有两种二元运算 $+$ 和 $\cdot$, 分别称为加法和乘法, 满足以下公理:

$\mathscr{R}_1$: $\langle R,+\rangle$ 是交换群.

$\mathscr{R}_2$: 乘法满足结合律.

$\mathscr{R}_3$: 对于所有 $a,b,c\in R$, 满足**左分配律**, $a\cdot(b+c)=(a\cdot b)+(a\cdot c)$ 和**右分配律** $(a+b)\cdot c=(a\cdot c)+(b\cdot c)$.

例 22.2　早已知道, 环的公理 $\mathscr{R}_1,\mathscr{R}_2,\mathscr{R}_3$ 在复数加法群的对乘法封闭的任意子集中成立. 例如,$\langle\mathbb{Z},+,\cdot\rangle$, $\langle\mathbb{Q},+,\cdot\rangle$, $\langle\mathbb{R},+,\cdot\rangle$ 和 $\langle\mathbb{C},+,\cdot\rangle$ 都是环.

历史笔记

环论源于对两类特殊环的研究——实数或复数上 n 元多项式环 (6.27 节) 和代数数域上的 “整数”. 大卫 · 希尔伯特 (David Hilbert, 1862—1943) 首次引入术语环, 用于联系后一类环, 但直到 20 世纪 20 年代才出现完全抽象的环定义. 交换环理论由埃米 · 诺特 (Emmy Noether, 1882—1935)1921 年在她的不朽论文《环中的理想论》中给出了确定的公理基础. 这篇文章的一个主要概念是理想的升链条件. 诺特证明了在任何环中若每个理想的升链有一个极大元, 那么每个理想都是有限生成的.

埃米·诺特于 1907 年在德国埃尔兰根大学 (University of Erlangen) 获得博士学位. 1915 年, 希尔伯特邀请她去哥廷根大学 (University of Göttingen), 但由于她的性别, 希尔伯特想要为她提供带薪职位的努力受阻. 希尔伯特抱怨道: "我不认为候选人的性别是反对她被录取 (为教员) 的理由. 毕竟, 我们是大学, 而不是洗浴场所." 然而, 诺特因此可以以希尔伯特的名义讲课. 最终, 随着第一次世界大战结束的政治变革波及哥廷根大学,1923 年, 她获得了在大学的带薪职位. 接下来的十年, 她对现代代数基本概念的发展非常有影响. 然而 1933 年, 她和其他犹太教员一起被迫离开哥廷根. 她在费城附近的布林莫尔学院 (Bryn Mawr College) 度过了生命的最后两年.

习惯上记环中的乘法为字母并排写, 用 ab 代替 $a \cdot b$. 按照惯例, 没有括号时, 乘法运算写在加法之前, 比如, 左分配律变成

$$a(b+c) = ab + ac$$

等式右边没有括号. 同时, 为方便与群论中记法类比, 在不产生混淆的前提下, 对环$\langle R, +, \cdot \rangle$用某种程度上不严格的环$R$ 来表示. 特别地, 下面 $\mathbb{Z}$ 总表示 $\langle \mathbb{Z}, +, \cdot \rangle$, $\mathbb{Q}, \mathbb{R}, \mathbb{C}$ 也都是例 22.2 中的环. 有时将 $\langle R, + \rangle$ 称为*环 R 的加法群*.

例 22.3 设 R 为任意环,$M_n(R)$ 为所有分量在 R 中的 $n \times n$ 矩阵的集合. R 中的加法和乘法运算使得可以用附录中说明的方式对矩阵进行加法和乘法. 容易验证 $\langle M_n(R), + \rangle$ 是交换群. 矩阵乘法的结合律和两个分配律稍难证明, 直接计算表明它们与 R 有相同性质. 下面设 $M_n(R)$ 是环. 特别地, 有环 $M_n(\mathbb{Z}), M_n(\mathbb{Q}), M_n(\mathbb{R})$ 和 $M_n(\mathbb{C})$. 注意, 当 $n \geqslant 2$ 时, 这些环的乘法都不交换.

例 22.4 设 F 是所有函数 $f: \mathbb{R} \to \mathbb{R}$ 的集合. 可以知道 $\langle F, + \rangle$ 在下面通常函数加法下是一个交换群,

$$(f+g)(x) = f(x) + g(x)$$

定义 F 上的乘法为

$$(fg)(x) = f(x)g(x)$$

也就是说,fg 是在 x 处取值为 $f(x)g(x)$ 的函数. 易得 F 是一个环; 证明留作习题 36. 在讨论置换乘法时, 这种并列符号 $\sigma\mu$ 用来表示复合函数 $\sigma(\mu(x))$. 如果在 F 中同时有函数乘法和函数复合, 将用符号 $f \circ g$ 表示复合函数. 然而, 函数复合几乎全部用于希腊字

母表示的同态复合, 而本例中定义的通常乘积主要是多项式函数相乘 $f(x)g(x)$, 因此不会产生混淆.

例 22.5 回顾群论,$n\mathbb{Z}$ 是加法群 $\mathbb{Z}$ 中由 n 的所有整数倍组成的循环子群. 因为 $(nr)(ns) = n(nrs)$, 所以 $n\mathbb{Z}$ 对乘法运算封闭. 结合律和分配律在 $\mathbb{Z}$ 中成立, 保证了 $\langle n\mathbb{Z}, +, \cdot\rangle$ 是一个环. 本书后面把 $n\mathbb{Z}$ 看成这个环.

例 22.6 考虑循环群 $\langle \mathbb{Z}_n, +\rangle$. 如果定义 $a, b \in \mathbb{Z}_n$ 的乘积 ab 为通常的乘积除以 n 的余数, 则可以证明 $\langle \mathbb{Z}_n, +, \cdot\rangle$ 是一个环. 以后将自由使用这个事实. 例如, 在 $\mathbb{Z}_{10}$ 中, 有 $(3)(7) = 1$. $\mathbb{Z}_n$ 上的这个运算是**模 n 乘法** (multiplication modulo n). 不在这里验证环的公理, 它们将是第 30 节中发展的理论的结果. 从现在起,$\mathbb{Z}_n$ 始终表示环 $\langle \mathbb{Z}_n, +, \cdot\rangle$.

例 22.7 如果 $R_1, R_2, \cdots, R_n$ 是环, 所有有序 n 元组 $(r_1, r_2, \cdots, r_n)$ 的集合记为 $R_1 \times R_2 \times \cdots \times R_n$, 其中 $r_i \in R_i$. 通过分量运算 (就像对群一样) 定义 n 元组的加法和乘法, 从每个分量满足环公理可以立即看出, 所有 n 元组的集合在加法和乘法下形成一个环. 环 $R_1 \times R_2 \times \cdots \times R_n$ 称为环 R_i 的**直积**.

继续规定符号, 始终用 0 记环中加法单位元. 元素 a 的加法逆记为 $-a$.

$$a + a + \cdots + a$$

常认为是 n 个加数的和. 将这个和写为 $n \cdot a$, 中间用点. 注意,$n \cdot a$ 不应解释为环中 n 和 a 的乘法, 因为整数 n 可能根本不在环中. 如果 $n < 0$, 令

$$n \cdot a = (-a) + (-a) + \cdots + (-a)$$

为 $|n|$ 个加数的和. 最后, 定义

$$0 \cdot a = 0$$

等式左侧 $0 \in \mathbb{Z}$, 等式右侧 $0 \in R$. 实际上等式 $0a = 0$ 在两边 0 都有 $0 \in R$ 时也成立. 下面定理证明了这一点以及其他一些重要的基本事实. 注意定理强烈依赖分配律. 环的公理 $\mathscr{R}_1$ 只涉及加法, 公理 $\mathscr{R}_2$ 只涉及乘法. 因此要证明这两个运算间的任何关系, 都需要用到公理 $\mathscr{R}_3$. 例如, 在定理 22.8 中证明的第一个事实是, 对于环 R 中任何元素 a, 有 $0a = 0$. 这个关系涉及加法和乘法. 开始是乘法 $0a$, 后面 0 是一个加法概念. 因此, 必须用分配律来证明.

定理 22.8 设 R 是有加法单位元 0 的环, 则对于任何 $a, b \in R$, 有

1. $0a = a0 = 0$,
2. $a(-b) = (-a)b = -(ab)$,
3. $(-a)(-b) = ab$.

证明 对于性质 1, 通过公理 $\mathscr{R}_1$ 和公理 $\mathscr{R}_2$, 有

$$a0 + a0 = a(0 + 0) = a0 = 0 + a0$$

然后根据加法群 $\langle R, +\rangle$ 的消去律, 得到 $a0 = 0$. 同样,

$$0a + 0a = (0 + 0)a = 0a = 0 + 0a$$

因此 $0a = 0$. 证明了性质 1.

为了理解性质 2 的证明, 必须记住, 由定义,$-(ab)$ 是与 ab 相加得到 0 的元素. 因此要证明 $a(-b) = -(ab)$, 其实要证明 $a(-b) + ab = 0$. 按左分配律

$$a(-b) + ab = a(-b + b) = a0 = 0$$

因为由性质 1 有 $a0 = 0$. 同样,

$$(-a)b + ab = (-a + a)b = 0b = 0$$

对于性质 3, 注意由性质 2 有

$$(-a)(-b) = -(a(-b))$$

再次用性质 2,

$$-(a(-b)) = -(-(ab))$$

而 $-(-(ab))$ 是与 $-(ab)$ 相加得到 0 的元素. 根据 $-(ab)$ 的定义和群元素逆元的唯一性, 这就是 ab. 因此,$(-a)(-b) = ab$. □

基于高中代数, 定理 22.8 中性质 2 的证明似乎可以自然从写 $(-a)b = ((-1)a)b$ 开始. 在习题 30 中, 要求找到这种 "证明" 中的错误.

理解上面的证明很重要. 定理允许使用通常的记号规则.

同态和同构

由群论已有的工作, 很容易知道怎样定义从环 R 到环 R' 的与结构相关的映射.

定义 22.9 对环 R 和 R', 映射 $\phi : R \to R'$ 称为一个**同态**, 如果对所有 $a, b \in R$ 满足以下两个条件:

1. $\phi(a + b) = \phi(a) + \phi(b)$,
2. $\phi(ab) = \phi(a)\phi(b)$.

在上面的定义中, 条件 1 说明 ϕ 是将交换群 $\langle R, +\rangle$ 映射到 $\langle R', +\rangle$ 的群同态. 条件 2 要求通过 ϕ 联系的环 R 和 R' 的乘法结构是相同的. 因为 ϕ 是一个群同态, 关于群同态的所有结果对于环的加法结构是成立的. 特别地,ϕ 是单的当且仅当其核$\mathrm{Ker}(\phi) = \{a \in R | \phi(a) = 0'\}$ 恰是 R 的子集 $\{0\}$. 群 $\langle R, +\rangle$ 的同态产生一个商群. 期望环同态也给出一个商环. 事实的确如此. 讨论将推迟到第 30 节, 研究方式平行于在第 12 节中对商群的讨论方式.

例 22.10 设 F 如例 22.4 所定义, 为 $\mathbb{R}$ 到 $\mathbb{R}$ 的所有函数的环. 对每个 $a \in \mathbb{R}$, 有**求值同态** (evaluation homomorphism)$\phi_a : F \to \mathbb{R}$, 其中对于 $f \in F$ 有 $\phi_a(f) = f(a)$. 本书余下部分要对这个同态进行大量研究, 因为求多项式方程 $p(x) = 0$ 的实数解相当于找 $a \in \mathbb{R}$ 使得 $\phi_a(p) = 0$. 本书余下大部分内容都涉及求解多项式方程. 对 ϕ_a 的同态性质的证明留作习题 37.

例 22.11 对每个正整数 n, 映射 $\phi : \mathbb{Z} \to \mathbb{Z}_n$ 是一个环同态, 其中 $\phi(a)$ 是 a 模 n 的余数. 根据群论知道 $\phi(a + b) = \phi(a) + \phi(b)$. 为证明乘法性质, 根据带余除法写 $a = q_1 n + r_1$ 和 $b = q_2 n + r_2$, 则 $ab = n(q_1 q_2 n + r_1 q_2 + q_1 r_2) + r_1 r_2$. 因此 $\phi(ab)$ 是 $r_1 r_2$ 除以 n 的余数. 因为 $\phi(a) = r_1, \phi(b) = r_2$, 例 22.6 表明 $\phi(a)\phi(b)$ 也有相同的余数, 因此 $\phi(ab) = \phi(a)\phi(b)$. 由群论, 可以猜测环 $\mathbb{Z}_n$ 可能同构于商环 $\mathbb{Z}/n\mathbb{Z}$. 事实的确如此, 商环将在第 30 节中讨论.

可以认识到, 在任何一种数学结构的研究中, 一个基本而重要想法的是两个系统在结构上相同的概念, 即除名字外完全一致. 在代数中, 这个概念总是称为同构. 除了名称之外, 两个事物完全相同的概念, 就像群论中所做的一样, 引出以下定义.

定义 22.12 *从环 R 到环 R' 的既单又满同态 $\phi : R \to R'$ 称为***同构** (isomorphism). *环 R 和 R' 称为是***同构的** (isomorphic).

根据在群论中的工作, 可以期望同构给出任何环集合上的等价关系. 需要验证一个同构的乘法性质对于其逆映射 $\phi^{-1} : R' \to R$ 成立 (对称性要求). 类似地, 要验证若 $\mu : R' \to R''$ 也是环同构, 则乘法性质对于复合映射 $\mu\phi : R \to R''$ 也成立 (传递性要求). 在习题 38 中完成这些.

例 22.13 作为交换群,$\langle \mathbb{Z}, +\rangle$ 和 $\langle 2\mathbb{Z}, +\rangle$ 在映射 $\phi : \mathbb{Z} \to 2\mathbb{Z}$ 下同构, 其中 $x \in \mathbb{Z}, \phi(x) = 2x$. 这里 ϕ 不是环同构, 因为 $\phi(xy) = 2xy$, 而 $\phi(x)\phi(y) = 2x2y = 4xy$.

乘法问题: 域

前面提到的许多环, 如 $\mathbb{Z}, \mathbb{Q}$ 和 $\mathbb{R}$, 乘法单位元都是 1. 然而,$2\mathbb{Z}$ 没有乘法单位元. 另外注意例 22.3 中的矩阵环乘法是非交换的.

显然, 对 $\{0\}$,$0+0=0$ 和 $(0)(0)=0$, 给出了一个环, 即**零环**. 这里,0 充当乘法和加法单位元. 根据定理 22.8, 这是唯一的 0 可以作为乘法单位元的情况, 因为 $0a=0$, 则可以推断出 $a=0$. 定理 1.15 表明, 如果一个环有乘法单位, 它是唯一的. 用 1 来表示乘法单位.

定义 22.14　称一个对乘法有交换律的环为**交换环** (commutative ring). 有乘法单位元的环称为**幺环** (ring with unity); 乘法单位元 1 称为**幺元** (unity).

在有单位元 1 的环中, 由分配律有

$$\underbrace{(1+1+\cdots+1)}_{n\text{项}}\underbrace{(1+1+\cdots+1)}_{m\text{项}}=\underbrace{(1+1+\cdots+1)}_{nm\text{项}}$$

即 $(n\cdot 1)(m\cdot 1)=(nm)\cdot 1$. 下个例子给出了这个观察结果的应用.

例 22.15　对于整数 r 和 s, $\gcd(r,s)=1$, 则环 $\mathbb{Z}_{rs}$ 和 $\mathbb{Z}_r\times\mathbb{Z}_s$ 同构. 因为它们是分别有生成元 1 和 $(1,1)$ 的 rs 阶循环交换群. 因此 $\phi:\mathbb{Z}_{rs}\to\mathbb{Z}_r\times\mathbb{Z}_s$ 定义为 $\phi(n\cdot 1)=n\cdot(1,1)$, 是一个加法群同构. 为了验证定义 22.9 的乘法条件 2, 由本例前面的观察结果, 因为 $\mathbb{Z}_r\times\mathbb{Z}_s$ 中单位元为 $(1,1)$, 计算

$$\phi(nm)=(nm)\cdot(1,1)=[n\cdot(1,1)][m\cdot(1,1)]=\phi(n)\phi(m)$$

注意环的直积 $R=R_1\times R_2\times\cdots\times R_n$ 是交换的, 当且仅当每个 R_i 是交换的. 此外,R 有单位元当且仅当每个 R_i 有单位元.

非零实数集合 $\mathbb{R}^*$ 在乘法下构成一个群. 但是, 非零整数在乘法下不构成群, 因为只有整数 1 和 -1 在 $\mathbb{Z}$ 中有乘法逆元. 一般地, 有单位元 $1\neq 0$ 的环 R 中元素 a 的**乘法逆元**是元素 $a^{-1}\in R$, 使得 $aa^{-1}=a^{-1}a=1$. 如同群中一样,R 中元素 a 的乘法逆元是唯一的, 当然如果存在的话 (参见习题 45). 定理 22.8 表明, 元素 0 没有乘法逆元, 除了环 $\{0\}$, 此时 $0+0=0$ 且 $(0)(0)=0$,0 同时作为加法和乘法单位元. 因此, 只讨论非零环中非零元的乘法逆元的存在性. 本节作为环论的导言, 不可避免地要定义环中的很多术语, 基本完成了.

定义 22.16　设 R 为有单位元 $1\neq 0$ 的环.R 中元素 u 称为 R 的**单位** (unit), 如果它在 R 中有乘法逆元. 如果 R 的每个非零元都是单位, 则 R 称为**除环** (division ring)(或**斜域**, skew field). 交换除环称为**域** (field). 非交换除环称为**严格斜域** (strictly skew field).

例 22.17　找出 $\mathbb{Z}_{14}$ 中的单位. 当然,1 和 $-1=13$ 是单位. 因为 $(3)(5)=1$, 所以 3 和 5 是单位; 因此 $-3=11$ 和 $-5=9$ 也是单位. $\mathbb{Z}_{14}$ 的其余元素都不是单位, 因为

2, 4, 6, 7, 8 或 10 的倍数不会比 14 的倍数大 1; 它们与 14 都有一个共同的因子, 非 2 即 7. 第 24 节将证明 $\mathbb{Z}_n$ 中的单位恰好是使得 $\gcd(m,n)=1$ 的那些 $m \in \mathbb{Z}_n$.

例 22.18 $\mathbb{Z}$ 不是一个域, 因为例如 2 没有乘法逆, 因此 2 不是一个单位. $\mathbb{Z}$ 中的单位只有 1 和 -1. 而 $\mathbb{Q}$ 和 $\mathbb{R}$ 是域. 第 32 节将给出一个严格斜域的例子.

自然地有环的子环和域的子域的概念. 环的**子环** (subring) 是环的一个子集, 在整个环的运算下构成环; 类似可以定义域的一个子集为**子域** (subfield). 事实上, 可以一劳永逸地说, 如果有一个集合, 以及一个特定类型的代数结构 (群、环、域、整环、向量空间等), 则这个集合的任何子集, 在自然诱导的代数运算下, 产生一个同类型的代数结构, 称为子结构. 如果 K 和 L 都是结构, 用 $K \leqslant L$ 表示 K 是 L 的子结构,$K < L$ 表示 $K \leqslant L$ 但 $K \neq L$. 习题 50 给出了环 R 的子集 S 形成 R 的子环的判别准则.

历史笔记

在阿贝尔和伽罗瓦早期求解方程的工作中, 域的概念是模糊的, 是利奥波德·克罗内克 (Leopold Kronecker,1823—1891) 首次在 1881 年发表他的相关工作时用了所谓的 "有理域" 的定义: "有理量 $(R', R'', R''', \cdots)$ 的域包含 $\cdots$ 那些数量中的每一个, 它们是数量 $R', R'', R''', \cdots$ 的整系数有理函数." 然而, 克罗内克认为任何数学对象都是由有限步建构的, 并没有将有理域视为一个完整的实体, 而仅仅是一个区域, 在其中发生元素的各种运算.

理查德·戴德金 (Richard Dedekind, 1831—1916), 实数的戴德金分割定义的发明者, 将域考虑为一个完整的独立体. 1871 年, 他在对狄利克雷的数论著作第二版的补充中发表了以下定义:"所谓域是指无限多个实数或复数的系统, 其本身封闭且完整, 任何两个数的加法、减法、乘法和除法产生的是同一个系统中的数." 19 世纪 50 年代, 克罗内克和戴德金都在他们的大学演讲中, 给出过他们对这一概念的不同看法.

域的一个更抽象的, 与本书中类似的定义, 是由海因里希·韦伯 (Heinrich Weber, 1842—1913) 给出的, 发表在 1893 年的一篇论文中. 韦伯的定义与戴德金的定义不同, 包括具有有限多元素的域以及其他域, 例如函数域, 它们不是复数域的子域.

最后, 注意不要混淆*单位*和*单位元*这两个词的用法. *单位元*是乘法的单位元, 而*单位*是具有乘法逆元的任意元素. 因此, 乘法单位元或单位元是一个单位, 但不是每个单位都是单位元. 例如,-1 是 $\mathbb{Z}$ 中的单位, 但 -1 不是单位元, 即 $-1 \neq 1$.

习题

计算

在习题 1~6 中, 计算给定环中的乘积.

1. $\mathbb{Z}_{24}$ 中 $(12)(16)$.

2. $\mathbb{Z}_{32}$ 中 $(16)(3)$.

3. $\mathbb{Z}_{15}$ 中 $(11)(-4)$.

4. $\mathbb{Z}_{26}$ 中 $(20)(-8)$.

5. $\mathbb{Z}_5 \times \mathbb{Z}_9$ 中 $(2,3)(3,5)$.

6. $\mathbb{Z}_4 \times \mathbb{Z}_{11}$ 中 $(-3,5)(2,-4)$.

在习题 7~13 中, 确定所示加法和乘法运算是否在给定集合上封闭, 以及是否给出一个环结构. 如果没有构成环, 说明原因. 如果构成环, 说明环是否交换, 是否有单位, 以及是否是域.

7. $n\mathbb{Z}$ 上通常的加法和乘法.

8. $\mathbb{Z}^+$ 上通常的加法和乘法.

9. $\mathbb{Z} \times \mathbb{Z}$ 上分量的加法和乘法.

10. $2\mathbb{Z} \times \mathbb{Z}$ 上分量加法和乘法.

11. $\{a+b\sqrt{2} | a,b \in \mathbb{Z}\}$ 上通常的加法和乘法.

12. $\{a+b\sqrt{2} | a,b \in \mathbb{Q}\}$ 上通常的加法和乘法.

13. $r \in \mathbb{R}$ 的所有纯虚复数 $r\mathrm{i}$ 的集合, 通常的加法和乘法.

在习题 14~19 中, 写出给定环中的所有单位.

14. $\mathbb{Z}$.

15. $\mathbb{Z} \times \mathbb{Z}$.

16. $\mathbb{Z}_5$.

17. $\mathbb{Q}$.

18. $\mathbb{Z} \times \mathbb{Q} \times \mathbb{Z}$.

19. $\mathbb{Z}_4$.

20. 考虑矩阵环 $M_2(\mathbb{Z}_2)$.

a. 找出环的**阶**, 即环中元素的数量.

b. 找出环中的所有单位.

21. 可能的话, 给出同态 $\phi: R \to R'$ 的一个例子, 其中环 R 和 R' 分别有单位元 $1 \neq 0, 1' \neq 0'$, 且 $\phi(1) \neq 0', \phi(1) \neq 1'$.

22. (线性代数) 考虑 $M_n(\mathbb{R})$ 到 $\mathbb{R}$ 的映射 det, 其中对 $\boldsymbol{A} \in M_n(\mathbb{R})$, $\det(\boldsymbol{A})$ 是矩阵 $\boldsymbol{A}$ 行列式的值. det 是环同态吗? 为什么?

23. 给出所有从 $\mathbb{Z}$ 到 $\mathbb{Z}$ 的环同态.

24. 给出所有从 $\mathbb{Z}$ 到 $\mathbb{Z} \times \mathbb{Z}$ 的环同态.

25. 给出所有从 $\mathbb{Z} \times \mathbb{Z}$ 到 $\mathbb{Z}$ 的环同态.

26. $\mathbb{Z} \times \mathbb{Z} \times \mathbb{Z}$ 到 $\mathbb{Z}$ 的同态有多少个?

27. 考虑环 $M_3(\mathbb{R})$ 中方程 $\boldsymbol{X}^2 = \boldsymbol{I}_3$ 的解.

$\boldsymbol{X}^2 = \boldsymbol{I}_3$ 意味着 $\boldsymbol{X}^2 - \boldsymbol{I}_3 = \boldsymbol{0}$(零矩阵), 用因子分解, 有 $(\boldsymbol{X} - \boldsymbol{I}_3)(\boldsymbol{X} + \boldsymbol{I}_3) = \boldsymbol{0}$ 其中 $\boldsymbol{X} = \boldsymbol{I}_3$ 或 $\boldsymbol{X} = -\boldsymbol{I}_3$.

这个推理正确吗? 如果不对, 说明理由, 可能的话, 给出结论的一个反例.

28. 通过分解二次多项式, 找出环 $\mathbb{Z}_{14}$ 中方程 $x^2 + x - 6 = 0$ 的所有解. 与习题 27 比较.

29. 通过分解二次多项式, 找出环 $\mathbb{Z}_{13}$ 中方程 $x^2 + x - 6 = 0$ 的所有解. 为什么这里解的个数与习题 28 中不同?

30. 下面试图证明定理 22.8 中的性质 2 有什么问题?

$$(-a)b = ((-1)a)b = (-1)(ab) = -(ab)$$

概念

在习题 31 和习题 32 中, 不参考书本, 根据需要更正楷体术语的定义, 使其成立.

31. 域F 是一个环, 具有非零单位元, 使得 F 的非零元集合在乘法下是一个群.

32. 环的单位是大小为 1 的元素.

33. 举一个环的例子, 有两个元素 a 和 b 使得 $ab = 0$, 但 a 和 b 都不为零.

34. 举一个环的例子, 有单位元 $1 \neq 0$ 且有子环具有非零单位元 $1' \neq 1$. (提示: 考虑直积或 $\mathbb{Z}_6$ 的子环.)

35. 判断下列命题的真假.

a. 域是一个环.

b. 环都有乘法单位元.

c. 有单位元的环至少有两个单位.

d. 有单位元的环最多有两个单位.

e. 在诱导运算下, 域的子集可能是环而不是子域.

f. 环的分配律不十分重要.

g. 域中乘法是交换的.

h. 域中非零元在域的乘法下形成群.

i. 环的加法是交换的.

j. 环中元素都有加法逆.

理论

36. 证明例 22.4 中函数集合 F 上定义的乘法满足公理 $\mathscr{R}_2$ 和公理 $\mathscr{R}_3$, 从而是个环.

37. 证明例 22.10 的取值映射 ϕ_a 是环同态.

38. 完成定义 22.12 后面概述的证明, 证明同构给出了环的集合上的一种等价关系.

39. 证明如果 U 是环 $\langle R,+,\cdot\rangle$ 中所有单位的集合, 且具有单位元, 则 $\langle U,\cdot\rangle$ 是一个群.(提示: 证明 U 在乘法运算下是封闭的.)

40. 证明环 R 中对所有 a 和 b 有 $a^2-b^2=(a+b)(a-b)$ 当且仅当 R 是交换的.

41. 设 $(R,+)$ 是交换群. 证明如果对于所有 $a,b\in R$ 定义 $ab=0$, 则 $(R,+,\cdot)$ 是一个环.

42. 证明环 $2\mathbb{Z}$ 和 $3\mathbb{Z}$ 不同构. 证明域 $\mathbb{R}$ 和 $\mathbb{C}$ 不同构.

43. (Freshman 求幂) 设 p 为素数. 证明环 $\mathbb{Z}_p$ 中对所有 $a,b\in\mathbb{Z}_p$, 有 $(a+b)^p=a^p+b^p$. (提示: 观察 $(a+b)^n$ 在交换环中通常的二项展开式是有效的.)

44. 证明域的子域中的单位元一定是整个域的单位元, 与习题 34 关于环的结论相反.

45. 证明有单位元的环中单位的乘法逆元是唯一的.

46. 如果环 R 的元素 a 有 $a^2=a$, 则称为**幂等**的.

a. 证明交换环的所有幂等元的集合在乘法下封闭.

b. 找出环 $\mathbb{Z}_6\times\mathbb{Z}_{12}$ 中所有幂等元.

47. (线性代数) 回顾, 对 $m\times n$ 矩阵 $\boldsymbol{A}$,$\boldsymbol{A}$ 的转置$\boldsymbol{A}^{\mathrm{T}}$ 是一个矩阵, 其第 j 列是 $\boldsymbol{A}$ 的第 j 行. 证明如果 $\boldsymbol{A}$ 是 $m\times n$ 矩阵使得 $\boldsymbol{A}^{\mathrm{T}}\boldsymbol{A}$ 可逆, 则投影矩阵$\boldsymbol{P}=\boldsymbol{A}(\boldsymbol{A}^{\mathrm{T}}\boldsymbol{A})^{-1}\boldsymbol{A}^{\mathrm{T}}$ 是 $n\times n$ 矩阵环中的幂等元.

48. 环 R 中的元素 a 称为是**幂零**的, 如果对于某个 $n\in\mathbb{Z}^+$ 有 $a^n=0$. 证明如果 a 和 b 是交换环中的幂零元, 则 $a+b$ 也是幂零的.

49. 证明环 R 没有非零幂零元当且仅当 0 是 $x^2=0$ 在 R 中的唯一解.

50. 证明环 R 的子集 S 是 R 的子环当且仅当以下条件成立:

$0\in S$;

对于所有 $a,b\in S$, 有 $a-b\in S$;

对于所有 $a,b\in S$, 有 $ab\in S$.

51. a. 证明环 R 的子环的交也是 R 的子环.

b. 证明域 F 的子域的交也是 F 的子域.

52. 设 R 是环, 设 a 是 R 的一个固定元素. 设 $I_a=\{x\in R|ax=0\}$. 证明 I_a 是 R 的

子环.

53. 设 R 是环, 设 a 是 R 的固定元素. 设 R_a 是 R 的所有包含 a 的子环的交集形成的子环 (参见习题 51). 称环 R_a 是 R 的由 a **生成的子环**. 证明交换群 $\langle R_a, +\rangle$ 是由 $\{a^n | n \in \mathbb{Z}^+\}$ 生成的 (在 1.7 节的意义上).

54. (两个同余式的中国剩余定理) 设 r 和 s 为正整数, 使得 $\gcd(r, s) = 1$. 用例 22.15 中的同构证明, 对于 $m, n \in \mathbb{Z}$, 存在一个整数 x, 使得 $x \equiv m \pmod{r}$ 及 $x \equiv n \pmod{s}$.

55. a. 陈述并证明例 22.15 中结论对于有 n 个因子的直积的推广.

b. 证明中国剩余定理: 设 $a_i, b_i \in \mathbb{Z}^+$,$i = 1, 2, \cdots, n$, 设对于 $i \neq j$ 有 $\gcd(b_i, b_j) = 1$, 则存在 $x \in \mathbb{Z}^+$, 使得对于 $i = 1, 2, \cdots, n$, 有 $x = a_i \pmod{b_i}$.

56. 考虑 $\langle S, +, \cdot\rangle$, 其中 S 是集合,+ 和 $\cdot$ 是 S 上的二元运算, 使得

$\langle S, +\rangle$ 是一个群,

$\langle S^*, \cdot\rangle$ 是一个群, 其中 S^* 由 S 的所有除加法单位元外的元素组成,

对于所有 $a, b, c \in S$, 有 $a(b + c) = (ab) + (ac)$ 和 $(a + b)c = (ac) + (bc)$.

证明 $\langle S, +, \cdot\rangle$ 是一个除环.(提示: 对 $(1 + 1)(a + b)$ 用分配律证明加法交换律.)

57. 称环 R 是**布尔环**, 如果 $a^2 = a$ 对于所有 $a \in R$ 成立, 于是每个元素都是幂等的. 证明布尔环是交换的.

58. (需要了解集合运算) 对于集合 S, 设 $\mathscr{P}(S)$ 是集合 S 的所有子集的集合. 令 $\mathscr{P}(S)$ 上的二元运算 $+$ 和 $\cdot$ 定义为

$$A + B = (A \cup B) - (A \cap B) = \{x | x \in A\text{或}x \in B\text{但}x \notin (A \cap B)\}$$

以及

$$A \cdot B = A \cap B$$

对于 $A, B \in \mathscr{P}(S)$.

a. 给出 $\mathscr{P}(S)$ 中 $+$ 和 $\cdot$ 的运算表, 其中 $S = \{a, b\}$.(提示:$\mathscr{P}(S)$ 有四个元素.)

b. 证明对于任何集合 S,$\langle \mathscr{P}(S), +, \cdot\rangle$ 是布尔环 (参见习题 57).

5.23 整环

出于需要本节中直观地使用多项式, 尽管直到第 27 节才对多项式进行仔细处理.

零因子和消去律

通常的数系中最重要的代数性质之一是只有当至少一个因子为 0 时, 两个数的乘积才能为 0. 在求解方程时会多次使用这一事实, 可能使用时根本没有意识到在用它. 例如, 求解方程

$$x^2 - 5x + 6 = 0$$

要做的第一件事是对左侧进行因式分解:

$$x^2 - 5x + 6 = (x - 2)(x - 3)$$

然后得出结论,x 的可能值是 2 和 3. 为什么? 原因是如果 x 用任何数 a 替换, 所得数的乘积 $(a - 2)(a - 3)$ 当且仅当 $a - 2 = 0$ 或 $a - 3 = 0$ 时为 0.

例 23.1 在 $\mathbb{Z}_{12}$ 中解方程 $x^2 - 5x + 6 = 0$.

解 如果将 x 视为 $\mathbb{Z}_{12}$ 中的任一数, 因式分解 $x^2 - 5x + 6 = (x - 2)(x - 3)$ 仍然有效. 但在 $\mathbb{Z}_{12}$ 中, 对于所有 $a \in \mathbb{Z}_{12}$, 不仅 $0a = a0 = 0$, 还有

$$\begin{aligned}(2)(6) &= (6)(2) = (3)(4) = (4)(3) = (3)(8) = (8)(3)\\ &= (4)(6) = (6)(4) = (4)(9) = (9)(4) = (6)(6) = (6)(8)\\ &= (8)(6) = (6)(10) = (10)(6) = (8)(9) = (9)(8) = 0\end{aligned}$$

事实上, 方程不仅有解 2 和 3, 还有 6 和 11, 因为在 $\mathbb{Z}_{12}$ 中有 $(6-2)(6-3) = (4)(3) = 0$ 和 $(11 - 2)(11 - 3) = (9)(8) = 0$.

这些想法非常重要, 因此形成正式定义.

定义 23.2 *如果 a 和 b 是环 R 的两个非零元满足 $ab = 0$, 则 a 和 b 称为***零因子** (0divisor).

例 23.1 说明, 在 $\mathbb{Z}_{12}$ 中, 元素 $2, 3, 4, 6, 8, 9$ 和 10 是零因子. 注意, 这些正是 $\mathbb{Z}_{12}$ 中与 12 不互素的数, 即和 12 的最大公因子不是 1 的数.

如果 R 是有单位元的环,a 是 R 中一个单位, 那么 a 不是零因子. 为了说明此, 注意, 如果 $ab = 0$, 则 $a^{-1}ab = 0$, 则 $b = 0$. 类似地, 如果 $ba = 0$, 则 $baa^{-1} = 0$, 所以 $b = 0$. 定理 23.3 表明, 在环 $\mathbb{Z}_n$ 中, 每个元素要么是 0, 要么是单位, 要么是零因子.

定理 23.3 *设 $m \in \mathbb{Z}_n$. 要么 $m = 0$; 要么 m 与 n 互素, 这时 m 是 $\mathbb{Z}_n$ 中的单位; 或者 m 不与 n 互素, 这时 m 是 $\mathbb{Z}_n$ 中的零因子.*

证明 首先假设 $m \neq 0$ 且 $\gcd(m,n) = d \neq 1$. 那么, 整数乘积

$$m\left(\frac{n}{d}\right) = \left(\frac{m}{d}\right)n$$

是 n 的倍数, 所以在 $\mathbb{Z}_n$ 中,

$$m\left(\frac{n}{d}\right) = 0 \in \mathbb{Z}_n$$

m 和 n/d 均不是 $\mathbb{Z}_n$ 中的 0. 因此 m 是零因子.

现在假设 $\gcd(m,n) = 1$. 那么有整数 a 和 b, 使得 $an + bm = 1$. 由带余除法, 存在整数 q 和 r, 使得 $0 \leqslant r \leqslant n-1$ 且 $b = nq + r$. 可以写为

$$rm = (b - nq)m = bm - nqm = (1 - an) - nqm = 1 - n(a + qm).$$

所以在 $\mathbb{Z}_n$ 中,$rm = mr = 1$, 所以 m 是一个单位. □

例 23.4 将 $\mathbb{Z}_{20}$ 中每个非零元或为单位或为零因子.

解 如果 $m = 1,3,7,9,11,13,17,19$, 则 m 和 20 的最大公因子是 1, 所以这些都是单位. 对于 $m = 2,4,5,6,8,10,12,14,15,16,18$,$\gcd(m,20) > 1$, 所以这些都是零因子. 可以看出

$$1\cdot 1 = 3\cdot 7 = 9\cdot 9 = 11\cdot 11 = 13\cdot 17 = 19\cdot 19 = 1 \in \mathbb{Z}_{20}$$

说明每个都是单位. 也可以看出

$$2\cdot 10 = 4\cdot 5 = 6\cdot 10 = 8\cdot 15 = 12\cdot 5 = 14\cdot 10 = 16\cdot 5 = 18\cdot 10 = 0 \in \mathbb{Z}_{20}$$

说明每一个都是 $\mathbb{Z}_{20}$ 中的零因子.

推论 23.5 *如果 p 是一个素数, 则 $\mathbb{Z}_p$ 的每个非零元都是一个单位, 这意味着 $\mathbb{Z}_p$ 是一个域且没有零因子.*

证明 对任意 $0 < m \leqslant p-1$, $\gcd(m,p) = 1$. 根据定理 23.3, m 是 $\mathbb{Z}_p$ 中的一个单位. □

上面推论表明, 当考虑环 $M_n(\mathbb{Z}_p)$ 时, 是在考虑域上的矩阵环. 在典型的本科线性代数课程中, 只有实数域或复数域的性质被广泛使用. 诸如求解线性方程组的矩阵化简、行列式求值、克拉默法则、特征值和特征向量以及矩阵对角化时使用任意域上的矩阵是有效的; 它们只取决于域的算术性质. 考虑线性代数中的大小, 例如最小二乘近似解或正交基, 只有在有大小概念的域中才有意义. 关系

$$p\cdot 1 = \underbrace{1 + 1 + \cdots + 1}_{p\text{个}} = 0$$

表明在域 $\mathbb{Z}_p$ 中不可能有通常自然的大小概念.

另一个关于零因子概念的重要性, 在以下定理中呈现. 设 R 为一个环,$a, b, c \in R$. R 中的**消去律** (cancellation law) 指乘法消去律: 如果 $ab = ac$, 其中 $a \neq 0$, 则有 $b = c$, 以及 $ba = ca$. 当然,R 中加法消去律成立, 因为 $\langle R.+\rangle$ 是一个群.

定理 23.6　环 R 中消去律成立当且仅当 R 没有零因子.

证明　设 R 是一个环且消去律成立, 假设对于某个 $a, b \in R$ 有 $ab = 0$. 要证明 a 或 b 为 0. 如果 $a \neq 0$, 则根据消去律, 由 $ab = a0$ 有 $b = 0$. 因此,$a = 0$ 或 $b = 0$.

相反, 若 R 没有零因子, 假设 $ab = ac$, 其中 $a \neq 0$. 则

$$ab - ac = a(b - c) = 0$$

因为 $a \neq 0$, 且 R 没有零因子, 必有 $b - c = 0$, 因此 $b = c$. 类似可证明,$ba = ca$, 其中 $a \neq 0$, 则有 $b = c$. □

设 R 是一个无零因子环, 则方程 $ax = b$, 其中 $a \neq 0$, 在 R 中最多有一个解 x. 因为如果 $ax_1 = b$ 和 $ax_2 = b$, 则 $ax_1 = ax_2$, 根据定理 23.6 有 $x_1 = x_2$, 因为 R 没有零因子. 如果 R 有单位元 $1 \neq 0$, 且 a 为 R 中有乘法逆元 a^{-1} 的单位, 则 $ax = b$ 的解 x 是 $a^{-1}b$. 如果 R 是可交换的, 特别地, 如果 R 是一个域, 通常将 $a^{-1}b$ 和 ba^{-1}(由交换律它们相等) 表示为通常商的形式 b/a. 这个商的记法在 R 非交换的情况下不能使用, 因为不知道 b/a 表示 $a^{-1}b$ 还是 ba^{-1}. 特别地, 域的非零元 a 可以写成 $1/a$.

整环

整数是最熟悉的数系. 根据讨论的代数性质,$\mathbb{Z}$ 是一个有单位元和无零因子的交换环. 当然这样的结构给出下面定义的名字的是有道理的.

定义 23.7　有单位元 $1 \neq 0$ 的无零因子的交换环 D 称为**整环** (integral domain).

因此, 如果一个多项式的系数取自整环, 则可以通过将多项式因式分解成线性因子并令每个因式等于 0 来求解多项式方程.

在代数结构层次中, 整环介于有单位元交换环与域之间, 如将要证明的那样. 定理 23.6 表明整环中乘法消去律成立.

例 23.8　已经看到,$\mathbb{Z}$ 和 $\mathbb{Z}_p$ 都是整环, 其中 p 是素数. 但是如果 n 不是素数, 则 $\mathbb{Z}_n$ 不是整环. 稍微思考就会发现, 两个非零环 R 和 S 的直积 $R \times S$ 不是整环. 只要观察到当 $r \in R$ 和 $s \in S$ 都是非零元时, 有 $(r, 0)(0, s) = (0, 0)$.

例 23.9　证明虽然 $\mathbb{Z}_2$ 是整环, 但矩阵环 $M_2(\mathbb{Z}_2)$ 有零因子.

解 只需要观察

$$\begin{bmatrix} 1 & 0 \\ 0 & 0 \end{bmatrix}\begin{bmatrix} 0 & 0 \\ 1 & 0 \end{bmatrix}=\begin{bmatrix} 0 & 0 \\ 0 & 0 \end{bmatrix}$$

在域中, 每个非零元都是单位. 单位不能是零因子, 所以域中没有零因子. 由于域中的乘法交换, 所以每个域都是一个整环.

图 23.10 给出具有两个二元代数运算的代数结构包含关系的维恩图, 主要关注代数结构的二元运算. 在习题 26 中要求重新绘制此图, 把严格斜域包含进去.

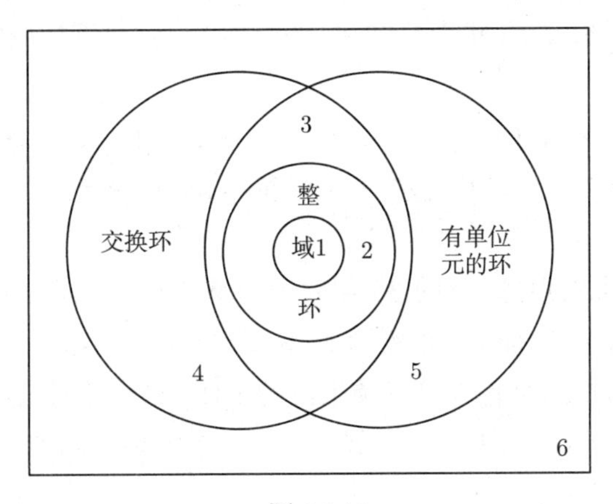

图 23.10

已经看到,$\mathbb{Q},\mathbb{R},\mathbb{C}$ 和 $\mathbb{Z}_p$(当 p 是素数时) 都是域. 定理 23.3 说明如果 $\mathbb{Z}_n$ 是整环, 则 $\mathbb{Z}_n$ 是域. 事实上, 下一个定理说明任何有限整环都是域. 这个定理的证明是本书的两位作者最喜爱的. 它是通过计数完成的, 这是数学中最有力的方式.

定理 23.11 *有限整环都是域.*

证明 设 R 是有限整环,a 是 R 中的一个非零元. 希望证明存在一个 $b \in R$ 使得 $ab = 1$. 为此, 通过

$$f(x) = ax$$

定义映射 $f : R \to R$. 首先证明 f 是单的. 假设 $f(x_1) = f(x_2)$, 则

$$ax_1 = ax_2, x_1 = x_2$$

因为 $a \neq 0$, 并且整环中消去律成立. 因此 f 是单的. 因为 R 是有限的且 $f : R \to R$ 是单的,f 映射到 R 也是满的. 因此存在 $b \in R$ 使得

$$1 = f(a) = ab = ba$$

这证明了 a 是一个单位. □

定理 23.11 中的有限条件是必要的, 因为若 $\mathbb{Z}$ 是一个无限整环, 则它不是一个域. 在无限整环中计数证明行不通, 因为从无限集合到其自身的单映射不一定是满的. 例如乘 2 是将 $\mathbb{Z}$ 映射到 $\mathbb{Z}$ 的单映射, 但 1 不在该映射的值域内.

在第 8.39 节中, 将看到除 $\mathbb{Z}_p$ 外, 还有许多有限整环是域.

环的特征

设 R 为任意环. 可能会问, 对于所有 $a \in R$, 是否存在正整数 n, 使得 $n \cdot a = 0$, 其中 $n \cdot a$ 如第 22 节所述, 表示 n 个数的和 $a + a + \cdots + a$. 例如, 整数 m 对于环 $\mathbb{Z}_m$ 有此性质.

定义 23.12 如果对于一个环 R, 存在一个正整数 n, 使得对于所有 $a \in R$ 有 $n \cdot a = 0$, 则其中的最小正整数称为环 R 的**特征** (characteristic). 如果没有这种正整数, 则称环 R 有特征 0.

主要对域使用特征的概念. 习题 35 需要证明整环的特征是 0 或素数 p.

例 23.13 环 $\mathbb{Z}_n$ 有特征 n, 而 $\mathbb{Z}, \mathbb{Q}, \mathbb{R}$ 和 $\mathbb{C}$ 的特征都是 0.

初看起来, 确定环的特征似乎是一项艰巨的工作, 除非环明显具有特征 0. 否则是否必须检查每个元素符合定义 23.12? 本节的最后一个定理说明如果环有单位元, 则只需要检查 $a = 1$ 就足够了.

定理 23.14 设 R 是一个有单位元的环. 如果对于所有 $n \in \mathbb{Z}^+, n \cdot 1 \neq 0$ 则 R 的特征为 0. 如果对于某个 $n \in \mathbb{Z}^+, n \cdot 1 = 0$, 则最小的整数 n 是 R 的特征.

证明 如果对所有 $n \in \mathbb{Z}^+, n \cdot 1 \neq 0$, 那么肯定不能有对所有 $a \in R$ 存在某个正整数 n 使得 $n \cdot a = 0$, 因此根据定义 23.12, R 的特征为 0.

假设 n 是一个使得 $n \cdot 1 = 0$ 的正整数. 则对于任何 $a \in R$, 有

$$n \cdot a = a + a + \cdots + a = a(1 + 1 + \cdots + 1) = a(n \cdot 1) = a0 = 0$$

直接得到定理. □

习题

计算

1. 在 $\mathbb{Z}_{12}$ 中找出方程 $x^3 - 2x^2 - 3x = 0$ 的所有解.

2. 在域 $\mathbb{Z}_7$ 和域 $\mathbb{Z}_{23}$ 中求解方程 $3x = 2$.

3. 在 $\mathbb{Z}_6$ 中找出方程 $x^2 + 2x + 2 = 0$ 的所有解.

4. 在 $\mathbb{Z}_6$ 中找出方程 $x^2+2x+4=0$ 的所有解.

在习题 5~10 中, 找出给定环的特征.

5. $2\mathbb{Z}$.

6. $\mathbb{Z}\times\mathbb{Z}$.

7. $\mathbb{Z}_3\times 3\mathbb{Z}$.

8. $\mathbb{Z}_3\times\mathbb{Z}_3$.

9. $\mathbb{Z}_3\times\mathbb{Z}_4$.

10. $\mathbb{Z}_6\times\mathbb{Z}_{15}$.

在习题 11~16 中, 将环中的每个非零元分类为单位、零因子或两者都不是.

11. $\mathbb{Z}_6$.

12. $\mathbb{Z}_8$.

13. $\mathbb{Z}_{15}$.

14. $\mathbb{Z}$.

15. $\mathbb{Z}_3\times\mathbb{Z}_3$.

16. $\mathbb{Z}_4\times\mathbb{Z}_5$.

17. 设 R 是特征为 4 的有单位元的交换环. 计算并化简 $(a+b)^4$, 其中 $a,b\in R$.

18. 设 R 是特征为 3 的有单位元的交换环. 计算并化简 $(a+b)^9$, 其中 $a,b\in R$.

19. 设 R 是特征为 3 的有单位元的交换环. 计算并化简 $(a+b)^6$, 其中 $a,b\in R$.

20. 证明矩阵 $\begin{bmatrix}1 & 2\\ 2 & 4\end{bmatrix}$ 是 $M_2(\mathbb{Z})$ 中的零因子.

概念

在习题 21 和习题 22 中, 不参考书本, 根据需要更正楷体术语的定义, 使其成立.

21. 如果 $ab=0$, 则 a 和 b 是零因子.

22. 如果对于环 R 中的所有元素 a 有 $n\cdot a=0$, 则 n 是 R 的特征.

23. 判断下列命题的真假.

a. 如果 n 不是素数, 则 $n\mathbb{Z}$ 有零因子.

b. 每个域都是一个整环.

c. $n\mathbb{Z}$ 的特征是 n.

d. 作为一个环, 对于所有 $n\geqslant 1,\mathbb{Z}$ 同构于 $n\mathbb{Z}$.

e. 消去律适用于同构于整环的任何环.

f. 每个特征 0 的整环都是无限的.

g. 两个整环的直积也是一个整环.

h. 有单位元的交换环中的零因子不能有乘法逆元.

i.$n\mathbb{Z}$ 是 $\mathbb{Z}$ 的子整环.

j.$\mathbb{Z}$ 是 $\mathbb{Q}$ 的子域.

24. 图 23.10 中六个编号区域中的每一个都对应于某种类型的环. 为六种类型各举一个环的例子. 例如, 编号为 3 的区域中的环是交换的 (它在交换环内), 有单位元, 但不一定是一个整环.

25. (对学过线性代数的学生) 设 F 为一个域. 给出 $M_n(F)$ 中五种不同类型的零因子 A.

26. 重新绘制图 23.10, 使其包括严格斜域对应的子集.

证明概要

27. 用一句话概要简述定理 23.6 中 "如果" 部分的证明.

28. 用两句话概要简述定理 23.11 的证明.

理论

29. 称环 R 的元素 a 是**幂等**的, 如果 $a^2 = a$. 证明除环恰好包含两个幂等元.

30. 证明整环 D 的子整环的交集也是 D 的子整环.

31. 证明有单位元 $1 \neq 0$ 且无零因子的有限环 R 是一个除环. (它实际上是一个域, 尽管交换律不容易证明. 参见定理 32.11.) (注: 在证明 $a \neq 0$ 是一个单位时, 必须证明 R 中 $a \neq 0$ 的 "乘法左逆元" 也是 "乘法右逆元.")

32. 设 R 是包含至少两个元素的环. 假设对于每个非零的 $a \in R$, 存在唯一的 $b \in R$ 使得 $aba = a$.

a. 证明 R 没有零因子.

b. 证明 $bab = b$.

c. 证明 R 有单位元.

d. 证明 R 是除环.

33. 证明整环 D 的子整环的特征等于 D 的特征.

34. 证明如果 D 是整环, 则 $\{n \cdot 1 | n \in \mathbb{Z}\}$ 是包含在 D 的每个子整环中的 D 的子整环.

35. 证明整环 D 的特征一定是 0 或素数 p. (提示: 若 D 的特征为 mn, 考虑 D 中 $(m \cdot 1)(n \cdot 1)$.)

36. 证明, 每个环 R 都可以被扩大 (如果需要的话) 成一个有单位元且与环 R 有相同特征的环 S. 如果 R 的特征为 0, 令 $S = R \times \mathbb{Z}$, 如果 R 的特征为 n, 则令 $S = R \times \mathbb{Z}_n$. 令 S 中的加法是通常的分量加法, 乘法的定义如下

$$(r_1, n_1)(r_2, n_2) = (r_1 r_2 + n_1 \cdot r_2 + n_2 \cdot r_1, n_1 n_2)$$

其中 $n \cdot r$ 为第 22 节中解释的含义.

a. 证明 S 是一个环.

b. 证明 S 有单位元.

c. 证明 S 和 R 有相同的特征.

d. 证明由 $\phi(r) = (r, 0)$, 其中 $r \in R$ 给出的映射 $\phi : R \to S$, 将 R 同构映射到 S 的子环上.

5.24　费马定理和欧拉定理

费马定理

已经知道, 作为加法群,$\mathbb{Z}_n$ 和 $\mathbb{Z}/n\mathbb{Z}$ 有自然同构, 即将每个 $a \in \mathbb{Z}_n$ 对应于陪集 $a + n\mathbb{Z}$. 此外,$\mathbb{Z}/n\mathbb{Z}$ 中陪集的加法可以通过代表元在 $\mathbb{Z}$ 中运算, 然后找出包含这个和的 $n\mathbb{Z}$ 的陪集. 容易看出,$\mathbb{Z}/n\mathbb{Z}$ 可以通过相同的方式做陪集乘法, 即对任何选定的代表元做乘法来确定陪集乘法, 因而作成一个环. 稍后会在更一般的情况下证明这一点, 现在先处理这个特别的情况. 只需要证明这样的陪集乘法是良好定义的, 那么陪集乘法的结合律和分配律根据选出的 $\mathbb{Z}$ 中代表元本身具有这些性质而随之得到. 若从陪集 $a + n\mathbb{Z}$ 和 $b + n\mathbb{Z}$ 中选择不同于 a 和 b 的代表元 $a + rn$ 和 $b + sn$, 则

$$(a + rn)(b + sn) = ab + (as + rb + rsn)n$$

这也是 $ab + n\mathbb{Z}$ 的一个元素. 因此乘法是良好定义的, 且所有陪集形成一个与环 $\mathbb{Z}_n$ 同构的环.

第 22 节中的习题 39 要求证明环中的单位在环的乘法运算下组成一个群. 这是一个非常有用的事实, 可以用其证明费马小定理和欧拉定理的推广形式. 下面从费马小定理开始.

定理 24.1 (费马小定理)　如果 $a \in \mathbb{Z}$ 且 p 是不整除 a 的素数, 则 p 整除 $a^{p-1} - 1$, 即对于 $a \not\equiv 0 \pmod{p}$, 有 $a^{p-1} \equiv 1 \pmod{p}$.

证明　环 $\mathbb{Z}_p$ 是一个域, 这意味着所有非零元都是单位. 因此 $\langle \mathbb{Z}_p^*, \cdot \rangle$ 是有 $p - 1$ 个元素的群. 群 $\mathbb{Z}_p^*$ 中任何元素 b 的阶整除 $|\mathbb{Z}_p^*| = p - 1$. 因此

$$b^{p-1} = 1 \in \mathbb{Z}_p$$

环 $\mathbb{Z}_p$ 和 $\mathbb{Z}/p\mathbb{Z}$ 是同构的, 其中元素 $b \in \mathbb{Z}_p$ 对应于陪集 $b + p\mathbb{Z}$. 对于不是 p 的倍数

的任何整数 a, 存在某个 $0 \leqslant b \leqslant p-1$ 有 $a+p\mathbb{Z}=b+p\mathbb{Z}$. 因此

$$(a+p\mathbb{Z})^{p-1}=(b+p\mathbb{Z})^{p-1}=1+p\mathbb{Z} \in \mathbb{Z}/p\mathbb{Z}$$

换句话说,

$$a^{p-1} \equiv 1 \pmod p$$

□

推论 24.2 *如果 $a \in \mathbb{Z}$, 则对于任何素数 p 有 $a^p \equiv a \pmod p$.*

证明 如果 $a \not\equiv 0 \pmod p$, 则可由定理 24.1 得出结论. 如果 $a \equiv 0 \pmod p$, 则两边都模 p 余 0. □

例 24.3 计算 8^{103} 除以 13 的余数. 用费马定理, 有

$$\begin{aligned} 8^{103} &\equiv (8^{12})^8(8^7) \equiv (1^8)(8^7) \equiv 8^7 \equiv (-5)^7 \\ &\equiv (25)^3(-5) \equiv (-1)^3(-5) \equiv 5 \pmod{13} \end{aligned}$$

历史笔记

定理 24.1 的陈述出现在皮埃尔·德·费马 (Pierre de Fermat, 1601—1665) 1640 年 10 月 18 日致伯纳德·弗雷尼克·德·贝西 (Bernard Frenicle de Bessy) 的一封信中. 费马的版本是, 对于任何素数 p 和任何几何级数 $a, a^2, \cdots, a^t, \cdots$, 级数中存在最小数 a^T 使得 p 整除 a^T-1. 进一步, T 整除 $p-1$ 且 p 整除所有形如 $a^{KT}-1$ 的数. (很奇怪, 费马没有注意到 p 不整除 a 的条件; 也许他觉得在这种情况下结果显然不正确.)

费马在信中或其他地方都没有给出结论的证明, 事实上, 再也没有提过此事. 但可以从其他与此对应的部分推断费马对此结果的兴趣产生自他对完美数的研究. (完美数是指一个正整数 m 等于所有小于 m 的因数的和; 例如,$6=1+2+3$ 是一个完美数.) 欧几里得已经证明, 如果 2^{n-1} 是素数, 则 $2^{n-1}(2^n-1)$ 是完美数. 问题是要找到确定 2^n-1 为素数的方法. 费马注意到, 如果 n 是合数则 2^n-1 是合数, 然后从他的定理导出如下结果: 若 n 是素数, 则 2^n-1 唯一可能的因数是形如 $2kn+1$ 的数. 从这个结果, 他可以很快证明, 例如 $2^{37}-1$ 可被 $223=2 \cdot 3 \cdot 37+1$ 整除.

例 24.4 证明 $2^{11213}-1$ 不能被 11 整除.

解 根据费马小定理, $2^{10} \equiv 1 \pmod{11}$, 因此

$$2^{11213}-1 \equiv [(2^{10})^{1121} \cdot 2^3]-1 \equiv [1^{1121} \cdot 2^3]-1$$

$$\equiv 2^3 - 1 \equiv 8 - 1 \equiv 7 \pmod{11}$$

因此,$2^{11213}-1$ 除以 11 的余数是 7, 而不是 0.[11213 是素数, 且已证明 $2^{11213}-1$ 是素数. 形如 2^p-1 的素数称为**梅森素数** (Mersenne prime), 其中 p 是素数.]

例 24.5 证明对于每个整数 n, 数 $n^{33}-n$ 可被 15 整除.

解 这似乎是一个不可思议的结果. 这意味着 15 整除 $2^{33}-2, 3^{33}-3, 4^{33}-4$, 等等.

现在 $15 = 3 \cdot 5$, 用费马定理来证明对于任意 n,$n^{33}-n$ 可被 3 和 5 整除. 注意 $n^{33}-n = n(n^{32}-1)$.

如果 3 整除 n, 则 3 一定整除 $n(n^{32}-1)$. 如果 3 不整除 n, 则根据费马定理,$n^2 \equiv 1 \pmod{3}$, 所以

$$n^{32} - 1 \equiv (n^2)^{16} - 1 \equiv 1^{16} - 1 \equiv 0 \pmod{3}$$

因此 3 整除 $n^{32}-1$.

如果 $n \equiv 0 \pmod{5}$, 则 $n^{33}-n \equiv 0 \pmod{5}$. 如果 $n \not\equiv 0 \pmod{5}$, 则根据费马定理,$n^4 \equiv 1 \pmod{5}$, 所以

$$n^{32} - 1 \equiv (n^4)^8 - 1 \equiv 1^8 - 1 \equiv 0 \pmod{5}$$

因此,$n^{33}-n \equiv 0 \pmod{5}$ 对每个 n 成立.

欧拉的推广

定理 23.3 将 $\mathbb{Z}_n$ 中的所有元素分为三类. $\mathbb{Z}_n$ 中的一个元素 k 要么是 0, 要么当 $\gcd(n,k)=1$ 时是一个单位, 要么当 $\gcd(n,k)>1$ 时是一个零因子. 第 22 节习题 39 说明环中的单位在乘法下构成一个群. 因此 $\mathbb{Z}_n$ 中与 n 互素的非零元的集合构成一个乘法群. 欧拉对费马定理的推广基于 $\mathbb{Z}_n$ 中的单位的个数.

设 n 为正整数.$\varphi(n)$ 定义为小于或等于 n 的与 n 互素的正整数的个数. 注意 $\varphi(1)=1$.

例 24.6 设 $n=12$. 小于或等于 12 且与 12 互素的正整数为 $1,5,7$ 和 11, 因此 $\varphi(12)=4$.

根据定理 23.3,$\varphi(n)$ 是 $\mathbb{Z}_n$ 的不是零因子的非零元个数. 此映射 $\varphi : \mathbb{Z}^+ \to \mathbb{Z}^+$ 称为**欧拉函数** (Euler phi-function). 现在给出欧拉对费马定理的推广.

定理 24.7 (欧拉定理) *如果 a 是一个与 n 互素的整数, 则 $a^{\varphi(n)}-1$ 可被 n 整除, 即 $a^{\varphi(n)} \equiv 1 \pmod{n}$.*

证明　如果 a 与 n 互素, 则 $n\mathbb{Z}$ 的包含 a 的陪集 $a+n\mathbb{Z}$ 包含一个整数 $b<n$ 且与 n 互素. 用代表元的模 n 剩余的乘法来定义陪集的乘法是良好定义的, 由这个事实有

$$a^{\varphi(n)} \equiv b^{\varphi(n)} \pmod n$$

但根据定理 23.3,b 可以视为 $\mathbb{Z}_n$ 中与 n 互素的 $\varphi(n)$ 个元素组成的 $\varphi(n)$ 阶乘法群 G_n 的元素. 因此

$$b^{\varphi(n)} \equiv 1 \pmod n$$

定理得证. □

例 24.8　设 $n=12$. 在例 24.6 中看到,$\varphi(12)=4$. 因此, 如果取任意与 12 互素的整数 a, 则 $a^4 \equiv 1 \pmod{12}$. 例如, 当 $a=7$ 时, 有 $7^4=(49)^2=2401=12(200)+1$, 所以 $7^4 \equiv 1 \pmod{12}$. 当然, 不用欧拉定理, 计算 $7^4 \pmod{12}$ 的简单计算方法是在 $\mathbb{Z}_{12}$ 中计算. 在 $\mathbb{Z}_{12}$ 中, 有 $7=-5$ 所以

$$7^2=(-5)^2=(5)^2=1, 7^4=1^2=1$$

应用于 $ax \equiv b \pmod m$

可以找到线性同余方程 $ax \equiv b \pmod m$ 的所有解. 通过研究 $\mathbb{Z}_m$ 中的方程来解释同余的一般结果.

定理 24.9　*设 m 为正整数, 且 $a \in \mathbb{Z}_m$ 与 m 互素, 对于每个 $b \in \mathbb{Z}_m$, 方程 $ax=b$ 在 $\mathbb{Z}_m$ 中有唯一解.*

证明　由定理 23.3 知, a 是 $\mathbb{Z}_m$ 中的单位且 $s=a^{-1}b$ 是方程的一个解. 对 $ax=b$ 的两边同时左乘 a^{-1}, 得出这是唯一解. □

将此推广到同余情形, 可以立即得出以下推论.

推论 24.10　*如果 a 与 m 互素, 则对于任何整数 b, 同余式 $ax \equiv b \pmod m$ 的解恰好是一个模 m 剩余类中的所有整数.*

定理 24.9 可以作为下面一般情况的引理.

定理 24.11　*设 m 为正整数,$a, b \in \mathbb{Z}_m$. 设 d 为 a 和 m 的最大公因子. 方程 $ax=b$ 在 $\mathbb{Z}_m$ 中有解, 当且仅当 d 整除 b. 当 d 整除 b 时, 方程在 $\mathbb{Z}_m$ 中恰好有 d 个解.*

证明　首先证明在 $\mathbb{Z}_m$ 中不存在 $ax=b$ 的解, 除非 d 整除 b. 假设 $s \in \mathbb{Z}_m$ 是一个解, 则 $\mathbb{Z}$ 中有 $as-b=qm$, 所以 $b=as-qm$. 由于 d 既整除 a 又整除 m, 所以 d 整除方程 $b=as-qm$ 的右侧, 因此整除 b. 因此, 只有当 d 整除 b 时, 解 s 才存在.

现在假设 d 确实整除 b. 令

$$a = a_1 d, b = b_1 d, m = m_1 d$$

则 $\mathbb{Z}$ 中的方程 $as - b = qm$ 可改写为 $d(a_1 s - b_1) = dqm_1$. 可以看出 $as - b$ 是 m 的倍数, 当且仅当 $a_1 s - b_1$ 是 m_1 的倍数. 因此 $ax = b$ 在 $\mathbb{Z}_m$ 中的解模 m_1 所得的数 s 就是 $\mathbb{Z}_{m_1}$ 中 $a_1 x = b_1$ 的解. 现在设 $s \in \mathbb{Z}_{m_1}$ 是定理 24.9 所述 $\mathbb{Z}_{m_1}$ 中 $a_1 x = b_1$ 的唯一解. $\mathbb{Z}_m$ 中模 m_1 剩余 s 的数在 $\mathbb{Z}_m$ 中计算如下:

$$s, s + m_1, s + 2m_1, s + 3m_1, \cdots, s + (d-1)m_1$$

因此,$\mathbb{Z}_m$ 中的方程正好有 d 个解. □

由定理 24.11 立即得到线性同余方程解的经典结果.

推论 24.12 设 d 是正整数 a 和 m 的最大公因子. 同余式 $ax \equiv b \pmod{m}$ 有解当且仅当 d 整除 b. 在这种情况下, 解恰好是模 m 的 d 个不同剩余类的整数.

事实上, 对定理 24.11 的证明给出了比推论中更多的关于 $ax \equiv b \pmod{m}$ 的解的结论; 也就是说, 它表明如果找到了任何一个解 s, 则解就是剩余类 $(s + km_1) + (m\mathbb{Z})$ 中的所有整数, 其中 $m_1 = m/d$ 且 k 跑遍从 0 到 $d-1$ 的整数. 它还表明, 为找到这个解 s, 可以先找到 $a_1 = a/d$ 和 $b_1 = b/d$, 并求解 $a_1 x \equiv b_1 \pmod{m_1}$. 为了解这个同余式, 可以考虑将 a_1 和 b_1 替换为它们模 m_1 的剩余来解 $\mathbb{Z}_{m_1}$ 中方程 $a_1 x = b_1$.

例 24.13 求同余方程 $12x \equiv 27 \pmod{18}$ 的所有解.

解 12 和 18 的最大公因子是 6,6 不是 27 的因数. 因此, 根据上面推论, 方程无解.

例 24.14 求同余方程 $15x \equiv 27 \pmod{18}$ 的所有解.

解 15 和 18 的最大公因子是 3,3 整除 27. 如例 24.13 所示, 将所有数除以 3, 并考虑同余方程 $5x \equiv 9 \pmod{6}$, 这相当于求解 $\mathbb{Z}_6$ 中的方程 $5x = 3$. 现在 $\mathbb{Z}_6$ 中的单位是 1 和 5, 且 5 的乘法逆元是其自身. 因此,$\mathbb{Z}_6$ 中的解为 $x = (5^{-1})(3) = (5)(3) = 3$. 因此,$15x \equiv 27 \pmod{18}$ 的解为如下三个剩余类中的整数:

$$3 + 18\mathbb{Z} = \{\cdots, -33, -15, 3, 21, 39, \cdots\}$$

$$9 + 18\mathbb{Z} = \{\cdots, -27, -9, 9, 27, 45, \cdots\}$$

$$15 + 18\mathbb{Z} = \{\cdots, -21, -3, 15, 33, 51, \cdots\}$$

如推论 24.12 所示. 注意 $d = 3$,$\mathbb{Z}_{18}$ 中的解为 3, 9 和 15. 模 18 的这三个剩余类中所有解可以被整合到模 6 的剩余类 $3 + 6\mathbb{Z}$ 中, 因为它们来自 $\mathbb{Z}_6$ 中方程 $5x = 3$ 的解 $x = 3$.

习题

计算

将会看到有限域的非零元乘法群是循环的. 通过找出下面给定有限域的生成元来说明这一点.

1. $\mathbb{Z}_7$.

2. $\mathbb{Z}_{11}$.

3. $\mathbb{Z}_{17}$.

4. 用费马小定理, 求 3^{47} 除以 23 的余数.

5. 用费马小定理, 求 37^{49} 除以 7 的余数.

6. 计算 $2^{(2^{17})}+1$ 除以 19 的余数.(提示: 需要计算 2^{17} 模 18 的余数.)

7. 制作 $n \leqslant 30$ 的 $\varphi(n)$ 数值表.

8. 计算 $\varphi(p^2)$, 其中 p 是素数.

9. 计算 $\varphi(pq)$, 其中 p 和 q 都是素数.

10. 用欧拉对费马小定理的推广, 找出 7^{1000} 除以 24 的余数.

在习题 11~18 中, 找出给定同余方程的所有解, 如例 24.13 和例 24.14 所示.

11. $2x \equiv 6 \pmod 4$.

12. $22x \equiv 5 \pmod{15}$.

13. $36x \equiv 15 \pmod{24}$.

14. $45x \equiv 15 \pmod{24}$.

15. $39x \equiv 125 \pmod 9$.

16. $41x \equiv 125 \pmod 9$.

17. $155x \equiv 75 \pmod{65}$.

18. $39x \equiv 52 \pmod{130}$.

19. 设 $p \geqslant 3$ 是素数. 用后面的习题 28 找出 $(p-2)!$ 模 p 的余数.

20. 用后面的习题 28, 找出 34! 模 37 的余数.

21. 用后面的习题 28, 找出 49! 模 53 的余数.

22. 用后面的习题 28, 找出 24! 模 29 的余数.

概念

23. 判断下列命题的真假.

a. 对所有整数 a 和素数 p 有 $a^{p-1} \equiv 1 \pmod p$.

b. 对所有素数 p 和使得 $a \not\equiv 0 \pmod p$ 的整数 a 有 $a^{p-1} \equiv 1 \pmod p$.

c. 对于所有 $n \in \mathbb{Z}^+$ 有 $\varphi(n) \leqslant n$.

d. 对于所有 $n \in \mathbb{Z}^+, \varphi(n) \leqslant n-1$.

e. $\mathbb{Z}_n$ 中的单位是小于 n 且与 n 互素的正整数.

f. $\mathbb{Z}_n$ 中两个单位的乘积总是一个单位.

g. $\mathbb{Z}_n$ 中两个非单位的乘积可以是一个单位.

h. $\mathbb{Z}_n$ 中的单位和非单位的乘积不是单位.

i. 每个同余方程 $ax \equiv b \pmod{p}$ 都有解, 其中 p 是素数.

j. 设 d 是正整数 a 和 m 的最大公因子. 如果 d 整除 b, 则同余方程 $ax \equiv b \pmod{m}$ 恰有 d 个不同余的解.

24. 给出 $\mathbb{Z}_{12}$ 中乘法单位群的乘法表. 哪个 4 阶群与其同构?

证明概要

25. 用一句话概括定理 24.1 的证明.

26. 用一句话概括定理 24.7 的证明.

理论

27. 证明 1 和 $p-1$ 是域 $\mathbb{Z}_p$ 中仅有的乘法逆元为自身的元素.(提示: 考虑方程 $x^2-1=0$.)

28. 用习题 27 推导威尔逊 (Wilson) 定理的一部分, 该定理指出, 如果 p 是素数, 则 $(p-1)! \equiv -1 \pmod{p}$. [另一部分为, 如果 n 是大于 1 的整数满足 $(n-1)! \equiv -1 \pmod{n}$, 则 n 是素数. 如果 n 不是素数, 考虑 $(n-1)!$ 模 n 的余数.]

29. 用费马定理证明, 对于任何正整数 n, 整数 $n^{37}-n$ 被 383838 整除. (提示:383838 = (37)(19)(13)(7)(3)(2).)

30. 参考习题 29, 找到一个大于 383838 的数, 对于所有正整数 n, 该数整除 $n^{37}-n$.

5.25 加密

加密是一种伪装信息的方法, 因此除预期接收者之外, 任何人解读起来都非常困难. 发送方对信息进行**加密** (encrypt), 接收方将信息**解密** (decrypt). 一种称为密码加密的方法需要发信者用字母置换将字母表中每个字母替换为不同的字母. 然后, 接收者用逆置换来恢复原始信息. 这种方法有两个主要缺点. 首先, 发送方和接收方都需要知道这个置换, 但其他人不应该知道这个置换, 否则信息不安全. 如果一家公司希望每天收到多个订单, 每个订单使用只有客户和公司知道的不同置换, 很难为交易实行加密. 此外, 密码通常不难破解. 事实上, 一些报纸每天都有一个谜题, 那基本上就是解密一个加密信息.

20 世纪下半叶研究人员找到一种方法, 使得接收方可以公开发送方加密信息的方法, 但只有接收方可以解密加密信息. 这意味着知道信息如何被加密对解密几乎没有帮助. 此方法依赖于一个可以通过计算机计算的函数, 但如果没有更多信息, 其逆运算实际上是不可能的. 这种类型的函数称为**陷门函数** (trap door function). 大多数商业在线交易都使用陷门函数进行通信. 这使得任何人可以安全使用信用卡, 第三方获得隐私信息的风险很小.

RSA 公钥和密钥

欧拉对费马定理的推广是一个常见的陷门加密方式——**RSA 加密**的基础. RSA 来源于该系统的三位发明者, 罗恩・里维斯特 (Ron Rivest)、阿迪・沙米尔 (Adi Shamir) 和伦纳德・阿德尔曼 (Leonard Adleman). 陷门函数依赖于一个事实, 即两个大素数很容易相乘, 但是如果只得到它们的乘积, 很难通过分解素因子恢复这两个素数. 以下定理是该加密方案的关键.

定理 25.1 设 $n = pq$, 其中 p 和 q 是两个不同的素数. 如果 $a \in \mathbb{Z}$ 且 $\gcd(a, pq) = 1$ 以及 $w \equiv 1 \pmod{(p-1)(q-1)}$, 则 $a^w \equiv a \pmod{n}$.

证明 由于 $w \equiv 1 \pmod{(p-1)(q-1)}$, 可以写为

$$w = k(p-1)(q-1) + 1$$

对于某个整数 k. 回顾欧拉函数 $\varphi(n)$ 是计数小于或等于 n 的与 n 互素的正整数. 由于 $n = pq$, 可以通过从 $n-1$ 中减去比 n 小的可被 p 或 q 整除的整数个数来计算 $\varphi(pq)$. 小于 pq 的数中有 $p-1$ 个 q 的倍数和 $q-1$ 个 p 的倍数. 此外, 因为 p 和 q 是不同的素数,p 和 q 的最小公倍数是 pq. 因此

$$\begin{aligned}\varphi(pq) &= (pq-1) - (p-1) - (q-1) \\ &= pq - p - q + 1 \\ &= (p-1)(q-1)\end{aligned}$$

根据欧拉定理 (定理 24.7),

$$\begin{aligned}a^w &= a^{k(p-1)(q-1)+1} \\ &= a(a^{(p-1)(q-1)})^k \\ &= a(a^{\varphi(n)})^k \\ &\equiv a(1^k) \\ &\equiv a \pmod{n}\end{aligned}$$

□

RSA 加密需要两组正整数, 称为**密钥** (private key) 和**公钥** (public key). 密钥只有接收方知道, 公钥是任何发送方都可得的.

密钥包括

- 两个素数 p 和 q,$p \neq q$.
- 乘积 $n = pq$.
- 一个满足 $1 < r < (p-1)(q-1)-1$ 的整数, 且与 $(p-1)(q-1)$ 互素.

我们知道 r 在 $\mathbb{Z}_{(p-1)(q-1)}$ 中有一个逆元, 因为 r 与 $(p-1)(q-1)$ 互素.

公钥包括

- 整数 s, 其中 $1 < s < (p-1)(q-1)$, 且 s 是 $\mathbb{Z}_{(p-1)(q-1)}$ 中 r 的逆元.
- 乘积 $n = pq$.

公钥不包括 p, q, r 或 $(p-1)(q-1)$. 知道这些数字中的任何数字和公钥中的数字可以很容易地解密任何加密信息.

现在可以给出加密和解密算法. 发送方希望向接收方发送信息. 假设信息只是一个介于 2 和 $n-1$ 之间的数字. 要发送文本信息, 发送方用一种标准方式将文本表示为数字, 例如 ASCII 码. 长文本将被截断为较短文本使得可以被分别编码为 2 至 $n-1$ 范围内的数字, 并分别发送. 设 $2 \leqslant m \leqslant n-1$ 为想要发送的信息.

加密 发送方用公钥, 将信息加密为 $0 \leqslant y \leqslant n-1$ 的数字发送到接收方, 其中

$$y \equiv m^s \pmod{n}$$

也就是说, 发送方计算 m^s 除以 n 的余数 y, 并发送 y 给接收方.

解密 接收方用密钥, 解密来自发送方的信息 y, 通过计算

$$y^r \pmod{n}$$

即 y^r 除以 n 的余数. 由于 $rs \equiv 1 \pmod{(p-1)(q-1)}$, 由定理 25.1 有

$$y^r = (m^s)^r = m^{rs} \equiv m \pmod{n}$$

因此, 接收方恢复了原始信息 m.

当然, 在实践中, 素数 p 和 q 非常大. 在撰写本书时, 人们认为素数需要 4096 位或大约 1200 位数字足以使 RSA 方案安全. 下面用较小的素数说明过程的有效性.

例 25.2 设 $p = 17$ 和 $q = 11$. 密钥包括

- $p = 17, q = 11$,
- $n = pq = 187$,

• 一个与 $(p-1)(q-1)=160$ 互素的数 r. 此例中, 取 $r=23$.

公钥包括

• $n=187$,

• $s=7$.

简单计算表明, $23\cdot 7=161=160+1\equiv 1 \pmod{160}$, 这意味着 $s=7$. 由于公钥仅由 n 和 s 组成,$(p-1)(q-1)$ 对除接收方之外的所有人都是未知的. 在不知道 $(p-1)(q-1)$ 的情况下,r 的值不能由 s 的值确定.

假设发送方希望向接收方发送信息 $m=2$. 这个信息通过计算

$$y=2^7\equiv 128 \pmod{187}$$

加密. 接收方通过计算

$$128^{23}\equiv 2 \pmod{187}$$

恢复原始信息.

在例 25.2 中, 如果不用计算机, 一些计算将是冗长乏味的. 对于大素数 p 和 q, 必须有一个有效的算法以计算 $m^s \pmod{n}$ 和 $y^r \pmod{n}$. 可以通过 2 进制来实现. 用以下例子说明.

例 25.3　在例 25.2 中, 需要计算 $128^{23} \pmod{187}$. 通过将 23 表示为 2 进制来计算, $23=16+4+2+1$, 然后计算以下值:

$$\begin{aligned}
&128^1=128\\
&128^2=1638\equiv 115 \pmod{187}\\
&128^4=(128^2)^2\equiv 115^2\equiv 135 \pmod{187}\\
&128^8=(128^4)^2\equiv 135^2\equiv 86 \pmod{187}\\
&128^{16}=(128^8)^2\equiv 86^2\equiv 103 \pmod{187}
\end{aligned}$$

因此

$$\begin{aligned}
128^{23}&\equiv 128^{16+4+2+1}\\
&\equiv(128^{16}128^4)(128^2128^1)\\
&\equiv(103\cdot 135)(115\cdot 128)
\end{aligned}$$

$$\equiv 67 \cdot 134$$
$$\equiv 2 \pmod{187}$$

如上例所示, 该方法提供了更有效的计算 $a^k \pmod{n}$ 值的方法.

欧几里得算法是计算 $\mathbb{Z}_{(p-1)(q-1)}$ 中单位的逆元的一种简单有效的方式. 它涉及重复使用带余除法. 然而, 这里不讨论欧几里得算法.

可以看到 RSA 加密方案中的一个潜在缺陷, 即 m 可能是 p 或 q 的倍数. 在这种情况下,$m^{(p-1)(q-1)} \not\equiv 1 \pmod{n}$, 这意味着 m^{rs} 可能在模 n 时不等于 m. 此时,RSA 加密失效. 然而, 用大素数时, 信息是 p 或 q 倍数的概率极低. 如果关心这个问题, 可以稍微修改算法以确保信息小于 p 和 q.

如何找到 RSA 加密中的大素数 p 和 q? 这个过程大体上是, 猜测一个值并检查它是否为素数. 不幸的是, 没有已知的快速测试素数的方法, 但可以进行快速概率测试. 有一个用费马小定理 (定理 24.1) 进行概率检验的方法, 即生成一个小于 p 的随机正整数, 检查是否有 $a^{p-1} \equiv 1 \pmod{p}$. 如果 p 是素数, 则 $a^{p-1} \equiv 1 \pmod{p}$, 所以如果 $a^{p-1} \not\equiv 1 \pmod{p}$, 则 p 不是素数, 那么数字 p 被放弃. 如果 $a^{p-1} \equiv 1 \pmod{p}$, 则 p 通过测试,p 可能是素数. 如果 p 通过测试, 那么用一个不同的随机值 a 重复该程序. 通过多次测试的数 p 是合数的概率低到足以安全地认为 p 是素数.

习题

在习题 1~8 中, 符号与文中 RSA 加密的符号一致. 用计算器或计算机可能有帮助.

1. 设 $p = 3, q = 5$. 找出 n 和所有可能的数对 (r, s).

2. 设 $p = 3, q = 7$. 找出 n 和所有可能的数对 (r, s).

3. 设 $p = 3, q = 11$. 找出 n 和所有可能的数对 (r, s).

4. 设 $p = 5, q = 7$. 找出 n 和所有可能的数对 (r, s).

5. 设 $p = 13, q = 17, r = 5$. 求 s 的值.

6. 对于 RSA 加密, 假设信息 m 至少为 2. 为什么 m 不会是 1?

7. 公钥为 $n = 143, s = 37$.

a. 如果信息 $m = 25$, 计算 y 的值.

b. 找出 r.(计算机代数系统具有内置函数, 可在 $\mathbb{Z}_m$ 中进行计算.)

c. 使用 a 部分和 b 部分的答案来解密 y.

8. 公钥为 $n = 1457, s = 239$.

a. 如果信息 $m = 999$, 计算 y 的值.

b. 找出 r.(计算机代数系统具有内置函数, 可在 $\mathbb{Z}_m$ 中进行计算.)

c. 使用 a 部分和 b 部分的答案来解密 y.

9. 对于 $p = 257, q = 359$ 和 $r = 1493$, 设置密钥和公钥.

第 6 章　环和域的构造

6.26　整环的商域

设 L 是一个域,D 是包含单位元的 L 的子环. 环 D 是一个整环, 因为它没有零因子. F 是所有形如 $\frac{a}{b}$ 的商的集合, 其中 a 和 $b \neq 0$ 是 D 中元素, 形成 L 的子域. 域 F 称为整环 D 的商域.

例 26.1　设 $L = \mathbb{R}$. 如果 $D = \mathbb{Z}$, 则

$$F = \left\{ \frac{a}{b} \middle| a, b \in \mathbb{Z}, b \neq 0 \right\} = \mathbb{Q}$$

是一个域.

如果 $D = \{x + y\sqrt{2} | x, y \in \mathbb{Z}\}$, 则

$$F = \left\{ \frac{a}{b} \middle| a, b \in D, b \neq 0 \right\} = \left\{ \frac{x + y\sqrt{2}}{z + w\sqrt{2}} \middle| x, y, z, w \in \mathbb{Z}, z + w\sqrt{2} \neq 0 \right\}$$

通过分母有理化, 可以看出

$$F = \{r + s\sqrt{2} | r, s \in \mathbb{Q}\}$$

根据 5.22 节的习题 12, 这是一个域.

本节从整环 D 开始, 构造域 F. 然后证明 D 与 F 的子环 D' 同构, 且 F 由所有商 $\frac{a}{b}$ 组成, 其中 $a, b \in D', b \neq 0$. 因此, 可以将任何整环视为一个域的子环, 且域的每个元素都是整环中元素的商.

构造

设 D 是一个整环, 希望将其扩充为一个商域 F. 采取的步骤概述如下:

1. 定义 F 的元素.
2. 定义 F 上的二元运算加法和乘法.
3. 检查所有的域公理, 证明 F 是这些运算下的域.

4. 证明 F 可以视为包含 D 作为整子环.

第 1 步、第 2 步和第 4 步非常有趣, 而第 3 步在很大程度上是一项机械性的任务. 继续进行构造.

第 1 步 设 D 是给定的整环, 构造笛卡儿积

$$D \times D = \{(a, b) | a, b \in D\}$$

考虑用有序对 (a, b) 代表形式商 $\dfrac{a}{b}$, 也就是说, 如果 $D = \mathbb{Z}$, 则数对 $(2, 3)$ 代表数字 $\dfrac{2}{3}$. 数对 $(2, 0)$ 不能代表 $\mathbb{Q}$ 中的元素, 因此需要在集合 $D \times D$ 中削减一点. 设 S 是 $D \times D$ 的子集, 其中

$$S = \{(a, b) | a, b \in D, b \neq 0\}$$

现在 S 仍然不是域, 例如,$D = \mathbb{Z}$ 时, 不同的整数对, 如 $(2, 3)$ 和 $(4, 6)$ 可以代表相同的有理数. 接下来定义 S 的两个元素何时最终代表 F 中的同一个元素, 或者说, 何时 S 的两个元素等价.

定义 26.2　S 中的两个元素 (a, b) 和 (c, d) 是**等价的** (equivalent), 表示为 $(a, b) \sim (c, d)$, 当且仅当 $ad = bc$.

可以看到该定义是合理的, 因为判断 $(a, b) \sim (c, d)$ 的等式 $ad = bc$ 涉及 D 中的元素和 D 中的已知乘法. 注意, 对于 $D = \mathbb{Z}$, 该标准给出了 $\dfrac{a}{b}$ 和 $\dfrac{c}{d}$ 相等的通常定义, 例如, $\dfrac{2}{3} = \dfrac{4}{6}$, 因为 $(2)(6) = (3)(4)$. 通常记为 $\dfrac{2}{3}$ 的有理数, 可以认为是约分等于 $\dfrac{2}{3}$ 的所有整数商的集合.

引理 26.3　上述的集合 S 的元素之间的关系 $\sim$ 是一种等价关系.

证明　必须检查等价关系的三个性质.

自反性:　由 $ab = ba$ 有 $(a, b) \sim (a, b)$, 因为 D 中的乘法满足交换律.

对称性:　若 $(a, b) \sim (c, d)$, 则 $ad = bc$. 由于 D 中的乘法满足交换律, 推得 $cb = da$, 因此 $(c, d) \sim (a, b)$.

传递性:　若 $(a, b) \sim (c, d)$ 且 $(c, d) \sim (r, s)$, 则 $ad = bc$ 且 $cs = dr$. 由此以及 D 中的乘法满足交换律, 有

$$asd = sad = sbc = bcs = bdr = brd$$

现在 $d \neq 0$, 且 D 是一个整环, 所以消去律成立; 这是证明的关键一步. 所以由 $asd = brd$ 得到 $as = br$, 因此 $(a, b) \sim (r, s)$. □

现在可以根据定理 0.22,$\sim$ 将 S 划分为等价类. 为了避免表达式上面的长线, 用 $[(a,b)]$ 替代 $\overline{(a,b)}$ 表示 S 中 (a,b) 在关系 $\sim$ 下的等价类. 定义 F 为所有等价类 $[(a,b)]$ 的集合, 其中 $(a,b)\in S$, 完成了第 1 步.

第 2 步 下一个引理用于定义 F 中的加法和乘法. 注意, 如果 $D=\mathbb{Z}$ 且 $[(a,b)]$ 视为 $\dfrac{a}{b}\in\mathbb{Q}$, 将定义应用于 $\mathbb{Q}$ 就给出了通常的运算.

引理 26.4 *对于 F 中的 $[(a,b)]$ 和 $[(c,d)]$, 等式*

$$[(a,b)]+[(c,d)]=[(ad+bc,bd)]$$

和

$$[(a,b)][(c,d)]=[(ac,bd)]$$

给出 F 中的加法和乘法运算的良好定义.

证明 首先, 如果 $[(a,b)]$ 和 $[(c,d)]$ 在 F 中, 则 (a,b) 和 (c,d) 在 S 中, 因此 $b\neq 0$ 且 $d\neq 0$. 由 D 是整环, 因此 $bd\neq 0$, 所以 $(ad+bc,bd)$ 和 (ac,bd) 都在 S 中.(注意 D 中没有零因子的关键作用.) 表明定义中等式的右侧至少在 F 中.

还需要证明这样定义的加法和乘法运算是良好定义的. 也就是说, 它们是通过 F 中元素在 S 中的代表元来定义的, 因此, 必须证明, 如果选择 S 中不同代表元, 得到 F 中相同的元素. 为此, 假设 $(a_1,b_1)\in[(a,b)]$ 且 $(c_1,d_1)\in[(c,d)]$. 必须证明

$$(a_1d_1+b_1c_1,b_1d_1)\in[(ad+bc,bd)]$$

以及

$$(a_1c_1,b_1d_1)\in[(ac,bd)]$$

现在 $(a_1,b_1)\in[(a,b)]$ 意味着 $(a_1,b_1)\sim(a,b)$; 即

$$a_1b=b_1a$$

类似地,$(c_1,d_1)\in[(c,d)]$ 意味着

$$c_1d=d_1c$$

为了获得四个数对 $(a,b),(a_1,b_1),(c,d)$ 和 (c_1,d_1) 的 “公共分母”(公共的第二部分), 将第一个等式乘以 d_1d, 第二个等式乘以 b_1b. 再将所得等式相加, 得到 D 中的以下等式:

$$a_1bd_1d+c_1db_1b=b_1ad_1d+d_1cb_1b$$

用整环公理, 得

$$(a_1d_1+b_1c_1)bd=b_1d_1(ad+bc)$$

所以

$$(a_1d_1+b_1c_1,b_1d_1)\sim(ad+bc,bd)$$

得到 $(a_1d_1+b_1c_1,b_1d_1)\in[(ad+bc,bd)]$. 这样处理了 F 中的加法. 对于 F 中的乘法, 将等式 $a_1b=b_1a$ 和 $c_1d=d_1c$ 的两边分别相乘得

$$a_1bc_1d=b_1ad_1c$$

用 D 的公理, 得

$$a_1c_1bd=b_1d_1ac$$

这意味着

$$(a_1c_1,b_1d_1)\sim(ac,bd)$$

因此,$(a_1c_1,b_1d_1)\in[(ac,bd)]$, 完成了证明. □

理解上述引理的含义以及证明的必要性很重要. 完成了第 2 步.

第 3 步 第 3 步是常规的, 但细致的讨论是有好处的. 原因是, 只有理解在做什么, 才可能解决这些问题. 因此, 细致处理一遍这些工作有助于理解构造的过程. 下面列出必须证明的结论, 并证明其中的一些. 其余留作习题.

1. F 中的加法满足交换律.

证明 现在 $[(a,b)]+[(c,d)]$ 由 $[(ad+bc,bd)]$ 定义,$[(c,d)]+[(a,b)]$ 由 $[(cb+da,db)]$ 定义. 需要证明 $(ad+bc,bd)\sim(cb+da,db)$. 这是对的, 因为根据 D 的公理有 $ad+bc=cb+da$ 和 $bd=db$. □

2. 加法满足结合律.

3. $[(0,1)]$ 是 F 的加法单位元.

4. $[(-a,b)]$ 是 F 中 $[(a,b)]$ 的加法逆元.

5. F 中的乘法满足结合律.

6. F 中的乘法满足交换律.

7. F 中分配律成立.

8. $[(1,1)]$ 是 F 中的乘法单位元.

9. 如果 $[(a,b)]\in F$ 不是加法单位元, 则 D 中 $a\neq 0$ 的 $[(b,a)]$ 是 $[(a,b)]$ 的乘法逆元.

证明 设 $[(a,b)] \in F$. 如果 $a=0$, 则

$$a1 = b0 = 0$$

所以

$$(a,b) \sim (0,1)$$

即 $[(a,b)] = [(0,1)]$. 但是根据结论 3, $[(0,1)]$ 是加法单位元. 因此, 如果 $[(a,b)]$ 不是 F 中的加法单位元, 则 $a \neq 0$, 所以在 F 中讨论 $[(b,a)]$ 是有意义的. 现在 $[(a,b)][(b,a)] = [(ab,ba)]$. 但在 D 中, 有 $ab = ba$, 所以 $(ab)1 = (ba)1$ 且

$$(ab, ba) \sim (1,1)$$

因此

$$[(a,b)][(b,a)] = [(1,1)]$$

且根据结论 8$[(1,1)]$ 是乘法单位元. □

完成了第 3 步.

第 4 步 还需要证明 F 可以视为包含 D. 为此证明存在 D 到 F 的一个子环的同构 i. 如果用 D 元素的名称重命名 D 在 i 下的象, 就完成了. 下一个引理给出了这个同构. 用字母 i 表示这个同构来说明这是单射; 将 D 映射到 F.

引理 26.5 映射 $i: D \to F$ 由 $i(a) = [(a,1)]$ 给出, 是 D 与 F 的子环 D' 的一个同构.

证明 对于 D 中的 a 和 b, 有

$$i(a+b) = [(a+b,1)]$$

而且

$$i(a)+i(b) = [(a,1)] + [(b,1)] = [(a1+1b,1)][(a+b,1)]$$

所以 $i(a+b) = i(a)+i(b)$. 此外

$$i(ab) = [(ab,1)]$$

且

$$i(a)i(b) = [(a,1)][(b,1)] = [(ab,1)]$$

所以 $i(ab) = i(a)i(b)$.

还需要证明 i 是单的. 如果 $i(a) = i(b)$, 则

$$[(a,1)] = [(b,1)]$$

因此 $(a,1) \sim (b,1)$ 给出 $a1 = 1b$, 即

$$a = b$$

因此,i 是 D 到 $i[D] = D'$ 的同构, 当然,D' 是 F 的一个子环. □

由于 $[(a,b)] = [(a,1)][(1,b)] = [(a,1)]/[(b,1)] = i(a)/i(b)$ 在 F 中显然成立, 由此证明了以下定理.

定理 26.6 任何整环 D 都可以扩展为 (或嵌入) 一个域 F, 使得 F 中的每个元素可以表示为 D 的两个元素的商. [这样的域 F 称为 D 的**商域** (field of quotient).]

唯一性

域 F 可以视为包含 D 的最小域. 这是可以直观证明的, 因为每个包含 D 的域一定包含所有元素 $\dfrac{a}{b}$ 的, 其中 $a, b \in D$ 且 $b \neq 0$. 下一个定理表明, 每个包含 D 的域都包含 D 的一个商域作为子域, 且 D 的任何两个商域是同构的.

定理 26.7 设 F 是 D 的商域,L 是包含 D 的任意一个域, 则存在映射 $\psi : F \to L$ 给出 F 与 L 的子域的一个同构使得 $\psi(a) = a$, 其中 $a \in D$.

证明 图 26.8 中的子环和映射可以帮助理解本定理.

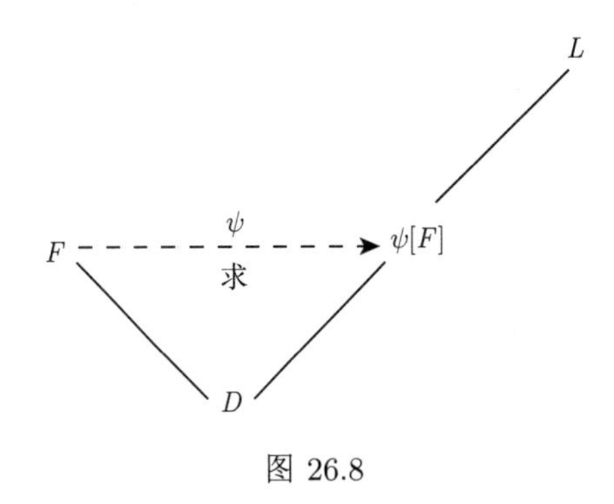

图 26.8

F 的元素形如 $a/_F b$, 其中 $/_F$ 表示 $a \in D$ 与 $b \in D$ 的商视为 F 的元素. 当然希望将 $a/_F b$ 映射到 $a/_L b$ 上, 其中 $/_L$ 表示 L 中元素的商. 需要证明这样的映射是良好定义的.

要定义 $\psi : F \to L$, 从定义

$$\psi(a) = a, a \in D$$

开始. 每个 $x \in F$ 是 D 中某两个元素 a 和 b 的商 $a/_F b$, 其中 $b \neq 0$. 可以由

$$\psi(a/_F b) = \psi(a)/_L \psi(b)$$

来定义 ψ. 首先证明这个映射 ψ 是合理的和良好定义的. 因为 ψ 是 D 上的恒等映射, 对于 $b \neq 0$, 有 $\psi(b) \neq 0$, 所以将 $\psi(a/_F b)$ 定义为 $\psi(a)/_L \psi(b)$ 是合理的. 如果 F 中有 $a/_F b = c/_F d$, 则 D 中有 $ad = bc$, 所以 $\psi(ad) = \psi(bc)$. 但由于 ψ 是 D 上的恒等映射,

$$\psi(ad) = \psi(a)\psi(d), \psi(bc) = \psi(b)\psi(c)$$

因此 L 中有

$$\psi(a)/_L \psi(b) = \psi(c)/_L \psi(d)$$

所以 ψ 是良好定义的.

等式

$$\psi(xy) = \psi(x)\psi(y)$$

和

$$\psi(x+y) = \psi(x) + \psi(y)$$

根据 F 上 ψ 的定义以及 ψ 是 D 上的恒等映射很容易得出.

如果 $\psi(a/_F b) = \psi(c/_F d)$, 有

$$\psi(a)/_L \psi(b) = \psi(c)/_L \psi(d)$$

所以

$$\psi(a)\psi(d) = \psi(b)\psi(c)$$

由于 ψ 是 D 上的恒等映射, 因此 $ad = bc$, 所以 $a/_F b = c/_F d$. 因此 ψ 是单的.

根据定义, 对于 $a \in D, \psi(a) = a$. □

推论 26.9 每个包含整环 D 的域 L 都包含 D 的商域.

证明 在定理 26.7 的证明中, L 的子域 $\psi[F]$ 的每个元素都是 D 中元素在 L 中的商. □

推论 26.10 整环 D 的任何两个商域是同构的.

证明 假设定理 26.7 中 L 是 D 的商域, 所以 L 中的任何元素 x 可以表示为 $a/_L b$ 的形式, 其中 $a, b \in D$. 那么, L 是定理 26.7 证明中的域 $\psi[F]$, 因此与 F 同构. □

习题

计算

1. 描述 $\mathbb{C}$ 中整子环

$$D=\{n+m\mathrm{i}|n,m\in\mathbb{Z}\}$$

的商域 F."描述" 是指给出构成 $\mathbb{C}$ 中 D 的商域的元素. [D 中元素称为**高斯整数** (Gaussian integer).]

2. 描述 (在习题 1 的意义下)$\mathbb{R}$ 中整子环 $D=\{n+m\sqrt{3}|n,m\in\mathbb{Z}\}$ 的商域 F.

概念

3. 不参考书本, 根据需要更正楷体术语的定义, 使其成立.

整环 D 的商域是一个域 F, 其中 D 可以嵌入 F 使得 D 中每个非零元是 F 中的单位.

4. 判断下列命题的真假.

a. $\mathbb{Q}$ 是 $\mathbb{Z}$ 的商域.

b. $\mathbb{R}$ 是 $\mathbb{Z}$ 的商域.

c. $\mathbb{R}$ 是 $\mathbb{R}$ 的商域.

d. $\mathbb{C}$ 是 $\mathbb{R}$ 的商域.

e. 如果 D 是一个域, 那么 D 的任何商域都同构于 D.

f. D 没有零因子这一事实在构造整环 D 的商域 F 时多次用到.

g. 整环 D 的每个元素都是 D 的商域 F 中的一个单位.

h. 整环 D 的每个非零元都是 D 的商域 F 中的一个单位.

i. 整环 D 的子环 D' 的商域 F' 可以视为 D 的商域的子域.

j. $\mathbb{Z}$ 的每个商域都同构于 $\mathbb{Q}$.

5. 举例说明, 整环 D 的真子环 D' 的商域 F' 也可以是 D 的商域.

理论

6. 证明第 3 步的第 2 个结论. 可以使用第 3 步中此结论前的结论.

7. 证明第 3 步的第 3 个结论. 可以使用第 3 步中此结论前的结论.

8. 证明第 3 步的第 4 个结论. 可以使用第 3 步中此结论前的结论.

9. 证明第 3 步的第 5 个结论. 可以使用第 3 步中此结论前的结论.

10. 证明第 3 步的第 6 个结论. 可以使用第 3 步中此结论前的结论.

11. 证明第 3 步的第 7 个结论. 可以使用第 3 步中此结论前的结论.

12. 设 R 是非零交换环,T 是 R 的非空子集, 且在乘法下封闭, 既不包含 0 也不包含零因子. 从 $R \times T$ 开始, 其他按照本节的构造, 可以证明环 R 可以扩张为偏商环$Q(R,T)$. 考虑 15 分钟, 回顾一下构造, 看看为什么结论仍然成立. 特别地, 证明以下结论:

a. $Q(R,T)$ 有单位元, 即使 R 没有单位元.

b. 在 $Q(R,T)$ 中,T 的每个非零元都是一个单位.

13. 由习题 12 证明每个包含非零因子元素 a 的非零交换环可以扩张为有单位元的交换环. 与 5.23 节习题 36 进行比较.

14. 参考习题 12, 环 $Q(\mathbb{Z}_4, \{1,3\})$ 中有多少个元素?

15. 参考习题 12, 描述与环 $Q(\mathbb{Z}, \{2^n | n \in \mathbb{Z}^+\})$ 同构的 $\mathbb{R}$ 的子环.

16. 参考习题 12, 描述与环 $Q(3\mathbb{Z}, \{6^n | n \in \mathbb{Z}^+\})$ 同构的 $\mathbb{R}$ 的子环.

17. 参考习题 12, 假设放弃 T 没有零因子的条件, 只要求不包含 0 的非空子集 T 在乘法下封闭. 尝试将 R 扩充为一个交换环, 其中 T 中每个非零元是一个单位, 一定是失败的. 如果 T 包含一个零因子元素 a, 因为零因子不会是一个单位. 若试图从 $R \times T$ 开始平行构造文中的环会出现问题. 特别地, 对于 $R = \mathbb{Z}_6$ 和 $T = \{1, 2, 4\}$, 指出遇到的第一个困难.(提示: 在第 1 步中.)

6.27 多项式环

一元多项式

人们对于系数在环 R 中的 x 的多项式的构成, 有非常深刻的认识. 我们知道如何对这样的多项式进行加法和乘法运算, 知道多项式的次数指什么. 期望系数在 R 中的多项式的集合 $R[x]$, 关于多项式通常的加法和乘法是一个环, 且 R 是 $R[x]$ 的子环. 下面将继续从与高中代数或者微积分略有不同的角度来研究多项式, 有不少需要介绍的内容.

首先, 将 x 称为**不定元** (indeterminate), 而不是变量. 例如, 系数环是 $\mathbb{Z}$. 环 $\mathbb{Z}[x]$ 中有一个多项式是 $1x$, 简写为 x. 这里 x 不是 1 或 2 或任何其他 $\mathbb{Z}[x]$ 的元素. 因此, 从现在起, 不会像其他课程那样写 "$x = 1$" 或 "$x = 2$" 这样的等式了. 为了强调这种变化, 称 x 为不定元而不是变量. 此外, 不会写 "$x^2 - 4 = 0$" 这样的表达式, 因为 $x^2 - 4$ 不是环 $\mathbb{Z}[x]$ 中的零多项式. 要习惯于说 "求解多项式方程", 本书余下部分就是对此进行讨论, 称其为 "找多项式的零点". 总之, 在讨论代数结构时, 要尽量小心, 不在一处说两者相等, 而在另一处说它们不等.

如果对多项式一无所知, 那么确切描述系数在环 R 中的 x 的多项式的性质就不容

易了. 如果仅定义多项式为有限和形式

$$\sum_{i=0}^{n} a_i x^i = a_0 + a_1 x + \cdots + a_n x^n$$

其中 $a_i \in R$, 就会陷入一些麻烦. 因为 $0 + a_1 x$ 和 $0 + a_1 x + 0x^2$ 是不同的和形式, 但是将其认为是同一个多项式. 解决方法是将多项式定义为无限和形式

$$\sum_{i=0}^{\infty} a_i x^i = a_0 + a_1 x + \cdots + a_n x^n + \cdots$$

其中仅对有限个 i 有 $a_i = 0$. 这样就不会有多于一个有限和表示某一个多项式了.

历史笔记

用 x 和字母表末尾的其他字母表示不定元, 要归功于勒内・笛卡儿 (René Descartes, 1596—1650). 早些时候, 弗朗索瓦・韦达 (Francois Viete, 1540—1603) 曾用元音表示不定元, 用辅音表示已知量. 笛卡儿还在他的著作《几何》(*The Geometry*) 中首次发表了因式分解定理 (推论 28.4), 这部著作以附录的形式出现在《方法论》(*Discourse on Method*, 1637) 中. 在《几何》中还首次出现了解析几何的基本概念; 笛卡儿展示了如何用代数方法来描述几何曲线.

笛卡儿出生于法国拉海耶 (La Haye) 的一个富裕家庭, 由于身体一直不健康, 他养成了早上卧床的习惯. 正是在这些日子里, 他完成了最富有成效的工作.《方法论》展示了笛卡儿 "寻找科学真相" 的适当程序. 这个过程的第一步是绝对否定任何他怀疑的事情; 但是, 由于正在思考的人必须是点 "什么东西", 他构想了他的哲学第一原则:"我思故我在." 然而,《方法论》的高光部分是三个附录:"光学""几何" 和 "气象学". 笛卡儿在这里提供了实际应用他的方法的例子. 笛卡儿在这些著作中发现并发表的重要思想包括光折射的正弦定律、方程理论的基础和彩虹的几何解释.

1649 年, 笛卡儿被瑞典女王克里斯蒂娜邀请到斯德哥尔摩做她的教师. 不幸的是, 女王要求他早起, 这与他长期以来的习惯不同. 他很快患上了肺病并于 1650 年去世.

定义 27.1　设 R 为环. 系数在 R 中的**多项式** (polynomial) $f(x)$ 定义为无限和形式

$$\sum_{i=0}^{\infty} a_i x^i = a_0 + a_1 x + \cdots + a_n x^n + \cdots$$

其中 $a_i \in R$, 且除有限个 i 之外, 都有 $a_i = 0.a_i$ 称为 $f(x)$ 的**系数** (coefficient). 对于 $i \geqslant 0, a_i \neq 0$ 中 i 的最大值, 称为 $f(x)$ 的**次数** (degree). 如果所有 $a_i = 0$, 则不定义 $f(x)$ 的次数.㊀

为了简化多项式的表示, 约定如果 $f(x) = a_0 + a_1x + \cdots + a_nx^n + \cdots$ 在 $i > n$ 时有 $a_i = 0$, 则可以用 $a_0 + a_1x + \cdots + a_nx^n$ 表示 $f(x)$. 此外, 如果 R 有单位元 $1 \neq 0$, 把 $1x^k$ 写作 x^k. 例如, 在 $\mathbb{Z}[x]$ 中, 多项式 $2 + 1x$ 写成 $2 + x$. 再约定从形式和中省略项 $0x^i$, 或 $a_0 = 0$. 因此,$0, 2, x$ 和 $2 + x^2$ 是系数在 $\mathbb{Z}$ 中的多项式.R 的元素称为**常数多项式** (constant polynomial).

系数在环 R 中的多项式的加法和乘法按照熟悉的方式定义. 若

$$f(x) = a_0 + a_1x + \cdots + a_nx^n + \cdots$$

$$g(x) = b_0 + b_1x + \cdots + b_nx^n + \cdots$$

则对于多项式加法, 有

$$f(x) + g(x) = c_0 + c_1x + \cdots + c_nx^n + \cdots, \text{其中} c_n = a_n + b_n$$

对于多项式乘法, 有

$$f(x)g(x) = d_0 + d_1x + \cdots + d_nx^n + \cdots, \text{其中} d_n = \sum_{i=0}^{n} a_ib_{n-i}$$

注意, 除了有限个 i, c_i 和 d_i 都为 0, 因此定义是有意义的. 注意, 如果 R 非交换, 则 $\sum_{i=0}^{n} a_ib_{n-i}$ 与 $\sum_{i=0}^{n} b_ia_{n-i}$ 未必相等. 根据加法和乘法的定义, 有以下定理.

定理 27.2 系数在环 R 中的 x 的多项式的集合 $R[x]$ 在多项式加法和乘法下构成一个环. 如果 R 是交换的, 那么 $R[x]$ 也是交换的. 如果 R 有单位元 $1 \neq 0$, 则 1 也是 $R[x]$ 的单位元.

证明 显然 $\langle R[x], + \rangle$ 是个交换群. 乘法的结合律和分配法可以直接得到, 但计算有点麻烦. 下面只证明结合律.

将环公理应用于 $a_i, b_j, c_k \in R$, 得到

$$\left[\left(\sum_{i=0}^{\infty} a_ix^i\right)\left(\sum_{j=0}^{\infty} b_jx^j\right)\right]\left(\sum_{k=0}^{\infty} c_kx^k\right)$$

㊀ 零多项式的次数有时定义为 -1, 即第一个小于 0 的整数, 或定义为 $-\infty$, 使得 $f(x)g(x)$ 的次数为 $f(x)$ 和 $g(x)$ 的次数和, 即使它们中有一个为零仍成立.

$$=\left[\sum_{n=0}^{\infty}\left(\sum_{i=0}^{n}a_ib_{n-i}\right)x^n\right]\left(\sum_{k=0}^{\infty}c_kx^k\right)$$

$$=\sum_{s=0}^{\infty}\left[\sum_{n=0}^{s}\left(\sum_{i=0}^{n}a_ib_{n-i}\right)c_{s-n}\right]x^s$$

$$=\sum_{s=0}^{\infty}\left(\sum_{i+j+k=s}a_ib_jc_k\right)x^s$$

$$=\sum_{s=0}^{\infty}\left[\sum_{m=0}^{s}a_{s-m}\left(\sum_{j=0}^{m}b_jc_{m-j}\right)\right]x^s$$

$$=\left(\sum_{i=0}^{\infty}a_ix^i\right)\left[\sum_{m=0}^{\infty}\left(\sum_{j=0}^{m}b_jc_{m-j}\right)x^m\right]$$

$$=\left(\sum_{i=0}^{\infty}a_ix^i\right)\left[\left(\sum_{j=0}^{\infty}b_jx^j\right)\left(\sum_{k=0}^{\infty}c_kx^k\right)\right]$$

在这个计算中, 第四个表达式只有两个求和符号, 应视为在乘法结合律下三个多项式乘积 $f(x)g(x)h(x)$ 的结果. (类似地, 将 $f(g(h(x)))$ 看作三个函数 f, g 和 h 的复合 $(f\circ g\circ h)$ 的结果.

分配律的证明与之类似.(请参见习题 26.)

根据定理前的说明, 如果 R 是交换的, 则 $R[x]$ 是交换环, 且根据 $R[x]$ 中乘法的定义, R 中的单位元 $1\neq 0$ 也是 $R[x]$ 的单位元. □

因此,$\mathbb{Z}[x]$ 是不定元 x 的整系数多项式环,$\mathbb{Q}[x]$ 则是 x 的有理系数多项式环, 依此类推.

例 27.3　在 $\mathbb{Z}_2[x]$ 中, 有

$$(x+1)^2=(x+1)(x+1)=x^2+(1+1)x+1=x^2+1$$

在 $\mathbb{Z}_2[x]$ 中, 还有

$$(x+1)+(x+1)=(1+1)x+(1+1)=0x+0=0$$

如果 R 是一个环, 且 x 和 y 是两个不定元, 则可以构造环 $(R[x])[y]$, 即系数为 x 的多项式的 y 的多项式环. 每个系数为 x 的多项式的 y 的多项式, 可以自然重写为系数

为 y 的多项式的 x 的多项式, 如习题 20 所示. 这表明 $(R[x])[y]$ 自然同构于 $(R[y])[x]$, 尽管详细证明是乏味的. 可以通过这种自然同构来统一这两个环, 且将其记为 $R[x,y]$, 并视其为系数在 R 中的 x 和 y 的**二元多项式环**. 系数在 R 中的 x_i 的 **n 元多项式环** $R[x_1,x_2,\cdots,x_n]$ 也可类似定义.

将 D 是整环, $D[x]$ 也是整环的证明留作习题 24. 特别地, 如果 F 是域, 则 $F[x]$ 是一个整环. 注意 $F[x]$ 不是域, 因为 x 不是 $F[x]$ 中的单位. 也就是说, 不存在多项式 $f(x)\in F[x]$ 使得 $xf(x)=1$. 根据定理 26.6, 可以构造 $F[x]$ 的商域 $F(x)$. $F(x)$ 中的任何元素可以表示为 $F[x]$ 中两个多项式的商 $f(x)/g(x)$, 其中 $g(x)\neq 0$. 同样将 $F(x_1,x_2,\cdots,x_n)$ 定义为 $F[x_1,x_2,\cdots,x_n]$ 的商域. 域 $F(x_1,x_2,\cdots,x_n)$ 是 F 上的 **n 元有理函数域**. 这些域在代数几何中起着非常重要的作用.

求值同态

现在可以继续说明如何用同态研究前面所谓的"求解多项式方程". 设 E 和 F 是域, 其中 F 是 E 的子域, 即 $F\leqslant E$. 下一个定理断言 $F[x]$ 到 E 存在非常重要的同态. 这些同态是后面工作的基本工具.

定理 27.4 (域论的求值同态) 设 F 是域 E 的子域, 设 α 是 E 的任意元素, 且设 x 是一个不定元. 映射 $\phi_\alpha: F[x]\to E$, 定义为

$$\phi_\alpha(a_0+a_1x+\cdots+a_nx^n)=a_0+a_1\alpha+\cdots+a_n\alpha^n$$

对 $(a_0+a_1x+\cdots+a_nx^n)\in F[x]$, 它是 $F[x]$ 到 E 的同态. 同时 $\phi_\alpha(x)=\alpha$ 且 ϕ_α 在 F 上是恒等映射; 也就是说, 对于 $a\in F$ 有 $\phi_\alpha(a)=a$. 同态 ϕ_α 是在 α 处的**求值**.

证明 图 27.5 给出上述域和映射的图示. 虚线表示集合中的一个元素. 定理实际是 $F[x]$ 中加法和乘法定义的直接结果. 映射 ϕ_α 是良好定义的, 即独立于 $f(x)\in F[x]$ 作为有限和

$$a_0+a_1x+\cdots+a_nx^n$$

的表示, 因为 $f(x)$ 的有限和表示只能通过加上或删除项 $0x^i$ 而改变, 这不影响 $\phi_\alpha(f(x))$ 的值.

如果 $f(x)=a_0+a_1x+\cdots+a_nx^n, g(x)=b_0+b_1x+\cdots+b_mx^m$, 且 $h(x)=f(x)+g(x)=c_0+c_1x+\cdots+c_rx^r$, 则

$$\phi_\alpha(f(x)+g(x))=\phi_\alpha(h(x))=c_0+c_1\alpha+\cdots+c_r\alpha^r$$

且

$$\phi_\alpha(f(x))+\phi_\alpha(g(x))=(a_0+a_1\alpha+\cdots+a_n\alpha^n)+(b_0+b_1\alpha+\cdots+b_m\alpha^m)$$

根据多项式加法的定义, 有 $c_i=a_i+b_i$, 可以看出

$$\phi_\alpha(f(x)+g(x))=\phi_\alpha(f(x))+\phi_\alpha(g(x))$$

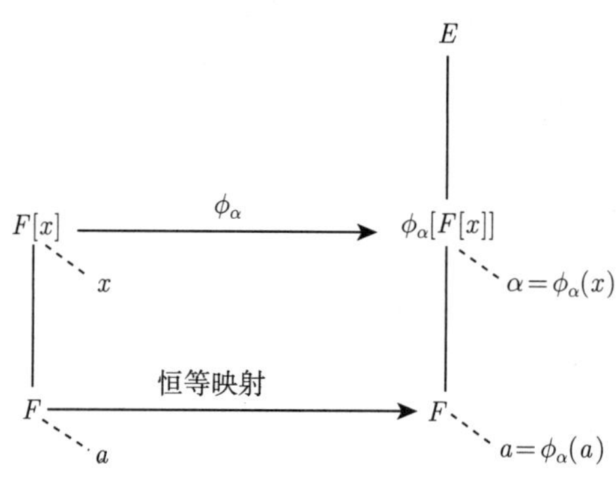

图 27.5

关于乘法, 可以看出, 如果

$$f(x)g(x)=d_0+d_1x+\cdots+d_sx^s$$

则

$$\phi_\alpha(f(x)g(x))=d_0+d_1\alpha+\cdots+d_s\alpha^s$$

且

$$[\phi_\alpha(f(x))][\phi_\alpha(g(x))]=(a_0+a_1\alpha+\cdots+a_n\alpha^n)(b_0+b_1\alpha+\cdots+b_m\alpha^m)$$

根据多项式乘法的定义 $d_j=\sum_{i=0}^{j}a_ib_{j-i}$, 可以看出

$$\phi_\alpha(f(x)g(x))=[\phi_\alpha(f(x))][\phi_\alpha(g(x))]$$

因此 ϕ_α 是一个同态.

将 ϕ_α 的定义用于常多项式 $a\in F[x]$, 其中 $a\in F$, 有 $\phi_\alpha(a)=a$, 因此 ϕ_α 在 F 上是恒等映射因而是同构. 再次根据 ϕ_α 的定义, 有 $\phi_\alpha(x)=\phi_\alpha(1x)=1\alpha=\alpha$. □

需要指出定理证明的本质, 对于 F 和 E 仅是有单位元的交换环而不是域, 仍是有效的. 不过, 一般对它们是域的情况感兴趣.

这个简单定理的重要性怎么强调都不为过. 这是域论所有进一步研究的基础. 它是如此简单, 以至于它可以被称为观察而不是定理. 写出证明可能有点误导, 因为多项式表示法使它看起来复杂, 可能会使人误以为这是一个困难的定理.

例 27.6 在定理 27.4 中, 设 F 为 $\mathbb{Q}$,E 为 $\mathbb{R}$, 考虑求值同态 $\phi_0 : \mathbb{Q}[x] \to \mathbb{R}$, 其中

$$\phi_0(a_0 + a_1x + \cdots + a_nx^n) = a_0 + a_10 + \cdots + a_n0^n = a_0$$

因此, 每个多项式都映射到其常数项.

例 27.7 在定理 27.4 中, 设 F 为 $\mathbb{Q}$,E 为 $\mathbb{R}$, 考虑求值同态 $\phi_2 : \mathbb{Q}[x] \to \mathbb{R}$, 其中

$$\phi_2(a_0 + a_1x + \cdots + a_nx^n) = a_0 + a_12 + \cdots + a_n2^n$$

注意

$$\phi_2(x^2 + x - 6) = 2^2 + 2 - 6 = 0$$

因此,$x^2 + x - 6$ 在 ϕ_2 的核 N 中. 显然,

$$x^2 + x - 6 = (x - 2)(x + 3)$$

则 $\phi_2(x^2 + x - 6) = 0$ 的原因是 $\phi_2(x - 2) = 2 - 2 = 0$.

例 27.8 在定理 27.4 中, 设 F 为 $\mathbb{Q}$,E 为 $\mathbb{C}$, 考虑求值同态 $\phi_{\mathrm{i}} : \mathbb{Q}[x] \to \mathbb{C}$, 其中

$$\phi_{\mathrm{i}}(a_0 + a_1x + \cdots + a_nx^n) = a_0 + a_1\mathrm{i} + \cdots + a_n\mathrm{i}^n$$

且 $\phi_{\mathrm{i}}(x) = \mathrm{i}$. 注意

$$\phi_{\mathrm{i}}(x^2 + 1) = \mathrm{i}^2 + 1 = 0$$

所以 $x^2 + 1$ 在 ϕ_{i} 的核 N 中.

例 27.9 在定理 27.4 中, 设 F 为 $\mathbb{Q}$,E 为 $\mathbb{R}$, 考虑求值同态 $\phi_\pi : \mathbb{Q}[x] \to \mathbb{R}$, 其中

$$\phi_\pi(a_0 + a_1x + \cdots + a_nx^n) = a_0 + a_1\pi + \cdots + a_n\pi^n$$

可以证明 $a_0 + a_1\pi + \cdots + a_n\pi^n = 0$, 当且仅当 $i = 0, 1, \cdots, n$ 时 $a_i = 0$. 因此 ϕ_π 的核是 $\{0\}$, 且 ϕ_π 是单射. 这表明 π 的所有有理系数形式多项式, 在 $\phi_\pi(x) = \pi$ 下自然形成一个与环 $\mathbb{Q}[x]$ 同构的环. □

新途径

现在可以完成新想法与求解多项式方程的经典概念之间的联系. 与其说是求解多项式方程, 不如说是找多项式的零点.

定义 27.10　设 F 是域 E 的子域,α 是 E 的元素. 设 $f(x)=a_0+a_1x+\cdots+a_nx^n\in F[x]$, 设 $\phi_\alpha: F[x]\to E$ 是定理 27.4 中的求值同态. 设 $f(\alpha)$ 表示

$$\phi_\alpha(f(x))=a_0+a_1\alpha+\cdots+a_n\alpha^n$$

如果 $f(\alpha)=0$, 则 α 是 $f(x)$ 的**零点** (zero).

根据这个定义, 可以将经典的求所有实数 r 使得 $r^2+r-6=0$ 重新表述为, 令 $F=\mathbb{Q}$ 和 $E=\mathbb{R}$, 求所有$\alpha\in\mathbb{R}$, 使得

$$\phi_\alpha(x^2+x-6)=0$$

也就是说, 在 $\mathbb{R}$ 中找到 x^2+x-6 的所有零点. 这两个问题的答案相同, 因为

$$\{\alpha\in\mathbb{R}|\phi_\alpha(x^2+x-6)=0\}=\{r\in\mathbb{R}|r^2+r-6=0\}=\{2,-3\}$$

这似乎只是成功地使一个简单的问题看起来相当复杂. 事实上, 所做的只是用映射的语言重述问题, 而现在可以用已知的所有映射原理继续拓展其解答.

基本目标

继续来展望未来的研究. 6.30 节和 6.31 节的主题是关于环论中类似于商群和群同态内容的. 然而, 在对环讨论类似概念的目标与在群论中大相径庭. 在群论中, 用商群和同态的概念来研究给定阶的群结构, 并确定可能存在的特定阶的群结构. 在第 30 节讨论同态和商环着眼于寻找多项式的零点, 这是代数中最古老和最基本的问题之一. 此处需要花点时间从数学史的角度来谈谈这个目标, 而且用习惯的 “求解多项式方程” 的语言.

我们从公元前 525 年的毕达哥拉斯学派谈起. 毕达哥拉斯学派认为所有长度都是**可公度** (commensurable) 的; 也就是说, 给定距离 a 和 b, 应存在一个距离单位 u 以及整数 n 和 m, 使得 $a=(n)(u)$ 且 $b=(m)(u)$. 那么, 就数而言, 将 u 认为是一个距离单位, 他们认为所有的数都是整数. 这个可度量性的概念可以重新表述为所有数都是有理的, 因为如果 a 和 b 是有理数, 那么每个都是它们分母的最小公倍数的倒数的整数倍. 例如, 如果 $a=7/12$ 及 $b=19/15$, 则 $a=(35)(1/60)$ 和 $b=(76)(1/60)$.

当然, 毕达哥拉斯学派知道现在所谓的毕达哥拉斯定理; 也就是说, 对于直角边长度为 a 和 b, 斜边为 c 的直角三角形, 有

$$a^2 + b^2 = c^2$$

他们还承认等腰直角三角形的存在, 认为每条直角边是一个单位. 这样的直角三角形的斜边, 如所知, 长度为 $\sqrt{2}$. 想象一下他们的错愕和沮丧, 当他们学派中的一个人——根据某些故事有可能是毕达哥拉斯本人——提出了一个尴尬的事实, 如下面定理所述.

定理 27.11 多项式 $x^2 - 2$ 没有有理零点. 因此 $\sqrt{2}$ 不是有理数.

证明 假设有理数 m/n, 其中 $m, n \in \mathbb{Z}$, 使得 $(m/n)^2 = 2$. 可以假设已经消去了 m 和 n 的任何公因子, 所以 m/n 是使得 $\gcd(m, n) = 1$ 的最简分数, 则

$$m^2 = 2n^2$$

其中 m^2 和 $2n^2$ 都是整数. 因为 m^2 和 $2n^2$ 是相同的整数, 且 2 是 $2n^2$ 的因子, 可以看到 2 一定是 m^2 的因子. 但作为一个平方数,m^2 的因子是 m 的因子的重复. 因此 m^2 一定有两重因子 2. 那么, $2n^2$ 一定有两重因子 2, 因此 n^2 一定有因子 2, 因此 n 有因子 2. 于是从 $m^2 = 2n^2$ 推出, m 和 n 都被 2 整除, 这与分数 m/n 是最简分数相矛盾. 因此, 对于任意 $m, n \in \mathbb{Z}$,$2 \neq (m/n)^2$. □

历史笔记

近 4000 年来求解多项式方程一直是数学的一个目标. 巴比伦人给出了求解二次方程的二次公式. 例如, 为求解 $x^2 - x = 870$, 巴比伦抄写员指导学生取 1 的一半 $\left(\frac{1}{2}\right)$, 将其平方 $\left(\frac{1}{4}\right)$, 并将其加到 870. 而 $870\frac{1}{4}$ 的平方根, 即 $29\frac{1}{2}$, 再加 $\frac{1}{2}$ 得 30 作为答案. 然而, 如果这个过程中的平方根不是一个有理数, 抄写员没有讨论该怎么做. 然而, 中国数学家, 大约在公元前 200 年, 发现了一种类似于现在称为**霍纳方法** (Horner's method) 的解二次方程的数值解法; 因为他们使用数的十进制表示, 原则上能够尽可能多位地进行计算, 因此忽略有理解和无理解之间的区别. 事实上, 中国人将数值技术扩展到了高次多项式方程. 在阿拉伯世界, 波斯诗人兼数学家奥马尔・凯扬 (Omar Khayyam, 1048—1131) 通过适当选择圆锥面并找到交点来几何地解三次方程, 而沙拉夫・丁・图西 (Sharaf al-Dinal-Tusi, 1135—1213) 有效地使用了微积分技术来确定一个三次方程是否具有正实根. 意大利人吉罗拉莫・卡尔达诺 (Girolamo Cardano, 1501—1576) 首次发表了求解三次方程的代数过程.

因此, 毕达哥拉斯学派直接遇到了解多项式方程 $x^2-2=0$ 的问题. 建议读者参考文献 [36] 的第 3 章, 了解关于毕达哥拉斯困境的有趣生动的描述及其在数学中的意义.

在定义群的动机中, 说明了包含负数的必要性以使得方程 $x+2=0$ 可能有解. 负数的引入引起了哲学界一定程度的恐慌. 可以想象 1 个苹果、2 个苹果, 甚至 13/11 个苹果, 但如何指着任何东西说它是 -17 个苹果? 最后, 考虑方程 $x^2+1=0$ 导致了数 i 的引入. 给于 i“虚数” 这个名字表明这个数是被如何看待的. 即使在今天, 许多学生由于这个名字而产生了某种程度的怀疑. 负数是在数学发展的早期阶段被引入的, 人们毫无疑问地接受了.

第一次遇到多项式是在高中一年级的代数课上. 第一个问题是学习如何对多项式进行加法、乘法和因式分解运算. 然后, 在高中一年级代数课程以及第二门代数课程中, 重点是求解多项式方程. 这些主题正是我们将予以关注的. 不同的是, 在高中时, 只考虑实系数多项式, 现在将研究系数在任何域的多项式.

在 6.30 节将给出同态和商环的结构, 并将继续朝着**基本目标**前行: 证明任何给定次数大于或等于 1 的多项式, 其系数在任何域上, 可以在某个包含给定域的域中找到这个多项式的零点. 在 6.30 节和 6.31 节中给出原理后, 实现这一目标将非常容易, 而且数学表述非常优雅.

所有这些小题大做可能看起来很荒谬, 但回想一下历史. 这是 2000 多年来致力于多项式方程的数学努力的顶峰. 达到基本目标后, 剩下的时间研究这些多项式方程解的性质. 不必害怕这些内容. 下面将处理高中代数中熟悉的话题. 这项工作应该比群论更自然.

总之, 注意到商环和环同态的结构对于实现基本目标并不是必要的. 直接的演示可见文献 [27] 的第 29 页. 然而, 商环和环同态是应该掌握的基本思想, 一旦掌握了它们, 基本目标很容易实现.

习题

计算

在习题 1~4 中, 求给定多项式环中给定多项式的和及乘积.

1. $\mathbb{Z}_8[x]$ 中 $f(x)=4x-5, g(x)=2x^2-4x+2$.

2. $\mathbb{Z}_2[x]$ 中 $f(x)=x+1, g(x)=x+1$.

3. $\mathbb{Z}_6[x]$ 中 $f(x)=2x^2+3x+4, g(x)=3x^2+2x+3$.

4. $\mathbb{Z}_5[x]$ 中 $f(x)=2x^3+4x^2+3x+2, g(x)=3x^4+2x+4$.

5. $\mathbb{Z}_2[x]$ 中有多少个次数小于或等于 3 的多项式?(包括 0.)

6. $\mathbb{Z}_5[x]$ 中有多少个次数小于或等于 2 的多项式?(包括 0.)

在习题 7 和习题 8 中, 定理 27.4 中的 $F = E = \mathbb{C}$. 计算所示求值同态.

7. $\phi_2(x^2+3)$.

8. $\phi_{\mathrm{i}}(2x^3 - x^2 + 3x + 2)$.

在习题 9~11 中, 定理 27.4 中的 $F = E = \mathbb{Z}_7$. 计算所示求值同态.

9. $\phi_3[(x^4+2x)(x^3-3x^2+3)]$.

10. $\phi_5[(x^3+2)(4x^2+3)(x^7+3x^2+1)]$.

11. $\phi_4(3x^{106}+5x^{99}+2x^{53})$.(提示: 用费马定理.)

在习题 12~15 中, 找出给定多项式在指定有限域中的所有零点.(提示: 一种方法是尝试所有可能值!)

12. $\mathbb{Z}_2$ 中 x^2+1.

13. $\mathbb{Z}_7$ 中 x^3+2x+2.

14. $\mathbb{Z}_5$ 中 $x^5+3x^3+x^2+2x$.

15. $\mathbb{Z}_7$ 中 $f(x)g(x)$, 其中 $f(x) = x^3+2x^2+5, g(x) = 3x^2+2x$.

16. 设 $\phi_\alpha : \mathbb{Z}_5[x] \to \mathbb{Z}_5$ 是如定理 27.4 所示的求值同态. 用费马定理计算 $\phi_3(x^{231} + 3x^{117} - 2x^{53} + 1)$.

17. 用费马定理在 $\mathbb{Z}_5$ 中找出 $2x^{219}+3x^{74}+2x^{57}+3x^{44}$ 的所有零点.

概念

在习题 18 和习题 19 中, 不参考书本, 根据需要更正楷体术语的定义, 使其成立.

18. 系数在环 R 中的多项式是无限和形式

$$\sum_{i=0}^{\infty} a_i x^i = a_0 + a_1 x + a_2 x^2 + \cdots + a_n x^n + \cdots$$

其中 $a_i \in R, i = 0, 1, 2, \cdots$.

19. 设 F 是一个域, 设 $f(x) \in F[x]$.$f(x)$ 的零点是某个 $\alpha \in F$, 使得 $\phi_\alpha(f(x)) = 0$, 其中 $\phi_\alpha : F(x) \to F$ 是将 x 映射为 α 的求值同态.

20. 考虑 $(\mathbb{Q}[x])[y]$ 的元素

$$f(x,y) = (3x^3+2x)y^3 + (x^2-6x+1)y^2 + (x^4-2x)y + (x^4-3x^2+2)$$

将 $f(x,y)$ 写为 $(\mathbb{Q}[y])[x]$ 的元素的形式.

21. 考虑求值同态 $\phi_5 : \mathbb{Q}[x] \to \mathbb{R}$, 找出同态 ϕ_5 的核的六个元素.

22. 在 $\mathbb{Z}_4[x]$ 中找出一个次数大于 0 的多项式, 使其为单位.

23. 判断下列命题的真假.

a. 多项式 $a_nx^n+\cdots+a_1x+a_0\in R[x]$ 为 0, 当且仅当 $a_i=0$, 对于 $i=0,1,\cdots,n$.

b. 如果 R 是交换环, 则 $R[x]$ 是交换的.

c. 如果 D 是整环, 则 $D[x]$ 是整环.

d. 如果 R 是有零因子的环, 则 $R[x]$ 有零因子.

e. 如果 R 是环, 且 $R[x]$ 中的 $f(x)$ 和 $g(x)$ 的次数分别为 3 和 4, 则 $f(x)g(x)$ 在 $R[x]$ 中的次数可以是 8.

f. 如果 R 是环, 且 $R[x]$ 中的 $f(x)$ 和 $g(x)$ 的次数分别为 3 和 4, 则 $f(x)g(x)$ 的次数永远是 7.

g. 如果 F 是 E 的子域, 且 $\alpha\in E$ 是 $f(x)\in F[x]$ 的零点, 则对于所有 $g(x)\in F[x]$,α 是 $h(x)=f(x)g(x)$ 是一个零点.

h. 如果 F 是域, 则 $F[x]$ 中的单位恰好是 F 中的单位.

i. 如果 R 是有单位元的环, 则 x 在 $R[x]$ 中永远不是零因子.

j. 如果 R 是环, 那么 $R[x]$ 中的零因子就是 R 中的零因子.

理论

24. 证明如果 D 是整环, 则 $D[x]$ 也是整环.

25. 设 D 是整环,x 是不定元.

a. 描述 $D[x]$ 中的单位.

b. 找出 $\mathbb{Z}[x]$ 中的单位.

c. 找出 $\mathbb{Z}_7[x]$ 中的单位.

26. 证明 $R[x]$ 的左分配律, 其中 R 是环,x 是不定元.

27. 设 F 是特征为零的域, 设 D 为通常的多项式微分映射, 满足

$$D(a_0+a_1x+a_2x^2+\cdots+a_nx^n)=a_1+2\cdot a_2x+\cdots+n\cdot a_nx^{n-1}$$

a. 证明 $D:F[x]\to F[x]$ 是一个 $\langle F[x],+\rangle$ 到其自身的群同态.D 是环同态吗?

b. 找出 D 的核.

c. 找出 D 下 $F[x]$ 的象.

28. 设 F 是域 E 的子域.

a. 对于 $\alpha_i\in E$ 定义求值同态 $\phi_{\alpha_1,\alpha_2,\cdots,\alpha_n}:F[x_1,x_2,\cdots,x_n]\to E$, 陈述类似于定理 27.4 的定理.

b. 当 $E=F=\mathbb{Q}$ 时, 计算 $\phi_{-3,2}(x_1^2x_2^3+3x_1^4x_2)$.

c. 以类似于定义 $f(x)$ 的零点的方式, 定义多项式 $f(x_1, x_2, \cdots, x_n) \in F[x_1, x_2, \cdots, x_n]$ 的零点的概念.

29. 设 R 是环, 令 R^R 是将 R 映射到 R 的所有映射的集合. 对于 $\phi, \psi \in R^R$, 定义 $\phi + \psi$ 为

$$(\phi + \psi)(r) = \phi(r) + \psi(r)$$

乘积 $\phi \cdot \psi$ 为

$$(\phi \cdot \psi)(r) = \phi(r)\psi(r)$$

其中 $r \in R$, 注意 $\cdot$ 不是映射复合. 证明 $\langle R^R, +, \cdot \rangle$ 是一个环.

30. 参考习题 29, 设 F 是域.F^F 的一个元素 ϕ 称为 F 上的一个**多项式函数**, 如果存在 $f(x) \in F[x]$, 使得对于所有 $a \in F$ 有 $\phi(a) = f(a)$.

a. 证明 F 上所有多项式函数的集合 P_F 形成 F^F 的子环.

b. 证明环 P_F 不一定与 $F[x]$ 同构.(提示: 如果 F 是一个有限域, 则 P_F 和 $F[x]$ 甚至没有相同的元素数.)

31. 以下问题参考习题 29 和习题 30.

a. $\mathbb{Z}_2^{\mathbb{Z}_2}$ 及 $\mathbb{Z}_3^{\mathbb{Z}_3}$ 中有多少元素?

b. 根据定理 9.12(有限生成交换群基本定理) 来分类 $\langle \mathbb{Z}_2^{\mathbb{Z}_2}, + \rangle$ 和 $\langle \mathbb{Z}_3^{\mathbb{Z}_3}, + \rangle$.

c. 证明如果 F 是有限域, 则有 $F^F = P_F$.(提示: 当然,$P_F \subseteq F^F$. 设 F 有元素 $a_1, a_2, \cdots, a_n$. 注意, 如果

$$f_i(x) = c(x - a_1) \cdots (x - a_{i-1})(x - a_{i+1}) \cdots (x - a_n)$$

则对于 $j \neq i$ 有 $f_i(a_j) = 0$, 并且 $f_i(a_i)$ 的值可以通过选择 $c \in F$ 来控制. 以此证明 F 上每个映射都是多项式函数.)

32. 设 $\phi : R_1 \to R_2$ 是环同态. 证明存在唯一的环同态 $\psi : R_1[x] \to R_2[x]$ 使得 $\psi(a) = \phi(a)$ 对于任何 $a \in R_1$ 成立, 且 $\psi(x) = x$.

6.28 域上多项式的因式分解

回顾, 我们关心的是寻找多项式的零点. 设 E 和 F 是域, 且 $F \leqslant E$. 假设 $f(x) \in F[x]$ 在 $F[x]$ 中可分解, 对某个 $g(x), h(x) \in F[x]$, 有 $f(x) = g(x)h(x)$, 并设 $\alpha \in E$. 对于求值同态 ϕ_α, 有

$$f(\alpha) = \phi_\alpha(f(x)) = \phi_\alpha(g(x)h(x)) = \phi_\alpha(g(x))\phi_\alpha(h(x)) = g(\alpha)h(\alpha)$$

因此, 如果 $\alpha \in E$, 则 $f(\alpha)=0$ 当且仅当 $g(\alpha)=0$ 或 $h(\alpha)=0$. 求 $f(x)$ 的零点简化为求 $f(x)$ 的因式的零点. 这是研究多项式因式分解的一个原因.

$F[x]$ 中的带余除法

下面的定理是本节的基本工具. 注意它与定理 6.2 给出的 $\mathbb{Z}$ 上带余除法的相似之处, 后者的重要性已充分体现过.

先证明以下引理, 它将用于对带余除法的证明.

引理 28.1 设 F 是一个域,$f(x), g(x), s(x) \in F[x]$ 且 $g(x) \neq 0$. 如果

$$\deg(f(x)-g(x)s(x)) \geqslant \deg(g(x))^{\ominus}$$

则存在多项式 $s_1(x) \in F[x]$, 使得

$$\deg(f(x)-g(x)s_1(x)) < \deg(f(x)-g(x)s(x))$$

或

$$f(x)-g(x)s_1(x)=0$$

证明 设 $n=\deg(f(x)-g(x)s(x))$. 可以记 $f(x)-g(x)s(x)=a_nx^n+r(x)$, 其中 $a_n \neq 0$, 且 $r(x)=0$ 或 $\deg(r(x))<n$. 同理, 因为 $g(x) \neq 0$, 可以记 $g(x)=b_kx^k+g_1(x)$, 其中 $b_k \neq 0$, 且 $g_1(x)=0$ 或 $\deg(g_1(x))<k$.

设 $s_1(x)=s(x)+\dfrac{a_n}{b_k}x^{n-k}$, 则

$$\begin{aligned}
f(x)-g(x)s_1(x) &= f(x)-g(x)s(x)-g(x)\frac{a_n}{b_k}x^{n-k} \\
&= a_nx^n+r(x)-b_kx^k\frac{a_n}{b_k}x^{n-k}-g_1(x)\frac{a_n}{b_k}x^{n-k} \\
&= r(x)-g_1(x)\frac{a_n}{b_k}x^{n-k}
\end{aligned}$$

多项式 $r(x)$ 和 $g_1(x)\dfrac{a_n}{b_k}x^{n-k}$ 是 0 或者次数比 n 小. 因此 $r(x)-g_1(x)\dfrac{a_n}{b_k}x^{n-k}=0$ 或 $\deg\left(r(x)-g_1(x)\dfrac{a_n}{b_k}x^{n-k}\right)<n=\deg(f(x)-g(x)s(x))$, 这就完成了证明. □

定理 28.2 ($F[x]$ 上的带余除法) 设

$$f(x)=a_nx^n+a_{n-1}x^{n-1}+\cdots+a_0$$

和

$$g(x)=b_mx^m+b_{m-1}x^{m-1}+\cdots+b_0$$

⊖ deg 表示多项式的次数.

是 $F[x]$ 的两个元素, 其中 a_n 和 b_m 都是 F 的非零元, 且 $m>0$, 则在 $F[x]$ 中存在唯一的多项式 $q(x)$ 和 $r(x)$, 使得 $f(x)=g(x)q(x)+r(x)$, 其中 $r(x)=0$ 或 $r(x)$ 的次数小于 $g(x)$ 的次数 m.

证明 考虑集合 $S=\{f(x)-g(x)s(x)|s(x)\in F[x]\}$. 如果 $0\in S$, 则存 $s(x)$ 使得 $f(x)-g(x)s(x)=0$, 因此 $f(x)=g(x)s(x)$. 取 $q(x)=s(x)$ 和 $r(x)=0$, 完成证明. 否则, 设 $r(x)$ 是 S 中次数最小的多项式, 则对某个 $q(x)\in F[x]$ 有

$$f(x)=g(x)q(x)+r(x)$$

根据引理 28.1,$r(x)$ 的次数小于 $g(x)$ 的次数, 因为如果 $r(x)$ 的次数与 $g(x)$ 的一样, 则 $r(x)$ 不会是 S 中次数最小的.

对于唯一性, 如果

$$f(x)=g(x)q_1(x)+r_1(x), f(x)=g(x)q_2(x)+r_2(x)$$

两式相减有

$$g(x)[q_1(x)-q_2(x)]=r_2(x)-r_1(x)$$

因为如果 $r_2(x)-r_1(x)=0$ 或 $r_2(x)-r_1(x)$ 的次数小于 $g(x)$ 的次数, 只有 $q_1(x)-q_2(x)=0$, 因此 $q_1(x)=q_2(x)$. 因此, 也一定有 $r_2(x)-r_1(x)=0$, 即 $r_1(x)=r_2(x)$. □

可以通过长除法来计算多项式定理 28.2 中的 $q(x)$ 和 $r(x)$, 就像高中时 $\mathbb{R}[x]$ 中的多项式除法一样.

例 28.3 研究 $\mathbb{Z}_5[x]$ 中多项式

$$f(x)=x^4-3x^3+2x^2+4x-1$$

并用 $g(x)=x^2-2x+3$ 来除, 得到定理 28.2 中的 $q(x)$ 和 $r(x)$. 长除法应该容易理解, 但要注意是在 $\mathbb{Z}_5[x]$ 中, 因此 $4x-(-3x)=2x$.

$$\begin{array}{r|ccccc}
 & x^2 & -x & -3 & & \\
\hline
x^2-2x+3 & x^4 & -3x^3 & +2x^2 & +4x & -1 \\
 & x^4 & -2x^3 & +3x^2 & & \\
\cline{2-4}
 & & -x^3 & -x^2 & +4x & \\
 & & -x^3 & +2x^2 & -3x & \\
\cline{3-5}
 & & & -3x^2 & +2x & -1 \\
 & & & -3x^2 & +x & -4 \\
\cline{4-6}
 & & & & x & +3
\end{array}$$

因此 $q(x)=x^2-x-3,r(x)=x+3$.

下面给出定理 28.2 的三个重要推论. 第一个是特殊情形 $F[x]=\mathbb{R}[x]$, 出现在高中代数中. 此处用 6.27 节中描述的映射 (同态) 方法给出证明.

推论 28.4 (因式分解定理)　*元素 $a\in F$ 是 $f(x)\in F[x]$ 的零点当且仅当 $x-a$ 是 $F[x]$ 中 $f(x)$ 的因式.*

证明　设对于 $a\in F$, 有 $f(a)=0$. 根据定理 28.2, 存在 $q(x),r(x)\in F[x]$ 使得

$$f(x)=(x-a)q(x)+r(x)$$

其中 $r(x)=0$ 或 $r(x)$ 的次数小于 1. 因此, 对某个 $c\in F$ 一定有 $r(x)=c$, 所以

$$f(x)=(x-a)q(x)+c$$

应用定理 27.4 中的求值同态,$\phi_a:F[x]\to F$, 发现

$$0=f(a)=0q(a)+c$$

所以必有 $c=0$. 因此, $f(x)=(x-a)q(x)$, 所以 $x-a$ 是 $f(x)$ 的因式.

反之, 如果 $x-a$ 是 $F[x]$ 中 $f(x)$ 的因式, 其中 $a\in F$, 则对 $f(x)=(x-a)q(x)$ 用求值同态 ϕ_a, 得到 $f(a)=0q(a)=0$. □

例 28.5　再次在 $\mathbb{Z}_5[x]$ 中研究, 注意 1 是

$$x^4+3x^3+2x+4\in\mathbb{Z}_5[x]$$

的零点. 因此, 根据推论 28.4, 可以将 x^4+3x^3+2x+4 在 $\mathbb{Z}_5[x]$ 中因式分解为 $(x-1)q(x)$. 用长除法来因式分解.

$$
\begin{array}{r|rrrrr}
\multicolumn{1}{r}{} & x^3 & +4x^2 & +4x & +1 & \\
\cline{2-6}
x-1 & x^4 & +3x^3 & & +2x & +4 \\
\multicolumn{1}{r}{} & x^4 & -x^3 & & & \\
\cline{2-3}
\multicolumn{1}{r}{} & & 4x^3 & & & \\
\multicolumn{1}{r}{} & & 4x^3 & -4x^2 & & \\
\cline{3-4}
\multicolumn{1}{r}{} & & & 4x^2 & +2x & \\
\multicolumn{1}{r}{} & & & 4x^2 & -4x & \\
\cline{4-5}
\multicolumn{1}{r}{} & & & & x & +4 \\
\multicolumn{1}{r}{} & & & & x & -1 \\
\cline{5-6}
\multicolumn{1}{r}{} & & & & & 0
\end{array}
$$

因此, 在 $\mathbb{Z}_5[x]$ 中 $x^4+3x^3+2x+4=(x-1)(x^3+4x^2+4x+1)$. 因为 1 又是 x^3+4x^2+4x+1 的零点, 将这个多项式除以 $x-1$, 得到

$$\begin{array}{r|rrrr} & x^2 & & +4 & \\ \hline x-1 & x^3 & +4x^2 & +4x & +1 \\ & x^3 & -x^2 & & \\ \cline{2-3} & & 0 & +4x & +1 \\ & & & 4x & -4 \\ \cline{4-5} & & & & 0 \end{array}$$

由于 x^2+4 仍然有零点 1, 可以再次除以 $x-1$, 得到

$$\begin{array}{r|rrr} & x & +1 & \\ \hline x-1 & x^2 & & +4 \\ & x^2 & -x & \\ \cline{2-3} & & x & +4 \\ & & x & -1 \\ \cline{3-4} & & & 0 \end{array}$$

因此, 在 $\mathbb{Z}_5[x]$ 中, 有 $x^4+3x^3+2x+4=(x-1)^3(x+1)$.

下一个推论看上去也很熟悉.

推论 28.6 非零 n 次多项式 $f(x)\in F[x]$ 在域 F 中最多有 n 个零点.

证明 前面的推论表明, 如果 $a_1\in F$ 是 $f(x)$ 的零点, 则

$$f(x)=(x-a_1)q_1(x)$$

其中 $q_1(x)$ 的次数当然是 $n-1$. 若 $q_1(x)$ 有零点 $a_2\in F$, 则有因式分解

$$f(x)=(x-a_1)(x-a_2)q_2(x)$$

继续这个过程, 得出

$$f(x)=(x-a_1)\cdots(x-a_r)q_r(x)$$

其中 $q_r(x)$ 在 F 中再也没有零点. 由于 $f(x)$ 的次数为 n, 因此在前面等式的右侧最多可以出现 n 个因式 $x-a_i$, 因此 $r\leqslant n$. 进一步, 对 $i=1,2,\cdots,r$, 如果 $b\in F$,$b\neq a_i$, 那么由于 F 没有零因子, 且 $b-a_i$ 或 $q_r(b)$ 都不是 0, 有

$$f(b)=(b-a_1)\cdots(b-a_r)q_r(b)\neq 0$$

因此 $a_i, i = 1, 2, \cdots, r \leqslant n$ 是 F 中 $f(x)$ 的全部零点. □

最后的推论与域 F 的非零元乘法群 F^* 的结构有关, 而不是 $F[x]$ 中的因式分解. 乍一看令人惊讶的是, 这样的结果来自 $F[x]$ 中的带余除法, 但回顾一下, 循环群的子群是循环的, 这一结果就来自 $\mathbb{Z}$ 中的带余除法.

推论 28.7 如果 G 是域 F 的乘法群 $\langle F^*, \cdot \rangle$ 的有限子群, 则 G 是循环群. 特别地, 有限域的所有非零元的乘法群是循环的.

证明 由定理 9.12,G 作为有限交换群同构于直积 $\mathbb{Z}_{d_1} \times \mathbb{Z}_{d_2} \times \cdots \times \mathbb{Z}_{d_r}$, 其中每个 d_i 是素数的幂. 把每个 $\mathbb{Z}_{d_i}$ 看作乘法下的 d_i 阶循环群. 对 $i = 1, 2, \cdots, r$, 设 m 是所有 d_i 的最小公倍数; 注意 $m \leqslant d_1 d_2 \cdots d_r$. 如果 $a_i \in \mathbb{Z}_{d_i}$, 则 $a_i^{d_i} = 1$, 因为 d_i 整除 m, 所以 $a_i^m = 1$. 因此对于所有 $\alpha \in G$, 有 $\alpha^m = 1$, 即 G 中元素是 $x^m - 1$ 的零点. 但 G 有 $d_1 d_2 \cdots d_r$ 个元素, 根据推论 28.6, 在 F 上 $x^m - 1$ 最多有 m 个零点. 因此 $m \geqslant d_1 d_2 \cdots d_r$. 于是 $m = d_1 d_2 \cdots d_r$, 而素数幂 $d_1, d_2, \cdots, d_r$ 对应的素数各不相同, 因而群 G 同构于循环群 $\mathbb{Z}_m$. □

习题 5~8 要求对某有限域找出单位的循环群的生成元. 有限域的单位的乘法群是循环的, 已经应用于代数编码和组合设计中.

不可约多项式

下一个定义选出 $F[x]$ 中的一类十分重要的多项式. 我们对这个概念可能已经很熟悉了, 只是在更一般的环境中做高中代数的工作.

定义 28.8 非常数多项式 $f(x) \in F[x]$ 在 F 上称为**不可约的** (irreducible) 或 $F[x]$ 上的**不可约多项式** (irreducible polynomial), 如果 $f(x)$ 不能表示为 $F[x]$ 中的两个次数低于 $f(x)$ 的多项式 $g(x)$ 和 $h(x)$ 的乘积 $g(x)h(x)$. 如果非常数多项式 $f(x) \in F[x]$ 不是 F 上不可约的, 则称 $f(x)$ 为在 F 上**可约的** (reducible).

注意, 上面定义在F 上的不可约的概念, 而不仅是不可约的概念. 多项式 $f(x)$ 在 F 上是不可约的, 但如果在包含 F 的较大的域 E 中观察, 则 $f(x)$ 可能是可约的. 需要解释这一点.

例 28.9 定理 27.11 表明在 $\mathbb{Q}[x]$ 中多项式 $x^2 - 2$ 在 $\mathbb{Q}$ 中没有零点. 这表明 $x^2 - 2$ 在 $\mathbb{Q}$ 上是不可约的, 没有 $a, b, c, d \in \mathbb{Q}$ 使得因式分解 $x^2 - 2 = (ax + b)(cx + d)$ 产生 $\mathbb{Q}$ 中 $x^2 - 2$ 的零点. 然而, 在 $\mathbb{R}[x]$ 中, $x^2 - 2$ 在 $\mathbb{R}$ 上不是不可约的, 因为在 $\mathbb{R}[x]$ 中 $x^2 - 2$ 因式分解成 $(x - \sqrt{2})(x + \sqrt{2})$.

值得注意的是,$F[x]$ 中的单位恰好是 F 的非零元. 因此, 可以将不可约多项式 $f(x)$ 定义为非常数多项式, 使得 $F[x]$ 中的任何因式分解 $f(x) = g(x)h(x)$, 都只能有 $g(x)$ 或 $h(x)$ 是一个单位.

例 28.10 证明在 $\mathbb{Z}_5[x]$ 中多项式 $f(x)=x^3+3x+2$ 在 $\mathbb{Z}_5$ 上是不可约的. 如果 x^3+3x+2 在 $\mathbb{Z}_5[x]$ 中分解成次数较低的多项式, 则至少存在某个 $a\in\mathbb{Z}_5$, 使得 $f(x)$ 有形如 $x-a$ 的一次因式. 那么根据推论 28.4,$f(a)$ 为 0. 然而,$f(0)=2, f(1)=1, f(-1)=-2, f(2)=1$, 以及 $f(-2)=-2$, 表明 $f(x)$ 在 $\mathbb{Z}_5$ 中没有零点. 因此 $f(x)$ 在 $\mathbb{Z}_5$ 上是不可约的. 这种通过寻找零点来检查不可约性的方法, 对于元素个数较少的有限域上的二次和三次多项式是有效的.

不可约多项式将在研究中发挥非常重要的作用. 确定给定的 $f(x)\in F[x]$ 在 F 上是否可约可能是困难的. 现在给出在某些情况下不可约性的判别标准. 确定二次多项式和三次多项式不可约性的一种技术如例 28.9 和例 28.10 所示, 将其形式化为一个定理.

定理 28.11 设 $f(x)\in F[x]$, 且 $f(x)$ 的次数为 2 或 3. 那么 $f(x)$ 在 F 上是可约的当且仅当它在 F 中有一个零点.

证明 如果 $f(x)$ 是可约的, 使得 $f(x)=g(x)h(x)$, 其中 $g(x)$ 和 $h(x)$ 的次数都小于 $f(x)$ 的次数, 则因为 $f(x)$ 是二次或三次的,$g(x)$ 或 $h(x)$ 的次数为 1. 例如, 如果 $g(x)$ 的次数为 1, 那么除了可能相差 F 中的因子,$g(x)$ 形如 $x-a$. 因此 $g(a)=0$, 这意味着 $f(a)=0$, 所以 $f(x)$ 在 F 中有一个零点.

反之, 推论 28.4 表明, 如果有 $a\in F$, 使得 $f(a)=0$, 则 $x-a$ 是 $f(x)$ 的因式, 所以 $f(x)$ 是可约的. □

下面转到讨论 $\mathbb{Q}[x]$ 中多项式在 $\mathbb{Q}$ 上不可约的条件. 下一个定理将给出最重要的条件. 其证明将在习题 38~40 中完成.

定理 28.12 如果 $f(x)\in\mathbb{Z}[x]$, 则在 $\mathbb{Q}[x]$ 中 $f(x)$ 能分解为两个更低次数 r 和 s 的因式的乘积, 当且仅当它在 $\mathbb{Z}[x]$ 中具有相同次数 r 和 s 的因式分解.

推论 28.13 如果在 $\mathbb{Z}[x]$ 中 $f(x)=x^n+a_{n-1}x^{n-1}+\cdots+a_0, a_0\neq 0$, 且 $f(x)$ 在 $\mathbb{Q}$ 中有零点, 则它在 $\mathbb{Z}$ 中有零点 m, 且 m 必整除 a_0.

证明 如果 $f(x)$ 在 $\mathbb{Q}$ 中有一个零点 a, 则由推论 28.4, $f(x)$ 在 $\mathbb{Q}[x]$ 中有一次因式 $x-a$. 但是根据定理 28.12,$f(x)$ 在 $\mathbb{Z}[x]$ 中有一次因式, 因此对于某个 $m\in\mathbb{Z}$ 有

$$f(x)=(x-m)(x^{n-1}+\cdots-a_0/m)$$

因此 a_0/m 是整数, 所以 m 整除 a_0. □

例 28.14 推论 28.13 提供了 x^2-2 在 $\mathbb{Q}$ 上的不可约性的另一个证明, 根据定理 28.11, 在 $\mathbb{Q}[x]$ 中 x^2-2 有非平凡因式分解当且仅当它在 $\mathbb{Q}$ 中有零点. 由推论 28.13, 它在 $\mathbb{Q}$ 中有零点当且仅当它在 $\mathbb{Z}$ 中有零点, 而且仅有的可能零点是 2 的因数 ±1 和 ±2. 检查表明这些数都不是 x^2-2 的零点.

例 28.15　用定理 28.12 证明 $\mathbb{Q}[x]$ 中多项式

$$f(x) = x^4 - 2x^2 + 8x + 1$$

在 $\mathbb{Q}$ 上不可约. 如果 $f(x)$ 在 $\mathbb{Q}[x]$ 中有一次因式, 则它在 $\mathbb{Z}$ 中有零点, 根据推论 28.13, 该零点必须是 $\mathbb{Z}$ 中 1 的因数, 即 ± 1. 但是 $f(1) = 8, f(-1) = -8$, 所以这样的因式分解不可能.

如果 $f(x)$ 在 $\mathbb{Q}[x]$ 中因式分解为两个二次因式, 则根据定理 28.12, 它在 $\mathbb{Z}[x]$ 中有因式分解

$$(x^2 + ax + b)(x^2 + cx + d)$$

比较 x 的幂的系数, 一定有整数 $a, b, c, d \in \mathbb{Z}$ 使得

$$bd = 1, ad + bc = 8, ac + b + d = -2, a + c = 0$$

从 $bd = 1$, 得出 $b = d = 1$ 或 $b = d = -1$, 都有 $b = d$. 再从 $ad + bc = 8$, 推断出 $d(a + c) = 8$. 这是不可能的, 因为 $a + c = 0$. 因此, 分解为两个二次多项式的因式分解是不可能的,$f(x)$ 在 $\mathbb{Q}$ 上不可约.

最后用著名的艾森斯坦 (Eisenstein) 准则来总结不可约准则. 习题 37 中给出了另一个非常有用的判别标准.

定理 28.16 (艾森斯坦准则)　*设 $p \in \mathbb{Z}$ 为素数. 假设 $f(x) = a_n x^n + \cdots + a_0$ 在 $\mathbb{Z}[x]$ 中, 且 $a_n \not\equiv 0 \pmod{p}$, 但对于所有 $i < n, a_i \equiv 0 \pmod{p}$, 其中 $a_0 \not\equiv 0 \pmod{p^2}$, 则 $f(x)$ 在 $\mathbb{Q}$ 上不可约.*

证明　由定理 28.12, 只需要证明 $f(x)$ 不可因式分解为 $\mathbb{Z}[x]$ 中次数较低的多项式. 如果

$$f(x) = (b_r x^r + b_{r-1} x^{r-1}, \cdots + b_0)(c_s x^s + c_{s-1} x^{s-1}, \cdots + c_0)$$

是 $\mathbb{Z}[x]$ 中的因式分解, 其中 $b_r \neq 0, c_s \neq 0$, 且 $r, s < n$, 则 $a_0 \not\equiv 0 \pmod{p^2}$ 意味着 b_0 和 c_0 不能同时模 p 余 0. 假设 $b_0 \not\equiv 0 \pmod{p}$ 和 $c_0 \equiv 0 \pmod{p}$. 现在 $a_n \not\equiv 0 \pmod{p}$ 表示 $b_r, c_s \not\equiv 0 \pmod{p}$, 因为 $a_n = b_r c_s$. 设 m 是 k 的最小值, 使得 $c_k \not\equiv 0 \pmod{p}$. 那么,

$$a_m = b_0 c_m + b_1 c_{m-1} + \cdots + \begin{cases} b_m c_0, & r \geqslant m \\ b_r c_{m-r}, & r < m \end{cases}$$

事实上 b_0 和 c_m 模 p 都不余 0, 而 $c_{m-1}, \cdots, c_0$ 都模 p 余 0, 这意味着 $a_m \not\equiv 0 \pmod p$, 所以 $m = n$. 因此,$s = n$, 与假设 $s < n$ 矛盾; 也就是说, 因式分解是平凡的. □

注意, 如果取 $p = 2$, 艾森斯坦准则提供了另一个 $\mathbb{Q}$ 上 $x^2 - 2$ 的不可约性的证明.

例 28.17　$p = 3$, 由定理 28.16 可知

$$25x^5 - 9x^4 - 3x^2 - 12$$

在 $\mathbb{Q}$ 上不可约.

推论 28.18　*多项式*

$$\Phi_p(x) = \frac{x^p - 1}{x - 1} = x^{p-1} + x^{p-2} + \cdots + x + 1$$

对于任何素数 p 在 $\mathbb{Q}$ 上不可约.

证明　再次由定理 28.12, 只需要考虑 $\mathbb{Z}[x]$ 中的因式分解. 注意, 定理 27.4 的证明实际上表明, 求值同态可以用于交换环. 这里要用的求值同态为 $\phi_{x+1} : \mathbb{Q}[x] \to \mathbb{Q}[x]$. 很自然地对 $f(x) \in \mathbb{Q}[x]$, 用 $f(x+1)$ 表示 $\phi_{x+1}(f(x))$. 令

$$g(x) = \Phi_p(x+1) = \frac{(x+1)^p - 1}{(x+1) - 1} = \frac{x^p + \begin{pmatrix} p \\ 1 \end{pmatrix} x^{p-1} + \cdots + px}{x}$$

当 $0 < r < p$ 时,x^{p-r} 的系数是二项式系数 $p!/[r!(p-r)!]$, 它可被 p 整除. 因为当 $0 < r < p$,p 整除 $p!$ 但不整除 $r!$ 或 $(p-r)!$. 因此

$$g(x) = x^{p-1} + \begin{pmatrix} p \\ 1 \end{pmatrix} x^{p-2} + \cdots + p$$

满足对素数 p 的艾森斯坦准则, 因此在 $\mathbb{Q}$ 上不可约. 但是如果 $\Phi_p(x) = h(x)r(x)$ 是 $\mathbb{Z}(x)$ 中 $\Phi_p(x)$ 的非平凡分解, 则

$$\Phi_p(x+1) = g(x) = h(x+1)r(x+1)$$

给出 $\mathbb{Z}[x]$ 中 $g(x)$ 的非平凡因式分解. 因此 $\Phi_p(x)$ 也一定在 $\mathbb{Q}$ 上不可约. □

推论 28.18 中的多项式 $\Phi_p(x)$ 称为 p 次**分圆多项式** (cyclotomic polynomial).

$F[x]$ 中因式分解的唯一性

$F[x]$ 中的多项式可以以某种唯一的方式分解为 $F[x]$ 中的不可约多项式的乘积. 对于 $f(x), g(x) \in F[x]$, 如果存在 $q(x) \in F[x]$ 使得 $f(x) = g(x)q(x)$, 称 $g(x)$ 在 $F[x]$ 中**整除**$f(x)$. 注意下面定理与例 6.9 中 $\mathbb{Z}$ 的性质式 (1) 相似.

定理 28.19 设 $p(x)$ 是 $F[x]$ 中的不可约多项式. 如果对于 $r(x), s(x) \in F[x]$,$p(x)$ 整除 $r(x)s(x)$, 则要么 $p(x)$ 整除 $r(x)$, 要么 $p(x)$ 整除 $s(x)$.

证明 定理的证明推迟到第 31 节进行.(见定理 31.27.) □

推论 28.20 如果 $p(x)$ 在 $F[x]$ 中不可约, 且对于 $r_i(x) \in F[x]$, 若 $p(x)$ 整除乘积 $r_1(x), r_2(x), \cdots r_n(x)$, 则 $p(x)$ 整除 $r_i(x)$ 中的至少一个.

证明 用数学归纳法, 这是定理 28.19 的直接结果. □

定理 28.21 如果 F 是一个域, 那么每个非常数多项式 $f(x) \in F[x]$ 都可以在 $F[x]$ 中分解为不可约多项式的乘积, 这些不可约多项式除了次序和 F 中的单位 (也就是非零常数) 因子是唯一的.

证明 设 $f(x) \in F[x]$ 是一个非常数多项式. 如果 $f(x)$ 不是不可约的, 则 $f(x) = g(x)h(x)$, 其中 $g(x)$ 和 $h(x)$ 的次数都小于 $f(x)$ 的次数. 如果 $g(x)$ 和 $h(x)$ 都是不可约的, 到此为止. 否则, 其中至少有一个可以因式分解成次数更低的多项式. 继续这个过程, 得到一个因式分解

$$f(x) = p_1(x)p_2(x) \cdots p_r(x)$$

其中 $p_i(x)$ 是不可约的,$i = 1, 2, \cdots, r$.

证明唯一性. 假设

$$f(x) = p_1(x)p_2(x) \cdots p_r(x) = q_1(x)q_2(x) \cdots q_s(x)$$

是将 $f(x)$ 分解为不可约多项式的两种因式分解, 可设 $r \leqslant s$. 则由推论 28.20, $p_1(x)$ 整除某个 $q_j(x)$, 假设是 $q_1(x)$. 由于 $q_1(x)$ 是不可约的, 有

$$q_1(x) = u_1 p_1(x)$$

其中 $u_1 \neq 0$, 因此 u_1 是 F 中的单位. 然后用 $u_1 p_1(x)$ 代替 $q_1(x)$ 并消去 $p_1(x)$, 得到

$$p_2(x) \cdots p_r(x) = u_1 q_2(x) \cdots q_s(x)$$

通过类似的论证, 得到 $q_2(x) = u_2 p_2(x)$, 所以

$$p_3(x) \cdots p_r(x) = u_1 u_2 q_3(x) \cdots q_s(x)$$

继续这种方式, 最终得到

$$1 = u_1 u_2 \cdots u_r q_{r+1}(x) \cdots q_s(x)$$

这只有当 $s=r$ 时才可能, 所以这个等式实际上是

$$1=u_1u_2\cdots u_r$$

因此, 除了次序和单位因子, 不可约因式 $p_i(x)$ 和 $q_j(x)$ 是相同的. □

例 28.22　例 28.5 给出了 x^4+3x^3+2x+4 在 $\mathbb{Z}_5[x]$ 中的因式分解 $(x-1)^3(x+1)$. $\mathbb{Z}_5[x]$ 中的这些不可约因式在仅相差 $\mathbb{Z}_5[x]$ 中单位因子的意义下是唯一的, 即至多相差 $\mathbb{Z}_5$ 中非零常数因子. 例如, $(x-1)^3(x+1)=(x-1)^2(2x-2)(3x+3)$.

习题

计算

在习题 1~4 中, 按照带余除法找出 $q(x)$ 和 $r(x)$, 使得 $f(x)=g(x)q(x)+r(x)$, 其中 $r(x)=0$ 或次数小于 $g(x)$ 的次数.

1. $\mathbb{Z}_7[x]$ 中的 $f(x)=x^6+3x^5+4x^2-3x+2$ 和 $g(x)=x^2+2x-3$.

2. $\mathbb{Z}_7[x]$ 中的 $f(x)=x^6+3x^5+4x^2-3x+2$ 和 $g(x)=3x^2+2x-3$.

3. $\mathbb{Z}_{11}[x]$ 中的 $f(x)=x^5-2x^4+3x-5$ 和 $g(x)=2x+1$.

4. $\mathbb{Z}_{11}[x]$ 中的 $f(x)=x^4+5x^3-3x^2$ 和 $g(x)=5x^2-x+2$.

在习题 5~8 中, 找出给定有限域的单位的乘法循环群的生成元.(参照推论 6.17.)

5. $\mathbb{Z}_5$.

6. $\mathbb{Z}_7$.

7. $\mathbb{Z}_{17}$.

8. $\mathbb{Z}_{23}$.

9. 在 $\mathbb{Z}_5[x]$ 中多项式 x^4+4 可以分解为一次因式乘积. 找出这个因式分解.

10. 在 $\mathbb{Z}_7[x]$ 中多项式 x^3+2x^2+2x+1 可以分解为一次因式乘积. 找出这个因式分解.

11. 在 $\mathbb{Z}_{11}[x]$ 中多项式 $2x^3+3x^2-7x-5$ 可以分解为一次因式乘积. 找出这个因式分解.

12. x^3+2x+3 是 $\mathbb{Z}_5[x]$ 中的不可约多项式吗? 为什么? 将其分解为 $\mathbb{Z}_5[x]$ 中不可约多项式的乘积.

13. $2x^3+x^2+2x+2$ 是 $\mathbb{Z}_5[x]$ 中的不可约多项式吗? 为什么? 将其分解为 $\mathbb{Z}_5[x]$ 中不可约多项式的乘积.

14. 证明 $f(x)=x^2+8x-2$ 在 $\mathbb{Q}$ 上不可约. $f(x)$ 在 $\mathbb{R}$ 上不可约吗? 在 $\mathbb{C}$ 上呢?

15. 用 $g(x)=x^2+6x+12$ 代替 $f(x)$ 重复习题 14.

16. 证明 x^3+3x^2-8 在 $\mathbb{Q}$ 上不可约.

17. 证明 x^4-22x^2+1 在 $\mathbb{Q}$ 上不可约.

在习题 18~21 中, 确定 $\mathbb{Z}[x]$ 中的多项式是否满足 $\mathbb{Q}$ 上不可约性的艾森斯坦准则.

18. x^2-12.

19. $8x^3+6x^2-9x+24$.

20. $4x^{10}-9x^3+24x-18$.

21. $2x^{10}-25x^3+10x^2-30$.

22. 在 $\mathbb{Q}$ 中找出 $6x^4+17x^3+7x^2+x-10$ 的所有零点. (这是一个乏味的高中代数问题. 可以用一点解析几何和微积分绘制一张图, 或者使用牛顿法找出零点的可能位置.)

概念

在习题 23 和习题 24 中, 不参考书本, 根据需要更正楷体术语的定义, 使其成立.

23. 多项式 $f(x)\in F[x]$ 在域 F 上是不可约的, 当且仅当对于任何多项式 $g(x),h(x)\in F[x]$,$f(x)\neq g(x)h(x)$.

24. 一个非常数多项式 $f(x)\in F[x]$ 在域 F 上是不可约的, 当且仅当它在 $F[x]$ 中的任何因式分解中, 有一个因式在 F 中.

25. 判断下列命题的真假.

a.$x-2$ 在 $\mathbb{Q}$ 上不可约.

b.$3x-6$ 在 $\mathbb{Q}$ 上不可约.

c.x^2-3 在 $\mathbb{Q}$ 上不可约.

d.x^2+3 在 $\mathbb{Z}_7$ 上不可约.

e. 如果 F 是域, 则 $F[x]$ 的单位恰好是 F 的非零元.

f. 如果 F 是域, 则 $F(x)$ 的单位恰好是 F 的非零元.

g. 系数在域 F 中的 n 次多项式 $f(x)$ 在 F 中最多有 n 个零点.

h. 系数在域 F 中的 n 次多项式 $f(x)$ 在满足 $F\leqslant E$ 的任何域 E 中最多有 n 个零点.

i. $F[x]$ 中的一次多项式在域 F 中至少有一个零点.

j. $F[x]$ 中的多项式在域 F 中最多有有限个零点.

26. 找出所有素数 p, 使得 $x+2$ 在 $\mathbb{Z}_p[x]$ 中是 $x^4+x^3+x^2-x+1$ 的因式.

在习题 27~30 中, 找出给定环中所指次数的所有不可约多项式.

27. $\mathbb{Z}_2[x]$ 中次数为 2.

28. $\mathbb{Z}_2[x]$ 中次数为 3.

29. $\mathbb{Z}_3[x]$ 中次数为 2.

30. $\mathbb{Z}_3[x]$ 中次数为 3.

31. 求 $\mathbb{Z}_p[x]$ 中不可约二次多项式的个数, 其中 p 是素数. (提示: 计算形如 x^2+ax+b 的可约多项式的个数, 从而得出可约二次多项式的个数, 并将其从二次多项式的总数中减去.)

证明概要

32. 给出推论 28.6 的证明概要.

33. 给出推论 28.7 的证明概要

理论

34. 证明当 p 为素数时, $\mathbb{Z}_p[x]$ 中的多项式 x^p+a 对于任何 $a\in\mathbb{Z}_p$ 都是可约的.

35. 如果 F 是域, $a\neq 0$ 是 $F[x]$ 中 $f(x)=a_0+a_1x+\cdots+a_nx^n$ 的零点, 证明 $1/a$ 是 $a_n+a_{n-1}x+\cdots+a_0x^n$ 的零点.

36. (余数定理) 设 $f(x)\in F[x]$, 其中 F 是一个域, 并设 $\alpha\in F$. 根据带余除法,$f(x)$ 除以 $x-\alpha$ 的余数是 $f(\alpha)$.

37. 设 $\sigma_m:\mathbb{Z}\to\mathbb{Z}_m$ 是由 $\sigma_m(a)=(a$ 除以 m 的余数$)$ 给出的自然同态,$a\in\mathbb{Z}$.

a. 证明由下式给出的 $\overline{\sigma_m}:\mathbb{Z}[x]\to\mathbb{Z}_m[x]$ 是 $\mathbb{Z}[x]$ 到 $\mathbb{Z}_m[x]$ 的满同态:

$$\overline{\sigma_m}(a_0+a_1x+\cdots+a_nx^n)=\sigma_m(a_0)+\sigma_m(a_1)x+\cdots+\sigma_m(a_n)x^n$$

b. 证明如果 $f(x)\in\mathbb{Z}[x]$ 和 $\overline{\sigma_m}(f(x))$ 次数都为 n, 且 $\overline{\sigma_m}(f(x))$ 在 $\mathbb{Z}_m[x]$ 中不能分解为两个次数小于 n 的多项式乘积, 则 $f(x)$ 在 $\mathbb{Q}[x]$ 中不可约.

c. 用 b 部分证明 $x^3+17x+36$ 在 $\mathbb{Q}[x]$ 中不可约.(提示: 取 m 为素数来简化系数.)

习题 38~40 的目的是证明定理 28.12.

38. 设 $f(x)\in\mathbb{Z}[x]$. 如果系数 $a_0,a_1,\cdots,a_n$ 的最大公因子为 1, 称 $f(x)=a_nx^n+a_{n-1}x^{n-1}+\cdots+a_0$ 是**本原的** (primitive). 证明两个本原多项式的乘积是本原的.

39. 设 $f(x)\in\mathbb{Z}[x]$. $f(x)=a_nx^n+a_{n-1}x^{n-1}+\cdots+a_0$ 的**容度** (content) 定义为 $a_0,a_1,\cdots,a_n$ 的最大公因子, 且表示为 $\mathrm{cont}(f(x))$. 对于任何 $f(x),g(x)\in\mathbb{Z}[x]$, 证明 $\mathrm{cont}(f(x)g(x))=\mathrm{cont}(f(x))\cdot\mathrm{cont}(g(x))$. (提示: 用习题 38.)

40. 证明定理 28.12.(提示: 用习题 39.)

6.29 代数编码理论㊀

如果想发送一条信息, 但传输线偶然会发生错误. 当发生错误时, 如果接收方能够检测到出现了错误并要求发送方重新发送信息就是好事. 在有些情况下, 比如太空探测

㊀ 本节不用于本书的其余部分.

器将图像传回地球, 则可能无法重新发送数据. 在这种情况下, 如果地面接收装置不仅能够检测到, 而且能够纠正传输错误, 这是期望的.

可以把信息视为 $\mathbb{Z}_2^k = \mathbb{Z}_2 \times \mathbb{Z}_2 \times \cdots \times \mathbb{Z}_2$ 中的元素. 每个信息是由长度为 k 的一组 0 和 1 构成的字符串.$\mathbb{Z}_2$ 的每个项称为一个**位** (bit). 编码理论一般允许所传输的数据是任何有限域 F 的 F^n 中的, 但是本书的介绍将限制为 $F = \mathbb{Z}_2$.

例 29.1　检测一个位错误的常见方法是使用奇偶校验位. 将要传送的由 8 个位组成的字节, 即 $\mathbb{Z}_2^8$ 中的一个元素, 替换为传送由 9 个位组成的字节, 其中最后一位是前八位在 $\mathbb{Z}_2$ 中的和. 传送信息

$$(1, 1, 0, 1, 0, 0, 1, 1)$$

替换为传送

$$(1, 1, 0, 1, 0, 0, 1, 1, 1)$$

无论 8 位信息中有偶数还是奇数个 1, 传输的 9 位字符串中 1 的个数都是偶数. 如果收到的信息的 9 位的和不为零, 则肯定发生了传输错误.

例 29.2　一种低效但可以纠正传输错误的方法是发送三次信息. 如果收到的信息中有两次一致, 则认为该公共信息是最可能正确的信息. 在这种情况下, 如果只有一个错误, 就得到了原始信息.

定义 29.3　**密码** (code) 是一个子集 $C \subseteq \mathbb{Z}_2^n$.$C$ 的一个元素称为一个**码字** (code word). $C \subseteq \mathbb{Z}_2^n$ 中码字的**长度** (length) 为 n.

实际上, 当发送一条信息时, 将它分成若干由 k 个位组成的片段. 预设的一一对应函数 $f : \mathbb{Z}_2^k \to C$, 可以将所有可能的 k 位信息转换为码字, 将该函数应用于信息片段, 并进行传输. 接收方检查每个接收到的信息片段是否在 f 的值域内. 如果是, 则接收到的码字很有可能是发送的码字, 且因为 f 是一一对应的, 可以计算出接收到的码字所对应的信息. 如果收到的信息不是码字, 则发生传输错误. 下面不研究所用的映射 f, 而是研究某些类型的密码, 集中精力研究下面定义的线性码.

定义 29.4　**线性码** (linear code) 是 $\mathbb{Z}_2^n$ 的一个子群 C. 由于 C 是 $\mathbb{Z}_2^n$ 的子群,C 的阶是 2^k, 其中 k 是某个正整数. 线性码的**信息率** (information rate) 或**速率** (rate) 是比率 k/n. 我们称线性码是**循环** (cyclic) 的, 如果对于任何码字 $(a_0, a_1, \cdots, a_{n-1})$ 有 $(a_{n-1}, a_0, a_1, \cdots, a_{n-2})$ 也是一个码字. 也就是说, 线性码是循环的, 如果任何码字循环移位后还是一个码字.

信息率 k/n 表示为了发送长度为 k 的信息需要 n 个位. 显然, 在可以检测或校正的期望错误位数要求下, 希望信息率尽可能大.

例 29.5 设 $C \subseteq \mathbb{Z}_2^9$ 是所有长度为 9 的字符串的集合, 如例 29.1 所示, 各位的和模 2 余 0. 注意 C 是如下群同态的核,

$$\phi : \mathbb{Z}_2^9 \to \mathbb{Z}_2$$

其中

$$\phi(a_0, a_1, \cdots, a_8) = a_0 + a_1 + \cdots + a_8 \pmod 2$$

C 是 $\mathbb{Z}_2^9$ 的子群, 因此 C 是线性码. 在本例中,$n = 9$ 且 $k = 8$, 因为 C 是 $\mathbb{Z}_2^9$ 的指数为 2 的子群. 因此 C 的信息率为 8/9. 此外, 密码是循环的, 因为码字的任何循环移位都不改变 1 的和.

如果两个码字仅在一个位置上不同, 则无法检测所有只在一个位发生的错误. 如果任何一对码字在两个或多个位置上不同, 则仅可以检测到发生在一个位的任何错误, 也就是说, 可以确定存在一个错误, 但可能无法恢复原始码字. 进一步, 如果任何一对码字在三个或更多位置不同, 则仅在一个位的错误可以被检测到, 而且可以被纠正, 因为只有一个确定码字与错误码字在一个位置上不同.

定义 29.6 $\mathbb{Z}_2^n$ 中字符串的**汉明权重** (Hamming weight) 或**权重** (weight) 是指字符串中 1 的个数. $\mathbb{Z}_2^n$ 中两个字符串之间的**汉明距离** (Hamming distance) 或**距离** (distance) 是指两个字符串中不同位的个数.

例 29.7 字符串 $(1,0,0,1,1,0,1,1)$ 的汉明权重为 5. 码字 $(1,0,0,0,1,1,0,1)$ 和 $(1,1,0,1,0,0,0,1)$ 之间的汉明距离为 4.

定理 29.8 对于线性码 C,C 的非零码字中的最小权重与两个不同码字之间的最小距离相同.

证明 对任意两个码字 $w, u \in \mathbb{Z}_2^n$,w 和 u 之间距离是两个码字不同位的个数. 也就是说,$w - u$ 的权重是 w 和 u 之间的距离. 因为 C 是 $\mathbb{Z}_2^n$ 的子群,$w - u \in C$. 因此, 非零码的最小权重小于或等于两个不同码之间的最小距离. 注意, $0 \in \mathbb{Z}_2^n$ 是一个码字, 所以码字 w 的权重是 0 和 w 之间的距离, 这意味着两个不同码字之间的最小距离小于或等于非零码中的最小权重. □

如果密码 C 中任意两个不同码字之间的汉明距离至少是 d, 那么我们说 C **可检测 $d-1$ 位错误**, 因为对任何码字最多更改 $d-1$ 位得到的不是码字.C 是 $\mathbb{Z}_2^n$ 中的密码, 如果对于任何字符串 $v \in \mathbb{Z}_2^n$, 最多有一个码字与 v 的汉明距离为 d 或更小, 则称 C **可纠正 d 位错误**. 其思想是, 如果接收到的字符串不是一个码字, 则对发送的码字的最佳猜测是最接近于接收到的字符串的码字. 对于可纠正 d 位错误的码字, 将接收到的字符串换成最接近的码字, 只要错误个数最多为 d, 我们就可以恢复原始码.

例 29.9 设 $C = \{(0,0,0,0),(1,0,1,0),(1,1,0,1),(0,1,1,1)\} \subseteq \mathbb{Z}_2^4$. 容易检查 C 是 $\mathbb{Z}_2^4$ 的子群, 所以 C 是线性码. 码字 $(1,0,1,0)$ 权重为 2 且其他两个非零码字权重为 3. 根据定理 29.8, 任意两个码字之间的最小距离为 2. 因此 C 可检测一位错误, 但它无法纠正一位错误. 接收到的信息 $m = (1,0,0,0)$ 与两个信息 $(0,0,0,0)$ 和 $(1,0,1,0)$ 都只相差一位, 所以即使知道 m 只在一个位置上不正确, 也不知道发送码是 $(0,0,0,0)$ 还是 $(1,0,1,0)$.

有许多方案生成各种性质的密码, 但本书只关注一种方法. 将元素 $(a_0, a_1, a_2, \cdots, a_{n-1}) \in \mathbb{Z}_2^n$ 对应于多项式 $a_0 + a_1x + a_2x^2 + \cdots + a_{n-1}x^{n-1} \in \mathbb{Z}_2[x]$ 的系数. 这样, 不再将码字视为长度为 n 的 0 和 1 的字符串, 而将其视为 $\mathbb{Z}_2[x]$ 中次数最多为 $n-1$ 的多项式. 注意到该对应 ϕ 是将 $\mathbb{Z}_2^n$ 映射到 $\mathbb{Z}_2[x]$ 中次数最多为 $n-1$ 的多项式加法群的一个群同构.

例 29.10 设 $n = 5, g(x) = x^2 + x + 1. C$ 定义为 $x^2 + x + 1$ 的所有次数小于 5 的倍式, 包括 0.

$$\begin{aligned}
C =& \{f(x)g(x) | f(x) \in \mathbb{Z}_2[x], f(x) = 0 \text{ 或 } \deg(f(x)) \leqslant 2\} \\
=& \{0 \cdot g(x), 1 \cdot g(x), x \cdot g(x), (x+1) \cdot g(x), x^2 \cdot g(x), \\
& (x^2+1) \cdot g(x), (x^2+x) \cdot g(x), (x^2+x+1) \cdot g(x)\} \\
=& \{0, x^2+x+1, x^3+x^2+x, x^3+1, x^4+x^3+x^2, \\
& x^4+x^3+x+1, x^4+x, x^4+x^2+1\}
\end{aligned}$$

通过这些多项式的系数, 确定码字为

$$(0,0,0,0,0),(0,0,1,1,1),(0,1,1,1,0),(0,1,0,0,1),$$

$$(1,1,1,0,0),(1,1,0,1,1),(1,0,0,1,0),(1,0,1,0,1)$$

不难检查 $\mathbb{Z}_2^5$ 中这些元素的集合是 $\mathbb{Z}_2^5$ 的子群, 因此给出了一组线性码. 由于 $(0,1,0,0,1)$ 是码字, 但是 $(1,0,1,0,0)$ 不是码字, 所以这个密码不是循环的. 可以看出所有非零码字的最小权重是 2. 根据定理 29.8, 任何两个码字间的最小汉明距离也是 2, 这意味着密码可检测一位错误, 但无法纠正一位错误.

在例 29.10 中, 只要读取 C 中多项式的系数就可以构造线性码. 本节余下部分, 将稍微滥用符号, 如果 C 是 $\mathbb{Z}_2[x]$ 中次数小于 n 的多项式组成的子群, 用多项式集合 C 作为线性码. 将 $\mathbb{Z}_2^n$ 映射到次数最多为 $n-1$ 的多项式的映射 ϕ 是一个群同构, 这个事实确保任何由次数小于 n 的多项式的组成的子群 $C \leqslant \mathbb{Z}_2[x]$, 通过读取 C 中多项式的系数就得到一个线性码.

定理29.11 设 $g(x)$ 是 $\mathbb{Z}_2[x]$ 中一个次数小于 n 的多项式, 则 $C = \{f(x)g(x) | f(x) \in \mathbb{Z}_2[x], f(x) = 0 \text{或} \deg(f(x)) < n - \deg(g(x))\}$ 是一个线性码. 进一步, 如果多项式 $g(x)$ 是 $\mathbb{Z}_2[x]$ 中 $x^n + 1$ 的因式, 则 C 是循环码.

证明 首先证明 C 在加法下封闭. 设 $f(x), h(x) \in \mathbb{Z}_2[x]$ 每一个的次数小于 $n - \deg(g(x))$ 或是零多项式. 则 $f(x) + h(x)$ 是零多项式或者次数小于 $n - \deg(g(x))$. 因此

$$f(x)g(x) + h(x)g(x) = (f(x) + h(x))g(x)$$

这意味着 C 在加法下封闭.C 包含零多项式, 如果 $f(x)g(x) \in C$, 则 $-(f(x)g(x)) \in C$. 因此 C 是加法群 $G = \{w(x) \in \mathbb{Z}_2[x] | w(x) = 0 \text{或} \deg(w(x)) < n\}$ 的子群, 这意味着 C 是线性码.

现在假设 $g(x)$ 是 $\mathbb{Z}_2[x]$ 中 $x^n + 1$ 的因式, 也就是说, 存在多项式 $h(x) \in \mathbb{Z}_2[x]$ 使得

$$h(x)g(x) = x^n + 1$$

显然

$$\deg(h(x)) = n - \deg(g(x))$$

设 $f(x)g(x) \in C$. 如果

$$\deg(f(x)g(x)) < n - 1$$

则

$$(xf(x))g(x) \in C$$

且 $xf(x)g(x)$ 将多项式 $f(x)g(x)$ 中每个项的次数增加 1. 这意味着 $xf(x)g(x) \in C$ 是 $f(x)g(x)$ 的循环移位. 如果

$$\deg(f(x)g(x)) = n - 1$$

则码字 $f(x)g(x)$ 的循环移位为

$$p(x) = xf(x)g(x) + (x^n + 1)$$

有

$$xf(x)g(x) + (x^n + 1) = xf(x)g(x) + h(x)g(x) = (xf(x) + h(x))g(x)$$

因为 $xf(x)$ 和 $h(x)$ 次数都为 $n - \deg(g(x))$, 因此它们的和中 $x^{n-\deg(g(x))}$ 的系数是 0. 因此,$xf(x) + h(x) = 0$ 或 $\deg(xf(x) + h(x)) < n - \deg(g(x))$. 在任何情况下, 循环移位 $xf(x)g(x) + (x^n + 1)$ 是 C 中的码字. 因此,C 是循环码. □

定义 29.12　定理 29.11 中的密码 C 称为由 $g(x)$ 生成的长度为 n 的**多项式码** (polynomial code).

例 29.13　找出由多项式 $g(x) = x^3 + x^2 + 1$ 生成的长度为 7 的多项式码 C 的码字.C 的信息率是多少? 确定 C 是否可检测一位错误, 如果是,C 是否可以纠正一位错误? 是否可以检测和纠正两位错误?

解　如例 29.10 所示, 找出所有码字的一种方法是用 $g(x)$ 乘每个次数小于 3 的多项式, 但对于循环码, 有一种更简单的方式. 在 $\mathbb{Z}_2[x]$ 中, 用长除法得 x^7+1 的因式分解

$$x^7 + 1 = (x^3 + x^2 + 1)(x^4 + x^3 + x^2 + 1)$$

因此, 根据定理 29.11,C 是循环码. 由于 $1 \cdot g(x) = g(x) \in C$ 且 C 包含 $g(x)$ 的所有循环移位, 得到图 29.14 第一列中所有多项式是 C 中的码字. 由于 C 是一个群,$(x^3 + x^2 + 1) + (x^4 + x^3 + x) = x^4 + x^2 + x + 1 \in C$. 而由 C 是循环群, 得到图 29.14 第二列包含在 C 中. 有 $2^4 = 16$ 个系数在 $\mathbb{Z}_2$ 中的次数小于 4 的多项式 (包括零多项式). 因此,C 包含 16 个元素. 因为 C 是一个子群, 所以零多项式在 C 中, 只差一个多项式就完成列表. 这个多项式在循环移位后一定是不变的. 除了多项式 0, 循环移位后不变的多项式应为

$$x^6 + x^5 + x^4 + x^3 + x^2 + x + 1$$

因此, 图 29.14 给出了作为多项式的密码 C. 图 29.15 给出作为 $\mathbb{Z}_2^7$ 中元素的密码 C.

由于 $|C| = 2^4$, 码字长为 7, 因此信息率为 4/7.

容易看出, 所有非零码字中的最小权重是 3. 根据定理 29.8, 码字之间的最小距离为 3. 因此不仅可以检测到一位错误, 而且可以纠正一位错误. 由于任意两个码字之间的距离至少为 3, 密码可以检测到两位错误. 但是, 此密码不能纠正两位错误, 因为两位错误可能产生一个码字, 这个码字与另一码字的汉明距离为 1. 例如,$(0,0,0,0,0,0,1)$ 与码字 $(0,0,0,1,1,0,1)$ 有两位不同, 但它与码字 $(0,0,0,0,0,0,0)$ 的区别仅一位.

x^3+x^2+1	x^4+x^2+x+1	0	$x^6+x^5+x^4+x^3+x^2+x+1$
x^4+x^3+x	$x^5+x^3+x^2+x$		
$x^5+x^4+x^2$	$x^6+x^4+x^3+x^2$		
$x^6+x^5+x^3$	$x^5+x^4+x^3+1$		
x^6+x^4+1	$x^6+x^5+x^4+x$		
x^5+x+1	$x^6+x^5+x^2+1$		
x^6+x^2+x	x^6+x^3+x+1		

图 29.14

(0, 0, 0, 1, 1, 0, 1)	(0, 0, 1, 0, 1, 1, 1)	(0, 0, 0, 0, 0, 0, 0)	(1, 1, 1, 1, 1, 1, 1)
(0, 0, 1, 1, 0, 1, 0)	(0, 1, 0, 1, 1, 1, 0)		
(0, 1, 1, 0, 1, 0, 0)	(1, 0, 1, 1, 1, 0, 0)		
(1, 1, 0, 1, 0, 0, 0)	(0, 1, 1, 1, 0, 0, 1)		
(1, 0, 1, 0, 0, 0, 1)	(1, 1, 1, 0, 0, 1, 0)		
(0, 1, 0, 0, 0, 1, 1)	(1, 1, 0, 0, 1, 0, 1)		
(1, 0, 0, 0, 1, 1, 0)	(1, 0, 0, 1, 0, 1, 1)		

图 29.15

例 29.2 和例 29.13 分别提供了可以纠正一位错误的密码. 例 29.2 需要发送 24 位来发送长度为 8 的信息. 也就是说, 信息率为 1/3. 在例 29.13 中, 发送长度为 8 的信息需要 14 位, 信息率为 4/7. 显然, 例 29.13 中的密码是对数据编码进行传输的更有效的方式.

习题

1. 如果一个密码的长度为 10, 信息率为 1/2, 问密码中有多少个码字?

2. 如果线性码恰好包含 16 个码字, 并且信息率为 2/3, 找出码字的长度.

3. 找出包含 $(1,0,0,0,0)$ 的最小循环线性码 C.

4. 找出 $\mathbb{Z}_2^5$ 中信息率为 2/5 的所有循环线性码 C.

5. 找出长度为 n 的所有循环线性码.

a. $n=2$.

b. $n=3$.

c. $n=4$.

6. 判断下列命题的真假.

a. 密码是 $\mathbb{Z}_2^n$ 的子集,n 为某个正整数.

b. $\mathbb{Z}_2^n$ 中码字的长度是 n.

c. 每个密码都是线性码.

d. 如果任何两个不同码字之间的汉明距离至少为 4, 则该密码可纠正两位错误.

e. 如果 C 是 $\mathbb{Z}_2^n$ 中的线性码, 则信息率是 C 中元素的个数除以 $\mathbb{Z}_2^n$ 中的元素的个数.

f. 每个线性码包含由全零组成的码字.

g. 如果线性码中两个码字之间的汉明距离为 d, 则存在一个汉明权重为 d 的码字.

h. 集合 $\{f(x)g(x)|f(x)\in\mathbb{Z}_2[x]\}$ 是由长度为 n 的多项式 $g(x)$ 生成的密码, 如果

$g(x) \in \mathbb{Z}_2[x]$ 且 $g(x)$ 的次数为 n.

i. 并非每个多项式密码是循环的.

j. 每个循环线性码最多包含两个码字在循环移位后保持不变.

7. 设 $g(x) = x^3 + x + 1 \in \mathbb{Z}_2[x]$.

a. 验证 $g(x)$ 是 $\mathbb{Z}_2[x]$ 中 $x^7 + 1$ 的因式.

b. 找出由 $g(x)$ 生成的长度为 7 的多项式密码 C 中的所有码字.

c. 确定 C 是否可以检测出一位错误, 如果可以, 确定它是否可以纠正一位错误.

d. 确定 C 是否可以检测出两位错误, 如果可以, 确定它是否可以纠正两位错误.

8. 在上一个习题中的传输码字产生了一个多项式 $p(x) = x^6 + x^5 + x^4 + x^3$. 请问是否存在传输错误? 如果存在, 根据汉明距离, 从 C 中找出最近的码字.

9. 设 $g(x) = x^6 + x^3 + 1 \in \mathbb{Z}_2[x]$.

a. 验证 $g(x)$ 是 $\mathbb{Z}_2[x]$ 中 $x^9 + 1$ 的因式.

b. 找出由 $g(x)$ 生成的长度为 9 的多项式密码 C 中的所有码字.

c. 确定 C 是否可以检测出一位错误, 如果可以, 确定它是否可以纠正一位错误.

d. 确定 C 是否可检测出两位错误, 如果可以, 确定它是否可以纠正两位错误.

10. 设 $g(x) = x^4 + x^3 + x + 1 \in \mathbb{Z}_2[x]$, 并设 C 是由 $g(x)$ 生成的长度为 7 的密码.

a. C 是循环的吗?

b. 找出由 $g(x)$ 生成的长度为 7 的多项式密码 C 中的所有码字.

c. C 能检测出一位错误吗? 如果能,C 能纠正一位错误吗?

d. C 能检测出两位错误吗? 如果能,C 能纠正两位错误吗?

11. 找出六个多项式 $g(x) \in \mathbb{Z}_2[x]$, 使得由 $g(x)$ 生成的长度为 9 的密码是循环码.

12. 如果循环线性码 $C \subseteq \mathbb{Z}_2^n$ 中非零码字的最小权重是 1, 证明 $C = \mathbb{Z}_2^n$.

13. 设 $g(x)$ 是 $\mathbb{Z}_2[x]$ 中的多项式. 证明如果由 $g(x)$ 生成的长度为 n 的多项式密码 C 循环, 则 $g(x)$ 是 $\mathbb{Z}_2[x]$ 中 $x^n + 1$ 的因式.

14. 设 $C \subseteq \mathbb{Z}_2^n$ 是非零码字中最小权重为 d 的线性码. 确定 C 可纠正 k 位错误的充要条件.

15. 设 $C \subseteq \mathbb{Z}_2^n$ 是线性码. 证明对于某个 k,C 作为群与 $\mathbb{Z}_2^k$ 同构.

16. 是否存在多项式 $g(x) \in \mathbb{Z}_2[x]$, 使得由 $g(x)$ 生成的长度为 9 的密码与例 29.5 中的码相同? 证明你的答案.

6.30 同态和商环

商环

在 3.12 节中, 我们研究了给定群的哪些子群可用于构造商群. 在本节中, 我们希望对环进行类似的构造, 以构造商环. 从一个例子开始.

例 30.1 对于任何 $n \in \mathbb{Z}$,$n\mathbb{Z}$ 是 $\mathbb{Z}$ 的子环. 将 $\mathbb{Z}$ 看作一个交换群, 则 $n\mathbb{Z}$ 是 $\mathbb{Z}$ 的一个正规子群. 可以看出, $\mathbb{Z}/n\mathbb{Z} = \{a + n\mathbb{Z} | a \in \mathbb{Z}\}$ 构成一个由陪集代表元相加定义的加法群. 此外,$\mathbb{Z}/n\mathbb{Z}$ 是一个环, 其中乘法定义为

$$(a + n\mathbb{Z})(b + n\mathbb{Z}) = ab + n\mathbb{Z}$$

下面检查这个乘法是否良好定义. 设 $a' \in a + n\mathbb{Z}$, $b' \in b + n\mathbb{Z}$, 则对某个整数 k 和 r,$a' = a + nk$ 和 $b' = b + nr$. 因此

$$\begin{aligned} a'b' &= (a + nk)(b + nr) = ab + n(kb + knr) + anr \\ &= ab + n(kb + knr + ar) \in ab + n\mathbb{Z} \end{aligned}$$

从计算中看出, 无论选择 $a + n\mathbb{Z}$ 和 $b + n\mathbb{Z}$ 的哪个代表元, 乘积都在陪集 $ab + n\mathbb{Z}$ 中. 所以在 $n\mathbb{Z}$ 的陪集上的乘法是良好定义的.

查看上述计算, 可以看到 $a'b' \in ab + n\mathbb{Z}$ 实际是验证 $n(kb + knr) + anr \in n\mathbb{Z}$. 这个计算的关键是当 $\mathbb{Z}$ 的元素乘以 $n\mathbb{Z}$ 的元素时, 乘积在 $n\mathbb{Z}$ 中. 这是以下定义的原因.

定义 30.2 *环 R 的加法子群 N 称为***理想** (ideal), *如果*

$$aN = \{an | n \in N\} \subseteq N, Na = \{na | n \in N\} \subseteq N$$

对于所有 $a \in R$ 成立.

例 30.3 可以看出 $n\mathbb{Z}$ 是环 $\mathbb{Z}$ 中的理想, 因为它是子环, 而 $s(nm) = (nm)s = n(ms) \in n\mathbb{Z}$ 对于所有 $s \in \mathbb{Z}$ 成立.

例 30.4 设 F 是将 $\mathbb{R}$ 映射到 $\mathbb{R}$ 的所有映射的环, 设 C 是由 F 中的所有常值映射组成的 F 的子环. C 是 F 的理想吗? 为什么?

解 一个常值映射与每个映射的乘积不一定是常函数. 例如, $\sin x$ 和 2 的乘积是 $2\sin x$. 因此 C 不是 F 的理想.

历史笔记

恩斯特·爱德华·库默尔 (Ernst Eduard Kummer, 1810—1893) 在 1847 年引入了“理想复数”的概念, 以在某些代数整数环中保留唯一因子分解这一概念. 特别地, 库默尔想把形如 $a_0+a_1\alpha+a_2\alpha^2+\cdots+a_{p-1}\alpha^{p-1}$ 的数因式分解为素数乘积, 其中 α 是 $x^p=1$(p 为素数) 的一个复数根而 a_i 为整数. 库默尔注意到, 素数为“不可分解数”的朴素定义并不会得到预期结果; 两个这样的“不可分解数”的乘积很可能可被其他“不可分解”数整除. 库默尔根据某些同余关系定义了“理想素因子”和“理想数”; 用这些“理想因子”作除数是保持因子分解唯一性所必需的. 利用这些, 库默尔事实上能够证明费马大定理的某些情形, 即如果 $n>2$, 对 $x,y,z\in\mathbb{Z}^+$, 方程 $x^n+y^n=z^n$ 没有解.

事实证明, 一个“理想数”一般来说根本不是一个“数”, 而是由它所“整除”的整数集合唯一确定的. 理查德·戴德金利用这一事实确定了此集合的理想因子; 因此, 他称这个集合本身为一个理想, 并证明它满足书中给出的定义. 然后, 戴德金定义了素理想和两个理想的乘积, 并证明任何代数数域的整数环中的任何理想可以唯一地写成素理想的乘积.

例 30.5 设 F 为上例中的,N 为所有满足 $f(2)=0$ 的映射 f 的子环.N 是 F 的理想吗? 为什么?

解 设 $f\in N$ 且 $g\in F$, 则 $(fg)(2)=f(2)g(2)=0g(2)=0$, 因此 $fg\in N$. 类似地,$gf\in N$. 因此 N 是 F 的理想.

定理 30.6 (与定理 12.7 类似) *设 H 是环 R 的加法子群. 定义在 H 的加法陪集上的乘法*

$$(a+H)(b+H)=ab+H$$

是良好定义的当且仅当 H 是 R 的理想.

证明 首先假设 H 是 R 的理想. 设 $a,b\in R,a'\in a+H$ 和 $b'\in b+H$. 那么, 存在元素 $h_1,h_2\in H$, 满足 $a'=a+h_1$ 且 $b'=b+h_2$. 有

$$a'b'=(a+h_1)(b+h_2)=ab+ah_2+h_1b+h_1h_2\in ab+H$$

因为 H 是一个理想.

现在假设 $(a+H)(b+H)=ab+H$ 定义了 H 在 R 中陪集上的一个二元运算. 设

$a \in R$ 和 $h \in H$, 要证明 $aH \subseteq H$ 和 $Ha \subseteq H$. 由于 $h + H = 0 + H$,

$$H = 0a + H = (0 + H)(a + H) = (h + H)(a + H) = ha + H$$

这表明 $ha \in H$, 意味着 $Ha \subseteq H$. 类似地,

$$H = a0 + H = (a + H)(0 + H) = (a + H)(h + H) = ah + H.$$

这表明 $ah \in H$, 意味着 $aH \subseteq H$. 因此 H 是 R 的一个理想. □

只要知道了代表元的乘法在 R 的子环 N 的加法陪集上是良好定义的, 则陪集乘法结合律和分配律可由 R 中的相同性质立即得到. 马上得到定理 30.6 的推论.

推论 30.7 (与推论 12.8 类似) 设 N 是环 R 的理想. 则 N 的加法陪集构成一个环 R/N, 二元运算定义为

$$(a + N) + (b + N) = (a + b) + N$$

以及

$$(a + N)(b + N) = ab + N$$

定义 30.8 上面推论中的环 R/N 称为 R 对 N 的**因子环** (factor ring)[或**商环** (quotient ring)].

如果用商环这一术语, 请不要与第 26 节中讨论的整环中商域的概念混淆.

同态

在第 22 节中定义了环同态和环同构的概念, 因为要讨论多项式的求值同态和同构环. 这里重复一些定义, 以便于参考. 回顾一下, 同态是一个与结构相关的映射. 环的同态一定与它们的加法结构和乘法结构相关.

定义 30.9 环 R 到环 R' 的映射 ϕ 称为**同态** (homomorphism), 如果

$$\phi(a + b) = \phi(a) + \phi(b)$$

及

$$\phi(ab) = \phi(a)\phi(b)$$

对于 R 中的所有元素 a 和 b 成立.

在例 22.10 中, 定义了求值同态, 例 22.11 说明映射 $\phi : \mathbb{Z} \to \mathbb{Z}_n$ 是一个同态, 其中 $\phi(m)$ 是 m 被 n 除的余数. 下面给出另一个简单但非常基本的同态的例子.

例 30.10(投影同态) 设 $R_1, R_2, \cdots, R_n$ 是环. 由 $\pi_i(r_1, r_2, \cdots, r_n) = r_i$ 定义的每个映射 $\pi_i : R_1 \times R_2 \times \cdots \times R_n \to R_i$ 都是同态, 称为到第 i 个分量上的投影. 同态的两个必要性质对于 π_i 都成立, 因为直积中的加法和乘法都是通过每个分量中的加法和乘法计算的.

同态的性质

继续平行给出与群同态和商群相似的环同态和商环.

定理 30.11 设 $\phi : R \to R'$ 是一个环同态.

1. 如果 0 是 R 中的加法单位元, 则 $\phi(0) = 0'$ 是 R' 中的加法单位元.
2. 如果 $a \in R$, 则 $\phi(-a) = -\phi(a)$.
3. 如果 S 是 R 的子环, 则 $\phi[S]$ 是 R' 的子环.
4. 如果 S' 是 R' 的子环, 则 $\phi^{-1}[S']$ 是 R 的子环.
5. 如果 R 有单位元 1, 则 $\phi(1)$ 是 $\phi[R]$ 的单位元.
6. 如果 N 是 R 的理想, 则 $\phi[N]$ 是 $\phi[R]$ 的理想.
7. 如果 N' 是 R' 或 $\phi[R]$ 的理想, 则 $\phi^{-1}[N']$ 是 R 的理想.

证明 设 ϕ 是环 R 到环 R' 的同态. 特别地, ϕ 可视为 $\langle R, +\rangle$ 到 $\langle R', +'\rangle$ 的群同态. 由定理 8.5 得出 $\phi(0) = 0'$ 是 R' 的加法单位元,$\phi(-a) = -\phi(a)$.

定理 8.5 还告诉我们, 如果 S 是 R 的子环, 那么, 考虑加法群 $\langle S, +\rangle$, 集合 $\langle \phi[S], +'\rangle$ 给出 $\langle R', +'\rangle$ 的一个子群. 如果 $\phi(s_1)$ 和 $\phi(s_2)$ 是 $\phi[S]$ 的两个元素, 则

$$\phi(s_1)\phi(s_2) = \phi(s_1 s_2)$$

因此 $\phi(s_1 s_2) \in \phi[S]$. 于是 $\phi(s_1)\phi(s_2) \in \phi[S]$, 所以 $\phi[S]$ 在乘法下封闭. 从而,$\phi[S]$ 是 R' 的子环.

另外, 定理 8.5 还表明, 如果 S' 是 R' 的子环, 则 $\langle \phi^{-1}[S'], +\rangle$ 是 $\langle R, +\rangle$ 的一个子群. 令 $a, b \in \phi^{-1}[S']$, 使得 $\phi(a) \in S'$ 且 $\phi(b) \in S'$, 则

$$\phi(ab) = \phi(a)\phi(b)$$

由于 $\phi(a)\phi(b) \in S'$, 并且 $ab \in \phi^{-1}[S']$, 因此 $\phi^{-1}[S']$ 在乘法下封闭, 从而是 R 的子环.

如果 R 有单位元 1, 则对于所有 $r \in R$,

$$\phi(r) = \phi(1r) = \phi(r1) = \phi(1)\phi(r) = \phi(r)\phi(1)$$

所以 $\phi(1)$ 是 $\phi[R]$ 的单位元.

定理其余部分的证明留作习题 22. □

注意, 在定理 30.11 中,$\phi(1)$ 是 $\phi[R]$ 的单位元, 但不一定是 R' 的单位元; 请在习题 9 中举例说明. 此外, 尽管 $\phi[N]$ 是 $\phi[R]$ 的理想, 但可能不是 R' 的理想; 请在习题 22 验证.

定义 30.12 设映射 $\phi: R \to R'$ 是一个环同态. 子环

$$\phi^{-1}[0'] = \{r \in R | \phi(r) = 0'\}$$

称为 ϕ 的**核** (kernel), 记为 $\mathrm{Ker}(\phi)$.

如果忽略环的乘法, 可以看出环同态的核与基本群同态的核相同. 群同态的性质也一定适用于环同态.

定理 30.13 (与定理 10.17 类似) 设 $\phi: R_1 \to R_2$ 是一个环同态. 元素 $a, b \in R_1$ 在 $\mathrm{Ker}(\phi)$ 的同一加法陪集中当且仅当 $\phi(a) = \phi(b)$.

定理 30.14 (与推论 10.19 类似) 环同态 $\phi: R_1 \to R_2$ 是单的当且仅当 $\mathrm{Ker}(\phi) = \{0\}$.

群同态 $\phi: G_1 \to G_2$ 的核是 G_1 的正规子群, 正规性是由子群构造商群所必需的. 环中也有类似情况. 需要一个为理想的子环, 以构造一个商环. 下面的定理说明, 实际上环同态的核是一个理想.

定理 30.15 设 $\phi: R_1 \to R_2$ 是一个环同态, 则 $\mathrm{Ker}(\phi)$ 是 R_1 的理想.

证明 由于 $\{0\} \subseteq R_2$ 是 R_2 的理想, 由定理 30.11 的性质 7,$\mathrm{Ker}(\phi) = \phi^{-1}[\{0\}]$ 是 R_1 的理想. □

同态基本定理

为完成与群的类比, 给出平行于定理 12.12 和定理 12.14 的定理.

定理 30.16 (与定理 12.12 类似) 设 N 是环 R 的理想, 则由 $\gamma(x) = x + N$ 给出的 $\gamma: R \to R/N$ 是一个核为 N 的环同态.

证明 加法部分在定理 12.12 中已完成. 转到乘法, 可以看出

$$\gamma(xy) = (xy) + N = (x + N)(y + N) = \gamma(x)\gamma(y)$$ □

定理 30.17 (同态基本定理; 与定理 12.14 类似) 设 $\phi: R \to R'$ 是具有核 N 的环同态, 则 $\phi[R]$ 是一个环, 且由 $\mu(x + N) = \phi(x)$ 给出的映射 $\mu: R/N \to \phi[R]$ 是一个同构. 如果由 $\gamma(x) = x + N$ 给出的 $\gamma: R \to R/N$ 是同态, 则对于每个 $x \in R$, 有 $\phi(x) = \mu \circ \gamma(x)$.

证明 由定理 30.15 和定理 30.16 立即得到. 图 30.18 与图 12.15 类似.

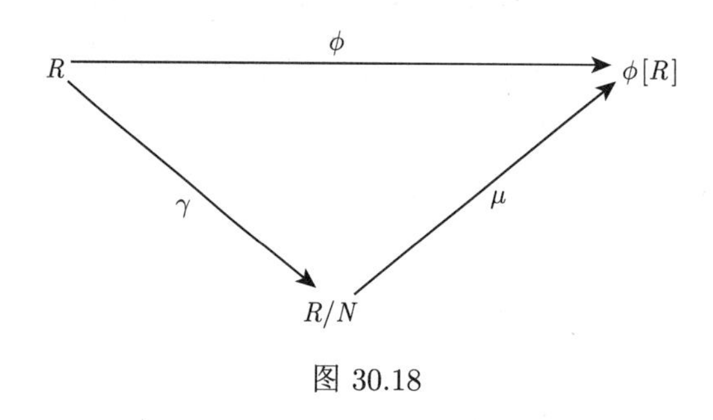

图 30.18

□

例 30.19 例 30.3 表明 $n\mathbb{Z}$ 是 $\mathbb{Z}$ 的理想, 因此可以构成商环 $\mathbb{Z}/n\mathbb{Z}$. 例 22.11 表明 $\phi:\mathbb{Z}\to\mathbb{Z}_n$ 是一个同态, 其中 $\phi(m)$ 是 m 模 n 的余数, 可以看出 $\text{Ker}(\phi)=n\mathbb{Z}$. 定理 30.17 表明映射 $\mu:\mathbb{Z}/n\mathbb{Z}\to\mathbb{Z}_n$ 是良好定义的且是一个同构, 其中 $\mu(m+n\mathbb{Z})$ 是 m 模 n 的余数.

例 30.20 继续例 30.5, 设 F 是将 $\mathbb{R}$ 映射到 $\mathbb{R}$ 的所有函数的环, 并令 N 是由 $f(2)=0$ 的所有函数 f 组成的 F 的子集. 集合 N 是 F 的理想, 所以 F/N 是一个环. 进一步,N 是由 $\phi_2(f)=f(2)$ 定义的求值同态 $\phi_2:F\to\mathbb{R}$ 的核. 由于 ϕ_2 是到 $\mathbb{R}$ 的满射, 由定理 30.17,F/N 与 $\mathbb{R}$ 同构. 同构映射 $\mu:F/N\to\mathbb{R}$ 由 $\mu(f)=f(2)$ 给出.

总之, 每个定义域为 R 的环同态, 都会产生商环 R/N, 且每个商环 R/N 给出一个将 R 映射到 R/N 的同态. 环论中的*理想*类似于群论中的*正规子群*. 两者都是形成商结构所需的典型子结构.

习题

计算

1. 描述 $\mathbb{Z}\times\mathbb{Z}$ 到 $\mathbb{Z}\times\mathbb{Z}$ 的所有环同态. (提示: 如果 ϕ 是这样的同态, 则 $\phi((1,0))=\phi((1,0))\phi((1,0))$ 以及 $\phi((0,1))=\phi((0,1))\phi((0,1))$. 再考虑 $\phi((1,0)(0,1))$.)

2. 找出正整数 n, 使得 $\mathbb{Z}_n$ 包含同构于 $\mathbb{Z}_2$ 的子环.

3. 找出 $\mathbb{Z}_{12}$ 的所有理想 N. 分别计算 $\mathbb{Z}_{12}/N$; 也就是说, 找出一个同构于商环的已知环.

4. 给出 $2\mathbb{Z}/8\mathbb{Z}$ 的加法和乘法表.$2\mathbb{Z}/8\mathbb{Z}$ 和 $\mathbb{Z}_4$ 是同构环吗?

概念

在习题 5~7 中, 不参考书本, 根据需要更正楷体术语的定义, 使其成立.

5. 环 R 与环 R' 的同构是同态 $\phi : R \to R'$, 其中 $\mathrm{Ker}(\phi) = \{0\}$.

6. 环 R 的理想N 是一个加法群 $\langle R, + \rangle$, 使得对 $r \in R$ 和 $n \in N$ 都有 $rn \in N$ 以及 $nr \in N$.

7. 将环 R 映射到环 R' 的同态 ϕ 的同态核是 $\{\phi(R) = 0' | r \in R\}$.

8. 设 F 是将 $\mathbb{R}$ 映射到 $\mathbb{R}$ 的任意阶可导函数的环. 求导映射 $\delta : F \to F$, 其中 $\delta(f(x)) = f'(x)$.δ 是同态吗? 为什么? 给出本题和例 30.4 之间的联系.

9. 给出环同态 $\phi : R \to R'$ 的例子使得 R 有单位元 1, 且 $\phi(1) \neq 0'$, 但是 $\phi(1)$ 不是 R' 的单位元.

10. 判断下列命题的真假.

a. 环同态的概念与商环的概念接近.

b. 环同态 $\phi : R \to R'$ 将 R 的理想映为 R' 的理想.

c. 环同态是单的当且仅当核是 $\{0\}$.

d.$\mathbb{Q}$ 是 $\mathbb{R}$ 的理想.

e. 环的每个理想都是环的子环.

f. 环的每个子环都是环的理想.

g. 交换环的每个商环也是交换环.

h. 环 $\mathbb{Z}/4\mathbb{Z}$ 和 $\mathbb{Z}_4$ 同构.

i. 有单位元 1 的环 R 的理想 N 等于 R 当且仅当 $1 \in N$.

j. 理想的概念对于环的意义, 相当于正规子群的概念对于群的意义.

11. 设 R 为环. 观察到 $\{0\}$ 和 R 都是 R 的理想. 商环 R/R 和 $R/\{0\}$ 有实际意义吗? 为什么?

12. 举例说明整环的商环可以是域.

13. 举例说明整环的商环可以有零因子.

14. 举例说明有零因子的环的商环可以是整环.

15. 找出环 $\mathbb{Z} \times \mathbb{Z}$ 的一个不是理想的子环.

16. 要求学生证明环 R 模理想 N 的商环是可交换的, 当且仅当对所有 $r, s \in R$ 有 $rs - sr \in N$. 学生开始如下:

假设 R/N 是交换的. 那么对于所有 $r, s \in R/N$, 有 $rs = sr$.

a. 为什么阅读此内容的教师认为这不是正确的证明?

b. 学生应该写什么?

c. 证明这一论断.(注意 "当且仅当".)

理论

17. 设 $R=\{a+b\sqrt{2}|a,b\in\mathbb{Z}\}$, 且 R' 由所有形如 $\begin{bmatrix} a & 2b \\ b & a \end{bmatrix}$ 的 2×2 矩阵组成, 其中 $a,b\in\mathbb{Z}$. 证明 R 是 $\mathbb{R}$ 的子环,R' 是 $M_2(\mathbb{Z})$ 的子环. 然后证明 $\phi: R\to R'$, 其中 $\phi(a+b\sqrt{2})=\begin{bmatrix} a & 2b \\ b & a \end{bmatrix}$ 是一个同构.

18. 证明从域到环的同态要么是单的, 要么将所有元素映射到 0.

19. 证明如果 R,R',R'' 是环, 且 $\phi: R\to R'$ 和 $\psi: R'\to R''$ 都是同态, 则复合函数 $\psi\phi: R\to R''$ 是一个同态.(见第 8 节习题 39.)

20. 设 R 是特征为素数 p 的有单位元的交换环. 证明由 $\phi_p(a)=a^p$ 给出的映射 $\phi_p: R\to R$ 是一个同态 (Frobenius 同态).

21. 设 R 和 R' 是环, 设 $\phi: R\to R'$ 是环同态, 使得 $\phi[R]\neq\{0'\}$. 证明如果 R 有单位元 1 且 R' 没有零因子, 则 $\phi(1)$ 是 R' 的单位元.

22. 设 $\phi: R\to R'$ 是一个环同态,N 是 R 的理想.

a. 证明 $\phi[N]$ 是 $\phi[R]$ 的理想.

b. 举例说明 $\phi[N]$ 不必是 R' 的理想.

c. 设 N' 是 $\phi[R]$ 或 R' 的理想. 证明 $\phi^{-1}[N']$ 是 R 的理想.

23. 设 F 是域,S 是 n 个 F 的乘积 $F\times F\times\cdots\times F$ 的子集. 证明以 S 的每个元素 $(a_1,a_2,\cdots,a_n)$ 为零点的 $f(x_1,x_2,\cdots,x_n)\in F[x_1,x_2,\cdots,x_n]$ 的集合 N_S (参见第 27 节习题 28) 是 $F[x_1,x_2,\cdots,x_n]$ 的理想. 这个结论在代数几何中很重要.

24. 证明域的商环是一个元素的平凡 (零) 环或同构于该域.

25. 证明如果 R 是有单位元的环,N 是 R 的理想, $N\neq R$, 则 R/N 是有单位元的环.

26. 设 R 是交换环,$a\in R$. 证明 $I_a=\{x\in R|ax=0\}$ 是 R 的理想.

27. 证明环 R 的理想的交集也是 R 的理想.

28. 设 R 和 R' 是环,N 和 N' 分别是 R 和 R' 的理想. 设 ϕ 是 R 到 R' 的同态. 证明如果 $\phi[N]\subseteq N'$, 则 ϕ 诱导出自然同态 $\phi^*: R/N\to R'/N'$. (用第 12 节的习题 41.)

29. 设 ϕ 是从有单位元的环 R 到非零环 R' 的同态. 设 u 是 R 中的单位. 证明 $\phi(u)$ 是 R' 中的单位.

30. 环 R 的元素 a 称为**幂零的** (nilpotent), 如果有某个 $n\in\mathbb{Z}^+$ 使得 $a^n=0$. 证明交换环 R 中所有幂零元的集合是一个理想, 称为 R 的**幂零根** (nilradical).

31. 参考习题 30 中的定义, 找出环 $\mathbb{Z}_{12}$ 的幂零根, 并证明它是习题 3 中 $\mathbb{Z}_{12}$ 的理想. $\mathbb{Z}$ 的幂零根是什么?$\mathbb{Z}_{32}$ 呢?

32. 参考习题 30, 证明如果 N 是交换环 R 的幂零根, 则 R/N 的幂零根为平凡理想 $\{0+N\}$.

33. 设 R 是交换环,N 是 R 的理想. 参考习题 30, 证明如果 N 的每个元素都是幂零的且 R/N 的幂零根是 R/N, 则 R 的幂零根是 R.

34. 设 R 是交换环,N 是 R 的理想. 证明对某个 $n \in \mathbb{Z}^+$ 有 $a^n \in N$ 的 a 的集合 $\sqrt{N}$ 是 R 的理想, 称为 N 的**根** (radical).

35. 参考习题 34, 举例说明对于交换环 R 的真理想 N 有

a.$\sqrt{N}$ 不必等于 N.

b.$\sqrt{N}$ 可以等于 N.

36. 习题 34 的理想 $\sqrt{N}$ 与 R/N 的幂零根之间是什么关系 (参见习题 30)? 仔细写出回答.

37. 证明由下式给出的 $\phi: \mathbb{C} \to M_2(\mathbb{R})$:

$$\phi(a+b\mathrm{i}) = \begin{bmatrix} a & b \\ -b & a \end{bmatrix}$$

其中 $a, b \in \mathbb{R}$, 给出了 $\mathbb{C}$ 与 $M_2(\mathbb{R})$ 的子环 $\phi[\mathbb{C}]$ 的同构.

6.31 素理想和极大理想

上节习题 12~14 要求提供商环 R/N 的例子, 其中 R 和 R/N 有非常不同的结构. 下面从这种例子开始讨论, 在这个过程中, 为这些习题提供解答.

例 31.1 如推论 23.5 所示, 与 $\mathbb{Z}/p\mathbb{Z}$ 同构的环 $\mathbb{Z}_p$ 是一个域, 其中 p 是素数. 因此, 整环的商环可以是域.

例 31.2 环 $\mathbb{Z} \times \mathbb{Z}$ 不是整环, 因为

$$(0,1)(1,0) = (0,0)$$

表明 $(0,1)$ 和 $(1,0)$ 是零因子. 设 $N = \{(0,n) | n \in \mathbb{Z}\}$, 则 N 是 $\mathbb{Z} \times \mathbb{Z}$ 的一个理想, 且 $(\mathbb{Z} \times \mathbb{Z})/N$ 在对应 $[(m,0)+N] \leftrightarrow m$ 下同构于 $\mathbb{Z}$, 其中 $m \in \mathbb{Z}$. 因此, 环的商环可以是一个整环, 即使原来的环不是整环.

例 31.3 容易看出 $\mathbb{Z}_6$ 的子集 $N = \{0,3\}$ 是 $\mathbb{Z}_6$ 的理想, 且 $\mathbb{Z}_6/N$ 有三个元素, $0+N, 1+N$ 和 $2+N$. 这些加法和乘法的形式表明, 在对应关系

$$(0+N) \leftrightarrow 0, (1+N) \leftrightarrow 1, (2+N) \leftrightarrow 2$$

下, $\mathbb{Z}_6/N \cong \mathbb{Z}_3$. 这个例子表明, 即使 R 不是一个整环, 也就是说, 如果 R 有零因子,R/N 仍然可能是一个域.

例 31.4 $\mathbb{Z}$ 是整环, 但 $\mathbb{Z}/6\mathbb{Z} \cong \mathbb{Z}_6$ 不是. 前面的例子表明商环可能比原来环有更好的结构. 这个例子表明商环的结构可能比原来环看起来更糟.

每个非零环 R 至少有两个理想, **非真理想**R 和**平凡理想**$\{0\}$. 对应于这些理想, 商环 R/R 只有一个元素,$R/\{0\}$ 同构于 R. 这些都不是令人感兴趣的情况. 类似于群的子群, 环 R 的**非平凡真理想**是 R 的理想 N 满足 $N \neq R$ 且 $N \neq \{0\}$.

环和整环的商环可能非常有趣, 如上面的例子所示, 下一个定理后面的推论 31.6 表明, 域的商环真的没有用处.

定理 31.5 如果 R 是有单位元的环, 并且 N 是 R 的包含单位的理想, 则 $N = R$.

证明 设 N 是 R 的理想, 并设 $u \in N$ 是 R 中的单位. 由于对于所有 $r \in R$ 有 $rN \subseteq N$, 如果取 $r = u^{-1}$ 和 $u \in N$, 则 $1 = u^{-1}u$ 在 N 中. 但是对于所有 $r \in R$ 有 $rN \subseteq N$, 意味着对所有 $r \in R$ 有 $r1 = r$ 在 N 中, 因此 $N = R$. □

推论 31.6 域不包含非平凡真理想.

证明 由于域的每个非零元都是单位, 因此由定理 31.5 立即得到域 F 的理想是 $\{0\}$ 或 F. □

极大理想和素理想

现在考虑商环何时是域何时是整环. 在群和环的类比中, 注意到环的理想对应于正规子群. 推论 31.6 指出域没有非平凡真理想. 在群论中, 这对应于没有非平凡真正规子群的群, 即单群. 定理 13.20 指出商群 G/H 是单群, 当且仅当 H 是 G 的极大正规子群. 下述定义类似于极大正规子群.

定义 31.7 环 R 的**极大理想** (maximal ideal) 是指 R 的一个真理想 M, 使得 R 的真理想 N 都不能真包含 M.

例 31.8 设 p 为素数. 于是 $\mathbb{Z}/p\mathbb{Z}$ 与 $\mathbb{Z}_p$ 同构. 忽略乘法而把 $\mathbb{Z}/p\mathbb{Z}$ 和 $\mathbb{Z}_p$ 看作加法群, 因为 $\mathbb{Z}_p$ 是一个单群, 因此根据定理 13.20,$p\mathbb{Z}$ 是 $\mathbb{Z}$ 的一个极大正规子群. 因为 $\mathbb{Z}$ 是交换群, 每个子群都是正规子群, 因此 $p\mathbb{Z}$ 是 $\mathbb{Z}$ 的极大子群. 因为 $p\mathbb{Z}$ 是环 $\mathbb{Z}$ 的一个理想, 所以 $p\mathbb{Z}$ 是 $\mathbb{Z}$ 的极大理想. 而 $\mathbb{Z}/p\mathbb{Z}$ 同构于环 $\mathbb{Z}_p$, 且 $\mathbb{Z}_p$ 其实是个域. 因此 $\mathbb{Z}/p\mathbb{Z}$ 是一个域. 这说明了下面定理.

定理 31.9 (与定理 13.20 类似) 设 R 是有单位元的交换环, 那么 M 是 R 的极大理想当且仅当 R/M 是一个域.

证明 首先假设 M 是 R 的极大理想, 因为 R 是有单位元的交换环,R/M 也是. 此外, 由于 $M \neq R, 0+M \neq 1+M$, 因此 R/M 为非零环. 设 $a+M \in R/M$, 其中 $a \notin M$, 即 $a+M$ 不是 R/M 的加法单位元. 假设 $a+M$ 在 R/M 中没有乘法逆元. 那么, 集合 $(R/M)(a+M)=\{(r+M)(a+M)|r+M \in R/M\}$ 不包含 $1+M$. 容易看出 $(R/M)(a+M)$ 是 R/M 的理想. 它是非平凡的, 因为 $a \notin M$, 且它是一个真理想, 因为不包含 $1+M$. 根据定理 30.11, 如果 $\gamma: R \rightarrow R/M$ 是一个典范同态, 则 $\gamma^{-1}[(R/M)(a+M)]$ 为 R 的真包含 M 的真理想. 但这与假设 M 是极大理想相矛盾, 因此 $a+M$ 在 R/M 中一定有乘法逆元.

反之, 假设 R/M 是一个域. 根据定理 30.11, 如果 N 是 R 的任意理想使得 $M \subset N \subset R$, 且 γ 是 R 到 R/M 的典范同态, 则 $\gamma[N]$ 是 R/M 的理想使得 $\{0+M\} \subset \gamma[N] \subset R/M$. 但这与推论 31.6 所说的域 R/M 不包含非平凡真理想相矛盾. 因此, 如果 R/M 是一个域, 那么 M 是极大的. □

例 31.10 因为 $\mathbb{Z}/n\mathbb{Z}$ 同构于 $\mathbb{Z}_n$, 且 $\mathbb{Z}_n$ 是域当且仅当 n 是素数, 可以看出 $\mathbb{Z}$ 的极大理想是所有理想 $p\mathbb{Z}$, 其中 p 是素数.

推论 31.11 有单位元的交换环是域, 当且仅当没有非平凡真理想.

证明 推论 31.6 表明一个域没有非平凡真理想.

反之, 如果有单位元的交换环 R 没有非平凡真理想, 根据定理 31.9,$\{0\}$ 是极大理想, 且 R 与 $R/\{0\}$ 同构是一个域. □

现在转到特征问题, 设 R 是有单位元的交换环, 理想 $N \neq R$, 使得 R/N 是一个整环. 很明显, 商环 R/N 是整环, 当且仅当 $(a+N)(b+N)=N$ 推出 $a+N=N$ 或 $b+N=N$. 这正是 R/N 无零因子的结论, 因为陪集 N 在 R/N 中起零的作用. 看代表元, 这个条件相当于说 $ab \in N$ 推出 $a \in N$ 或 $b \in N$.

例 31.12 $\mathbb{Z}$ 的所有理想都有 $n\mathbb{Z}$ 的形式. 对于 $n=0$, 有 $n\mathbb{Z}=\{0\}, \mathbb{Z}/\{0\} \cong \mathbb{Z}$, 这是一个整环. 对于 $n>0$, $\mathbb{Z}/n\mathbb{Z} \cong \mathbb{Z}_n$ 且 $\mathbb{Z}_n$ 是整环当且仅当 n 是素数. 因此, 非零理想 $n\mathbb{Z}$ 使得 $\mathbb{Z}/n\mathbb{Z}$ 是整环, 必须形如 $p\mathbb{Z}$, 其中 p 是素数. 当然,$\mathbb{Z}/p\mathbb{Z}$ 实际上是一个域, 所以 $p\mathbb{Z}$ 是 $\mathbb{Z}$ 的极大理想. 注意, 对于 $p\mathbb{Z}$ 中整数的乘积 rs, 素数 p 一定整除 r 或 s. 在本例中素数的角色在下面的定义中用素一词更合理.

定义 31.13 交换环 R 中理想 $N \neq R$ 是一个**素理想** (prime ideal), 如果对于 $a, b \in R$, 由 $ab \in N$ 可推出 $a \in N$ 或 $b \in N$.

注意,$\{0\}$ 是 $\mathbb{Z}$ 中的素理想, 实际上, 它在任何整环中都是素理想.

例 31.14 注意,$\mathbb{Z} \times \{0\}$ 是 $\mathbb{Z} \times \mathbb{Z}$ 的素理想, 因为如果 $(a, b)(c, d) \in \mathbb{Z} \times \{0\}$, 那么一定在 $\mathbb{Z}$ 中有 $bd=0$. 这意味着 $b=0,(a, b) \in \mathbb{Z} \times \{0\}$, 或 $d=0,(c, d) \in \mathbb{Z} \times \{0\}$. 注

意 $(\mathbb{Z}\times\mathbb{Z})/(\mathbb{Z}\times\{0\})$ 同构于 $\mathbb{Z}$, 是一个整环.

例 31.12 前的说明文字构成了以下定理的证明, 如例 31.14 所示.

定理 31.15 设 R 是有单位元的交换环, 且 $N\neq R$ 是 R 的理想, 则 R/N 是整环当且仅当 N 是 R 的素理想.

推论 31.16 有单位元的交换环 R 的极大理想都是素理想.

证明 如果 M 在 R 中极大, 则 R/M 是一个域, 因此是一个整环. 根据定理 31.15, M 是一个素理想. □

刚刚介绍的极大理想和素理想非常重要, 我们将大量使用它们. 必须知道和理解极大理想以及素理想的定义, 并记住已经证明的以下事实.

对于有单位元的交换环 R:

1. R 的理想 M 是极大的当且仅当 R/M 是域.
2. R 的理想 N 是素的当且仅当 R/N 是整环.
3. R 的极大理想都是素理想.

素域

现在继续证明, 环 $\mathbb{Z}$ 和 $\mathbb{Z}_n$ 构成所有有单位元的环的基础, 且 $\mathbb{Q}$ 和 $\mathbb{Z}_p$ 对所有域有类似的基础作用. 设 R 为任意有单位元 1 的环. 回顾, 对 $n>0$, $n\cdot 1$ 表示 $1+1+\cdots+1$, n 个 1 之和, 且对 $n<0$, $(-1)+(-1)+\cdots+(-1)$ 是 $|n|$ 个 (-1) 之和, $n=0$ 时 $n\cdot 1=0$.

定理 31.17 如果 R 是有单位元 1 的环, 则由

$$\phi(n)=n\cdot 1$$

$(n\in\mathbb{Z})$ 给出的映射 $\phi:\mathbb{Z}\to R$ 是从 $\mathbb{Z}$ 到 R 的同态.

证明 注意

$$\phi(n+m)=(n+m)\cdot 1=(n\cdot 1)+(m\cdot 1)=\phi(n)+\phi(m)$$

R 中的分配律表明

$$\underbrace{(1+1+\cdots+1)}_{n}\underbrace{(1+1+\cdots+1)}_{m}=\underbrace{(1+1+\cdots+1)}_{nm}$$

因此, 对 $n,m>0$, $(n\cdot 1)(m\cdot 1)=(nm)\cdot 1$. 对于所有 $n,m\in\mathbb{Z}$, 同样由分配律, 有

$$(n\cdot 1)(m\cdot 1)=(nm)\cdot 1$$

因此

$$\phi(nm)=(nm)\cdot 1=(n\cdot 1)(m\cdot 1)=\phi(n)\phi(m)$$ □

推论 31.18 设 R 是有单位元的环. 如果 R 的特征 $n > 1$, 则 R 包含一个同构于 $\mathbb{Z}_n$ 的子环. 如果 R 的特征为 0, 则 R 包含一个同构于 $\mathbb{Z}$ 的子环.

证明 对于 $m \in \mathbb{Z}$, 根据定理 31.17, 由 $\phi(m) = m \cdot 1$ 给出的映射 $\phi : \mathbb{Z} \to R$ 是一个同态. 同态的核一定是 $\mathbb{Z}$ 的理想.$\mathbb{Z}$ 中所有理想都形如 $s\mathbb{Z}$, 其中 $s \in \mathbb{Z}$. 根据定理 23.14, 如果 R 的特征 $n > 0$, 则 ϕ 的核是 $n\mathbb{Z}$. 则映射象 $\phi[\mathbb{Z}] \leqslant R$ 同构于 $\mathbb{Z}/n\mathbb{Z} \cong \mathbb{Z}_n$. 如果 R 的特征为 0, 则对于所有 $m \neq 0$ 有 $m \cdot 1 \neq 0$, 所以 ϕ 的核是 $\{0\}$. 因此, 映射象 $\phi[\mathbb{Z}] \leqslant R$ 与 $\mathbb{Z}$ 同构. □

定理 31.19 域 F 的特征是素数 p 且包含同构于 $\mathbb{Z}_p$ 的子域, 或者特征为 0 且包含同构于 $\mathbb{Q}$ 的子域.

证明 如果 F 的特征不为 0, 则前面的推论表明 F 包含一个同构于 $\mathbb{Z}_n$ 的子环. 那么, n 一定是素数 p, 否则 F 将有零因子. 如果 F 的特征为 0, 则 F 一定包含与 $\mathbb{Z}$ 同构的子环. 在这种情况下, 推论 26.9 和推论 26.10 表明, F 一定包含此子环的商域且此商域一定与 $\mathbb{Q}$ 同构. □

因此, 每个域包含同构于 $\mathbb{Z}_p$ 的子域, 其中 p 为某个素数, 或包含同构于 $\mathbb{Q}$ 的子域. 域 $\mathbb{Z}_p$ 和 $\mathbb{Q}$ 是下面所有域的构造基础.

定义 31.20 域 $\mathbb{Z}_p$ 和 $\mathbb{Q}$ 称为**素域** (prime field).

$F[x]$ 中理想结构

在本节的其余部分中, 假设 F 是一个域. 对有单位元的一般交换环 R, 给出下面的定义, 尽管本书只需要 $R = F[x]$ 的情况. 注意, 对于有单位元的交换环 R,$a \in R$, 集合 $\{ra | r \in R\}$ 是 R 的包含元素 a 的理想.

定义 31.21 如果 R 是有单位元的交换环, 且 $a \in R$, 则 a 的所有倍数的理想 $\{ra | r \in R\}$ 称为由 a 生成的**主理想** (principal ideal), 记为 $\langle a \rangle$. R 的理想 N 称为**主理想**, 如果 $N = \langle a \rangle$ 对于某个 $a \in R$.

例 31.22 环 $\mathbb{Z}$ 的每个理想都形如 $n\mathbb{Z}$, 是由 n 生成的, 因此 $\mathbb{Z}$ 的每一个理想都是主理想.

例 31.23 $F[x]$ 中的主理想 $\langle x \rangle$ 由 $F[x]$ 中所有常数项为零的多项式组成.

下一个定理是 $F[x]$ 的带余除法的另一个简单但非常重要的应用.(参见定理 28.2.) 该定理的证明用了 $F[x]$ 中带余除法, 相当于用 $\mathbb{Z}$ 中带余除法证明循环群的子群是循环群.

定理 31.24 如果 F 是一个域, 则 $F[x]$ 中的每个理想都是主理想.

证明 设 N 是 $F[x]$ 的理想. 如果 $N = \{0\}$, 则 $N = \langle 0 \rangle$. 假设 $N \neq \{0\}$, 令

$g(x)$ 是 N 的非零多项式中次数最小的. 如果 $g(x)$ 的次数为 0, 则 $g(x) \in F$ 且是一个单位, 因此根据定理 31.5,$N = F[x] = \langle 1 \rangle$, 所以 N 是主理想. 如果 $g(x)$ 的次数大于或等于 1, 设 $f(x)$ 是 N 的任意多项式. 由定理 28.2,$f(x) = g(x)q(x) + r(x)$, 其中 $r(x) = 0$ 或 $\deg(r(x)) < \deg(g(x))$. 现在 $f(x) \in N$ 和 $g(x) \in N$, 根据理想的定义, 有 $f(x) - g(x)q(x) = r(x)$ 在 N 中. 由于 $g(x)$ 是 N 中次数最小的非零多项式, 一定有 $r(x) = 0$. 因此,$f(x) = g(x)q(x)$,$N = \langle g(x) \rangle$. □

现在可以刻画 $F[x]$ 的极大理想. 这是实现**基本目标**的关键一步. 基本目标是证明 $F[x]$ 中的任何非常数多项式 $f(x)$ 在包含 F 的某个域 E 中有零点.

定理 31.25 *$F[x]$ 的理想 $\langle p(x) \rangle \neq \{0\}$ 是极大的, 当且仅当 $p(x)$ 在 F 上不可约.*

证明 假设 $\langle p(x) \rangle \neq \{0\}$ 是 $F[x]$ 的极大理想, 则 $\langle p(x) \rangle \neq F[x]$, 所以 $p(x) \notin F$. 设 $p(x) = f(x)g(x)$ 是 $F[x]$ 中 $p(x)$ 的因式分解. 因为 $\langle p(x) \rangle$ 是极大理想因此也是素理想,$(f(x)g(x)) \in \langle p(x) \rangle$, 意味着 $f(x) \in \langle p(x) \rangle$ 或者 $g(x) \in \langle p(x) \rangle$; 也就是说,$f(x)$ 或 $g(x)$ 将以 $p(x)$ 为因式. 因此不能同时有 $f(x)$ 和 $g(x)$ 的次数小于 $p(x)$ 的次数. 这表明 $p(x)$ 在 F 上是不可约的.

反之, 如果 $p(x)$ 在 F 上不可约, 假设 N 是一个理想使得 $\langle p(x) \rangle \subseteq N \subseteq F[x]$. 根据定理 31.24,$N$ 是一个主理想, 对于某个 $g(x) \in N$ 有 $N = \langle g(x) \rangle$. 因此 $p(x) \in N$ 意味着 $p(x) = g(x)q(x)$, 对于某个 $q(x) \in F[x]$. 但是 $p(x)$ 是不可约的, 这意味着 $g(x)$ 和 $q(x)$ 有 0 次的. 如果 $g(x)$ 为 0 次的, 即 F 中非零常数, 则 $g(x)$ 为 $F[x]$ 中的单位, 因此 $\langle g(x) \rangle = N = F[x]$. 如果 $q(x)$ 为 0 次的, 则 $q(x) = c \in F$, 且 $g(x) = (1/c)p(x)$ 在 $\langle p(x) \rangle$ 中, 所以 $N = \langle p(x) \rangle$. 因此 $\langle p(x) \rangle \subset N \subset F[x]$ 是不可能的, 所以 $\langle p(x) \rangle$ 极大. □

例 31.26 例 28.10 表明 x^3+3x+2 在 $\mathbb{Z}_5[x]$ 中是不可约的, 因此 $\mathbb{Z}_5[x]/\langle x^3+3x+2 \rangle$ 是一个域. 类似地, 定理 27.11 表明 $x^2 - 2$ 在 $\mathbb{Q}[x]$ 中是不可约的, 因此 $\mathbb{Q}[x]/\langle x^2 - 2 \rangle$ 是一个域. 稍后会将更详细地研究这些域.

$F[x]$ 中因式分解唯一性的应用

6.28 节中不加证明地给出了定理 31.27, 如下所示.(参见定理 28.19.) 利用这个定理, 在 6.28 节中证明了除了因式的次序和 F 中的单位, $F[x]$ 中的多项式分解为不可约多项式是唯一的. 到目前为止已发展的技术, 可以给出定理 31.27 的一个简单证明. 因此 $F[x]$ 中因式分解唯一性证明得以补充完整.

定理 31.27 *设 $p(x)$ 是 $F[x]$ 中的不可约多项式. 如果 $p(x)$ 整除 $r(x)s(x)$, 其中 $r(x), s(x) \in F[x]$, 则 $p(x)$ 整除 $r(x)$ 或 $s(x)$.*

证明 假设 $p(x)$ 整除 $r(x)s(x)$, 则 $r(x)s(x) \in \langle p(x)\rangle$, 根据定理 31.25$\langle p(x)\rangle$ 是极大理想. 因此根据推论 31.16$\langle p(x)\rangle$ 是素理想. 因此, 由 $r(x)s(x) \in \langle p(x)\rangle$ 推出 $r(x) \in \langle p(x)\rangle$, 得到 $p(x)$ 整除 $r(x)$, 或者 $s(x) \in \langle p(x)\rangle$, 得到 $p(x)$ 整除 $s(x)$. □

基本目标的预览

以一个 8.39 节的基本目标的证明概要, 结束本节内容. 目前已经有了证明的所有想法, 应该可以补充这个概要的细节了.

基本目标: 设 F 是一个域,$f(x)$ 是 $F[x]$ 中一个非常数多项式. 证明存在一个包含 F 的域 E 包含 $f(x)$ 的零点 α.

证明概要

1. 设 $p(x)$ 是 $F[x]$ 中 $f(x)$ 的不可约因式.

2. 设 E 为域$F[x]/\langle p(x)\rangle$.(见定理 31.25 和定理 31.9.)

3. 证明 F 的两个不同元素不在 $F[x]/\langle p(x)\rangle$ 的同一陪集中, 推出 F 是 (同构于)E 的子域.

4. 设 α 在 E 的陪集 $x+\langle p(x)\rangle$. 证明对于求值同态 $\phi_\alpha : F[x] \to E$, 有 $\phi_\alpha(f(x)) = 0$. 也就是说,α 是 $f(x)$ 在 E 中的一个零点.

8.39 节给出了根据本概要构建的域的例子. 在那里给出了域 $\mathbb{Z}_2[x]/\langle x^2+x+1\rangle$ 的加法和乘法表. 证明这个域仅有四个元素, 即陪集

$$0+\langle x^2+x+1\rangle, 1+\langle x^2+x+1\rangle, x+\langle x^2+x+1\rangle, (x+1)+\langle x^2+x+1\rangle$$

将这四个陪集分别重命名为 $0, 1, \alpha, \alpha+1$, 得到该 4 元域中的加法表 39.21 和乘法表 39.22. 为了看出表的构建, 要注意, 这是在特征 2 的域中, 因此 $\alpha+\alpha = \alpha(1+1) = \alpha 0 = 0$. 还要注意,$\alpha$ 是 x^2+x+1 的零点, 因此 $\alpha^2+\alpha+1 = 0$, 于是 $\alpha^2 = -\alpha-1 = \alpha+1$.

习题

计算

1. 找出 $\mathbb{Z}_6$ 的所有素理想和极大理想.

2. 找出 $\mathbb{Z}_{12}$ 的所有素理想和极大理想.

3. 找出 $\mathbb{Z}_2 \times \mathbb{Z}_2$ 的所有素理想和极大理想.

4. 找出 $\mathbb{Z}_2 \times \mathbb{Z}_4$ 的所有素理想和极大理想.

5. 找出所有 $c \in \mathbb{Z}_3$, 使得 $\mathbb{Z}_3[x]/\langle x^2+c\rangle$ 为域.

6. 找出所有 $c \in \mathbb{Z}_3$, 使得 $\mathbb{Z}_3[x]/\langle x^3+x^2+c\rangle$ 为域.

7. 找出所有 $c \in \mathbb{Z}_3$, 使得 $\mathbb{Z}_3[x]/\langle x^3 + cx^2 + 1\rangle$ 为域.

8. 找出所有 $c \in \mathbb{Z}_5$, 使得 $\mathbb{Z}_5[x]/\langle x^2 + x + c\rangle$ 为域.

9. 找出所有 $c \in \mathbb{Z}_5$, 使得 $\mathbb{Z}_5[x]/\langle x^2 + cx + 1\rangle$ 为域.

概念

在习题 10~13 中, 不参考书本, 根据需要更正楷体术语的定义, 使其成立.

10. 环 R 的*极大理想*是不包含在 R 的任何其他理想中的理想.

11. 交换环 R 的*素理想*是形如 $pR = \{pr | r \in R\}$ 的理想, 其中 p 为某个素数.

12. *素域*是没有真子域的域.

13. 有单位元的交换环的*主理想*是理想 N: 存在一个 $a \in N$ 使得 N 是包含 a 的最小理想.

14. 判断下列命题的真假.

a. 有单位元的交换环的素理想都是极大理想.

b. 有单位元的交换环的极大理想都是素理想.

c.$\mathbb{Q}$ 是它自己的素子域.

d.$\mathbb{C}$ 的素子域是 $\mathbb{R}$.

e. 每个域都包含同构于素域的子域.

f. 有零因子的环可以包含一个素域作为子环.

g. 特征零的域包含同构于 $\mathbb{Q}$ 的子域.

h. 设 F 是域. 由于 $F[x]$ 没有零因子, 所以 $F[x]$ 的理想都是素理想.

i. 设 F 是域.$F[x]$ 的理想都是主理想.

j. 设 F 是域.$F[x]$ 的主理想都是极大理想.

15. 找出 $\mathbb{Z} \times \mathbb{Z}$ 的极大理想.

16. 找出 $\mathbb{Z} \times \mathbb{Z}$ 的非极大素理想.

17. 找出 $\mathbb{Z} \times \mathbb{Z}$ 的不是素理想的非平凡真理想.

18. $\mathbb{Q}[x]/\langle x^2 - 5x + 6\rangle$ 是否为域? 为什么?

19. $\mathbb{Q}[x]/\langle x^2 - 6x + 6\rangle$ 是否为域? 为什么?

证明概要

20. 给出定理 31.9 中 “必要性” 的一两句话概要.

21. 给出定理 31.9 中 “充分性” 的一两句话概要.

22. 给出定理 31.24 的一两句话概要.

23. 给出定理 31.25 中 “必要性” 的一两句话概要.

理论

24. 举例说明 $\mathbb{Q}[x,y]$ 中的理想不必是主理想. 因此, 如果 R 是整环且 R 中的理想都是主理想, 并不能得出 $R[x]$ 中的理想都是主理想.

25. 证明如果 R 是有单位元的交换环且 $a \in R$, 则 $\langle a \rangle = \{ra | r \in R\}$ 是 R 的理想.

26. 设 R 是有单位元的有限交换环. 证明 R 中素理想都是极大理想.

27. 推论 31.18 表明, 有单位元的环都包含同构于 $\mathbb{Z}$ 或某个 $\mathbb{Z}_n$ 的子环. 对 $n \neq m$, 有单位元的环可能同时包含同构于 $\mathbb{Z}_n$ 和 $\mathbb{Z}_m$ 的两个子环吗? 如果可能, 举例说明. 如果不可能, 说明理由.

28. 继续习题 27, 对两个不同素数 p 和 q, 有单位元的环是否可能同时包含与域 $\mathbb{Z}_p$ 和 $\mathbb{Z}_q$ 同构的两个子环? 举例子说明或证明这不可能.

29. 按照习题 28 的思路, 整环是否可能包含两个同构于 $\mathbb{Z}_p$ 和 $\mathbb{Z}_q$ 的子环? 其中 $p \neq q$ 且 p 和 q 都是素数. 给出理由或举例说明.

30. 由极大理想和素理想的定义证明有单位元的交换环 R 的极大理想是素理想. [提示: 设 M 在 R 中的极大理想,$ab \in M, a \notin M$. 讨论包含 a 和 M 的最小理想 $\{ra + m | r \in R, m \in M\}$ 一定包含 1. 将 1 表示为 $ra + m$ 并乘以 b.]

31. 证明 N 是环 R 中极大理想当且仅当 R/N 是**单环**, 即它是非平凡的且没有真非平凡的理想.(与定理 13.20 比较.)

32. 证明如果 F 是域, 则 $F[x]$ 的每个非平凡真素理想是极大的.

33. 设 F 是域,$f(x), g(x) \in F[x]$. 证明 $f(x)$ 整除 $g(x)$ 当且仅当 $g(x) \in \langle f(x) \rangle$.

34. 设 F 是域,$f(x), g(x) \in F[x]$. 证明

$$N = \{r(x)f(x) + s(x)g(x) | r(x), s(x) \in F[x]\}$$

是 $F[x]$ 的理想. 证明如果 $f(x)$ 和 $g(x)$ 的次数不同, 且 $N \neq F[x]$, 则 $f(x)$ 和 $g(x)$ 在 F 上不可能都不可约.

35. 用定理 31.24 证明以下两个定理等价:

代数基本定理:$\mathbb{C}[x]$ 中非常数多项式在 $\mathbb{C}$ 中都有零点.

$\mathbb{C}[x]$ 零点定理: 设 $f_1(x), f_2(x), \cdots, f_r(x) \in \mathbb{C}[x]$, 若 r 个多项式的零点 $\alpha \in \mathbb{C}$ 都是 $\mathbb{C}[x]$ 中多项式 $g(x)$ 的零点, 则 $g(x)$ 的某个幂包含在 $\mathbb{C}[x]$ 的包含 r 个多项式 $f_1(x), f_2(x), \cdots, f_r(x)$ 的最小理想中.

环中理想有一些算术运算. 接下来的三个习题定义了理想的和、积和商.

36. 如果 A 和 B 是环 R 的理想, 则 A 和 B 的**和** $A + B$ 定义为

$$A + B = \{a + b | a \in A, b \in B\}$$

a. 证明 $A+B$ 是一个理想.

b. 证明 $A \subseteq A+B$ 和 $B \subseteq A+B$.

37. 设 A 和 B 是环 R 的理想.A 和 B 的**乘积**AB 定义为

$$AB = \left\{ \sum_{i=1}^{n} a_i b_i | a_i \in A, b_i \in B, n \in \mathbb{Z}^+ \right\}$$

a. 证明 AB 是 R 的理想.

b. 证明 $AB \subseteq (A \cap B)$.

38. 设 A 和 B 是交换环 R 的理想.A 与 B 的**商**$A:B$ 定义为

$$A:B = \{r \in R | rb \in A, b \in B\}.$$

证明 $A:B$ 是 R 的理想.

39. 证明对于域 F, 形如

$$\begin{bmatrix} a & b \\ 0 & 0 \end{bmatrix}$$

的矩阵集合是 $M_2(F)$ 的**右理想**但不是**左理想**, 其中 $a, b \in F$. 也就是说, 证明 S 是在右侧乘 $M_2(F)$ 的任何元素下封闭的子环, 但在左侧乘法下不封闭.

40. 证明矩阵环 $M_2(\mathbb{Z}_2)$ 是单环, 即 $M_2(\mathbb{Z}_2)$ 没有非真平凡理想.

6.32 非交换例子[㊀]

到目前为止, 所给的非交换环的例子仅有域 F 上所有 $n \times n$ 矩阵的环 $M_n(F)$. 本书几乎不处理非交换环和严格斜域. 为了表明还有其他重要的非交换环会自然地出现在代数中, 下面给出几个例子.

自同态环

设 A 是交换群.A 到自身的同态称为 A 的**自同态** (endomorphism). 设 A 的所有自同态的集合为 $\mathrm{End}(A)$. 由于 A 的两个自同态的复合也是自同态, 因此通过函数复合可以定义 $\mathrm{End}(A)$ 上的乘法, 且乘法有结合律.

为了定义加法, 对于 $\phi, \psi \in \mathrm{End}(A)$, 需要描述 $\phi + \psi$ 对每个 $a \in A$ 的值. 定义

$$(\phi + \psi)(a) = \phi(a) + \psi(a)$$

㊀ 本节不用于本书的其余部分.

因为

$$
\begin{aligned}
(\phi+\psi)(a+b) &= \phi(a+b)+\psi(a+b) \\
&= [\phi(a)+\phi(b)]+[\psi(a)+\psi(b)] \\
&= [\phi(a)+\psi(a)]+[\phi(b)+\psi(b)] \\
&= (\phi+\psi)(a)+(\phi+\psi)(b)
\end{aligned}
$$

可以看出 $\phi+\psi$ 仍然在 $\mathrm{End}(A)$ 中.

由于 A 是交换的, 对于所有 $a \in A$ 有

$$
(\phi+\psi)(a)=\phi(a)+\psi(a)=\psi(a)+\phi(a)=(\psi+\phi)(a)
$$

所以 $\phi+\psi=\psi+\phi$, 即 $\mathrm{End}(A)$ 中加法是交换的. 加法的结合律如下

$$
\begin{aligned}
[\phi+(\psi+\theta)](a) &= \phi(a)+[(\psi+\theta)(a)] \\
&= \phi(a)+[\psi(a)+\theta(a)] \\
&= [\phi(a)+\psi(a)]+\theta(a) \\
&= (\phi+\psi)(a)+\theta(a) \\
&= [(\phi+\psi)+\theta](a)
\end{aligned}
$$

如果 e 是 A 的加法单位元, 则对 $a \in A$, 由

$$
0(a)=e
$$

定义的 0 同态, 是 $\mathrm{End}(A)$ 的加法单位元. 最后, 对 $\phi \in \mathrm{End}(A)$, 由

$$
(-\phi)(a)=-\phi(a)
$$

定义的 $-\phi$, 也在 $\mathrm{End}(A)$ 中, 因为

$$
\begin{aligned}
(-\phi)(a+b) &= -\phi(a+b)=-[\phi(a)+\phi(b)] \\
&= -\phi(a)-\phi(b)=(-\phi)(a)+(-\phi)(b)
\end{aligned}
$$

因此 $\phi+(-\phi)=0$. 于是 $\langle \mathrm{End}(A),+\rangle$ 是交换群.

注意, 除了证明 $\phi+\psi$ 和 $-\phi$ 也是同态, 上述证明没有用到同态的性质. 因此, 所有从 A 到 A 的映射的集合 A^A 在上述定义的加法下是一个交换群, 而且, 映射复合当然给出了 A^A 中具有完美结合律的乘法. 然而, 现在需要用 $\text{End}(A)$ 中的映射是同态这个事实, 去证明 $\text{End}(A)$ 中的左分配律. 除了左分配律,$\langle A^A,+,\cdot\rangle$ 还满足环的所有公理. 设 ϕ,ψ 和 θ 在 $\text{End}(A)$ 中, 以及 $a\in A$, 则

$$(\theta(\phi+\psi))(a)=\theta((\phi+\psi)(a))=\theta(\phi(a)+\psi(a))$$

由于 θ 是同态,

$$\begin{aligned}\theta(\phi(a)+\psi(a))&=\theta(\phi(a))+\theta(\psi(a))\\&=(\theta\phi)(a)+(\theta\psi)(a)\\&=(\theta\phi+\theta\psi)(a)\end{aligned}$$

因此,$\theta(\phi+\psi)=\theta\phi+\theta\psi$. 右分配律即使在 A^A 中也不会麻烦, 由下面得到,

$$\begin{aligned}((\psi+\theta)\phi)(a)&=(\psi+\theta)(\phi(a))=\psi(\phi(a))+\theta(\phi(a))\\&=(\psi\phi)(a)+(\theta\phi)(a)=(\psi\phi+\theta\phi)(a)\end{aligned}$$

这就证明了以下定理.

定理 32.1 交换群 A 的所有自同态的集合 $\text{End}(A)$ 在同态加法和同态乘法 (函数复合) 下形成一个环.

还需要给出例子说明 $\text{End}(A)$ 不必是交换的. 因为映射复合通常不是交换的, 因此这似乎是理所当然的. 然而,$\text{End}(A)$ 在某些情况下是交换的. 事实上, 习题 15 要求证明 $\text{End}(\langle\mathbb{Z},+\rangle)$ 是交换的.

例 32.2 考虑第 9 节中讨论的交换群 $\langle\mathbb{Z}\times\mathbb{Z},+\rangle$. 可以验证如下定义的 ϕ 和 ψ 是 $\text{End}(<\mathbb{Z}\times\mathbb{Z},+\rangle)$ 的元素:

$$\phi(m,n)=(m+n,0),\psi(m,n)=(0,n)$$

注意,ϕ 将所有映射到 $\mathbb{Z}\times\mathbb{Z}$ 的第一个因子上, 而 ψ 将第一个因子折叠. 因此

$$(\psi\phi)(m,n)=\psi(m+n,0)=(0,0)$$

而

$$(\phi\psi)(m,n)=\phi(0,n)=(n,0)$$

因此 $\phi\psi \neq \psi\phi$.

例 32.3 设 F 是特征为零的域,$\langle F[x], +\rangle$ 是系数在 F 上的多项式环 $F[x]$ 的加法群. 在本例中, 为简化, 用 $F[x]$ 表示这个加群. 考虑 $\text{End}(F[x])$. $\text{End}(F[x])$ 的一个元素通过乘以 x 作用于 $F[x]$ 中的每个多项式. 令这个自同态是 X, 所以

$$X(a_0 + a_1x + a_2x^2 + \cdots + a_nx^n) = a_0x + a_1x^2 + a_2x^3 + \cdots + a_nx^{n+1}$$

$\text{End}(F[x])$ 的另一个元素是关于 x 的形式微分.("和的导数是导数的和" 保证了微分是 $F[x]$ 的自同态.) 设 Y 是这个自同态, 所以

$$Y(a_0 + a_1x + a_2x^2 + \cdots + a_nx^n) = a_1 + 2a_2x + \cdots + na_nx^{n-1}$$

习题 17 要求证明 $YX - XY = 1$, 其中 1 是 $\text{End}(F[x])$ 的单位元 (单位映射). 因此 $XY \neq YX$. $F[x]$ 中的多项式与 F 的元素的乘法也是 $\text{End}(F[x])$ 的元素. 由 X 和 Y 生成的 $\text{End}(F[x])$ 的子环和 F 元素的乘法称为 **Weyl 代数**, 在量子力学中很重要.

群环与群代数

设 $G = \{g_i | i \in I\}$ 是一个乘法群,R 是有非零单位元的交换环. 设 RG 是所有形式和

$$\sum_{i\in I} a_i g_i$$

的集合, 其中 $a_i \in R$ 以及 $g_i \in G$, 且除有限个a_i 外, 所有 a_i 都是 0. 定义 RG 的两个元素的和为

$$\left(\sum_{i\in I} a_i g_i\right) + \left(\sum_{i\in I} b_i g_i\right) = \sum_{i\in I} (a_i + b_i) g_i$$

注意, 除了有限个指标 i, 都有 $a_i + b_i = 0$, 因此 $\sum_{i\in I}(a_i + b_i)g_i$ 也在 RG 中. 立即得出, $\langle RG, +\rangle$ 是一个有加法单位元 $\sum_{i\in I} 0g_i$ 的交换群.

RG 的两个元素的乘法由 G 和 R 中乘法定义如下:

$$\left(\sum_{i\in I} a_i g_i\right)\left(\sum_{i\in I} b_i g_i\right) = \sum_{i\in I}\left(\sum_{g_j g_k = g_i} a_j b_k\right) g_i$$

自然地, 将和 $\sum_{i\in I} a_i g_i$ 分配到和 $\sum_{i\in I} b_i g_i$ 上, 并重命名 $a_j g_j b_k g_k$ 为 $a_j b_k g_i$, 其中在 G 中 $g_j g_k = g_i$. 因为除了有限个 i,a_i 和 b_i 都为 0,$\sum_{g_j g_k = g_i} a_j b_k$ 只包含有限个 $a_j b_k \in R$

非零, 因此可以视为 R 的元素. 因此至多有限个 $\sum_{g_jg_k=g_i} a_jb_k$ 非零. 因此, 乘法在 RG 上封闭.

由加法的定义和定义乘法的分配律方式马上有分配律, 并且有如下乘法结合律

$$\left(\sum_{i\in I} a_ig_i\right)\left[\left(\sum_{i\in I} b_ig_i\right)\left(\sum_{i\in I} c_ig_i\right)\right]$$

$$=\left(\sum_{i\in I} a_ig_i\right)\left[\sum_{i\in I}\left(\sum_{g_jg_k=g_i} b_jc_k\right)g_i\right]$$

$$=\sum_{i\in I}\left(\sum_{g_hg_jg_k=g_i} a_hb_jc_k\right)g_i$$

$$=\left[\sum_{i\in I}\left(\sum_{g_hg_j=g_i} a_hb_j\right)g_i\right]\left(\sum_{i\in I} c_ig_i\right)$$

$$=\left[\left(\sum_{i\in I} a_ig_i\right)\left(\sum_{i\in I} b_ig_i\right)\right]\left(\sum_{i\in I} c_ig_i\right)$$

这就证明了以下定理.

定理 32.4 如果 G 是乘法群,R 是有非零单位元的交换环, 则 $\langle RG,+,\cdot\rangle$ 是一个环.

对应于每个 $g\in G$, 在 RG 中有一个元素 $1g$. 如果把 $1g$ 等同 (重命名) 为 g, 可以看出 $\langle RG,\cdot\rangle$ 自然地包含乘法子结构 G. 因此, 如果 G 非交换, 则 RG 不是交换环.

定义 32.5 上面定义的环 RG 称为 G 在 R 上的**群环** (group ring). 如果 F 是域, 则称 FG 为 G 在 F 上的**群代数** (group algebra).

例 32.6 给出群代数 $\mathbb{Z}_2G$ 的加法和乘法表, 其中 $G=\{e,a\}$ 是 2 阶循环群. $\mathbb{Z}_2G$ 的元素是

$$0e+0a, 0e+1a, 1e+0a, 1e+1a$$

如果以显而易见的自然方式表示这些元素为

$$0, a, e, e+a$$

得到表 32.7 和表 32.8.

表 32.7

+	0	a	e	$e+a$
0	0	a	e	$e+a$
a	a	0	$e+a$	e
e	e	$e+a$	0	a
$a+a$	$e+a$	e	a	0

表 32.8

	0	a	e	$e+a$
0	0	0	0	0
a	0	e	a	$e+a$
e	0	a	e	$e+a$
$e+a$	0	$e+a$	$e+a$	0

例如要验证 $(e+a)(e+a)=0$, 因为有

$$(1e+1a)(1e+1a)=(1+1)e+(1+1)a=0e+0a$$

这个例子表明群代数可以有零因子. 事实上, 这是常见的情况.

四元数环

下面给出非交换除环的例子. 哈密顿四元数是非交换除环的标准例子, 可以描述如下.

历史笔记

威廉·罗文·哈密顿爵士 (Sir William Rowan Hamilton, 1805—1865) 1843 年在寻找三元组 ($\mathbb{R}^3$ 中的向量) 的乘法方法时发现了四元数. 六年前, 他将复数抽象地发展为具有加法 $(a,b)+(a'+b')=(a+a',b+b')$ 和乘法 $(a,b)(a',b')=(aa'-bb',ab'+a'b)$ 的实数对 (a,b); 他当时正在寻找三维向量的类似乘法, 希望满足分配律且乘积向量的长度等于因子向量长度的乘积. 多次尝试形如 $a+b\mathrm{i}+c\mathrm{j}$(其中 $1,\mathrm{i},\mathrm{j}$ 互相正交) 的乘法失败后, 他在 1843 年 10 月 16 日沿着都柏林皇家运河散步时意识到, 他需要一个新的"想象符号"k 正交于其他三个元素. 他无法"抑制兴

奋 …… 用一把刀在布鲁姆桥的一块石头上刻下了" 四元数乘法定义的基本公式.

四元数环是已知的第一个非交换除环的例子. 尽管后来还发现很多其他例子, 最终注意到没有一个是有限的. 1909 年, 约瑟夫・亨利・麦克拉甘・韦德伯恩 (Joseph Henry Maclagan Wedderburn, 1882—1948) 当时为普林斯顿大学教师, 给出了定理 32.10 的第一个证明.

设哈密顿集合为 $\mathbb{H}$, 即 $\mathbb{R}\times\mathbb{R}\times\mathbb{R}\times\mathbb{R}$, 则 $\langle\mathbb{R}\times\mathbb{R}\times\mathbb{R}\times\mathbb{R},+\rangle$ 在分量加法下是一个群, 是 $\mathbb{R}$ 自身的四次加法直积. 这就给出了 $\mathbb{H}$ 的加法运算. 重命名 $\mathbb{H}$ 的元素. 令

$$1=(1,0,0,0),\mathrm{i}=(0,1,0,0)$$

$$\mathrm{j}=(0,0,1,0),\mathrm{k}=(0,0,0,1)$$

进一步, 令

$$a_1=(a_1,0,0,0),a_2\mathrm{i}=(0,a_2,0,0)$$

$$a_3\mathrm{j}=(0,0,a_3,0),a_4\mathrm{k}=(0,0,0,a_4)$$

由加法的定义, 接着有

$$(a_1,a_2,a_3,a_4)=a_1+a_2\mathrm{i}+a_3\mathrm{j}+a_4\mathrm{k}$$

因此

$$\begin{aligned}&(a_1+a_2\mathrm{i}+a_3\mathrm{j}+a_4\mathrm{k})+(b_1+b_2\mathrm{i}+b_3\mathrm{j}+b_4\mathrm{k})\\=&(a_1+b_1)+(a_2+b_2)\mathrm{i}+(a_3+b_3)\mathrm{j}+(a_4+b_4)\mathrm{k}\end{aligned}$$

现在给出 $\mathbb{H}$ 中乘法的哈密顿基本公式, 对 $a\in\mathbb{H}$, 定义

$$1a=a1=a,\mathrm{i}^2=\mathrm{j}^2=\mathrm{k}^2=-1$$

$$\mathrm{ij}=\mathrm{k},\mathrm{jk}=\mathrm{i},\mathrm{ki}=\mathrm{j},\mathrm{ji}=-\mathrm{k},\mathrm{kj}=-\mathrm{i},\mathrm{ik}=-\mathrm{j}$$

注意与向量叉积的相似性. 如果按照顺序

$$\mathrm{i},\mathrm{j},\mathrm{k},\mathrm{i},\mathrm{j},\mathrm{k}$$

是很容易记住公式的. 从左到右的两个相邻元素的乘积是右边的下一个. 从右到左的两个相邻元素乘积是左边下一个元素的相反数. 接着定义乘积使得分配律成立, 即

$$\begin{aligned}&(a_1+a_2\mathrm{i}+a_3\mathrm{j}+a_4\mathrm{k})(b_1+b_2\mathrm{i}+b_3\mathrm{j}+b_4\mathrm{k})\\=&(a_1b_1-a_2b_2-a_3b_3-a_4b_4)+(a_1b_2+a_2b_1+a_3b_4-a_4b_3)\mathrm{i}+\\&(a_1b_3-a_2b_4+a_3b_1+a_4b_2)\mathrm{j}+(a_1b_4+a_2b_3-a_3b_2+a_4b_1)\mathrm{k}\end{aligned}$$

习题 19 表明四元数环同构于 $M_2(\mathbb{C})$ 的子环, 因此乘法满足结合律. 由于 $\mathrm{ij} = \mathrm{k}, \mathrm{ji} = -\mathrm{k}$, 可以看出乘法不满足交换律, 所以 $\mathbb{H}$ 不是一个域. 关于乘法逆元的存在, 设 $a = a_1 + a_2\mathrm{i} + a_3\mathrm{j} + a_4\mathrm{k}$, 其中 a_i 不全为 0. 计算表明

$$(a_1 + a_2\mathrm{i} + a_3\mathrm{j} + a_4\mathrm{k})(a_1 - a_2\mathrm{i} - a_3\mathrm{j} - a_4\mathrm{k}) = a_1^2 + a_2^2 + a_3^2 + a_4^2$$

如果令

$$|a|^2 = a_1^2 + a_2^2 + a_3^2 + a_4^2$$

$$\overline{a} = a_1 - a_2\mathrm{i} - a_3\mathrm{j} - a_4\mathrm{k}$$

可以看出,

$$\frac{\overline{a}}{|a|^2} = \frac{a_1}{|a|^2} - \left(\frac{a_2}{|a|^2}\right)\mathrm{i} - \left(\frac{a_3}{|a|^2}\right)\mathrm{j} - \left(\frac{a_4}{|a|^2}\right)\mathrm{k}$$

是 a 的乘法逆元. 这就证明了以下定理.

定理 32.9 *四元数环 $\mathbb{H}$ 在加法和乘法下构成非交换除环.*

注意,$G = \{\pm 1, \pm \mathrm{i}, \pm \mathrm{j}, \pm \mathrm{k}\}$ 是四元数环在乘法下的 8 阶群. 该群由 i 和 j 生成, 其中

$$\mathrm{i}^4 = 1, \mathrm{j}^2 = \mathrm{i}^2, \mathrm{ji} = \mathrm{i}^3\mathrm{j}$$

群 G 不是循环的. 回顾推论 28.7, 如果 F 是一个域,H 是乘法群 F^* 的有限子群, 则 H 是循环的. 此例说明推论 28.7 不能推广到非交换除环.

没有有限的非交换除环. 这是著名的韦德伯恩定理, 在此不证明, 只给出陈述.

定理 32.10 (韦德伯恩定理) *有限除环都是域.*

证明 见 Artin、Nesbitt 和 Thrall(文献 24) 对韦德伯恩定理的证明. □

习题

计算

在习题 1~3 中, 设 $G = \{e, a, b\}$ 是一个有单位元 e 的 3 阶循环群, 在群代数 $\mathbb{Z}_5 G$ 中, 按照如下形式写出所给元素:

$$re + sa + tb, r, s, t \in \mathbb{Z}_5$$

1. $(2e + 3a + 0b) + (4e + 2a + 3b)$.

2. $(2e + 3a + 0b)(4e + 2a + 3b)$.

3. $(3e+3a+3b)^4$.

在习题 4~7 中, 将 $\mathbb{H}$ 的元素写成 $a_1+a_2\mathrm{i}+a_3\mathrm{j}+a_4\mathrm{k}$ 的形式,$a_i\in\mathbb{R}$.

4. $(\mathrm{i}+3\mathrm{j})(4+2\mathrm{j}-\mathrm{k})$.

5. $\mathrm{i}^2\mathrm{j}^3\mathrm{k}\mathrm{j}\mathrm{i}^5$.

6. $(\mathrm{i}+\mathrm{j})^{-1}$.

7. $[(1+3\mathrm{i})(4\mathrm{j}+3\mathrm{k})]^{-1}$.

8. 参考第 4 节中定义的二面体群 $D_3=\{\imath,\rho,\rho^2,\mu,\mu\rho,\mu\rho^2\}$, 在群环 $\mathbb{Z}_2D_3$ 中计算乘积

$$(0\imath+1\rho+0(\rho^2)+0\mu+1(\mu\rho)+1(\mu\rho^2))(1\imath+1\rho+0(\rho^2)+1\mu+0(\mu\rho)+1(\mu\rho^2))$$

9. 找出群 $\langle\mathbb{H}^*,\cdot\rangle$ 的中心, 其中 $\mathbb{H}^*$ 是四元数环的非零元集合.

概念

10. 找出 $\mathbb{H}$ 的两个不同于 $\mathbb{C}$ 且彼此不同的子集, 每个子集在 $\mathbb{H}$ 的乘法和加法下都同构于 $\mathbb{C}$.

11. 判断下列命题的真假.

a. $M_n(F)$ 对于任何 n 和域 F 都没有零因子.

b. $M_2(\mathbb{Z}_2)$ 的非零元都是单位.

c. 对交换群 A,$\mathrm{End}(A)$ 总是单位元不等于 0 的环.

d. 对交换群 A,$\mathrm{End}(A)$ 不能是单位元不等于 0 的环.

e. 对交换群 A,$\mathrm{End}(A)$ 的由 A 到 A 的同构组成的子集 $\mathrm{Iso}(A)$, 形成 $\mathrm{End}(A)$ 的子环.

f. 对有单位元的交换环 R, $R\langle\mathbb{Z},+\rangle$ 同构于 $\langle\mathbb{Z},+,\cdot\rangle$.

g. 对有单位元的交换环 R 和交换群 G, 群环 RG 是交换环.

h. 四元数环是一个域.

i. $\langle\mathbb{H}^*,\cdot\rangle$ 是一个群, 其中 $\mathbb{H}^*$ 是四元数环的非零元集合.

j. $\mathbb{H}$ 的子环都不是域.

12. 举例说明以下各项.

a. 系数在非交换除环中的 n 次多项式在除环中可能有 n 个以上零点.

b. 非交换除环的有限乘法子群不必是循环的.

理论

13. 设 ϕ 为例 32.2 给出的 $\mathrm{End}(\langle\mathbb{Z}\times\mathbb{Z},+\rangle)$ 的元素. 例中给出了 ϕ 是一个右零因子. 证明 ϕ 也是左零因子.

14. 证明对域 F,$M_2(F)$ 至少有六个单位. 写出这些单位.(提示:F 至少有两个元素,0 和 1.)

15. 证明 $\mathrm{End}(\langle \mathbb{Z}, +\rangle)$ 自然同构于 $\langle \mathbb{Z}, +, \cdot\rangle$ 及 $\mathrm{End}(\langle \mathbb{Z}_n, +\rangle)$ 自然同构于 $\langle \mathbb{Z}_n, +, \cdot\rangle$.

16. 证明 $\mathrm{End}(\langle \mathbb{Z}_2 \times \mathbb{Z}_2, +\rangle)$ 不同构于 $\langle \mathbb{Z}_2 \times \mathbb{Z}_2, +, \cdot\rangle$.

17. 参考例 32.3, 证明 $YX - XY = 1$.

18. 如果 $G = \{e\}$ 是一个元素的群, 证明对于任何环 R,RG 同构于 R.

19. 存在矩阵 $\mathbf{K} \in M_2(\mathbb{C})$, 使得对于所有 $a, b, c, d \in \mathbb{R}$, 如下定义的 $\phi : \mathbb{H} \to M_2(\mathbb{C})$,

$$\phi(a + b\mathrm{i} + c\mathrm{j} + d\mathrm{k}) = a\begin{bmatrix} 1 & 0 \\ 0 & 1 \end{bmatrix} + b\begin{bmatrix} 0 & 1 \\ -1 & 0 \end{bmatrix} + c\begin{bmatrix} 0 & \mathrm{i} \\ \mathrm{i} & 0 \end{bmatrix} + d\mathbf{K},$$

给出一个 $\mathbb{H}$ 到 $\phi[\mathbb{H}]$ 的同构.

a. 找出矩阵 $\mathbf{K}$.

b. 应该检查哪 8 个方程, 以确认 ϕ 是同态?

c. 还应该检查什么来证明 ϕ 给出 $\mathbb{H}$ 到 $\phi[\mathbb{H}]$ 的同构?

20. 设 R 是有单位元的环, 设 $a \in R$, 并设 $\lambda_a : R \to R$ 由 $\lambda_a(x) = ax$ 定义,$x \in R$.

a. 证明 λ_a 是 $\langle R, +\rangle$ 的自同构.

b. 证明 $R' = \{\lambda_a | a \in R\}$ 是 $\mathrm{End}(\langle R, +\rangle)$ 的子环.

c. 通过证明 b 中的 R' 同构于 R, 证明 R 的与凯莱定理类似的定理.

第 7 章　交换代数

7.33　向量空间

我们对向量空间、数量、线性无关向量和基的概念可能已经很熟悉. 在本节中, 将这些想法用于数量是任何域中元素的情形. 用希腊字母如 α 和 β 表示向量. 在具体应用中, 向量是包含域 F 的域 E 的元素. 所有证明都与线性代数初等课程中通常给出的相同.

定义和基本性质

向量空间是线性代数的基石. 因为线性代数不是本书的研究主题, 此处对向量空间的处理很简单, 只提供研究域理论所需要的的线性无关和维数的概念.

术语向量和数量可能在微积分中已经很熟悉. 这里允许数量是任何域的元素, 而不仅仅是实数, 这种理论可以通过公理方法发展, 就像已经研究过的其他代数结构一样.

定义 33.1　设 F 为一个域.F 上的**向量空间** (vector space) (或 F 向量空间) 的构成如下: 一个加法交换群 V, F 的元素与 V 的元素通过左乘得到的数量乘法, 使得对所有 $a, b \in F$ 和 $\alpha, \beta \in V$ 满足以下条件:

$\mathscr{V}_1$. $a\alpha \in V$.

$\mathscr{V}_2$. $a(b\alpha) = (ab)\alpha$.

$\mathscr{V}_3$. $(a+b)\alpha = (a\alpha) + (b\alpha)$.

$\mathscr{V}_4$. $a(\alpha+\beta) = (a\alpha) + (a\beta)$.

$\mathscr{V}_5$. $1\alpha = \alpha$.

V 的元素称为**向量** (vector), F 的元素称为**数量**或标量 (scalar). 当讨论只涉及一个域 F 时, 忽略 F, 仅说向量空间.

注意向量空间的数量乘法不是在第 1 节中定义的集合上的二元运算. 它将由 F 的元素 a 和 V 的元素 α 组成有序对 (a, α) 结合成 V 的一个元素 $a\alpha$. 因此数量乘法是将 $F \times V$ 映射到 V 的映射.V 的加法单位元向量 0 和 F 的加法单位元数量 0, 都记为 0.

例 33.2 考虑 n 个因子的交换群 $\langle\mathbb{R}^n,+\rangle=\mathbb{R}\times\mathbb{R}\times\cdots\times\mathbb{R}$, 由 n 元有序组构成, 加法由分量加法定义. 对 $r\in\mathbb{R}$ 与 $\alpha=(a_1,a_2,\cdots,a_n)\in\mathbb{R}^n$, 定义 $\mathbb{R}^n$ 中数量乘法

$$r\alpha=(ra_1,ra_2,\cdots,ra_n)$$

通过这些运算, $\mathbb{R}^n$ 成为 $\mathbb{R}$ 上的一个向量空间. 向量空间公理很容易验证. 特别地, $\mathbb{R}^2=\mathbb{R}\times\mathbb{R}$ 作为 $\mathbb{R}$ 上的向量空间, 可以视为所有 "欧氏平面上起点为原点的向量", 这在微积分课程中经常遇到.

例 33.3 对任意域 F, $F[x]$ 可以视为 F 上的一个向量空间, 其中向量的加法是 $F[x]$ 中多项式的通常加法, F 中元素乘以 $F[x]$ 中元素的数量乘法 $a\alpha$ 是 $F[x]$ 中通常乘法. 向量空间公理 $\mathscr{V}_1$ 至 $\mathscr{V}_5$ 都成立, 因为 $F[x]$ 是一个有单位元的环.

例 33.4 设 F 是域 E 的子域, 那么 E 可以视为 F 上的一个向量空间, 其中向量的加法是 E 中的加法, 数量乘法 $a\alpha$ 是 $a\in F$ 和 $\alpha\in E$ 在域 E 中的乘法. 由 E 的域公理, 向量空间公理成立. 这里的数量域事实上是向量空间的一个子集. 这个例子对后面讨论很重要.

到目前为止没有对向量空间做其他假设, 需要从定义出发证明一切所需要的结论, 尽管结论可能是在微积分中已熟悉的.

历史笔记

在 19 世纪或更早的时候, 向量空间抽象概念背后的思想, 出现在许多具体的例子中. 例如, 威廉・罗文・哈密顿明确地将复数按照实数对处理, 就像第 32 节中那样, 还处理了三元数组, 最终在他发明的四元数中处理了四元实数组. 在这些例子中, "向量" 成为可以按照 "合理" 规则进行加法和数量乘法的对象. 此类对象的其他例子还有微分形式 (积分表达式) 和代数整数.

尽管赫尔曼・格拉斯曼 (Hermann Grassmann, 1809—1877) 1844 年和 1862 年在《线性扩张论》(*Die Lineale Ausdehnungslehre*) 中成功地提出了详细的 n 维空间理论, 然而第一位给出向量空间的抽象定义的数学家是皮亚诺 (Giuseppe Peano, 1858—1932), 1888 年他在《微积分几何》(*Calcolo Geometrico*) 中给出如定义 33.1 的向量空间. 皮亚诺的目标, 如书名所示, 是发展一种几何微积分. 根据皮亚诺的说法, 这样的微积分 "由一个类似于代数运算的运算系统组成, 只是其中的对象是可以运算的几何图形, 而不是数字". 奇怪的是皮亚诺的工作没有立即在数学界产生影响. 尽管赫尔曼・外尔 (Hermann Weyl, 1885—1955) 1918 年在他的《时空物质》(*Space-Time-Matter*) 中实际上重复了皮亚诺的定义, 然而直到第三次公开出现在

斯蒂芬·巴拿赫 (Stefan Banach, 1892—1945) 1922 年发表的关于现在称为巴拿赫空间的完全赋范向量空间的论文中, 向量空间的定义才进入数学主流.

定理 33.5 如果 V 是 F 上的向量空间, 则任给 $a \in F$, $\alpha \in V$, 有 $0\alpha = 0, a0 = 0, (-a)\alpha = a(-\alpha) = -(a\alpha)$.

证明 等式 $0\alpha = 0$ 理解为 "(0 数量) $\alpha = 0$ 向量". 同样, $a0 = 0$ 理解为 "a (0 向量) =0 向量". 这里的证明与定理 22.8 中对环的证明非常相似, 主要依赖于分配律 $\mathscr{V}_3$ 和 $\mathscr{V}_4$. 现在

$$(0\alpha) = (0+0)\alpha = (0\alpha) + (0\alpha)$$

是交换群 $\langle V, +\rangle$ 中的等式, 因此根据群的消去律, $0 = 0\alpha$. 同样, 从

$$a0 = a(0+0) = a0 + a0$$

得到 $a0 = 0$. 于是

$$0 = 0\alpha = (a + (-a))\alpha = a\alpha + (-a)\alpha$$

因此 $(-a)\alpha = -(a\alpha)$. 同样, 从

$$0 = a0 = a(\alpha + (-\alpha)) = a\alpha + a(-\alpha)$$

得出 $a(-\alpha) = -(a\alpha)$. □

线性无关和基

定义 33.6 设 V 是 F 上的向量空间. V 的子集 $S = \{\alpha_i | i \in I\}$ 中的向量**张成** (或**生成**) V, 如果对每个 $\beta \in V$, 有 $a_j \in F, \alpha_{i_j} \in S, j = 1, 2, \cdots, n$, 使得

$$\beta = a_1\alpha_{i_1} + a_2\alpha_{i_2} + \cdots + \alpha_{i_n}$$

向量 $\sum_{j=1}^{n} a_j\alpha_{i_j}$ 称为 α_{i_j} 的**线性组合** (linear combination).

例 33.7 在例 33.2 中 $\mathbb{R}$ 上的向量空间 $\mathbb{R}^n$ 中, 向量

$$(1, 0, \cdots, 0), (0, 1, \cdots, 0), \cdots, (0, 0, \cdots, 1)$$

显然张成 $\mathbb{R}^n$, 因为

$$(a_1, a_2, \cdots, a_n) = a_1(1, 0, \cdots, 0) + a_2(0, 1, \cdots, 0) + \cdots + a_n(0, 0, \cdots, 1)$$

此外, 单项式 x^m $(m \geqslant 0)$ 张成 F 上的 $F[x]$, 即例 33.3 的向量空间.

定义 33.8 域 F 上的向量空间 V 称为**有限维** (finite dimensional) 的，如果 V 的一个有限子集张成 V.

例 33.9 例 33.7 说明 $\mathbb{R}^n$ 是有限维的.F 上的向量空间 $F[x]$ 不是有限维的，因为任意次数的多项式不可能是任意有限多项式集合中多项式的线性组合.

下一个定义包含本节中最重要的思想.

定义 33.10 域 F 上向量空间 V 的子集 $S=\{\alpha_i|i\in I\}$ 中向量称为在 F 上**线性无关** (linearly independent)，如果对于任何不同的 $n\in\mathbb{Z}^+$ 个向量 $\alpha_{i_j}\in S$，系数 $a_j\in F$，若在 V 中有 $\sum_{j=1}^n a_j\alpha_{i_j}=0$，必有 $a_j=0$，其中 $j=1,2,\cdots,n$. 如果向量在 F 上不是线性无关的则称它们在 F 上**线性相关** (linearly dependent).

因此，$\{\alpha_i|i\in I\}$ 中向量在 F 上线性无关，如果 0 向量可以表示为向量的线性组合，那么向量 α_i 的系数等于 0. 如果向量在 F 上线性相关，则存在 $a_j\in F, j=1,2,\cdots,n$，使得 $\sum_{j=1}^n a_j\alpha_{i_j}=0$，并非所有 $a_j=0$.

例 33.11 例 33.7 给出的张成空间 $\mathbb{R}^n$ 的向量在 $\mathbb{R}$ 上线性无关. 同样，$\{x^m|m\leqslant 0\}$ 中向量是 $F[x]$ 的在 F 上线性无关的向量. 注意，$(1,-1),(2,1),(-3,2)$ 是 $\mathbb{R}^2$ 中在 $\mathbb{R}$ 上线性相关的向量，因为

$$7(1,-1)+(2,1)+3(-3,2)=(0,0)=0$$

定义 33.12 V 是域 F 上的向量空间，称 V 的子集 $B=\{\beta_i|i\in I\}$ 中向量构成 V 在 F 上的**一组基** (basis)，如果它们张成 V 且线性无关.

例 33.13 从例 33.7 和例 33.11 可以看出，

$$\{(1,0,0,\cdots,0),(0,1,0,0,\cdots,0),\cdots,(0,0,\cdots,0,1)\}$$

是 $\mathbb{R}^n$ 的一组基，

$$\{1,x,x^2,\cdots\}$$

是 $F[x]$ 的一组基，其中 F 是域.

例 33.14 设 F 是域，$p(x)\in F[x]$ 是 F 上的 $n\geqslant 1$ 次不可约多项式. 定理 31.9 和定理 31.25 意味着商环

$$E=F[x]/\langle p(x)\rangle$$

是一个域. 通过用 $a+p(x)\in E$ 标记 $a\in F$，可以将 F 视为 E 的子域. 例 33.4 说明 E 是 F 上的向量空间. 向量

$$\alpha_j=x^j+\langle p(x)\rangle, 0\leqslant j\leqslant n-1$$

是线性无关的, 因为如果

$$a_0\alpha_0 + a_1\alpha_1 + a_2\alpha_2 + \cdots + a_{n-1}\alpha_{n-1} = 0 \in F[X]/\langle p(x)\rangle$$

则

$$a_0 + a_1x + a_2x^2 + \cdots + a_{n-1}x^{n-1} \in \langle p(x)\rangle$$

除零多项式外, $\langle p(x)\rangle$ 中的每个多项式至少为 n 次的. 因此每个系数 a_j 为 0. 于是向量 $\alpha_0, \alpha_1, \cdots, \alpha_{n-1}$ 构成线性无关集合. 另一方面, 给定任意多项式 $f(x) \in F[x]$, 由带余除法, 存在某个多项式 $g(x)$, 使得 $f(x) + \langle p(x)\rangle = g(x) + \langle p(x)\rangle$, 其中 $g(x) = 0$ 或者 $g(x)$ 的次数小于 n, 因此向量

$$\alpha_0, \alpha_1, \cdots, \alpha_{n-1}$$

张成 E, 因此构成 E 的一组基.

回顾这个例子, $p(x)$ 不必是不可约多项式. 可以将域 F 视为有单位元的交换环 $E = F[x]/\langle p(x)\rangle$ 的子环, 且向量空间的所有公理都由环的性质以及 F 中单位元和 E 中单位元相同的事实而得出.

维数

关于向量空间还需要证明的结果是, 每个有限维向量空间都有一组基, 且有限维向量空间的两组基有相同的向量数. 这两个事实在不假设有限维时都是正确的, 但其证明比假设有限维需要更多的集合论知识, 而有限维的情况对后面讨论足够了. 首先给出一个简单引理.

引理 33.15 *设 V 是域 F 上的向量空间, 并设 $\alpha \in V$. 如果 α 是向量 $\beta_i(i = 1, 2, \cdots, m)$ 的线性组合, 且每个 β_i 是 V 中向量 $\gamma_j(j = 1, 2, \cdots, n)$ 的线性组合, 则 α 是 γ_j 的线性组合.*

证明 设 $\alpha = \sum_{i=1}^m a_i\beta_i$, 且设 $\beta_i = \sum_{j=1}^n b_{i_j}\gamma_j$, 其中 a_i 和 b_{i_j} 在 F 中, 则

$$\alpha = \sum_{i=1}^m a_i \left(\sum_{j=1}^n b_{i_j}\gamma_j\right) = \sum_{j=1}^n \left(\sum_{i=1}^m a_i b_{i_j}\right)\gamma_j$$

其中 $\sum_{i=1}^m a_i b_{i_j} \in F$. □

定理 33.16 *在有限维向量空间中, 张成空间的每个有限向量集都包含一个子集作为基.*

证明 设 V 在 F 上是有限维的, 且设 V 中向量 $\alpha_1, \alpha_2, \cdots, \alpha_n$ 张成 V. 将 α_i 排成行, 从左侧 $i = 1$ 开始, 依次检查每个 α_i, 对于 $i < j$, 删除是前面 α_i 的线性组合的

α_j. 然后继续, 从 α_{j+1} 开始, 删除是前面向量线性组合的 α_k, 继续下去. 在有限步检查后检查到 α_n, 剩余的 α_i 是这样的: 它们不是在 α_i 之前的剩余向量的线性组合. 引理 33.15 表明任何一个原来 α_i 的线性组合仍是剩余的向量的线性组合, 因此剩余的向量仍然张成 V.

对于剩余的向量集, 假设

$$a_1\alpha_{i_1} + a_2\alpha_{i_2} + \cdots + a_r\alpha_{i_r} = 0$$

其中 $i_1 < i_2 < \cdots < i_r$, 且有某个 $a_j \neq 0$. 由定理 33.5 可以假设 $a_r = 0$, 否则可以从等式中删除 $a_r\alpha_{i_r}$. 于是, 用定理 33.5, 得到

$$\alpha_{i_r} = \left(-\frac{a_1}{a_r}\right)\alpha_{i_1} + \cdots + \left(-\frac{a_{r-1}}{a_r}\right)\alpha_{i_{r-1}}$$

这表明 α_{i_r} 是前面向量的线性组合, 与构造过程矛盾. 因此, 剩余的向量 α_i 张成 V, 而且线性无关, 因此它们构成 V 在 F 上的基. □

推论 33.17 *有限维向量空间存在有限基.*

证明 根据定义, 有限维向量空间可以由有限向量集合张成. 定理 33.16 给出了证明. □

下一个定理是本书关于向量空间的核心.

定理 33.18 *设 $S = \{\alpha_1, \alpha_2, \cdots, \alpha_r\}$ 是域 F 上有限维向量空间 V 中线性无关的有限向量集合, 则 S 可以扩充为 V 在 F 上的一组基. 此外, 如果 $B = \{\beta_1, \beta_2, \cdots, \beta_n\}$ 是 V 在 F 上的基, 则 $r \leqslant n$.*

证明 根据推论 33.17, V 在 F 上有一组基 $B = \{\beta_1, \beta_2, \cdots, \beta_n\}$. 考虑有限向量序列

$$\alpha_1, \alpha_2, \cdots, \alpha_r, \beta_1, \beta_2, \cdots, \beta_n$$

因为 B 是一组基, 这些向量张成 V. 按照定理 33.16 中的方法, 从左到右依次删除那些是前面剩余向量的线性组合的向量, 得到 V 的基. 注意, 没有 α_i 被删除, 因为 α_i 是线性无关的. 因此, S 可以扩充为 V 在 F 上的基.

对于结论的第二部分, 考虑序列

$$\alpha_1, \beta_1, \beta_2, \cdots, \beta_n$$

这些向量在 F 不是线性无关的, 因为 β_i 形成一组基, α_1 有线性组合

$$\alpha_1 = b_1\beta_1 + b_2\beta_2 + \cdots + b_n\beta_n$$

因此

$$\alpha_1+(-b_1)\beta_1+(-b_2)\beta_2+\cdots+(-b_n)\beta_n=0$$

由于序列中的向量可以张成 V, 如果从左到右依次删除是前面向量线性组合的向量, 在剩余的向量中, 至少有一个 β_i 被删除了, 于是得到一组基

$$\{\alpha_1,\beta_1^{(1)},\cdots,\beta_m^{(1)}\}$$

其中 $m\leqslant n-1$. 对向量序列

$$\alpha_1,\alpha_2,\beta_1^{(1)},\cdots,\beta_m^{(1)}$$

用同样的办法, 得到一组新的基

$$\{\alpha_1,\alpha_2,\beta_1^{(2)},\cdots,\beta_s^{(2)}\}$$

其中 $s\leqslant n-2$. 继续下去, 最终得到一组基

$$\{\alpha_1,\cdots,\alpha_r,\beta_1^{(r)},\cdots,\beta_t^{(r)}\}$$

其中 $0\leqslant t\leqslant n-r$. 因此 $r\leqslant n$. □

推论 33.19 *F 上有限维向量空间 V 的任意两组基具有相同的向量数.*

证明 设 $B=\{\beta_1,\beta_2,\cdots,\beta_n\}$ 和 $B'=\{\beta_1',\beta_2',\cdots,\beta_m'\}$ 是两组基. 根据定理 33.18, 将 B 看成线性无关向量集, 将 B' 作为一组基, 有 $n\leqslant m$. 对称地有 $m\leqslant n$, 因此 $m=n$. □

定义 33.20 *如果 V 是域 F 上的有限维向量空间, 则基中的向量数 (与基的选择无关) 称为 V 在 F 上的***维数** *(dimension).*

例 33.21 设 F 是域, $V\subseteq F[x]$ 是所有次数小于 n 包括 0 的多项式的集合. 单项式 $1,x,x^2,\cdots,x^{n-1}$ 张成 V 且它们是线性无关的. 因此 V 在 F 上的维数是 n. 由此可以得出 V 中任何个数少于 n 的多项式集合不能张成 V, 且 V 中任何多于 n 个多项式都不是线性无关的. 当然, V 中任意 n 个多项式的集合可以是也可以不是一组基.

环上的模

当用加法符号研究交换群时, 可以定义群中元素的整数倍. 例如, 如果 g 是交换群的元素, 则 $2g=g+g$. 第 4 节开头的表格看起来与向量空间的定义类似. 不同在于, 在交换群的情况下不用域, 用整数环.

定义 33.22 *设 R 是有单位元的环.* **左 R 模** *(left R module) 是一个加法交换群 M, 有用 R 的元素左乘 M 的元素的数量乘法运算, 并且对于所有 $a,b\in R$ 和 $\alpha,\beta\in M$, 满足条件:*

M_1: $a\alpha \in M$

M_2: $a(b\alpha) = (ab)\alpha$

M_3: $(a+b)\alpha = (a\alpha) + (b\alpha)$

M_4: $a(\alpha+\beta) = (a\alpha) + (a\beta)$

M_5: $1\alpha = \alpha$

右 $\boldsymbol{R}$ 模 (right R module) 与左 R 模的区别仅在于用 R 的元素右乘模的元素, 并将左 R 模的五个条件做相应改变. 这里只考虑左 R 模, 所以术语 R 模表示左 R 模.

例 33.23 任一交换群 G, G 是一个 $\mathbb{Z}$ 模, 用通常符号表示整数乘 G 的元素.

如果 R 是有单位元的环且 $I \subseteq R$ 是一个理想, 则 I 是一个加法交换群, 对任意 $r \in R$ 和 $\alpha \in I$, 有 $r\alpha \in I$. 环有单位元的性质保证了 R 模的其余性质. 因此, I 是一个 R 模.

例 33.24 $\mathbb{R}^n$ 的元素 (写为列向量) 可以在左边乘以 $n \times n$ 实矩阵环 $M_n(\mathbb{R})$ 的元素. R 模定义的五条性质都满足, 这意味着 $\mathbb{R}^n$ 是一个 $M_n(\mathbb{R})$ 模.

向量空间的关键性质是推论 33.17 和推论 33.19(及其对非有限生成向量空间的推广). 由它们可知, 任何向量空间有一组基, 给定向量空间的任意两组基具有相同的向量数. 与向量空间类似, 可以定义 R 模中无关向量、张成和基向量. 然而, 通常 R 模不一定有基, 即使有, 在某些情况下, 两组基的元素数可能不同.

例 33.25 交换群 $\mathbb{Z}_3$ 是 $\mathbb{Z}$ 模. $\mathbb{Z}_3$ 不存在无关的非空子集, 因为对于任何 $\alpha \in \mathbb{Z}_3$, $3\alpha = 0$ 且 3 是非零整数. 类似的结论表明对于任何有限交换群 G, 作为 $\mathbb{Z}$ 模的 G 没有非空无关集. 由此得出, 作为 $\mathbb{Z}$ 模的有限交换群没有基.

习题

计算

1. 找出 $\mathbb{R}^2$ 在 $\mathbb{R}$ 上的三组基, 任何两组没有公共向量.

在习题 2 和习题 3 中, 确定所给向量集合是不是 $\mathbb{R}^3$ 在 $\mathbb{R}$ 上的基.

2. $\{(1,1,0),(1,0,1),(0,1,1)\}$.

3. $\{(-1,1,2),(2,-3,1),(10,-14,0)\}$.

在习题 4~9 中, 给出域上给定向量空间的一组基.

4. $\mathbb{Z}_{13}$ 在 $\mathbb{Z}_{13}$ 上.

5. $\{a+b\sqrt{2} | a,b \in \mathbb{Q}\}$ 在 $\mathbb{Q}$ 上.

6. $\left\{\dfrac{a+b\sqrt{3}}{c+d\sqrt{3}} | a,b,c,d \in \mathbb{Q}, c+d\sqrt{3} \neq 0\right\}$ 在 $\mathbb{Q}$ 上.

7. $\mathbb{R}$ 在 $\{a+b\sqrt{2}|a,b\in\mathbb{Q}\}$ 上.

8. $\mathbb{C}$ 在 $\mathbb{R}$ 上.

9. $\mathbb{R}$ 在 $\mathbb{Q}$ 上.

10. 存在有 32 个元素的域 E. 确定哪个素域与 E 的子域同构, 且确定 E 在其素域上的维数.

概念

在习题 11~14 中, 不参考书本, 根据需要更正楷体术语的定义, 使其成立.

11. 域 F 上向量空间 V 的子集 S 中的向量*张成*V, 当且仅当每个 $\beta\in V$ 可以唯一地表示为 S 中向量的线性组合.

12. 域 F 上向量空间 V 的子集 S 中的向量在 F 上*线性无关*, 当且仅当零向量不能表示为 S 中向量的线性组合.

13. 域 F 上有限维向量空间 V 的*维数*是张成 V 所需向量的最小个数.

14. 域 F 上向量空间 V 的*基*是 V 中张成 V 且线性相关的向量集合.

15. 判断以下命题的真假.

a. 两个向量的和是一个向量.

b. 两个数量的和是一个向量.

c. 两个数量的乘积是一个数量.

d. 数量和向量的乘积是向量.

e. 向量空间都有一组有限基.

f. 基中的向量是线性相关的.

g. 0 向量可以是基的一部分.

h. 域 F 上的向量空间是 F 模.

i. 如果 R 是有单位元的交换环, M 是 R 模, 则 M 在 R 上有基.

j. 每个向量空间都有一组基.

习题 16~27 涉及向量空间的进一步研究. 在许多情况下, 要求对向量空间定义一些其他代数结构研究的类似概念. 这些习题有助于提高识别代数中平行结论和相关情况的能力. 每个习题都假设已知前面习题中定义的概念.

16. 设 V 是域 F 上的向量空间.

a. 定义 F 上向量空间 V 的*子空间*.

b. 证明 V 的子空间的交集仍是 V 在 F 上的子空间.

17. 设 V 是域 F 上的向量空间, 且设 $S=\{\alpha_i|i\in I\}$ 是 V 中向量的非空集合.

a. 用习题 16 的 b 部分, 定义 *S 生成的 V 的子空间*.

b. 证明由 S 生成的 V 的子空间中的向量, 正是 S 中向量的 (有限) 线性组合. (与定理 7.7 比较.)

18. 设 $V_1, V_2, \cdots, V_n$ 是域 F 上的向量空间. 对于 $i = 1, 2, \cdots, n$, 定义向量空间 V_i 的直和 $V_1 \oplus V_2 \oplus \cdots \oplus V_n$, 并证明直和也是 F 上的向量空间.

19. 推广例 33.2, 以得到域 F 上 F 中元素有序 n 元组的向量空间 F^n, 对于任何域 F, F^n 的基是什么?

20. 定义域 F 上向量空间 V 与域 F 上向量空间 V' 的同构.

理论

21. 证明如果 V 是域 F 上有限维向量空间, 则 V 的子集 $\{\beta_1, \beta_2, \cdots, \beta_n\}$ 是 V 在 F 上的一组基, 当且仅当 V 中每个向量可以唯一表示为 β_i 的线性组合.

22. 设 F 为任意域. 考虑 "n 个未知数 m 个方程的线性方程组"

$$\begin{aligned} a_{11}x_1 + a_{12}x_2 + \cdots + a_{1n}x_n &= b_1 \\ a_{21}x_1 + a_{22}x_2 + \cdots + a_{2n}x_n &= b_2 \\ &\vdots \\ a_{m1}x_1 + a_{m2}x_2 + \cdots + a_{mn}x_n &= b_m \end{aligned}$$

其中 $a_{ij}, b_i \in F$.

a. 证明 "线性方程组有解", 即存在满足所有 m 个方程的 $x_1, x_2, \cdots, x_n \in F$, 当且仅当 F^m 中向量 $\beta = (b_1, b_2, \cdots, b_m)$ 是向量 $\alpha_j = (a_{1j}, a_{2j}, \cdots, a_{mj})$ 的线性组合. (这个结果很容易证明, 正是解的定义, 但实际上应该将其视为线性方程组解存在的基本定理.)

b. 根据 a 部分, 证明如果 $n = m$ 且 $\{\alpha_j | j = 1, 2, \cdots, n\}$ 是 F^n 的一组基, 则线性方程组总有唯一解.

23. 证明域 F 上每个维数为 n 的有限维向量空间 V 与习题 19 中的向量空间 F^n 同构.

24. 设 V 和 V' 是同一域 F 上的向量空间. 函数 $\phi: V \to V'$ 称为 V 到 V' 的一个**线性变换** (linear transformation), 如果对于所有 $\alpha, \beta \in V$ 和 $a \in F$ 满足条件

$$\phi(\alpha + \beta) = \phi(\alpha) + \phi(\beta), \phi(a\alpha) = a(\phi(\alpha))$$

a. 如果 $\{\beta_i | i \in I\}$ 是 V 在 F 上的一组基, 证明线性变换 $\phi: V \to V'$ 由向量 $\phi(\beta_i) \in V'$ 完全确定.

b. 设 $\{\beta_i | i \in I\}$ 是 V 的一组基, 且设 $\{\beta_i' | i \in I\}$ 是 V' 的任意一组向量, 不一定不同, 证明恰好存在一个线性变换 $\phi: V \to V'$ 使得 $\phi(\beta_i) = \beta_i'$.

25. 设 V 和 V' 是同一域 F 上的向量空间, 并设 $\phi: V \to V'$ 是一个线性变换.

a. 对于群和环结构, 什么概念与线性变换对应?

b. 定义 ϕ 的核 (或零空间), 并证明它是 V 的子空间.

c. 描述 ϕ 何时是 V 到 V' 的同构.

26. 设 V 是域 F 上的向量空间, S 是 V 的子空间. 定义商空间V/S, 并证明它是 F 上的向量空间.

27. 设 V 和 V' 为域 F 上的向量空间, 且设 V 在 F 上是有限维的. 记 $\dim(V)$ 为 F 上向量空间 V 的维数. 设 $\phi: V \to V'$ 是一个线性变换.

a. 证明 $\phi[V]$ 是 V' 的一个子空间.

b. 证明 $\dim(\phi[V]) = \dim(V) - \dim(\mathrm{Ker}(\phi))$. (提示: 用定理 33.18 为 V 选择一组方便的基. 例如, 将 $\mathrm{Ker}(\phi)$ 的基扩充为 V 的基.)

28. 设 R 是有单位元的交换环, 域 F 是 R 的子环. 把 F 看作数量, 通过环 R 中乘法把 R 看作具有数量乘法的向量集合.

a. 举例说明 R 不必是 F 上的向量空间.

b. 证明如果 R 的单位元和 F 的单位元相同, 则 R 是 F 上的一个向量空间.

7.34　唯一分解整环

整环 $\mathbb{Z}$ 是元素可唯一分解为素元 (不可约元) 乘积的整环的典型例子. 第 28 节说明, 对于域 F, $F[x]$ 也是有唯一因子分解的整环. 为了讨论任意整环中的类似情况, 要给出几个定义, 其中有的是已有定义的重复. 把它们放在一起方便参考使用.

定义 34.1　设 R 是有单位元的交换环, 且 $a, b \in R$. 如果存在 $c \in R$ 使得 $b = ac$, 则称 a **整除** b (或 a 是 b 的**因子**), 用 $a|b$ 表示.$a \nmid b$ 读作 "a 不整除 b".

定义 34.2　有单位元的交换环 R 的元素 u 称为 R 的**单位**, 如果 u 整除 1, 即如果 u 在 R 中有乘法逆, 称两个元素 $a, b \in R$ **相伴** (associate), 如果 $a = bu$, 其中 u 是 R 的单位.

习题 27 要求证明 a 和 b 这样定义的相伴是 R 上的一个等价关系.

例 34.3　$\mathbb{Z}$ 只有单位 1 和 -1. 因此, $\mathbb{Z}$ 中与 26 相伴的只有 26 和 -26.

定义 34.4　整环 D 中不是单位的非零元 p 称为 D 中的**不可约元**, 如果 p 在 D 中的每个因式分解 $p = ab$ 都有 a 或 b 是单位.

注意, 不可约元 p 的相伴元也是不可约的, 因为如果 $p = uc$, 其中 u 是一个单位, 则 c 的任何因子分解都是 p 的因子分解.

定义 34.5　整环 D 为一个**唯一因子分解整环**, 如果满足以下条件:

1. D 的每个既不是 0 也不是单位的元素都可以分解成有限个不可约元的乘积.

2. 如果 $p_1 \cdots p_r$ 和 $q_1 \cdots q_s$ 是 D 的同一元素的两种不可约因子分解, 则 $r = s$ 且 q_j 可以重新编号, 使得 p_i 和 q_i 相伴.

例 34.6　定理 28.21 表明, 对于域 F, $F[x]$ 是一个唯一因子分解整环. 已经知道 $\mathbb{Z}$ 是唯一因子分解整环; 虽然从未证明过, 但经常使用这个事实. 例如, 在 $\mathbb{Z}$ 中, 有

$$24 = (2)(2)(3)(2) = (-2)(-3)(2)(2)$$

这里 2 和 -2 是相伴的, 3 和 -3 也是相伴的. 因此, 除了顺序和相伴元, 24 的这两个因子分解中的不可约因子是相同的.

回顾 D 的由元素 a 的所有倍数组成的主理想$\langle a \rangle$. 再给出一个定义后, 就可以描述本节希望实现的目标了.

定义 34.7　整环 D 称为**主理想整环** (principal ideal domain), 如果 D 的每个理想都是一个主理想.

已知 $\mathbb{Z}$ 是主理想整环, 因为每个理想都形如 $n\mathbb{Z}$, 由某个整数 n 生成. 定理 31.24 表明, 如果 F 是一个域, 则 $F[x]$ 是一个主理想整环. 本节将证明两个极其重要的定理:

1. 每个主理想整环都是唯一因子分解整环. (定理 34.18)

2. 如果 D 是唯一因子分解整环, 则 $D[x]$ 是唯一因子分解整环. (定理 34.30)

$F[x]$ 是唯一因子分解整环, 其中 F 是域 (根据定理 28.21), 这一事实说明了这两个定理. 因为根据定理 31.24, $F[x]$ 是主理想环. 此外, 由于 F 没有不是单位的非零元, 满足唯一因子分解整环的定义. 因此, 除了用定理 28.21 证明定理 34.30, 定理 34.30 给出了 $F[x]$ 是唯一因子分解整环的另一种证明. 在下一节, 将研究某一类特殊的唯一因子分解整环——欧几里得整环的性质.

历史笔记

在不是整数的整环中唯一因子分解问题的首次公开提出, 与拉米 (Gabriel Lamé, 1795—1870) 对费马大定理证明的尝试有关, 费马大定理为猜想 $x^n + y^n = z^n$ 对 $n > 2$ 没有非平凡整数解. 不难证明, 如果猜想对于所有奇素数 p 成立, 那么猜想是真的. 1847 年 3 月 1 日, 在巴黎学院的一个会议上, 拉米宣布他证明了这个定理, 并提出了一个证明路线图. 拉米的想法是先在复数域上分解 $x^p + y^p$,

$$x^p + y^p = (x + y)(x + \alpha y)(x + \alpha^2 y) \cdots (x + \alpha^{p-1} y)$$

其中 α 是 p 次本原单位根. 他提出下一步证明, 如果这个表达式的因子是互素的,

且 $x^p + y^p = z^p$, 那么 p 个因子中的每一个都一定是 p 次方的. 然后, 他可以证明费马等式对于每个数字小于原始三元组中相应数字的三元组 x', y', z' 是正确的. 由此得到正整数的一个无限下降序列, 但这是不可能的, 于是证明了定理.

拉米宣告完成证明, 但是约瑟夫・刘维尔 (Joseph Liouville, 1809—1882) 对这个证明提出了严重怀疑, 他注意到每个互素因子是 p 次的是因为它们的乘积是 p 次的, 这个结论依赖于每个整数可以唯一分解为素数的乘积这一事实. 但是并不清楚形如 $x + \alpha^k y$ 的 "整数" 也具有这种唯一因子分解性质. 尽管拉米试图解释刘维尔的质疑, 但是这种争议在 5 月 24 日结束了, 刘维尔收到了库默尔的一封信, 库默尔指出他在 1844 年已经证明了唯一因子分解在域 $\mathbb{Z}[\alpha]$ 中不成立, 其中 α 是 23 次单位根.

直到 1994 年, 费马大定理才被证明, 而且是用了拉米和库默尔所不知道的代数几何技术. 20 世纪 50 年代后期, 谷山丰 (Yutaka Taniyama) 和志村五郎 (Goro Shimura) 注意到两个看起来毫不相关的数学领域——椭圆曲线和模形式之间的奇怪关系. 在谷山 31 岁不幸去世后几年, 志村阐述了这一想法, 并最终确定了今天所谓的谷山–志村猜想. 1984 年, 弗雷 (Gerhard Frey) 断言, 1986 年里贝特 (Ken Ribet) 证明了谷山–志村猜想, 隐含了费马大定理的正确性. 但是最终, 普林斯顿大学的安德鲁・怀尔斯 (Andrew Wiles) 在秘密研究这个问题七年之后, 1993 年 6 月, 他在剑桥大学做了一系列讲座, 并宣布了谷山–志村猜想导出费马大定理的一个充分性证明. 不幸的是, 很快就发现了证明的漏洞, 怀尔斯回去继续工作. 他又花了一年多的时间, 在学生泰勒 (Richard Taylor) 的帮助下, 终于弥补了这一漏洞. 结果发表在 1995 年 5 月的《数学年鉴》上, 这个有 350 年历史的问题终于解决了.

继续证明这两个定理.

每个主理想整环都是唯一因子分解整环

定理 28.21 的证明为定理 34.18 的证明提供了思路, 大部分过程都是重复的. 定理 28.21 中对特殊情况 $F[x]$ 的单独处理效率不高, 然而 $F(x)$ 是一般域论中唯一容易处理的例子.

为证明整环 D 是唯一因子分解整环, 必须证明其满足唯一因子分解整环定义的条件 1 和条件 2. 对于定理 28.21 中 $F[x]$ 的特殊情况, 条件 1 是非常简单的, 因为当一个次数大于 0 的多项式分解为两个非常数多项式的乘积时, 每个因式的次数小于原多项式的次数. 因此, 不可能无限地进行因式分解, 除非出现单位因子, 即 0 次多项式. 对于主理想整环的一般情况, 很难证明这一点. 现在来处理这个问题. 我们需要定义任意多个集合的并集, 必须包括无限个集合的并集的情况.

定义 34.8 如果 $\{A_i|i \in I\}$ 是集合的类, 则集合 A_i 的**并集** (union) $\cup_{i\in I}A_i$ 是所有 x 的集合, 使得至少存在一个 $i \in I$, 有 $x \in A_i$.

引理 34.9 设 R 是交换环, $N_1 \subseteq N_2 \subseteq \cdots$ 是 R 中理想 N_i 的升链, 则 $N = \cup_i N_i$ 是 R 的理想.

证明 设 $a, b \in N$, 则链中存在理想 N_i 和 N_j, 其中 $a \in N_i$ 和 $b \in N_j$. 要么 $N_i \subseteq N_j$, 要么 $N_j \subseteq N_i$. 不妨设 $N_i \subseteq N_j$, 因此 a 和 b 都在 N_j 中. 这意味着 $a \pm b$ 和 ab 在 N_j 中, 因此 $a \pm b$ 和 ab 在 N 中. 取 $a = 0$, 由 $b \in N$, 得到 $-b \in N$, 且 $0 \in N$ 因为 $0 \in N_i$. 因此 N 是 D 的子环. 对于 $a \in N$ 及 $d \in D$, 对于某 N_i, 一定有 $a \in N_i$. 那么, 由于 N_i 是一个理想, 所以 $da = ad$ 在 N_i 中. 因此, $da \in \cup_i N_i$, 即 $da \in N$. 因此 N 是一个理想. □

引理 34.10 (主理想整环的升链条件) 设 D 为主理想整环. 如果 $N_1 \subseteq N_2 \subseteq \cdots$ 是理想 N_i 的升链, 则存在正整数 r, 使得 $N_r = N_s$ 对于所有 $s \geqslant r$ 成立. 等价地, 每个主理想整环中的严格升链 (包含所有可能情况) 是有限长度的. 通常说主理想整环中有**理想升链条件**.

证明 由引理 34.9, $N = \cup_i N_i$ 是 D 的一个理想. 因此 N 作为 D 中的理想, 它是一个主理想整环, 所以有某个 $c \in D$ 使得 $N = \langle c \rangle$. 因为 $N = \cup_i N_i$, 对某 $r \in \mathbb{Z}^+$, 有 $c \in N_r$. 对于 $s \geqslant r$, 有

$$\langle c \rangle \subseteq N_r \subseteq N_s \subseteq N = \langle c \rangle$$

因此, 对于 $s \geqslant r, N_r = N_s$.

与升链条件的等价性立即得出. □

定义 34.11 满足升链条件的有单位元的交换环 R 称为**诺特环 (Noetherian ring)**. 也就是说, 有单位元的交换环 R 是诺特环, 如果对 R 中每个理想链 $N_1 \subseteq N_2 \subseteq \cdots$, 都存在一个整数 r, 使得当 $s \geqslant r$ 时, 有 $N_r = N_s$.

引理 34.10 指出, 每个主理想整环都是诺特环. 在 7.37 节中, 我们将看到如果 R 是诺特环, 那么 $R[x]$ 也是诺特环.

在下面的学习中, 记住下面结论是有用的. 对于整环 D 的元素 a 和 b,

$\langle a \rangle \subseteq \langle b \rangle$ 当且仅当 b 整除 a,

$\langle a \rangle = \langle b \rangle$ 当且仅当 a 和 b 是相伴的.

对于第一个性质, 注意 $\langle a \rangle \subseteq \langle b \rangle$ 当且仅当 $a \in \langle b \rangle$, 这当且仅当对于某个 $d \in D$, $a = bd$ 成立, 因此 b 整除 a. 用第一个性质, 可以得到 $\langle a \rangle = \langle b \rangle$ 当且仅当对某 $c, d \in D$,

有 $a=bc$ 和 $b=ad$, 因此 $a=adc$, 由消去律, 得到 $1=dc$. 因此 d 和 c 是单位, 所以 a 和 b 是相伴的.

现在可以证明主理想整环满足唯一因子分解整环定义的条件 1.

定理 34.12 设 D 为主理想整环. D 中既不是 0 也不是单位的元素都是不可约元的乘积.

证明 设 $a \in D$, a 既不是 0 也不是单位. 首先证明 a 至少有一个不可约因子. 如果 a 是不可约的, 证明已完成. 如果 a 是可约的, 则 $a=a_1b_1$, 其中 a_1 和 b_1 都不是单位. 现在

$$\langle a\rangle \subset \langle a_1\rangle$$

因为由 $a=a_1b_1$ 有 $\langle a\rangle \subseteq \langle a_1\rangle$, 如果 $\langle a\rangle = \langle a_1\rangle$, 那么 a 和 a_1 是相伴的, b_1 是一个单位, 与假设矛盾. 然后继续该过程, 从 a_1 开始, 得到一个严格上升理想链

$$\langle a\rangle \subset \langle a_1\rangle \subset \langle a_2\rangle \subset \cdots$$

根据引理 34.10 中的升链条件, 这个链以某个 $\langle a_r\rangle$ 终止, 且 a_r 一定是不可约的. 因此 a 有一个不可约因子 a_r.

根据上面的证明, 对于 D 中既不是 0 也不是单位的元素 a, 要么 a 是不可约元, 要么 $a=p_1c_1$, 其中 p_1 不可约且 c_1 不是单位. 与上面类似的证明, 在后一种情况下, 得出 $\langle a\rangle \subset \langle c_1\rangle$. 如果 c_1 不可约, 则 $c_1=p_2c_2$, 其中 c_2 不是单位,p_2 不可约. 继续下去, 得到一个严格上升理想链

$$\langle a\rangle \subset \langle c_1\rangle \subset \langle c_2\rangle \subset \cdots$$

由引理 34.10 中的升链条件, 该链必须终止于某不可约元 $c_r=q_r$, 则 $a=p_1p_2\cdots p_rq_r$. □

这完成了对唯一因子分解整环定义中条件 1 的证明. 下面转到条件 2. 这里的论证与定理 28.21 类似. 在这一过程中遇到的结果本身就很有趣.

引理 34.13 (定理 31.25 的推广) 主理想环中的理想 $\langle p\rangle$ 是极大理想当且仅当 p 是不可约的.

证明 设 $\langle p\rangle$ 是 D 的极大理想, D 是一个主理想环. 假设 D 中有 $p=ab$, 则 $\langle p\rangle \subseteq \langle a\rangle$. 假设 $\langle a\rangle = \langle p\rangle$. 那么 a 和 p 是相伴的, b 是一个单位. 如果 $\langle a\rangle \neq \langle p\rangle$, 则有 $\langle a\rangle = \langle 1\rangle = D$, 因为 $\langle p\rangle$ 是极大的. 这样 a 和 1 相伴, 所以 a 是一个单位. 因此, 如果 $p=ab$, 那么 a 或 b 是单位. 因此 p 是 D 的不可约元.

反之, 假设 p 在 D 中不可约, 那么如果 $\langle p\rangle \subseteq \langle a\rangle$, 有 $p=ab$. 如果 a 是单位, 那么 $\langle a\rangle = \langle 1\rangle = D$. 如果 a 不是单位, 则 b 是单位, 因此存在 $u \in D$ 使得 $bu=1$. 那

么 $pu = abu = a$, 所以 $\langle a\rangle \subseteq \langle p\rangle$, 有 $\langle a\rangle = \langle p\rangle$. 因此 $\langle p\rangle \subseteq \langle a\rangle$ 意味着 $\langle a\rangle = D$ 或 $\langle a\rangle = \langle p\rangle$. 因此 $\langle p\rangle$ 是一个极大理想. □

引理 34.14 (定理 31.27 的推广) 在主理想整环中, 不可约元 p 整除 ab, 则 $p|a$ 或 $p|b$.

证明 设 D 是主理想整环, 并设 D 中的不可约元 p 有 $p|ab$, 则 $ab \in \langle p\rangle$. 根据推论 31.16, D 中极大理想是素理想, $ab \in \langle p\rangle$ 意味着 $a \in \langle p\rangle$ 或 $b \in \langle p\rangle$, 即 $p|a$ 或 $p|b$. □

推论 34.15 如果 p 是主理想整环中的不可约元, 且 p 整除乘积 $a_1a_2\cdots a_n$, $a_i \in D$, 则对于至少一个 i 有 $p|a_i$.

证明 用数学归纳法, 推论的证明直接由引理 34.14 得出. □

定义 34.16 整环 D 的非零非单位元素 p 称为**素元** (prime), 如果对所有 $a, b \in D$, 由 $p|ab$ 推出 $p|a$ 或 $p|b$.

引理 34.14 引出素元的定义. 在习题 25 和习题 26 中, 要求证明整环中的素元总是不可约元, 在唯一因子分解整环中, 不可约元也是素元. 因此, 素元的概念在唯一因子分解整环中与不可约元重合. 例 34.17 给出一个包含非素元的不可约元的整环, 因此这两个概念不是在每个整环中重合的.

例 34.17 设 F 为域, 设 D 为 $F[x,y]$ 的子整环 $F[x^3, xy, y^3]$, 则 x^3, xy 和 y^3 在 D 中不可约, 但是

$$(x^3)(y^3) = (xy)(xy)(xy)$$

因为 xy 整除 x^3y^3, 而不整除 x^3 或 y^3, 所以 xy 不是素元. 类似证明表明 x^3 和 y^3 都不是素元.

素元的定义性质正是建立因子分解唯一性 (即唯一因子分解整环定义中的条件 2) 所需要的. 现在, 通过证明唯一因子分解整环中因子分解唯一性, 完成定理 34.18 的证明.

定理 34.18 (定理 28.21 的推广) 每个主理想整环都是唯一因子分解整环.

证明 定理 34.12 表明, 如果 D 是主理想整环, 则每个 $a \in D$, 其中 a 既不是 0 也不是单位, 有不可约元因子分解

$$a = p_1p_2\cdots p_r$$

需要证明其唯一性. 令

$$a = q_1q_2\cdots q_s$$

是另一个不可约元分解, 则有 $p_1|(q_1q_2\cdots q_s)$, 根据推论 34.15, 这意味着对某 j, 有 $p_1|q_j$. 如果需要, 改变 q_j 顺序, 可以假设 $j = 1$, 所以 $p_1|q_1$, 则 $q_1 = p_1u_1$. 因为 q_1 是不可约的,

u_1 是一个单位, 所以 p_1 和 q_1 是相伴的. 于是有

$$p_1p_2\cdots p_r = p_1u_1q_2\cdots q_s$$

因此根据 D 中的消去律,

$$p_2\cdots p_r = u_1q_2\cdots q_s$$

继续这个过程, 从 p_2 开始, 以此类推, 最终得到

$$1 = u_1u_2\cdots u_rq_{r+1}\cdots q_s$$

由于 q_j 是不可约的, 一定有 $r = s$. □

本节末尾的例 34.32 说明定理 34.18 的逆定理不正确. 也就是说, 唯一因子分解整环不必是主理想整环.

许多代数书从证明以下定理 34.18 的推论开始. 假设已知这个推论, 因此已经在其他证明中自由使用.

推论 34.19 (算术基本定理) 整环 $\mathbb{Z}$ 是唯一因子分解整环.

证明 已经看到, 对于 $n \in \mathbb{Z}$, $\mathbb{Z}$ 中理想都是 $n\mathbb{Z} = \langle n\rangle$ 的形式. 因此 $\mathbb{Z}$ 是主理想整环, 由定理 34.18 可得结论. □

值得注意的是, $\mathbb{Z}$ 是主理想整环的证明实际上早在推论 6.7 中就有了. 我们通过用 $\mathbb{Z}$ 的带余除法证明了定理 6.6, 正如在定理 31.24 中, 通过用 $F[x]$ 的带余除法证明 $F[x]$ 为主理想整环一样.

在 7.35 节中, 将仔细研究这种平行关系.

如果 D 是唯一因子分解整环, 则 $D[x]$ 是唯一因子分解整环

现在开始证明本节第二个主要结果——定理 34.30, 证明思路如下. 设 D 是唯一因子分解整环, 构造 D 的商域 F. 根据定理 28.21, $F[x]$ 是唯一因子分解整环, 我们将证明可以由 $F[x]$ 中的因式分解来恢复 $f(x) \in D[x]$ 的因式分解. 当然比较 $F[x]$ 和 $D[x]$ 中的不可约元很有必要. 这种方法实际上是高斯的工作, 比一些更有效的现代方法更直观.

定义 34.20 设 D 为唯一因子分解整环, $a_1, a_2, \cdots, a_n$ 为 D 的非零元. D 的元素 d 称为 a_i 的一个**最大公因子** (greatest common divisor, gcd), 如果对于 $i = 1, 2, \cdots, n$ 有 $d|a_i$, 并且任何整除 a_i 的其他 $d' \in D$ 也整除 d.

在定义中, 称 d 为 "一个" 最大公因子而不是 "唯一的" 最大公因子, 因为最大公因子可以相差一个单位. 假设对于 $i = 1, 2, \cdots, n$, d 和 d' 是 a_i 的两个最大公因子, 则根据定义 $d|d'$ 且 $d'|d$. 因此, $d = q'd'$ 且 $d' = qd$ 对某个 $q, q' \in D$, 因此 $1d = q'qd$. 由 D 中消去律, 得到 $q'q = 1$, 所以 q 和 q' 是单位.

下例中的方法表明, 在唯一因子分解整环中存在最大公因子.

例 34.21 在唯一因子分解整环 $\mathbb{Z}$ 中找出 $420, -168$ 和 252 的最大公因子. 因子分解, 得到 $420 = 2^2 \cdot 3 \cdot 5 \cdot 7, -168 = 2^3 \cdot (-3) \cdot 7, 252 = 2^2 \cdot 3^2 \cdot 7$. 在三个数中选择一个, 例如 420, 找到它的整除所有数 $(420, -168, 252)$ 的每个不可约因子 (相伴意义下) 的最高次幂. 这些不可约因子的最高次幂的乘积即为最大公因子. 例如, 420 的这种不可约因子是 $2^2, 3^1, 5^0, 7^1$, 因此取最大公因子 $d = 4 \cdot 3 \cdot 1 \cdot 7 = 84$. $\mathbb{Z}$ 中这三个数的另一个最大公因子是 -84, 因为 1 和 -1 是仅有的单位.

例 34.21 中的方法取决于唯一因子分解整环的元素是否可以分解为不可约元的乘积. 即使在 $\mathbb{Z}$ 中, 这也可能是一项艰巨的工作. 第 35 节将展示一种技术——欧几里得算法, 使得可以在包含 $\mathbb{Z}$ 和域 F 上的 $F[x]$ 在内的一类唯一因子分解整环中找到最大公因子而不用考虑因子分解.

定义 34.22 设 D 为唯一因子分解整环. $D[x]$ 中一个非常数多项式 $f(x) = a_0 + a_1x + \cdots + a_nx^n$ 称为**本原的** (primitive), 如果 1 是 a_i 的最大公因子, $i = 0, 1, \cdots, n$.

例 34.23 在 $\mathbb{Z}[x]$ 中, $4x^2 + 3x + 2$ 是本原的, 但 $4x^2 + 6x + 2$ 不是, 因为 2 是 4, 6, 2 的公因子, 而不是 $\mathbb{Z}$ 中的单位.

$D[x]$ 中的每个非常数不可约多项式都一定是本原多项式.

引理 34.24 设 D 是唯一因子分解整环, 那么对于每个非常数多项式 $f(x) \in D[x]$, 有 $f(x) = (c)g(x)$, 其中 $c \in D$, $g(x) \in D[x]$, $g(x)$ 是本原多项式. 在相差一个单位的意义下, 元素 c 是 $f(x)$ 在 D 中的唯一因子, 因此是 $f(x)$ 的容度. 同样, 在相差一个单位的意义下, $g(x)$ 在 D 中是唯一的.

证明 给定 $f(x) \in D[x]$, 设 $f(x)$ 是系数为 $a_0, a_1, \cdots, a_n$ 的非常数多项式. c 是 a_i 的最大公因子, $i = 0, 1, \cdots, n$, 则对于每个 i, 都有 $q_i \in D$ 使得 $a_i = cq_i$. 根据分配律, 得到 $f(x) = (c)g(x)$, 其中 $g(x)$ 的系数 $q_0, q_1, \cdots, q_n$ 在 D 中没有公因子, 因而是本原多项式. 因此, $g(x)$ 是一个本原多项式.

关于唯一性, 如果另有 $f(x) = (d)h(x)$, 使得 $d \in D, h(x) \in D[x]$, 且 $h(x)$ 是本原的, 则 c 的每个不可约因子一定整除 d, 反之亦然. 设 $(c)g(x) = (d)h(x)$, 在 c 中消去 d 的不可约因子, 得到 $(u)g(x) = (v)h(x)$, 其中 $u, v \in D$, u 是单位. 此时 v 也是单位, 否则可以在 v 中消去 u 的不可约因子. 所以 c 在相差一个单位的意义下是唯一的. 由 $f(x) = (c)g(x)$, 本原多项式 $g(x)$ 在相差一个单位元的意义下也是唯一的. □

例 34.25 在 $\mathbb{Z}[x]$ 中,

$$4x^2 + 6x - 8 = (2)(2x^2 + 3x - 4)$$

其中 $2x^3+3x-4$ 是本原多项式.

引理 34.26 (高斯引理) 如果 D 是唯一因子分解整环, 则 $D[x]$ 中两个本原多项式的乘积也是本原多项式.

证明 令

$$f(x)=a_0+a_1x+\cdots+a_nx^n$$

和

$$g(x)=b_0+b_1x+\cdots+b_mx^m$$

是 $D[x]$ 中两个本原多项式, 且 $h(x)=f(x)g(x)$. 设 p 是 D 中不可约元, 则 p 不能整除所有 a_i, p 也不能整除所有 b_j, 因为 $f(x)$ 和 $g(x)$ 是本原的. 令 a_r 是 $f(x)$ 的第一个不能被 p 整除的系数, 即对于 $i<r$ 有 $p|a_i$, 但 $p\nmid a_r$ (即 p 不整除 a_r). 类似地, 对于 $j<s$, 设 $p|b_j$, 但 $p\nmid b_s$. 因此 $h(x)=f(x)g(x)$ 中 x^{r+s} 的系数是

$$c_{r+s}=(a_0b_{r+s}+\cdots+a_{r-1}b_{s+1})+a_rb_s+(a_{r+1}b_{s-1}+\cdots+a_{r+s}b_0)$$

对 $i<r, p|a_i$ 意味着

$$p|(a_0b_{r+s}+\cdots+a_{r-1}b_{s+1})$$

且对 $j<s, p|b_j$ 意味着

$$p|(a_{r+1}b_{s-1}+\cdots+a_{r+s}b_0)$$

但 p 不整除 a_r 或 b_s, 所以 p 不整除 a_rb_s, 因此 p 不整除 c_{r+s}. 这表明给定不可约的 $p\in D$, 存在 $f(x)g(x)$ 的某一系数不可被 p 整除. 因此 $f(x)g(x)$ 是本原的. □

推论 34.27 如果 D 是唯一因子分解整环, 则 $D[x]$ 中有限个本原多项式的乘积也是本原的.

证明 用数学归纳法, 直接由引理 34.26 得到. □

现在设 D 是唯一因子分解整环, F 是 D 的商域. 根据定理 28.21, $F[x]$ 是唯一因子分解整环. 如前所述, 通过把 $f(x)\in D[x]$ 在 $F[x]$ 中的因式分解转换到 $D[x]$ 中的因式分解, 以此来证明 $D[x]$ 是唯一因子分解整环. 下一个引理是关于 $D[x]$ 与 $F[x]$ 中的非常数不可约多项式的. 这是最后一个重要步骤.

引理 34.28 设 D 是唯一因子分解整环, 设 F 是 D 的商域. 设 $f(x)\in D[x]$, 其中 $f(x)$ 的次数大于 0. 如果 $f(x)$ 在 $D[x]$ 中不可约, 那么 $f(x)$ 在 $F[x]$ 中也不可约. 而且如果 $f(x)$ 在 $D[x]$ 中是本原的, 且在 $F[x]$ 上不可约, 则 $f(x)$ 在 $D[x]$ 中不可约.

证明 设非常数多项式 $f(x) \in D[x]$ 因式分解为 $F[x]$ 中次数更低的多项式, 即

$$f(x) = r(x)s(x)$$

其中 $r(x), s(x) \in F[x]$. 因为 F 是 D 的商域, 所以 $r(x)$ 和 $s(x)$ 的每个系数形如 a/b, $a, b \in D$. 通过去分母, 得到

$$(d)f(x) = r_1(x)s_1(x)$$

其中 $d \in D$, 且 $r_1(x), s_1(x) \in D[x]$, 且 $r_1(x), s_1(x)$ 的次数分别为 $r(x), s(x)$ 的次数. 根据引理 34.24, 有本原多项式 $g(x), r_2(x), s_2(x)$, 以及 $c, c_1, c_2 \in D$, 使得 $f(x) = (c)g(x), r_1(x) = (c_1)r_2(x), s_1(x) = (c_2)s_2(x)$. 因此,

$$(dc)g(x) = (c_1c_2)r_2(x)s_2(x)$$

根据引理 34.26, $r_2(x)s_2(x)$ 是本原的. 由引理 34.24 的唯一性部分有 $c_1c_2 = dcu$, 其中 u 是 D 中的单位. 于是

$$(dc)g(x) = (dcu)r_2(x)s_2(x)$$

所以

$$f(x) = (c)g(x) = (cu)r_2(x)s_2(x)$$

这就证明了, 如果 $f(x)$ 在 $F[x]$ 中有非平凡分解, 那么 $f(x)$ 在 $D[x]$ 中分解为相同次数的多项式. 因此, 如果 $f(x) \in D[x]$ 在 $D[x]$ 中不可约, 则在 $F[x]$ 中一定不可约.

非常数多项式 $f(x) \in D[x]$ 在 $D[x]$ 中是本原的, 且在 $F[x]$ 中不可约, 则在 $D[x]$ 中也是不可约的, 因为 $D[x] \subseteq F[x]$. □

引理 34.28 表明, 如果 D 是唯一因子分解整环, 那么 $D[x]$ 中的不可约元就是 D 中的不可约元, 以及非常数本原多项式在 $F[x]$ 中不可约, 其中 F 是 $D[x]$ 的商域.

引理 34.28 本身就非常重要. 这由下面的推论可见, 这是定理 28.12 的特例. (将引理推论的特例称为定理似乎不是很明智. 结论的标签在某种程度上取决于其出现的上下文.)

推论 34.29 *如果 D 是唯一因子分解整环, F 是 D 的商域, 则非常数多项式 $f(x) \in D[x]$ 因式分解为 $F[x]$ 中两个次数更低的 r 次和 s 次多项式, 当且仅当它在 $D[x]$ 中分解为相同的 r 次和 s 次多项式.*

证明 引理 34.28 的证明表明, 如果 $f(x)$ 因式分解为两个次数更低的 $F[x]$ 中的多项式的乘积, 则它在 $D[x]$ 中具有相同次数的分解 (见证明第一段倒数第二句).

反之也成立, 因为 $D[x] \subseteq F[x]$. □

现在可以证明主要定理.

定理 34.30 如果 D 是唯一因子分解整环, 则 $D[x]$ 是唯一因子分解整环.

证明 设 $f(x) \in D[x]$, 其中 $f(x)$ 既不是 0 也不是单位. 如果 $f(x)$ 为 0 次多项式则结束, 因为 D 是唯一因子分解整环. 假设 $f(x)$ 的次数大于 0. 令

$$f(x) = g_1(x)g_2(x)\cdots g_r(x)$$

是 $D[x]$ 中 $f(x)$ 的因式分解, 有最多 r 个正次数因式. (这样的数 r 是存在的, 因为 r 不能超过 $f(x)$ 的次数.) 现在把每个 $g_i(x)$ 分解为 $g_i(x) = c_ih_i(x)$ 的形式, 其中 c_i 是 $g_i(x)$ 的容度, 而 $h_i(x)$ 是本原多项式. 每个 $h_i(x)$ 都是不可约的, 因为如果它可以分解, 不能有因式在 D 中, 所有因式都是正次数的导致 $g_i(x)$ 相应的因式分解, 因此导致 $f(x)$ 有大于 r 个正次数的因式, 与 r 的选择矛盾. 因此有

$$f(x) = c_1h_1(x)c_2h_2(x)\cdots c_rh_r(x)$$

其中 $h_i(x)$ 在 $D[x]$ 中不可约. 如果将 c_i 分解为 D 中不可约元, 得到 $f(x)$ 在 $D[x]$ 中分解为不可约元的乘积.

0 次多项式 $f(x) \in D[x]$ 的因式分解是唯一的, 因为 D 是唯一因子分解整环; 参见引理 34.28 后的结论. 如果 $f(x)$ 的次数大于 0, 根据引理 34.28, 可以将 $f(x)$ 在 $D[x]$ 中分解为不可约元的乘积视为 $f(x)$ 在 $F[x]$ 分解为单位 (D 中因式) 和 $F[x]$ 中的不可约多项式的乘积. 根据定理 28.21, 这些多项式是唯一的, 除了可能相差 F 中的常数因子. 但作为 $D[x]$ 中的不可约元, 出现在 $D[x]$ 中 $f(x)$ 的因式分解中的次数大于 0 的多项式是本原的. 根据引理 34.24 的唯一性, 这些多项式在 $D[x]$ 中在相差单位因子 (即相伴) 意义下是唯一的. $f(x)$ 的因式分解中 D 中不可约元的乘积是 $f(x)$ 的容度, 根据引理 34.24, 也是唯一到单位因子的. 因此, 所有在因式分解中出现的 $D[x]$ 中的不可约元是唯一的. □

推论 34.31 如果 F 是域, $x_1, x_2, \cdots, x_n$ 是不定元, 那么 $F[x_1, x_2, \cdots, x_n]$ 是唯一因子分解整环.

证明 通过定理 28.21, $F[x_1]$ 是唯一因子分解整环. 根据定理 34.30, $(F[x_1])[x_2] = F[x_1, x_2]$ 也是. 继续这个过程, (通过归纳) 最终得到 $F[x_1, x_2, \cdots, x_n]$ 是唯一因子分解整环. □

我们已经知道主理想整环是唯一因子分解整环. 由推论 34.31 容易给出例子表明, 并非每个唯一因子分解整环都是主理想整环.

例 34.32 设 F 为域, x 和 y 为不定元, 则根据推论 34.31, $F[x, y]$ 是一个唯一因子分解整环. 考虑 $F[x, y]$ 中 x 和 y 的所有常数项为 0 的多项式组成的集合 N, 那么 N 是一个理想, 但不是主理想. 因此 $F[x, y]$ 不是主理想整环.

唯一因子分解整环不是主理想整环的另一例是 $\mathbb{Z}[x]$, 如 7.35 节的习题 12.

习题

计算

在习题 1~8 中, 确定元素在所给整环中是否为不可约元.

1. 5 在 $\mathbb{Z}$ 中.

2. -17 在 $\mathbb{Z}$ 中.

3. 14 在 $\mathbb{Z}$ 中.

4. $2x-3$ 在 $\mathbb{Z}[x]$ 中.

5. $2x-10$ 在 $\mathbb{Z}[x]$ 中.

6. $2x-3$ 在 $\mathbb{Q}[x]$ 中.

7. $2x-10$ 在 $\mathbb{Q}[x]$ 中.

8. $2x-10$ 在 $\mathbb{Z}_{11}[x]$ 中.

9. 将 $2x-7$ 分别作为 $\mathbb{Z}[x]$, $\mathbb{Q}[x]$, $\mathbb{Z}_{11}[x]$ 中元素, 给出四个不同相伴元.

10. 将多项式 $4x^2-4x+8$ 分别视为整环 $\mathbb{Z}[x]$、整环 $\mathbb{Q}[x]$ 和整环 $\mathbb{Z}_{11}[x]$ 中多项式, 将其因式分解为不可约元的乘积.

在习题 11~13 中, 找出 $\mathbb{Z}$ 中给定元素的最大公因子.

11. $234, 3250, 1690$.

12. $784, -1960, 448$.

13. $2178, 396, 792, 594$.

在习题 14~17 中, 将多项式表示为其容度与给定的唯一因子分解整环中的本原多项式的乘积.

14. $18x^2-12x+48$ 在 $\mathbb{Z}[x]$ 中.

15. $18x^2-12x+48$ 在 $\mathbb{Q}[x]$ 中.

16. $2x^2-3x+6$ 在 $\mathbb{Z}[x]$ 中.

17. $2x^2-3x+6$ 在 $\mathbb{Z}_7[x]$ 中.

概念

在习题 18~20 中, 不参考书本, 根据需要更正楷体术语的定义, 使其成立.

18. 整环 D 中的两个元素 a 和 b 在 D 中*相伴*, 当且仅当它们在 D 中的商 a/b 是一个单位.

19. 整环 D 的元素是 D 的*不可约元*当且仅当它不能分解成 D 的两个元素的乘积.

20. 整环 D 的一个元素是 D 的*素元*, 当且仅当它不能分解成 D 的两个更小元素的乘积.

21. 判断下列命题的真假.

a. 每个域都是唯一因子分解整环.

b. 每个域都是主理想整环.

c. 每个主理想整环都是唯一因子分解整环.

d. 每个唯一因子分解整环都是主理想整环.

e. $\mathbb{Z}[x]$ 是唯一因子分解整环.

f. 唯一因子分解整环中的任何两个不可约元都是相伴的.

g. 如果 D 是主理想整环, 则 $D[x]$ 是主理想整环.

h. 如果 D 是唯一因子分解整环, 则 $D[x]$ 是唯一因子分解整环.

i. 在任何唯一因子分解整环中, 如果对不可约元 p 有 $p|a$, 那么 p 出现在 a 的每个因式分解中.

j. 唯一因子分解整环没有零因子.

22. 令 D 是一个唯一因子分解整环. 根据 D 和 $F[x]$ 中的不可约元, 描述 $D[x]$ 中的不可约元, 其中 F 是 D 的商域.

23. 引理 34.28 指出, 如果 D 是唯一因子分解整环, 其上有商域 F, 则 $D[x]$ 的非常数不可约 $f(x)$ 也在 $F[x]$ 中不可约. 举例说明, $g(x) \in D[x]$ 在 $F[x]$ 中不可约, 不一定在 $D[x]$ 中不可约.

24. 本节中的所有工作都限于整环. 对于有单位元的交换环, 采用本节中的定义, 考虑在 $\mathbb{Z} \times \mathbb{Z}$ 中的不可约分解. 会发生什么? 特别考虑 $(1, 0)$.

理论

25. 证明如果 p 是整环 D 中的素元, 那么 p 是不可约的.

26. 证明如果 p 是唯一因子分解整环中不可约元, 那么 p 是素元.

27. 对于有单位元的交换环 R, 证明 a 与 b 相伴 (即 $a = bu$, 对 R 中的单位 u) $a \sim b$ 是 R 上的等价关系.

28. 设 D 是整环. 第 22 节习题 39 说明 $\langle U, \cdot \rangle$ 是一个群, 其中 U 是 D 的单位的集合. 证明 D 的不包括 0 的非单位的集合 $D^* - U$ 在乘法下是封闭的. 在 D 的乘法下这是一个群吗?

29. 设 D 是唯一因子分解整环. 证明 $D[x]$ 中的本原多项式的非常数因式也是本原多项式.

30. 证明在唯一因子分解整环中, 每个真理想都包含在极大理想中. (提示: 用引理 34.10.)

31. 因式分解 x^3-y^3 为 $\mathbb{Q}[x,y]$ 中不可约多项式, 证明每个因式确实是不可约的.

有几个概念通常被认为在性质上与环中理想升链条件相似. 以下三个习题涉及这些概念.

32. 设 R 为环. 理想的**升链条件**在 R 中成立, 如果 R 中每个严格递增的理想序列 $N_1 \subset N_2 \subset \cdots$ 是有限长的. 理想的**极大条件**成立, 如果 R 中的任何理想的非空集合 S 包含一个理想不真包含在 S 的任何其他理想中. 理想的**有限基条件**在 R 中成立, 如果对于 R 中的每个理想 N, 存在一个有限集合 $B_N=\{b_1,b_2,\cdots,b_n\}\subseteq N$, 使得 N 是包含 B_N 的 R 的所有理想的交集. 集合 B_N 是 N 的**有限生成集**.

证明对于每个环 R, 升链条件、极大条件和有限基条件是等价的.

33. 设 R 为环. 理想的**降链条件**在 R 中成立, 如果 R 中每个严格递减的理想序列 $N_1 \supset N_2 \supset \cdots$ 是有限长的. 理想的**极小条件**在 R 中成立, 如果给定 R 的任何理想的集合 S, 存在 S 的一个理想不真包含 S 中任何其他理想.

证明对于每个环, 降链条件和极小条件是等价的.

34. 给出升链条件成立但降链条件不成立的环的例.(参见习题 32 和习题 33.)

7.35 欧几里得整环

前面已经多次提到带余除法的重要性. 我们首先接触到的是 1.6 节中 $\mathbb{Z}$ 的带余除法. 用该算法证明了一个重要定理——循环群的子群是循环的, 即有单个生成元. 当然, 这立刻表明 $\mathbb{Z}$ 是一个主理想整环. $F[x]$ 的带余除法出现在定理 28.2 中, 我们以完全类似的方式证明了 $F[x]$ 是主理想整环. 一个数学技术是处理一些十分相近的情况, 并试图通过抽象出重要的共同性质而把它们放一起考虑. 以下定义说明了该技术, 这就是全部工作! 看看可以从一个整环中相对一般的带余除法中得到什么.

定义 35.1 整环 D 上的**欧几里得范数** (Euclidean norm) 是指将 D 的非零元映射为非负整数的函数 ν, 满足以下条件:

1. 对于所有 $a,b\in D$ 且 $b\neq 0, D$ 中存在 q 和 r, 使得 $a=bq+r$, 其中 $r=0$ 或 $\nu(r)<\nu(b)$.

2. 对于所有 $a,b\in D$, 其中 a 和 b 都不为 0, $\nu(a)\leqslant \nu(ab)$.

如果在 D 上存在欧几里得范数, 则整环 D 称为**欧几里得整环** (Euclidean domain).

条件 1 的重要性是很清楚的. 条件 2 的重要性在于描述欧几里得整环 D 的单位.

例 35.2 对于定义函数 $\nu(n)=|n|$, 其中 $n\neq 0$, $n\in\mathbb{Z}$, 整数环 $\mathbb{Z}$ 是欧几里得整环, ν 是 $\mathbb{Z}$ 上的欧几里得范数. 由 $\mathbb{Z}$ 的带余除法, 条件 1 成立. 在 $\mathbb{Z}$ 中 $|ab|=|a||b|$ 和 $|b|\geqslant 1, b\neq 0$, 条件 2 成立.

例 35.3 如果 F 是一个域, 那么 $F[x]$ 是欧几里得整环, 函数 ν 定义为 $\nu(f(x)) = (f(x)$ 的次数), 对于 $f(x) \in F[x], f(x) \neq 0$ 是一个欧几里得范数. 由定理 28.2 条件 1 成立, 条件 2 成立是因为两个多项式的乘积的次数是它们的次数之和.

当然, 应该给出一些不常见的例子来熟悉欧几里得整环的定义. 在第 36 节中会有这样的例子. 鉴于才开始, 先得到以下定理.

定理 35.4 欧几里得整环是主理想整环.

证明 设 D 是具有欧几里得范数 ν 的欧几里得整环, N 是 D 的一个理想. 如果 $N = \{0\}$, 则 $N = \langle 0 \rangle$, 即 N 是主理想. 假设 $N \neq \{0\}$, 则 N 中存在 $b \neq 0$. 选择 b, 使得 $\nu(b)$ 在所有 $\nu(n)(n \in N)$ 中最小. 断言 $N = \langle b \rangle$. 设 $a \in N$. 根据欧几里得整环的条件 1, D 中存在 q 和 r 使得

$$a = bq + r$$

其中 $r = 0$ 或 $\nu(r) < \nu(b)$. 现在 $r = a - bq$ 且 $a, b \in N$, 因为 N 是一个理想, 所以 $r \in N$. 根据 b 的选择, $\nu(r) < \nu(b)$, 是不可能的. 因此, $r = 0$, $a = bq$. 因为 a 是 N 的任意元素, 于是 $N = \langle b \rangle$. □

推论 35.5 欧几里得整环是唯一因子分解整环.

证明 根据定理 35.4, 欧几里得整环是主理想整环, 根据定理 34.18, 主理想整环是唯一因子分解整环. □

最后, 应该注意, 虽然根据定理 35.4 有欧几里得整环是主理想整环, 但是并不是每个主理想整环都是欧几里得整环. 然而不是欧几里得整环的主理想整环的例子不容易找到.

欧几里得整环中的除法

现在研究欧几里得整环乘法结构的一些性质. 需要强调欧几里得整环的运算结构不受其欧几里得范数 ν 的任何影响. 欧几里得范数是为整环的运算结构提供一些帮助的有用工具. 整环 D 上的运算结构完全由 D 和 D 上的两个二元运算 $+$ 和 $\cdot$ 决定.

设 D 是有欧几里得范数 ν 的欧几里得整环. 可以用欧几里得范数的条件 2 描述 D 的单位.

定理 35.6 对于具有欧几里得范数 ν 的欧几里得整环, $\nu(1)$ 在所有 $\nu(a)$ 中是最小的, 其中 $a \in D$ 非零, 且 $u \in D$ 是单位当且仅当 $\nu(u) = \nu(1)$.

证明 由 ν 的条件 2 有, 对于 $a \neq 0$,

$$\nu(1) \leqslant \nu(1a) = \nu(a)$$

另外, 如果 u 是 D 的一个单位, 则

$$\nu(u) \leqslant \nu(uu^{-1}) = \nu(1)$$

因此对于 D 的单位 u 有

$$\nu(u) = \nu(1)$$

反之, 假设非零 $u \in D$ 使得 $\nu(u) = \nu(1)$. 由带余除法, D 中存在 q 和 r, 使得

$$1 = uq + r$$

其中 $r = 0$ 或 $\nu(r) < \nu(u)$. 对于非零 $d \in D$, $\nu(u) = \nu(1)$ 在所有 $\nu(d)$ 中是最小的, 所以不可能有 $\nu(r) < \nu(u)$. 因此 $r = 0$, 即 $1 = uq$, u 是一个单位. □

历史笔记

欧几里得算法作为《几何原本》第七卷的命题 1 和命题 2 出现, 那里用它来求两个整数的最大公因数. 欧几里得在第十卷 (命题 2 和命题 3) 再次用它来求两个量的最大的公度量 (如果存在的话) 并且确定两个量是否可公度.

该算法后来出现在 7 世纪印度数学家和天文学家婆罗摩笈多的《婆罗摩修正体系》(修正了《婆罗摩体系》, 628) 中. 要求解整数不定方程 $rx + c = sy$, 婆罗摩笈多用欧几里得的程序 “反复地用 s 除 r”, 直到找到最后的非零余数. 实际上, 通过用基于商和余数的替换程序, 他提出了一个简单的算法来寻找方程式的最小正数解.

13 世纪中国代数学家秦九韶在解决中国剩余问题时也使用了欧几里得算法, 发表于《数书九章》(九类数学问题, 1247). 秦九韶的目标是给出一种求解方程组 $N \equiv r_i \pmod{m_i}$ 的方法. 作为该方法的一部分他需要解形如 $Nx \equiv 1 \pmod{m}$ 的同余方程, 其中 N 和 m 互素. 这种形式同余方程的解也是通过代换程序找到的, 运用将欧几里得算法应用于 N 和 m 时得到的商和余数, 这不同于印度的方法. 无从考证印度算法和中国算法, 以及欧几里得算法本身是在各自的文化中独立发展的, 还是从希腊学来的.

例 35.7 对 $\mathbb{Z}$ 和 $\nu(n) = |n|$, 非零 $n \in \mathbb{Z}$, $\nu(n)$ 的最小值为 1, 且 1 和 -1 是 $\nu(n) = 1$ 的 $\mathbb{Z}$ 的仅有元素. 当然, 1 和 -1 是 $\mathbb{Z}$ 仅有的单位.

例 35.8 对 $F(x)$, 当 $f(x) \neq 0$, $\nu(f(x)) = (f(x)$ 的次数). 所有非零 $f(x) \in F[x]$ 中最小的 $\nu(f(x))$ 为 0. 0 次非零多项式恰好是 F 的非零元, 是 $F[x]$ 的单位.

需要强调, 在这里证明的适用于每个欧几里得整环, 包括 $\mathbb{Z}$ 和 $F[x]$. 如例 34.21 所示, 我们可以证明唯一因子分解整环中的任何 a 和 b 有一个最大公因子, 实际上可以通过将 a 和 b 分解为不可约元乘积来计算, 但是这样的因子分解很难找到. 然而, 如果唯一因子分解整环是欧几里得整环, 由于欧几里得范数容易计算, 我们就有一种简单的构造方法来找到最大公因子, 如下定理所示.

定理 35.9 (欧几里得算法) 设 D 是具有欧几里得范数 ν 的欧几里得整环, a 和 b 是 D 的非零元. r_1 满足欧几里得范数的条件 1, 即

$$a = bq_1 + r_1$$

其中 $r_1 = 0$ 或 $\nu(r_1) < \nu(b)$. 如果 $r_1 \neq 0$, 设 r_2 使得

$$b = r_1q_2 + r_2$$

其中 $r_2 = 0$ 或 $\nu(r_2) < \nu(r_1)$. 一般来说, 设 r_{i+1} 使得

$$r_{i-1} = r_iq_{i+1} + r_{i+1}$$

其中 $r_{i+1} = 0$ 或 $\nu(r_{i+1}) < \nu(r_i)$. 那么序列 $r_1, r_2, \cdots$ 一定会终止于某个 $r_s = 0$. 如果 $r_1 = 0$, 则 b 是 a 和 b 的最大公因子. 如果 $r_1 \neq 0$ 且 r_s 是第一个 $r_i = 0$, 则 a 和 b 的最大公因子为 r_{s-1}.

进一步, 如果 d 是 a 和 b 的最大公因子, 则 D 中存在 λ 和 μ, 使得 $d = \lambda a + \mu b$.

证明　由于 $\nu(r_i) < \nu(r_{i-1})$ 且 $\nu(r_i)$ 是非负整数, 因此在有限步后一定有某个 $r_s = 0$.

如果 $r_1 = 0$, 那么 $a = bq_1$, 且 b 是 a 和 b 的最大公因子. 假设 $r_1 \neq 0$. 那么如果 $d|a$ 且 $d|b$, 有

$$d|(a - bq_1)$$

所以 $d|r_1$. 如果 $d_1|r_1$ 且 $d_1|b$, 则

$$d_1|(bq_1 + r_1)$$

所以 $d_1|a$. 因此, a 和 b 的公因子的集合与 b 和 r_1 的公因子的集合相同. 类似地, 如果 $r_2 \neq 0$, 则 b 和 r_1 的公因子集合与 r_1 和 r_2 的公因子集合相同. 继续该过程, 最后, a 和 b 的公因子集合就是 r_{s-2} 和 r_{s-1} 公因子的集合, r_s 是第一个等于 0 的 r_i. 因此, r_{s-2} 和 r_{s-1} 的最大公因子也是 a 和 b 的最大公因子. 但是等式

$$r_{s-2} = q_sr_{s-1} + r_s = q_sr_{s-1}$$

表明 r_{s-2} 和 r_{s-1} 的最大公因子为 r_{s-1}.

还要证明, 可以将 a 和 b 的最大公因子表示为 $d=\lambda a+\mu b$. 就刚给出的构造而言, 如果 $d=b$, 那么 $d=0a+1b$, 完成了证明. 如果 $d=r_{s-1}$, 则通过倒过来用等式, 可以将每个 r_i 表示为 $\lambda_i r_{i-1}+\mu_i r_{i-2}$, 其中 $\lambda_i,\mu_i\in D$. 为说明第一步, 从等式

$$r_{s-3}=q_{s-1}r_{s-2}+r_{s-1}$$

得到

$$d=r_{s-1}=r_{s-3}-q_{s-1}r_{s-2} \tag{1}$$

然后, 用 r_{s-3} 和 r_{s-4} 表示 r_{s-2}, 代入等式 (1), 用 r_{s-3} 和 r_{s-4} 来表示 d. 最终有

$$\begin{aligned} d&=\lambda_3 r_2+\mu_3 r_1=\lambda_3(b-r_1q_2)+\mu_3 r_1 \\ &=\lambda_3 b+(\mu_3-\lambda_3 q_2)r_1=\lambda_3 b+(\mu_3-\lambda_3 q_2)(a-bq_1) \end{aligned}$$

这可以表示为 $d=\lambda a+\mu b$ 的形式. 如果 d' 是 a 和 b 的任何其他最大公因子, 那么对于某个单位 u 有 $d'=ud$, 因此 $d'=(\lambda u)a+(\mu u)b$. □

定理 35.9 的优点在于它可以在计算机上实现. 当然, 对于任何标记为“算法”的东西都应该如此期待.

例 35.10 通过计算 22471 和 3266 的最大公因子, 来演示 $\mathbb{Z}$ 上欧几里得范数 $|\ |$ 的欧几里得算法. 仅需要反复用带余除法, 最后一个非零余数就是最大公因子. 用定理 35.9 的记号标记数字以进一步说明定理和证明. 计算很容易.

$$\begin{array}{rl} & a=22471 \\ & b=3266 \\ 22471=(3266)6+2875 & r_1=2875 \\ 3266=(2875)1+391 & r_2=391 \\ 2875=(391)7+138 & r_3=138 \\ 391=(138)2+115 & r_4=115 \\ 138=(115)1+23 & r_5=23 \\ 115=(23)5+0 & r_6=0 \end{array}$$

因此, $r_5=23$ 是 22471 和 3266 的最大公因子. 这样没有经过因数分解找到了一个最大公因子! 这一点很重要, 因为有时很难找到整数的素数分解.

例 35.11　注意, 欧几里得范数定义中的带余除法条件 1, 与 r 是否 "正的" 没有关系. $\mathbb{Z}$ 中对 $|\ |$ 用欧几里得算法计算最大公因子时, 如例 35.10 所示, 在每次除法中使 $|r_i|$ 尽可能小肯定是有利的. 因此, 重复例 35.10, 如下写更有效.

$$\begin{aligned} & & a &= 22471 \\ & & b &= 3266 \\ 22471 &= (3266)7 - 391 & r_1 &= -391 \\ 3266 &= (391)8 + 138 & r_2 &= 138 \\ 391 &= (138)3 - 23 & r_3 &= -23 \\ 138 &= (23)6 + 0 & r_4 &= 0 \end{aligned}$$

可以根据需要将 r_i 的符号从负改为正, 因为 r_i 和 $-r_i$ 的因数相同.

习题

计算

在习题 1~5 中, 说明给定函数 ν 是否是给定整环的欧几里得范数.

1. $\mathbb{Z}$ 上对非零元 $n \in \mathbb{Z}$, 函数 ν 由 $\nu(n) = n^2$ 给出.

2. $\mathbb{Z}[x]$ 上对非零元 $f(x) \in \mathbb{Z}[x]$, 函数 ν 由 $\nu(f(x)) = (f(x)$ 的次数) 给出.

3. $\mathbb{Z}[x]$ 上对非零元 $f(x) \in \mathbb{Z}[x]$, 函数 ν 由 $\nu(f(x)) = (f(x)$ 的最高次项系数的绝对值) 给出.

4. $\mathbb{Q}$ 上对非零元 $a \in \mathbb{Q}$, 函数 ν 由 $\nu(a) = a^2$ 给出.

5. $\mathbb{Q}$ 上对非零元 $a \in \mathbb{Q}$, 函数 ν 由 $\nu(a) = 50$ 给出.

6. 参照例 35.11, 用 $\lambda(22471) + \mu(3266)$ 的形式具体表示最大公因子 23, 其中 $\lambda, \mu \in \mathbb{Z}$. (提示: 从例 35.11 中计算的倒数第二行开始, $23 = (138)3 - 391$. 而前一行为,$138 = 3266 - (391)8$, 代入得到 $23 = [3266 - (391)8]3 - 391$, 依此类推, 计算得到 λ 和 μ 的值.)

7. 在 $\mathbb{Z}$ 中找出 49349 和 15555 的最大公因子.

8. 按照习题 6 的思路, 参考习题 7, 在 $\mathbb{Z}$ 中将 49349 和 15555 的正最大公因子表示为 $\lambda(49349) + \mu(15555)$ $(\lambda, \mu \in \mathbb{Z})$ 的形式.

9. 找出

$$x^{10} - 3x^9 + 3x^8 - 11x^7 + 11x^6 - 11x^5 + 19x^4 - 13x^3 + 8x^2 - 9x + 3$$

和

$$x^6 - 3x^5 + 3x^4 - 9x^3 + 5x^2 - 5x + 2$$

在 $\mathbb{Q}[x]$ 中的最大公因子.

10. 描述欧几里得算法如何用于找到欧几里得整环中 n 个元素 $a_1, a_2, \cdots, a_n$ 的最大公因子.

11. 用习题 10 中设计的方法, 找出 $2178, 396, 792$ 和 726 的最大公因子.

概念

12. 考虑 $\mathbb{Z}[x]$.

a. $\mathbb{Z}[x]$ 是唯一因子分解整环吗? 为什么?

b. 证明 $\{a + xf(x) | a \in 2\mathbb{Z}, f(x) \in \mathbb{Z}[x]\}$ 是 $\mathbb{Z}[x]$ 的理想.

c. $\mathbb{Z}[x]$ 是主理想整环吗? (考虑 b 部分.)

d. $\mathbb{Z}[x]$ 是欧几里得整环吗? 为什么?

13. 判断下列命题真假.

a. 每个欧几里得整环都是主理想整环.

b. 每个主理想整环都是欧几里得整环.

c. 每个欧几里得整环都是唯一因子分解整环.

d. 每个唯一因子分解整环都是欧几里得整环.

e. $\mathbb{Q}$ 中 2 和 3 的最大公因子为 $\dfrac{1}{2}$.

f. 欧几里得算法给出了一种求两个整数的最大公因子的构造方法.

g. 如果 ν 是欧几里得整环 D 上的一个欧几里得范数, 则对于所有非零 $a \in D$, $\nu(1) \leqslant \nu(a)$.

h. 如果 ν 是欧几里得整环 D 上的一个欧几里得范数, 则对于所有非零 $a \in D$, $a \neq 1$, $\nu(1) < \nu(a)$.

i. 如果 ν 是欧几里得整环 D 上的一个欧几里得范数, 则对于所有非零非单位 $a \in D$, $\nu(1) < \nu(a)$.

j. 对于任何域 F, $F[x]$ 是欧几里得整环.

14. 欧几里得整环 D 上特定欧几里得范数 ν 的选择是否影响 D 中的除法结构? 说明理由.

理论

15. 设 D 是欧几里得整环, ν 是 D 上的欧几里得范数, 证明如果 a 和 b 在 D 中相伴, 则 $\nu(a) = \nu(b)$.

16. 设 D 是欧几里得整环, ν 是 D 上的欧几里得范数. 证明对于非零 $a,b \in D$, $\nu(a) < \nu(ab)$ 当且仅当 b 不是 D 的单位. [提示: 由习题 15 中论证 $\nu(a) < \nu(ab)$ 意味着 b 不是 D 的单位. 用欧几里得算法证明, $\nu(a) = \nu(ab)$ 意味着 $\langle a \rangle = \langle ab \rangle$. 得出结论: 如果 b 不是单位, 则 $\nu(a) < \nu(ab)$.]

17. 证明或证伪以下陈述: 如果 ν 欧几里得整环 D 上的欧几里得范数, 则 $\{a \in D | \nu(a) < \nu(1)\}$ 是 D 的理想.

18. 证明每个域都是欧几里得整环.

19. 设 ν 是欧几里得整环 D 上的欧几里得范数.

a. 如果 $s \in \mathbb{Z}$ 使得 $s + \nu(1) > 0$, 那么对于非零元 $a \in D$, $\eta : D^* \to \mathbb{Z}, \eta(a) = \nu(a) + s$ 是 D 上的欧几里得范数.D^* 是 D 的非零元的集合.

b. 证明对于 $t \in \mathbb{Z}^+$, 非零元 $a \in D$, $\lambda : D^* \to \mathbb{Z}$, $\lambda(a) = t \cdot \nu(a)$ 是 D 上的欧几里得范数.

c. 证明 D 上存在欧几里得范数 μ, 使得 $\mu(1) = 1$ 且对于所有非零非单位的 $a \in D$ 有 $\mu(a) > 100$.

20. 设 D 为唯一因子分解整环. D 中元素 c 称为两个元素 a 和 b 的**最小公倍数**, 如果 $a|c, b|c$, 且 c 整除 D 中的每个可被 a 和 b 整除的元素. 证明欧几里得整环 D 的非零元 a 和 b 在 D 中有最小公倍数. [提示: 显然, a 和 b 的所有公倍数生成 D 的理想.]

21. 用定理 35.9 中最后一个陈述来证明, 两个非零元 $r, s \in \mathbb{Z}$ 生成群 $\langle \mathbb{Z}, + \rangle$ 当且仅当 r 和 s (视为整环 $\mathbb{Z}$ 中整数) 是互素的, 即最大公因子为 1.

22. 用定理 35.9 中最后一个陈述, 证明对于非零元 $a, b, n \in \mathbb{Z}$, 如果 a 和 n 互素, 则同余式 $ax \equiv b \pmod{n}$ 在 $\mathbb{Z}$ 中有解.

23. 通过证明对于非零元 $a, b, n \in \mathbb{Z}$, 同余式 $ax \equiv b \pmod{n}$ 有解当且仅当 $\mathbb{Z}$ 中 a 和 n 正的最大公因子整除 b 来推广习题 22. 在环 $\mathbb{Z}_n$ 中解释此结果.

24. 按照习题 6 和习题 23 的思路, 对于非零元 $a, b, n \in \mathbb{Z}$, 如果同余式 $ax \equiv b \pmod{n}$ 在 $\mathbb{Z}$ 中有解, 概述构造解的方法. 使用此方法求同余式 $22x \equiv 18 \pmod{42}$ 的解.

7.36 数论

本节将展示如何用第 35 节中的想法来推导数论中的一些有趣结果. 通常认为数论是研究整数的性质的, 但高斯对数论的研究扩大到所谓高斯整数的范围. 高斯整数形成复数的子环, 和整数一样, 是欧几里得整环, 但不是域. 学习了高斯整数之后, 可以证明对于任何素数 $p \in \mathbb{Z}^+$, 如果 p 模 4 余 1, 那么 p 可以写成两个整数的平方和.

高斯整数

定义 36.1　**高斯整数** (Gaussian integer) 是形如 $a+b\mathrm{i}$ 的复数, 其中 $a,b\in\mathbb{Z}$. 高斯整数 $\alpha=a+b\mathrm{i}$ 的**范数** (norm) 为 $N(\alpha)=a^2+b^2$.

范数 $N(\alpha)$ 不仅是对高斯整数 α 定义的, 也可以用相同的公式 $N(a+b\mathrm{i})=a^2+b^2$ 将 N 定义在任何复数上. 这个范数也可以写成 $N(\alpha)=|\alpha|^2$.

设 $\mathbb{Z}[\mathrm{i}]$ 为所有高斯整数的集合. 以下引理给出 $\mathbb{Z}[\mathrm{i}]$ 上范数 N 的一些基本性质, 由此证明对非零 $\alpha\in\mathbb{Z}[\mathrm{i}]$, 由 $\nu(\alpha)=N(\alpha)$ 定义的函数 ν 是一个欧几里得范数. 注意, 高斯整数包括所有**有理整数**, 即 $\mathbb{Z}$ 中整数.

历史笔记

高斯在他的《数学研究》(*Disquisitiones Arithmeticae*) 中, 详细研究了二次剩余理论, 即同余式 $x^2\equiv p\pmod q$ 解的理论, 并证明了著名的二次剩余定理, 给出了同余式 $x^2\equiv p\pmod q$ 和 $x^2\equiv q\pmod p$ 之间的关系, 其中 p 和 q 是不同素数. 为了将结果推广到四次剩余, 高斯意识到考虑高斯整数比普通整数要自然得多.

高斯关于高斯整数的研究包含在 1832 年的长篇论文中, 他证明了它们和整数之间的各种对比. 例如, 在注意到高斯整数中有四个单位 (可逆元), 即 $1,-1,\mathrm{i},-\mathrm{i}$, 并定义了如定义 36.1 中那样的范数, 因此他扩展了素数的定义, 定义高斯素数为不可以表示为其他两个非单位整数的乘积的高斯整数. 然后, 他确定了哪些高斯整数是素数: 一个非实数的高斯整数是素数, 当且仅当它的范数是实素数, 且只能是 2 或形如 $4n+1$ 的实素数. 实素数 $2=(1+\mathrm{i})(1-\mathrm{i})$ 以及模 4 余 1 的实素数 [如 $13=(2+3\mathrm{i})(2-3\mathrm{i})$] 分解为两个高斯素数的乘积. 形如 $4n+3$ 模 4 余 3 的实素数 (如 7 和 11) 在高斯整环中仍然是素数. 参见习题 10.

引理 36.2　在 $\mathbb{Z}[\mathrm{i}]$ 中, $\alpha,\beta\in\mathbb{Z}[\mathrm{i}]$, 范数 N 有以下性质:

1. $N(\alpha)\geqslant 0$.
2. $N(\alpha)=0$ 当且仅当 $\alpha=0$.
3. $N(\alpha\beta)=N(\alpha)N(\beta)$.

证明　如果 $\alpha=a_1+a_2\mathrm{i}$ 和 $\beta=b_1+b_2\mathrm{i}$, 这些结果都可以通过直接计算得到. 证明留作习题 (参见习题 11). □

引理 36.2 的证明不依赖于复数 α 和 β 是高斯整数. 事实上, 引理中列出的三个性质对所有复数都成立.

引理 36.3　$\mathbb{Z}[\mathrm{i}]$ 是整环.

证明 很明显 $\mathbb{Z}[i]$ 是有单位元的交换环. 只要证明没有零因子. 设 $\alpha,\beta\in\mathbb{Z}[i]$. 用引理 36.2, 如果 $\alpha\beta=0$, 则

$$N(\alpha)N(\beta)=N(\alpha\beta)=N(0)=0$$

因此, $\alpha\beta=0$ 意味着 $N(\alpha)=0$ 或 $N(\beta)=0$. 再通过引理 36.2, 证明 $\alpha=0$ 或 $\beta=0$. 因此 $\mathbb{Z}[i]$ 没有零因子, 所以 $\mathbb{Z}[i]$ 是一个整环. □

当然, 由于 $\mathbb{Z}[i]$ 是 $\mathbb{C}$ 的子环, 其中 $\mathbb{C}$ 是复数域, 很明显 $\mathbb{Z}[i]$ 没有零因子. 引理 36.3 的证明说明范数函数 N 的乘法性质 3 的用法, 且避免在论证中超出 $\mathbb{Z}[i]$ 的范围.

然而, 在定理 36.4 的证明中, 将对非高斯整数的复数用性质 3, 因此用到了高斯整数之外的整数.

定理 36.4 对于非零元 $\alpha\in\mathbb{Z}[i]$, 由 $\nu(\alpha)=N(\alpha)$ 给出的函数 ν 是 $\mathbb{Z}[i]$ 上的欧几里得范数. 因此 $\mathbb{Z}[i]$ 是欧几里得整环.

证明 注意对于 $\beta=b_1+b_2i\neq 0, N(b_1+b_2i)=b_1^2+b_2^2$, 因此 $N(\beta)\geqslant 1$. 那么对 $\mathbb{Z}[i]$ 中所有 $\alpha,\beta\neq 0, N(\alpha)\leqslant N(\alpha)N(\beta)=N(\alpha\beta)$. 这就证明了定义 35.1 中欧几里得范数的条件 2.

需要证明 N 的带余除法, 即条件 1. 设 $\alpha,\beta\in\mathbb{Z}[i]$ 其中 $\alpha=a_1+a_2i$ 和 $\beta=b_1+b_2i\neq 0$. 要在 $\mathbb{Z}[i]$ 中找到 σ 和 ρ, 使得 $\alpha=\beta\sigma+\rho$, 其中 $\rho=0$ 或 $N(\rho)<N(\beta)=b_1^2+b_2^2$. 设 $\alpha/\beta=r+si$, $r,s\in\mathbb{Q}$. 取 q_1 和 q_2 分别是 $\mathbb{Z}$ 中与有理数 r 和 s 最接近的数. 记 $\sigma=q_1+q_2i,\rho=\alpha-\beta\sigma$. 如果 $\rho=0$, 就完成了证明. 否则, 通过 σ 的构造可以看出, $|r-q_1|\leqslant 1/2$ 且 $|s-q_2|\leqslant 1/2$. 因此

$$\begin{aligned}N\left(\frac{\alpha}{\beta}-\sigma\right)&=N\left((r+si)-(q_1+q_2i)\right)\\&=N\left((r-q_1)+(s-q_2)i\right)\leqslant\left(\frac{1}{2}\right)^2+\left(\frac{1}{2}\right)^2=\frac{1}{2}\end{aligned}$$

因此,

$$\begin{aligned}N(\rho)=N(\alpha-\beta\sigma)&=N\left(\beta\left(\frac{\alpha}{\beta}-\sigma\right)\right)\\&=N(\beta)N\left(\frac{\alpha}{\beta}-\sigma\right)\leqslant N(\beta)\frac{1}{2}\end{aligned}$$

所以确实有 $N(\rho)<N(\beta)$. □

例 36.5 现在将第 35 节的所有结果用于 $\mathbb{Z}[i]$. 特别地, 由于 $N(1)=1$, $\mathbb{Z}[i]$ 的单位 $\alpha=a_1+a_2i$ 满足 $N(\alpha)=a_1^2+a_2^2=1$. 由 a_1 和 a_2 是整数, 仅有的可能是 $a_1=\pm1, a_2=0$ 或 $a_1=0, a_2=\pm1$. 因此, $\mathbb{Z}[i]$ 的单位为 ±1 和 $\pm i$. 可以用欧几里得算法计算两个非零元的最大公因子. 将这些计算留作习题. 最后注意, 虽然 5 在 $\mathbb{Z}$ 中不可约, 5 在 $\mathbb{Z}[i]$ 中不是不可约的, 因为 $5=(1+2i)(1-2i)$, 并且 $1+2i$ 和 $1-2i$ 不是单位.

乘性范数

再次强调, 对于整环 D, 关于运算的不可约元和单位的概念, 不会受到整环上定义的范数的任何影响. 然而, 正如前一节和目前为止的工作所示, 一个适当定义的范数可能有助于确定 D 的运算结构. 这一点在代数数论中得到了惊人的说明, 对于代数整数环可以考虑许多不同的范数, 每个范数都部分地揭示了整环的运算结构. 在代数整数环中, 对于每个不可约元 (唯一到相伴), 都有一个范数, 这样的范数给出了与之对应的不可约元在整环中的行为的信息. 这是通过与其对应的映射研究元素在代数结构中性质的重要例子.

现在来研究引理 36.2 中给出的整环 $\mathbb{Z}[i]$ 上满足性质 2 和性质 3 的乘性范数 N.

定义 36.6 设 D 为整环. D 上的**乘性范数** N 是 D 到 $\mathbb{Z}$ 满足以下条件的函数:

1. $N(\alpha)=0$ 当且仅当 $\alpha=0$.
2. 对所有 $\alpha,\beta\in D$, $N(\alpha\beta)=N(\alpha)N(\beta)$.

定理 36.7 设 D 是有乘性范数 N 的整环, 则 $N(1)=1$ 且 $|N(u)|=1$ 对 D 中单位 u 都成立. 此外, 如果 D 中每个满足 $|N(\alpha)|=1$ 的 α 是一个单位, 则对于素数 $p\in\mathbb{Z}$, D 中满足 $|N(\pi)|=p$ 的元素 π 在 D 中不可约.

证明 设 D 是有乘性范数 N 的整环, 则 $N(1)=N((1)(1))=N(1)N(1)$, 这表明 $N(1)=1$. 此外, 如果 u 是 D 中的单位, 则

$$1=N(1)=N(uu^{-1})=N(u)N(u^{-1})$$

由于 $N(u)$ 是一个整数, 这意味着 $|N(u)|=1$.

假设 D 的单位是范数恰好为 ±1 的元素. 设 $\pi\in D$ 使得 $|N(\pi)|=p$, 其中 p 是 $\mathbb{Z}$ 中的素数. 如果 $\pi=\alpha\beta$, 则

$$p=|N(\pi)|=|N(\alpha)N(\beta)|=|N(\alpha)||N(\beta)|$$

因此 $|N(\alpha)|=1$ 或 $|N(\beta)|=1$. 由假设, 这意味着 α 或 β 是 D 中的单位. 因此 π 是 D 的不可约元. □

例 36.8　在 $\mathbb{Z}[\mathrm{i}]$ 上, 函数 $N(a+b\mathrm{i})=a^2+b^2$ 给出了一个上面定义的乘性范数. 可以看出, 对非零元 $\alpha\in\mathbb{Z}[\mathrm{i}]$, 由 $\nu(\alpha)=N(\alpha)$ 给出的函数 ν 是 $\mathbb{Z}[\mathrm{i}]$ 上的欧几里得范数, 单位恰好为 $\mathbb{Z}[\mathrm{i}]$ 中满足 $N(\alpha)=N(1)=1$ 的元素 α. 因此, 定理 36.7 的第二部分适用于 $\mathbb{Z}[\mathrm{i}]$. 如例 36.5 所示, 5 不是 $\mathbb{Z}[\mathrm{i}]$ 中不可约元, 因为 $5=(1+2\mathrm{i})(1-2\mathrm{i})$. 但是, $N(1+2\mathrm{i})=N(1-2\mathrm{i})=1^2+2^2=5$, 且 5 是 $\mathbb{Z}$ 中素数, 由定理 36.7, $1+2\mathrm{i}$ 和 $1-2\mathrm{i}$ 在 $\mathbb{Z}[\mathrm{i}]$ 中都是不可约元.

作为乘性范数的应用, 下面给出另一个不是唯一因子分解整环的整环的例子. 在例 34.17 中看到过一个例. 以下是完整过程.

例 36.9　设 $\mathbb{Z}[\sqrt{-5}]=\{a+\mathrm{i}b\sqrt{5}\mid a,b\in\mathbb{Z}\}$. 作为复数域的子集, 对加法、减法和乘法封闭, 同时包含 0 和 1, $\mathbb{Z}[\sqrt{-5}]$ 是一个整环. 在 $\mathbb{Z}[\sqrt{-5}]$ 上定义 N 如下:

$$N(a+b\sqrt{-5})=a^2+5b^2$$

(此处 $\sqrt{-5}=\mathrm{i}\sqrt{5}$.) 显然, $N(\alpha)=0$ 当且仅当 $\alpha=a+b\sqrt{-5}=0$. 直接计算可得 $N(\alpha\beta)=N(\alpha)N(\beta)$, 留作习题 (参见习题 12). 下面通过找出 $\mathbb{Z}[\sqrt{-5}]$ 中所有满足 $N(\alpha)=1$ 的元素 α, 来找出 $\mathbb{Z}[\sqrt{-5}]$ 所有可能的单位. 如果 $\alpha=a+b\sqrt{-5}$, 其中 a 和 b 是整数, 且 $N(\alpha)=1$, 一定有 $a^2+5b^2=1$. 只有当 $b=0$ 且 $a=\pm1$ 时才有可能. 因此 ±1 是唯一可能的单位. 由于 ±1 是单位, 因此它们是 $\mathbb{Z}[\sqrt{-5}]$ 仅有的单位.

在 $\mathbb{Z}[\sqrt{-5}]$ 中, 有 $21=(3)(7)$, 且

$$21=(1+2\sqrt{-5})(1-2\sqrt{-5})$$

如果能证明 $3,7,1+2\sqrt{-5}$ 和 $1-2\sqrt{-5}$ 都是 $\mathbb{Z}[\sqrt{-5}]$ 中不可约元, 就说明 $\mathbb{Z}[\sqrt{-5}]$ 不能是唯一因子分解整环, 因为 3 和 7 都不同于 $\pm(1+2\sqrt{-5})$.

假设 $3=\alpha\beta$. 那么

$$9=N(3)=N(\alpha)N(\beta)$$

表明一定有 $N(\alpha)=1,3$ 或 9. 如果 $N(\alpha)=1$, 则 α 是一个单位. 如果 $\alpha=a+b\sqrt{-5}$, 则 $N(\alpha)=a^2+5b^2$, 没有整数 a 和 b 满足 $N(\alpha)=3$. 如果 $N(\alpha)=9$, 则 $N(\beta)=1$, 因此 β 是一个单位. 因此, 从 $3=\alpha\beta$ 得出 α 或 β 是一个单位. 因此, 3 是 $\mathbb{Z}[\sqrt{-5}]$ 中不可约元. 类似地 7 也是 $\mathbb{Z}[\sqrt{-5}]$ 中不可约元.

如果 $1+2\sqrt{-5}=\gamma\delta$, 有

$$21=N(1+2\sqrt{-5})=N(\gamma)N(\delta)$$

因此 $N(\gamma)=1,3,7$ 或 21. 已经知道 $\mathbb{Z}[\sqrt{-5}]$ 中没有范数是 3 或 7 的元素. 因此, 或者 $N(\gamma)=1$, γ 是一个单位, 或者 $N(\gamma)=21$, $N(\delta)=1$, δ 是一个单位. 因此, $1+2\sqrt{-5}$ 是 $\mathbb{Z}[\sqrt{-5}]$ 中不可约元. 类似地, $1-2\sqrt{-5}$ 也是 $\mathbb{Z}[\sqrt{-5}]$ 中不可约元.

综上, 证明了

$$\mathbb{Z}[\sqrt{-5}]=\{a+\mathrm{i}b\sqrt{5}|a,b\in\mathbb{Z}\}$$

是一个整环, 但不是唯一因子分解整环. 特别地, 21 有两种不同的不可约元分解:

$$21=3\cdot 7=(1+2\sqrt{-5})(1-2\sqrt{-5})$$

这些不可约元不是素元, 而素元的性质才能保证因子分解唯一性 (参见定理 34.18 的证明).

下面用一个经典的应用作为结束: 确定 $\mathbb{Z}$ 中的哪些素数 p 是 $\mathbb{Z}$ 中两个整数的平方和. 例如, $2=1^2+1^2, 5=1^2+2^2, 13=2^2+3^2$ 是整数的平方和. 既然对于唯一的偶素数 2, 这个问题已经有了回答, 可以将问题限制在奇素数上.

定理 36.10 (费马的 $p=a^2+b^2$ 定理)　*设 p 是 $\mathbb{Z}$ 中奇素数, 则 $p=a^2+b^2$ 对于 $\mathbb{Z}$ 中整数 a 和 b 成立当且仅当 $p\equiv 1 \pmod 4$.*

证明　首先, 假设 $p=a^2+b^2$, 那么 a 和 b 不能都是偶数或都是奇数, 因为 p 是奇数. 如果 $a=2r, b=2s+1$, 则 $a^2+b^2=4r^2+4(s^2+s)+1$, 因此 $p\equiv 1 \pmod 4$. 这就证明了定理的必要性.

再证充分性. 假设 $p\equiv 1 \pmod 4$. 有限域 $\mathbb{Z}_p$ 中非零元乘法群是循环群, 且阶为 $p-1$. 因为 4 是 $p-1$ 的因子, $\mathbb{Z}_p$ 中包含乘法阶为 4 的元素 n. 因此 n^2 的乘法阶为 2, 在 $\mathbb{Z}_p$ 中有 $n^2=-1$. 因此, 在 $\mathbb{Z}$ 中, 有 $n^2\equiv -1 \pmod p$ 所以 p 在 $\mathbb{Z}$ 中整除 n^2+1.

把 p 和 n^2+1 看成 $\mathbb{Z}[\mathrm{i}]$ 中元素, 可以看出 p 整除 $n^2+1=(n+\mathrm{i})(n-\mathrm{i})$. 假设 p 在 $\mathbb{Z}[\mathrm{i}]$ 中为不可约元, 则 p 整除 $n+\mathrm{i}$ 或 $n-\mathrm{i}$. 如果 p 整除 $n+\mathrm{i}$, 则 $n+\mathrm{i}=p(a+b\mathrm{i})$ 对某个 $a,b\in\mathbb{Z}$ 成立. 由 i 的系数相等有 $1=pb$, 这不可能. 同样, p 整除 $n-\mathrm{i}$ 引出矛盾 $-1=pb$. 因此, 假设 p 是 $\mathbb{Z}[\mathrm{i}]$ 中不可约元不成立.

因为 p 在 $\mathbb{Z}[\mathrm{i}]$ 中不是不可约元, 所以有 $p=(a+b\mathrm{i})(c+d\mathrm{i})$, 其中 $a+b\mathrm{i}$ 和 $c+d\mathrm{i}$ 都不是单位. 取范数, 得到 $p^2=(a^2+b^2)(c^2+d^2)$, 既没有 $a^2+b^2=1$ 也没有 $c^2+d^2=1$. 因此, 有 $p=a^2+b^2$, 这就完成了证明, [由于 $a^2+b^2=(a+b\mathrm{i})(a-b\mathrm{i})$, 这是 p 的因子分解. 也就是说, $c+d\mathrm{i}=a-b\mathrm{i}$.] □

习题 10 要求确定 $\mathbb{Z}$ 中哪些素数 p 在 $\mathbb{Z}[\mathrm{i}]$ 中不可约.

习题

计算

在习题 1~4 中, 将高斯整数因子分解为 $\mathbb{Z}[\mathrm{i}]$ 中不可约元的乘积. (提示: 由于 $\alpha \in \mathbb{Z}[\mathrm{i}]$ 的不可约因子的范数大于 1 且整除 $N(\alpha)$, 因此只有有限多个高斯整数 $a+b\mathrm{i}$ 可能是给定 α 的不可约因子. 用 $\mathbb{C}$ 中这样的数除 α, 哪些商还在 $\mathbb{Z}[\mathrm{i}]$ 中.)

1. 5.

2. 7.

3. $4+3\mathrm{i}$.

4. $6-7\mathrm{i}$.

5. 证明 6 在 $\mathbb{Z}[\sqrt{-5}]$ 中不是唯一分解的 (在相伴意义下). 给出两个不同的因子分解.

6. 考虑 $\mathbb{Z}[\mathrm{i}]$ 中的 $\alpha=7+2\mathrm{i}$ 和 $\beta=3-4\mathrm{i}$. 在 $\mathbb{Z}[\mathrm{i}]$ 中求 σ 和 ρ, 使得

$$\alpha=\beta\sigma+\rho, N(\rho)<N(\beta)$$

(提示: 用定理 36.4 证明中的构造.)

7. 在 $\mathbb{Z}[\mathrm{i}]$ 中用欧几里得算法找出 $\mathbb{Z}[\mathrm{i}]$ 中 $8+6\mathrm{i}$ 和 $5-15\mathrm{i}$ 的最大公因子. (提示: 用定理 36.4 证明中的构造.)

概念

8. 判断下列命题的真假.

a. $\mathbb{Z}[\mathrm{i}]$ 是主理想整环.

b. $\mathbb{Z}[\mathrm{i}]$ 是欧几里得整环.

c. $\mathbb{Z}$ 中的整数都是高斯整数.

d. 每个复数都是高斯整数.

e. 欧几里得算法在 $\mathbb{Z}[\mathrm{i}]$ 中成立.

f. 整环上的乘性范数有时有助于找到该环的不可约元.

g. 如果 N 是整环 D 上的乘性范数, 则对于 D 的每个单位 $u, |N(u)|=1$.

h. 如果 F 是域, 则对非零元 $f(x)$ 定义的函数 $N(f(x))=(f(x)$ 的次数$)$ 是 $F[x]$ 上的乘性范数.

i. 如果 F 是域, 则对非零元 $f(x)$ 定义函数 $N(f(x))=2^{(f(x)\text{ 的次数})}$, 且 $N(0)=0$, 是 $F[x]$ 上的乘性范数.

j. $\mathbb{Z}[\sqrt{-5}]$ 是整环, 但不是唯一因子分解整环.

9. 设 D 是有乘性范数 N 的整环, 且对 $\alpha\in D$, $|N(\alpha)|=1$ 当且仅当 α 是 D 的单位. 对于 $\beta\in D$, 设 π 使得 $|N(\pi)|$ 在所有 $|N(\beta)|>1$ 中最小. 证明 π 是 D 中不可

约元.

10. a. 证明 2 等于 $\mathbb{Z}[i]$ 中一个单位和一个不可约元的平方的乘积.

b. 证明 $\mathbb{Z}$ 中的奇素数 p 在 $\mathbb{Z}[i]$ 中不可约, 当且仅当 $p \equiv 3 \pmod 4$. (用定理 36.10.)

11. 证明引理 36.2.

12. 证明例 36.9 的 N 是乘性范数, 即 $N(\alpha\beta) = N(\alpha)N(\beta)$, 对 $\alpha, \beta \in \mathbb{Z}[\sqrt{-5}]$ 成立.

13. 设 D 是有乘性范数 N 的整环, 且对 $\alpha \in D, |N(\alpha)| = 1$ 当且仅当 α 是 D 的单位. 证明 D 的每个非零非单位都能分解成 D 中不可约元的乘积.

14. 在 $\mathbb{Z}[i]$ 中用欧几里得算法找出 $\mathbb{Z}[i]$ 中 $16 + 7i$ 和 $10 - 5i$ 的最大公因子. (提示: 用定理 36.4 证明中的构造.)

15. 设 $\langle\alpha\rangle$ 是 $\mathbb{Z}[i]$ 中非零主理想.

a. 证明 $\mathbb{Z}[i]/\langle\alpha\rangle$ 是一个有限环. (提示: 用带余除法.)

b. 证明如果 σ 是 $\mathbb{Z}[i]$ 的不可约元, 则 $\mathbb{Z}[i]/\langle\alpha\rangle$ 是一个域.

c. 参考 b 部分, 找出以下域的阶和特征.

i) $\mathbb{Z}[i]/\langle 3\rangle$.

ii) $\mathbb{Z}[i]/\langle 1 + i\rangle$.

iii) $\mathbb{Z}[i]/\langle 1 + 2i\rangle$.

16. 设 $n \in \mathbb{Z}$ 平方自由, 即不可被任何素数的平方整除. 令 $\mathbb{Z}[\sqrt{-n}] = \{a + ib\sqrt{n} | a, b \in \mathbb{Z}\}$.

a. 证明对 $\alpha = a + ib\sqrt{n}$, 由 $N(\alpha) = a^2 + nb^2$ (定义的范数 N 是 $\mathbb{Z}[\sqrt{-n}]$ 上的乘性范数.

b. 证明对 $\alpha \in \mathbb{Z}[\sqrt{-n}], N(\alpha) = 1$ 当且仅当 α 是 $\mathbb{Z}[\sqrt{-n}]$ 的单位.

c. 证明每个非零非单位的元素 $\alpha \in \mathbb{Z}[\sqrt{-n}]$, 在 $\mathbb{Z}[\sqrt{-n}]$ 中可分解成不可约元的乘积. (提示: 用 b 部分.)

17. 对 $\mathbb{Z}[\sqrt{n}] = \{a + b\sqrt{n} | a, b \in \mathbb{Z}\}$, 其中 $n > 1$ 平方自由, N 定义为 $N(\alpha) = a^2 - nb^2$, 其中 $\alpha = a + b\sqrt{n} \in \mathbb{Z}[\sqrt{n}]$, 重复习题 16. 在 b 部分只要证明 $|N(\alpha)| = 1$.

18. 由定理 36.4 证明中给出的类似构造, 证明带余除法在整环 $\mathbb{Z}[\sqrt{-2}]$ 中成立, 其中对非零元 α 有 $\nu(\alpha) = N(\alpha)$ (参见习题 16). (因此这是个欧几里得整环. 参见 Hardy 和 Wright (文献 29) 关于 $\mathbb{Z}[\sqrt{n}]$ 和 $\mathbb{Z}[\sqrt{-n}]$ 中哪些是欧几里得整环的讨论.)

7.37 代数几何㊀

本节简要介绍代数几何. 代数几何研究的是有限多项式集合的公共零点. 例如, 在多项式集合 $\{x^2+y^2-25,(x-6)^2+y^2-25\}$ 的零点只有 $\mathbb{R}^2$ 中的两个点 $(3,4)$ 和 $(3,-4)$. 在 7.38 节中, 将给出一种非常有用的算法, 把有限多项式集合简化到更简单的多项式集合, 但它们的零点相同. 例如, 对集合 $\{x^2+y^2-25,(x-6)^2+y^2-25\}$, 算法会产生新集合 $\{x-3,y^2-16\}$, 这样更容易看出两个零点.

代数簇与理想

设 F 是一个域. 回顾 $F[x_1,x_2,\cdots,x_n]$ 是系数在 F 中的 n 个变量 $x_1, x_2,\cdots,x_n$ 的多项式环. 设 F^n 是 n 个因子的笛卡儿积 $F\times F\times\cdots\times F$. 为了便于书写, 将 F^n 的元素 $(a_1,a_2,\cdots,a_n)$ 用 $\boldsymbol{a}$ 表示. 采用相同的想法, 记 $F[\boldsymbol{x}]=F[x_1,x_2,\cdots,x_n]$. 对每个 $\boldsymbol{a}\in F^n$, 有一个求值同态 $\phi_{\boldsymbol{a}}:F[\boldsymbol{x}]\to F$, 如定理 27.4 所示. 也就是说, 对于 $f(\boldsymbol{x})=f(x_1,x_2,\cdots,x_n)\in F[\boldsymbol{x}]$, 定义 $\phi_{\boldsymbol{a}}(f(\boldsymbol{x}))=f(\boldsymbol{a})=f(a_1,a_2,\cdots,a_n)$.

$\phi_{\boldsymbol{a}}$ 是同态的证明, 需要用到 $F[\boldsymbol{x}]$ 和 F 中运算的结合律、交换律和分配律. 正如一个不定元的情况一样, F^n 的一个元素 $\boldsymbol{a}$ 称为 $f(\boldsymbol{x})\in F[\boldsymbol{x}]$ 的**零点**, 如果有 $f(\boldsymbol{a})=0$. 接下来, 将多项式 $f(\boldsymbol{x})$ 进一步缩写为 f. 在本节和下文中, 讨论在 F^n 中找出 $F[\boldsymbol{x}]$ 的有限个多项式 $f_1,f_2,\cdots,f_r$ 的公共零点. 找出和研究所有这些公共零点集合的几何性质是代数几何的主题.

定义 37.1 *设 S 是 $F[\boldsymbol{x}]$ 的有限子集. F^n 中的***代数簇** *(algebraic variety) $V(S)$ 是 S 中多项式在 F^n 中的公共零点.*

在下面的例中, 最多涉及三个不定元, 通常用 x,y,z 代替 x_1,x_2,x_3.

例 37.2 设 $S=\{2x+y-2\}\subset\mathbb{R}[x,y]$. $\mathbb{R}^2$ 中代数簇 $V(S)$ 是 x 上截距为 1 和 y 上截距为 2 的直线.

以下结论留作习题 14, 对有单位元的交换环 R 中的 r 个元素 $f_1,f_2,\cdots,f_r$, 集合

$$I=\{c_1f_1+c_2f_2+\cdots+c_rf_r|c_i\in R,i=1,2,\cdots,r\}$$

是 R 的一个理想. 用 $\langle f_1,f_2,\cdots,f_r\rangle$ 表示这个理想. 我们对 $R=F[\boldsymbol{x}]$ 的情况特别感兴趣, 其中 c_i 和 f_i 都是 $F[\boldsymbol{x}]$ 中的多项式. 将 c_i 视为"系数多项式". 由它的构造知道, 这个理想 I 是包含多项式 $f_1,f_2,\cdots,f_r$ 的最小理想, 也可以描述为所有包含这 r 个多项式的理想的交集.

㊀ 本节仅在 7.38 节用到.

定义 37.3 设 I 是有单位元的交换环 R 中的理想. I 的子集 $\{b_1, b_2, \cdots, b_r\}$ 称为 I 的**一组基** (basis), 如果 $I = \langle b_1, b_2, \cdots, b_r \rangle$.

与线性代数中的情况不同, 基的元素没有无关性要求, 也没有理想中元素用基表示的唯一性.

定理 37.4 设 $f_1, f_2, \cdots, f_r \in F[\boldsymbol{x}]$. 多项式 $f_i(i = 1, 2, \cdots, r)$ 在 F^n 中公共零点的集合与理想 $I = \langle f_1, f_2, \cdots, f_r \rangle$ 中所有多项式在 F^n 中公共零点的集合相同.

证明 令

$$f = c_1 f_1 + c_2 f_2 + \cdots + c_r f_r \tag{1}$$

是 I 的任一元素, 设 $\boldsymbol{a} \in F^n$ 是 $f_1, f_2, \cdots, f_r$ 的公共零点. 对式 (1) 用求值同态 $\phi_{\boldsymbol{a}}$, 得到

$$\begin{aligned} f(\boldsymbol{a}) &= c_1(\boldsymbol{a}) f_1(\boldsymbol{a}) + c_2(\boldsymbol{a}) f_2(\boldsymbol{a}) + \cdots + c_r(\boldsymbol{a}) f_r(\boldsymbol{a}) \\ &= c_1(\boldsymbol{a}) 0 + c_2(\boldsymbol{a}) 0 + \cdots + c_r(\boldsymbol{a}) 0 = 0 \end{aligned}$$

这表明 $\boldsymbol{a}$ 也是 I 中每个多项式 f 的零点. 当然, I 中每个多项式的零点是每个 f_i 的零点, 因为每个 $f_i \in I$. □

对于 $F[\boldsymbol{x}]$ 中的理想 I, 设 $V(I)$ 是 I 中所有元素的公共零点的集合. 可以将定理 37.4 概括为

$$V(\{f_1, f_2, \cdots, f_r\}) = V(\langle f_1, f_2, \cdots, f_r \rangle)$$

回顾一下, 有单位元的交换环称为诺特环, 如果对 R 中每个理想升链 $N_1 \subseteq N_2 \subseteq N_3 \subseteq \cdots$, 存在整数 r, 使得对 $s \geqslant r$, 有 $N_r = N_s$. 引理 34.10 说明如果 R 是主理想整环, 则 R 是诺特环. 定理 37.5 指出, 如果 R 是诺特环, 则系数在 R 中的多项式也是诺特环.

定理 37.5 如果 R 是诺特环, 那么 $R[x]$ 也是诺特环.

证明 设 $I_1 \subseteq I_2 \subseteq I_3 \subseteq \cdots$ 是 $R[x]$ 中的理想链. 如引理 34.9 所示, $I = \cup_{n=1}^{\infty} I_n$ 是 R 中的一个理想.

下面用反证法证明 I 存在有限基. 假设没有有限多项式集合是 I 的基. 设 f_1 是 I 中次数最小的多项式. 再设 f_2 是在 I 中但不在 $\langle f_1 \rangle$ 中次数最小的多项式. 继续这种方式, 设 f_n 是 I 中不在 $\langle f_1, f_2, \cdots, f_{n-1} \rangle$ 中次数最小的多项式. 这样定义了一个无限多项式序列, 因为根据假设, 没有多项式的有限集合是 I 的基. 显然, $\deg(f_1) \leqslant \deg(f_2)$, 否则应该选择 f_2 而不是 f_1 作为序列的第一个多项式. 最终, $\deg(f_1) \leqslant \deg(f_2) \leqslant \deg(f_3) \leqslant \cdots$.

设 a_j 是 f_j 的首项系数, 则在 R 中, 有理想链

$$\langle a_1\rangle \subseteq \langle a_1,a_2\rangle \subseteq \langle a_1,a_2,a_3\rangle \subseteq \cdots$$

由 R 中升链条件, 存在某个整数 N, 使得对任意 $s \geqslant N$ 有

$$\langle a_1,a_2,\cdots,a_N\rangle = \langle a_1,a_2,\cdots,a_s\rangle$$

特别地,

$$a_{N+1} = \sum_{j=1}^{N} c_j a_j$$

对于 R 中某些元素 c_j 成立. 多项式

$$g(x) = \sum_{j=1}^{N} c_j x^{\deg(f_{N+1})-\deg(f_j)} f_j$$

在理想 $J=\langle f_1,f_2,f_3,\cdots,f_N\rangle$ 中. 因此, $f_{N+1}-g \notin J$. 而 g 和 f_{N+1} 的次数相等且具有相同的首项系数 a_{N+1}. 因此 $f_{N+1}-g$ 的次数小于 f_{N+1} 的次数. 这与 f_{N+1} 的选择相矛盾, 因为 $f_{N+1}-g \notin J$ 的次数低于 f_{N+1} 的次数, 而 f_{N+1} 应该是在 I 中而不在 $J=\langle f_1,f_2,\cdots,f_N\rangle$ 中的多项式中次数最低的. 于是得出结论: 存在一个多项式的有限集合使得 $I=\langle f_1,f_2,\cdots,f_n\rangle$.

由于每个多项式 f_j 都在某个 I_{k_j} 中且 $I_1 \subseteq I_2 \subseteq I_3 \subseteq \cdots$, 由此可知, 存在整数 r, 使得对每个 j, f_j 在 I_r 中. 因此, $I=\langle f_1,f_2,f_3,\cdots,f_n\rangle = I_r$. □

重复应用定理 37.5, 对任何域 F, $F[x_1,x_2,\cdots,x_n]$ 是一个诺特环. 习题 21 表明, 如果 R 是有单位元的交换环, 则 R 是诺特环当且仅当 R 中每个理想 I 都有一个有限基. 于是有以下重要定理.

定理 37.6 (希尔伯特基定理)　$F[x_1,x_2,\cdots,x_n]$ 中的每个理想 I 都有一个有限基.

目标: 给定 $F[\boldsymbol{x}]$ 中理想 I 的基, 如果可能, 将其修改为更好地展示 I 的结构和对应代数簇 $V(I)$ 的几何的基.

下面的定理为此任务提供了一个工具. 需要注意定理给出了定理 28.2 中没有提及的关于带余除法的信息. 这里采用与定理 28.2 相同的符号, 但是用 $\boldsymbol{x}$ 而不是 x. 如果 $F(\boldsymbol{x})$ 中有 $f(\boldsymbol{x})=g(\boldsymbol{x})h(\boldsymbol{x})$, 那么 $g(\boldsymbol{x})$ 和 $h(\boldsymbol{x})$ 称为 $f(\boldsymbol{x})$ 的 "**因式**" 或 "**因子**".

定理 37.7 (带余除法性质)　设 $F(\boldsymbol{x}), g(\boldsymbol{x}), q(\boldsymbol{x})$ 和 $r(\boldsymbol{x})$ 为 $F[\boldsymbol{x}]$ 中的多项式, 满足 $f(\boldsymbol{x})=g(\boldsymbol{x})q(\boldsymbol{x})+r(\boldsymbol{x})$. 那么在 F^n 中 $f(\boldsymbol{x})$ 和 $g(\boldsymbol{x})$ 的公共零点与 $g(\boldsymbol{x})$ 和 $r(\boldsymbol{x})$ 的公共零点相同, 且 $F[\boldsymbol{x}]$ 中 $f(\boldsymbol{x})$ 和 $g(\boldsymbol{x})$ 的公因式与 $g(\boldsymbol{x})$ 和 $r(\boldsymbol{x})$ 的公因式相同.

如果 $f(\boldsymbol{x})$ 和 $g(\boldsymbol{x})$ 是 $F[\boldsymbol{x}]$ 的理想 I 的基的两个元素, 则在基中用 $r(\boldsymbol{x})$ 替换 $f(\boldsymbol{x})$ 仍然得到 I 的基.

证明 如果 $\boldsymbol{a} \in F^n$ 是 $g(\boldsymbol{x})$ 和 $r(\boldsymbol{x})$ 的公共零点, 则将 $\phi_{\boldsymbol{a}}$ 应用于等式 $f(\boldsymbol{x}) = g(\boldsymbol{x})q(\boldsymbol{x}) + r(\boldsymbol{x})$ 的两边, 得到 $f(\boldsymbol{a}) = g(\boldsymbol{a})q(\boldsymbol{a}) + r(\boldsymbol{a}) = 0q(\boldsymbol{a}) + 0 = 0$, 所以 $\boldsymbol{a}$ 是 $f(\boldsymbol{x})$ 和 $g(\boldsymbol{x})$ 的公共零点. 如果 $\boldsymbol{b} \in F[\boldsymbol{x}]$ 是 $f(\boldsymbol{x})$ 和 $g(\boldsymbol{x})$ 的公共零点, 则应用 $\phi_{\boldsymbol{b}}$ 得到 $f(\boldsymbol{b}) = g(\boldsymbol{b})q(\boldsymbol{b}) + r(\boldsymbol{b})$, 因此 $0 = 0q(\boldsymbol{b}) + r(\boldsymbol{b})$, 并且 $r(\boldsymbol{b}) = 0$, $g(\boldsymbol{b}) = 0$.

关于公因式的证明基本上是相同的, 留作习题 15.

最后, 设 B 是理想 I 的基, $f(\boldsymbol{x}), g(\boldsymbol{x}) \in B$, 并设 $f(\boldsymbol{x}) = g(\boldsymbol{x})q(\boldsymbol{x}) + r(\boldsymbol{x})$. 记 B' 是用 $r(\boldsymbol{x})$ 代替 B 中的 $f(\boldsymbol{x})$ 得到的集合, 设 I' 是以 B' 为基的理想. 设 S 是将 $r(\boldsymbol{x})$ 添加到 B 得到的集合. 注意 S 也可以通过将 $f(\boldsymbol{x})$ 添加到 B' 获得. 等式 $f(\boldsymbol{x}) = g(\boldsymbol{x})q(\boldsymbol{x}) + r(\boldsymbol{x})$ 表明 $f(\boldsymbol{x}) \in I'$, 所以有 $B' \subseteq S \subseteq I'$. 因此 S 是 I' 的基. 等式 $r(\boldsymbol{x}) = f(\boldsymbol{x}) - q(\boldsymbol{x})g(\boldsymbol{x})$ 表明 $r(\boldsymbol{x}) \in I$, 因此有 $B \subseteq S \subseteq I$. 因此 S 是 I 的基. 因此, $I = I'$, B' 是 I 的基. □

熟悉的线性情况

线性代数中解决问题的一项基本技术是找到有限个线性方程所有公共解. 此刻, 放弃 $f(\boldsymbol{x}) = 0$ 的写法, 按照线性代数中的方式处理问题.

例 37.8 (线性代数中的解) 在 $\mathbb{R}^3$ 中找出下列线性代数方程组的所有解:

$$\begin{cases} x + y - 3z = 8 \\ 2x + y + z = -5 \end{cases}$$

解 将第一个方程乘以 -2, 并将其加到第二个方程上, 得到新的方程组

$$\begin{cases} x + y - 3z = 8 \\ -y + 7z = -21 \end{cases}$$

该方程组在 $\mathbb{R}^3$ 中与前一个方程组有相同的解. 对于任何 z 值, 可以从第二个方程中找到相应的 y 值, 然后从第一个方程中确定 x. 将 z 作为一个参数, 得到 $\{(-4z - 13, 7z + 21, z) | z \in \mathbb{R}\}$ 为解的集合, 这是欧几里得空间中一条通过点 $(-13, 21, 0)$ 的直线.

按照本节的记号, 前面例子中的问题可以表述为

$$\text{在 } \mathbb{R}^3 \text{ 中描述 } V(\langle x + y - 3z - 8, 2x + y + z + 5 \rangle)$$

解决这个问题需要找到一个更有用的基, 即

$$\{x + y - 3z - 8, -y + 7z + 21\}$$

注意, 这个新基的第二个元素 $-y+7z+21$ 可以从原始基的两个多项式的带余除法中的余项 $r(x,y,z)$ 得到, 即

$$\begin{array}{r|l} & \quad 2 \\ \hline x+y-3z-8 & 2x+\ y+\ z+\ 5 \\ & \underline{2x+2y-6z-16} \\ & \quad -y+7z+21 \end{array}$$

因此, $2x+y+z+5=(x+y-3z-8)(2)+(-y+7z+21)$, 一种形如 $f(x,y,z)=g(x,y,z)q(x,y,z)+r(x,y,z)$ 的表示. 如定理 37.7 所示, 用多项式 r 代替多项式 f, 保证 $V(\langle f,g\rangle)=V(\langle g,r\rangle)$, 且 $\langle f,g\rangle=\langle g,r\rangle$. 这里选择了如例 37.8 中的非常简单的一步就解决的问题. 很明显, 线性代数中介绍的求解线性方程组的方法, 可以通过重复应用带余除法来表述: 将给定理想的一个基改变为一个更好地阐明对应代数簇几何的基.

单个不定元的例子

现在假设想在 $\mathbb{R}$ 中找到与 $F[x]$ 中理想 I 对应的代数簇 $V(I)$, $F[x]$ 是不定元 x 的多项式环. 根据定理 31.24, $F[x]$ 中每个理想都是主理想, 因此存在 $f(x)\in F[x]$ 使得 $I=\langle f(x)\rangle$. 因此, $V(I)$ 由一个多项式的零点组成, 并且 $\{f(x)\}$ 可能是一个所求的简单基. 下面给出一个例子, 说明这种 I 的单个生成元 $f(x)$ 的计算方法, 其中 I 的基包含不止一个多项式. 因为 $\mathbb{R}[x]$ 中的多项式在 $\mathbb{R}$ 中只有有限个零点, 我们期望 $\mathbb{R}[x]$ 中两个或更多随机选择的多项式没有公共零点, 但在例子中仔细构造了基.

例 37.9　描述 $\mathbb{R}$ 中由以下多项式的公共零点组成的代数簇 V:

$$f(x)=x^4+x^3-3x^2-5x-2, g(x)=x^3+3x^2-6x-8$$

我们要为 $\langle f,g\rangle$ 找到一个新基, 使得多项式的次数尽可能小, 因此, 用定理 28.2 中的带余除法 $f(x)=g(x)q(x)+r(x)$, 其中 $r(x)$ 的次数最多为 2. 然后用基 $\{g,r\}$ 替换基 $\{f,g\}$.

$$\begin{array}{r|l} & x-2 \\ \hline x^3+3x^2-6x-8 & x^4+x^3\ -3x^2\ -5x\ -2 \\ & \underline{x^4+3x^3-6x^2\ -8x} \\ & \quad -2x^3+3x^2\ +3x\ -2 \\ & \quad \underline{-2x^3-6x^2+12x+16} \\ & \qquad\qquad 9x^2-9x-18 \end{array}$$

因为 $9x^2-9x-18$ 的零点与 x^2-x-2 的相同, 设 $r(x)=x^2-x-2$, 并取新基为

$$\{g,r\}=(x^3+3x^2-6x-8,x^2-x-2)$$

通过用 $r(x)$ 除 $g(x)$ 得到余式 $r_1(x)$, 可以找到基 $\{r(x),r_1(x)\}$ 由次数至多为 2 的多项式组成.

$$\begin{array}{r|l}
 & x+4 \\
\hline
x^2-x-2 & x^3+3x^2-6x-8 \\
 & \underline{x^3-\ \ x^2-2x} \\
 & \qquad 4x^2-4x-8 \\
 & \qquad \underline{4x^2-4x-8} \\
 & \qquad\qquad\qquad 0
\end{array}$$

新基 $\{r(x),r_1(x)\}$ 现在变为 $\{x^2-x-2\}$. 因此, $I=\langle f(x),g(x)\rangle=\langle x^2-x-2\rangle=\langle(x-2)(x+1)\rangle$, 所以 $V=\{-1,2\}$.

定理 37.7 说明该例中 $f(x)$ 和 $g(x)$ 的公因式与 $r(x)$ 和 $r_1(x)$ 的公因式相同. 因为 $0=(0)r(x)$, 得到 $r(x)$ 本身整除 0, 所以 $f(x)$ 和 $g(x)$ 的公因式就是 $r(x)$ 的因式, 当然, 包括 $r(x)$ 本身. 因此, $r(x)$ 称为 $f(x)$ 和 $g(x)$ 的最大公因式.

习题

计算

在习题 1~4 中, 在 $\mathbb{R}[x,y]$ 中找出给定理想的基.

1. 常数为 0 的多项式集合.

2. 求值同态 $\phi_{(2,3)}:\mathbb{R}[x,y]\to\mathbb{R}$ 的核.

3. 求值同态 $\phi_{(-4,5)}:\mathbb{R}[x,y]\to\mathbb{R}$ 的核.

4. 零点在单位圆上的所有多项式的集合.

在习题 5~8 中, 用例 37.8 和例 37.9 中方法, 为理想找到更简单的基, 其中域是 $\mathbb{R}$. 描述与理想对应的代数簇.

5. $I=\langle x+y+z,2x+y+3z-4\rangle$.

6. $I=\langle 3x+4y+7z-10,2x+3y-2z+1\rangle$.

7. $I=\langle x^4+5x^3+3x^2-7x-2,x^3+6x^2+3x-10\rangle$.

8. $I=\langle x^6-x^5-6x^4+3x^3-8x^2-4x+3,x^3-2x^2-9\rangle$.

9. 描述 $F[x,y]$ 中理想 $\{0\}$ 的代数簇.

10. 描述 $F[x,y]$ 中理想 $\{1\}$ 的代数簇.

11. 描述 F 中理想 $\langle x^2+1\rangle$ 的代数簇: a. $F=\mathbb{R}$, b. $F=\mathbb{C}$.

12. 比较理想 $I=\langle x^2+4xy+4y^2\rangle$ 和 $J=\langle x+2y\rangle$ 的代数簇.

概念

13. 判断下列命题的真假.

a. $F[\boldsymbol{x}]$ 中每个理想都有一个有限基.

b. $\mathbb{R}^2$ 的每个子集都是代数簇.

c. $\mathbb{R}^2$ 的空子集是代数簇.

d. $\mathbb{R}^2$ 的每个有限子集是代数簇.

e. $\mathbb{R}^2$ 中每条线都是代数簇.

f. $\mathbb{R}^2$ 中每一个直线的有限集合都是代数簇.

g. $\mathbb{R}[x]$ 中有限个多项式的最大公因式 (一个不定元) 可以通过重复用带余除法计算得到.

h. 在有单位元的交换环的理想中, 基中的元素是独立的.

i. 如果 R 是诺特环, 那么 $R[x]$ 也是.

j. 理想 $\langle x,y\rangle$ 和 $\langle x^2,y^2\rangle$ 是相等的, 因为它们产生相同的代数簇, 即 $\mathbb{R}^2$ 中的 $\{(0,0)\}$.

理论

14. 证明如果 $f_1,f_2,\cdots,f_r$ 是有单位元的交换环 R 的元素, 则 $I=\{c_1f_1+c_2f_2+\cdots+c_rf_r|c_i\in R,i=1,2,\cdots,r\}$ 是 R 的理想.

15. 证明如果在 $F[\boldsymbol{x}]$ 中有 $f(\boldsymbol{x})=g(\boldsymbol{x})q(\boldsymbol{x})+r(\boldsymbol{x})$, 那么在 $F[\boldsymbol{x}]$ 中 $f(\boldsymbol{x})$ 和 $g(\boldsymbol{x})$ 的公因式与 $g(\boldsymbol{x})$ 和 $r(\boldsymbol{x})$ 的公因式一样.

16. 设 F 是一个域. 证明如果 S 是 F^n 的非空子集, 则

$$I(S)=\{f(\boldsymbol{x})\in F[\boldsymbol{x}]|f(\boldsymbol{s})=0, \text{对所有 } \boldsymbol{s}\in S\}$$

是 $F[\boldsymbol{x}]$ 的一个理想.

17. 参考习题 16, 证明 $S\subseteq V(I(S))$.

18. 参考习题 16, 给出 $\mathbb{R}^2$ 的子集 S 的例子, 使得 $V(I(S))\neq S$.

19. 参考习题 16, 证明如果 N 是 $F[\boldsymbol{x}]$ 的理想, 则 $N\subseteq I(V(N))$.

20. 参考习题 16, 给出 $\mathbb{R}[x,y]$ 中理想 N 的例子, 使得 $I(V(N))\neq N$.

21. 证明对有单位元的交换环 R, R 是诺特环当且仅当 R 中每个理想都有有限基.

7.38 理想的 Gröbner 基[⊖]

已经找到了 $F[\boldsymbol{x}] = F[x_1, x_2, \cdots, x_n]$ 中理想 I 的一组好的基. 鉴于第 37 节对线性和单个不定元情况的说明, 尝试用较低次数的或者包含更少不定元的多项式取代基中多项式是合理的. 用一种系统的方法来完成这项工作, 至关重要. 正如在线性代数中, 当对矩阵进行行简化时, 将矩阵中元素处理为零的次序很重要. 如果在处理第一列之前在第二列中处理为零, 可能会浪费时间. 作为目标的第一步, 先解决基中多项式的排序问题.

幂积排序

$F[\boldsymbol{x}]$ 中多项式有形如 $ax_1^{m_1}x_2^{m_2}\cdots x_n^{m_n}$ 的项, 其中 $a \in F$.

$F[\boldsymbol{x}]$ 中的**幂积** (power product) 是表达式

$$P = x_1^{m_1}x_2^{m_2}\cdots x_n^{m_n}, 0 \leqslant m_i \in \mathbb{Z}$$

注意, 所有 x_i 都出现, 有些次数可能为 0. 因此, 在 $F[x, y, z]$ 中, 必须将 xz^2 写成 xy^0z^2 才能成为幂积. 在所有幂积的集合上建立一个全序 $<$, 明确两个幂积 $P_i < P_j$ 意味着什么, 从而有幂积相对大小的概念. 然后, 可以用一种系统的方法改变理想的基以创建一个新基, 新基中多项式的项 a_iP_i 有尽可能小的幂积 P_i. 用 1 表示所有次数为 0 的幂积, 并要求幂积的排序具有下述性质. 假设这样的排序已经建立, $P_i \neq P_j$ 且 P_i 整除 P_j, 有 $P_j = PP_i, 1 < P$. 由性质 4, 有 $1P_i < PP_i = P_j$, 因此 $P_i < P_j$. 因此, P_i 整除 P_j 意味着 $P_i < P_j$.

在习题 28 中, 要求举例说明 $P_i < P_j$ 并不意味着 P_i 整除 P_j.

幂积排序的性质:

1. 对于所有幂积 $P \neq 1$, 有 $1 < P$.
2. 对于任意两个幂积 P_i 和 P_j, $P_i < P_j, P_i = P_j, P_j < P_i$ 有且仅有一个成立.
3. 如果 $P_i < P_j$ 且 $P_j < P_k$, 则 $P_i < P_k$.
4. 如果 $P_i < P_j$, 则对任意幂积 P 有 $PP_i < PP_j$.

可以证明, 这些性质保证了当修改理想的有限基时, 任何逐步进行的程序不会增加基中任何元素的最大幂积的大小, 并且在每一步中用更小的幂积替换至少一个元素, 程序会在有限步终止.

在 $F[x]$ 中, x 是唯一不定元, 只有一种幂积排序, 由性质 1, 有 $1 < x$. 重复乘 x 并用性质 4, 有 $x < x^2, x^2 < x^3$ 等. 性质 3 则表明 $1 < x < x^2 < x^3 < \cdots$ 是唯一可能的

[⊖] 本节不用于其余部分.

排序. 注意, 在例 37.9 中, 用幂积更小的多项式替换基多项式来修改基.

在有 n 个不定元的 $F[\boldsymbol{x}]$ 中, 幂积有许多可能的排序. 这里只提出一种, 称为词典排序. 在词典排序中, 定义

$$x_1^{s_1}x_2^{s_2}\cdots x_n^{s_n} < x_1^{t_1}x_2^{t_2}\cdots x_n^{t_n} \tag{2}$$

当且仅当从左到右第一个使得 $s_i \neq t_i$ 的下标 i 有 $s_i < t_i$. 因此, 在 $F[x, y]$ 中, 如果按照 $x^n y^m$ 的次序写幂积, 得到 $y = x^0y^1 < x^1y^0 = x$ 和 $xy < xy^2$. 用词典排序, n 个不定元的序为 $1 < x_n < x_{n-1} < \cdots < x_2 < x_1$. 在例 37.8 中, 首先去掉了所有可以去掉的 "大" 的 x 接着是 "小" 的 y, 对应于词典排序 $z < y < x$, 也就是说, 按照 $x^m y^n z^s$ 顺序写所有幂积. 对于两个不定元 $y < x$ 的情况, 按照词典排序全部项的排序为

$$1 < y < y^2 < y^3 \cdots < x < xy < xy^2 < xy^3 < \cdots < x^2 < x^2y < x^2y^2 < \cdots$$

在下面的所有例中, 都按照不定元的一种特殊排序进行字典排序.

幂积 P 的排序显然诱导出 $F[\boldsymbol{x}]$ 中多项式的项 aP 的一个序, 将其称为**项排序** (term order). 从现在起, 给定一个幂积排序, 在 $F[\boldsymbol{x}]$ 中, 每个多项式按照项排序递减形式写, 使首项有最高的幂积. 用 $1t(f)$ 表示 f 的首项, 用 $1p(f)$ 表示首项的幂积. 如果 f 和 g 是 $F[\boldsymbol{x}]$ 中的多项式, 使得 $1p(g)$ 整除 $1p(f)$, 那么可以执行 f 除以 g, 如线性和一元情况所示, 在 7.37 节得到 $f(\boldsymbol{x}) = g(\boldsymbol{x})q(\boldsymbol{x}) + r(\boldsymbol{x})$, 其中 $1p(r) < 1p(f)$. 注意, 没有说 $1p(r) < 1p(g)$. 用一个例子来说明.

例 38.1　通过除法, 将 $\mathbb{R}[x, y]$ 中理想 $I = \langle xy^2, y^2 - y\rangle$ 的基 $\{xy^2, y^2 - y\}$ 简化为具有更小最大项的基, 设词典排序为 $y < x$.

解　注意, y^2 整除 xy^2, 计算

$$\begin{array}{r|l} & \quad x \\ \hline y^2 - y & \quad xy^2 \\ & \quad \underline{xy^2 - xy} \\ & \qquad\qquad xy \end{array}$$

因为 y^2 不整除 xy, 所以不能继续进行带余除法. 注意, $1p(xy) = xy$ 不小于 $1p(y^2 - y) = y^2$. 然而, 确实有 $1p(xy) < 1p(xy^2)$.I 的新基是 $\{xy, y^2 - y\}$.

当处理多个不定元的情形时, 通常将基中多项式 $g(\boldsymbol{x})$ 乘以多项式 $-q(\boldsymbol{x})$, 并将其加到多项式 $f(\boldsymbol{x})$ 上形成 $r(\boldsymbol{x})$, 这样更容易执行, 如在线性代数中进行矩阵化简那样, 而不是如前例所示写出带余除法. 由基多项式 xy^2 和 $y^2 - y$ 开始, 可以将 $y^2 - y$ 乘以 $-x$, 将得到的 $-xy^2 + xy$ 加到 xy^2, 得到 xy^2 的替换 xy. 可以通过口算直接写出结果.

再次参考例 38.1, 根据刚才给出的结论立即有: $\langle xy, y^2-y\rangle$ 中任何多项式 $f(x,y)=c_1(x,y)(xy)+c_2(x,y)(y^2-y)$, 都有 xy 或 y^2 整除 $1p(f)$. (参见习题 32.) 这说明了 Gröbner 基定义中的性质.

定义 38.2 $F[x_1,x_2,\cdots,x_n]$ 中有项排序 $<$, 非零多项式的集合 $\{g_1,g_2,\cdots,g_r\}$ 称为理想 $I=\langle g_1,g_2,\cdots,g_r\rangle$ 的 Gröbner 基, 当且仅当, 对于每个非零元 $f\in I$, 存在某个 i $(1\leqslant i\leqslant r)$ 使得 $1p(g_i)$ 整除 $1p(f)$.

虽然例 37.8、例 37.9 和例 38.1 中已经演示了从理想的给定基计算 Gröbner 基, 但没有给出具体的算法. 请参考文献 [23] 中的方法: 用 $F[\boldsymbol{x}]$ 中的一个多项式乘以基中某个多项式, 并将结果与基中另一个多项式相加, 从而减小幂积. 在前面例子中, 处理了 $g(\boldsymbol{x})$ 除 $f(\boldsymbol{x})$ 的情况, 其中 $1p(g)$ 整除 $1p(f)$, 如果 $1p(g)$ 只整除 f 的某些其他的幂积, 也可以用这个过程. 例如, 如果基中的两个元素是 $xy-y^3$ 和 y^2-1, 可以将 y^2-1 乘以 y, 并将结果与 $xy-y^3$ 相加, 把 $xy-y^2$ 简化为 $xy-y$. 定理 37.7 表明这是一个有效的计算.

我们可能会想, 基 $\{g_1,g_2,\cdots,g_r\}$ 怎么都不能成为 $I=\langle g_1,g_2,\cdots,g_r\rangle$ 的 Gröbner 基了呢, 因为当我们在 I 中构造一个元素 $c_1g_1+c_2g_2+\cdots+c_rg_r$ 时, 可以看出, 对于 $i=1,2,\cdots,r$, $1p(g_i)$ 是 $1p(c_ig_i)$ 的因子. 然而, 加法过程中可能会出现幂积消去的情况. 用一个例子来说明.

例 38.3 考虑 $\mathbb{R}[x,y]$ 中理想 $I=\langle x^2y-2, xy^2-y\rangle$. 证明基中多项式不能进一步简化. 然而, 理想 I 包含 $y(x^2y-2)-x(xy^2-y)=xy-2y$, 其首项幂积 xy 不被给定基的首项幂积 x^2y 或 xy^2 整除. 根据定义 38.2, $\{x^2y-2, xy^2-y\}$ 不是 I 的 Gröbner 基.

当遇到例 38.3 的情况时, 注意到 Gröbner 基一定包含某个多项式, 其首项幂积小于给定基中多项式的首项幂积. 设 f 和 g 是给定基中多项式, 如例 38.3 所示, 将 f 和 g 乘以尽可能小的幂积, 由此产生的两个首项幂积相同, 为 $1p(f)$ 和 $1p(g)$ 的最小公倍数, 再增删 F 中适当的系数, 以消去结果. 用 $S(f,g)$ 记以这种方式形成的多项式. 下面陈述但不证明一个可以用来检验一组基是否为 Gröbner 基的定理.

定理 38.4 基 $G=\{g_1,g_2,\cdots,g_r\}$ 是理想 $I=\langle g_1,g_2,\cdots,g_r\rangle$ 的 Gröbner 基, 当且仅当对于所有 $i\neq j$, 多项式 $S(g_i,g_j)$ 可以通过重复用 G 中的元素除余数简化为零, 如带余除法那样.

如前所述, 一般更倾向于将 $S(g_i,g_j)$ 通过加 (或减) G 中多项式的倍数的一系列运算来简化基, 而不是写出除法.

现在来说明如何从给定的基获得 Gröbner 基. 首先, 尽可能在基中多项式之间简化多项式. 然后选择基中多项式 g_i 和 g_j 形成多项式 $S(g_i,g_j)$. 检查 $S(g_i,g_j)$ 是否可以如刚刚描述的那样简化为零. 如果可以, 选择另外一对多项式, 重复该过程. 如果 $S(g_i, g_j)$ 不能简化为零, 把这个 $S(g_i, g_j)$ 添加到给定基, 然后重新开始, 尽可能简化这组基. 根据定理 38.4, 当所有 $i \neq j$ 的多项式 $S(g_i, g_j)$ 都可以用最新基中的多项式简化为零, 就得到了一个 Gröbner 基. 继续例 38.3 的讨论.

例 38.5 继续例 38.3, 设 $g_1 = x^2y - 2, g_2 = xy^2 - y$, $\mathbb{R}^2$ 中理想 $I = \langle g_1, g_2 \rangle$. 在例 38.3 中, 得到多项式 $S(g_1, g_2) = xy - 2y$, 它不能用 g_1 和 g_2 简化为零. 现在简化基 $\{x^2y - 2, xy^2 - y, xy - 2y\}$, 说明每个步骤.

$\{x^2y - 2, xy^2 - y, xy - 2y\}$	改进后基
$\{2xy - 2, xy^2 - y, xy - 2y\}$	将 $(-x)$ (第三个) 加到第一个
$\{2xy - 2, 2y^2 - y, xy - 2y\}$	将 $(-y)$ (第三个) 加到第二个
$\{4y - 2, 2y^2 - y, xy - 2y\}$	将 (-2) (第三个) 加到第一个
$\{4y - 2, 0, xy - 2y\}$	将 $(-y/2)$ (第一个) 加到第二个
$\{4y - 2, 0, x/2 - 2y\}$	将 $(-x/4)$ (第一个) 加到第三个
$\{4y - 2, 0, x/2 - 1\}$	将 $(1/2)$ (第一个) 加到第三个

显然, $\{y - 1/2, x - 2\}$ 是 Gröbner 基. 注意, 如果 $f = y - 1/2$ 且 $g = x - 2$, 则 $S(f, g) = xf - yg = (xy - x/2) - (xy - 2y) = -x/2 + 2y$ 可以通过加 $(x - 2)/2$ 和 $-2(y - 1/2)$ 简化为零.

从 Gröbner 基中可以看出, 在 $\mathbb{R}^2$ 中代数簇 $V(I)$ 只包含一个点, $(2, 1/2)$.

应用

这里给出一个简单的例子, 说明如何用 Gröbner 基来导出几何公式.

例 38.6 用 Gröbner 基, 导出抛物线的标准方程.

解 回顾一下, 抛物线是平面中与固定直线 (准线) 和固定点 (焦点) 等距的点的集合. 在标准方程, 准线是直线 $y = -p$, 焦点是 $p > 0$ 的点 $(0, p)$. 由理想 $\langle x^2 + (y - p)^2 - d^2, y + p - d \rangle$ 定义的代数簇给出所有点 $(x_0, y_0, p_0, d_0) \in \mathbb{R}^4$ 的集合, 使得点 (x_0, y_0) 与点 $(0, p_0)$ 和直线 $y = -p$ 的距离为 d_0. 对不定元按照 $p < x < y < d$ 进行排序, 求一个 Gröbner 基.

$\{-d^2 + y^2 - 2yp + x^2 + p^2, d - y - p\}$	初始基
$\{-dy - dp + y^2 - 2yp + x^2 + p^2, d - y - p\}$	将 (d)(第二个) 加到第一个
$\{-dp - 3yp + x^2 + p^2, d - y - p\}$	将 (y)(第二个) 加到第一个
$\{-4yp + x^2, d - y - p\}$	将 (p)(第二个) 加到第一个

在习题 33 中, 要求检查 $\{-4yp+x^2, d-y-p\}$ 是否为 Gröbner 基. 注意, 对于第一个多项式 $-4yp+x^2$ 的任何零点 $(x_0, y_0, p_0) \in \mathbb{R}^3$, 存在一个实数 d_0, 使得 (x_0, y_0, p_0, d_0) 是第二个多项式的零点. 这就验证了抛物线的标准方程 $4py = x^2$. 如下图所示.

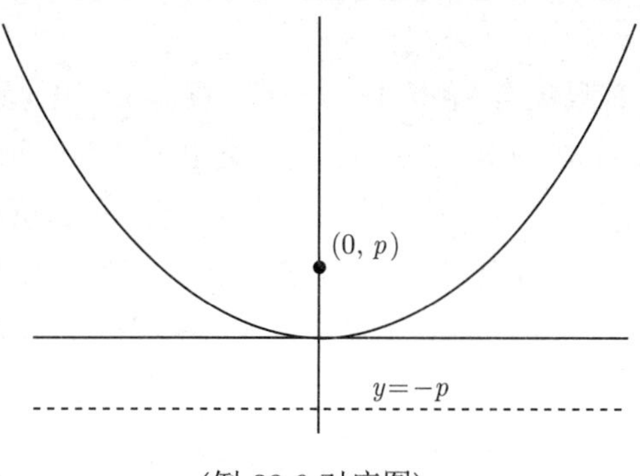

(例 38.6 对应图)

在对不定元排序时必须小心. 在例 38.6 中, 如果将不定元的排序设为 $d < p < x < y$, 则结果的 Gröbner 基应该是 $\{-4dp+4p^2+x^2, d-p-y\}$, 这不能给出抛物线的标准方程. 将不定元 d 排成最大的原因是要从基中的多项式中消除 d, 因为简化过程简化了最大项.

计算 Gröbner 基的算法可以编程. 事实上, 它是许多常见数学包 (包括 Mathematica、Maple 和 Wolfram Alpha 等) 的内置函数. 通过选择不定元的排序, 可以用自动计算来解决 Gröbner 基的各种问题.

例 38.7 用一个软件包来计算 Gröbner 基, 该基产生椭圆的标准方程. 椭圆标准方程是到两个焦点 $(c, 0)$ 和 $(-c, 0)$ 距离之和是定值 $2a$ 的所有点的集合. 开始的基为

$$\{(x-c)^2+y^2-d_1^2, (x+c)^2+y^2-d_2^2, d_1+d_2-2a\}$$

其中 d_1 表示到焦点 $(c, 0)$ 的距离, d_2 表示到焦点 $(-c, 0)$ 的距离. 我们希望得到包含 x 和 y 以及参数 a 和 c 的多项式来表示椭圆的形状和大小. 将 d_1 和 d_2 作为最大不定元. 用 $a < c < y < x < d_2 < d_1$ 的排序, 数学软件包可快速计算 Gröbner 基

$$\{a^4-a^2c^2-a^2x^2+c^2x^2-a^2y^2, -a^2+ad_2-cx, a^3-ac^2-acs+cd_2x-ax^2-ay^2,$$

$$-c^2+d_2^2-2cx-x^2-y^2, -2a+d_1+d_2\}$$

第一个多项式可以写成

$$a^2(a^2-c^2)-(a^2-c^2)x^2-a^2y^2$$

将 a 和 c 视为参数, 回顾在椭圆中, 参数 $b>0$ 由 $b^2=a^2-c^2$ 定义. $\mathbb{R}^2$ 中理想 $\langle a^2b^2-b^2x^2-a^2y^2\rangle$ 对应的代数簇有方程

$$\frac{x^2}{a^2}+\frac{y^2}{b^2}=1$$

图 (graph) 是一个有限集合, 包含称为**顶点** (vertex) 的元素以及称为**边** (edge) 或**弧** (arc) 的顶点对. 图通常如图 38.8 所示, 这里给出了有四个顶点 x_1,x_2,x_3,x_4 和四条边 $\{x_1,x_2\},\{x_2,x_3\}$, $\{x_3,x_1\},\{x_3,x_4\}$ 的图. 图的**着色** (coloring) 是将颜色分配给顶点, 使得同一条边上两个顶点有不同的颜色. 确定一个图是否可以用 n 种颜色着色的问题, 可以重新表述为关于理想的一个问题, 可以 (至少在理论上) 用 Gröbner 基来回答.

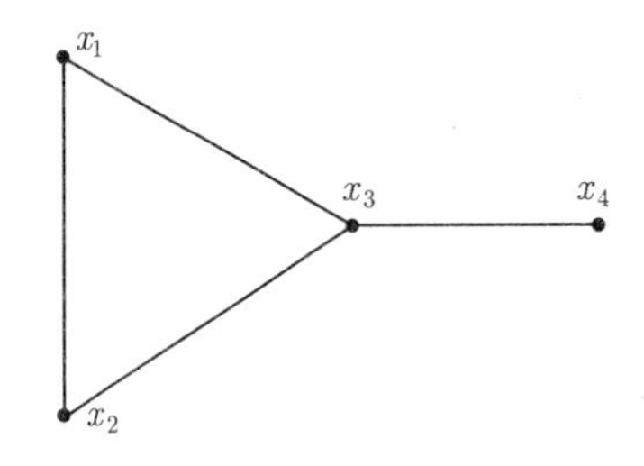

图 38.8

定理 38.9 设 G 是顶点集为 $\{x_1,x_2,\cdots,x_k\}$ 的图. 将每个顶点等同于一个不定元, 构成 $\mathbb{C}[x_1,x_2,\cdots,x_k]$ 中理想 I, 基包含多项式 $x_1-1,x_2^n-1,x_3^n-1,\cdots,x_k^n-1$ 以及与每条边对应的多项式 $x_i^{n-1}+x_i^{n-2}x_j+x_i^{n-3}x_j^2+\cdots+x_ix_j^{n-2}+x_j^{n-1}$. 图 G 可以用 n 种颜色着色当且仅当代数簇 $V(I)$ 是非空的.

证明 证明留作习题 34. □

定理 38.9 中的代数簇 $V(I)$ 给出了图 G 的所有可能着色, 用 n 次单位根着色且用颜色 1 着色顶点 x_1. 对于 $V(I)$ 中每个点, 第 j 个坐标给出分配给 x_j 的颜色.

例 38.10 用图 38.8 中的图, 定理 38.9 中描述的 $n=2$ 时的基为

$$\{x_1-1,x_2^2-1,x_3^2-1,x_4^2-1,x_1+x_2,x_2+x_3,x_3+x_1,x_3+x_4\}$$

Gröbner 基是 $\{1\}$. 这可以通过计算机程序计算确定, 或者注意

$$(x_1+x_2)-(x_2+x_3)+(x_3+x_1)=2x_1\in I$$

因此, $x_1\in I$, 进而 $x_1-(x_1-1)=1\in I$. 因此理想是整个 $\mathbb{C}[x_1,x_2,x_3,x_4]$, 以 $\{1\}$ 为基. 由于 $\langle 1\rangle$ 的代数簇是空集, 图不能用两种颜色着色.

现在计算当 $n=3$ 时的 Gröbner 基. 定理 38.9 说明初始基为

$$\{x_1-1,x_2^3-1,x_3^3-1,x_4^3-1,x_1^2+x_1x_2+x_2^2,x_2^2+x_2x_3+x_3^2,$$

$$x_3^2+x_3x_1+x_1^2,x_3^2+x_3x_4+x_4^2\}$$

用软件计算, 不定元排序为 $x_1<x_2<x_3<x_4$ 的 Gröbner 基是

$$\{x_1-1,x_2^2+x_2+1,1+x_2+x_3,x_2-x_4-x_2x_4+x_4^2\}$$

设 $\zeta=-\dfrac{\sqrt{3}}{2}+\dfrac{1}{2}\mathrm{i}$ 是三次单位根. 元素 $(a_1,a_2,a_3,a_4)\in V(I)$:

$a_1-1=0,a_1=1$

$a_2^2+a_2+1=0,a_2$ 是三次单位根. 设 $a_2=\zeta$

$1+\zeta+a_3=0,a_3=-1-\zeta=\zeta^2$

$\zeta-a_4-\zeta a_4+a_4^2=0,$ 因式分解为 $(\zeta-a_4)(1-a_4)=0$

因此, 可以给顶点 1 着颜色 1, 顶点 2 着颜色 ζ, 顶点 3 着颜色 ζ^2, 然后可以将顶点 4 着为颜色 1 或 ζ.

Gröbner 基在数学、统计学、工程以及计算机科学中有很多应用, 其中包括控制机器人手臂和自动化证明定理. 手工计算 Gröbner 基, 通常太长且乏味, 计算机是必不可少的. 然而, 一些更大的问题即使在现代高速计算机上也不是可行的.

习题

计算

在习题 1~4 中, 幂积 $x^my^nz^s$ 用 $z<y<x$ 的词典排序, 写出 $\mathbb{R}[x,y,z]$ 中多项式的降幂形式表示.

1. $2xy^3z^5-5x^2yz^3+7x^2y^2z-3x^3$.

2. $3y^2z^5-4x+5y^3z^3-8z^7$.

3. $3y-7x+10z^3-2xy^2z^2+2x^2yz^2$.

4. $38-4xz+2yz-8xy+3yz^3$.

在习题 5~8 中, 幂积 $z^my^nx^s$ 用 $x<y<z$ 的词典排序, 写出 $\mathbb{R}[x,y,z]$ 中多项式的降幂形式表示.

5. 习题 1 中的多项式.

6. 习题 2 中的多项式.

7. 习题 3 中的多项式.

8. 习题 4 中的多项式.

$F[\boldsymbol{x}]$ 中幂积的另一种排序——次数排序, 定义如下:

$$x_1^{s_1}x_2^{s_2}\cdots x_n^{s_n} < x_1^{t_1}x_2^{t_2}\cdots x_n^{t_n}$$

当且仅当 $\sum_{i=1}^{n} s_i < \sum_{i=1}^{n} t_i$, 或者两个和相等, 并且对满足 $s_i \neq t_i$ 的最小的 i, 有 $s_i < t_i$. 习题 9~13 是关于次数排序的.

9. 按次数排序递增形式列出 $\mathbb{R}[x,y,z]$ 中最小的 20 个幂积, 其中 $x^m y^n z^s$ 用词典排序 $z < y < x$.

在习题 10~13 中, 按幂积 $x^m y^n z^s$ 的次数排序的递减形式写出多项式, 其中 $z < y < x$.

10. 习题 1 中的多项式.

11. 习题 2 中的多项式.

12. 习题 3 中的多项式.

13. 习题 4 中的多项式.

对习题 14~17, 设 $\mathbb{R}[x,y,z]$ 中幂积有词典排序 $z < y < x$. 如果可能, 执行一步带余除法简化, 将理想的给定基变为具有较小最大项的基.

14. $\langle xy^2 - 2x, x^2y + 4xy, xy - y^2\rangle$.

15. $\langle xy + y^3, y^3 + z, x - y^4\rangle$.

16. $\langle xyz - 3z^2, x^3 + y^2z^3, x^2yz^3 + 4\rangle$.

17. $\langle y^2z^3 + 3, y^3z^2 - 2z, y^2z^2 + 3\rangle$.

在习题 18 和习题 19 中, 设 $\mathbb{R}[w,x,y,z]$ 中幂积的词典排序为 $z < y < x < w$. 找出给定理想的 Gröbner 基.

18. $\langle w + x - y + 4z - 3, 2w + x + y - 2z + 4, w + 3x - 3y + z - 5\rangle$.

19. $\langle w - 4x + 3y - z + 2, 2w - 2x + y - 2z + 5, w - 10x + 8y - z - 1\rangle$.

在习题 20~22 中, 找到 $\mathbb{R}[x]$ 中所给理想的 Gröbner 基.

20. $\langle x^4 + x^3 - 3x^2 - 4x - 4, x^3 + x^2 - 4x - 4\rangle$.

21. $\langle x^4 - 4x^3 + 5x^2 - 2x, x^3 - x^2 - 4x + 4, x^3 - 3x + 2\rangle$.

22. $\langle x^5 + x^2 + 2x - 5, x^3 - x^2 + x - 1\rangle$.

在习题 23~26 中, 对 $\mathbb{R}[x,y]$ 中给定理想找出 Gröbner 基. 幂积的词典排序为 $y < x$. 描述 $\mathbb{R}[x,y]$ 中对应的代数簇.

23. $\langle x^2y - x - 2, xy + 2y - 9\rangle$.

24. $\langle x^2y + x, xy^2 - y\rangle$.

25. $\langle x^2y+x+1, xy^2+y-1\rangle$.

26. $\langle x^2y+xy^2, xy-x\rangle$.

概念

27. 判断下列命题的真假.

a. Gröbner 基中的多项式是线性无关的.

b. 集合 $\{1\}$ 是 Gröbner 基.

c. 集合 $\{0\}$ 是 Gröbner 基.

d. 幂积的排序不会影响由此产生的 Gröbner 基.

e. 对于幂积的任何全序, 总有 $x_1^2 > x_1$.

f. 可以用 Gröbner 基确定图是否可以用 n 种颜色着色, 从由次数最多为 n 的多项式组成的基开始.

g. 可以用 Gröbner 基来确定图是否可以用 n 种颜色着色, 从由 $r+s$ 个多项式组成的基开始, 其中 r 是图中顶点数, s 是边数.

h. 在知道 Gröbner 基是什么之前, 已经计算过了.

i. $F[\boldsymbol{x}]$ 中的任何理想都有唯一的 Gröbner 基.

j. $F[x_1, x_2, \cdots, x_n]$ 中理想 I 的基是 Gröbner 基, 当且仅当基中的每个多项式不能用带余除法进一步简化.

28. 设 $\mathbb{R}[x,y]$ 按照词典排序. 举例说明 $P_i < P_j$ 并不意味着 P_i 整除 P_j.

29. 不定元 a, c, x, y, d_1, d_2 的哪种其他排序, 可以在计算例 38.7 中理想的 Gröbner 基时得到椭圆方程?

30. 用 Gröbner 基推导出标准双曲线方程. 标准双曲线是到平面中点 $(c,0)$ 和 $(-c,0)$ 的距离差是 $\pm 2a$ 的点集. 可以用计算机计算 Gröbner 基.

31. 用 Gröbner 基证明具有顶点集 $\{x_1, x_2, x_3, x_4, x_5\}$ 和边集 $\{\{x_1, x_2\}, \{x_2, x_3\}, \{x_3, x_4\}, \{x_1, x_3\}, \{x_1, x_5\}, \{x_5, x_4\}\}$ 的图不能用三种颜色着色, 但可以用四种颜色着色. 可以用计算机计算 Gröbner 基.

理论

32. 证明 $\{xy, y^2-y\}$ 是 $\langle xy, y^2-y\rangle$ 的 Gröbner 基, 如例 38.1 所述.

33. 证明 $\{-4yp+x^2, d-y-p\}$ 是理想 $\langle -4yp+x^2, d-y-p\rangle$ 的 Gröbner 基, 如例 38.6 所述.

34. 证明定理 38.9. (提示: 考虑用 n 次单位根着色一个图.)

第 8 章 扩　　域

8.39 扩域介绍

基本目标的实现

现在可以实现**基本目标**了, 简单地说, 就是可以证明每个非常数多项式都有零点. 在定理 39.3 中有更精确的阐述和证明. 先引入一些新术语.

定义 39.1 域 E 是域 F 的**扩域** (extension field), 如果 $F \leqslant E$.

因此, $\mathbb{R}$ 是 $\mathbb{Q}$ 的扩域, 而 $\mathbb{C}$ 是 $\mathbb{R}$ 和 $\mathbb{Q}$ 的扩域. 类似于群的研究中, 用子域图来描述扩域很方便, 较大的域放在上面. 如图 39.2 所示.(回顾, $F(x)$ 是由 $F[x]$ 构造的商域.) 图 39.2 左侧, 只有一列域的结构, 通常称为**域的塔**, 这不需要精确定义.

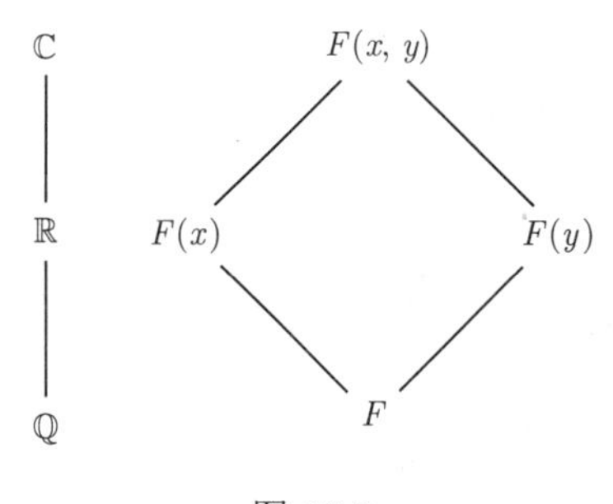

图 39.2

现在来看基本目标! 这个伟大而重要的结果迅速而优雅地由目前掌握的技术而得到.

定理 39.3 (克罗内克定理) (基本目标) 设 F 是一个域, $f(x)$ 是 $F[x]$ 的非常数多项式. 那么存在 F 的扩域 E, 且 $\alpha \in E$ 使得 $f(\alpha) = 0$.

证明 根据定理 28.21, $f(x)$ 在 $F[x]$ 中可因式分解成不可约多项式乘积, 设 $p(x)$ 是分解式中的一个不可约多项式. 很明显, 只要找到一个包含元素 α 的扩域 E, 使得 $p(\alpha) = 0$.

根据定理 31.25, $\langle p(x) \rangle$ 是 $F[x]$ 中的极大理想, 因此 $F[x]/\langle p(x) \rangle$ 是一个域. 对于

$a \in F$, 利用

$$\psi(a) = a + \langle p(x) \rangle$$

给出的映射 $\psi: F \to F[x]/\langle p(x) \rangle$, 可以把 F 自然地等同于 $F[x]/\langle p(x) \rangle$ 的子域. 这个映射是单的, 如果 $\psi(a) = \psi(b)$, 也就是说, 对于 $a, b \in F$, 如果 $a + \langle p(x) \rangle = b + \langle p(x) \rangle$, 那么 $a - b \in \langle p(x) \rangle$, 所以 $a - b$ 是多项式 $p(x)$ 的倍式. 现在 $a, b \in F$, 意味着 $a - b$ 在 F 中, 因此有 $a - b = 0$, 所以 $a = b$. 在 $F[x]/\langle p(x) \rangle$ 中, 通过代表元定义加法和乘法, 因此可以选择 $a \in (a + \langle p(x) \rangle)$. 因此 ψ 是把 F 既单又满地映射到 $F[x]/\langle p(x) \rangle$ 的一个子域的同态. 利用这个映射 ψ 把 F 等同于 $\{a + \langle p(x) \rangle | a \in F\}$. 因此将 $E = F[x]/\langle p(x) \rangle$ 视为 F 的一个扩域. 现在已经构造了所需的 F 的扩域 E, 剩下需要证明 E 包含 $p(x)$ 的零点.

设

$$\alpha = x + \langle p(x) \rangle, \alpha \in E,$$

考虑由定理 27.4 给出的赋值同态 $\phi_\alpha : F[x] \to E$. 如果 $p(x) = a_0 + a_1 x + \cdots + a_n x^n$, 其中 $a_i \in F$, 则

$$\phi_\alpha(p(x)) = a_0 + a_1(x + \langle p(x) \rangle) + \cdots + a_n(x + \langle p(x) \rangle)^n \in E = F[x]/\langle p(x) \rangle$$

可以通过选择代表元计算 $F[x]/\langle p(x) \rangle$, x 是陪集 $\alpha = x + \langle p(x) \rangle$ 的代表元. 因此,

$$\begin{aligned} p(\alpha) &= a_0 + a_1 x + \cdots + a_n x^n + \langle p(x) \rangle \\ &= p(x) + \langle p(x) \rangle = \langle p(x) \rangle = 0 \in F[x]/\langle p(x) \rangle \end{aligned}$$

在 $E = F[x]/\langle p(x) \rangle$ 中找到了一个元素 α, 使得 $p(\alpha) = 0$, 因此 $f(\alpha) = 0$. □

历史笔记

克罗内克以坚持数学对象的可构造性而闻名. 正如他所指出的: “上帝创造了整数, 其他一切都是人造的.” 因此, 他希望能够仅用整数和不定元的存在来构建新的“有理数域” (域). 他不相信从实数或复数开始, 因为就他而言, 这些域不能由构造确定. 因此, 在 1881 年的一篇论文中, 克罗内克仅通过在给定域中添加 n 次不可约多项式 $p(x)$ 的一个根 α, 构造了一个扩域; 也就是说, 他的新域由原域中元素和满足 $p(\alpha) = 0$ 的新根 α 的有理表达式组成. 本书中提出的定理 (定理 39.3) 的证明可以追溯到 20 世纪.

1845 年, 克罗内克在柏林大学完成了他的论文. 此后多年, 他管理着家族企业, 最终实现了财务独立. 然后他回到柏林, 并且进入柏林科学院, 因此可以在大学

讲课. 在库默尔退休后, 他成为柏林大学的教授, 并与卡尔・魏尔斯特拉斯 (Karl Weierstrass, 1815—1897) 一起主持了有影响的数学研讨会.

下面通过两个例子来说明定理 39.3 证明中涉及的构造.

例 39.4　设 $F=\mathbb{R}, f(x)=x^2+1$, 众所周知 $f(x)$ 在 $\mathbb{R}$ 中没有零点, 因此由定理 28.11 得, 在 $\mathbb{R}$ 上不可约. 那么 $\langle x^2+1\rangle$ 是 $\mathbb{R}[x]$ 的极大理想, 所以 $\mathbb{R}[x]/\langle x^2+1\rangle$ 是一个域. 将 $\mathbb{R}[x]/\langle x^2+1\rangle$ 中的 $r+\langle x^2+1\rangle$ 与 $r\in\mathbb{R}$ 等同, 可以把 $\mathbb{R}$ 看作 $E=\mathbb{R}[x]/\langle x^2+1\rangle$ 的子域. 令

$$\alpha=x+\langle x^2+1\rangle$$

在 $\mathbb{R}[x]/\langle x^2+1\rangle$ 中计算, 我们发现

$$\alpha^2+1=(x+\langle x^2+1\rangle)^2+(1+\langle x^2+1\rangle)=(x^2+1)+\langle x^2+1\rangle=0$$

因此 α 是 x^2+1 的零点. 在本节结尾, 把 $\mathbb{R}[x]/\langle x^2+1\rangle$ 等同于 $\mathbb{C}$.

例 39.5　设 $F=\mathbb{Q}$, 考虑 $f(x)=x^4-5x^2+6$. 这时 $f(x)$ 在 $\mathbb{Q}[x]$ 中分解为 $(x^2-2)(x^2-3)$, 已经知道, 两个因式在 $\mathbb{Q}$ 上都不可约. 可以从 x^2-2 开始, 构造一个包含 α 的 $\mathbb{Q}$ 的扩域 E, 使得 $\alpha^2-2=0$, 或者构造一个包含 β 的 $\mathbb{Q}$ 的扩域 K, 使得 $\beta^2-3=0$. 两种情况下的构造都与例 39.4 中的构造一样.

代数元与超越元

如之前所说, 本书余下内容大都是关于多项式零点的研究. 下面把域 F 的扩域 E 的元素分为两类来展开研究.

定义 39.6　域 F 的扩域 E 的元素 α 称为在 F 上是**代数的** (algebraic), 若对于某非零 $f(x)\in F[x]$, 满足 $f(\alpha)=0$. 如果 α 在 F 上不是代数的, 称 α 在 F 上是**超越的** (transcendental).

例 39.7　$\mathbb{C}$ 是 $\mathbb{Q}$ 的扩域. 由于 $\sqrt{2}$ 是 x^2-2 的零点, 因此 $\sqrt{2}$ 是 $\mathbb{Q}$ 上的代数元. 同样, i 是 $\mathbb{Q}$ 上的代数元, 因为它是 x^2+1 的零点.

例 39.8　众所周知 (但不容易证明), 实数 π 和 e 在 $\mathbb{Q}$ 上是超越的. 这里 e 是自然对数的底数.

就像不能单说不可约多项式, 而要说 F 上的不可约多项式一样, 也不能单说代数元, 而要说 F 上的代数元. 下面的例子说明了这样做的原因.

例 39.9　实数 π 是 $\mathbb{Q}$ 上的超越元, 正如例 39.8 中所说. 然而, π 是 $\mathbb{R}$ 上的代数元, 因为它是 $x-\pi\in\mathbb{R}[x]$ 的零点.

例 39.10 容易看出, 实数 $\sqrt{1+\sqrt{3}}$ 是 $\mathbb{Q}$ 上的代数元. 因为如果 $\alpha=\sqrt{1+\sqrt{3}}$, 那么 $\alpha^2=1+\sqrt{3}$, 所以 $\alpha^2-1=\sqrt{3}$, 得 $(\alpha^2-1)^2=3$. 因此 $\alpha^4-2\alpha^2-2=0$, 所以 α 是 $x^4-2x^2-2\in\mathbb{Q}[x]$ 的零点.

为把这些观点和数论的观点联系起来, 给出如下定义.

定义 39.11 $\mathbb{C}$ 中在 $\mathbb{Q}$ 上的代数元, 称为**代数数** (algebraic number). $\mathbb{C}$ 中在 $\mathbb{Q}$ 上的超越元, 称为**超越数** (transcendental number).

关于代数数有一个广泛而优雅的理论.

下一个定理给出了 F 的扩域 E 中 F 上代数元和超越元的一个有用特征; 同时说明了赋值同态 ϕ_α 的重要性. 注意, 又一次用映射描述概念.

定理 39.12 设 E 是域 F 的扩域, $\alpha\in E$. 设 $\phi_\alpha:F[x]\to E$ 是 $F[x]$ 到 E 的赋值同态, 使得 $\phi_\alpha(a)\neq a$, 对于 $a\in F$, 且 $\phi_\alpha(x)=\alpha$. 那么 α 在 F 上是超越的当且仅当 ϕ_α 给出 $F[x]$ 与 E 的子域的同构, 也就是说, 当且仅当 ϕ_α 是单射.

证明 α 是 F 上超越元, 当且仅当对于所有非零 $f(x)\in F[x]$, $f(\alpha)\neq 0$, 当且仅当对于所有非零 $f(x)\in F[x], \phi_\alpha(f(x))=0$, 当且仅当 ϕ_α 的核是 $\{0\}$, 也就是说, 当且仅当 ϕ_α 是单射. □

α 在 F 上的不可约多项式

考虑 $\mathbb{Q}$ 的扩域 $\mathbb{R}$.$\sqrt{2}$ 是 $\mathbb{Q}$ 上的代数数, 为 x^2-2 的零点. 当然, $\sqrt{2}$ 也是 x^3-2x 和 $x^4-3x^2+2=(x^2-2)(x^2-1)$ 的零点. 这两个以 $\sqrt{2}$ 为零点的多项式都是 x^2-2 的倍式. 下一个定理表明这是一般情况的特例, 定理对后面的讨论有重要作用.

定理 39.13 设 E 是 F 的扩域, $\alpha\in E$ 是 F 上的代数元. 那么对某个多项式 $p(x)\in F[x]$, $\{f(x)\in F[x]|f(\alpha)=0\}=\langle p(x)\rangle$. 此外, $p(x)$ 在 F 上是不可约的.

证明 设 $I=\{f(x)\in F[x]|f(\alpha)=0\}$. 那么 I 是赋值同态 $\phi_\alpha:F[x]\to E$ 的核, 因此 I 是 $F[x]$ 的理想. 根据定理 31.24, I 是由多项式 $p(x)\in F[x]$ 生成的主理想. 因此 $I=\langle p(x)\rangle$.

还要证明 $p(x)$ 在 F 上不可约. $p(x)$ 的次数至少是 1, 即 $p(x)$ 既不是 0, 也不是 $F[x]$ 中的单位. 设 $p(x)=r(x)s(x)$ 是 $p(x)$ 在域 F 上的因式分解. 用赋值同态, 得 $r(\alpha)=0$ 或 $s(\alpha)=0$, 因为 E 是一个域. 不妨设 $r(\alpha)=0$. 那么 $r(x)\in I=\langle p(x)\rangle$. 对某个 $r_1(x)\in F[x]$, 有

$$p(x)=r(x)s(x)=p(x)r_1(x)s(x).$$

消去 $p(x)$, 得出 $s(x)$ 是一个单位. 因此, $p(x)$ 不可约. □

通过乘以 F 中的一个适当常数, 可以假定定理 39.13 中出现的 $p(x)$ 中 x 的最高幂系数为 1. 如果一个多项式中 x 的最高幂系数为 1, 则称该多项式为**首一多项式** (monic polynomial).

推论 39.14　设 E 是 F 的扩域, $\alpha \in E$ 是 F 上的代数元. 那么存在唯一的不可约多项式 $p(x) \in F[x]$, 使得 $p(x)$ 是首一的, $p(\alpha) = 0$, 且对于任何满足 $f(\alpha) = 0$ 的多项式 $f(x) \in F[x]$, 有 $p(x)$ 整除 $f(x)$.

证明　设 $p(x)$ 是定理 39.13 中的多项式.$p(x)$ 乘以 F 中适当元素后, 可以假设 $p(x)$ 是首一的. 由于 $\{f(x)|f(\alpha) = 0\} = \langle p(x) \rangle$, $p(\alpha) = 0$, 且对任意 $f(x) \in F[x]$ 满足 $f(\alpha) = 0$, 因此 $p(x)$ 整除 $f(x)$.

唯一性证明留作习题 38. □

定义 39.15　设 E 是域 F 的扩域, $\alpha \in E$ 是 F 上的代数元. 推论 39.14 中的唯一多项式 $p(x)$ 称为 α 在 F 上的**不可约多项式** (irreducible polynomial) 或 α 在 F 上的**极小多项式** (minimal polynomial), 记为 $\text{irr}(\alpha, F)$. 多项式 $\text{irr}(\alpha, F)$ 的次数称为 α 在 F 上的**次数** (degree), 用 $\deg(\alpha, F)$ 表示.

例 39.16　显然 $\text{irr}(\sqrt{2}, \mathbb{Q}) = x^2 - 2$. 如例 39.10 所示, 对于 $\mathbb{R}$ 中的 $\alpha = 1 + \sqrt{3}$, α 是 $\mathbb{Q}[x]$ 中的 $x^4 - 2x^2 - 2$ 的零点. 由于 $x^4 - 2x^2 - 2$ 在 $\mathbb{Q}$ 上不可约 (对 $p = 2$ 用艾森斯坦判别法或用例 28.15 的方法), 有

$$\text{irr}(1 + \sqrt{3}, \mathbb{Q}) = x^4 - 2x^2 - 2$$

因此 $1 + \sqrt{3}$ 是 $\mathbb{Q}$ 上的 4 次代数数.

跟必须把元素 α 说成是F 上的代数元而不仅是代数元一样, 必须把 α 的次数说成是 F 上 α 的次数而不仅是 α 的次数. 例如, $\sqrt{2} \in \mathbb{R}$ 是 $\mathbb{Q}$ 上的 2 次代数数, 但是 $\mathbb{R}$ 上的 1 次代数数, 因为 $\text{irr}(\sqrt{2}, \mathbb{R}) = x - \sqrt{2}$.

本书中这套理论的快速建立依赖于同态技术和理想理论, 现在可以自如地应用这些理论. 注意, 经常用到赋值同态 ϕ_α.

单扩张

设 E 是域 F 的扩域, $\alpha \in E$, ϕ_α 是 $F[x]$ 到 E 的赋值同态, 对于 $a \in F$, $\phi_\alpha(a) = a, \phi_\alpha(x) = \alpha$, 如定理 27.4 所示. 下面分两种情形来定义域 $F(\alpha)$.

情形 I　假设 α 是F 上的代数元. 如在推论 39.14 中, ϕ_α 的核是 $\langle \text{irr}(\alpha, F) \rangle$, 根据定理 31.25, $\langle \text{irr}(\alpha, F) \rangle$ 是 $F[x]$ 的极大理想. 因此, $F[x]/\langle \text{irr}(\alpha, F) \rangle$ 是一个域, 与 E 中的象 $\phi_\alpha[F[x]]$ 同构. E 的子域 $\phi_\alpha[F[x]]$ 是包含 F 和 α 的 E 的最小子域, 用 $F(\alpha)$ 表示

这个域.

情形 II 假设 α 是F 上的超越元. 那么通过定理 39.12, ϕ_α 给出了 $F[x]$ 与 E 的子域的同构, 此时 $\phi_\alpha[F[x]]$ 不是一个域, 而是一个整环, 记为 $F[\alpha]$. 根据推论 26.9, E 包含 $F[\alpha]$ 的一个商域, 这是 E 包含 F 和 α 的最小子域. 如同情形 I, 用 $F(\alpha)$ 表示这个域.

例 39.17 由于 π 在 $\mathbb{Q}$ 上是超越的, 因此域 $\mathbb{Q}(\pi)$ 与有理数域 $\mathbb{Q}$ 上关于不定元 x 的有理函数域 $\mathbb{Q}(x)$ 是同构的. 因此从结构上看, 域 F 上的一个超越元与域 F 上的一个不定元作用一样.

定义 39.18 域 F 的扩域 E 称是 F 的一个**单扩张** (simple extension), 如果 $E = F(\alpha)$, 其中 $\alpha \in E$.

在本节中会出现许多重要结论. 已经开发了足够多的技术, 使得结果开始以惊人的速度从高效的工厂涌出. 下一个定理是在 α 是代数元的情况下对 $F(\alpha)$ 性质的深入了解.

定理 39.19 设 $E = F(\alpha)$ 是用 F 上代数元 α 对域用 F 的单扩张, 设 $n = \deg(\alpha, F)$. 那么每个 $\beta \in F(\alpha)$ 可以唯一地表示为

$$\beta = b_0 + b_1\alpha + b_2\alpha^2 + \cdots + b_{n-1}\alpha^{n-1}$$

其中 b_i 在 F 中.

证明 设 $\beta \in F(\alpha)$. 由 $F[\alpha]$ 的定义, 存在多项式 $f(x) \in F[x]$ 使得 $\beta = f(\alpha)$. 带余除法指出存在唯一的多项式 $q(x), r(x) \in F[x]$ 使得 $r(x) = 0$ 或 $r(x)$ 的次数小于 n,

$$f(x) = \operatorname{irr}(\alpha, F)q(x) + r(x)$$

用赋值同态 ϕ_α 作用, 得到 $f(\alpha) = r(\alpha)$. 因此, 对于 F 中的某些 b_i, 有

$$\beta = f(\alpha) = r(\alpha) = b_0 + b_1\alpha + b_2\alpha^2 + \cdots + b_{n-1}\alpha^{n-1}$$

为证明唯一性, 假设 $s(x) \in F[x]$ 是满足 $r(\alpha) = s(\alpha)$ 的多项式, 且 $s(x)$ 为零多项式, 或者其次数小于 n. 设 $d(x) = r(x) - s(x)$. 那么 $d(\alpha) = 0, d(x) = 0$ 或者 $\deg(d(x)) < n$. 由于 α 在 F 上极小多项式的次数是 n, 因此 $d(x)$ 是零多项式, 且 $r(x) = s(x)$. 因此 β 可以表示为

$$\beta = b_0 + b_1\alpha + b_2\alpha^2 + \cdots + b_{n-1}\alpha^{n-1}$$

b_i 在 F 中是唯一的. □

下面给出一个令人印象深刻的例子来说明定理 39.19.

例 39.20　根据定理 28.11, $\mathbb{Z}_2[x]$ 中多项式 $p(x)=x^2+x+1$ 在 $\mathbb{Z}_2$ 上不可约, 因为 $\mathbb{Z}_2$ 的元素 0 和 1 都不是 $p(x)$ 的零点. 根据定理 39.3, 存在 $\mathbb{Z}_2$ 的一个扩域 E 包含 x^2+x+1 的零点 α. 由定理 39.19, $\mathbb{Z}_2(\alpha)$ 中有 $0+0\alpha, 1+0\alpha, 0+1\alpha, 1+1\alpha$, 即 $0, 1, \alpha, 1+\alpha$. 这给出了一个新的四个元素组成的有限域! 该域的加法和乘法表见表 39.21 和表 39.22. 例如, 在 $\mathbb{Z}_2(\alpha)$ 中计算 $(1+\alpha)(1+\alpha)$, 观察到由于 $p(\alpha)=\alpha^2+\alpha+1=0$, 那么

$$\alpha^2=-\alpha-1=\alpha+1$$

因此,

$$(1+\alpha)(1+\alpha)=1+\alpha+\alpha+\alpha^2=1+\alpha^2=1+\alpha+1=\alpha$$

表 39.21

$+$	0	1	α	$1+\alpha$
0	0	1	α	$1+\alpha$
1	1	0	$1+\alpha$	α
α	α	$1+\alpha$	0	1
$1+\alpha$	$1+\alpha$	α	1	0

表 39.22

	0	1	α	$1+\alpha$
0	0	0	0	0
1	0	1	α	$1+\alpha$
α	0	α	$1+\alpha$	1
$1+\alpha$	0	$1+\alpha$	1	α

□

可以用定理 39.19 来实现例 39.4 的期待, 证明 $\mathbb{R}[x]/\langle x^2+1\rangle$ 与复数域 $\mathbb{C}$ 同构. 在例 39.4 中看出, 可以将 $\mathbb{R}[x]/\langle x^2+1\rangle$ 视为 $\mathbb{R}$ 的扩域. 设

$$\alpha=x+\langle x^2+1\rangle$$

那么由定理 39.19, $\mathbb{R}(\alpha)=\mathbb{R}[x]/\langle x^2+1\rangle$ 由所有形如 $a+b\alpha$ 的元素构成, 其中 $a,b\in\mathbb{R}$. 由于 $\alpha^2+1=0$, 看到 α 扮演了 $\mathrm{i}\in\mathbb{C}$ 的角色, 而 $a+b\alpha$ 扮演了 $a+b\mathrm{i}\in\mathbb{C}$ 的角色, 因此 $\mathbb{R}(\alpha)\cong\mathbb{C}$. 这是从 $\mathbb{R}$ 构造 $\mathbb{C}$ 的优雅的代数方法.

推论 39.23　设 E 是 F 的扩域, $\alpha\in E$ 是 F 上的代数元. 如果 $\deg(\alpha,F)=n$, 则 $F(\alpha)$ 是 F 上的向量空间, 维数为 n 且基为 $\{1,\alpha,\alpha^2,\cdots,\alpha^{n-1}\}$. 此外, $F(\alpha)$ 的每个元素 β 都是 F 上的代数元, $\deg(\beta,F)\leqslant\deg(\alpha,F)$.

证明　由于 F 是 $F(\alpha)$ 的一个子域, $F(\alpha)$ 是 F 上的一个向量空间. 定理 39.19 证

明了集合 $\{1,\alpha,\alpha^2,\cdots,\alpha^{n-1}\}$ 生成 $F(\alpha)$. 如果

$$0=b_0(1)+b_1\alpha+b_2\alpha^2+\cdots+b_{n-1}\alpha^{n-1}$$

则根据定理 39.19 中系数的唯一性, 每个 b_i 为 0. 因此, $\{1,\alpha,\alpha^2,\cdots,\alpha^{n-1}\}$ 在 F 上线性无关, 是 $F(\alpha)$ 在 F 上的一个基. 所以 $F(\alpha)$ 在 F 上的维数是 $n=\deg(\alpha,F)$.

任给 $\beta\in F(\alpha)$, $F\leqslant F(\beta)\leqslant F(\alpha)$, 因此 $F(\beta)$ 中任意多于 n 个向量的集合在 F 上都不是线性无关的. 集合 $\{1,\beta,\beta^2,\cdots,\beta^n\}$ 要么少于 $n+1$ 个元素, 要么在 F 上不是线性无关的. 在第一种情况下, 有某 $r\neq s, \beta^r=\beta^s$. 在第二种情况下, 有不全为零元素 $b_i\in F$, 使得

$$b_0(1)+b_1\beta+b_2\beta^2+\cdots+b_n\beta^n=0$$

在两种情况下, 都有 β 在 F 上是代数的, 而且 $F(\beta)$ 在 F 上的维数 k 最多是 n, 有

$$\deg(\beta,F)=k\leqslant n=\deg(\alpha,F)$$

□

例 39.24 $\mathrm{i}\in\mathbb{C}$ 在 $\mathbb{R}$ 上的极小多项式是 x^2+1, 且 $\mathbb{C}=\mathbb{R}(\mathrm{i})$. 由推论 39.23, 对于每个复数 β, $\deg(\beta,\mathbb{R})\leqslant 2$. 这意味着每个非实数的复数都是 $\mathbb{R}[x]$ 中某个二次不可约多项式的零点. 当然, 也可以用例 39.10 的方法来验证这一事实.

习题

计算

在习题 1~5 中, 找出 $f(x)\in\mathbb{Q}[x]$ 使得 $f(\alpha)=0$, 证明给定 $\alpha\in\mathbb{C}$ 是 $\mathbb{Q}$ 上的代数数.

1. $1+\sqrt{2}$.

2. $\sqrt{2}+\sqrt{3}$.

3. $1+\mathrm{i}$.

4. $\sqrt{1+\sqrt[3]{2}}$.

5. $\sqrt{\sqrt[3]{2}-\mathrm{i}}$.

在习题 6~8 中, 对给定代数数 $\alpha\in\mathbb{C}$, 找出 $\mathrm{irr}(\alpha,\mathbb{Q})$ 和 $\deg(\alpha,\mathbb{Q})$. 证明所给多项式在 $\mathbb{Q}$ 上是不可约的.

6. $\sqrt{3-\sqrt{6}}$.

7. $\sqrt{1/3+\sqrt{7}}$.

8. $\sqrt{2}+\mathrm{i}$.

在习题 9~16 中, 确定给定的 $\alpha \in \mathbb{C}$ 为给定域 F 上的代数数或超越数. 如果 α 是 F 上的代数数, 找出 $\deg(\alpha, F)$.

9. $\alpha = \mathrm{i}, F = \mathbb{Q}$.

10. $\alpha = 1 + \mathrm{i}, F = \mathbb{R}$.

11. $\alpha = \sqrt{\pi}, F = \mathbb{Q}$.

12. $\alpha = \sqrt{\pi}, F = \mathbb{R}$.

13. $\alpha = \sqrt{\pi}, F = \mathbb{Q}(\pi)$.

14. $\alpha = \pi^2, F = \mathbb{Q}$.

15. $\alpha = \pi^2, F = \mathbb{Q}(\pi)$.

16. $\alpha = \pi^2, F = \mathbb{Q}(\pi^3)$.

17. 如例 39.20 所示. 多项式 $x^2 + x + 1$ 在 $\mathbb{Z}_2(\alpha)$ 中有一个零点 α, 因此在 $\mathbb{Z}_2(\alpha)[x]$ 中必分解为一次因式的乘积. 求这个分解式. [提示: 利用 $\alpha^2 = \alpha + 1$ 的事实, 用 $x - \alpha$ 除 $x^2 + x + 1$.]

18. a. 证明多项式 $x^2 + 1$ 在 $\mathbb{Z}_3[x]$ 中不可约.

b. 设 α 是 $\mathbb{Z}_3$ 的扩域中 $x^2 + 1$ 的零点. 如例 39.20 所示, 给出 $\mathbb{Z}_3(\alpha)$ 的九个元素的乘法和加法表, 顺序为 $0, 1, 2, \alpha, 2\alpha, 1 + \alpha, 1 + 2\alpha, 2 + \alpha, 2 + 2\alpha$.

概念

在习题 19~22 中, 不参考书本, 根据需要更正楷体术语的定义, 使其成立.

19. 域 F 的扩域 E 中元素 α 在 F 上是*代数的*, 当且仅当 α 是某多项式的零点.

20. 域 F 的扩域 E 中元素 β 在 F 上是*超越的*, 当且仅当 β 不是 $F[x]$ 中任意多项式的零点.

21. $F[x]$ 中的*首一多项式*的所有系数等于 1.

22. 域 E 是子域 F 的*单扩张*, 当且仅当存在 $\alpha \in E$ 使得没有 E 的真子域包含 α.

23. 判断下列命题的真假.

a. π 在 $\mathbb{Q}$ 上超越.

b. $\mathbb{C}$ 是 $\mathbb{R}$ 的单扩张.

c. 域 F 的每个元素在 F 上是代数的.

d. $\mathbb{R}$ 是 $\mathbb{Q}$ 的扩域.

e. $\mathbb{Q}$ 是 $\mathbb{Z}_2$ 的扩域.

f. 设 $\alpha \in \mathbb{C}$ 是 $\mathbb{Q}$ 上的 n 次代数数. 如果对于非零多项式 $f(x) \in \mathbb{Q}[x]$, 有 $f(\alpha) = 0$, 那么 $\deg(f(x)) \geqslant n$.

g. 设 $\alpha \in \mathbb{C}$ 是 $\mathbb{Q}$ 上的 n 次代数数. 如果对于非零多项式 $f(x) \in \mathbb{R}[x]$, 有

$f(\alpha)=0$, 那么 $\deg(f(x)) \geqslant n$.

h. $F[x]$ 中每个非常数多项式在 $F[x]$ 的某个扩域中都有零点.

i. $F[x]$ 中每个非常数多项式在 $F[x]$ 的每个扩域中都有零点.

j. 如果 x 是不定元, 那么 $\mathbb{Q}[\pi] \cong \mathbb{Q}[x]$.

24. 已经不加证明给出了 π 和 e 在 $\mathbb{Q}$ 上是超越的.

a. 找出 $\mathbb{R}$ 的子域 F, 使 π 在 F 上是 3 次代数数.

b. 找出 $\mathbb{R}$ 的子域 E, 使 e^2 在 E 上是 5 次代数数.

25. a. 证明 x^3+x^2+1 在 $\mathbb{Z}_2$ 上不可约.

b. 设 α 是 x^3+x^2+1 在 $\mathbb{Z}_2$ 的扩域中的零点. 在 $\mathbb{Z}_2(\alpha)[x]$ 上将 x^3+x^2+1 分解为三个一次因式的乘积. (提示: $\mathbb{Z}_2(\alpha)$ 的每个元素都是 $a_0+a_1\alpha+a_2\alpha^2$ 的形式. 用 x^3+x^2+1 除以 $x-\alpha$ 的长除法. 通过试值, 证明商在 $\mathbb{Z}_2(\alpha)$ 中还有一个零点. 完成因式分解.)

26. 设 E 是 $\mathbb{Z}_2$ 的扩域, $\alpha \in E$ 是 $\mathbb{Z}_2$ 上的 3 次代数数. 根据有限生成交换群基本定理, 对群 $\langle \mathbb{Z}_2(\alpha), + \rangle$ 和 $\langle (\mathbb{Z}_2(\alpha))^*, \cdot \rangle$ 进行分类. 其中 $(\mathbb{Z}_2(\alpha))^*$ 是 $\mathbb{Z}_2(\alpha)$ 的非零元集合.

27. 定义 39.15 定义了 α 在 F 上的不可约多项式和 α 在 F 上的极小多项式是同一个多项式. 为什么两个名字都合适?

证明概要

28. 给出定理 39.3 的两句话或三句话证明概要.

理论

29. 设 E 是 F 的扩域, $\alpha, \beta \in E$, α 在 F 上是超越的, 但在 $F(\beta)$ 上是代数的. 证明 β 在 $F(\alpha)$ 上是代数的.

30. 设 E 是有限域 F 的扩域, 其中 F 有 q 个元素. 设 $\alpha \in E$ 是 F 上 n 次代数元. 证明 $F(\alpha)$ 有 q^n 个元素.

31. a. 证明在 $\mathbb{Z}_3[x]$ 中存在 3 次不可约多项式.

b. 由 a 部分证明存在 27 个元素的有限域. (提示: 用习题 30.)

32. 考虑特征 $p \neq 0$ 的素域 $\mathbb{Z}_p$.

a. 证明, 对于 $p \neq 2$, $\mathbb{Z}_p$ 中的元素不全是 $\mathbb{Z}_p$ 中一个元素的平方. (提示: $1^2 = (p-1)^2 = 1 \in \mathbb{Z}_p$. 通过计数得出结论.)

b. 利用 a 部分, 证明对于 $\mathbb{Z}^+$ 中每个素数 p, 都存在 p^2 个元素的有限域.

33. 设 E 是域 F 的扩域, $\alpha \in E$ 在 F 上是超越的, 证明 $F(\alpha)$ 中不在 F 中的元素在 F 上也是超越的.

34. 用本节的理想理论而不用域公理, 证明 $\{a+b(\sqrt[3]{2})+c(\sqrt[3]{2})^2 | a,b,c \in \mathbb{Q}\}$ 是 $\mathbb{R}$ 的

子域. (提示: 用定理 39.19.)

35. 按照习题 31 的思想, 证明存在由 8 个元素、16 个元素以及 25 个元素构成的域.

36. 设 F 是特征 p 的有限域, 证明 F 的每个元素在素域 $\mathbb{Z}_p \leqslant F$ 上都是代数的. (提示: 设 F^* 是 F 的非零元素集合, 对群 $\langle F^*, \cdot\rangle$ 证明每个 $\alpha \in F^*$ 是 $\mathbb{Z}_p[x]$ 中某个形式为 $x^n - 1$ 多项式的零点.)

37. 用习题 30 和习题 36 证明每个有限域都是素幂阶的, 也就是说, 它有素数幂个元素.

38. 在推论 39.14 中证明多项式的唯一性.

8.40 代数扩张

有限扩张

由推论 39.23 看出, 如果 E 是域 F 的扩域, 且 $\alpha \in E$ 在 F 上是代数的, 那么 $F(\alpha)$ 的每个元素都是 F 上的代数元. 在研究 $F[x]$ 中多项式的零点时, 我们感兴趣的几乎完全是 F 上仅包含代数元的扩张.

定义 40.1 *域 F 的扩域 E 称为是 F 的一个*代数扩张 (algebraic extension), *如果 E 中的元素都是 F 上的代数元.*

定义 40.2 *如果域 F 的扩域 E 作为向量空间在 F 上是 n 维的, 那么它就称为 F 上的 n 次*有限扩张 (finite extension). *用 $[E:F]$ 记 E 在 F 上的次数 n.*

域 E 是域 F 的有限扩张并不意味着 E 是有限域. 它只是断言 E 是 F 上的一个有限维向量空间, 也就是说, $[E:F]$ 是有限的.

经常用到一个事实: 如果 E 是 F 的有限扩张, 那么, $[E:F]=1$ 当且仅当 $E=F$. 只要观察定理 33.18 就可知, $\{1\}$ 总可以扩充为 E 在 F 的基, 因此 $[E:F]=1$ 当且仅当 $E=F(1)=F$.

下面证明域 F 的有限扩张 E 必是 F 的代数扩张.

定理 40.3 *域 F 的有限扩域 E 是 F 的代数扩张.*

证明 要证明对于 $\alpha \in E$, α 是 F 上的代数元. 由定理 33.18, 如果 $[E:F]=n$, 那么

$$1, \alpha, \cdots, \alpha^n$$

不可能是线性无关的, 因此存在 $a_i \in F$, 使得

$$a_n\alpha^n + \cdots + a_1\alpha + a_0 = 0$$

且不是所有的 $a_i = 0$. 那么 $f(x) = a_nx^n + \cdots + a_1x + a_0$ 是 $F[x]$ 中非零多项式, 且 $f(\alpha)=0$. 因此, α 是 F 上的代数元. □

下一个定理的重要性怎么强调也不为过. 它在域论中的作用类似于拉格朗日定理在群论中的作用. 虽然它的证明很容易由向量空间得到, 但它是具有超乎想象力的工具. 下面的章节中, 它的一个优雅应用是证明某些几何图形的尺规作图的不可能性. 永远不要低估一个有价值的定理.

定理 40.4 如果 E 是域 F 的有限扩域, K 是 E 的有限扩域, 那么 K 是 F 的有限扩域, 并且 $[K:F]=[K:E][E:F]$.

证明 设 $\{\alpha_i|i=1,2,\cdots,n\}$ 是 E 作为 F 上向量空间的基, 而 $\{\beta_j|j=1,2,\cdots,m\}$ 是 K 作为 E 上向量空间的基. 如果能够证明, K 作为 F 上的一个向量空间, mn 个元素 $\alpha_i\beta_j$ 构成了 K 的基 (见图 40.5), 定理得证.

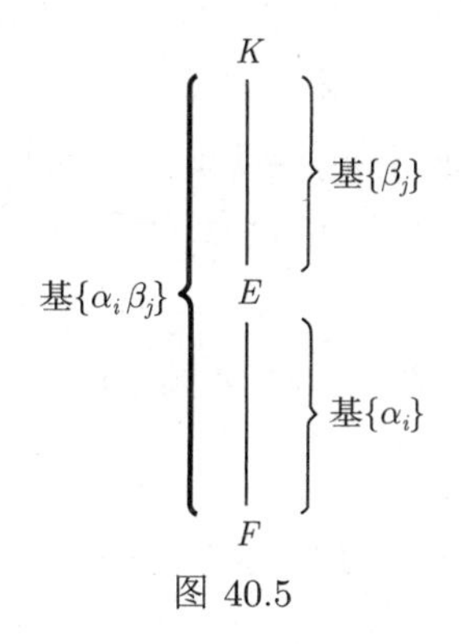

图 40.5

设 γ 是 K 的任意元素. 由于 β_j 是 K 在 E 上的基, 所以存在 $b_j\in E$, 使得

$$\gamma=\sum_{j=1}^{m}b_j\beta_j$$

由于 α_i 是 E 在 F 上的基, 所以存在 $a_{ij}\in F$, 使得

$$b_j=\sum_{i=1}^{n}a_{ij}\alpha_i$$

因此

$$\gamma=\sum_{j=1}^{m}\left(\sum_{i=1}^{n}a_{ij}\alpha_i\right)\beta_j=\sum_{i,j}a_{ij}(\alpha_i\beta_j)$$

所以 mn 个向量 $\alpha_i\beta_j$ 在 F 上生成 K.

还需要证明 mn 个元素 $\alpha_i\beta_j$ 在 F 上线性无关. 假设有 $c_{ij} \in F$ 使得 $\sum_{i,j} c_{ij}(\alpha_i\beta_j) = 0$, 那么

$$\sum_{j=1}^{m}\left(\sum_{i=1}^{n} c_{ij}\alpha_i\right)\beta_j = 0$$

且 $\sum_{i=1}^{n} c_{ij}\alpha_i \in E$. 因为 β_j 在 E 上线性无关, 所以对所有的 j 有

$$\sum_{i=1}^{n} c_{ij}\alpha_i = 0$$

但 α_i 在 F 上是线性无关的, 所以 $\sum_{i=1}^{n} c_{ij}\alpha_i = 0$ 意味着, 对所有 i 和 j 有 $c_{ij} = 0$. 因此 $\alpha_i\beta_j$ 不仅在 F 上生成 K, 而且在 F 上线性无关, 因此它们构成 K 在 F 上的基. □

注意, 以上通过实际给出一个基来证明这个定理. 需要记得的是, 如果 $\{\alpha_i | i = 1, 2, \cdots, n\}$ 是 E 在 F 上的基, 而 $\{\beta_j | j = 1, 2, \cdots, m\}$ 是 K 在 E 上的基, 且 $F \leqslant E \leqslant K$, 那么 mn 个乘积的集合 $\{\alpha_i\beta_j\}$ 是 K 在 F 上的基, 图 40.5 给出了图示. 后面会做进一步讨论.

推论 40.6 如果 F_i $(i = 1, 2, \cdots, r)$ 是域, 且 F_{i+1} 是 F_i 的有限扩张, 那么 F_r 是 F_1 的有限扩张, 且

$$[F_r : F_1] = [F_r : F_{r-1}][F_{r-1} : F_{r-2}] \cdots [F_2 : F_1]$$

证明 这是定理 40.4 的直接归纳推广. □

推论 40.7 如果 E 是 F 的扩域, $\alpha \in E$ 是 F 上的代数元, $\beta \in F(\alpha)$, 则 $\deg(\beta, F)$ 整除 $\deg(\alpha, F)$.

证明 由推论 39.23, $\deg(\alpha, F) = [F(\alpha) : F]$ 和 $\deg(\beta, F) = [F(\beta) : F]$. 又有 $F \leqslant F(\beta) \leqslant F(\alpha)$, 所以由推论 40.6 有, $[F(\beta) : F]$ 整除 $[F(\alpha) : F]$. □

下面的例子说明了应用定理 40.4 及其推论的常用方式.

例 40.8 由推论 40.7, 在 $\mathbb{Q}(\sqrt{2})$ 中没有 $x^3 - 2$ 的零点. 因为 $\deg(\sqrt{2}, \mathbb{Q}) = 2$, 而 $x^3 - 2$ 的零点在 $\mathbb{Q}$ 是 3 次的, 但 3 不整除 2.

设 E 是域 F 的扩域, α_1, α_2 是域 E 的元素, 不必是 F 上代数元. 根据定义, $F(\alpha_1)$ 是 F 在 E 中包含 α_1 的最小扩域. 同样, $(F(\alpha_1))(\alpha_2)$ 可以刻画为 F 在 E 中同时包含 α_1 和 α_2 的最小扩域. 可以从 α_2 开始, 所以 $(F(\alpha_1))(\alpha_2) = (F(\alpha_2))(\alpha_1)$. 用 $F(\alpha_1, \alpha_2)$ 表示这个域. 类似地, 对于 $\alpha_i \in E$, $F(\alpha_1, \alpha_2, \cdots, \alpha_n)$ 是 F 在 E 中包含所有 $\alpha_i \in E, i = 1, 2, \cdots, n$ 的最小扩域. 通过将 **E 中元素 α_i 添加到** F, 从 F 开始得到域 $F(\alpha_1, \alpha_2, \cdots, \alpha_n)$. 第 22 节习题 51 表明, 类似于群的子群的交集, 域 E 的子

域的交集也是 E 的子域. 因此 $F(\alpha_1, \alpha_2, \cdots, \alpha_n)$ 可以刻画为 E 的包含 F 以及所有 $\alpha_i (i = 1, 2, \cdots, n)$ 的所有子域的交集.

例 40.9 考虑 $\mathbb{Q}(\sqrt{2})$. 推论 39.23 表明 $\{1, \sqrt{2}\}$ 是 $\mathbb{Q}(\sqrt{2})$ 在 $\mathbb{Q}$ 上的基. 应用例 39.10 中的方法, 容易发现 $\sqrt{2} + \sqrt{3}$ 是 $x^4 - 10x^2 + 1$ 的零点. 通过例 28.15 的方法, 可以证明这个多项式在 $\mathbb{Q}[x]$ 中是不可约的. 因此 $\operatorname{irr}(\sqrt{2} + \sqrt{3}, \mathbb{Q}) = x^4 - 10x^2 + 1$, 所以 $[\mathbb{Q}(\sqrt{2} + \sqrt{3}) : \mathbb{Q}] = 4$. 因此 $(\sqrt{2} + \sqrt{3}) \notin \mathbb{Q}(\sqrt{2})$, 从而 $\sqrt{3} \notin \mathbb{Q}(\sqrt{2})$. 得到 $\{1, \sqrt{3}\}$ 是 $\mathbb{Q}(\sqrt{2}, \sqrt{3}) = (\mathbb{Q}(\sqrt{2}))(\sqrt{3})$ 在 $\mathbb{Q}(\sqrt{2})$ 上的基. 于是定理 40.4 的证明 (见定理后面的说明) 表明 $\{1, \sqrt{2}, \sqrt{3}, \sqrt{6}\}$ 是 $\mathbb{Q}(\sqrt{2}, \sqrt{3})$ 在 $\mathbb{Q}$ 上的基.

例 40.10 设 $2^{1/3}$ 是 2 的实立方根, $2^{1/2}$ 是 2 的正平方根. 那么 $2^{1/2} \notin \mathbb{Q}(2^{1/3})$, 因为 $\deg(2^{1/2}, \mathbb{Q}) = 2$, 而 2 不是 $3 = \deg(2^{1/3}, \mathbb{Q})$ 的因数. 因此 $[\mathbb{Q}(2^{1/3}, 2^{1/2}) : \mathbb{Q}(2^{1/3})] = 2$. 于是 $\{1, 2^{1/3}, 2^{2/3}\}$ 是 $\mathbb{Q}(2^{1/3})$ 在 $\mathbb{Q}$ 上的基, $\{1, 2^{1/2}\}$ 是 $\mathbb{Q}(2^{1/3}, 2^{1/2})$ 在 $\mathbb{Q}(2^{1/3})$ 上的基. 进一步, 根据定理 40.4 (见定理后面的说明),

$$\{1, 2^{1/2}, 2^{1/3}, 2^{5/6}, 2^{2/3}, 2^{7/6}\}$$

是 $\mathbb{Q}(2^{1/2}, 2^{1/3})$ 在 $\mathbb{Q}$ 上的基. 因为 $2^{7/6} = 2(2^{1/6})$, 有 $2^{1/6} \in \mathbb{Q}(2^{1/2}, 2^{1/3})$. 而 $2^{1/6}$ 是 $x^6 - 2$ 的零点, 在 $p = 2$ 时用艾森斯坦判别法, 它在 $\mathbb{Q}$ 上不可约. 因此

$$\mathbb{Q} \leqslant \mathbb{Q}(2^{1/6}) \leqslant \mathbb{Q}(2^{1/2}, 2^{1/3})$$

再由定理 40.4 得

$$\begin{aligned} 6 = [\mathbb{Q}(2^{1/2}, 2^{1/3}) : \mathbb{Q}] &= [\mathbb{Q}(2^{1/2}, 2^{1/3}) : \mathbb{Q}(2^{1/6})][\mathbb{Q}(2^{1/6}) : \mathbb{Q}] \\ &= [\mathbb{Q}(2^{1/2}, 2^{1/3}) : \mathbb{Q}(2^{1/6})](6) \end{aligned}$$

因此, 必有

$$[\mathbb{Q}(2^{1/2}, 2^{1/3}) : \mathbb{Q}(2^{1/6})] = 1$$

所以由定理 40.3 前要的说明, 有 $\mathbb{Q}(2^{1/2}, 2^{1/3}) = \mathbb{Q}(2^{1/6})$.

例 40.10 表明, 域 F 的扩张 $F(\alpha_1, \alpha_2, \cdots, \alpha_n)$ 可能是一个单扩张, 即便 $n > 1$.

下面刻画 F 的形如 $F(\alpha_1, \alpha_2, \cdots, \alpha_n)$ 的扩张, 其中 α_i 都是 F 上的代数元.

定理 40.11 *设 E 是域 F 的代数扩张. 那么存在有限个元素 $\alpha_1, \alpha_2, \cdots, \alpha_n$, 使得 $E = F(\alpha_1, \alpha_2, \cdots, \alpha_n)$ 当且仅当 E 是 F 上的有限维向量空间, 即当且仅当 E 是 F 的有限扩张.*

证明 假设 $E = F(\alpha_1, \alpha_2, \cdots, \alpha_n)$. 由于 E 是 F 的代数扩张, 所以每个 α_i 都是 F 的代数元, 因此每个 α_i 都是 F 的每个扩域的代数元. 因此, $F(\alpha_1)$ 是 F 的代数扩张,

一般地, $F(\alpha_1,\alpha_2,\cdots,\alpha_j)$ 是 $F(\alpha_1,\alpha_2,\cdots,\alpha_{j-1})$ 的代数扩张 $j=2,\cdots,n$. 推论 40.6 用于有限扩张序列

$$F, F(\alpha_1), F(\alpha_1,\alpha_2), \cdots, F(\alpha_1,\alpha_2,\cdots,\alpha_n)=E$$

得到 E 是 F 的有限扩张.

反之, 假设 E 是 F 的有限代数扩张. 如果 $[E:F]=1$, 那么 $E=F(1)=F$, 证明完成. 如果 $E\neq F$, 设 $\alpha_1\in E$, 而 $\alpha_1\notin F$, 则 $[F(\alpha_1):F]>1$. 如果 $F(\alpha_1)=E$, 则证明完成; 如果不是, 则设 $\alpha_2\in E$, 而 $\alpha_2\notin F(\alpha_1)$. 继续这个过程, 由定理 40.4 看出, 由于 $[E:F]$ 是有限的, 必须得到 α_n, 使得

$$F(\alpha_1,\alpha_2,\cdots,\alpha_n)=E$$

□

代数闭域与代数闭包

目前还没有讨论, 如果 E 是域 F 的扩张, $\alpha,\beta\in E$ 是 F 上的代数元, 那么 $\alpha+\beta,\alpha\beta,\alpha-\beta,\alpha/\beta(\beta\neq 0)$ 也是 F 上的代数元, 这些都可以由定理 40.3 得出, 并包含在下面定理中.

定理 40.12　设 E 是 F 的扩域, 则 $\overline{F_E}=\{\alpha\in E|\alpha$ 是 F 上代数元 $\}$ 是 E 的子域, 称为 F 在 E 上的**代数闭包**.

证明　设 $\alpha,\beta\in\overline{F_E}$. 定理 40.11 证明了 $F(\alpha,\beta)$ 是 F 的有限扩张, 定理 40.3 证明了 $F(\alpha,\beta)$ 的每个元素都是 F 上的代数元, 即 $F(\alpha,\beta)\subseteq\overline{F_E}$. 因此 $\overline{F_E}$ 包含 $\alpha+\beta,\alpha\beta,\alpha-\beta$, 当 $\beta=0$ 时, 还包含 α/β, 因此 $\overline{F_E}$ 是 E 的子域. □

推论 40.13　所有代数数构成域.

证明　这是定理 40.12 的直接推论, 因为所有代数数的集合是 $\mathbb{Q}$ 在 $\mathbb{C}$ 中的代数闭包. □

复数有一个著名的性质, $\mathbb{C}[x]$ 中非常数多项式在 $\mathbb{C}$ 中有零点. 这就是著名的代数基本定理. 定理 40.18 给出了这个定理的一个解析证明. 下面给出一个定义将这个重要概念推广到其他域.

定义 40.14　域 F 是**代数闭的** (algebraically closed), 如果 $F[x]$ 中的每个非常数多项式在 F 中都有一个零点.

注意, 域 F 可以是 F 在扩域 E 中的代数闭包, 而 F 不必是代数闭的. 例如, $\mathbb{Q}$ 是 $\mathbb{Q}(x)$ 中 $\mathbb{Q}$ 的代数闭包, 但是 $\mathbb{Q}$ 不是代数闭的, 因为 x^2+1 在 $\mathbb{Q}$ 中没有零点.

下一个定理表明, 代数闭的概念也可以用域上的多项式的分解性来定义.

定理 40.15 域 F 是代数闭的, 当且仅当 $F[x]$ 中的每个非常数多项式都可以分解成一次因式.

证明 设 F 是代数闭的, 且 $f(x)$ 是 $F[x]$ 中的非常数多项式, 那么 $f(x)$ 有零点 $a \in F$. 由推论 28.4, $x-a$ 是 $f(x)$ 的一个因式, 因此 $f(x)=(x-a)g(x)$. 如果 $g(x)$ 非常数, 它有一个零点 $b \in F$, 得到 $f(x)=(x-a)(x-b)h(x)$. 继续下去, 得到 $f[x]$ 在 $F[x]$ 中的分解为一次因式乘积.

反之, 假设 $F[x]$ 的每个非常数多项式都能分解成一次因式. 如果 $ax-b$ 是 $f(x)$ 的一次因式, 那么 b/a 是 $f(x)$ 的零点. 因此 F 是代数闭的. □

推论 40.16 代数闭域 F 没有真代数扩张, 也就是说, 没有满足 $F<E$ 的代数扩张 E.

证明 设 E 是 F 的代数扩张, 那么 $F \leqslant E$. 如果 $\alpha \in E$, 则由于 F 是代数闭的, 根据定理 40.15, 得到 $\operatorname{irr}(\alpha, F)=x-\alpha$. 因此 $\alpha \in F$, 必有 $F=E$. □

稍后将证明, 正如实数域 $\mathbb{R}$ 有代数闭扩张 $\mathbb{C}$ 一样, 对于任何域 F, 类似地存在 F 的代数扩张 $\overline{F}$, 使得 $\overline{F}$ 是代数闭的. 为了找到 $\overline{F}$, 自然地, 会按照以下步骤进行. 如果 $F[x]$ 中的一个多项式 $f(x)$ 在 F 中没有零点, 那么将这个多项式 $f(x)$ 的一个零点 α 添加到 F 中, 从而得到域 $F(\alpha)$. 定理 39.3 (克罗内克定理) 在此处经常使用. 如果 $F(\alpha)$ 仍然不是代数闭的, 那么继续这个过程. 问题是, 与 $\mathbb{R}$ 的代数闭包是 $\mathbb{C}$ 的情况不同, 这种过程可能不得不做 (可能很多) 无限次. 可以证明 (参见习题 33 和习题 36) , $\overline{\mathbb{Q}}$ 与所有代数数的域是同构的, 因此不能通过添加有限个代数数由 $\mathbb{Q}$ 得到 $\overline{\mathbb{Q}}$. 为了能够处理这种情况, 必须讨论一些集合论——佐恩 (Zorn) 引理. 这个技术有点复杂, 所以把证明单独放在一个标题下. $\overline{F}$ 存在性的定理是非常重要的, 此处先陈述这个结论, 即使不证明也可以知道它.

定理 40.17 每个域 F 都有**代数闭包**, 即代数闭的代数扩张 $\overline{F}$.

众所周知, 代数基本定理表明 $\mathbb{C}$ 是一个代数闭域. 有趣的是, 代数基本定理最简短的证明并不是代数证明. 无论是用分析还是用拓扑, 都有更简短和更易于理解的证明. 然而, 在分析证明和拓扑证明的背后都隐藏着大量的技术, 所以也许比较证明是不完全公平的. 无论如何, 此处为研究复变函数并熟悉刘维尔定理的学生提供一个简短的证明.

定理 40.18 (代数基本定理) 复数域 $\mathbb{C}$ 是代数闭域.

证明 设若多项式 $f(z) \in \mathbb{C}[z]$ 在 $\mathbb{C}$ 中没有零点. 那么 $1/f(z)$ 给出一个全纯函数; 也就是说, $1/f(z)$ 是处处解析的. 如果 $f(z) \notin \mathbb{C}$, $\lim_{|z|\to\infty}|f(z)|=\infty$, 则 $\lim_{|z|\to\infty}|1/f(z)|=0$. 因此 $1/f(z)$ 必须在平面上有界. 因此, 根据复函数的刘维尔定理, $1/f(z)$ 是常数, 于是 $f(z)$ 是常数. 因此, $\mathbb{C}[z]$ 中的非常数多项式在 $\mathbb{C}$ 中必须有零

点, 所以 $\mathbb{C}$ 是代数闭的. □

代数闭包存在性的证明

下面将证明每个域都有一个代数闭的代数扩张. 数学专业的学生在大学毕业前应该有机会看到一些关于选择公理的证明. 此处是这样的证明自然出现的地方. 这里用选择公理的等价形式——佐恩引理来证明. 为了表述佐恩引理, 需要一个集合论的定义.

定义 40.19　集合 S 的一个**偏序** (partial ordering) 是定义在 S 的有序元素对上的一个关系 $\leqslant$, 满足以下条件:

1. $a \leqslant a$ 对于所有的 $a \in S$ 成立 (**自反性**).
2. 如果 $a \leqslant b, b \leqslant a$, 则 $a = b$ (**反对称性**).
3. 如果 $a \leqslant b, b \leqslant c$, 则 $a \leqslant c$ (**传递性**).

在偏序集中, 并非每两个元素都是**可比较**的; 也就是说, 对于 $a, b \in S$, 可以既不是 $a \leqslant b$, 也不是 $b \leqslant a$. 通常 $a < b$ 表示 $a \leqslant b$ 但 $a \neq b$.

偏序集 S 的子集 T 称为一个**链**, 如果任意两个元素 $a, b \in T$ 都是可比较的, 即或者 $a \leqslant b$ 或者 $b \leqslant a$ (或两者都有). 偏序集 S 的元素 $u \in S$ 是子集 A 的**上界** (upper bound), 如果对所有 $a \in A$, 有 $a \leqslant u$. 最后, 偏序集 S 中元素 m 称为是**极大** (maximal) 的, 如果不存在 $s \in S$ 使得 $m < s$.

例 40.20　集合的所有子集在 $\subseteq$ 给出的关系 $\leqslant$ 下形成偏序集. 例如, 如果整个集合是 $\mathbb{R}$, 有 $\mathbb{Z} \subseteq \mathbb{Q}$, 然而, 需要注意, 对于 $\mathbb{Z}$ 和 $\mathbb{Q}^+$, 既没有 $\mathbb{Z} \subseteq \mathbb{Q}^+$ 也没有 $\mathbb{Q}^+ \subseteq \mathbb{Z}$.

引理 40.21 (佐恩引理)　如果 S 是一个偏序集, 使得 S 中的每个链在 S 中都有上界, 那么 S 至少有一个极大元.

此处不证明佐恩引理. 相反, 只指出佐恩引理是等价于选择公理的. 因此可以把佐恩引理作为集合论的公理. 参考文献中选择公理的陈述及其与佐恩引理等价性的证明. (参见文献 47.)

佐恩引理通常在要证明某种最大或极大结构的存在性时很有用. 如果域 F 有一个代数闭的代数扩张 $\overline{F}$, 那么 $\overline{F}$ 肯定是 F 的一个极大代数扩张, 因为 $\overline{F}$ 是代数闭的, 所以 $\overline{F}$ 不能再有真的代数扩张.

证明定理 40.17 的想法很简单. 给定域 F, 首先描述一类 F 的代数扩张, 它是如此之大, 以至于它必须包含 (同构意义下) 任何可以想象的 F 的代数扩张. 然后在这个类上定义一个偏序, 通常的子域包含次序, 并且证明佐恩引理的假设是满足的. 通过佐恩引理证明, 该类中存在 F 的极大代数扩张 $\overline{F}$. 然后证明, 作为一个极大元, 这个扩张 $\overline{F}$ 没有真的代数扩张, 所以它是代数闭的.

此处的证明与许多文献中的证明有些不同. 这是因为, 除了由定理 39.3 和定理 40.4 衍生出来的代数以外, 这个证明没有使用任何代数. 因此, 它突显了克罗内克定理和佐恩引理的巨大力量. 证明看起来很长, 因为写出了每一个小步骤. 对于专业数学家来说, 根据前一段的信息构造证明是一件常规的事情. 这个证明是作者研究生时期的一位同学诺曼・夏皮罗 (Norman Shapiro) 向作者建议的, 他非常喜欢这个证明.

现在准备进行定理 40.17 的证明, 结论重述如下.

定理 40.22 (重述定理 40.17) 每个域 F 都有一个代数闭包 $\overline{F}$.

证明 在集合论中可以证明, 任意给定一个集合, 存在一个元素严格多的集合. 现在构造集合

$$A = \{\omega_{f,i} | f \in F[x]; i = 0, 1, \cdots, \deg(f)\}$$

使得对于任意 $f(x) \in F[x]$ 的每一个可能的零点, A 都有一个元素. 设 Ω 是一个元素严格多于 A 的集合, 如果需要, 用 $\Omega \cup F$ 代替 Ω, 因此可以假设 $F \subset \Omega$. 考虑所有可能的 F 的代数扩张, 而其作为集合, 由 Ω 的元素组成. 其中一个代数扩张就是 F 本身. 如果 E 是 F 的任意一个扩域, $\gamma \in E$ 是 $f(x) \in F[x]$ 的零点, 且 $\gamma \notin F$ 和 $\deg(\gamma, F) = n$, 那么用 ω 重命名 γ, $\omega \in \Omega$ 且 $\omega \notin F$. 当 a_i 历遍 F, 用 Ω 中不同元素重命名 $F(\gamma)$ 中的 $a_0 + a_1\gamma + \cdots + a_{n-1}\gamma^{n-1}$. 可以将重命名的 $F(\gamma)$ 视为 F 的一个代数扩域 $F(\omega)$, 使得 $F(\omega) \subset \Omega$ 和 $f(\omega) = 0$. 集合 Ω 有足够多的元素构成 $F(\omega)$, 因为 Ω 有足够多的元素为 $F[x]$ 的任何子集中每个 n 次的元素提供不同的零点.

F 的所有代数扩域 E_j, 使得 $E_j \subseteq \Omega$, 构成集合 $S = \{E_j | j \in J\}$, 在通常的子域包含 $\leqslant$ 下是偏序集. F 本身是 S 的一个元素. 前面几段表明, 如果 F 远不是代数闭的, 那么 S 中有许多域 E_j.

设 $T = \{E_{j_k}\}$ 是 S 中的一个链, $W = \cup_k E_{j_k}$. 下面把 W 构造成一个域. 设 $\alpha, \beta \in W$. 存在 $E_{j_1}, E_{j_2} \in S$, 使得 $\alpha \in E_{j_1}, \beta \in E_{j_2}$. 由于 T 是一个链, 所以 E_{j_1} 和 E_{j_2} 其中一个是另一个的子域, 例如 $E_{j_1} \leqslant E_{j_2}$. 那么 $\alpha, \beta \in E_{j_2}$. 用 E_{j_2} 的域运算定义 W 中 α 与 β 的和为 $\alpha + \beta \in E_{j_2}$. 同样, 乘积为 $\alpha\beta \in E_{j_2}$. 这些运算在 W 中是良好定义的, 它们独立于 E_{j_2} 的选择. 因为如果对于 T 中的 E_{j_3}, 有 $\alpha, \beta \in E_{j_3}$, 那么 E_{j_2} 与 E_{j_3} 之一是另一个的子域, 因为 T 是一个链. 这样就在 W 上定义了加法和乘法运算.

在这些运算下 W 满足所有的域公理, 因为事实上这些运算是根据域中的加法和乘法定义的. 因此, 例如, $1 \in F$ 在 W 中充当乘法恒等元, 因为对于 $\alpha \in W$, 如果 $1, \alpha \in E_{j_1}$, 那么在 E_{j_i} 中有 $1\alpha = \alpha$, 因为通过 W 中乘法的定义, 在 W 中 $1\alpha = \alpha$. 进一步来检验分配律, 设 $\alpha, \beta, \gamma \in W$. 由于 T 是一个链, 可以在 T 中找到一个包含所有三个元素 α, β, γ 的域, 在这个域中 α, β, γ 的分配律是成立的. 因此, W 可以看成一个

域, 并且由其构造, 对每个 $E_{j_k} \in T$, 有 $E_{j_k} \leqslant W$.

如果可以证明 W 在 F 上是代数的, 那么 $W \in S$ 是 T 的一个上界. 如果 $\alpha \in W$, 那么对 T 中某 E_{j_1}, 有 $\alpha \in E_{j_1}$, 所以 α 在 F 上是代数的. 因此 W 是 F 的一个代数扩张, 并且是 T 的一个上界.

这样就满足了佐恩引理的假设, 因此存在 S 的极大元 $\overline{F}$. 下面断言 F 是代数闭的. 设 $f(x) \in \overline{F}[x]$, 其中 $f(x) \notin \overline{F}$. 假设 $f(x)$ 在 $\overline{F}$ 中没有零点. 由于 Ω 有比 $\overline{F}$ 更多的元素, 正如在证明的第一段看到的, 可以取 $\omega \in \Omega$, 其中 $\omega \notin \overline{F}$, 并构造一个域 $\overline{F}(\omega) \subset \Omega$, 其中 ω 是 $f(x)$ 的零点. 设 $\beta \in \overline{F}(\omega)$. 根据定理 39.19, β 是多项式

$$g(x) = \alpha_0 + \alpha_1 x + \cdots + \alpha_n x^n$$

在 $\overline{F}[x]$ 中的零点, $\alpha_i \in \overline{F}$, 因此每个 α_i 在 F 上都是代数的. 根据定理 40.11, $F(\alpha_0, \alpha_1, \cdots, \alpha_n)$ 是 F 的有限扩张, 由于 β 在 $F(\alpha_0, \alpha_1, \cdots, \alpha_n)$ 上是代数的, 可以看出 $F(\alpha_0, \alpha_1, \cdots, \alpha_n, \beta)$ 是 $F(\alpha_0, \alpha_1, \cdots, \alpha_n)$ 上的有限扩张. 定理 40.4 表明 $F(\alpha_0, \alpha_1, \cdots, \alpha_n, \beta)$ 是 F 的有限扩张, 因此根据定理 40.3, β 在 F 上是代数的, 因此 $\overline{F}(\omega) \in S, \overline{F} < \overline{F}(\omega)$, 这与选择 $\overline{F}$ 为 S 中的极大值矛盾, 因此 $f(x)$ 在 $\overline{F}$ 中一定有一个零点, 所以 $\overline{F}$ 是代数闭的. □

历史记录

选择公理虽然在 19 世纪 70 年代和 80 年代就被隐含地使用, 但是直到 1904 年, 恩斯特 · 策梅罗 (Ernst Zermelo) 才首次明确地阐述了这个公理, 并且与他对良序定理的证明建立了联系. 良序定理为: 对于任何集合 A, 都存在一个序关系 $<$, 使得每个非空子集 B 包含一个关于 $<$ 的最小元. 策梅罗的选择公理断言, 任意给定集合 M 和 M 的所有子集的集合 S, 总是存在一个 "选择" 函数 $f: S \to M$, 使得对 S 中每个 M' 有 $f(M') \in M$, 策梅罗指出, 事实上, "这个逻辑原理不能被简化成一个更简单的原理, 但在数学演绎中它被毫不怀疑地随处应用." 几年后, 他将这个公理收入他的有关集合论的公理中, 这组公理在 1930 年被稍做修改成为现在的策梅罗–弗朗克尔 (Zermelo-Fraenkel) 集合理论, 今天这个公理系统通常被用作这个理论的基础.

佐恩引理是由马克斯 · 佐恩 (Max Zorn, 1906—1993) 在 1935 年引入的. 虽然他意识到这个引理等同于良序定理 (它本身等同于选择公理), 但他声称这个引理在代数中使用更自然, 因为良序定理在某种程度上是一个 "先验" 原则. 其他数学家很快同意他的理由. 引理出现在 1939 年尼古拉斯 · 布尔巴基 (Nicolas Bourbaki) 的

《数学基础: 分析的基本结构》的第一卷中. 这个引理在布尔巴基的著作中得到了持续的应用, 很快成为数学家工具箱中不可或缺的一部分.

上述证明的技术对于专业数学家来说是常规的. 由于这可能是本书中第一个用佐恩引理的证明, 因此详细写出了这个证明.

习题

计算

在习题 1~13 中, 找出给定域扩张的次数和基. 证明你的答案.

1. $\mathbb{Q}(\sqrt{2})$ 在 $\mathbb{Q}$ 上.

2. $\mathbb{Q}(\sqrt{2},\sqrt{3})$ 在 $\mathbb{Q}$ 上.

3. $\mathbb{Q}(\sqrt{2},\sqrt{3},\sqrt{18})$ 在 $\mathbb{Q}$ 上.

4. $\mathbb{Q}(\sqrt[3]{2},\sqrt{3})$ 在 $\mathbb{Q}$ 上.

5. $\mathbb{Q}(\sqrt{2},\sqrt[3]{2})$ 在 $\mathbb{Q}$ 上.

6. $\mathbb{Q}(\sqrt{2}+\sqrt{3})$ 在 $\mathbb{Q}$ 上.

7. $\mathbb{Q}(\sqrt{2}\sqrt{3})$ 在 $\mathbb{Q}$ 上.

8. $\mathbb{Q}(\sqrt{2},\sqrt[3]{5})$ 在 $\mathbb{Q}$ 上.

9. $\mathbb{Q}(\sqrt[3]{2},\sqrt[3]{6},\sqrt[3]{24})$ 在 $\mathbb{Q}$ 上.

10. $\mathbb{Q}(\sqrt{2},\sqrt{6})$ 在 $\mathbb{Q}(\sqrt{3})$ 上.

11. $\mathbb{Q}(\sqrt{2}+\sqrt{3})$ 在 $\mathbb{Q}(\sqrt{3})$ 上.

12. $\mathbb{Q}(\sqrt{2},\sqrt{3})$ 在 $\mathbb{Q}(\sqrt{2}+\sqrt{3})$ 上.

13. $\mathbb{Q}(\sqrt{2},\sqrt{6}+\sqrt{10})$ 在 $\mathbb{Q}(\sqrt{3}+\sqrt{5})$ 上.

概念

在习题 14~17 中, 不参考书本, 根据需要更正楷体术语的定义, 使其成立.

14. *域 F 的代数扩域*是域 $F(\alpha_1,\alpha_2,\cdots,\alpha_n)$, 其中每个 α_i 是 $F[x]$ 中某个多项式的零点.

15. *域 F 的有限扩域*是可以通过将有限个元素加入 F 中而得到的域.

16. *域 F 在 F 的扩域 E 中的代数闭包* $\overline{F_E}$ 是由 E 在 F 上的所有代数元构成的域.

17. *域 F 是代数闭的*当且仅当每个多项式在 F 中有零点.

18. 举例说明, 对域 F 的真扩域 E, 域 F 在 E 中的代数闭包不必是代数闭的.

19. 判断下列命题的真假.

a. 如果域 E 是域 F 的有限扩张, 那么 E 是有限域.

b. 域的有限扩张都是代数扩张.

c. 域的代数扩张都是有限扩张.

d. 有限个有限扩域塔的顶域是底域的有限扩张.

e. $\mathbb{Q}$ 是它自己在 $\mathbb{R}$ 中的代数闭包, 即 $\mathbb{Q}$ 在 $\mathbb{R}$ 中是**代数闭的**.

f. $\mathbb{C}$ 在 $\mathbb{C}(x)$ 中是代数闭的, 其中 x 是不定元.

g. $\mathbb{C}(x)$ 是代数闭的, 其中 x 是不定元.

h. 域 $\mathbb{C}(x)$ 没有代数闭包, 因为 $\mathbb{C}$ 已经包含了所有的代数数.

i. 代数闭域必是特征为 0 的.

j. 如果 E 是 F 的代数闭的扩域, 那么 E 是 F 的代数扩张.

证明概要

20. 给出定理 40.3 证明的一句话概要.

21. 给出定理 40.4 证明的一句或两句话的概要.

理论

22. 设 $a+bi\in\mathbb{C}$, 其中 $a,b\in\mathbb{R}, b\neq 0$. 证明 $\mathbb{C}=\mathbb{R}(a+bi)$.

23. 证明如果 E 是域 F 的有限扩张, $[E:F]$ 是素数, 那么 E 是 F 的单扩张, 并且对于每个不在 F 中的 $\alpha\in E$, $E=F(\alpha)$.

24. 证明 x^2-3 在 $\mathbb{Q}(\sqrt[3]{2})$ 上是不可约的.

25. 在域 F 上添加 F 中非平方数的平方根, 然后在新的域上添加其中非平方数的平方根, 持续这么做会得到什么次数的域扩张? 根据这一点证明, $\mathbb{Q}$ 上 $x^{14}-3x^2+12$ 的零点不能表示为 $\mathbb{Q}$ 的平方根的有理函数的平方根的有理函数, 如此等等.

26. 设 E 是域 F 的有限扩域, D 是整环, 使得 $F\subseteq D\subseteq E$, 证明 D 是域.

27. 证明 $\mathbb{Q}(\sqrt{3}+\sqrt{7})=\mathbb{Q}(\sqrt{3},\sqrt{7})$.

28. 推广习题 27, 证明对于 $\mathbb{Q}$ 中的 a 和 b, 如果 $\sqrt{a}+\sqrt{b}\neq 0$, 那么 $\mathbb{Q}(\sqrt{a}+\sqrt{b})=\mathbb{Q}(\sqrt{a},\sqrt{b})$. (提示: 计算 $(a-b)/(\sqrt{a}+\sqrt{b})$.)

29. 设 E 是域 F 的有限扩张, $p(x)\in F[x]$ 在 F 上不可约, 且次数不是 $[E:F]$ 的因数. 证明 $p(x)$ 在 E 中没有零点.

30. 设 E 是域 F 的扩域, $\alpha\in E$ 是 F 上奇数次代数数, 证明 α^2 是 F 上奇数次代数数, $F(\alpha)=F(\alpha^2)$.

31. 证明如果域 F,E,K 满足 $F\leqslant E\leqslant K$, 那么 K 在 F 上是代数的当且仅当 E 在 F 是代数的, 且 K 在 E 上是代数的. (没有假设扩张是有限的).

32. 设 E 是域 F 的扩域, 证明不在 F 在 E 中的代数闭包 $\overline{F_E}$ 中的 $\alpha\in E$, 都是在域 F 上超越的.

33. 设 E 是域 F 的代数闭扩域, 证明 F 在 E 中的代数闭包是代数闭的. (应用于 $\mathbb{C}$ 和 $\mathbb{Q}$, 可以看出所有代数数的域是代数闭域.)

34. 证明如果 E 是域 F 的代数扩张, 并且包含每个 $f(x) \in F[x]$ 在 $\overline{F}$ 中的所有零点, 那么 E 是代数闭域.

35. 证明奇特征的有限域不是代数闭的.(实际上, 特征为 2 的有限域也不是代数闭的.) (提示: 通过计数, 证明对于这样的有限域 F, 对于某些 $a \in F$, 多项式 $x^2 - a$ 在 F 中没有零点. 参见 8.39 节习题 32.)

36. 证明书中断言的, $\mathbb{Q}$ 在 $\mathbb{C}$ 中的代数闭包不是 $\mathbb{Q}$ 上的有限扩张.

37. 证明 $\mathbb{R}$ 的有限扩域要么是 $\mathbb{R}$ 本身, 要么与 $\mathbb{C}$ 同构.

38. 用佐恩引理证明有单位元的环 R 的真理想包含在某个极大理想中.

8.41 几何构造[⊖]

这一节稍微离题, 给出一个应用, 表明定理 40.4 的力量. 关于几何构造的详细研究, 请参阅文献 44 的第 3 章.

在欧几里得的《几何原本》中, 几何学是从公理化的角度研究的. 前三个公理表明, 给定两点可以画一条直线段, 线段可以无限延长为直线, 给定圆心和半径可以画一个圆. 直尺和圆规是完成公理中规定任务的工具. 古希腊几何学家提出了一个自然而然的问题, 就是只用圆规和直尺能作哪些点和图. 他们发现了许多现在众所周知的作图, 包括平分角、平分线段和三等分线段. 在域论发展之前的 2000 多年里, 数学家一直无法对任意角进行三等分作图. 事实证明, 有些角仅用直尺和圆规是不可能进行三等分作图的. 下面将讨论三等分任意角的不可能性和其他经典问题.

可构造数

想象只有一条线段, 将其定义为单位长度. 实数 α 称为是**可构造**的, 如果可以用直尺和圆规在有限步内从这个单位长度给定线段作出一条长度为 $|\alpha|$ 的线段.

规则很严格. 假设现在只有两个点, 即单位线段的端点, 假设它们对应于欧几里得平面上的点 $(0,0)$ 和 $(1,0)$. 如果只能用直尺通过已经定位的两个点画直线. 因此, 可以通过点 $(0,0)$ 和 $(1,0)$ 用直尺画直线. 另外只能以已经找到的点之间的距离为半径打开圆规. 因此可以以 $(0,0)$ 到 $(1,0)$ 的距离为半径打开圆规. 那么可以把圆规的点放在 $(1,0)$, 画一个半径为 1 的圆, 圆与直线交于点 $(2,0)$. 因此, 现在找到了第三个点 $(2,0)$. 按照这种方式继续, 可以得到点 $(3,0),(4,0),(-1,0),(-2,0)$ 等. 现在用 $(0,0)$ 到 $(0,2)$ 的距离

⊖ 本节仅在 9.48 节中用到一点.

为半径打开圆规, 把点放在 $(1,0)$, 画一个半径为 2 的圆. 对 $(-1,0)$ 处的点执行相同的操作. 得到两个新的点为两个圆的交点, 可以通过它们画出想要的 y 轴. 然后以 $(0,0)$ 到 $(1,0)$ 的距离为半径打开圆规, 画圆心在 $(0,0)$ 的圆, 找到圆与 y 轴交点 $(0,1)$. 按照这种方式, 可以在包含点 $(0,0)$ 的任何矩形中找到整数坐标的所有点 (x,y). 不需要更多细节, 可以证明, 过直线上已知点可以作给定直线的垂线, 过已知点可以作给定直线的平行线. 作图的第一个成果是下面的定理.

定理 41.1　如果 α,β 是可构造实数, 那么 $\alpha+\beta,\alpha-\beta,\alpha\beta,\alpha/\beta$ 也是可构造实数, 其中 $\beta\neq 0$.

证明　已知 α,β 是可构造的, 所以长度为 $|\alpha|$ 和 $|\beta|$ 的线段可以用. 对于 $\alpha,\beta>0$, 用直尺作长度为 α 的线段的延长线. 从原来长度为 α 的线段的一个端点开始, 用圆规在延长线上画长度为 β 的线段. 这样就构造出了长度为 $\alpha+\beta$ 的线段. $\alpha-\beta$ 同样是可构造的 (见图 41.2). 如果 α,β 不都是正的, 则根据它们的符号分类, $\alpha+\beta$ 和 $\alpha-\beta$ 仍然可构造.

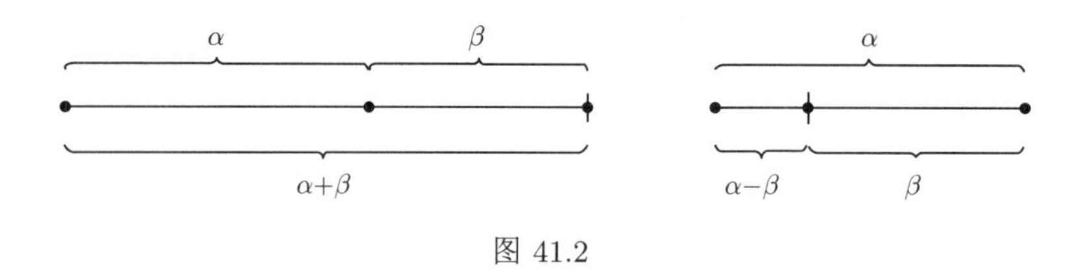

图 41.2

$\alpha\beta$ 的构造如图 41.3 所示. 记 $\overline{OA}$ 为从 O 点到 A 点的线段, 并且 $|\overline{OA}|$ 为这个条线段的长度. 设 $\overline{OA}$ 的长度为 $|\alpha|$, 则通过 O 点作一条不含 $\overline{OA}$ 的直线 l. [比如, 如果 O 在 $(0,0)$, 而 A 在 $(a,0)$, 则可以过 $(0,0)$ 和 $(4,2)$ 画直线.] 然后在 l 上作点 P 和 B, 使得 $\overline{OP}$ 的长度为 1, $\overline{OB}$ 的长度为 $|\beta|$. 作 $\overline{PA}$, 过 B 作 $\overline{PA}$ 的平行线 l' 交 $\overline{OA}$ 的延长线于 Q. 根据相似三角形, 有

$$\frac{1}{|\alpha|}=\frac{|\beta|}{|\overline{OQ}|}$$

所以 $\overline{OQ}$ 的长度是 $|\alpha\beta|$.

最后, 图 41.4 表明, 如果 $\beta\neq 0$, 那么 α/β 是可构造的. 设 $\overline{OA}$ 的长度为 $|\alpha|$, 过 O 作不含 $\overline{OA}$ 的 l. 然后在 l 上作 B 和 P, 使得 $\overline{OB}$ 的长度为 $|\beta|$, $\overline{OP}$ 的长度为 1. 作 BA, 过 P 作 l' 平行于 $\overline{BA}$, 与 $\overline{OA}$ 交于 Q, 再次通过相似三角形, 得到

$$\frac{|\overline{OQ}|}{1}=\frac{|\alpha|}{|\beta|}$$

所以 $\overline{OQ}$ 的长度为 $|\alpha/\beta|$. □

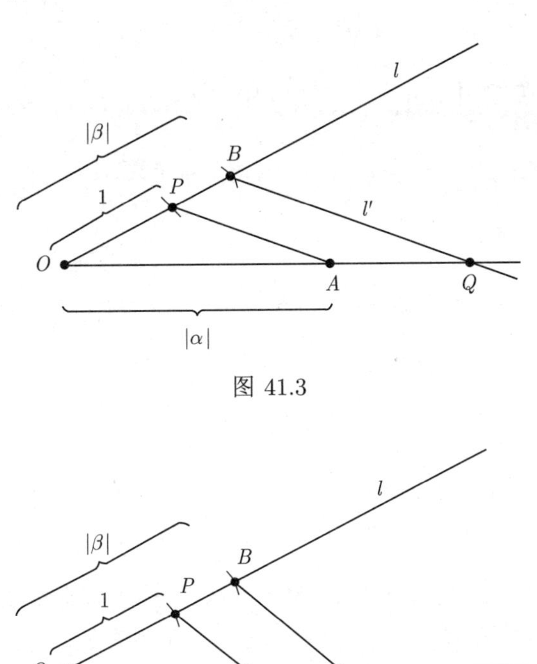

图 41.3

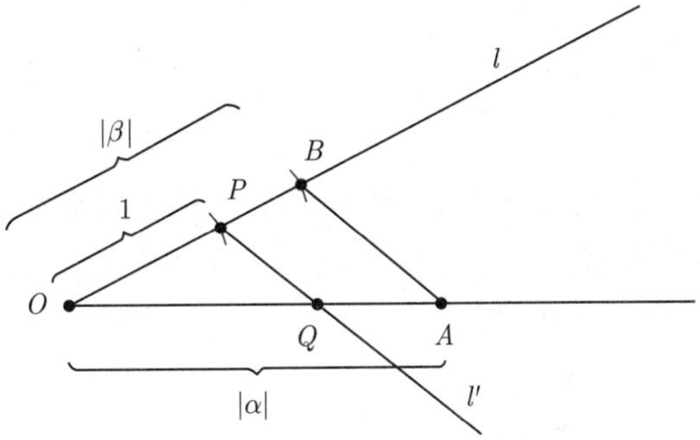

图 41.4

推论 41.5 所有可构造实数的集合构成实数域的子域 F.

证明 这是定理 41.1 的直接推论. □

因此, 所有可构造实数的域 F 包含有理数域 $\mathbb{Q}$, 因为 $\mathbb{Q}$ 是 $\mathbb{R}$ 的最小子域.

现在继续分析. 已经可以构造出任何有理数了. 把给定长度为 1 的线段 0________1 作为 x 轴上的基本单位, 可以在平面上作出两个坐标都是有理的任意点 (q_1, q_2). 用圆规和直尺, 通过以下三种方法之一, 可以在平面上作出更多的点:

1. 作两条直线的交点, 直线过两个有理坐标点.
2. 作一条直线与圆的交点, 直线过两个有理坐标点, 圆的圆心坐标和半径为有理数.
3. 作为两个圆的交点, 圆心坐标和半径为有理数.

在方法 1~3 中讨论的直线和圆的方程分别是

$$ax + by + c = 0$$

和

$$x^2 + y^2 + dx + ey + f = 0$$

其中 a, b, c, d, e, f 都在 $\mathbb{Q}$ 中. 由于在方法 3 中, 圆

$$x^2 + y^2 + d_1x + e_1y + f_1 = 0$$

和圆

$$x^2 + y^2 + d_2x + e_2y + f_2 = 0$$

的交点等于第一个圆

$$x^2 + y^2 + d_1x + e_1y + f_1 = 0$$

与直线 (公共弦)

$$(d_1 - d_2)x + (e_1 - e_2)y + f_1 - f_2 = 0$$

的交点, 因此方法 3 可以归结为方法 2. 对于方法 1, 两个有理系数线性方程的联立解只能得到有理数 x, y, 不能给出新的点. 然而, 求一个有理系数线性方程和一个有理系数一元二次方程的公共解, 如方法 2 中, 换元后可以得到一个一元二次方程. 求解这种一元二次方程时, 会得到数的平方根, 而有些数的平方根不在 $\mathbb{Q}$ 中.

在上面的论证中, 除了域公理, 没有用到 $\mathbb{Q}$ 的其他性质. 如果 H 是包含目前为止构造出来的实数的最小域, 那么构造出来的 "下一个新数" 位于某域 $H(\sqrt{\alpha})$ 中, 其中 $\alpha \in H, \alpha > 0$. 这就证明了下面定理的一半.

定理 41.6　*可构造实数的域 F, 恰好包含所有从 $\mathbb{Q}$ 开始, 经过有限次取正数的平方根以及进行有限次域运算得到的实数.*

证明　已经证明了 F 只能包含从 $\mathbb{Q}$ 开始, 经过有限次取正数的平方根以及进行有限次域运算得到的实数. 然而, 如果 $\alpha > 0$ 是可构造的, 那么图 41.7 表明 $\sqrt{\alpha}$ 也是可构造的. 设 $\overline{OA}$ 长度为 α, 在 $\overline{OA}$ 延长线上取点 P, 使得 $\overline{OP}$ 长度为 1. 作出 $\overline{PA}$ 的中点, 作一个直径为 $\overline{PA}$ 的半圆. 过 O 作 $\overline{PA}$ 的垂线交半圆于 Q. 那么三角形 OPQ 与三角形 OQA 相似, 所以

$$\frac{|\overline{OQ}|}{|\overline{OA}|} = \frac{|\overline{OP}|}{|\overline{OQ}|}$$

即 $|\overline{OQ}|^2 = 1\alpha = \alpha$. 因此 $\overline{OQ}$ 长度为 $\sqrt{\alpha}$. 所以可构造数的平方根是可构造的.

定理 41.1 表明, 域的运算结果是可构造的. □

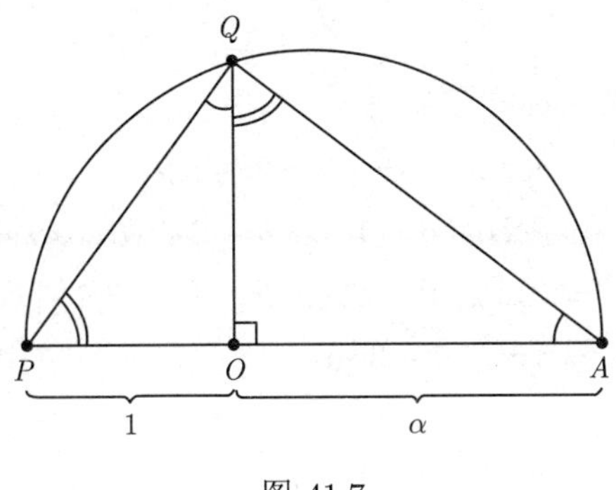

图 41.7

推论 41.8 如果 $\gamma \notin \mathbb{Q}$ 是可构造的, 则存在实数序列 $\alpha_1, \alpha_2, \cdots, \alpha_n = \gamma$, 使得 $\mathbb{Q}(\alpha_1, \alpha_2, \cdots, \alpha_i)$ 是 $\mathbb{Q}(\alpha_1, \alpha_2, \cdots, \alpha_{i-1})$ 的 2 次扩张. 特别地, 存在整数 $r \geqslant 0$, $[\mathbb{Q}(\gamma) : \mathbb{Q}] = 2^r$.

证明 α_i 的存在性由定理 41.6 直接得到. 那么由定理 40.4,

$$2^n = [\mathbb{Q}(\alpha_1, \alpha_2, \cdots, \alpha_n) : \mathbb{Q}] = [\mathbb{Q}(\alpha_1, \alpha_2, \cdots, \alpha_n) : \mathbb{Q}(\gamma)][\mathbb{Q}(\gamma) : \mathbb{Q}]$$

完成了证明. □

一些构造的不可能性

现在可以证明一些构造是不可能的.

定理 41.9 倍立方是不可能. 也就是说, 给定立方体的一边, 不是总可以用直尺和圆规作一个体积是原立方体两倍的立方体.

证明 设给定立方体的边长为 1, 因此体积为 1. 要作的立方体的体积为 2, 因此边长为 $\sqrt[3]{2}$. 但是 $\sqrt[3]{2}$ 是 $\mathbb{Q}$ 上不可约多项式 $x^3 - 2$ 的零点, 所以

$$[\mathbb{Q}(\sqrt[3]{2}) : \mathbb{Q}] = 3$$

推论 41.8 表明, 要将体积为 1 的立方体体积翻倍, 要存在某个整数 r, 满足 $3 = 2^r$, 但是 $\mathbb{Q}$ 中不存在这样的 r. □

定理 41.10 化圆为方是不可能的. 也就是说, 给定圆, 不是总可以用直尺和圆规作一个面积等于给定圆面积的正方形.

证明 设给定圆的半径为 1, 因此面积为 π. 要作一个边为 $\sqrt{\pi}$ 的正方形. 但 π 是 $\mathbb{Q}$ 上的超越数, 所以 $\sqrt{\pi}$ 也是 $\mathbb{Q}$ 上的超越数. □

定理 41.11 三等分角是不可能的. 也就是说, 有某个角不能用直尺和圆规三等分.

证明 图 41.12 表明角 θ 可以用直尺和圆规构造出当且仅当长度为 $|\cos\theta|$ 的线段可以用直尺和圆规构造出. 60° 是一个可以构造的角度, 但是可以证明它不能被三等分.

注意,

$$\begin{aligned}\cos 3\theta &= \cos(2\theta+\theta)\\ &= \cos 2\theta\cos\theta - \sin 2\theta\sin\theta\\ &= (2\cos^2\theta-1)\cos\theta - 2\sin\theta\cos\theta\sin\theta\\ &= (2\cos^2\theta-1)\cos\theta - 2\cos\theta(1-\cos^2\theta)\\ &= 4\cos^3\theta - 3\cos\theta\end{aligned}$$

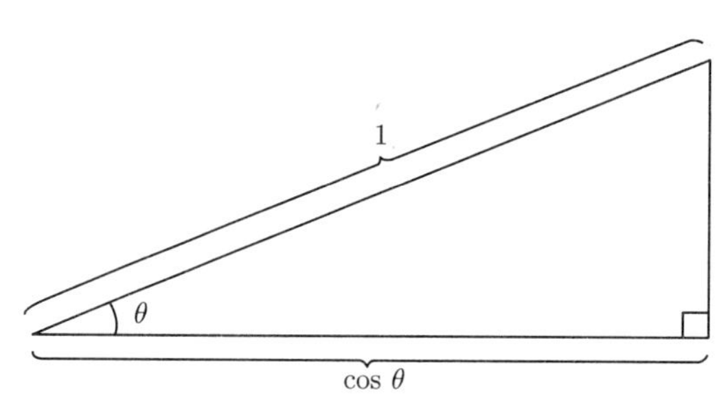

图 41.12

(有些学生可能没有见过刚才用的三角恒等式. 习题 1 重复 1.3 节习题 42, 要求用欧拉公式证明等式 $\cos 3\theta = 4\cos^3\theta - 3\cos\theta$.)

设 $\theta = 20°$, 那么 $\cos 3\theta = 1/2$, 设 $\alpha = \cos 20°$. 由恒等式 $4\cos^3\theta - 3\cos\theta = \cos 3\theta$, 得到

$$4\alpha^3 - 3\alpha = \frac{1}{2}$$

因此 α 是 $8x^3 - 6x - 1$ 的零点. 这个多项式在 $\mathbb{Q}[x]$ 中是不可约的, 根据定理 28.12, 只要证明它在 $\mathbb{Z}[x]$ 中不可分解. 若在 $\mathbb{Z}[x]$ 中可以因式分解, 一定有一次因式形如 $(8x \pm 1), (4x \pm 1), (2x \pm 1), (x \pm 1)$. 容易检查所有数 $\pm 1/8, \pm 1/4, \pm 1/2, \pm 1$ 都不是 $8x^3 - 6x - 1$ 的零点. 因此

$$[\mathbb{Q}(\alpha) : \mathbb{Q}] = 3$$

所以根据推论 41.8, α 是不可构造的. 因此, 60° 角不能被三等分. □

注意正 n 边形可构造, 当且仅当角 $2\pi/n$ 可构造, 或者当且仅当长度为 $\cos(2\pi/n)$ 的线段可构造.

历史笔记

早在公元前 4 世纪, 希腊数学家就曾尝试用直尺和圆规三等分角、倍立方、化圆为方, 但没有成功. 虽然他们无法证明这样的构造是不可能的, 但他们确实设法用

其他工具, 包括圆锥面来构造这些问题的解.

高斯在 19 世纪早期详细研究了尺规作图, 建立了与分圆多项式方程解之间的联系, 形如 $x^p-1=0$ (p 为素数) 的方程, 其根形成正 p 边形的顶点. 他证明了虽然所有这些方程都可以用根式解, 但是如果 $p-1$ 不是 2 的幂, 那么解会包含比 2 次更高的根式. 事实上, 高斯断言如果 $p-1$ 不是 2 的幂, 任何试图通过几何构造出正 p 边形的人, 就会“白白浪费时间”. 有趣的是, 高斯并没有证明这样的构造图是不可能的. 这是由皮埃尔 · 旺策尔 (Pierre Wantzel, 1814—1848) 在 1837 年完成的, 他实际上证明了推论 41.8, 也证明了定理 41.9 和定理 41.11. 而定理 41.10 的证明需要证明 π 是超越的, 这个结果最终在 1882 年由费迪南 · 林德曼 (Ferdinand Lindemann, 1852—1939) 得到.

习题

计算

1. 用欧拉公式 $\mathrm{e}^{\mathrm{i}\theta}=\cos\theta+\mathrm{i}\sin\theta$ 证明三角恒等式 $\cos 3\theta=4\cos^3\theta-3\cos\theta$.

概念

2. 判断下列命题的真假.

a. 不可能用直尺和圆规把任何一个可构造的立方体体积加倍.

b. 不可能用直尺和圆规把所有可构造的立方体体积加倍.

c. 不可能用直尺和圆规把任何半径可构造的圆化为正方形.

d. 可构造的角都不能用直尺和圆规三等分.

e. 每个可构造的数在 $\mathbb{Q}$ 上都是 2^r 次的, 其中整数 $r\geqslant 0$.

f. 已经证明 $\mathbb{Q}$ 上每个 2^r 次的实数都是可构造的, 其中整数 $r\geqslant 0$.

g. 在定理 41.9 和定理 41.11 的结论中, 用了正整数分解为素数乘积的唯一性.

h. 计算证明是非常强大的数学工具.

i. 用直尺和圆规, 从给定的单位长线段开始, 可以在有限步内作出任何可构造数.

j. 用直尺和圆规, 从给定的单位长线段开始, 可以在有限步内作出几乎所有可构造数.

理论

3. 用定理 41.11 的证明, 证明正九边形是不可构造的.

4. 用代数方法证明可以构造 30° 的角.

5. 参照图 41.13, 其中 $\overline{AQ}$ 是角 OAP 的平分线, 证明正十边形是可构造的 (因此正五边形也是可构造的). (提示: 三角形 OAP 相似于三角形 APQ. 用代数方法证明 r 是可构造的.)

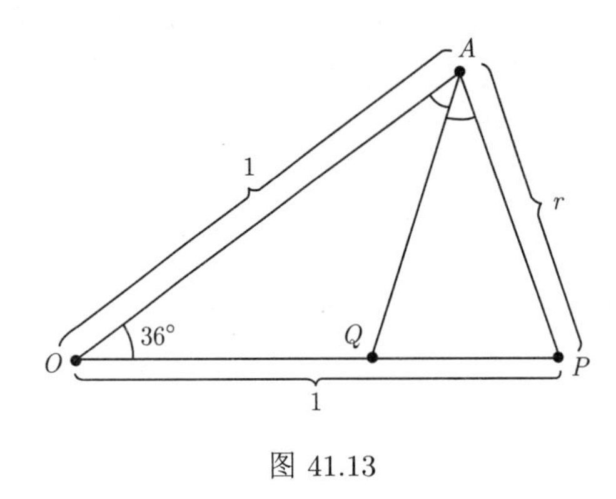

图 41.13

在习题 6~9 中, 根据需要用习题 5 的结果证明所给陈述是正确的.

6. 正二十边形可构造.

7. 正三十边形可构造.

8. 72° 角可构造.

9. 正十五边形可构造.

10. 假设想用三四句话, 对从未上过抽象代数课的高中平面几何老师大致解释一下, 如何证明 60° 角三等分法是不可能的. 把你想说的话写下来.

11. 设 $S = \{n \in \mathbb{Z} | n$ 度角可用圆规和直边构造$\}$. 假设已经构造了 n 度角, 那么对任意整数 k 也可构造 $n + k(360)$ 度角. 证明 S 是主理想 $\langle 3 \rangle \subseteq \mathbb{Z}$. 用习题 5 会有帮助.

12. 定理 41.11 的证明可以通过选择不同的角 θ 来简化. 找到一个可构造的实数 α, 使得角 $\theta = \arccos \alpha/3$ 可以用在公式 $\cos 3\theta = 4\cos^3\theta - 3\cos\theta$ 中, 得到一个满足艾森斯坦判别法的多项式. 然后完成定理 4.11 的证明.

13. 证明至少对于一个可构造的角 5θ, θ 是不可构造的.

14. 继续习题 13,

a. 用欧拉公式证明对任意整数 $n \geqslant 2$, $\cos(n\theta) = 2\cos\theta\cos((n-1)\theta) - \cos((n-2)\theta)$.

b. 用 a 部分重写 $\cos(7\theta)$, 并用这个公式证明存在一个可构造角 7θ, 使得 θ 不可构造.

c. 对于每个整数 $1 \leqslant n \leqslant 10$, 是否存在一个可构造的角 $n\theta$, 使得 θ 不可构造?

(这个习题中使用的多项式叫作切比雪夫多项式.)

8.42 有限域

本节的目的是确定所有有限域的结构. 证明对每个素数 p 和正整数 n, 在同构意义下存在唯一 p^n 阶有限域. 这个域 $GF(p^n)$ 通常被称为 $\boldsymbol{p^n}$ **阶伽罗瓦域**. 需要用到相当多的循环群知识. 证明简单且优雅.

有限域的结构

现在证明所有有限域都是素数幂阶的.

定理 42.1 设 E 是有限域 F 上的 n 次有限扩张. 如果 F 有 q 个元素, 那么 E 有 q^n 个元素.

证明 设 $\{\alpha_1, \alpha_2, \cdots, \alpha_n\}$ 是 E 作为 F 上的向量空间的基, 由第 33 节习题 21, 每个 $\beta \in E$ 可以唯一地写成

$$\beta = b_1\alpha_1 + b_2\alpha_2 + \cdots + b_n\alpha_n$$

$b_i \in F$. 由于每个 b_i 可能是 F 中 q 个元素的任一个, 所以 α_i 的这种不同线性组合总数是 q^n. □

推论 42.2 如果 E 是特征为 p 的有限域, 那么存在正整数 n, 使得 E 恰好包含 p^n 个元素.

证明 每个有限域 E 都是与域 $\mathbb{Z}_p$ 同构的素域的有限扩张, 其中 p 是 E 的特征. 由定理 42.1 立即得出推论. □

现在来研究有限域的乘法结构. 下面的定理将展示任何有限域是如何由素子域构成的.

定理 42.3 设 E 是包含在 $\mathbb{Z}_p$ 的代数闭包 $\overline{\mathbb{Z}_p}$ 中的域, 有 p^n 个元素. 那么 E 的元素恰好是 $\mathbb{Z}_p[x]$ 中多项式 $x^{p^n} - x$ 在 $\overline{\mathbb{Z}_p}$ 中的零点.

证明 E 的非零元集合 E^* 在域的乘法下形成 $p^n - 1$ 阶乘法群. 对 $\alpha \in E^*$, α 在该群中的阶整除群的阶 $p^n - 1$. 因此对 $\alpha \in E^*$, 有 $\alpha^{p^n-1} = 1$, 所以 $\alpha^{p^n} = \alpha$. 因此 E 中每个元素都是 $x^{p^n} - x$ 的零点. 由于 $x^{p^n} - x$ 最多只能有 p^n 个零点, 可以看出 E 恰好包含了 $\overline{\mathbb{Z}_p}$ 中 $x^{p^n} - x$ 的所有零点. □

定义 42.4 域中元素 α 称为 n 次**单位根**, 如果 $\alpha^n = 1$. 如果 $\alpha^n = 1, \alpha^m \neq 1$, $0 < m < n$, 则称它为一个 n 次**本原单位根**.

因此, p^n 个元素的有限域的非零元都是 $p^n - 1$ 次单位根.

回顾在推论 28.7 中, 证明了有限域的非零元乘法群是循环的. 这是关于有限域的一个非常重要的事实, 它实际上已经应用于编码理论和组合学. 为了这部分内容的完整性,

在此把它写成定理, 给出一个推论, 用一个例子说明结论.

定理 42.5 有限域 F 的非零元乘法群 $\langle F^*, \cdot\rangle$ 是循环的.

证明 见推论 28.7. □

推论 42.6 有限域 F 的有限扩张 E 是 F 的单扩张.

证明 设 E 中非零元 α 是循环群 E^* 的生成元. 那么 $E = F(\alpha)$. □

例 42.7 考虑有限域 $\mathbb{Z}_{11}$.

根据定理 42.5, $\langle \mathbb{Z}^*, \cdot\rangle$ 是循环的. 下面用逐个计算的笨办法找出 $\mathbb{Z}_{11}^*$ 的生成元, 从 2 开始. 因为 $|\mathbb{Z}_{11}^*| = 10$, 所以 2 必是 $\mathbb{Z}_{11}^*$ 的阶整除 10 的元素, 即 2, 5 或者 10. 现在

$$2^2 = 4, 2^4 = 4^2 = 5, 2^5 = (2)(5) = 10 = -1$$

因此 2^2 和 2^5 都不等于 1, 于是, 当然, $2^{10} = 1$, 所以 2 是 $\mathbb{Z}_{11}^*$ 的生成元, 就是说, 2 是 $\mathbb{Z}_{11}$ 中的 10 次本原单位根.

根据循环群理论, $\mathbb{Z}_{11}^*$ 的所有生成元, 即 $\mathbb{Z}_{11}$ 中的所有 10 次本原单位根都是 2^n 形式的, 其中 n 与 10 互素. 这些元素是

$$2^1 = 2, 2^3 = 8, 2^7 = 7, 2^9 = 6$$

$\mathbb{Z}_{11}$ 中的 5 次本原单位根为 2^m 的形式, 其中 m 与 10 的最大公因子为 2, 即

$$2^2 = 4, 2^4 = 5, 2^6 = 9, 2^8 = 3$$

$\mathbb{Z}_{11}$ 中 2 次本原单位根是 $2^5 = 10 = -1$.

历史笔记

尽管高斯已经证明了素数 p 的模剩余类满足域的性质, 但是伽罗瓦 (Evariste Galois, 1811—1832) 首次处理了同余式 $F(x) \equiv 0 \pmod p$ 的“不可约解”, 其中 $F(x)$ 是一个 n 次模 p 不可约多项式. 他在 1830 年的一篇论文中指出, 这种同余的根应该看作在计算中可以使用的“各种虚拟符号”, 就像 $\sqrt{-1}$ 一样. 然后伽罗瓦证明了如果 α 是 $F(x) \equiv 0 \pmod p$ 的任意解, 则 $a_0 + a_1\alpha + a_2\alpha^2 + \cdots + a_{n-1}\alpha^{n-1}$ 恰好有 p^n 个不同的取值. 最后, 他证明了相当于定理 42.3 和定理 42.5 的结果.

伽罗瓦的一生短暂而悲惨. 他早期在数学方面表现出色, 在 20 岁之前发表的几篇论文基本上确立了伽罗瓦理论的基本思想. 然而, 在 1830 年七月革命之后, 他在法国革命政治中十分活跃. 1831 年 5 月, 他因威胁路易 · 菲利普国王的生命而被捕. 虽然他被无罪释放, 但是他因为参加当年巴士底日的共和国示威游行而再次被捕. 第二年三月, 他从监狱出来两个月后, 在一场决斗中被杀, “一个臭名昭著的女

人和她的两个玩偶的受害者”；前一天晚上，他给一个朋友写了一封信，澄清了他在方程理论方面的一些工作，并希望其他数学家研究它. 然而，直到 1846 年，他的主要论文才得以发表，也就是从那时起，他的作品才开始具有影响力.

$\mathrm{GF}(p^n)$ 的存在性

现在讨论对每个素数幂 $p^r, r>0$, p^r 阶有限域的存在性. 需要下面的引理.

引理 42.8 如果 F 是特征为素数 p 的具有代数闭包 $\overline{F}$ 的域，那么 $x^{p^n}-x$ 在 $\overline{F}$ 中有 p^n 个不同零点.

证明 由于 $\overline{F}$ 是代数闭的，$x^{p^n}-x$ 在这个域上分解成一次因式 $x-\alpha$ 的乘积，因此只要证明每个因式在因式分解中出现不超过一次.

习题 15 使用导数来完成这个证明. 虽然这是一种优雅的方法，但对任意域上的多项式求导还需要花费一些力气，所以还是使用长除法. 观察到 0 是 $x^{p^n}-x$ 的重数为 1 的零点. 假设 $\alpha \neq 0$ 是 $x^{p^n}-x$ 的零点，因此是 $f(x)=x^{p^n-1}-1$ 的零点. 那么 $x-\alpha$ 在 $\overline{F}[x]$ 中是 $f(x)$ 的因式，通过长除法发现

$$\begin{aligned}\frac{f(x)}{x-\alpha} &= g(x)\\ &= x^{p^n-2}+\alpha x^{p^n-3}+\alpha^2 x^{p^n-4}+\cdots+\alpha^{p^n-3}x+\alpha^{p^n-2}\end{aligned}$$

现在 $g(x)$ 有 p^n-1 个和项，在 $g(\alpha)$ 中，每个和项是

$$\alpha^{p^n-2}=\frac{\alpha^{p^n-1}}{\alpha}=\frac{1}{\alpha}$$

因为在特征为 p 的域中，

$$g(\alpha)=[(p^n-1)\cdot 1]\frac{1}{\alpha}=-\frac{1}{\alpha}$$

因此，$g(\alpha)\neq 0$，所以 α 是 $f(x)$ 的重数为 1 的零点. □

引理 42.9 如果 F 是特征为 p 的域，则对于 $\alpha,\beta\in F$ 和正整数 n, $(\alpha+\beta)^{p^n}=\alpha^{p^n}+\beta^{p^n}$.

证明 令 $\alpha,\beta\in F$. 将二项式定理用于 $(\alpha+\beta)^p$，有

$$\begin{aligned}(\alpha+\beta)^p &= \alpha^p+(p\cdot 1)\alpha^{p-1}\beta+(p(p-1)/2\cdot 1)\alpha^{p-2}\beta^2+\cdots+\\ &\quad (p\cdot 1)\alpha\beta^{p-1}+\beta^p\end{aligned}$$

$$= \alpha^p + 0\alpha^{p-1}\beta + 0\alpha^{p-2}\beta^2 + \cdots + 0\alpha\beta^{p-1} + \beta^p$$

$$= \alpha^p + \beta^p$$

对 n 归纳, 假设有 $(\alpha+\beta)^{p^{n-1}} = \alpha^{p^{n-1}} + \beta^{p^{n-1}}$. 那么 $(\alpha+\beta)^{p^n} = [(\alpha+\beta)^{p^{n-1}}]^p = (\alpha^{p^{n-1}} + \beta^{p^{n-1}})^p = \alpha^{p^n} + \beta^{p^n}$. □

定理 42.10 对每个素数幂 p^n, 存在 p^n 个元素的有限域 $\mathrm{GF}(p^n)$.

证明 设 $\overline{\mathbb{Z}_p}$ 是 $\mathbb{Z}_p$ 的代数闭包,K 是 $\overline{\mathbb{Z}_p}$ 的子集, 由 $\overline{\mathbb{Z}_p}$ 中 $x^{p^n} - x$ 的全零点组成. 设 $\alpha, \beta \in K$. 引理 42.9 表明 $\alpha + \beta \in K$, 而方程 $(\alpha\beta)^{p^n} = \alpha^{p^n}\beta^{p^n} = \alpha\beta$ 表明 $\alpha\beta \in K$. 由 $\alpha^{p^n} = \alpha$ 得到 $(-\alpha)^{p^n} = (-1)^{p^n}\alpha^{p^n} = (-1)^{p^n}\alpha$. 如果 p 是奇素数, 那么 $(-1)^{p^n} = -1$; 如果 $p = 2$, 那么 $-1 = 1$. 因此 $(-\alpha)^{p^n} = -\alpha$, 所以 $-\alpha \in K$. 现在 0 和 1 是 $x^{p^n} - x$ 的零点. 对于 $\alpha \neq 0, \alpha^{p^n} = \alpha$ 意味着 $(1/\alpha)^{p^n} = 1/\alpha$. 因此 K 是 $\overline{\mathbb{Z}_p}$ 的包含 $\mathbb{Z}_p$ 的子域. 引理 42.8 表明 $x^{p^n} - x$ 在 $\overline{\mathbb{Z}_p}$ 中有 p^n 个不同零点, 因此, K 是想要的 p^n 个元素的域. □

推论 42.11 如果 F 是有限域, 那么对于任意正整数 n, 在 $F[x]$ 中都存在一个 n 次不可约多项式.

证明 设 F 有 $q = p^r$ 个元素, 其中 p 是 F 的特征. 根据定理 42.10, 存在域 $K \leqslant \overline{F}$ 包含 $\mathbb{Z}_p$(同构意义下), 并且恰好由 $x^{p^{rn}} - x$ 的零点组成. 需要证明 $F \leqslant K$. 由定理 42.3, F 的元素都是 $x^{p^r} - x$ 的零点. 由于 $p^{rs} = p^r p^{r(s-1)}$, 且对 $\alpha \in F$ 有 $\alpha^{p^r} = \alpha$, 可以看出对 $\alpha \in F$,

$$\alpha^{p^{rn}} = \alpha^{p^{r(n-1)}} = \alpha^{p^{r(n-2)}} = \cdots = \alpha^{p^r} = \alpha$$

因此 $F \leqslant K$. 定理 42.1 表明必有 $[K : F] = n$. 在推论 42.6 中已经看出 K 在 F 上是单的, 所以存在 $\beta \in K$, $K = F(\beta)$, 因此 $\mathrm{irr}(\beta, F)$ 必为次数 n. □

定理 42.12 设 p 是素数, $n \in \mathbb{Z}^+$. 如果 E 和 E' 都是阶为 p^n 的域, 那么 $E \cong E'$.

证明 在同构意义下, E 和 E' 都以 $\mathbb{Z}_p$ 为素域. 根据推论 42.6, E 是 $\mathbb{Z}_p$ 的 n 次单扩张, 因此在 $\mathbb{Z}_p[x]$ 中有 n 次不可约多项式 $f(x)$, 使得 $E \cong \mathbb{Z}_p[x]/\langle f(x)\rangle$. 因为 E 的元素是 $x^{p^n} - x$ 的零点, 得到 $f(x)$ 是 $\mathbb{Z}_p[x]$ 中 $x^{p^n} - x$ 的一个因式. 因为 E' 也包含 $x^{p^n} - x$ 的零点, 可以看出 E' 在 $\mathbb{Z}_p[x]$ 中也包含不可约多项式 $f(x)$ 的零点. 因此, 由于 E' 也恰好包含 p^n 个元素, 所以 E 也同构于 $\mathbb{Z}_p[x]/\langle f(x)\rangle$. □

在 6.29 节中我们看到域 $\mathbb{Z}_2$ 可以用来构造多项式码. 其他有限域已被用来构造具有趣性质的代数码. 例如, 在 *American Mathematical Monthly* (《美国数学月刊》) 77(1970): 249-258 中, Normal Levinson 构造了一个可以纠三个传输错误的代数码. 这个构造用了 16 元域. 有限域也用于数学的许多其他领域, 包括组合设计、有限几何和代数拓扑.

习题

计算

在习题 1~3 中, 判断是否存在具有给定元素个数的有限域.(可以用计算器.)

1. 4096.

2. 3127.

3. 68921.

4. 在 GF(9) 中求 8 次本原单位根的个数.

5. 在 GF(19) 中求 18 次本原单位根的个数.

6. 在 GF(31) 中求 15 次本原单位根的个数.

7. 在 GF(23) 中求 10 次本原单位根的个数.

概念

8. 判断下列命题的真假.

a. 有限域的非零元在乘法下构成循环群.

b. 有限域的元素在加法下构成循环群.

c. $x^{28}-1 \in \mathbb{Q}[x]$ 在 $\mathbb{C}$ 中的零点在乘法下构成循环群.

d. 存在 60 个元素的有限域.

e. 存在 125 个元素的有限域.

f. 存在 36 个元素的有限域.

g. 复数 i 是 4 次本原单位根.

h. 在 $\mathbb{Z}_2[x]$ 中存在 58 次不可约多项式.

i. $\mathbb{Q}$ 的非零元在域乘法下构成循环群 $\mathbb{Q}^*$.

j. 如果 F 是有限域, 那么每个把 F 映到 F 的代数闭包 $\overline{F}$ 的子域上的同构, 都是 F 的自同构.

理论

9. 设 $\overline{\mathbb{Z}_2}$ 是 $\mathbb{Z}_2$ 的代数闭包, $\alpha, \beta \in \overline{\mathbb{Z}_2}$ 分别是 x^3+x^2+1 和 x^3+x+1 的零点. 利用本节结果, 证明 $\mathbb{Z}_2(\alpha)=\mathbb{Z}_2(\beta)$.

10. 证明 $\mathbb{Z}_p[x]$ 中的不可约多项式都是某个 $x^{p^n}-x$ 的因式.

11. 设 F 是包含素子域 $\mathbb{Z}_p$ 的 p^n 个元素的有限域. 证明如果 $\alpha \in F$ 是 F 的非零元循环群 $\langle F^*, \cdot\rangle$ 的生成元, 则 $\deg(\alpha, \mathbb{Z}_p)=n$.

12. 证明 p^n 个元素的有限域对于 n 的每个因数 m 恰好有一个 p^m 个元素的子域.

13. 证明 $x^{p^n}-x$ 是 $\mathbb{Z}_p[x]$ 中次数 d 整除 n 的首一不可约多项式的乘积.

14. 设 p 是奇素数.

a. 证明对于 $a \in \mathbb{Z}$, 其中 $a \not\equiv 0 \pmod{p}$, 同余式 $x^2 \equiv a \pmod{p}$ 在 $\mathbb{Z}$ 中有解当且仅当 $a^{(p-1)/2} \equiv 1 \pmod{p}$. (提示: 在有限域 $\mathbb{Z}_p$ 中阐述一个等价命题, 用循环群理论.)

b. 用 a 部分, 确定多项式 $x^2 - 6$ 在 $\mathbb{Z}_{17}[x]$ 中是否可约.

15. 设 F 是任意域, 定义 $p(x) = \sum_{k=0}^{n} a_k x^k \in F[x]$ 的导数为 $D(p(x)) = \sum_{k=1}^{n}(k \cdot (a_k x^{k-1}))$. 设 $p(x), q(x) \in F[x]$, 而 n 和 m 为非负整数. 证明以下结论.

a. $D(p(x) + q(x)) = D(p(x)) + D(q(x))$.

b. 对于任意 $a \in F$, 有 $D(ap(x)) = aD(p(x))$.

c. $D(x^n x^m) = x^n D(x^m) + D(x^n)x^m$.

d. $D(p(x)x^m) = p(x)D(x^m) + D(p(x))x^m$.

e. $D(p(x)q(x)) = p(x)D(q(x)) + D(p(x))q(x)$.

f. $(x-a)^2$ 整除 $p(x)$ 当且仅当 a 是 $p(x)$ 和 $D(p(x))$ 的公共零点.

g. 利用 f 部分给出引理 42.8 的一个证明.

第 9 章　伽罗瓦理论

9.43　伽罗瓦理论导引

一个例子

在高中学过关于二次多项式零点的二次根式公式、三次多项式和四次多项式的解也有类似的公式. 这些解都涉及加、减、乘、除和开根号. **伽罗瓦理论**在群论和域论之间提供了一个有趣的联系, 可以用它来证明对五次或更高次多项式寻求一个相似的公式是徒劳的. 本书剩余部分的主要目标是提供这一事实的证明.

定义 43.1　设 E 是域, E 到自身的同构称为 E 的**自同构** (automorphism).

定理 43.2　域 E 的自同构集在映射复合下构成群.

证明　证明留作习题 29. □

例 43.3　域同构 $\phi : E \to K$ 将 $1 \in E$ 映射到 $1 \in K$, 并且, 将 $0 \in E$ 映射到 $0 \in K$. 因此, 对于 $\mathbb{Q}$ 的任意自同构 ϕ, 有 $\phi(1) = 1$ 且 $\phi(0) = 0$. 由归纳法, 对于任意自然数 n, 有 $\phi(n) = n$. 因为 $\phi(-x) = -\phi(x)$, 对每个整数 n 有 $\phi(n) = n$. 由于每个有理数都是整数的比, 因此对于每个有理数 r, 有 $\phi(r) = r$. 因此 $\mathbb{Q}$ 的唯一自同构就是恒等映射.

例 43.4　设 $K = \mathbb{Q}(\sqrt{2}, \sqrt{3})$. 由例 40.9, $\mathbb{Q}$ 上的扩域 K 的次数是 4, 向量空间 K 在域 $\mathbb{Q}$ 上的基是 $\{1, \sqrt{2}, \sqrt{3}, \sqrt{6}\}$. 因此 $K = \{a + b\sqrt{2} + c\sqrt{3} + d\sqrt{6} | a, b, c, d \in \mathbb{Q}\}$. 下面确定 K 的自同构.

设 ϕ 为 K 的任意自同构. 由于 $\phi(1) = 1$, 如前例所示 ϕ 将有理数映射到它自己. 由于 ϕ 是域自同构, 所以 $\phi((\sqrt{2})^2 - 2) = \phi(0) = 0$. 而 $\phi((\sqrt{2})^2 - 2) = \phi^2(\sqrt{2}) - 2$. 因此 $\phi(\sqrt{2})$ 是多项式 $x^2 - 2$ 的零点, 这意味着 $\phi(\sqrt{2})$ 要么是 $\sqrt{2}$, 要么是 $-\sqrt{2}$. 同理, $\phi(\sqrt{3}) = \pm\sqrt{3}$. 给定任何 $a, b, c, d \in \mathbb{Q}$, 如果

$$\alpha = a + b\sqrt{2} + c\sqrt{3} + d\sqrt{6} \in K$$

那么

$$\phi(\alpha) = a + b\phi(\sqrt{2}) + c\phi(\sqrt{3}) + d\phi(\sqrt{2})\phi(\sqrt{3})$$

一旦确定了 $\phi(\sqrt{2})$ 和 $\phi(\sqrt{3})$, 最多只有一个自同构符合这些条件. 表 43.5 给出了 K 的全部四个自同构.

表 43.5

	$\phi(\sqrt{2})$	$\phi(\sqrt{3})$	$\phi(a+b\sqrt{2}+c\sqrt{3}+d\sqrt{6})$
$\imath$	$\sqrt{2}$	$\sqrt{3}$	$a+b\sqrt{2}+c\sqrt{3}+d\sqrt{6}$
σ	$-\sqrt{2}$	$\sqrt{3}$	$a-b\sqrt{2}+c\sqrt{3}-d\sqrt{6}$
τ	$\sqrt{2}$	$-\sqrt{3}$	$a+b\sqrt{2}-c\sqrt{3}-d\sqrt{6}$
γ	$-\sqrt{2}$	$-\sqrt{3}$	$a-b\sqrt{2}-c\sqrt{3}+d\sqrt{6}$

验证这些映射是域自同构是一件烦琐的事情, 但并不困难. 根据定理 43.2, $G=\{\imath,\sigma,\tau,\gamma\}$ 在映射复合下构成群. 每个四元群都与克莱因四元群或四阶循环群同构. 由于 G 的元素都是 1 阶或 2 阶的, 所以 G 与克莱因四元群同构.

定义 43.6　如果 E 和 K 都是域 F 的扩张, 且 $\sigma: E\to K$ 是域同构, 若 $\sigma(\alpha)=\alpha$, 则元素 $\alpha\in E$ 称为在 σ 下是**不变**的 (fixed). 元素 $\alpha\in E$ 称为在同构集合下是**不变**的, 如果 α 在集合中的每个同构下是不变的. 称 E 的子集 L 在同构集合下是**不变**的, 如果每个 $\alpha\in L$ 在同构集合下是不变的. 一般写为**保持不变** (remain fixed), 而不是简单的不变.

如例 43.3 所示, 对于 $\mathbb{Q}$ 的任何域扩张 E 和 K, 有同构 $\sigma: E\to K$, $\mathbb{Q}$ 在 σ 下保持不变.

例 43.7　如例 43.4 所示, G 的四个自同构每一个都有不变元素. 从表 43.5 看出, 每个元素使 $K=\mathbb{Q}(\sqrt{2},\sqrt{3})$ 的一个子域保持不变, 由此可以确定由 G 的每个子群保持不变的域.

- K 的每个元素在 $\imath$ 下不变. 换句话说, K 在平凡子群 $\{\imath\}$ 下保持不变.
- $\{a+c\sqrt{3}|a,c\in\mathbb{Q}\}=\mathbb{Q}(\sqrt{3})$ 的每个元素都在 σ 下保持不变. 这意味着 $\mathbb{Q}(\sqrt{3})$ 在子群 $\langle\sigma\rangle\leqslant G$ 下保持不变.
- $\{a+b\sqrt{2}|a,b\in\mathbb{Q}\}=\mathbb{Q}(\sqrt{2})$ 的每个元素在 τ 下保持不变. 所以 $\mathbb{Q}(\sqrt{2})$ 在子群 $\langle\tau\rangle$ 下保持不变.
- $\{a+d\sqrt{6}|a,d\in\mathbb{Q}\}=\mathbb{Q}(\sqrt{6})$ 的每个元素在 γ 下保持不变. 因此, $\mathbb{Q}(\sqrt{6})$ 在子群 $\langle\gamma\rangle$ 下保持不变.
- 唯一在 G 下保持不变的元素是 $\mathbb{Q}$ 的元素.

习题 30 证明域 $\mathbb{Q},\mathbb{Q}(\sqrt{2}),\mathbb{Q}(\sqrt{3}),\mathbb{Q}(\sqrt{6})$ 和 $\mathbb{Q}(\sqrt{2},\sqrt{3})$ 是 K 的全部子域. 此外, 由群论知道 $G,\langle\sigma\rangle,\langle\tau\rangle,\langle\gamma\rangle$ 和 $\{\imath\}$ 是 G 的全部子群. 已经在包含 $\mathbb{Q}$ 的 K 的子域和使 $\mathbb{Q}$ 中元素保持不变的 K 的自同构群的子群之间建立了一对一的对应关系. 图 43.8 给出

了 K 的子域图和 G 的子群图. 注意, 用域对应的子群重新标记这些域给出了子群图, 不过它是上下反转的. 图反转的原因是, 如果 $H_1 \leqslant H_2$ 都是 K 的自同构群的子群, 那么由 H_2 中所有自同构保持不变的 K 的元素也都是由 H_1 的所有元素保持不变的. 所以由 H_2 保持不变的集合是由 H_1 保持不变的集合的子集.

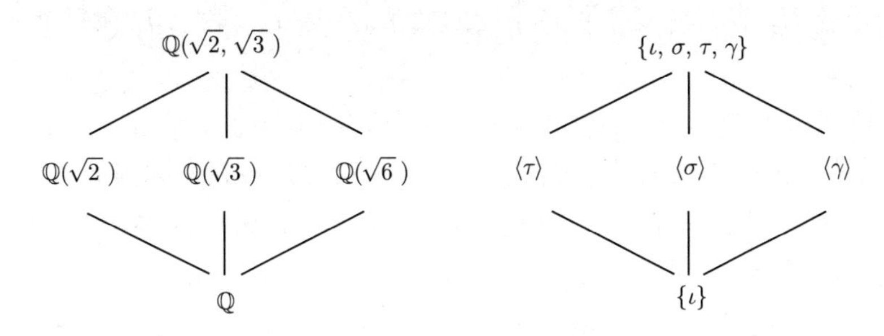

图 43.8

通过把 K 的子域与 G 的子群联系, 得到子域图和子群图的相互对应, 这一事实并非偶然. 事实上, 这就是伽罗瓦理论的核心. 在给出伽罗瓦定理的精确描述之前, 需要一些定义和背景引理以及定理. 在阅读接下来的几节时, 最好把例 43.4 和例 43.7 牢记在心.

子域和子群

现在研究子域和域的自同构群的子群之间的伽罗瓦对应. 在例 43.7 中, K 是 $\mathbb{Q}$ 的一个扩域. 一般地, 可以研究域的自同构, 它的不变子域不一定是有理数域.

定理 43.9 设 σ 是域 E 的自同构, 则在 σ 下保持不变的元素 $a \in E$ 的集合 E_σ 构成 E 的一个子域.

证明 设 $a, b \in E$ 在 σ 下保持不变, 即 $\sigma(a) = a, \sigma(b) = b$. 由于 σ 是一个域自同构, 有

$$\begin{aligned}
\sigma(a \pm b) &= \sigma(a) \pm \sigma(b) = a \pm b \\
\sigma(ab) &= \sigma(a)\sigma(b) = ab \\
\sigma(a/b) &= \sigma(a)/\sigma(b) = a/b, b \neq 0 \\
\sigma(0) &= 0 \\
\sigma(1) &= 1
\end{aligned}$$

因此 $a \pm b, ab, 0, 1 \in E_\sigma$, 且若 $b \neq 0, a/b \in E_\sigma$, 因此 E_σ 是 E 的子域. □

推论 43.10　设 $\{\sigma_i | i \in I\}$ 是域 E 的自同构的集合. 那么由 $\sigma_i (i \in I)$ 保持不变的所有元素 $a \in E$ 的集合构成 E 的子域.

证明　集合 $E_{\{\sigma_i\}} = \cap_{i \in I} E_{\sigma_i}$ 是 E 的子域的交集, 根据第 22 节习题 51, $E_{\{\sigma_i\}}$ 是 E 的子域. □

继续用记号 E_σ 表示在 σ 下保持不变的 E 的子域, E_{σ_i} 表示 E 在每个 $\sigma_i (i \in I)$ 下保持不变的子域.

例 43.11　继续例 43.7,$\mathbb{Q}(\sqrt{2}, \sqrt{3}))_{\langle\sigma\rangle} = \mathbb{Q}(\sqrt{3})$, $\mathbb{Q}(\sqrt{2}, \sqrt{3})_{\langle\gamma\rangle} = \mathbb{Q}(\sqrt{6})$.

在上面的讨论中, 从域 K 的一组自同构开始, 可以发现在自同构下不变的元素构成域 K 的子域. 这提供了一种将 K 的子域联系到自同构群的子群的方法. 现在转向子域 $F \leqslant K$, 研究 K 的自同构群是否有一个子群恰好以 F 为不变元素集.

定义 43.12　设 $F \leqslant K$ 是域扩张. 集合 $G(K/F)$ 是使得域 F 的每个元素保持不变的域 K 的所有自同构的集合.

例 43.13　从例 43.4 和例 43.7 中看出:

$$
\begin{aligned}
G(\mathbb{Q}(\sqrt{2}, \sqrt{3})/\mathbb{Q}) &= \{\imath, \sigma, \tau, \gamma\} \\
G(\mathbb{Q}(\sqrt{2}, \sqrt{3})/\mathbb{Q}(\sqrt{3})) &= \{\imath, \sigma\} = \langle\sigma\rangle \\
G(\mathbb{Q}(\sqrt{2}, \sqrt{3})/\mathbb{Q}(\sqrt{2})) &= \{\imath, \tau\} = \langle\tau\rangle \\
G(\mathbb{Q}(\sqrt{2}, \sqrt{3})/\mathbb{Q}(\sqrt{6})) &= \{\imath, \gamma\} = \langle\gamma\rangle \\
G(\mathbb{Q}(\sqrt{2}, \sqrt{3})/\mathbb{Q}(\sqrt{2}, \sqrt{3})) &= \{\imath\}
\end{aligned}
$$

如果 K 是 F 的扩域, $F \leqslant E \leqslant K$, 那么称 E 为扩域的一个**中间域** (intermediate field). 从例 43.11 和例 43.13 看出, 对于扩域 $\mathbb{Q} \leqslant \mathbb{Q}(\sqrt{2}, \sqrt{3})$ 的每个中间域 E, 存在 $\mathbb{Q}(\sqrt{2}, \sqrt{3})$ 的自同构群的一个子群 H, 它使得 E 的每个元素保持不变, 因此 $\mathbb{Q}(\sqrt{2}, \sqrt{3})_H = E$. 自同构群的子群与中间域之间的这种一一对应是伽罗瓦理论的本质. 如下例所示, 有的扩域中对应不成立. 存在这种对应的扩域要满足一些技术条件.

例 43.14　设 $K = \mathbb{Q}(\sqrt[3]{2}) = \{a + b\sqrt[3]{2} + c\sqrt[3]{4} | a, b \in \mathbb{Q}\}$. 那么 $G(K/\mathbb{Q})$ 由 K 的所有保持有理数不变的自同构构成. 在 $\mathbb{Q}(\sqrt[3]{2})$ 中, 多项式 $x^3 - 2$ 只有一个零点, 因为另外两个零点 $\sqrt[3]{2}(-1 \pm \sqrt{3}\mathrm{i})/2$ 是复数, 而 $\mathbb{Q}(\sqrt[3]{2})$ 是实数的子域. 对于任意自同构 $\sigma \in G(K/\mathbb{Q})$,

$$
\begin{aligned}
0 = \sigma(0) &= \sigma((\sqrt[3]{2})^3 - 2) \\
&= (\sigma(\sqrt[3]{2}))^3 - 2
\end{aligned}
$$

因此 $\sigma(\sqrt[3]{2})$ 是 $x^3 - 2$ 的零点, 这意味着 $\sigma(\sqrt[3]{2}) = \sqrt[3]{2}$. 因此, K 的任何域自同构都使

得 $\mathbb{Q}$ 的所有元素和 $\sqrt[3]{2}$ 保持不变, 这意味着 K 的唯一自同构是恒等自同构 $\imath$. 因此, $G(K/\mathbb{Q})=\{\imath\}$, $K_{G(K/\mathbb{Q})}=K_{\{\imath\}}=K$. 此时, 没有子群 $H\leqslant G(K/\mathbb{Q})$, 使得 $K_H=\mathbb{Q}$.

在接下来两节中, 研究域扩张 $F\leqslant K$ 的条件, 使得中间域与子群 $G(K/F)$ 之间存在一一对应.

定理 43.15 设 E 是域, F 是 E 的子域. 那么, 使得 F 的所有元素保持不变的自同构的集合 $G(E/F)$ 是 E 的自同构群的子群, 而且 F 是 $E_{G(E/F)}$ 的子域.

证明 对于 $\sigma,\tau\in G(E/F)$, $a\in F$,

$$(\sigma\tau)(a)=\sigma(\tau(a))=\sigma(a)=a$$

因此 $\sigma\tau\in G(E/F)$.$G(E/F)$ 包含单位映射, 且 $\sigma^{-1}(a)=a$. 所以 $G(E/F)$ 是 E 的自同构的子群.

最后, 由于 $G(E/F)$ 中的每个自同构使得 F 的所有元素保持不变, 因此 F 是 $E_{G(E/F)}$ 的子集, 因此是 $E_{G(E/F)}$ 的子域. □

由于 $G(E/F)$ 是 E 的自同构的子群, 所以自然地称 $G(E/F)$ 为 E 的**保持F 不变的自同构群**, 简称 $G(E/F)$ 是**E 在 F 上的群**.

注意! $G(E/F)$ 中符号 "/" 不是指分数或商空间. 使用符号 "/" 是因为将 $G(E/F)$ 读作 E 在 F 上的群, 而且在子域图中, E 写在 F 上方.

共轭自同构

在正在讨论的例子 $K=\mathbb{Q}(\sqrt{2},\sqrt{3})$ 中, 注意, 对于 K 的任何自同构 σ, 有 $\sigma(\sqrt{2})=\pm\sqrt{2}$, 因为 x^2-2 的零点的象也必须是 x^2-2 的零点. 这个观察结果可以用于任何多项式, 它是共轭定理的基础.

定义 43.16 设 E 是域 F 的代数扩张, 称 E 中的两个元素 α 和 β 在 F 上是**共轭** (conjugate) 的, 如果它们在 F 上有相同的极小多项式, 即 $\operatorname{irr}(\alpha,F)=\operatorname{irr}(\beta,F)$.

例 43.17 F 上共轭的定义与在复数中常用的术语复共轭是一致的. 对于 $a,b\in\mathbb{R}$,$a+bi,a-bi$ 是复共轭数. 两者都是多项式 $f(x)=x^2-2ax+a^2+b^2$ 的零点, 只要 $b\neq 0$, $f(x)$ 在 $\mathbb{R}$ 上是不可约的. 因此对于 $b\neq 0,a+bi,a-bi$ 具有相同的极小多项式, 它们在定义 43.16 的意义下在 $\mathbb{R}$ 上是共轭的.

定理 43.18 (共轭同构) 设 F 是域, K 是 F 的扩域, $\alpha,\beta\in K$ 是 F 上的代数数, 满足 $\deg(\alpha,F)=n$. 那么定义映射

$$\psi_{\alpha,\beta}(c_0+c_1\alpha+c_2\alpha^2+\cdots+c_{n-1}\alpha^{n-1})=c_0+c_1\beta+c_2\beta^2+\cdots+c_{n-1}\beta^{n-1}$$

其中 $c_i\in F$, 它是 $F(\alpha)$ 到 $F(\beta)$ 的同构当且仅当 α 和 β 是共轭的.

证明 首先假设 $\psi_{\alpha,\beta}$ 是同构. 由于 $\deg(\alpha, F) = n$, 存在多项式 $g(x) \in F[x]$ 使得 $\operatorname{irr}(\alpha, F) = x^n + g(x)$, 其中 $g(x)$ 的次数小于 n, 因此

$$\alpha^n = -g(\alpha)$$

由于 $\psi_{\alpha,\beta}$ 是同构,

$$\psi_{\alpha,\beta}(\alpha^n) = (\psi_{\alpha,\beta}(\alpha))^n = \beta^n$$

另外,

$$\psi_{\alpha,\beta}(g(\alpha)) = g(\beta)$$

因此

$$\beta^n = \psi_{\alpha,\beta}(\alpha^n) = \psi_{\alpha,\beta}(-g(\alpha)) = -g(\beta)$$

所以 β 是多项式 $x^n + g(x) = \operatorname{irr}(\alpha, F)$ 的零点, 而 $x^n + g(x) = \operatorname{irr}(\alpha, F)$ 是不可约多项式. 根据极小多项式的定义, $\operatorname{irr}(\beta, F) = x^n + g(x) = \operatorname{irr}(\alpha, F)$.

下面假设 α 和 β 在 F 上是共轭的, 极小多项式为 $p(x) = \operatorname{irr}(\alpha, F) = \operatorname{irr}(\beta, F)$. 根据推论 39.14, 理想 $\langle p(x)\rangle \subseteq F[x]$ 是求值同态 $\phi_\alpha : F[x] \to F(\alpha)$ 的核. 根据同态基本定理 30.17, 存在同构 $\psi_\alpha : F[x]/\langle p(x)\rangle \to F(\alpha)$, 使得对所有 $a \in F$ 有 $\psi_\alpha(a + \langle p(x)\rangle) = a$, 以及 $\psi_\alpha(x + \langle p(x)\rangle) = \alpha$. 类似地, 存在同构 $\psi_\beta : F[x]/\langle p(x)\rangle \to F(\beta)$, 使得对于所有 $a \in F$ 有 $\psi_\beta(a + \langle p(x)\rangle) = a$, 以及 $\psi_\beta(x + \langle p(x)\rangle) = \beta$. 因为 ψ_α 和 ψ_β 都是同构, $\psi_\alpha^{-1} : F(\alpha) \to F[x]/\langle p(x)\rangle$ 是同构,$\psi_{\alpha,\beta} = \psi_\beta \circ \psi_\alpha^{-1} : F(\alpha) \to F(\beta)$ 也是同构. 有

$$\begin{aligned}\psi_{\alpha,\beta}(\alpha) &= \psi_\beta(\psi_\alpha^{-1}(\alpha)) \\ &= \psi_\beta(x + \langle p(x)\rangle) \\ &= \beta\end{aligned}$$

注意, 对于 $c \in F, \psi_{\alpha,\beta}(c) = c$. 由于 $\psi_{\alpha,\beta}$ 是同构, 对 $c_0, c_1, \cdots, c_{n-1} \in F$,

$$\begin{aligned}&\psi_{\alpha,\beta}(c_0 + c_1\alpha + \cdots + c_{n-1}\alpha^{n-1}) \\ &= \psi_{\alpha,\beta}(c_0) + \psi_{\alpha,\beta}(c_1)\psi_{\alpha,\beta}(\alpha) + \cdots + \psi_{\alpha,\beta}(c_{n-1})\psi_{\alpha,\beta}(\alpha^{n-1}) \\ &= c_0 + c_1\psi_{\alpha,\beta}(\alpha) + \cdots + c_{n-1}(\psi_{\alpha,\beta}(\alpha))^{n-1} \\ &= c_0 + c_1\beta + \cdots + c_{n-1}\beta^{n-1}\end{aligned}$$

□

推论 43.19 设 K 是 F 的扩域, $\alpha \in K$ 在 F 上是代数的. 设 ψ 是 $F(\alpha)$ 到 K 的一个子域上的同构, 且 F 的每个元素都在 ψ 下保持不变. 那么 ψ 将 α 映射到 α 在 F 上的一个共轭. 反之, 如果 $\beta \in K$ 是 α 在 F 上的共轭, 那么存在唯一同构 $\psi_{\alpha,\beta}$ 将 $F(\alpha)$ 映射到 K 的子域, 并且使得每个 $a \in F$ 在 σ 下保持不变, 且 $\sigma(\alpha) = \beta$.

证明 设 ψ 是 $F(\alpha)$ 到 K 的一个子域上的同构, 使得 F 的每个元素都在 ψ 下保持不变. 设 $\operatorname{irr}(\alpha, F) = a_0 + a_1x + \cdots + a_{n-1}x^{n-1}$. 那么

$$a_0 + a_1\alpha + \cdots + a_{n-1}\alpha^{n-1} = 0$$

且

$$0 = \psi(a_0 + a_1\alpha + \cdots + a_{n-1}\alpha^{n-1}) = a_0 + a_1\psi(\alpha) + \cdots + a_{n-1}(\psi(\alpha))^{n-1}$$

因此 $\beta = \psi(\alpha)$ 在 F 上有极小多项式 $a_0 + a_1x + \cdots + a_{n-1}x^{n-1}$, 这说明 α 和 β 在 F 上是共轭的.

现在设 $\beta \in K$ 是 α 在 F 上的共轭. 定理 43.18 给出了一个具有所需性质的同构 $\psi_{\alpha,\beta} : F(\alpha) \to F(\beta)$. 因为从 $F(\alpha)$ 到任意域的任意同构完全由它在 F 元素上的值和它在 α 上的值决定, 唯一性得证. □

定理 43.9 和推论 43.19 规范了例 43.7 和例 43.14 中的思想. $\mathbb{Q}(\sqrt{2}, \sqrt{3})$ 的任何自同构 σ, 当限制在子域 $\mathbb{Q}(\sqrt{2})$ 上时, 就是到 $\mathbb{Q}(\sqrt{2}, \sqrt{3})$ 的子域上的同构. 推论 43.19 指出自同构把 $\sqrt{2}$ 映射到 $\pm\sqrt{2}$, 类似地 $\sqrt{3}$ 映射到 $\pm\sqrt{3}$, 因此得到 $\mathbb{Q}(\sqrt{2}, \sqrt{3})$ 的总共四个自同构.

回顾例 43.14, 任何 $\mathbb{Q}(\sqrt[3]{2})$ 的自同构都将 $\sqrt[3]{2}$ 映射到 $\mathbb{Q}$ 上的共轭, 并保持 $\mathbb{Q}$ 的元素不变. 但是 $\sqrt[3]{2}$ 在 $\mathbb{Q}(\sqrt[3]{2})$ 中除了自身没有共轭, 所以 $\mathbb{Q}(\sqrt[3]{2})$ 的唯一自同构是恒等映射. 推论 43.19 对于剩下的伽罗瓦理论研究是必不可少的.

定理 43.18 有一个推论, 是关于熟知的实系数多项式的复数零点的. 推论 43.20 指出实系数多项式的复零点是共轭成对的.

推论 43.20 设 $f(x) \in \mathbb{R}[x]$. 如果 $a, b \in \mathbb{R}, f(a + b\mathrm{i}) = 0$, 则 $f(a - b\mathrm{i}) = 0$.

证明 作为域, $\mathbb{C} = \mathbb{R}(\mathrm{i})$. i 和 $-\mathrm{i}$ 在 $\mathbb{R}$ 上的极小多项式都是 $x^2 + 1$, 所以它们在 $\mathbb{R}$ 上共轭. 定理 43.18 得出存在一个自同构 $\psi_{\mathrm{i},-\mathrm{i}} : \mathbb{R}(\mathrm{i}) = \mathbb{C} \to \mathbb{C}$ 由 $\psi_{\mathrm{i},-\mathrm{i}}(a + b\mathrm{i}) = a - b\mathrm{i}$ 给出. 设

$$f(x) = a_0 + a_1x + a_2x^2 + \cdots + a_nx^n$$

假设 $a + b\mathrm{i}$ 是 $f(x)$ 的零点. 那么

$$0 = f(a + b\mathrm{i}) = a_0 + a_1(a + b\mathrm{i}) + a_2(a + b\mathrm{i})^2 + \cdots + a_n(a + b\mathrm{i})^n$$

所以

$$
\begin{aligned}
0 = \psi_{\mathrm{i},-\mathrm{i}}(f(a+b\mathrm{i})) &= a_0 + a_1(a-b\mathrm{i}) + a_2(a-b\mathrm{i})^2 + \cdots + a_n(a-b\mathrm{i})^n \\
&= f(a-b\mathrm{i})
\end{aligned}
$$

因此 $f(a-b\mathrm{i})=0$. □

为了研究 $G(K/F)$ 的子群与中间域 $F \leqslant E \leqslant K$ 之间的伽罗瓦对应, 需要一个技术条件来确定 K 有足够的共轭元, 以便根据需要引出定理 43.18 及其推论 43.19. 当 E 满足技术条件时, E 称为**分裂域** (splitting field). 在第 44 节中研究分裂域.

在建立伽罗瓦对应时还需要一个技术条件. 这个条件说明, 对于每个 $\alpha \in K$, $\operatorname{irr}(\alpha, F)$ 在 K 的代数闭包中有 $\deg(\alpha, F)$ 个不同的零点. 如果 F 的扩域 E 满足这个条件, 那么这个扩域就是**可分的** (separable). 正如将看到的, 基本上所有的应用和例子, 以及熟悉的大多数扩域, 都是可分的. 但是现在说为时尚早, 可分扩域的性质将在第 45 节重点讨论.

习题

计算

在习题 1~8 中, 找出 $\mathbb{C}$ 中给定数在给定域上的所有共轭.

1. $\sqrt{2}$ 在 $\mathbb{Q}$ 上.

2. $\sqrt{2}$ 在 $\mathbb{R}$ 上.

3. $3+\sqrt{2}$ 在 $\mathbb{Q}$ 上.

4. $\sqrt{2}-\sqrt{3}$ 在 $\mathbb{Q}$ 上.

5. $\sqrt{2}+\mathrm{i}$ 在 $\mathbb{Q}$ 上.

6. $\sqrt{2}+\mathrm{i}$ 在 $\mathbb{R}$ 上.

7. $\sqrt{1+\sqrt{2}}$ 在 $\mathbb{Q}$ 上.

8. $\sqrt{1+\sqrt{2}}$ 在 $\mathbb{Q}(\sqrt{2})$ 上.

在习题 9~15 中, 考虑域 $E=\mathbb{Q}(\sqrt{2},\sqrt{3},\sqrt{5})$. 可以证明 $[E:\mathbb{Q}]=8$. 按照定理 43.18 的记号, 有以下共轭同构 (这里是 E 的自同构):

$$\psi_{\sqrt{2},-\sqrt{2}}:(\mathbb{Q}(\sqrt{3},\sqrt{5}))(\sqrt{2}) \to (\mathbb{Q}(\sqrt{3},\sqrt{5}))(-\sqrt{2})$$

$$\psi_{\sqrt{3},-\sqrt{3}}:(\mathbb{Q}(\sqrt{2},\sqrt{5})(\sqrt{3}) \to \mathbb{Q}(\sqrt{2},\sqrt{5}))(-\sqrt{3})$$

$$\psi_{\sqrt{5},-\sqrt{5}}:(\mathbb{Q}(\sqrt{2},\sqrt{3}))(\sqrt{5}) \to (\mathbb{Q}(\sqrt{2},\sqrt{3}))(-\sqrt{5})$$

简记为 $\tau_2 = \psi_{\sqrt{2},-\sqrt{2}}, \tau_3 = \psi_{\sqrt{3},-\sqrt{3}}, \tau_5 = \psi_{\sqrt{5},-\sqrt{5}}$. 计算 E 中指定的元素.

9. $\tau_2(\sqrt{3})$.

10. $\tau_2(\sqrt{2}+\sqrt{5})$.

11. $(\tau_3\tau_2)(\sqrt{2}+3\sqrt{5})$.

12. $(\tau_5\tau_3)\left(\dfrac{\sqrt{2}-3\sqrt{5}}{2\sqrt{3}-\sqrt{2}}\right)$.

13. $(\tau_5^2\tau_3\tau_2)(\sqrt{2}+\sqrt{45})$.

14. $\tau_3[\tau_5(\sqrt{2}-\sqrt{3}+(\tau_2\tau_5)(\sqrt{30}))]$.

15. $\tau_3\tau_5\tau_3^{-1}(\sqrt{3}-\sqrt{5})$.

在习题 16~21 中, 参考习题 9~15 的说明, 找出 E 的自同构的不变域或自同构集的不变域.

16. τ_3.

17. τ_3^2.

18. $\{\tau_2, \tau_3\}$.

19. $\tau_5\tau_2$.

20. $\tau_5\tau_3\tau_2$.

21. $\{\tau_2, \tau_3, \tau_5\}$.

22. 参阅习题 9~15 的说明.

a. 证明 $G(E/\mathbb{Q})$ 中的自同构 τ_2, τ_3 和 τ_5 都是 2 阶自同构.(注意群元素阶的含义.)

b. 求由 τ_2, τ_3, τ_5 生成的 $G(E/\mathbb{Q})$ 的子群 H, 并给出群运算表.(提示: 有 8 个元素.)

c. 如例 43.4 所示, 证明 b 中群 H 是整个群 $G(E/\mathbb{Q})$.

概念

在习题 23 和习题 24 中, 不参考书本, 根据需要更正楷体术语的定义, 使其成立.

23. 域 F 的代数扩张 E 中两个元素 α 和 β 称为在F 上共轭的, 当且仅当它们都是 $F[x]$ 中同一多项式 $f(x)$ 的零点.

24. 域 F 的代数扩张 E 中两个元素 α 和 β 称为在F 上共轭的, 当且仅当求值同态 $\phi_\alpha : F[x] \to E$ 和 $\phi_\beta : F[x] \to E$ 具有相同的核.

25. 域 $\mathbb{Q}(\sqrt{2})$ 和 $\mathbb{Q}(3+\sqrt{2})$ 自然相同. 设 $\alpha = 3+\sqrt{2}$.

a. 找出 α 在 $\mathbb{Q}$ 上的共轭 $\beta \neq \alpha$.

b. 根据 a 部分, 比较 $\mathbb{Q}(\sqrt{2})$ 的共轭自同构 $\psi_{\sqrt{2},-\sqrt{2}}$ 和共轭自同构 $\psi_{\alpha,\beta}$.

26. 判断下列命题的真假.

a. 对所有 $\alpha, \beta \in E$, 都存在 E 的自同构把 α 映射到 β.

b. 对域 F 上的代数数 α, β, 总存在 $F(\alpha)$ 到 $F(\beta)$ 的同构.

c. 对域 F 上的代数数 α 和其共轭 β, 总存在 $F(\alpha)$ 到 $F(\beta)$ 的同构.

d. 域 E 的每个自同构都保持 E 的素子域所有元素不变.

e. 域 E 的每个自同构都保持 E 中无限个元素不变.

f. 域 E 的每个自同构都保持 E 中至少两个元素不变.

g. 特征为 0 的域 E 的每个自同构都保持 E 中无限个元素不变.

h. 域 E 的所有自同构在映射合成下构成群.

i. 域 E 中在 E 的一个自同构下保持不变的所有元素构成 E 的子域.

j. 对域 $F \leqslant E \leqslant K$, 有 $G(K/E) \leqslant G(K/F)$.

证明概要

27. 给出定理 43.18 中“充分性”的一句话概要.

28. 给出定理 43.18 中“必要性”的一句话概要.

理论

29. 证明定理 43.2.

30. 证明 $\mathbb{Q}(\sqrt{2}, \sqrt{3})$ 仅有的子域是 $\mathbb{Q}, \mathbb{Q}(\sqrt{2}), \mathbb{Q}(\sqrt{3}), \mathbb{Q}(\sqrt{6})$ 和 $\mathbb{Q}(\sqrt{2}, \sqrt{3})$. [提示: 证明 $\mathbb{Q}(\sqrt{2}, \sqrt{3})$ 的子域若是 $\mathbb{Q}$ 的 2 次扩域, 必形如 $\mathbb{Q}(\sqrt{s})$, 其中 s 为某有理数.]

31. 设 α 是 F 上 n 次代数数, 证明存在至多 n 个不同的 $F(\alpha)$ 到子域 $\overline{F}$ 上的同构, 保持 F 不变.

32. 设 $F(\alpha_1, \alpha_2, \cdots, \alpha_n)$ 是 F 的扩域, 证明 $F(\alpha_1, \alpha_2, \cdots, \alpha_n)$ 的保持 F 不变的自同构 σ 完全由 n 个值 $\sigma(\alpha_i)$ 决定.

33. 设 E 是域 F 的代数扩张, σ 是 E 的自同构, 保持 F 不变. 设 $\alpha \in E$. 证明 σ 诱导了 E 中 $\operatorname{irr}(\alpha, F)$ 的零点集上的一个置换.

34. 设 E 是域 F 的代数扩张, 设 $S = \{\sigma_i | i \in I\}$ 是域 E 的自同构的集合, 每个 σ_i 使得域 F 的每个元素不变. 证明如果 S 生成 $G(E/F)$ 的子群 H, 则 $E_S = E_H$.

35. 设 F 是特征为 p 的有限域, 证明由 $\phi(\alpha) = \alpha^p$ 定义的映射 $\phi : F \to F$ 是域自同构. 这种自同构称为**弗罗贝尼乌斯自同构**.

36. 参照习题 35, 设 F 是特征为 p 的有限域, ϕ 是 F 上的弗罗贝尼乌斯自同构, 证明不变域 $F_{\{\phi\}}$ 与 $\mathbb{Z}_p$ 同构.

37. 参照习题 35, 找到一个特征为 p 的域 F, 使得由 $\phi(\alpha) = \alpha^p$ 给出的映射 $\phi : F \to F$ 不是自同构, 以此说明有限假设是必要的.

38. 在推论 28.18 中知道分圆多项式

$$\Phi(x)=\frac{x^p-1}{x-1}=x^{p-1}+x^{p-2}+\cdots+x+1$$

对于每个素数 p 在 $\mathbb{Q}$ 上是不可约的, 设 ζ 为 $\Phi_p(x)$ 的零点, 考虑域 $\mathbb{Q}(\zeta)$.

a. 证明 $\zeta,\zeta^2,\cdots,\zeta^{p-1}$ 是 $\Phi_p(x)$ 的不同零点, 得出它们是 $\Phi_p(x)$ 的全部零点.

b. 从推论 43.19 和本习题的 a 部分推断 $G(\mathbb{Q}(\zeta)/\mathbb{Q})$ 是 $p-1$ 阶交换群.

c. 证明 $G(\mathbb{Q}(\zeta)/\mathbb{Q})$ 的不变域是 $\mathbb{Q}$. (提示: 证明

$$\{\zeta,\zeta^2,\cdots,\zeta^{p-1}\}$$

是 $\mathbb{Q}(\zeta)$ 在 $\mathbb{Q}$ 上的基, 并考虑 $\zeta,\zeta^2,\cdots,\zeta^{p-1}$ 的哪些线性组合在 $G(\mathbb{Q}(\zeta)/\mathbb{Q})$ 的所有元素下不变.)

39. 定理 43.18 描述了当 α 和 β 是 F 上共轭代数元时的共轭同构. 在 α 和 β 都是超越数的情况下, $F(\alpha)$ 与 $F(\beta)$ 是否存在相似的同构?

40. 设 F 是域, x 是 F 上的不定元, 通过确定在 x 上的取值, 给出 $F(x)$ 的所有保持 F 不变的自同构.

41. 证明下列定理.

a. 域 E 的自同构把 E 中元素的平方映射到 E 中元素的平方.

b. 实数域 $\mathbb{R}$ 的自同构把正数映射到正数.

c. 如果 σ 是 $\mathbb{R}$ 的自同构, 且 $a<b$, 其中 $a,b\in\mathbb{R}$, 则 $\sigma(a)<\sigma(b)$.

d. $\mathbb{R}$ 的唯一自同构是恒等式自同构.

9.44 分裂域

在例 43.4 中, $K=\mathbb{Q}(\sqrt{2},\sqrt{3})$ 包含了 $\sqrt{2}$ 和 $\sqrt{3}$ 在 $\mathbb{Q}$ 中极小多项式的所有零点. 这是在域扩张的自同构群的子群和中间域之间具有伽罗瓦对应的一个关键要求. 在例 43.14 中看到, 由于多项式 x^3-2 在 $\mathbb{Q}(\sqrt[3]{2})$ 中只有一个零点, 因此对应关系不存在. 定义 44.1 形式化了这个想法.

定义 44.1 设 F 是域, $P=\{f_1(x),f_2(x),\cdots,f_s(x)\}$ 是 $F[x]$ 中有限个多项式的集合. F 的扩域 K 称为 P **在 F 上的分裂域**, 如果每个多项式 $f_k(x)\in P$ 在 $K[x]$ 中可以分解成一次因式的乘积, 且对于任何中间域 $E,F\leqslant E<K$, 至少有一个多项式 $f_j(x)\in P$ 在 $E[x]$ 中不能分解成一次因式的乘积. 域 K 是 **F 的分裂域**, 如果 E 是某有限多项式集的分裂域.

例 44.2 域 $E=\mathbb{Q}(\sqrt[3]{2},\sqrt[3]{2}(-1+\sqrt{3}\mathrm{i})/2)$ 是 $\{x^3-2\}$ 在 $\mathbb{Q}$ 上的一个分裂域. x^3-2 的零点是

$$\sqrt[3]{2},\sqrt[3]{2}\frac{-1+\sqrt{3}\mathrm{i}}{2},\sqrt[3]{2}\frac{-1-\sqrt{3}\mathrm{i}}{2}$$

每个零点都是 E 的一个元素. 而 E 的任何真子域要么不包含 $\sqrt[3]{2}$, 要么不包含 $\sqrt[3]{2}(-1+\sqrt{3}\mathrm{i})/2$.

在用分裂域之前, 需要验证它们是否真的存在! 这里给出一个基于代数闭包存在性的证明. 习题 31 给出了一种不依赖于代数闭包证明存在性的替代方法.

定理 44.3 *设 F 是域, $P=\{f_1,f_2,\cdots,f_s\}$ 是 $F[x]$ 中的有限个多项式的集合. 那么 P 在 F 上的分裂域 K 存在, 且 K 是 F 的有限扩张.*

证明 设 $\overline{F}$ 是 F 的一个代数闭包, $\alpha_1,\alpha_2,\cdots,\alpha_n\in\overline{F}$ 是 P 中所有多项式的零点. 设 $K=F(\alpha_1,\alpha_2,\cdots,\alpha_n)$. 由于 $\overline{F}$ 是代数闭的, 每个多项式 f_k 在 $\overline{F}[x]$ 中分解为一次因式乘积, 因此在 $K[x]$ 中分解为一次因式乘积. 此外, 对于 K 的任何包含 F 的真子域 E, E 不包含至少一个 α_j, 这说明至少有一个 f_k 在 $E[x]$ 中不能分解成一次因式乘积. 因此 K 是 P 在 F 上的分裂域.K 是 F 的有限扩张由推论 40.6 得到, 即每个 α_k 都是代数的, 并且 α_k 只有有限个. □

定义分裂域用了有限个多项式的集合, 也可以用无限多项式集, 但是本书的目的用有限个多项式的集合就可以达到. 所以后面的分裂域限制为有限代数扩张.

在定理 44.3 的证明中, 添加了所有多项式的所有根以构造一个分裂域. 下面将利用 F 上 P 的分裂域 K 具有性质 $K=F(\alpha_1,\alpha_2,\cdots,\alpha_n)$, 其中 $\alpha_1,\alpha_2,\cdots,\alpha_n$ 是 F 的代数闭包中 P 中多项式的零点. 构造分裂域时有的根可能是不必要的. 在例 44.2 中看到, x^3-2 在 $\mathbb{Q}$ 上的分裂域为 $\mathbb{Q}(\sqrt[3]{2},\sqrt[3]{2}(-1+\sqrt{3}\mathrm{i})/2)$. 不必添加 x^3-2 的第三个零点 $\sqrt[3]{2}(-1-\sqrt{3}\mathrm{i})/2$, 因为它已经是 $\mathbb{Q}(\sqrt[3]{2},\sqrt[3]{2}(-1+\sqrt{3}\mathrm{i})/2)$ 的一个元素, 即

$$\mathbb{Q}(\sqrt[3]{2},\sqrt[3]{2}(-1+\sqrt{3}\mathrm{i})/2)=\mathbb{Q}(\sqrt[3]{2},\sqrt[3]{2}(-1+\sqrt{3}\mathrm{i})/2,\sqrt[3]{2}(-1-\sqrt{3}\mathrm{i})/2)$$

同构扩张定理

既然分裂域是存在的, 自然地会问它们是否唯一到同构. 为此, 需要同构扩张定理. 先给出一个定义, 以便描述定理.

定义 44.4 *设 $\sigma:F\to F'$ 是域同构, 那么 $\sigma_x:F[x]\to F'[x]$ 定义为*

$$\sigma_x(a_0+a_1x+\cdots+a_nx^n)=\sigma(a_0)+\sigma(a_1)x+\cdots+\sigma(a_n)x^n$$

*称为 σ 的***多项式扩张** (polynomial extension).

象 $\sigma_x(f(x))$ 是 $F'[x]$ 中的多项式, 对应于 $F[x]$ 中的多项式 $f(x)$, 只是通过同构 σ 重新标记系数得到. 很明显, 如果 $\sigma: F \to F'$ 是同构, 那么 $\sigma_x: F[x] \to F'[x]$ 也是同构. 证明细节留作习题 32.

引理 44.5 设 $K = F(\alpha)$, 其中 α 是 F 上的代数数, 且 $\sigma: F \to F'$ 是域同构. 如果 K' 是 F' 的扩域, 而 $\beta \in K'$ 是 $\sigma_x(\text{irr}(\alpha, F))$ 的零点, 则存在唯一的同构 $\phi: F(\alpha) \to F'(\beta)$, 使得对所有 $a \in F$ $\sigma(a) = \phi(a)$, 且 $\phi(\alpha) = \beta$.

证明 设 $p(x) = \text{irr}(\alpha, F)$ 是 α 在 F 上的极小多项式. 那么 $p'(x) = \sigma_x(p(x))$ 是 F' 上的不可约多项式, 因为在 $F'[x]$ 中 $p'(x)$ 的任何因式分解都会导致在 $F[x]$ 中 $p(x)$ 的因式分解. 由于 $p'(x)$ 在 F' 上不可约, β 是 $p'(x)$ 的零点, 所以 $p'(x) = \text{irr}(\beta, F')$.

在克罗内克定理 39.3 的证明中, 有一个同构 $\psi_\alpha: F[x]/\langle p(x)\rangle \to F(\alpha)$, 对于任意 $f(x) \in F[x]$, 有

$$\psi_\alpha(f(x) + \langle p(x)\rangle) = f(\alpha)$$

还有一个同构 $\psi_\beta: F'[x]/\langle p'(x)\rangle \to F(\beta)$, 对于任意 $g(x) \in F'[x]$, 有

$$\psi_\beta(g(x) + \langle p'(x)\rangle) = g(\beta)$$

第三个同构是 $\theta: F[x]/\langle p(x)\rangle \to F'[x]/\langle p'(x)\rangle$, 对任意 $f(x) \in F[x]$, 有

$$\theta(f(x) + \langle p(x)\rangle) = \sigma_x(f(x)) + \langle p'(x)\rangle$$

由第 30 节习题 28 有 θ 是同态. 另外, 利用第 30 节习题 28 的同态 $\sigma_x^{-1}: F'[x] \to F[x]$, 表明 θ^{-1} 是良好定义的. 因此 θ 是到 $F'[x]/p'(x)$ 上的同态双射, 即同构. θ 是同构是直观的, 因为 σ 是 F 和 F' 之间的同构, 且多项式 $p(x) \in F[x]$ 通过同构 σ_x 对应于多项式 $p'(x)$.

现在考虑同构 $\tau = \psi_\beta \circ \theta \circ \psi_\alpha^{-1}$. 设 $a \in F$. 需要验证 $\tau(a) = \sigma(a)$. 在下面的计算中, 把 a 看作 $F[x]$ 中的常数多项式, 所以 $\sigma_x(a) = \sigma(a)$, $\psi_\beta(\sigma_x(a) + \langle p'(x)\rangle) = \sigma(a)$. 于是有

$$\begin{aligned}
\tau(a) &= \psi_\beta \circ \theta \circ \psi_\alpha^{-1}(a) \\
&= \psi_\beta(\theta(a + \langle p(x)\rangle)) \\
&= \psi_\beta(\sigma_x(a) + \langle p'(x)\rangle) \\
&= \psi_\beta(\sigma(a) + \langle p'(x)\rangle) \\
&= \sigma(a)
\end{aligned}$$

此外,

$$\begin{aligned}\tau(\alpha) &= \psi_\beta \circ \theta \circ \psi_\alpha^{-1}(\alpha)\\ &= \psi_\beta(\theta(x+\langle p(x)\rangle))\\ &= \psi_\beta(x+\langle p'(x)\rangle)\\ &= \beta\end{aligned}$$

唯一性由于同构 $\rho: F(\alpha) \to F'(\beta)$ 完全取决于 $\rho(a)$(对于 $a \in F$) 和 $\rho(\alpha)$ 的值. □

定理 44.6 (同构扩张定理)　*设 $K = F(\alpha_1, \alpha_2, \cdots, \alpha_n)$ 是 F 的有限扩域, $\sigma : F \to F'$ 是域同构. 如果 K' 包含 $P = \{\sigma_x(\mathrm{irr}(\alpha_k, F)) | 1 \leqslant k \leqslant n\}$ 在 F 上的分裂域, 则 σ 可以扩张为 K 到 K' 的一个子域上的同构 τ.*

证明　先证明 σ 可以推扩充为 $F(\alpha_1)$ 到 K' 的一个子域上的同构映射. 由于 K' 是 P 在 F 上的分裂域, 所以存在 $\beta \in K'$, 它是 $\sigma_x(\mathrm{irr}(\alpha_1, F))$ 的零点. 由引理 44.5, 有一个具有所需性质的同构 τ.

继续进行归纳. 设 τ 是 $F(\alpha_1, \alpha_2, \cdots, \alpha_k)$ 到 K' 的某个子域的同构, 使得 $\tau(\alpha) = \sigma(\alpha)$ 对于所有 $\alpha \in F$. 需要把 τ 扩张为 $F(\alpha_1, \alpha_2, \cdots, \alpha_k, \alpha_{k+1})$ 到 K' 的同构. 存在 $\beta \in K'$ 是 $g(x) = \tau_x(\mathrm{irr}(\alpha_{k+1}, F(\alpha_1, \alpha_2, \cdots, \alpha_k))$ 的零点, 因为 $g(x)$ 是

$$\tau_x(\mathrm{irr}(\alpha_{k+1}, F)) = \sigma_x(\mathrm{irr}(\alpha_{k+1}, F))$$

在 K' 中分解为一次因式的乘积中的一个因式. 由引理 44.5, 存在同构 τ' 把$F(\alpha_1, \alpha_2, \cdots, \alpha_{k+1})$ 映射到 K' 的一个子域上, 因此是 τ 的扩张. 于是, 通过归纳法, σ 可以扩张为一个同构, 把 K 映射到 K' 的一个子域上. □

例 44.7　考虑 $\mathbb{Q}(\sqrt{2})$ 上的扩域 $\mathbb{Q}(\sqrt{2}, \sqrt{3})$.

$$\sigma : \mathbb{Q}(\sqrt{2}) \to \mathbb{Q}(\sqrt{2})$$

定义为

$$\sigma(a + b\sqrt{2}) = a - b\sqrt{2}$$

这是同构. 由于 $\mathbb{Q}(\sqrt{2}, \sqrt{3})$ 是 $x^2 - 3$ 在 $\mathbb{Q}(\sqrt{2})$ 上的分裂域, 由定理 44.6 σ 可以扩张为同构 $\tau : \mathbb{Q}(\sqrt{2}, \sqrt{3}) \to \mathbb{Q}(\sqrt{2}, \sqrt{3})$. 定理的证明实际上告诉了更多信息. 可以选择 τ 映射到 $x^2 - 3$ 的任一个零点, 所以 τ 有两种不同的选择. 在例 43.4 的记号中, 两种选择是自同构 σ 和 γ.

可以用 $\mathbb{Q}(\sqrt{2})$ 到 $\mathbb{Q}(\sqrt{2})$ 的恒等映射来代替同构 σ. 将恒等同构扩张到 $\mathbb{Q}(\sqrt{2},\sqrt{3})$, 得到例 43.4 中记为 $\imath$ 和 τ 的自同构. 同构扩张定理提供了一种简单的方法来证明自同构的存在性, 否则这种证明就会变得冗长乏味.

分裂域的性质

现在证明给定有限个多项式的集合 $P \subseteq F[x]$, P 在 F 上的分裂域是同构唯一的.

定理 44.8 设 F 是域, $P=\{f_1,f_2,\cdots,f_s\}\subseteq F[x]$ 是有限个多项式的集合, K 和 K' 都是 P 在 F 上的分裂域. 那么存在一个同构 $\sigma: K\to K'$, 限制在 F 上是恒等映射.

证明 设 K 和 K' 都是 P 在 F 上的分裂域, 设 $\alpha_1,\alpha_2,\cdots,\alpha_n$ 是 P 中的多项式在 K 上的零点, $\beta_1,\beta_2,\cdots,\beta_m$ 是 P 中的多项式在 K' 上的零点. 那么

$$K=F(\alpha_1,\alpha_2,\cdots,\alpha_n), K'=F(\beta_1,\beta_2,\cdots,\beta_m)$$

由于 α_i 和 β_j 在 F 上是代数的, 所以扩张 K 和 K' 在 F 上是有限的. F 上的扩张 K 是 P 的分裂域, 所以它也是 P 中多项式在 F 上的所有不可约因式的集合 P' 的分裂域. 根据定理 44.6, 存在一个同构 τ 把 K 映射到 K' 的一个子域上且保持域 F 不变. 进一步, 由于 τ 保持 F 上的扩张的次数, 所以 F 上扩张 K' 的次数大于或等于 F 上扩张 K 的次数. 同样, 存在 K' 到 K 上的一个子域上的同构映射, 而且 F 上扩张 K 的次数大于或等于 F 上扩张 K' 的次数, 因此 K 和 K' 作为 F 的扩张次数相同. 由于 $\tau(K)\leqslant K'$, 且每个作为 F 上的扩张都有相同次数, 所以 τ 是 K 到 K' 的同构. □

定理 44.8 说明, 无论如何构造给定多项式集合的分裂域, 在同构的意义下总是得到保持 F 不变的相同的域. 因此, 常说多项式集合的分裂域, 而不仅是一个分裂域.

定义 44.9 设 E 是 F 的扩域. 多项式 $f(x)\in F[x]$ 称为在 E 中**分裂** (splitting), 如果它在 $E[x]$ 中分解成一次因式乘积.

例 44.10 多项式 $x^4-5x^2+6\in\mathbb{Q}[x]$ 在域 $\mathbb{Q}(\sqrt{2},\sqrt{3})$ 中分裂, 因为

$$x^4-5x^2+6=(x^2-2)(x^2-3)=(x+\sqrt{2})(x-\sqrt{2})(x+\sqrt{3})(x-\sqrt{3}).$$

定理 44.11 设 E 是域 F 的有限扩张, 那么 E 是 $F[x]$ 中某有限个多项式集合的分裂域当且仅当对 E 的每个扩张 K, 以及每个保持 F 不变且把 E 映射到 K 的一个子域上的同构 σ, σ 是 E 的自同构.

证明 首先假设 E 是多项式集合

$$P=\{f_1(x),f_2(x),\cdots,f_s(x)\}$$

的分裂域. 设 $\alpha_1, \alpha_2, \cdots, \alpha_n$ 是 P 中多项式在 E 中的零点. 那么 $E = F(\alpha_1, \alpha_2, \cdots, \alpha_n)$. 设 K 是 E 的扩域. 由于所有多项式 $f_i(x)$ 在 $E[x]$ 中分裂, $f_i(x)$ 在 K 中的所有零点实际上都在 E 中. 由于 σ 将每个 α_k 映射到某个 $f_i(x)$ 的零点, $\sigma(\alpha_k) \in E$. 因此 σ 将 E 映射到 E. 由于 σ 是同构, 同构保持扩张次数不变, 且 E 在 F 上的次数是有限的, σ 是把 E 映射到 E 的同构, 即 σ 是 E 的自同构.

接下来假设对于 E 上的任何域扩张 K, 以及任何保持 F 的所有元素不变并把 E 映射到 K 的子域的同构 σ, σ 是 E 的自同构. 因为 E 是 F 的有限扩张, $E = F(\alpha_1, \alpha_2, \cdots, \alpha_n)$, 其中 $\alpha_k \in E$ 在 F 上是代数的. 设 $f_k(x) = \mathrm{irr}(\alpha_k, F)$ 是 α_k 在 F 上的极小多项式, $P = \{f_k(x) | 1 \leqslant K \leqslant n\}$. 要证明 E 是 P 在 F 上的分裂域. 用反证法. 假设某 $f_k(x)$ 在 E 上不是分裂的, 对 α_k 重新排序, 不妨设 $k = 1$. 设 $\overline{E}$ 是 E 的代数闭包. 所以 $f_1(x)$ 在 $\overline{E}$ 中分解成一次因式乘积, 说明存在元素 $\beta \in \overline{E}, \beta \notin E$, β 是 $f_1(x) = \mathrm{irr}(\alpha_1, F)$ 的零点. 因此, α_1 和 β 在 F 上是共轭的. 根据定理 43.18, 存在同构

$$\psi_{\alpha_1,\beta} : F(\alpha_1) \to F(\beta),$$

它保持 F 的所有元素不变, 并将 α_1 映射到 β. 由于 $\overline{E}$ 包含 $\{(\psi_{\alpha_1,\beta})_x(\mathrm{irr}(\alpha_k, F(\alpha_1))) | 1 \leqslant k \leqslant n\}$ 的分裂域, 由同构扩张定理 44.6, $\psi_{\alpha_1,\beta}$ 扩张为把 E 映射到 $\overline{E}$ 的子域上的同构 σ. 然而

$$\sigma(\alpha_1) = \psi_{\alpha_1,\beta}(\alpha_1) = \beta \notin E$$

这就产生矛盾, 意味着每个 $f_k(x)$ 在 $E[x]$ 中分裂. 由于每个 α_k 是 $f_k(x)$ 的零点,$E = F(\alpha_1, \alpha_2, \cdots, \alpha_n)$, 因此 E 是 E 的最小子域, 使得每个 $f_k(x)$ 在其中分裂. 因此 E 是 P 在 F 上的分裂域. □

下面推论突出了分裂域的一个非常强的性质.

推论 44.12　*如果 K 是 F 上的有限分裂域, K 包含不可约多项式 $f(x) \in F[x]$ 的一个零点, 那么 $f(x)$ 在 $K[x]$ 中分裂.*

证明　用反证法. 假设 $f(x)$ 在 F 上不可约, $f(x)$ 有一个零点 α 在 $K = F(\alpha_1, \alpha_2, \cdots, \alpha_n)$ 中, 而且 $f(x)$ 在 K 上不分裂. 设 $\overline{K}$ 是 K 的代数闭包. 由假设, 存在一个 $\beta \in K$ 是 $f(x)$ 的零点, 并且 $\beta \notin K$. 定理 43.18(共轭同构基本定理) 说明存在一个同构

$$\psi_{\alpha,\beta} : F(\alpha) \to F(\beta)$$

由于 $\overline{K}$ 是代数闭的, 所以它包含

$$\{(\psi_{\alpha,\beta})_x(\mathrm{irr}(\alpha_k, F(\alpha))) | 1 \leqslant k \leqslant n\}$$

在 $F(\beta)$ 上的分裂域. 同构扩张定理允许将 $\psi_{\alpha,\beta}$ 扩张到一个同构 σ, 把 K 映射到 $\overline{K}$ 的一个子域, 且 $\sigma(\alpha)=\beta\notin K$, 这与定理 44.11 矛盾. 因此 $f(x)$ 在 $K[x]$ 中分裂. $\square$

推论 44.12 说明, 如果 K 是 P 在 F 上的分裂域, 且不可约多项式 $f(x)\in F[x]$ 在 K 中有一个零点, 则 K 包含 $f(x)$ 在 F 上的分裂域. 乍一看, 令人惊讶的是, $f(x)$ 的倍式不一定在集合 P 中.

例 44.13 $\mathbb{Q}(\sqrt{2},\sqrt{3})$ 是 $\{x^2-2,x^2-3\}$ 在 $\mathbb{Q}$ 上的分裂域. 有 $\alpha=\sqrt{2}+\sqrt{3}\in\mathbb{Q}(\sqrt{2},\sqrt{3})$, 而且容易检验,$\alpha$ 是

$$(x^2-5)^2-24=x^4-10x^2+1$$

的零点. 还可以证明 x^4-10x^2+1 在 $\mathbb{Q}$ 上不可约. 因此 $\operatorname{irr}(\alpha,\mathbb{Q})=x^4-10x^2+1$. 由推论 44.12 可知, x^4-10x^2+1 在 $\mathbb{Q}(\sqrt{2},\sqrt{3})$ 上分裂, $\mathbb{Q}(\sqrt{2},\sqrt{3})$ 包含 x^4-10x^2+1 在 $\mathbb{Q}$ 上的一个分裂域 K. 因为

$$\mathbb{Q}(\sqrt{2}+\sqrt{3})\leqslant K\leqslant\mathbb{Q}(\sqrt{2},\sqrt{3})$$

且两端的域在 $\mathbb{Q}$ 上有相同的扩张次数 4,

$$\mathbb{Q}(\sqrt{2}+\sqrt{3})=K=\mathbb{Q}(\sqrt{2},\sqrt{3})$$

得到两个有趣的结果. 首先, x^4-10x^2+1 在 $\mathbb{Q}$ 上的分裂域是 $\mathbb{Q}(\sqrt{2},\sqrt{3})$. 其次, 尽管 $\mathbb{Q}(\sqrt{2},\sqrt{3})$ 看起来不是 $\mathbb{Q}$ 的单扩域, 但它确实是 $\mathbb{Q}$ 的单扩域. 在下一节中, 将发现在一定条件下, 每个有限扩域都是单扩域.

高中的一个挑战性习题是用二次公式求出 x^4-10x^2+1 的所有零点, 并将它们重写, 使它们既在 $\mathbb{Q}(\sqrt{2},\sqrt{3})$ 又在 $\mathbb{Q}(\sqrt{2}+\sqrt{3})$ 中.

定理 44.11 给出了有限域扩张 $F\leqslant E$ 的一个条件, 条件等价于 E 是分裂域. 条件涉及考察 E 的所有可能的扩域. 推论 44.14 极大地简化了这个条件. 推论 44.14 不考虑 E 的所有扩域, 而只需要考虑 F 上包含 E 的任何分裂域.

推论 44.14 *$F\leqslant E\leqslant K$ 是域, K 为 F 上有限分裂域. 那么 E 是 F 上的分裂域当且仅当每个保持 F 不变并且把 E 映射到 K 的子域的同构 σ 是 E 的自同构.*

证明 定理 44.11 说明如果 E 是 F 上的分裂域, 那么每个保持 F 不变把 E 映射到 K 的子域的同构 σ 是 E 的自同构. 这就证明了必要性.

接下来假设每个保持 F 不变把 E 映射到 K 的子域的同构 σ 是 E 的自同构. 设 $E=F(\alpha_1,\alpha_2,\cdots,\alpha_n)$. 设 $f_k(x)=\operatorname{irr}(\alpha_k,F)$, $P=\{f_k(x)|1\leqslant k\leqslant n\}$. 首先证明在 K 的代数闭包 $\overline{K}$ 中, 每个 α_k 在 F 上的共轭都在 E 中. 根据定理 43.18 和定理 44.6, 对

于 α_k 在 F 上的任意共轭 $\beta \in \overline{K}$, 存在一个同构 σ, 它保持 F 不变, 把 E 映射到代数闭包 $\overline{K}$ 的一个子域, 把 α_k 映射到 β. 现在对于每个 $1 \leqslant j \leqslant n$, $\sigma(\alpha_j)$ 是 α_j 在 F 上的一个共轭. 也就是说, α_j 和 $\sigma(\alpha_j)$ 都是 $f_j(x)$ 的零点. 根据推论 44.12, $f_j(x)$ 在 K 中分裂, 因此对于每个 j, $\sigma(\alpha_j) \in K$. 于是

$$\sigma(E) = \sigma(F(\alpha_1, \alpha_2, \cdots, \alpha_n)) \leqslant K$$

根据假设, σ 是 E 的自同构, 因此 $\beta \in E$. 这就证明了 E 包含 $\alpha_1, \alpha_2, \cdots, \alpha_n \in \overline{K}$ 在 F 上的所有共轭. 由于每个 $f_k(x)$ 在代数闭域 $\overline{K}$ 中分裂, 每个 $f_k(x)$ 也在 $E = F(\alpha_1, \alpha_2, \cdots, \alpha_n)$ 中分裂. 由于 P 在 F 上的分裂域包含 E, 因此 E 是 P 在 F 上的分裂域. □

例 44.15　设 $E = \mathbb{Q}(\sqrt[3]{2})$, K 是不可约多项式 $x^3 - 2$ 在 $\mathbb{Q}$ 上的分裂域. 域 K 包含 $\operatorname{irr}(\sqrt[3]{2}, \mathbb{Q}) = x^3 - 2$ 的一个零点 $\sqrt[3]{2}$, 但不包含另外两个零点 $\sqrt[3]{2}(-1 \pm \sqrt{3}\mathrm{i})/2$. 由推论 44.12 可以看出, E 不是 $\mathbb{Q}$ 上任何多项式集合的分裂域. 或者, 可以用共轭同构基本定理来证明存在一个从 $\mathbb{Q}(\sqrt[3]{2})$ 到 $\mathbb{Q}(\sqrt[3]{2}(-1 + \sqrt{3}\mathrm{i})/2) \leqslant K$ 的同构映射. 由推论 44.14, 再次看到 E 不是 $\mathbb{Q}$ 上的分裂域.

习题

计算

在习题 1~6 中, 找出 $\mathbb{Q}[x]$ 中给定多项式的分裂域在 $\mathbb{Q}$ 上的次数.

1. $x^2 + 3$.

2. $x^4 - 1$.

3. $(x^2 - 2)(x^2 - 3)$.

4. $x^3 - 3$.

5. $x^3 - 1$.

6. $(x^2 - 2)(x^3 - 2)$.

在习题 7~9 中, 参阅例 44.2.

7. $G(\mathbb{Q}(\sqrt[3]{2})/\mathbb{Q})$ 的阶是多少?

8. $G(\mathbb{Q}(\sqrt[3]{2}, \mathrm{i}\sqrt{3})/\mathbb{Q})$ 的阶是多少?

9. $G(\mathbb{Q}(\sqrt[3]{2}, \mathrm{i}\sqrt{3})/\mathbb{Q}(\sqrt[3]{2}))$ 的阶是多少?

10. 设 α 是 $\mathbb{Z}_2$ 上 $x^3 + x^2 + 1$ 的零点. 证明 $x^3 + x^2 + 1$ 在 $\mathbb{Z}_2(\alpha)$ 中分裂. (提示:$\mathbb{Z}_2(\alpha)$ 中有 8 个元素. 除了 α, 在这 8 个元素中找出 $x^3 + x^2 + 1$ 的另外两个零点. 或者, 用第 42 节的结果.)

设 $E=\mathbb{Q}(\sqrt{2},\sqrt{3},\sqrt{5})$. 可以证明 $[E:\mathbb{Q}]=8$. 在习题 11～ 习题 13 中, 对于 E 的子域的给定同构映射, 给出所有 E 到 $\mathbb{C}$ 的子域的同构映射的扩张. 给出扩张映射在 E 在 $\mathbb{Q}$ 的生成元集 $\{\sqrt{2},\sqrt{3},\sqrt{5}\}$ 上的象.

11. $\imath:\mathbb{Q}(\sqrt{2},\sqrt{15})\to\mathbb{Q}(\sqrt{2},\sqrt{15})$, 其中 $\imath$ 是恒等映射.

12. $\sigma:\mathbb{Q}(\sqrt{2},\sqrt{15})\to\mathbb{Q}(\sqrt{2},\sqrt{15})$, 其中 $\sigma(\sqrt{2})=\sqrt{2},\sigma(\sqrt{15})=-\sqrt{15}$.

13. $\Psi_{\sqrt{30},-\sqrt{30}}:\mathbb{Q}(\sqrt{30})\to\mathbb{Q}(\sqrt{30})$.

在习题 14～16 中, 设

$$\alpha_1=\sqrt[3]{2},\alpha_2=\sqrt[3]{2}\frac{-1+\sqrt{3}\mathrm{i}}{2},\alpha_3=\sqrt[3]{2}\frac{-1-\sqrt{3}\mathrm{i}}{2}$$

其中 $\sqrt[3]{2}$ 是立方为 2 的实数.x^3-2 的零点是 $\alpha_1,\alpha_2,\alpha_3$.

14. 写出 $\mathbb{Q}$ 上恒等映射到把 $\mathbb{Q}(\sqrt[3]{2})$ 映射到 $\mathbb{C}$ 的一个子域的同构的所有扩张.

15. 写出 $\mathbb{Q}$ 上恒等映射到把 $\mathbb{Q}(\sqrt{3}\mathrm{i},\sqrt[3]{2})$ 映射到 $\mathbb{C}$ 的子域的同构映射的所有扩张.

16. 写出 $\mathbb{Q}(\sqrt{3}\mathrm{i})$ 上的自同构映射 $\Psi_{\sqrt{3}\mathrm{i},-\sqrt{3}\mathrm{i}}$ 到把 $\mathbb{Q}(\sqrt{3}\mathrm{i},\sqrt[3]{2})$ 映射到 $\mathbb{C}$ 的子域的所有扩张.

17. 设 σ 是 $\mathbb{Q}(\pi)$ 的把 π 映射到 $-\pi$ 的自同构.

a. 给出 σ 的不变域.

b. 写出 σ 到把 $\mathbb{Q}(\sqrt{\pi})$ 映射到 $x^2+\pi$ 在 $\mathbb{Q}(\pi)$ 上的分裂域的子域的同构的所有扩张.

概念

在习题 18 中, 不参考书本, 根据需要更正楷体术语的定义, 使其成立.

18. $F[x]$ 中的多项式 $f(x)$ *在 F 的扩域 E 中分裂*当且仅当它在 $E[x]$ 中分解为低次多项式的乘积.

19. 设 $f(x)$ 是 $F[x]$ 中的 n 次多项式, E 是 $f(x)$ 在 F 上的分裂域.$[E:F]$ 可以有什么样的界?

20. 判断下列命题的真假.

a. 设 $\alpha,\beta\in E$, 其中 E 是 F 上的分裂域. 那么存在 E 的保持 F 不变的自同构把 α 映射到 β 当且仅当 $\mathrm{irr}(\alpha,F)=\mathrm{irr}(\beta,F)$.

b. 果 $f(x)\neq g(x)$ 是 $\mathbb{Q}[x]$ 中的多项式, F 是 $f(x)$ 在 $\mathbb{Q}$ 上的分裂域, K 是 $g(x)$ 在 $\mathbb{Q}$ 上的分裂域, 那么 $F\neq K$.

c. $\mathbb{R}$ 是 $\mathbb{R}$ 上的分裂域.

d. $\mathbb{C}$ 是 $\mathbb{R}$ 上的分裂域.

e. $\mathbb{Q}(\mathrm{i})$ 是 $\mathbb{Q}$ 上的分裂域.

f. $\mathbb{Q}(\pi)$ 是 $\mathbb{Q}(\pi^2)$ 上的分裂域.

g. 对于 E 在 F 上的每个分裂域, E 的每个同构映射都是 E 的自同构.

h. 对于 E 在 F 上的每个分裂域, 其中 $E \leqslant K$, 把 E 映射到 K 的子域的每个同构都是 E 的自同构.

i. 对于 E 在 F 上的每个分裂域, 其中 $E \leqslant K$, 把 E 映射到 K 的子域且保持 F 不变的每个同构都是 E 的自同构.

j. 设 E 是 F 上的分裂域, $\alpha \in E$, 那么 $\deg(\alpha, F)$ 整除 $[E:F]$.

21. 举例说明, 如果删除 "不可约", 则推论 44.12 不成立.

22. $|G(E/F)|$ 对于有限扩域是可乘的吗? 即对 $F \leqslant E \leqslant K$, 是否有

$$|G(K/F)| = |G(K/E)||G(E/F)|$$

为什么?(提示: 用习题 7~9.)

理论

23. 证明如果域 F 的有限扩张 E 是 F 上的分裂域, 则 E 是 $F[x]$ 中一个多项式的分裂域.

24. 证明如果 $[E:F]=2$, 那么 E 是 F 上的分裂域.

25. 证明对于 $F \leqslant E \leqslant \overline{F}$, E 是 F 上的一个分裂域当且仅当 E 包含 $\overline{F}$ 上的所有共轭元.

26. 证明 $\{x^2-2, x^2-5\}$ 在 $\mathbb{Q}$ 上的分裂域 K 是 $\mathbb{Q}(\sqrt{2}+\sqrt{5})$.

27. 证明

$$G(\mathbb{Q}(\sqrt[3]{2}, \mathrm{i}\sqrt{3})/\mathbb{Q}(\mathrm{i}\sqrt{3})) \cong \langle \mathbb{Z}_3, + \rangle$$

28. a. 证明多项式 $f(x) \in F[x]$ 在 F 上的分裂域 E 上的保持 F 不变的自同构, 置换 $f(x)$ 在 E 中的零点.

b. 证明多项式 $f(x) \in F[x]$ 在 F 上的分裂域 E 上的保持 F 不变的自同构, 完全由 a 部分给出的 $f(x)$ 在 E 中的零点的置换决定.

c. 证明如果 E 是多项式 $f(x) \in F[x]$ 在 F 上的分裂域, 那么 $G(E/F)$ 可以自然地看作置换群.

29. 设 K 是 x^3-2 在 $\mathbb{Q}$ 上的分裂域, 用习题 28 证明 $G(K/\mathbb{Q})$ 与三个字母上的对称群 S_3 同构. (提示: 用定理 43.18 和复共轭找到足够多的元素, 拉格朗日定理和习题 28 蕴含了结果.)

30. 证明对于素数 p, x^p-1 在 $\mathbb{Q}$ 上的分裂域在 $\mathbb{Q}$ 上的次数是 $p-1$.(提示: 参考推论 28.18.)

31. 设 P 是系数在 F 上的有限多项式集合, 不用 F 上的代数闭包证明, P 在 F 上的分裂域是存在的.

32. 设 $\sigma : F \to F'$ 是域同构. 证明在定义 44.4 中定义的 $\sigma_x : F[x] \to F'[x]$ 是环同构.

9.45 可分扩张

不可约多项式的零点数

伽罗瓦理论中的一个技术问题还没有讨论. 有没有可能域 F 上的不可约多项式 $f(x)$ 在 F 上的分裂域中有少于 $\deg(f(x))$ 个零点? 会看到, 实际上对于将讨论的域, 答案是否定的. 下面从复数子域的这个事实的基于微积分的证明开始.

定理 45.1 设 $f(x)$ 是系数在域 $F \leqslant \mathbb{C}$ 中的 n 次不可约多项式, 那么 $f(x)$ 在 F 上的分裂域包含 $f(x)$ 的 n 个不同的零点.

证明 可以假设 x^n 的系数为 1. 还可以假设 $n \geqslant 2$, 否则定理已成立. 因此

$$f(x) = x^n + a_{n-1}x^{n-1} + \cdots + a_1x + a_0$$

因为 $\mathbb{C}$ 是代数闭的, 可以写 $f(x) = (x - \alpha_1)(x - \alpha_2)\cdots(x - \alpha_n)$, 其中 $\alpha_1, \alpha_2, \cdots, \alpha_n$ 是 $\mathbb{C}$ 中 $f(x)$ 的零点. 由于 $f(x)$ 是首一不可约的, 因此 $f(x)$ 是 α_k 在 F 上的极小多项式. 要证明 α_k 中没有两个是相等的. 用反证法, 假设 α_k 中有两个相等. 那么在 $\mathbb{C}[x]$ 中, 有某个多项式 $q(x)$, 使得 $f(x) = (x - \alpha_k)^2q(x)$. 由于考虑 $\mathbb{C}$ 上的多项式, 可以用多项式的导数, 标准记号为 $f'(x)$. 乘法法则给出

$$f'(x) = 2(x - \alpha_k)q(x) + (x - \alpha_k)^2q'(x) = (x - \alpha_k)(2q(x) + (x - \alpha_k)q'(x))$$

因此 α_k 是 $f'(x)$ 的零点. 用多项式导数的一般公式有

$$f'(x) = nx^{n-1} + (n - 1)a_{n-1}x^{n-2} + \cdots + a_1$$

得 $f'(x) \in F[x]$. 由于 $f'(x)$ 的次数 $n - 1 \geqslant 1$, 且 α_k 为 $f(x)$ 的零点, 因此 $f(x)$ 不是 α_k 在 F 上的极小多项式. 得出矛盾, 由此证明了 α_k 是各不相同的.

可以构造 $f(x)$ 在 F 上的一个分裂域作为 $\mathbb{C}$ 的子域. 因此 $f(x)$ 在 F 上的分裂域包含 $f(x)$ 的 n 个不同的零点. 由于分裂域是同构唯一的, 所以在 $f(x)$ 在 F 上的任何分裂域中,$f(x)$ 有 n 个不同的零点. □

上述证明是对一个特殊 (但非常重要) 情况进行的, 但实际上同样的证明可以用于特征为零的任何域. 可以直接定义任何多项式 $f(x) = a_0 + a_1x + a_2x^2 + \cdots + a_nx^n \in F[x]$

的导数为

$$D(f)(x) = f'(x) = a_1 + (2 \cdot a_2)x + (3 \cdot a_3)x^2 + \cdots + (n \cdot a_n)x^{n-1}$$

其中整数乘以域中元素具有通常的含义. 在微积分中, 这个公式是利用导数的极限定义推导出来的. 鉴于目前的目的, 直接用这个公式 $D(f)(x) = f'(x)$ 作为导数的定义. 第 42 节习题 15 用这个定义证明乘法法则和定理 45.1 的证明所需的其他基本规则. 本节习题 13 要求详细证明定理 45.2.

定理 45.2 设 $f(x)$ 是系数在特征为零的域 F 中的 n 次不可约多项式. 那么 $f(x)$ 在 F 上的分裂域包含 $f(x)$ 的 n 个不同的零点.

证明 参见习题 13. □

定义 45.3 设 $f(x) \in F[x], \alpha$ 是 $f(x)$ 在 F 上的分裂域 E 中的零点. 如果 ν 是使得 $(x-\alpha)^\nu$ 是 $f(x)$ 在 $E[x]$ 中的一个因式的最大正整数, 那么 α 称为 $f(x)$ 的一个 ν **重零点** (zero with multiplicity).

定义 45.3 没有说明使用 F 上的哪个分裂域, 可以是包含 α 的任何分裂域. 在习题 19 中, 要求证明该定义与使用哪个分裂域无关. 定理 45.2 的一个等价命题是, 如果 $f(x)$ 是系数在特征为 0 的域 F 中的不可约多项式, 那么在 F 上的任何分裂域中 $f(x)$ 的每个零点都是 1 重的.

特征为 p

已经看到, 对于特征为零的域 F 上的不可约多项式, 不可能有重数为 2 或更大的零点. 现在把注意力转向特征不为零的情况.

定理 45.4 设 F 是特征为 p 的有限域, 任意不可约多项式 $f(x) \in F[x]$ 在其分裂域上有 $k = \deg(f(x))$ 个不同零点.

证明 设 $E \leqslant \overline{F}$ 是 $f(x)$ 在 F 上的分裂域, α 是 $f(x)$ 在 E 中的零点. 那么对于某个 n 有 $|E| = p^n$. 可以假设 $f(x)$ 的首项系数为 1. 因此 $f(x)$ 是 α 在 F 上的极小多项式. 根据定理 42.3, α 是多项式 $x^{p^n} - x$ 的零点, 这意味着 $f(x)$ 整除 $x^{p^n} - x$. 由引理 42.8, $x^{p^n} - x$ 的 p^n 个零点在代数闭包 $\overline{E}$ 中是不同的, 所以

$$f(x) = (x - \alpha_1)(x - \alpha_2) \cdots (x - \alpha_k)$$

的一次因式在 E 中也必然是不同的, 因此 $f(x)$ 在其分裂域中有 k 个不同的零点. □

定理 45.2 和定理 45.4 表明, 任何有限的或者特征为零的域 F 中不可约多项式 $f(x) \in F[x]$, 在 F 的分裂域上有 $\deg(f(x))$ 个不同的 1 重零点. 下面例子表明, 并非所有特征为 p 的无限域都是这种情况.

例 45.5 p 是素数, $E=\mathbb{Z}_p(y)$, 其中 y 是不定元. 设 $F=\mathbb{Z}_p(y^p)\leqslant E$. 为方便, 设 $t=y^p$, 因此 $F=\mathbb{Z}_p(t)$.F 上的扩域 E 是代数的, 因为 y 是多项式 x^p-t 的零点. 由推论 39.14, $\operatorname{irr}(y,F)$ 整除 x^p-t, 因为特征为 p, x^p-t 在 E 中可以分解为

$$x^p-t=x^p-y^p=(x-y)^p$$

而且, $y\notin F$, 所以 $\operatorname{irr}(y,F)$ 的次数至少是 2. 因此, $\operatorname{irr}(y,F)$ 的不同零点的个数是 1, 但它的次数大于 1, 这表明定理 45.4 中的有限假设是必要的.

自同构计数

我们的目标是将域扩张 $F\leqslant K$ 中的中间域与保持 F 不变的 K 的自同构群的子群联系起来. 为应用这种对应关系, 了解所考虑的自同构的个数是非常有帮助的. F 中的所有不可约多项式在分裂域 K 上都是 1 重零点的事实, 给出了计算 $G(K/F)$ 中自同构的信息.

定义 45.6 n 次不可约多项式 $f(x)\in F[x]$ 称为**可分的** (separable), 如果 $f(x)$ 在分裂域 K 上有 n 个不同的零点. F 的扩域中的元素 α 称为**可分的**, 如果 $\operatorname{irr}(\alpha,F)$ 是一个可分多项式. 域扩张 $F\leqslant E$ 称为**可分的**, 如果 $\alpha\in E$ 在 F 上可分. 域 F 称为**完备的** (perfect), 如果 F 的每个有限扩张是可分的.

很明显, 一个不可约多项式 $f(x)\in F[x]$ 是可分的当且仅当 $f(x)$ 在其分裂域上的每个零点都是 1 重的.

定理 45.7 特征为 0 的域都是完备的, 有限域都是完备的.

证明 设 $F\leqslant E$ 是一个有限域扩张, 其中 F 是特征为 0 的或 F 是有限的. 设 $g(x)$ 是 $\alpha\in E$ 在 F 上的极小多项式. 根据定理 45.2 和定理 45.4, $g(x)$ 在 F 上的分裂域中, $g(x)$ 有 $\deg(g(x))$ 个不同的零点. □

定理 45.8 设 K 是域 F 的可分扩张, E 是中间域. 那么 K 在 E 上的扩张和 E 在 F 上的扩张都是可分的.

证明 设 $\alpha\in K$. 那么 $\operatorname{irr}(\alpha,F)$ 在它在 F 上的分裂域上有 $\deg(\alpha,F)$ 个零点, 每个零点是 1 重的, 因为 K 在 F 上是可分的. 由于 $\operatorname{irr}(\alpha,E)$ 整除 $\operatorname{irr}(\alpha,F)$, 因此 $\operatorname{irr}(\alpha,E)$ 有 $\deg(\alpha,E)$ 个零点, 每个零点的重数为 1. 于是 α 在 E 上是可分的, K 是 E 的一个可分扩张.

现在设 $\beta\in E$. 那么 $\beta\in K$, 这意味着 $\operatorname{irr}(\beta,F)$ 在它在 F 上的分裂域上有 $\deg(\beta,F)$ 个零点. 因此 E 是 F 的一个可分扩张. □

下面的定理对于我们的目标非常有用, 用于计算可分的分裂扩张 $F\leqslant K$ 的中间域

E 映射到 K 的子域上的同构映射的个数. 特别地, 对于 $E = K$, 定理给出 $G(K/F)$ 中自同构的个数.

定理 45.9 设 K 是 F 上的分裂域, $F \leqslant E \leqslant K$. 如果 K 是 F 上的可分扩张, 那么把 E 映射到 K 的一个子域且保持 F 的元素不变的同构的个数是 $[E : F]$.

证明 设 $E = F(\alpha_1, \alpha_2, \cdots, \alpha_n)$. 下面对 n 用归纳法证明, 对于 $1 \leqslant k \leqslant n$, 保持 F 的元素不变并把 $F(\alpha_1, \alpha_2, \cdots, \alpha_k)$ 映射到 K 的子域的同构的个数是 $[F(\alpha_1, \alpha_2, \cdots, \alpha_k) : F]$. 简记 $E_k = F(\alpha_1, \alpha_2, \cdots, \alpha_k)$. 对 $n = 1, E_1 = F(\alpha_1)$, $[E_1 : F] = \deg(\alpha_1, F)$. 进一步, 推论 43.19 表明, 对于 $\mathrm{irr}(\alpha_1, F)$ 在 K 中的每个的零点, 存在恰好一个同构, 它保持 F 的元素不变把 E_1 映射到 K 的一个子域. 由于 K 是分裂域, α_1 是 $\mathrm{irr}(\alpha_1, F)$ 的零点, 推论 44.12 说明 $\mathrm{irr}(\alpha_1, F)$ 可分解成一次因式乘积. 但是 E 在 F 上是可分扩张, 所以 $\mathrm{irr}(\alpha_1, F)$ 在 K 中恰有 $\deg(\alpha_1, F)$ 个零点, 因此把 E_1 映射到 K 的子域的同构个数是

$$\deg(\alpha, F) = [E_1 : F]$$

继续进行归纳步骤. 假设存在 $[E_k : F]$ 个同构, 保持 F 不变而把 E_k 映射到 K 的一个子域上, 设 σ 是这些同构中的一个. 设 $g(x) = \mathrm{irr}(\alpha_{k+1}, E_k)$. 由于 $\sigma_x(g(x))$ 是 $\sigma_x(\mathrm{irr}(\alpha_{k+1}, F)) = \mathrm{irr}(\alpha_{k+1}, F)$ 的一个因式, 因此 $\sigma_x(g(x))$ 在 $K[x]$ 中分解成 $\deg(g(x))$ 个一次因式乘积. 根据定理 45.8,K 在 E_k 上是可分的. 因此 $\sigma_x(g(x))$ 在 K 中恰有 $\deg(g(x))$ 个不同零点. 由引理 44.5, σ 可以扩张成

$$\deg(\mathrm{irr}(\alpha_{k+1}, E_k)) = [E_{k+1} : E_k]$$

个从 $E_{k+1} = E_k(\alpha_{k+1})$ 到 K 的子域上的同构. 根据归纳假设, 存在 $[E_k : F]$ 个同构 σ, 保持 F 的元素把 E_k 映射到 K 的子域上, 总共给出了

$$[E_{k+1} : E_k] \cdot [E_k : F] = [E_{k+1} : F]$$

个同构, 保持 F 的元素不变把 E_{k+1} 映射到 K 的子域上. 完成了归纳步骤, 得出结论: 存在恰好 $[E_n : F] = [E : F]$ 个同构, 把 E 映射到 K 的一个子域上, 保持 F 的元素不变. □

当 E 是 F 上的可分分裂域时, 定理 44.11 和定理 45.9 蕴含了 $G(E/F) = [E : F]$. 然而, 如果 E 不是 F 的分裂域, 那么保持 F 不变并把 E 映射到 K 的子域上的一些同构, 将映射到 K 的子域而不是 E 的子域.

推论 45.10 设 E 是 F 上的可分分裂域, 那么 $|G(E/F)| = [E : F]$.

证明 定理 45.9 的直接推论. □

推论 45.11 设 E 是 F 上的分裂域, 其中 F 是特征为 0 的域或有限域, 那么 $|G(E/F)| = [E : F]$.

证明 由定理 45.7, F 是完备的, 结论由推论 45.10 得. □

例 45.12 在例 43.4 中, 确定了保持 $\mathbb{Q}$ 的元素不变的 $\mathbb{Q}(\sqrt{2}, \sqrt{3})$ 的四个自同构, 而推论 45.11 表明存在

$$[\mathbb{Q}(\sqrt{2}, \sqrt{3}) : \mathbb{Q}] = [\mathbb{Q}(\sqrt{2}, \sqrt{3}) : \mathbb{Q}(\sqrt{3})] \cdot [\mathbb{Q}(\sqrt{3}) : \mathbb{Q}] = 2 \cdot 2 = 4$$

个自同构, 而没有写出具体表达式.

另一方面, 在例 43.14 中, 即使 $[\mathbb{Q}(\sqrt[3]{2}) : \mathbb{Q}] = 3$, 也只有一个 $\mathbb{Q}(\sqrt[3]{2})$ 的自同构. 这是因为 $\mathbb{Q}(\sqrt[3]{2})$ 不是 $\mathbb{Q}$ 上的分裂域, 定理 45.9 不适用.

本原元定理

本原元定理是域论的经典之作. 它说任何有限可分域扩张都是一个单扩张. 在第 46 节中证明伽罗瓦对应时将发现它的用处.

定理 45.13 (本原元定理) 设 E 是域 F 的有限可分扩张, 那么有一个 $\alpha \in E$ 使得 $E = F(\alpha)$. 任何这样的元素 α 都称为**本原元** (primitive element).

证明 首先考虑 F 是有限域的情况. 此时 E 中的单位构成推论 28.7 乘法下的循环群 E^*. 显然 $E = F(\alpha)$, 其中 α 是循环群 E^* 的生成元.

接下来假设 F 是无限的, 证明如果 $E = F(\beta, \gamma)$, 那么 E 有一个本原元. 如果 $\gamma \in F$, 则 β 是一个本原元. 因此假设 γ 不在 F 中. 下面寻找一个形式为 $\alpha = \beta + a\gamma$ 的本原元, 其中 $a \in F$. 设 $f(x) = \mathrm{irr}(\beta, F)$, $g(x) = \mathrm{irr}(\gamma, F)$. 在 $\{f(x), g(x)\}$ 在 E 上的分裂域中, 设 $\beta = \beta_1, \beta_2, \cdots, \beta_n$ 为 $f(x)$ 的零点, $\gamma = \gamma_1, \gamma_2, \cdots, \gamma_m$ 为 $g(x)$ 的零点. 由于 γ 不在 F 中,$m \geqslant 2$. 寻找这个 $a \in F$ 需要的条件是, 对于 $1 \leqslant i \leqslant n$ 和 $2 \leqslant j \leqslant m$,

$$a \neq \frac{\beta_i - \beta}{\gamma - \gamma_j}$$

由于 F 是无限的, 当然存在这样一个 $a \in F$, 只要排除有限个可能的 a 值. 由于 $\beta_1 = \beta, m \geqslant 2, a \neq 0$. 设

$$\alpha = \beta + a\gamma$$

如果对于某 i 和 $j \neq 1$, $\alpha = \beta_i + a\gamma_j$ 那么

$$\beta_i + a\gamma_j = \beta + a\gamma, a = \frac{\beta_i - \beta}{\gamma - \gamma_j}$$

这是一个矛盾. 因此, 对于任意 i 和 $j \neq 1$, $\alpha \neq \beta_i + a\gamma_j$ 或等价地,

$$\alpha - a\gamma_j \neq \beta_i$$

现在设

$$h(x) = f(\alpha - ax) \in F(\alpha)[x]$$

由于 $h(x)$ 在 $F(\alpha)[x]$ 中, $f(x) = \mathrm{irr}(\beta, F) \in F[x] \leqslant F(\alpha)[x]$, 因此 $h(x)$ 和 $f(x)$ 的最大公因式是 $F(\alpha)[x]$ 中的多项式. 对于 $j \neq 1$,

$$h(\gamma) = f(\alpha - a\gamma) = f(\beta) = 0$$

$$h(\gamma_j) = f(\alpha - a\gamma_j) \neq 0$$

因为 $f(x)$ 的零点是 β_i, 而对任意 $i\alpha - a\gamma_j \neq \beta_i$. 因此 $h(x)$ 和 $f(x)$ 的唯一公因式是 $x - \beta$, 所以 $h(x)$ 和 $f(x)$ 的最大公因式是 $x - \beta$. 于是 $x - \beta \in F(\alpha)[x]$, $\beta \in F(\alpha)$. 由于 $\alpha, \beta \in F(\alpha)$,

$$\gamma = \frac{\alpha - \beta}{a} \in F(\alpha)$$

得出 $F(\beta, \gamma) \leqslant F(\alpha)$. 显然 $F(\alpha) \leqslant F(\beta, \gamma)$, 于是

$$F(\alpha) = F(\beta, \gamma)$$

通过简单归纳论证, 得到任何 F 的有限可分扩张都有本原元. □

为了说明给定扩域的本原元的构造, 给出下面的例子.

例 45.14 在例 44.13 中, $\sqrt{2} + \sqrt{3}$ 是扩域 $\mathbb{Q}(\sqrt{2}, \sqrt{3})$ 的本原元. 下面按照定理 45.13 的证明, 找到其他本原元 $\alpha \in \mathbb{Q}(\sqrt{2}, \sqrt{3})$. 设 $f(x) = \mathrm{irr}(\sqrt{2}, \mathbb{Q}) = x^2 - 2, g(x) = \mathrm{irr}(\sqrt{3}, \mathbb{Q}) = x^2 - 3$. 因此

$$\beta = \beta_1 = \sqrt{2}, \beta_2 = -\sqrt{2}, \gamma = \gamma_1 = \sqrt{3}, \gamma_2 = -\sqrt{3}$$

a 可以是任何有理数, 除了

$$\frac{\sqrt{2} - \sqrt{2}}{\sqrt{3} - (-\sqrt{3})} = 0, \frac{-\sqrt{2} - \sqrt{2}}{\sqrt{3} - (-\sqrt{3})} = -\frac{\sqrt{2}}{\sqrt{3}}$$

由于 $-\sqrt{2}/\sqrt{3}$ 不是一个有理数, 可以取 $a = 1, 2, 1/2, -17/42$, 或者除 0 以外的任何有理数. 取 $a = 2$, 得到

$$\alpha = \beta + a\gamma = \sqrt{2} + 2\sqrt{3}$$

因此

$$\mathbb{Q}(\sqrt{2}, \sqrt{3}) = \mathbb{Q}(\sqrt{2} + 2\sqrt{3})$$

一般地, 对于除 0 以外的任何有理数,

$$\mathbb{Q}(\sqrt{2}, \sqrt{3}) = \mathbb{Q}(\sqrt{2} + a\sqrt{3})$$

推论 45.15 如果 F 是有限域或特征为 0 的域, 那么 F 的每个有限扩域都是一个单扩域.

证明 这是定理 45.7 和定理 45.13 的直接结果. □

正规扩张

现在研究应用伽罗瓦理论所需要的域扩张 $F \leqslant E$ 的必要条件. 要求 E 是 F 上的可分分裂域.

定义 45.16 F 的有限扩张 E 称为 F 的**正规扩张** (normal extension), 如果 E 是 F 上的可分分裂域. 如果 E 是 F 的正规扩张, 则 $G(E/F)$ 称为 E 在 F 上的**伽罗瓦群** (Galois group), 伽罗瓦群有时用 $\mathrm{Gal}(E/F)$ 表示.

虽然也可以定义无限的正规扩张, 但是本书把注意力限制在有限扩张上. 在接下来的内容中, 当引用一个正规扩域时, 都假设这个扩域是有限的.

定理 45.17 设 K 是 F 的正规扩张, E 是扩张的中间域, $F \leqslant E \leqslant K$, 那么 K 是 E 的正规扩张且 $|G(K/E)| = [K:E]$.

证明 由于 K 是 F 上的分裂域, 存在 $f_1(x), f_2(x), \cdots, f_r(x) \in F[x]$, 具有零点 $\alpha_1, \alpha_2, \cdots, \alpha_k$ 使得 $K = F(\alpha_1, \alpha_2, \cdots, \alpha_k)$, 且每个 f_i 在 K 中分解成为一次因式乘积. 那么也有 $K = E(\alpha_1, \alpha_2, \cdots, \alpha_k)$. 因此 K 是 E 上 $\{f_1(x), f_2(x), \cdots, f_r(x)\}$ 的分裂域. 此外, 定理 45.8 指出 K 是 E 的可分扩张, 这意味着 K 是 E 的正规扩张.

由于 K 是 E 上的可分分裂域, 推论 45.10 说明 $|G(K/E)| = [K:E]$. □

推论 45.18 如果 $F \leqslant E \leqslant K$, 其中 K 是 F 的正规扩张, 则 $G(K/E)$ 是 $G(K/F)$ 的一个子群, 其指数 $(G(K/F) : G(K/E)) = [E:F]$.

证明 定理 45.17 指出 K 是 E 的正规扩张, 每个同构 $\sigma \in G(K/E)$ 保持 E 的所有元素不变, 因此 σ 保持 F 的所有元素不变, 因此 $\sigma \in G(K/F)$, $G(K/E) \leqslant G(K/F)$.

因此有

$$(G(K/F) : G(K/E)) = \frac{|G(K/F)|}{|G(K/E)|} = \frac{[K:F]}{[K:E]} = [E:F]$$ □

例 45.19　在例 44.2 中看出 x^3-2 在 $\mathbb{Q}$ 上的分裂域是

$$K=\mathbb{Q}\left(\sqrt[3]{2}, \sqrt[3]{2}\frac{-1+\sqrt{3}\mathrm{i}}{2}\right)=\mathbb{Q}(\sqrt[3]{2}, \sqrt{3}\mathrm{i})$$

K 在 $\mathbb{Q}(\sqrt[3]{2})$ 上的扩张次数是

$$[K:\mathbb{Q}(\sqrt[3]{2})]=\deg(\sqrt{3}\mathrm{i}, \mathbb{Q}(\sqrt[3]{2}))=2$$

此外, $\mathbb{Q}(\sqrt[3]{2})$ 在 $\mathbb{Q}$ 上的扩张次数是

$$[\mathbb{Q}(\sqrt[3]{2}):\mathbb{Q}]=\deg(\sqrt[3]{2}, \mathbb{Q})=3$$

且

$$[K:\mathbb{Q}]=[K:\mathbb{Q}(\sqrt[3]{2})]\cdot[\mathbb{Q}\sqrt[3]{2}:\mathbb{Q}]=6$$

由于 $\mathbb{Q}$ 是完备域, K 是可分的, 因此, K 是 $\mathbb{Q}$ 的正规扩张. 因此, 推论 45.18 适用, 有

$$|G(K/\mathbb{Q})|=6, |G(K/\mathbb{Q}(\sqrt[3]{2})|=2, (G(K/\mathbb{Q}):G(K/\mathbb{Q}(\sqrt[3]{2})))=3$$

在同构意义下, 有两个 6 阶群:$\mathbb{Z}_6$ 和 S_3. 在 9.46 节我们将看到 $G(K/\mathbb{Q})$ 与 S_3 同构.

习题

计算

在习题 1~4 中找出一个 α, 使得给定的域为 $\mathbb{Q}(\alpha)$. 证明求得的 α 确实在给定的域中. 通过直接计算验证, $\mathbb{Q}$ 的扩张的给定生成元可以表示为的 α 的多项式, 系数在 $\mathbb{Q}$ 中.

1. $\mathbb{Q}(\sqrt{2}, \sqrt[3]{2})$.

2. $\mathbb{Q}(\sqrt[4]{2}, \sqrt[6]{2})$.

3. $\mathbb{Q}(\sqrt{2}, \sqrt{5})$.

4. $\mathbb{Q}(\mathrm{i}, \sqrt[3]{2})$.

概念

在习题 5 和习题 6 中, 不参考书本, 根据需要更正楷体术语的定义, 使其成立.

5. 设 E 是 F 上的分裂域. 多项式 $f(x)\in F[x]$ 的零点 $\alpha\in E$ 的重数是 $\nu\in\mathbb{Z}^+$ 当且仅当 $(x-\alpha)^\nu$ 是 $f(x)$ 在 $F[x]$ 中的因式.

6. 设 E 是域 F 的扩张. E 中的元素 α 在 F 上是可分的当且仅当 α 是 $\mathrm{irr}(\alpha, F)$ 的重数为 1 的零点.

7. 给出 $f(x) \in \mathbb{Q}[x]$ 的例子, 它在 $\mathbb{Q}$ 中没有零点, 但是在 $\mathbb{C}$ 中零点都是 2 重的. 解释为什么这和定理 45.7 是一致的, 定理 45.7 表明 $\mathbb{Q}$ 是完备的.

8. 判断下列命题的真假.

a. 域 F 上的有限扩张在 F 上都可分.

b. 有限域 F 上的有限扩张在 F 上都可分.

c. 特征为 0 的域都是完备的.

d. 域 F 上的 n 次多项式在 $\overline{F}$ 中有 n 个不同的零点.

e. 完备域 F 上的 n 次多项式在 $\overline{F}$ 上有 n 个不同的零点.

f. 完备域 F 上的 n 次不可约多项式在 $\overline{F}$ 中有 n 个不同的零点.

g. 代数闭域都是完备的.

h. 每个域 F 都有完备的代数扩张 E.

i. 如果 E 是 F 的有限可分分裂扩张, 那么 $|G(E/F)| = [E : F]$.

j. 如果域 F 既不是有限的, 也不是特征为 0 的, 那么 F 就不是完备域.

理论

9. 证明 $\{1, y, \cdots, y^{p-1}\}$ 是 $\mathbb{Z}_p(y)$ 在 $\mathbb{Z}_p(y^p)$ 上的基, 其中 y 是不定元. 参考例 45.5, 通过考察次数证明, 在 $\mathbb{Z}_p(t)$ 上 $x^p - t$ 是不可约的, 其中 $t = y^p$.

10. 证明如果 E 是完备域 F 的代数扩张, 那么 E 是完备的.

11. 设 E 是 p^n 阶有限域.

a. 证明在第 43 节习题 35 中定义的弗罗贝尼乌斯自同构 σ_p 的阶是 n.

b. 从 a 部分推导 $G(E/\mathbb{Z}_p)$ 是生成元为 σ_p 的 n 阶循环群. (提示: 注意 $|G(E/F)| = [E : F]$ 对于域 F 上的正规扩张 E 成立.)

12. 设 $f(x) \in F[x], \alpha \in \overline{F}$ 是 $f(x)$ 的重数 ν 的零点. 证明 $\nu > 1$ 当且仅当 α 也是 $f'(x)$ 的零点, 即 $f(x)$ 的导数的零点. (提示: 将第 42 节的习题 15 应用于 $f(x)$ 在环 $\overline{F}[x]$ 中的因式分解 $f(x) = (x - \alpha)^\nu g(x)$.)

13. 从习题 12 中可以看出, 特征为 0 的域 F 上的不可约多项式都是可分的.

14. 从习题 12 中可以看出, 在特征 $p \neq 0$ 的域 F 上的不可约多项式 $q(x)$ 是不可分的, 当且仅当 $q(x)$ 的每个项的幂指数都可以被 p 整除.

15. 推广习题 12, 证明 $f(x) \in F[x]$ 没有重数大于 1 的零点当且仅当 $f(x)$ 和 $f'(x)$ 在 $\overline{F}[x]$ 中没有次数大于 1 的公因式.

16. 比习题 15 难一点, 证明 $f(x) \in F[x]$ 没有重数大于 1 的零点当且仅当 $f(x)$ 和 $f'(x)$ 在 $F[x]$ 中没有公共非常数因式. (提示: 用定理 35.9 证明如果 1 是 $F[x]$ 中 $f(x)$ 和 $f'(x)$ 的公因式, 那么对于 F 的任意分裂域 E, 1 也是 $E[x]$ 中这两个多项式的公因式.)

17. 给出确定 $f(x) \in F[x]$ 是否有重数大于 1 的零点的可行计算程序, 而不需要实际找到 $f(x)$ 的零点. (提示: 使用习题 16.)

18. 设域扩张 $F \leqslant E \leqslant K$ 中 K 是 F 的正规扩张, 由推论 45.18, $G(K/E)$ 是 $G(K/F)$ 的子群. 对于两个自同构 $\sigma, \tau \in G(K/F)$, 证明它们属于 $G(K/E) \leqslant G(K/F)$ 的相同左陪集当且仅当 $\sigma(\alpha) = \tau(\alpha)$ 对于所有 $\alpha \in E$ 成立.

19. 证明定义 45.3 不依赖于 F 上的哪个分裂域.

9.46 伽罗瓦理论主要定理

伽罗瓦定理

这一节介绍伽罗瓦理论的主要定理. 这些定理给出关于正规域扩张的中间域与伽罗瓦群的子群之间的对应关系的确切结论. 首先给出与对应关系相关的主要定义.

定义 46.1 设 K 是 F 的正规扩张, E 是扩张的中间域, H 是 $G(K/F)$ 的子群. 所有在 H 的每个元素下不变的 $\alpha \in K$ 的集合是 F 上的扩域 K 的一个中间域, 称为 H 的**不变域** (fixed field), 记 H 的不变域为 K_H.

设 $\lambda(E)$ 是保持 E 中元素不变的所有 $\sigma \in G(K/F)$ 的集合, 即 $\lambda(E) = G(K/E)$. $\lambda(E)$ 称为 $\boldsymbol{E}$ **的群**.

如果 K 是 $f(x) \in F[x]$ 的分裂域, 则称 $G(K/F)$ 为**多项式 $\boldsymbol{f(x)}$ 的群**.

例 46.2 设 K 是 $f(x) = x^3 - 2$ 在 $\mathbb{Q}$ 上的分裂域. 如例 45.19 所示,K 是 $\mathbb{Q}$ 的正规扩域,

$$K = \mathbb{Q}(\sqrt[3]{2}, \sqrt{3}\mathrm{i})$$

$f(x)$ 的群是 $G(K/\mathbb{Q})$. 同时

$$\lambda(\mathbb{Q}(\sqrt[3]{2})) = \{\sigma \in G(K/\mathbb{Q}) | \sigma(\sqrt[3]{2}) = \sqrt[3]{2}\} = G(K/\mathbb{Q}(\sqrt[3]{2}))$$

恒等映射 $\imath$ 和复共轭 $\sigma(a+b\mathrm{i}) = a - b\mathrm{i}$ 都保持 $\sqrt[3]{2}$ 不变. 因此,

$$\langle\sigma\rangle = \{\imath, \sigma\} \leqslant \lambda(\mathbb{Q}(\sqrt[3]{2})), K_\sigma = \mathbb{Q}(\sqrt[3]{2})$$

目前, 只能说 $\langle\sigma\rangle$ 是 $\lambda(\mathbb{Q}(\sqrt[3]{2}))$ 的一个子群, 因为可以想象存在其他保持 $\mathbb{Q}(\sqrt[3]{2})$ 不变的 $G(K/\mathbb{Q})$ 的自同构. 很快会看到, 情况并非如此, 这两个子群是相等的.

现在提出一系列相关的定理, 它们一起构成伽罗瓦理论的基础.

定理 46.3 设 K 是域 F 的正规扩张, E 是中间域.K 的所有保持 E 不变的自同构的集合的不变域, 恰好是 E. 也就是说,

$$E = K_{\lambda(E)}$$

证明 显然 $E \subseteq K_{\lambda(E)}$. 需要证明 $K_{\lambda(E)} \subseteq E$. 设 α 是 K 的一个不在 E 中的元素. α 在 E 上的极小多项式的次数至少为 2, 根据推论 44.12 以及 K 是 F 的可分扩域, α 有一个共轭 $\beta \in K$, $\beta \neq \alpha$. 而定理 43.18——共轭同构基本定理——说明, 存在一个同构映射

$$\psi_{\alpha,\beta} : E(\alpha) \to E(\beta)$$

把 α 映射到 β 并且保持 E 的所有元素不变. 通过同构扩张定理——定理 44.6, 可以将映射 $\psi_{\alpha,\beta}$ 扩张为自同构 $\sigma : K \to K$. 因此 $\sigma \in \lambda(E)$, 而 σ 不是保持 α 不变的. 由此证明了如果 $\alpha \notin E$, 则 $\lambda(E)$ 不是保持 α 不变的, 或等价地,$K_{\lambda(E)} \subseteq E$, 从而完成了证明.□

定理 46.4 设 K 是域 F 的正规扩张, E 是中间域.K 在 E 上的扩张次数是群 $\lambda(E)$ 的阶:

$$[K : E] = |\lambda(E)| = |G(K/E)|$$

此外, $\lambda(E)$ 在 $G(K/F)$ 中的左陪集的个数是 E 在 F 上的扩张次数. 也就是说,

$$(G(K/F) : \lambda(E)) = [E : F]$$

证明 由于 $\lambda(E) = G(K/E)$, 这个定理只是对推论 45.18 的重述. □

例 46.5 继续例 46.2, $K = \mathbb{Q}(\sqrt[3]{2}, \sqrt{3}\mathrm{i})$ 是 $x^3 - 2$ 在 $\mathbb{Q}$ 上的分裂域, 如果 σ 是复共轭, 则 $\langle\sigma\rangle \leqslant \lambda(\mathbb{Q}(\sqrt[3]{2}))$. 由于 $\alpha = \sqrt{3}\mathrm{i} \notin K$, 而 α 是 2 次多项式 $x^2 + 3 \in \mathbb{Q}(\sqrt[3]{2})[x]$ 的零点, 所以 K 在 $\mathbb{Q}(\sqrt[3]{2})$ 上的扩张次数是 2. 由定理 46.4,

$$2 = [K : \mathbb{Q}(\sqrt[3]{2})] = |\lambda(\mathbb{Q}(\sqrt[3]{2}))|$$

由于 $\langle\sigma\rangle \leqslant \lambda(\mathbb{Q}(\sqrt[3]{2}))$, 且两个有限群的元素个数相同,

$$\langle\sigma\rangle = \lambda(\mathbb{Q}(\sqrt[3]{2}))$$

定理 46.6 设 K 是域 F 的正规扩张, H 是伽罗瓦群 $G(K/F)$ 的子群. 将被 K_H 保持不变的所有元素保持不变的 $G(K/F)$ 的子群恰好是 H, 即

$$\lambda(K_H) = H$$

证明　很明显, H 是 $\lambda(K_H)$ 的子群. 下面通过检查两个群元素数是否相等来验证它们是否相同. 设 $k=|H|$.

根据定理 45.13, F 上的扩域 K 有一个本原元 α, 所以 $K=F(\alpha)$. 设 $E=K_H$ 是被 H 中每个元素保持不变的 K 的子域. 因此 $K=E(\alpha)$ 和 $[K:E]=\deg(\alpha,E)$. 记 $n=[K:E]$. 并设

$$f(x)=\prod_{\sigma\in H}(x-\sigma(\alpha))\in K[x]$$

f 的次数是 $k=|H|$. 设 $\tau\in H$, τ 是 K 到 K 的同构. 因为 H 是一个群, H 的所有元素左乘 τ, 只是将 H 的元素进行置换. 也就是说,

$$H=\{\sigma_1,\sigma_2,\cdots,\sigma_k\}=\{\tau\sigma_1,\tau\sigma_2,\cdots,\tau\sigma_k\}$$

由第 44 节习题 32, 映射 $\tau_x:K[x]\to K[x]$ 是同构, 且

$$\tau_x(f(x))=\prod_{\sigma\in H}(x-\tau\sigma(\alpha))=\prod_{\sigma\in H}(x-\sigma(\alpha))=f(x)$$

记 $f(x)=a_0+a_1x+a_2x^2+\cdots+a_kx^k$,

$$\tau_x(f(x))=\tau(a_0)+\tau(a_1)x+\tau(a_2)x^2+\cdots+\tau(a_k)x^k$$

考察等式 $\tau_x(f(x))=f(x)$ 中系数, 则对于任何 $\tau\in H$, 以及任何 $i, a_i=\tau(a_i)$. 但是 K 中在 H 的每个元素下不变的元素是 $E=K_H$ 的元素, 这意味着每个 a_i 都在 E 中, 因此 $f(x)\in E[x]$. 由于恒等映射在 H 中, 所以 α 是 $f(x)$ 的零点. 因此 $\mathrm{irr}(\alpha,E)$ 整除 $f(x)$ 且

$$k=\deg(f(x))\geqslant\deg(\mathrm{irr}(\alpha,E))=\deg(\alpha,E)=n$$

由于 H 是 $\lambda(K_H)$ 的子群, 所以

$$k=|H|\leqslant|\lambda(K_H)|=[K:E]=n$$

因此得到 $k=n$, $\lambda(K_H)=H$. □

综合定理 46.3 和定理 46.6, 对于任何正规扩张, F 上的扩域 E 的中间域到 $G(K/F)$ 的子群的映射 λ, 既是单的又是满的. 此外, 逆映射 λ^{-1} 将子群 $H\leqslant G(K/E)$ 映射到中间域 $K_H=G(K/E)$.

例 46.7　设 $\mathbb{Q}$ 上扩域 $K=\mathbb{Q}(\sqrt[3]{2},\sqrt{3}\mathrm{i})$. 在例 45.19 中, 我们已经得出 $|G(K/\mathbb{Q})|=6$. 在本例中, 采用另一种方法得出相同的结论. 在例 46.5 中, 对于复共轭 $\sigma\in G(K/\mathbb{Q})$,

有 $\lambda(\mathbb{Q}(\sqrt[3]{2})) = \langle\sigma\rangle$. 因此,

$$K_{\langle\sigma\rangle} = \mathbb{Q}(\sqrt[3]{2})$$

由定理 46.4,

$$(G(K/\mathbb{Q}) : \langle\sigma\rangle) = (G(K/\mathbb{Q}) : \lambda(\mathbb{Q}(\sqrt[3]{2})) = [\mathbb{Q}(\sqrt[3]{2}) : \mathbb{Q}] = 3$$

由于 $|\langle\sigma\rangle| = 2$,

$$|G(K/\mathbb{Q})| = (G(K/\mathbb{Q}) : \sigma) \cdot |\langle\sigma\rangle| = 6$$

定理 46.8 设 K 是域 F 的正规扩张, E 是中间域. 那么 E 是 F 的正规扩张当且仅当 $\lambda(E)$ 是 $G(K/F)$ 的正规子群. 此外, 如果 E 是 F 的正规扩张, 则 $G(E/F)$ 与 $G(K/F)/G(K/E)$ 是同构的.

证明 设 E 是 F 的正规扩张, $\tau \in \lambda(E) = G(K/E)$, $\sigma \in G(K/F)$. 下面证明 $\sigma\tau\sigma^{-1} \in G(K/E)$, 以此证明 $\lambda(E)$ 是 $G(K/F)$ 的正规子群. 根据定理 44.11, σ^{-1} 把 E 同构映射到 E, 因此, 对于任意 $\alpha \in E$, $\tau(\sigma^{-1}(\alpha)) = \sigma^{-1}(\alpha)$,

$$\sigma\tau\sigma^{-1}(\alpha) = \sigma(\tau(\sigma^{-1}(\alpha))) = \sigma(\sigma^{-1}(\alpha)) = \alpha$$

因此, $\sigma\tau\sigma^{-1} \in G(K/E)$, $\lambda(E)$ 是 $G(K/F)$ 的正规子群.

接着假设 $\lambda(E)$ 是 $G(K/F)$ 的正规子群, 要证明 E 是 F 的正规扩张. 必须证明 E 是 F 上的分裂域, 并且 E 是 F 的可分扩张. 定理 45.8 说明这个扩张是可分的. 下面用推论 44.14 证明 E 是 F 上的分裂域. 设 σ_1 是一个保持 F 不变, 并把 E 映射到 K 的一个子域上的任意同构. 设 σ 是 σ_1 的扩张, 是 K 到 K 的同构. 这样的扩张存在性由同构扩张定理 44.6 得出. 设 $\alpha \in E$ 且 $\tau \in \lambda(E)$. 由假设 $\sigma^{-1}\tau\sigma(\alpha) = \alpha$. 因此

$$\tau\sigma(\alpha) = \sigma(\alpha)$$

由于每个 $\tau \in \lambda(E)$ 保持 $\sigma(\alpha)$ 不变, $\sigma(\alpha) \in K_{\lambda(E)}$. 由定理 46.3, $\sigma(\alpha) \in E$, 因此同构 σ_1 把 E 同构映射到 E. 由推论 44.14, E 是 F 的分裂域, 因此 E 是 F 的正规扩张.

假设 E 是 F 的正规扩张, 已知保持 F 不变的 K 的同构把 E 同构映射到自身. 利用这一事实, 可以定义 $\phi : G(K/F) \to G(E/F)$ 使得 $\phi(\sigma)$ 为限制在 E 上的 σ. 根据同构扩张定理 44.6, ϕ 是到 $G(E/F)$ 的满射, 且

$$\mathrm{Ker}(\phi) = \{\sigma \in G(K/F) | \sigma(\alpha) = \alpha, \alpha \in E\} = G(K/E)$$

因此 $G(E/F)$ 与 $G(K/F)/\mathrm{Ker}(\phi) = G(K/F)/G(K/E)$ 同构. □

例 46.9　如例 43.14 所示, x^3-2 在 $\mathbb{Q}$ 上的扩域 $\mathbb{Q}(\sqrt[3]{2})$ 中只有一个零点, 因此 $\mathbb{Q}(\sqrt[3]{2})$ 在 $\mathbb{Q}$ 上不是分裂域, 因此, 不是正规扩域. 正如看到的, $G(\mathbb{Q}(\sqrt[3]{2})/\mathbb{Q})$ 的唯一自同构是恒等映射 $\imath$. 因此, 保持 $\mathbb{Q}(\sqrt[3]{2})$ 不变的 $\mathbb{Q}(\sqrt[3]{2})$ 的自同构集与保持 $\mathbb{Q}$ 不变 $\mathbb{Q}(\sqrt[3]{2})$ 的自同构集是相同的. 在正规扩域的情况下, 这是不可能发生的, 因为 λ 给出了一个一一对应.

在例 46.7 中,

$$|G(\mathbb{Q}(\sqrt[3]{2},\sqrt{3}\mathrm{i})/\mathbb{Q})|=6$$

由于在同构意义下, 只有两个 6 阶群 $\mathbb{Z}_6$ 和 S_3. 由于 $\mathbb{Q}(\sqrt[3]{2})$ 在 $\mathbb{Q}$ 上不是 $\mathbb{Q}$ 的正规扩张, $\lambda(\mathbb{Q}(\sqrt[3]{2}))$ 不是 $G(\mathbb{Q}(\sqrt[3]{2},\sqrt{3}\mathrm{i})/\mathbb{Q})$ 的正规子群. 而 $\mathbb{Z}_6$ 的每个子群都是正规子群, 所以 $G(\mathbb{Q}(\sqrt[3]{2},\sqrt{3}\mathrm{i})/\mathbb{Q})$ 与 S_3 是同构的.

下一个定理给出伽罗瓦理论应用于特定问题的事实. 这个定理通常用子群图和子域图来解释. 它说明子域图与对应的子群图是相同的, 除了图是倒放置的.

定理 46.10　*设 K 是 F 的正规扩张, 有中间域 E_1 和 E_2. E_1 是 E_2 的子域当且仅当 $\lambda(E_2)$ 是 $\lambda(E_1)$ 的子群.*

证明　假设 $E_1\leqslant E_2$. 那么, 任何保持的不变 E_2 中元素 K 的自同构都显然保持 E_1 中每个元素不变, 这意味着 $\lambda(E_2)\leqslant\lambda(E_1)$.

现在假设 $\lambda(E_2)\leqslant\lambda(E_1)$. 设 $\alpha\in K_{\lambda(E_1)}$. 那么 α 在 $\lambda(E_1)$ 的每个元素下不变, 因此, 在 $\lambda(E_2)$ 的每个元素下不变. 所以 $\alpha\in K_{\lambda(E_2)}$. 于是

$$E_1=K_{\lambda(E_1)}\leqslant K_{\lambda(E_2)}=E_2$$

□

例 46.11　如前所述, 设 K 为 $f(x)=x^3-2$ 在 $\mathbb{Q}$ 上的分裂域, 每个 $\sigma\in G(K/\mathbb{Q})$ 完全决定于 σ 如何置换 $f(x)$ 的零点. 由于 $f(x)$ 有三个零点, $G(K/E)$ 与对称群 S_3 的一个子群同构. 如例 46.9 所示,$G(K/\mathbb{Q})$ 与 S_3 是同构的. 通过下面方式标记 $f(x)$ 的零点

$$r_1=\sqrt[3]{2},r_2=\frac{\sqrt[3]{2}}{2}(-1+\sqrt{3}\mathrm{i}),r_3=\frac{\sqrt[3]{2}}{2}(-1-\sqrt{3}\mathrm{i}),$$

同构 $\phi:G(K/\mathbb{Q})\to S_3$ 可以通过令 $\phi(\sigma)$ 是 $f(x)$ 的零点在自同构 σ 下的置换来定义, 也就是说, 如果 $\sigma(r_i)=r_j$, 则 $\phi(\sigma)(i)=j$. 下面将稍微滥用一下记号, 将 $G(K/\mathbb{Q})$ 中的元素与它们在对称群 S_3 中的对应元素等同起来.

S_3 的子群图如图 46.12a 所示. 根据定理 46.10, K 的子域图如图 46.12b 所示.

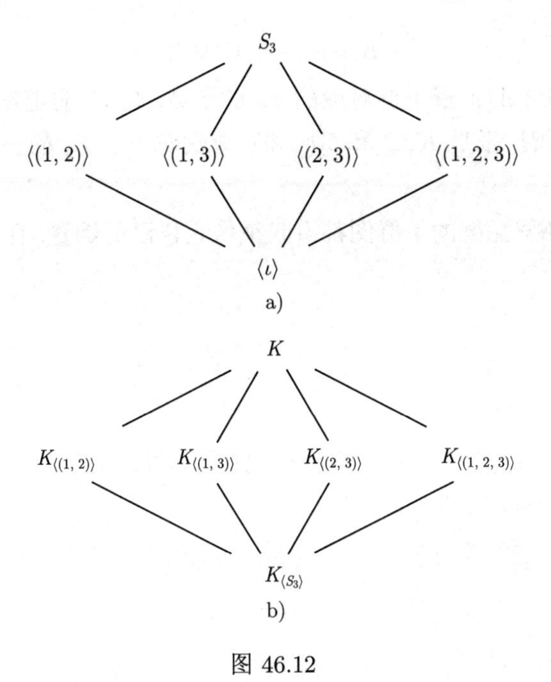

图 46.12

对应于对换 $(2,3)$ 的自同构把 r_2 映射到 r_3, 把 r_3 映射到 r_2, 并保持复共轭 r_1 不变. 如例 46.7 所示,$K_{\langle(2,3)\rangle}=\mathbb{Q}(\sqrt[3]{2})=\mathbb{Q}(r_1)$. 对应于 $(1,2)$ 的自同构保持 r_3 不变, 把 r_1 映射到 r_2, 并把 r_2 映射到 r_1. 因此 $K_{\langle(1,2)\rangle}=\mathbb{Q}(r_3)$. 类似地, $K_{\langle(1,3)\rangle}=\mathbb{Q}(r_2)$.

可以通过以下计算确定 $K_{\langle(1,2,3)\rangle}$:

$$\begin{aligned}|\lambda(\mathbb{Q}(\sqrt{3}\mathrm{i}))|&=[K:\mathbb{Q}(\sqrt{3}\mathrm{i})]\\&=[\mathbb{Q}(\sqrt[3]{2},\sqrt{3}\mathrm{i}):\mathbb{Q}(\sqrt{3}\mathrm{i})]\\&=[\mathbb{Q}(\sqrt[3]{2},\sqrt{3}\mathrm{i}):\mathbb{Q})]/[\mathbb{Q}(\sqrt{3}\mathrm{i}):\mathbb{Q}]\\&=3\end{aligned}$$

子域图表明, 只有一个中间域 E 满足 $[K:E]=3$, 因此 $K_{\langle(1,2,3)\rangle}=\mathbb{Q}(\sqrt{3}\mathrm{i})$. 总之:

$$K_{\{\iota\}}=K, K_{S_3}=\mathbb{Q}, K_{\langle(2,3)\rangle}=\mathbb{Q}(r_1)=\mathbb{Q}(\sqrt[3]{2})$$

$$K_{\langle(1,2)\rangle}=\mathbb{Q}(r_3)=\mathbb{Q}\left(\frac{\sqrt[3]{2}}{2}(-1-\sqrt{3}\mathrm{i})\right)$$

$$K_{\langle(1,3)\rangle}=\mathbb{Q}(r_2)=\mathbb{Q}\left(\frac{\sqrt[3]{2}}{2}(-1+\sqrt{3}\mathrm{i})\right)$$

$$K_{\langle(1,2,3)\rangle}=\mathbb{Q}(\sqrt{3}\mathrm{i})$$

由定理 46.8, $G(K/\mathbb{Q})$ 的正规子群对应的 K 的子域, 是 $\mathbb{Q}$ 的正规扩张. 因此, 作为 K 的中间域的 $\mathbb{Q}$ 的正规扩张是 $K,\mathbb{Q}$ 和 $\mathbb{Q}(\sqrt{3}\mathrm{i})$, 分别对应于 S_3 的正规子群, 即 $\{\imath\},S_3$ 和 $\langle(1,2,3)\rangle$.

并不是每一个伽罗瓦群的子群图都看起来像它自己的倒置, 在下一节中将看到这样的例子.

习题

计算

域 $K=\mathbb{Q}(\sqrt{2},\sqrt{3},\sqrt{5})$ 是 $\mathbb{Q}$ 的有限正规扩张. 可以证明 $[K:\mathbb{Q}]=8$. 在习题 1~8 中, 计算指定问题. 记号如定义 46.1.

1. $[K:\mathbb{Q}(\sqrt{2})]$.

2. $|G(K/\mathbb{Q})|$.

3. $|\lambda(\mathbb{Q})|$.

4. $|\lambda(\mathbb{Q}(\sqrt{2},\sqrt{3}))|$.

5. $|\lambda(\mathbb{Q}(\sqrt{6}))|$.

6. $|\lambda(\mathbb{Q}(\sqrt{30}))|$.

7. $|\lambda(\mathbb{Q}(\sqrt{2}+\sqrt{6}))|$.

8. $|\lambda(K)|$.

9. 描述多项式 $x^4-1\in\mathbb{Q}[x]$ 在 $\mathbb{Q}$ 上的群.

10. 设 G 是 $\mathbb{Q}$ 上多项式 x^3+2 的群, 给出 G 的阶, 并且确定与 G 同构的熟悉的群.

11. 设 K 是 x^3-5 在 $\mathbb{Q}$ 上的分裂域.

a. 证明 $K=\mathbb{Q}(\sqrt[3]{5},\mathrm{i}\sqrt{3})$.

b. 描述 $G(K/\mathbb{Q})$ 的六个元素, 给出它们在 $\sqrt[3]{5}$ 和 $\mathrm{i}\sqrt{3}$ 上的值.

c. $G(K/\mathbb{Q})$ 与之前看到的哪个群是同构的.

d. 使用 b 部分解答中给出的符号, 给出 K 的子域图和 $G(K/\mathbb{Q})$ 的子群图, 指出对应的中间域和子群, 如例 46.11 所示.

12. 描述多项式 $x^4-5x^2+6\in\mathbb{Q}[x]$ 在 $\mathbb{Q}$ 上的群.

13. 描述多项式 $x^3-1\in\mathbb{Q}[x]$ 在 $\mathbb{Q}$ 上的群.

概念

14. 举例说明存在域 F 的两个正规扩张 K_1 和 K_2, 使得 K_1 和 K_2 不同构, 而$G(K_1/F)\cong G(K_2/F)$.

15. 判断下列命题的真假.

a. 伽罗瓦群的两个不同子群可以有相同的不变域.

b. 如果 $F \leqslant E < L \leqslant K$ 是域扩张, K 是 F 的正规扩张, 则 $\lambda(E) < \lambda(L)$.

c. 如果 K 是 F 的正规扩张, 那么 K 是 E 的正规扩张, 其中 $F \leqslant E \leqslant K$.

d. 如果域 F 的两个正规扩张 E 和 L 具有同构的伽罗瓦群, 那么 $[E:F]=[L:F]$.

e. 如果 E 是 F 的正规扩张, H 是 $G(E/F)$ 的正规子群, 则 E_H 是 F 的正规扩张.

f. 如果 E 是域 F 的单扩域, 那么伽罗瓦群 $G(E/F)$ 是单的.

g. 伽罗瓦群都不是单的.

h. 如果 F 上正规扩张 K 的两个中间域 E_1 和 E_2 的群 $\lambda(E_1)$ 和 $\lambda(E_2)$ 同构, 则 $K_{\lambda(E_1)}$ 与 $K_{\lambda(E_2)}$ 同构.

i. 域 F 上 2 次扩张 E 总是 F 的正规扩张.

j. 如果 F 特征为零, 则域 F 上的 2 次扩张 E 总是 F 的正规扩张.

理论

16. 域 F 的正规扩张 K 称为在 F 上**交换**的, 如果 $G(K/F)$ 是交换群. 证明若 K 在 F 上是交换的, 且 $F \leqslant E \leqslant K$, 则 K 在 E 上是交换的, E 在 F 上是交换的.

17. 设 K 是域 F 的正规扩张, 证明对于每个 $\alpha \in K$, 如下定义的 α 在 F 上的**范数**

$$N_{K/F}(\alpha) = \prod_{\sigma \in G(K/F)} \sigma(\alpha)$$

和如下给出的 α 在 F 上的**迹**

$$Tr_{K/F}(\alpha) = \sum_{\sigma \in G(K/F)} \sigma(\alpha)$$

是 F 的元素.

18. 考虑 $K = \mathbb{Q}(\sqrt{2}, \sqrt{3})$. 参照习题 17, 计算下列各小题 (见表 43.5).

a. $N_{K/\mathbb{Q}}(\sqrt{2})$.

b. $N_{K/\mathbb{Q}}(\sqrt{2}+\sqrt{3})$.

c. $N_{K/\mathbb{Q}}(\sqrt{6})$.

d. $N_{K/\mathbb{Q}}(2)$.

e. $Tr_{K/\mathbb{Q}}(\sqrt{2})$.

f. $Tr_{K/\mathbb{Q}}(\sqrt{2}+\sqrt{3})$.

g. $Tr_{K/\mathbb{Q}}(\sqrt{6})$.

h. $Tr_{K/\mathbb{Q}}(2)$.

19. 设 $K = F(\alpha)$ 是 F 的正规扩张. 设

$$\mathrm{irr}(\alpha, F) = x^n + a_{n-1}x^{n-1} + \cdots + a_1x + a_0$$

参考习题 17, 证明:

a. $N_{K/F}(\alpha) = (-1)^n a_0$.

b. $Tr_{K/F}(\alpha) = -a_{n-1}$.

20. 设 $f(x) \in F[x]$ 是 n 次多项式, 其每个不可约因式在 F 上可分. 证明 $f(x)$ 在 F 上的群的阶是 $n!$.

21. 设 $f(x) \in F[x]$ 是一个多项式, 其每个不可约因式在 F 上可分. 证明 $f(x)$ 在 F 上的群可以自然地视为 $f(x)$ 在 $\overline{F}$ 上的零点的置换群.

22. 设 F 是域, ζ 是 F 中单位元的本原 n 次根, 其中 F 的特征为 0.

a. 证明 $F(\zeta)$ 是 F 的正规扩张.

b. 证明 $G(F(\zeta)/F)$ 是交换的.(提示: 每个 $\sigma \in G(F(\zeta)/F)$ 把 ζ 映射到某个 ζ^r 上, 完全由这个 r 决定.)

23. 域 F 的正规扩张 K 在 F 上**循环**, 如果 $G(K/F)$ 是循环群.

a. 证明如果 K 在 F 上循环, $F \leqslant E \leqslant K$, 那么 E 在 F 上循环, K 在 E 上循环.

b. 证明如果 K 在 F 上循环, 那么对于 $[K : F]$ 的每个因子 d, 恰好存在一个在 F 上的次数为 d 的扩域 E, $F \leqslant E \leqslant K$.

24. 设 K 是 F 的正规扩张.

a. 当 $\alpha \in K$ 时, 证明

$$f(x) = \Pi_{\sigma \in G(K/F)}(x - \sigma(\alpha))$$

在 $F[x]$ 中.

b. 参考 a 部分, 证明 $f(x)$ 是 $\mathrm{irr}(\alpha, F)$ 的幂, 且 $f(x) = \mathrm{irr}(\alpha, F)$ 当且仅当 $K = F(\alpha)$.

25. 设 K 是域 F 的正规扩张. 如果 E 和 L 都是扩张的中间域, 定义**连接**$(E \vee L)$ 为包含 E 和 L 的扩域的所有中间域的交集, 参见图 46.13. 用 $G(K/E)$ 和 $G(K/L)$ 来描述 $G(K/(E \vee L))$.

26. 参照习题 25, 用 $G(K/E)$ 和 $G(K/L)$ 来描述 $G(K/(E \cap L))$.

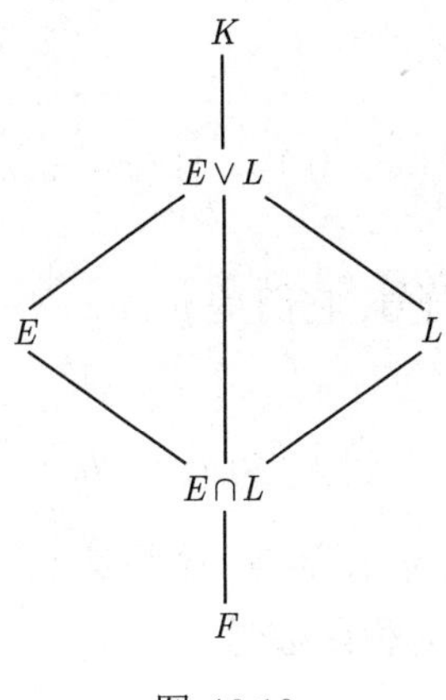

图 46.13

9.47 伽罗瓦理论的描述

对称函数

设 F 是特征为零的域, $y_1, y_2, \cdots, y_n$ 是不定元. 存在 $F(y_1, y_2, \cdots, y_n)$ 的自然自同构保持 F 不变, 即由 $\{y_1, y_2, \cdots, y_n\}$ 的置换定义的自同构. 确切地说, 设 σ 是 $\{1, 2, \cdots, n\}$ 的置换, 即 $\sigma \in S_n$. 那么 σ 给出了自然映射 $\overline{\sigma} : F(y_1, y_2, \cdots, y_n) \to F(y_1, y_2, \cdots, y_n)$, 对 $f(y_1, y_2, \cdots, y_n), g(y_1, y_2, \cdots, y_n) \in F[y_1, y_2, \cdots, y_n], g(y_1, y_2, \cdots, y_n) \neq 0$ 有

$$\overline{\sigma}\left(\frac{f(y_1, y_2, \cdots, y_n)}{g(y_1, y_2, \cdots, y_n)}\right) = \frac{f(y_{\sigma(1)}, y_{\sigma(2)}, \cdots, y_{\sigma(n)})}{g(y_{\sigma(1)}, y_{\sigma(2)}, \cdots, y_{\sigma(n)})}$$

显然 $\overline{\sigma}$ 是 $F(y_1, y_2, \cdots, y_n)$ 的自同构, 保持 F 不变. 对于 $\sigma \in S_n$, $F(y_1, y_2, \cdots, y_n)$ 中被所有 $\overline{\sigma}$ 保持不变的元素是那些对于不定元 $y_1, y_2, \cdots, y_n$ 而言对称的有理函数.

定义 47.1 域 $F(y_1, y_2, \cdots, y_n)$ 的元素称为是 F 上 $y_1, y_2, \cdots, y_n$ 的一个**对称函数** (symmetric function), 如果它在 $y_1, y_2, \cdots, y_n$ 的所有置换 (前述自然置换) 下不变.

设 $\overline{S_n}$ 是对应于 $\sigma \in S_n$ 的所有自同构 $\overline{\sigma}$ 的群. 显然 $\overline{S_n}$ 自然同构于 S_n. 设 K 是 $F(y_1, y_2, \cdots, y_n)$ 的子域, 在 $\overline{S_n}$ 下不变. 考虑多项式

$$f(x) = \prod_{i=1}^{n}(x - y_i)$$

多项式 $f(x) \in F(y_1, y_2, \cdots, y_n)[x]$ 是 n 次**一般多项式** (general polynomial). 设 $\overline{\sigma_x}$ 如定义 44.4 所示是 $\overline{\sigma}$ 到 $F(y_1, y_2, \cdots, y_n)[x]$ 的多项式扩张, 使得 $\overline{\sigma_x}(x) = x$. 任给 $\sigma \in S_n$,

$f(x)$ 在每个 $\overline{\sigma_x}$ 下不变, 即

$$\prod_{i=1}^{n}(x-y_i)=\prod_{i=1}^{n}(x-y_{\sigma(i)})$$

因此 $f(x)$ 的系数在 K 中, 除了符号, 它们是 $y_1, y_2, \cdots, y_n$ 的初等对称函数. 如所述, 注意 $f(x)$ 的常数项是

$$(-1)^n y_1 y_2 \cdots y_n$$

x^{n-1} 的系数是 $-(y_1+y_2+\cdots+y_n)$, 等等. 这些是 $y_1, y_2, \cdots, y_n$ 的对称函数.

$y_1, y_2, \cdots, y_n$ 的第一个基本对称函数是

$$s_1 = y_1+y_2+\cdots+y_n$$

第二个是 $s_2 = y_1y_2+y_1y_3+\cdots+y_{n-1}y_n$, 依此类推. 第 n 个是 $s_n = y_1y_2\cdots y_n$.

考虑域 $E=F(s_1, s_2, \cdots, s_n)$. 当然有, $E \leqslant K$, 其中 K 是 $y_1, y_2, \cdots, y_n$ 在 F 上所有对称函数的域. 因为 E 的特征为零, 所以 E 上的扩张 K 是可分扩张. 因此 $F(y_1, y_2, \cdots, y_n)$ 是 E 的有限正规扩张, 即

$$f(x)=\prod_{i=1}^{n}(x-y_i)$$

在 E 上的分裂域. 由于 $f(x)$ 是 n 次的, 立刻得到

$$[F(y_1, y_2, \cdots, y_n):E] \leqslant n!$$

(见 9.44 节习题 19.) 但是, 由于 K 是 $\overline{S_n}$ 的不变域,

$$|\overline{S_n}|=|S_n|=n!$$

因此有

$$n!=[F(y_1, y_2, \cdots, y_n):K]$$

因此,

$$n!=[F(y_1, y_2, \cdots, y_n):K] \leqslant [F(y_1, y_2, \cdots, y_n):E] \leqslant n!$$

所以 $K=E$. 因此 $F(y_1, y_2, \cdots, y_n)$ 在 E 上的伽罗瓦群是 $\overline{S_n}$. 事实上, $K=E$ 表明每个对称函数都可以表示为初等对称函数 $s_1, s_2, \cdots, s_n$ 的一个有理函数. 下面定理总结了这些结果.

定理 47.2 设 F 是特征为零的域. 设 $s_1, s_2, \cdots, s_n$ 是不定元 $y_1, y_2, \cdots, y_n$ 的初等对称函数. 那么 $y_1, y_2, \cdots, y_n$ 在 F 上的每个对称函数是初等对称函数的有理函数. 而且, $F(y_1, y_2, \cdots, y_n)$ 是 $F(s_1, s_2, \cdots, s_n)$ 的 $n!$ 次有限正规扩张, 这个扩张的伽罗瓦群自然同构于 S_n.

从凯莱定理 8.11 的角度看, 从定理 47.2 可以推导出任何有限群都可以作为伽罗瓦群 (同构意义下) 出现.(见习题 11.)

定理 47.2 的证明只要用 F 的特征为零来推断 E 上的扩张 $F(y_1, y_2, \cdots, y_n)$ 是一个可分扩张. 再做一点工作, 证明可以修改为 F 为任意域.

例子

下面给出一个有限正规扩张的例子, 该扩张的伽罗瓦群的子群图看起来不像它自己的倒置.

例 47.3 考虑 x^4-2 在 $\mathbb{Q}$ 上 $\mathbb{C}$ 中的分裂域. 根据艾森斯坦判别法, 用 $p=2$, 有 x^4-2 在 $\mathbb{Q}$ 上不可约. 记 $\alpha=\sqrt[4]{2}$ 是 x^4-2 的实零点, 那么 $\mathbb{C}$ 中 x^4-2 的四个零点是 $\alpha, -\alpha, \mathrm{i}\alpha$ 和 $-\mathrm{i}\alpha$, 其中 i 是 $\mathbb{C}$ 中 x^2+1 的通常零点. 因此 x^4-2 在 $\mathbb{Q}$ 上的分裂域 K 含有 $(\mathrm{i}\alpha)/\alpha=\mathrm{i}$. 由于 α 是实数, $\mathbb{Q}(\alpha)<\mathbb{R}$, 所以 $\mathbb{Q}(\alpha)\neq K$. 然而, 由于 $\mathbb{Q}(\alpha, \mathrm{i})$ 包含 x^4-2 的所有零点, 所以 $\mathbb{Q}(\alpha, \mathrm{i})=K$. 令 $E=\mathbb{Q}(\alpha)$, 有图 47.4.

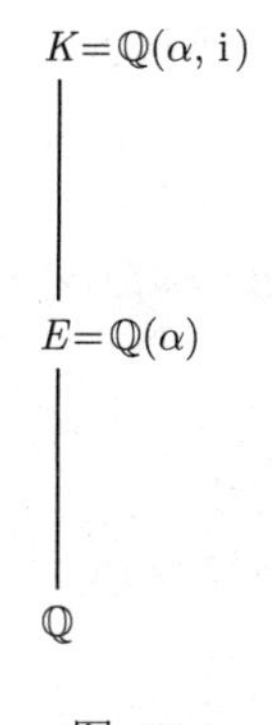

图 47.4

$\{1, \alpha, \alpha^2, \alpha^3\}$ 是 E 在 $\mathbb{Q}$ 上的基, 而 $\{1, \mathrm{i}\}$ 是 K 在 E 上的基. 因此

$$\{1, \alpha, \alpha^2, \alpha^3, \mathrm{i}, \mathrm{i}\alpha, \mathrm{i}\alpha^2, \mathrm{i}\alpha^3\}$$

是 K 在 $\mathbb{Q}$ 上的基. 由于 $[K:\mathbb{Q}]=8$, 必有 $|G(K/\mathbb{Q})|=8$, 所以需要找到 K 的 8 个自同构保持 $\mathbb{Q}$ 不变. 任何这样的自同构 σ 完全由它在基 $\{1, \alpha, \alpha^2, \alpha^3, \mathrm{i}, \mathrm{i}\alpha, \mathrm{i}\alpha^2, \mathrm{i}\alpha^3\}$

上的值决定, 而这些值又由 $\sigma(\alpha)$ 和 $\sigma(\mathrm{i})$ 决定. 但 $\sigma(\alpha)$ 一定是 α 在 $\mathbb{Q}$ 上的共轭, 即 $\operatorname{irr}(\alpha,\mathbb{Q})=x^4-2$ 的四个零点之一. 同样, $\sigma(\mathrm{i})$ 必须是 $\operatorname{irr}(\mathrm{i},\mathbb{Q})=x^2+1$ 的零点. 因此, $\sigma(\alpha)$ 有四种可能, $\sigma(\mathrm{i})$ 有两种可能, 必须给出所有 8 个自同构. 设 $\rho\in G(K/\mathbb{Q})$ 为 $\rho(\alpha)=\mathrm{i}\alpha$ 且 $\rho(\mathrm{i})=\mathrm{i}$ 的自同构, $\mu\in G(K/\mathbb{Q})$ 为 $\mu(\alpha)=\alpha$ 且 $\mu(\mathrm{i})=-\mathrm{i}$ 的自同构. 因此有

$$\rho^2(\alpha)=\rho(\rho(\alpha))=\rho(\mathrm{i}\alpha)=\mathrm{i}(\mathrm{i}\alpha)=-\alpha$$

$$\rho^2(\mathrm{i})=\rho(\rho(\mathrm{i}))=\rho(\mathrm{i})=\mathrm{i}$$

同样有

$$\mu\rho(\alpha)=\mu(\rho(\alpha))=\mu(\mathrm{i}\alpha)=-\mathrm{i}\alpha$$

$$\mu\rho(\mathrm{i})=\mu(\rho(\mathrm{i}))\mu(\mathrm{i})=-\mathrm{i}$$

表 47.5

	$\imath$	ρ	ρ^2	ρ^3	μ	$\mu\rho$	$\mu\rho^2$	$\mu\rho^3$
$\alpha\to$	α	$\mathrm{i}\alpha$	$-\alpha$	$-\mathrm{i}\alpha$	α	$-\mathrm{i}\alpha$	$-\alpha$	$\mathrm{i}\alpha$
$\mathrm{i}\to$	i	i	i	i	$-\mathrm{i}$	$-\mathrm{i}$	$-\mathrm{i}$	$-\mathrm{i}$

表 47.5 显示了对 $\imath,\rho,\rho^2,\rho^3,\mu,\mu\rho,\mu\rho^2,\mu\rho^3$ 的类似计算结果. 这些自同构解释了 $G(K/\mathbb{Q})$ 的所有 8 个元素. 表格看起来非常像二面体群 D_4. 为了验证 $G(K/\mathbb{Q})$ 与 D_4 是同构的, 通过分别求出它们在 α 和 i 上的取值, 来确定关系 $\mu^2=\imath,\rho^4=\imath,\rho\mu=\mu\rho^3$,

$$\mu^2(\alpha)=\mu(\alpha)=\alpha$$

$$\mu^2(\mathrm{i})=\mu(-\mathrm{i})=\mathrm{i}$$

$$\rho^4(\alpha)=\rho(\rho^3(\alpha))=\rho(-\mathrm{i}\alpha)=-\mathrm{i}^2\alpha=\alpha$$

$$\rho^4(\mathrm{i})=\rho(\rho^3(\mathrm{i}))=\rho(\mathrm{i})=\mathrm{i}$$

$$\rho\mu(\alpha)=\rho(\alpha)=\mathrm{i}\alpha=\mu\rho^3(\alpha)$$

$$\rho\mu(\mathrm{i})=\rho(-\mathrm{i})=-\mathrm{i}=\mu\rho^3(\mathrm{i})$$

图 47.6a 给出了二面体群的子群图, 图 47.6b 给出了相应的子域图. 这就很好地说明了一个图是另一个图的倒置.

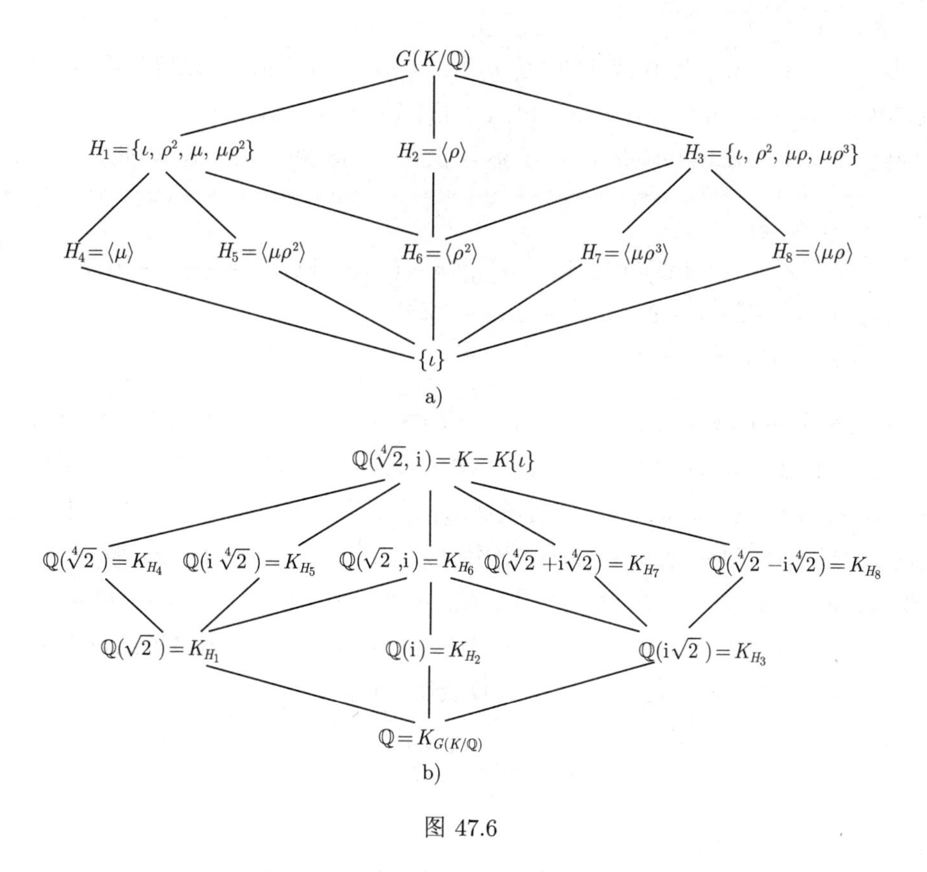

图 47.6

确定不变域 K_{H_i} 有时需要一点创造力. 比如, 为求出 K_{H_2}, 需要求出 $\mathbb{Q}$ 的在 $\{\iota, \rho, \rho^2, \rho^3\}$ 下不变的 2 次扩域. 因为所有的 ρ^j 都保持 i 不变, $\mathbb{Q}(\mathrm{i})$ 就是要找的域. 为了找到 K_{H_4}, 必须找到在 ι 和 μ 下不变的 $\mathbb{Q}$ 的 4 次扩域. 由于 μ 保持 α 不变, 而 α 是 $\mathrm{irr}(\alpha, \mathbb{Q}) = x^4 - 2$ 的零点, 可以看到 $\mathbb{Q}(\alpha)$ 是 $\mathbb{Q}$ 上的 4 次扩域, 并且在 $\{\iota, \mu\}$ 下不变. 根据伽罗瓦理论, 它是唯一这样的域. 这里充分利用了伽罗瓦理论给出的一一对应关系. 如果找到了一个符合条件的域, 那就是要找的域. 寻找 K_{H_7} 需要更多的创造力. 因为 H_7 是一个群, 对于任何 $\beta \in K$, $\iota(\beta) + \mu\rho^3(\beta)$ 在 H_7 的元素 ι 和 $\mu\rho^3$ 下保持不变. 令 $\beta = \alpha$, 可知 $\iota(\alpha) + \mu\rho^3(\alpha) = \alpha + \mathrm{i}\alpha$ 在 H_7 下不变. 通过检查表 47.5 中的所有 8 个自同构, 看到只有 ι 和 $\mu\rho^3$ 能保持 $\alpha + \mathrm{i}\alpha$ 不变. 因此, 根据一一对应, 必须有

$$\mathbb{Q}(\alpha + \mathrm{i}\alpha) = \mathbb{Q}(\sqrt[4]{2} + \mathrm{i}\sqrt[4]{2}) = K_{H_7}$$

假设希望找到 $\mathrm{irr}(\alpha + \mathrm{i}\alpha, \mathbb{Q})$. 如果 $\gamma = \alpha + \mathrm{i}\alpha$, 那么对于 γ 在 $\mathbb{Q}$ 上的每个共轭, 都存在一个 K 的自同构, 将 γ 映射到该共轭. 因此, 只需要计算 $\sigma \in G(K/\mathbb{Q})$ 对应的各种不同值 $\sigma(\gamma)$, 就可以找到 $\mathrm{irr}(\gamma, \mathbb{Q})$ 的其他零点. D_4 中每个元素都可以写成 $\rho^i(\mu\rho^3)^j$ 的

形式, 其中 $0 \leqslant i \leqslant 3$, j 为 0 或 1. 但是 $\mu\rho^3(\alpha + \mathrm{i}\alpha) = \alpha + \mathrm{i}\alpha$, 所以要计算 $\alpha + \mathrm{i}\alpha$ 的共轭, 只需要计算 $\imath(\alpha + \mathrm{i}\alpha)$, $\rho(\alpha + \mathrm{i}\alpha)$, $\rho^2(\alpha + \mathrm{i}\alpha)$ 和 $\rho^3(\alpha + \mathrm{i}\alpha)$.

因此, $\gamma = \alpha + \mathrm{i}\alpha$ 的共轭是 $\alpha + \mathrm{i}\alpha, \mathrm{i}\alpha - \alpha, -\alpha - \mathrm{i}\alpha$ 和 $-\mathrm{i}\alpha + \alpha$. 因此

$$
\begin{aligned}
&\operatorname{irr}(\gamma, \mathbb{Q}) \\
&= [(x - (\alpha + \mathrm{i}\alpha))(x - (\mathrm{i}\alpha - \alpha))][(x - (-\alpha - \mathrm{i}\alpha))(x - (-\mathrm{i}\alpha + \alpha))] \\
&= (x^2 - 2\mathrm{i}\alpha x - 2\alpha^2)(x^2 + 2\mathrm{i}\alpha x - 2\alpha^2) \\
&= x^4 + 4\alpha^4 = x^4 + 8
\end{aligned}
$$

前面见过这样的例子, 域 F 上的 4 次多项式在 F 上的分裂域是 8 次 (例 47.3) 和 24 次 (定理 47.2, $n = 4$) 扩域. 域 F 的 4 次多项式的分裂域在在 F 上的扩张次数总是整除 $4! = 24$. $(x - 2)^4$ 在 $\mathbb{Q}$ 上的分裂域是 $\mathbb{Q}$, 是 1 次扩域; $(x^2 - 2)^2$ 在 $\mathbb{Q}$ 上的分裂域是 $\mathbb{Q}(\sqrt{2})$, 是 2 次扩域. 下一个例子给出次数为 4 的 4 次多项式的分裂域.

例 47.7　考虑 $x^4 + 1$ 在 $\mathbb{Q}$ 上的分裂域. 根据定理 28.12, 可以证明 $x^4 + 1$ 在 $\mathbb{Q}$ 上不可约, 只要证明它在 $\mathbb{Z}[x]$ 不可分解.(见习题 1.) 第 3 节中关于复数的结论表明, $x^4 + 1$ 的零点是 $(1 \pm \mathrm{i})/\sqrt{2}$ 和 $(-1 \pm \mathrm{i})/\sqrt{2}$. 计算表明, 如果

$$
\alpha = \frac{1 + \mathrm{i}}{\sqrt{2}}
$$

那么

$$
\alpha^3 = \frac{-1 + \mathrm{i}}{\sqrt{2}}, \alpha^5 = \frac{-1 - \mathrm{i}}{\sqrt{2}}, \alpha^7 = \frac{1 - \mathrm{i}}{\sqrt{2}}
$$

因此 $x^4 + 1$ 在 $\mathbb{Q}$ 上的分裂域 K 是 $\mathbb{Q}(\alpha)$, $[K : \mathbb{Q}] = 4$. 下面计算 $G(K/\mathbb{Q})$, 并给出子群图和子域图. 由于存在 K 的自同构把 α 映射到 α 的每个共轭上, 并且 $\mathbb{Q}(\alpha)$ 的自同构 σ 完全由 $\sigma(\alpha)$ 决定, 可以看到 $G(K/\mathbb{Q})$ 的四个元素由表 47.8 决定.

表 47.8

	σ_1	σ_3	σ_5	σ_7
$\alpha \to$	α	α^3	α^5	α^7

由于

$$
(\sigma_j \sigma_k)(\alpha) = \sigma_j(\alpha^k) = (\alpha^j)^k = \alpha^{jk}, \alpha^8 = 1
$$

可以看出 $G(K/\mathbb{Q})$ 与模 8 乘法群 $\{1, 3, 5, 7\}$ 是同构的. 注意, 在同构意义下只有两个 4 阶群——循环群和克莱因四元群. 由于 $\{1, 3, 5, 7\}$ 的每个元素都是 2 或 1 阶的, $G(K/\mathbb{Q})$ 与克莱因四元群同构. 图如图 47.9 所示.

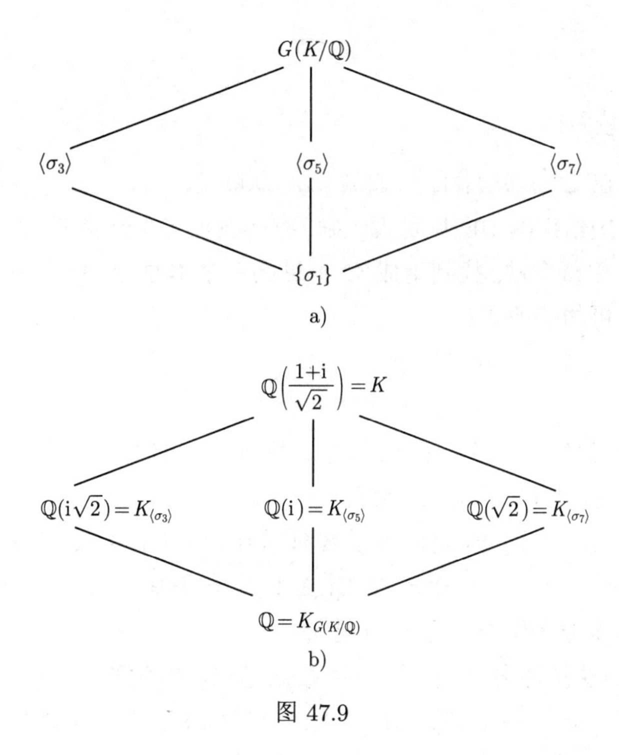

图 47.9

要找到 $K_{\langle\sigma_3\rangle}$, 只要找到 K 的一个不在 $\mathbb{Q}$ 中且在 $\{\sigma_1,\sigma_3\}$ 下不变的元素, 因为 $[K_{\langle\sigma_3\rangle}:\mathbb{Q}]=2$. 显然, $\sigma_1(\alpha)+\sigma_3(\alpha)$ 在 σ_1 和 σ_3 下是不变的, 因为 $\{\sigma_1,\sigma_3\}=\langle\sigma_3\rangle$ 是一个群. 有

$$\sigma_1(\alpha)+\sigma_3(\alpha)=\alpha+\alpha^3=\mathrm{i}\sqrt{2}$$

同样,

$$\sigma_1(\alpha)+\sigma_7(\alpha)=\alpha+\alpha^7=\sqrt{2}$$

是在 $\langle\sigma_7\rangle=\{\sigma_1,\sigma_7\}$ 下不变的. 该方法对于求 $E_{\langle\sigma_5\rangle}$ 不适用, 因为

$$\sigma_1(\alpha)+\sigma_5(\alpha)=\alpha+\alpha^5=0, 0\in\mathbb{Q}$$

但是有一个类似的结论, $\sigma_1(\alpha)\sigma_5(\alpha)$ 在 σ_1 和 σ_5 下不变,

$$\sigma_1(\alpha)\sigma_5(\alpha)=\alpha\alpha^5=-\mathrm{i}$$

因此 $\mathbb{Q}(-\mathrm{i})=\mathbb{Q}(\mathrm{i})$ 是所求的域.

习题

计算 (需要的理论较多)

1. 证明 x^4+1 在 $\mathbb{Q}[x]$ 中不可约, 如例 47.7 所断言.

2. 验证图 47.6 中给出的中间域是否正确.(有些在正文中已验证. 验证其余部分.)

3. 对于图 47.6 中每个域, 找到生成 $\mathbb{Q}$ 上域的一个本原元 (见定理 45.13), 并给出它在 $\mathbb{Q}$ 上的不可约多项式.

4. 设 ζ 是 $\mathbb{C}$ 上的 5 次本原单位根.

a. 证明 $\mathbb{Q}(\zeta)$ 是 x^5-1 在 $\mathbb{Q}$ 上的分裂域.

b. 证明 $K=\mathbb{Q}(\zeta)$ 的每个自同构都将 ζ 映射到 ζ 的某方幂 ζ^r.

c. 用 b 部分, 描述 $G(K/\mathbb{Q})$ 的元素.

d. 给出 $\mathbb{Q}(\zeta)$ 在 $\mathbb{Q}$ 上的子群图和子域图, 如例 47.3 和例 47.7 所示, 计算中间域.

5. 描述多项式 $x^5-2\in(\mathbb{Q}(\zeta))[x]$ 在 $\mathbb{Q}(\zeta)$ 上的群, 其中 ζ 是 5 次本原单位根.

6. 对 $\mathbb{C}$ 上 7 次本原单位根 ζ 重复习题 4.

7. 用最简单的方法描述多项式 $x^8-1\in\mathbb{Q}[x]$ 在 $\mathbb{Q}$ 上的群.

8. 求多项式 $x^4-4x^2-1\in\mathbb{Q}[x]$ 在 $\mathbb{C}$ 上的分裂域 K. 计算多项式在 $\mathbb{Q}$ 上的群, 证明 $G(K/\mathbb{Q})$ 的子群与中间域之间的对应关系. 换句话说, 完成所有的工作.

9. 将下列 y_1,y_2,y_3 在 $\mathbb{Q}$ 上的对称函数表示为初等对称函数 s_1,s_2,s_3 的有理函数.

a. $y_1^2+y_2^2+y_3^2$.

b. $\dfrac{y_1}{y_2}+\dfrac{y_2}{y_1}+\dfrac{y_1}{y_3}+\dfrac{y_3}{y_1}+\dfrac{y_2}{y_3}+\dfrac{y_3}{y_2}$.

10. 设 $\alpha_1,\alpha_2,\alpha_3$ 是多项式 $x^3-4x^2+6x-2\in\mathbb{Q}[x]$ 在 $\mathbb{C}$ 中的零点. 找到恰有以下零点的多项式:

a. $\alpha_1+\alpha_2+\alpha_3$.

b. $\alpha_1^2,\alpha_2^2,\alpha_3^2$.

理论

11. 证明每个有限群都与某个域 F 的有限正规扩张 K 的伽罗瓦群 $G(K/F)$ 同构.

12. 设 $f(x)\in F[x]$ 是 n 次首 1 多项式, 其所有不可约因式在 F 上可分, 设 K 是 $f(x)$ 在 F 上的分裂域, 在 $K[x]$ 中 $f(x)$ 分解为

$$\prod_{i=1}^{n}(x-\alpha_i)$$

设

$$\Delta(f)=\prod_{i<j}(\alpha_i-\alpha_j)$$

乘积 $(\Delta(f))^2$ 称为 $f(x)$ 的**判别式**.

a. 证明 $\Delta(f)=0$ 当且仅当 $f(x)$ 有一个因式是 $F[x]$ 中某个不可约多项式的平方.

b. 证明 $(\Delta(f))^2 \in F$.

c. $G(K/F)$ 可以看作 $\overline{S_n}$ 的子群, 其中 $\overline{S_n}$ 是 $\{\alpha_i|i=1,2,\cdots,n\}$ 的所有置换的群. 证明 $G(K/F)$ 在此意义下是 $\overline{A_n}$ 的子群, 当且仅当 $\Delta(f)\in F$, $\overline{A_n}$ 是由 $\{\alpha_i|i=1,2,\cdots,n\}$ 的所有偶置换构成的群.

13. 称 $\mathbb{C}$ 中数是**代数整数** (algebraic integer), 如果它是 $\mathbb{Z}[x]$ 中某个首 1 多项式的零点. 证明所有代数整数的集合构成 $\mathbb{C}$ 的子环.

9.48 分圆扩张

分圆扩张的伽罗瓦群

本节考虑在有理数域 $\mathbb{Q}$ 添加单位根得到的复数子域. 在这个扩张上用伽罗瓦理论, 确定哪些正 n 边形可以作图构造.

定义 48.1 域 F 上 x^n-1 的分裂域称为 F 的 n 次**分圆扩张** (cyclotomic extension).

由于特征为零的域是完备的, 所以 $f(x)=x^n-1$ 在 $\mathbb{Q}$ 上的分裂域 K 是可分的, 因此是 $\mathbb{Q}$ 上的正规扩张. $f(x)$ 的 n 个不同零点构成循环群 U_n.(见第 3 节.) 由推论 6.17 可知, n 阶循环群的生成元数小于 n 且与 n 互素, 将其定义为欧拉函数 $\varphi(n)$.

定义 48.2 多项式

$$\Phi(x)=\prod_{i=1}^{\varphi(n)}(x-\alpha_i)$$

为 $\mathbb{Q}$ 上的 n 次**分圆多项式** (cyclotomic polynomial), 其中 α_i 是 $\mathbb{Q}$ 中单位元的 n 次本原根.

设 $\sigma\in G(K/\mathbb{Q})$. 由于伽罗瓦群 $G(K/\mathbb{Q})$ 的自同构必置换单位元的 n 次本原根, 可以看出 $\sigma_x(\Phi_n(x))=\Phi_n(x)$, 其中 $\sigma_x: K[x]\to K[x]$ 是 σ 的多项式扩张. 因此, $\Phi_n(x)$ 的系数在每个 $\sigma\in G(K/\mathbb{Q})$ 下不变, 于是,$\Phi_n(x)$ 的所有系数都是有理数. 也就是说, $\Phi_n(x)\in\mathbb{Q}[x]$. n 次分圆多项式 $\Phi_n(x)$ 必整除 x^n-1, 根据定理 28.12,$\Phi_n(x)\in\mathbb{Z}[x]$. 对于素数 p, 推论 28.18 说明 $\Phi_p(x)$ 在 $\mathbb{Q}$ 上不可约, 这里不给出证明, 但是可以证明即使 $n\geqslant 2$ 不是素数, $\Phi_n(x)$ 也是不可约的.

历史笔记

1801 年, 高斯在他的《算术研究》的最后一章中考虑了分圆多项式. 在那一章中, 他实际上给出了 p 为素数时, 确定 $\Phi_p(x)$ 的根的构造性程序. 高斯的方法成为伽罗瓦发展一般理论中的一个重要例子, 该方法求解一系列辅助方程, 每个方程的次数都是 $p-1$ 的素因子而系数依次由前一个方程的根决定. 当然, 高斯知道 $\Phi_p(x)$ 的根是其中一个根 ζ 的所有幂. 他通过确定根的一些幂 ζ^j 的和, 确定辅助方程, 这些幂的和是要确定的方程的根. 例如, 当 $p=19$(因此 $p-1=18=3\times3\times2$) 时, 高斯需要找到两个三次方程和一个二次方程作为辅助方程. 结果, 第一个方程有三个根, $\alpha_1=\zeta+\zeta^8+\zeta^7+\zeta^{18}+\zeta^{11}+\zeta^{12}, \alpha_2=\zeta^2+\zeta^{16}+\zeta^{14}+\zeta^{17}+\zeta^3+\zeta^5$, 以及 $\alpha_3=\zeta^4+\zeta^{13}+\zeta^9+\zeta^{15}+\zeta^6+\zeta^{10}$. 事实上, 这三个值是三次方程 x^3+x^2-6x-7 的根. 高斯随后发现第二个三次方程, 其系数与 α 有关, 它的根是 ζ 的两个幂的和, 最后是一个一元二次方程, 它的系数与前一个方程的根有关, 它的一个根是 ζ. 之后高斯断言 (没有完全证明), 每一个辅助方程可以转化为一个形式为 x^m-A 的方程, 这个方程显然可以用根式求解. 也就是说, 在伽罗瓦群是 $p-1$ 阶循环群的情况下, 他证明了伽罗瓦群可解, 也就是分圆方程可以用根式解.(见 9.49 节.)

设 i 是 x^2+1 的复数零点. 第 3 节中对复数的研究表明,

$$\left(\cos\frac{2\pi}{n}+\mathrm{i}\sin\frac{2\pi}{n}\right)^n=\cos 2\pi+\mathrm{i}\sin 2\pi=1$$

所以 $\cos(2\pi/n)+\mathrm{i}\sin(2\pi/n)$ 是 n 次单位根. 使得 $(\cos(2\pi/n)+\mathrm{i}\sin(2\pi/n))^m=1$ 的最小整数 m 是 n, 因此$\cos(2\pi/n)+\mathrm{i}\sin(2\pi/n)$ 是本原单位根, 是 $\Phi_n(x)\in\mathbb{Q}[x]$ 的一个零点.

例 48.3 $\mathbb{C}$ 中 8 次本原单位根为

$$\begin{aligned}\zeta&=\cos\frac{2\pi}{8}+\mathrm{i}\sin\frac{2\pi}{8}=\cos\frac{\pi}{4}+\mathrm{i}\sin\frac{\pi}{4}\\&=\frac{1}{\sqrt{2}}+\mathrm{i}\frac{1}{\sqrt{2}}=\frac{1+\mathrm{i}}{\sqrt{2}}\end{aligned}$$

根据循环群理论, 特别由推论 6.17, $\mathbb{Q}$ 中所有 8 次本原单位根为 ζ,ζ^3,ζ^5 和 ζ^7, 因此

$$\Phi_8(x)=(x-\zeta)(x-\zeta^3)(x-\zeta^5)(x-\zeta^7)$$

直接从这个表达式计算得, $\Phi_8(x)=x^4+1$(参见习题 1). 可以将此与例 47.7 比较.

假设 $\Phi_n(x)$ 在 $\mathbb{Q}$ 上不可约, 不给出证明. 设

$$\zeta=\cos\frac{2\pi}{n}+\mathrm{i}\sin\frac{2\pi}{n}$$

所以 ζ 是一个 n 次本原单位根. 注意 ζ 是所有 n 次单位根在乘法下组成的 n 阶循环群的一个生成元. 所有 n 次本原单位根, 也就是这个群的所有生成元, 都形如 ζ^m, $1 \leqslant m < n$, 且 m 与 n 互素. 域 $\mathbb{Q}(\zeta)$ 是 $x^n - 1$ 在 $\mathbb{Q}$ 上的分裂域. 设 $K = \mathbb{Q}(\zeta)$. 如果 ζ^m 是另一个 n 次本原单位根, 那么由于 ζ 和 ζ^m 在 $\mathbb{Q}$ 上是共轭的, 在 $G(K/\mathbb{Q})$ 中存在一个将 ζ 映射到 ζ^m 的自同构 τ_m, 设 τ_r 是 $G(K/\mathbb{Q})$ 中对应于 n 次本原单位根 ζ^r 的相应自同构, 那么

$$(\tau_m \tau_r)(\zeta) = \tau_m(\zeta^r) = (\tau_m(\zeta))^r = (\zeta^m)^r = \zeta^{rm}$$

证明了自同构 τ_m 和 τ_r 的复合对应于 m 和 r 的模 n 乘积. 也就是说, 伽罗瓦群 $G(K/\mathbb{Q})$ 与 $\mathbb{Z}_n$ 中单位组成的群在乘法下是同构的, 同构映射把 τ_m 对应到 m. $\mathbb{Z}_n$ 中的单位是小于 n 与 n 互素的整数, 因此 $G(K/\mathbb{Q})$ 是有 $\varphi(n)$ 个元素的交换群.

这些内容的特例在正文中和习题中多次出现. 例如, 例 47.7 中的 α 是一个 8 次本原单位根, 例子中的结论与这里给出的一致. 将这些总结为如下定理.

定理 48.4 *$\mathbb{Q}$ 上 n 次分圆扩张的伽罗瓦群有 $\varphi(n)$ 个元素, 与模 n 乘法下由小于 n 且与 n 互素的正整数组成的群同构.*

例 48.5 例 47.7 说明了这个定理, 容易看出 $x^4 + 1$ 的分裂域与 $x^8 - 1$ 在 $\mathbb{Q}$ 上的分裂域是相同的. 基于这一事实有 $\Phi_8(x) = x^4 + 1$. (参见例 48.3 和习题 1.)

推论 48.6 *对素数 p, $\mathbb{Q}$ 上的 $p-1$ 次分圆扩域的伽罗瓦群是 $p-1$ 阶循环群.*

证明 由定理 48.4, $\mathbb{Q}$ 上 p 次分圆扩张的伽罗瓦群有 $\varphi(p) = p - 1$ 个元素, 同构于小于 p 且与 p 互素的正整数在模 p 乘法下的群. 这正是域 $\mathbb{Z}_p$ 的非零元在域乘法下的群 $\langle \mathbb{Z}_p^*, \cdot \rangle$. 由推论 28.7 可知, 这是个循环群. □

可构造多边形

下面有一个应用, 确定哪些正 n 边形可以用直尺和圆规来作图构造. 如第 41 节所述, 正 n 边形可构造当且仅当 $\cos(2\pi/n)$ 是可构造的实数. 设

$$\zeta = \cos\frac{2\pi}{n} + \mathrm{i}\sin\frac{2\pi}{n}$$

那么

$$\frac{1}{\zeta} = \cos\frac{2\pi}{n} - \mathrm{i}\sin\frac{2\pi}{n},$$

因为

$$\left(\cos\frac{2\pi}{n} + \mathrm{i}\sin\frac{2\pi}{n}\right)\left(\cos\frac{2\pi}{n} - \mathrm{i}\sin\frac{2\pi}{n}\right)$$

$$= \cos^2 \frac{2\pi}{n} + \sin^2 \frac{2\pi}{n} = 1$$

于是

$$\zeta + \frac{1}{\zeta} = 2\cos\frac{2\pi}{n}$$

因此, 推论 41.8 表明只有当 $\zeta + 1/\zeta$ 生成 $\mathbb{Q}$ 上的 2 的幂次扩张, 正 n 边形才可构造.

如果 K 是 $x^n - 1$ 在 $\mathbb{Q}$ 上的分裂域, 根据定理 48.4,$[K : \mathbb{Q}] = \varphi(n)$. 如果 $\sigma \in G(K/\mathbb{Q})$ 且 $\sigma(\zeta) = \zeta^r$, 则

$$\begin{aligned}
\sigma\left(\zeta + \frac{1}{\zeta}\right) &= \zeta^r + \frac{1}{\zeta^r} \\
&= \left(\cos\frac{2\pi r}{n} + \mathrm{i}\sin\frac{2\pi r}{n}\right) + \left(\cos\frac{2\pi r}{n} - \mathrm{i}\sin\frac{2\pi r}{n}\right) \\
&= 2\cos\frac{2\pi r}{n}
\end{aligned}$$

但是对于 $1 < r < n$, 只有当 $r = n - 1$ 时才有 $2\cos(2\pi r/n) = 2\cos(2\pi/n)$. 因此 $G(K/\mathbb{Q})$ 中把 $\zeta + 1/\zeta$ 映射到自身的元素只有恒等自同构和 τ, 使得 $\tau(\zeta) = \zeta^{n-1} = 1/\zeta$. 这表明保持 $\mathbb{Q}(\zeta + 1/\zeta)$ 不变的 $G(K/\mathbb{Q})$ 的子群是二阶的, 所以根据伽罗瓦理论,

$$\left[\mathbb{Q}\left(\zeta + \frac{1}{\zeta}\right) : \mathbb{Q}\right] = \frac{\varphi(n)}{2}$$

只有当 $\varphi(n)/2$, 也就是 $\varphi(n)$ 为 2 的幂时, 正 n 边形才是可构造的.

数论的初等结论表明, 如果

$$n = 2^{\nu} p_1^{s_1} \cdots p_t^{s_t}$$

其中 p_i 是整除 n 的奇素数, 那么

$$\varphi(n) = 2^{\nu-1} p_1^{s_1-1} \cdots p_t^{s_t-1}(p_1 - 1)\cdots(p_t - 1) \tag{1}$$

如果 $\varphi(n)$ 是 2 的幂, 那么每个整除 n 的奇素数只出现在式 (1) 的第一个幂中, 就是比 2 的幂大 1. 因此有某 m 使得

$$p_i = 2^m + 1$$

因为 -1 是 $x^q + 1$ 的零点, 其中 q 是奇素数, 所以 $x + 1$ 整除 $x^q + 1$. 因此, 如果 $m = qu$, 其中 q 是奇素数, 那么 $2^m + 1 = (2^u)^q + 1$ 被 $2^u + 1$ 整除. 因此, 对于 $p_i = 2^m + 1$ 为素

数, 必有 m 只能被 2 整除, 所以 p_i 必须有形式

$$p_i = 2^{(2^k)} + 1$$

为一个**费马素数**. 费马猜测 $2^{(2^k)} + 1$ 对于所有非负整数 k 都是素数. 欧拉证明了当 $k = 0, 1, 2, 3, 4$ 时, $3, 5, 17, 257, 65537$ 为素数, 对于 $k = 5$, 整数 $2^{(2^5)} + 1$ 可被 641 整除. 可以证明, 当 $5 \leqslant k \leqslant 19$ 时, $2^{(2^k)} + 1$ 都是合数. 目前, $k = 20$ 的情况还没有解决. 对于至少 60 个大于 20 的 k 值, 包括 $k = 9448$, 已经证明 $2^{2^k} + 1$ 是合数. 尚不知道费马素数的个数是有限的还是无限的.

因此, 这就证明了可构造的正 n 边形是那些奇素因子是费马素数而不含奇素平方因子的 n. 特别地, 可构造的正素数 p 边形是那些正费马素数 p 边形.

例 48.7 正 7 边形是不可构造的, 因为 7 不是费马素数. 类似地, 正 18 边形是不可构造的, 因为 3 是费马素数, 它的平方整除 18.

现在证明所有这些可能可构造的正 n 边形实际上都是可构造. 设 ζ 为 n 次本原单位根 $\cos(2\pi/n) + \mathrm{i}\sin(2\pi/n)$. 前面已得到

$$2\cos\frac{2\pi}{n} = \zeta + \frac{1}{\zeta}$$

以及

$$\left[\mathbb{Q}\left(\zeta + \frac{1}{\zeta}\right) : \mathbb{Q}\right] = \frac{\varphi(n)}{2}$$

假设 $\varphi(n)$ 是 2 的幂 2^s. 从上面看出 $\mathbb{Q}(\zeta + 1/\zeta)$ 是在 $H_1 = \{\imath, \tau\}$ 下不变的 $K = \mathbb{Q}(\zeta)$ 的子域, 其中 $\imath$ 是 $G(K/\mathbb{Q})$ 的恒等元, $\tau(\zeta) = 1/\zeta$. 由西罗定理, 对于 $j = 1, 2, 3, \cdots, s$, 存在 $G(\mathbb{Q}(\zeta)/\mathbb{Q})$ 的 2^j 阶子群 H_j, 使得

$$\{\imath\} = H_0 < H_1 < \cdots < H_s = G(\mathbb{Q}(\zeta)/\mathbb{Q})$$

根据伽罗瓦理论,

$$\mathbb{Q} = K_{H_s} < K_{H_{s-1}} < \cdots < K_{H_1} = \mathbb{Q}\left(\zeta + \frac{1}{\zeta}\right)$$

$[K_{H_{j-1}} : K_{H_j}] = 2$. 注意 $\zeta + 1/\zeta \in \mathbb{R}$, 所以 $\mathbb{Q}(\zeta + 1/\zeta) < \mathbb{R}$. 如果 $K_{H_{j-1}} = K_{H_j}(\alpha_j)$, 那么 α_j 是某个 $a_j x^2 + b_j x + c_j \in K_{H_j}[x]$ 的零点. 通过熟悉的“二次方程”, 得到

$$K_{H_{j-1}} = K_{H_j}\left(\sqrt{{b_j}^2 - 4a_j c_j}\right)$$

由于在第 41 节中已经看到正可构造数的平方根可以通过直尺和圆规构造出，因此 $\mathbb{Q}(\zeta+1/\zeta)$ 中的每个元素，特别是 $\cos(2\pi/n)$ 是可构造的. 因此, $\varphi(n)$ 是 2 的幂，正 n 边形是可构造的.

用一个定理来总结这个主题.

定理 48.8 正 n 边形是可用直尺和圆规构造的，当且仅当所有整除 n 的奇数都是费马素数，且其平方不整除 n.

例 48.9 正 60 边形是可构造的，因为 $60=(2^2)(3)(5)$，且 3 和 5 都是费马素数.

习题

计算

1. 参考例 48.3，完成指定的计算，证明 $\Phi_8(x)=x^4+1$.（提示：用 ζ 计算乘积，然后用 $\zeta^8=1$ 和 $\zeta^4=-1$ 来简化系数.）

2. 利用有限生成交换群基本定理 9.12，对 $\mathbb{Q}$ 上的多项式 $x^{20}-1\in\mathbb{Q}[x]$ 的群进行分类.（提示：使用定理 48.4.）

3. 利用 n 的因子分解给出的 $\varphi(n)$ 的式 (1)，计算指定值:

a.$\varphi(60)$.

b.$\varphi(1000)$.

c.$\varphi(8100)$.

4. 给出 $n\geqslant 3$ 的前 30 个值，使得正 n 边形可以用直尺和圆规构造.

5. 用直尺和圆规找出可构造的最小的整数度数角，即 $1°, 2°, 3°$ 等.（提示：构造 $1°$ 角相当于构造正 360 边形，依此类推.）

6. 设 K 是 $x^{12}-1$ 在 $\mathbb{Q}$ 上的分裂域.

a. 求 $[K:\mathbb{Q}]$.

b. 证明对 $\sigma\in G(K/\mathbb{Q})$, σ^2 是恒等自同构. 根据有限生成交换群基本定理 9.12，对 $G(K/\mathbb{Q})$ 进行分类.

概念

7. 判断下列命题的真假.

a. $\Phi_n(x)$ 在 $\mathbb{C}$ 的每个子域上不可约.

b. $\Phi_n(x)$ 在 $\mathbb{C}$ 上的零点都是 n 次本原单位根.

c. $\Phi_n(x)\in\mathbb{Q}[x]$ 在 $\mathbb{Q}$ 上的群的阶为 n.

d. $\Phi_n(x)\in\mathbb{Q}[x]$ 在 $\mathbb{Q}$ 上的群是交换群.

e. $\Phi_n(x)\in\mathbb{Q}[x]$ 在 $\mathbb{Q}$ 上分裂域的伽罗瓦群是 $\varphi(n)$ 阶的.

f. 正 25 边形可以用直尺和圆规构造.

g. 正 17 边形可以用直尺和圆规构造.

h. 对素数 p, 正 p 边形可构造当且仅当 p 是费马素数.

i. 对于非负整数 k, 形如 $2^{(2^k)}+1$ 的整数都是费马素数.

j. 费马素数都是形如 $2^{(2^k)}+1$ 的整数, 其中 k 为非负整数.

理论

8. 证明

$$x^n-1=\prod_{d|n}\varPhi_d(x)$$

在 $\mathbb{Q}[x]$ 中, 其中乘积取遍 n 的所有因子 d.

9. 对 $n=1,2,3,4,5,6$, 求 $\mathbb{Q}$ 上的分圆多项式 $\varPhi_n(x)$.(提示: 用习题 8.)

10. 在 $\mathbb{Q}[x]$ 中找出 $\varPhi_{12}(x)$.(提示: 用习题 8 和习题 9.)

11. 证明在 $\mathbb{Q}[x]$ 中, 对于奇整数 $n>1$, 有 $\varPhi_{2n}(x)=\varPhi_n(-x)$. (提示: 如果 ζ 是奇数 n 次本原单位根, 那么 $-\zeta$ 的阶是什么?)

12. 设 $n,m\in\mathbb{Z}^+$ 互素. 证明:$\mathbb{C}$ 中 $x^{nm}-1$ 在 $\mathbb{Q}$ 上的分裂域与 $\mathbb{C}$ 中 $(x^n-1)(x^m-1)$ 在 $\mathbb{Q}$ 上的分裂域相同.

13. 设 $n,m\in\mathbb{Z}^+$ 互素. 证明: $x^{nm}-1\in\mathbb{Q}[x]$ 在 $\mathbb{Q}$ 上的群, 同构于 $x^n-1\in\mathbb{Q}[x]$ 在 $\mathbb{Q}$ 上的群与 $x^m-1\in\mathbb{Q}[x]$ 在 $\mathbb{Q}$ 上的群的直积. (提示: 利用伽罗瓦理论, 证明 x^m-1 和 x^n-1 的群都可以看作 $x^{nm}-1$ 的群的子群. 然后用第 9 节习题 50 和习题 51.)

9.49 五次方程的不可解性

问题

熟知这样一个事实: 实系数二次多项式 $f(x)=ax^2+bx+c(a\neq 0)$ 在 $\mathbb{C}$ 中有零点 $(-b\pm\sqrt{b^2-4ac})/2a$. 实际上, 对于任意特征不为 2 的域 F, 有 $f(x)\in F[x]$ 的零点在 $\overline{F}$ 中. 习题 4 要求证明这个结论. 因此, 例如, $x^2+2x+3\in\mathbb{Q}[x]$ 在 $\mathbb{Q}(\sqrt{-2})$ 中有零点. 我们可能想知道 $\mathbb{Q}$ 上的三次多项式的零点是否也总是可以用根式来表示. 答案是肯定的. 事实上, $\mathbb{Q}$ 上四次多项式的零点也可以用根式来表示. 数学家曾经试图找到一个五次多项式的零点的"根式公式", 直到阿贝尔证明了一个五次多项式不能用根式解, 才结束这种尝试. 首要任务是准确描述这意味着什么. 后面的讨论需要大量应用前面已介绍的代数知识.

根式扩张

定义 49.1 域 F 上的扩张 K 称为 F 上的**根式扩张** (extension by radical), 如果存在元素 $\alpha_1, \alpha_2, \cdots, \alpha_r \in K$ 和正整数 $n_1, n_2, \cdots, n_r$ 使得 $K = F(\alpha_1, \alpha_2, \cdots, \alpha_r), \alpha_1^{n_1} \in F$, 而对 $1 < i \leqslant r$ 有 $\alpha_i^{n_i} \in F(\alpha_1, \alpha_2, \cdots, \alpha_{i-1})$. 多项式 $f(x) \in F[x]$ 称为在 F 上**可根式求解** (solvable by radical), 如果 $f(x)$ 在 F 上的分裂域 E 包含在 F 的一个根式扩张中.

多项式 $f(x) \in F(x)$ 如果在 F 上可以根式求解, 就是可以从 F 的元素开始, 通过有限次加、减、乘、除和求 n_i 次根的运算得到 $f(x)$ 的每个零点. 通常说五次方程在特征为 0 的经典情形下不可解, 并不是说没有五次方程是可解的, 如下面的例子所示.

例 49.2 多项式 $x^5 - 1$ 在 $\mathbb{Q}$ 上可根式求解. $x^5 - 1$ 在 $\mathbb{Q}$ 上的分裂域 K 由 5 次单位原根 ζ 生成. 因此 $\zeta^5 = 1, K = \mathbb{Q}(\zeta)$. 类似地, $x^5 - 2$ 在 $\mathbb{Q}$ 上可以根式求解, 因为它在 $\mathbb{Q}$ 上的分裂域由 $\sqrt[5]{2}$ 和 ζ 生成, 其中 $\sqrt[5]{2}$ 是 $x^5 - 2$ 的实零点.

五次方程在经典情形下不可解, 意味着存在一些实系数 5 次多项式, 它们不可根式求解. 下面将证明这种情况. 假设本节提到的域都是特征为 0 的.

讨论的大概流程如下, 试看记住是值得的.

1. 证明多项式 $f(x) \in F[x]$ 在 F 上可根式求解 (当且) 仅当它在 F 上的分裂域 E 有一个可解伽罗瓦群. 回顾, 可解群的合成列有交换商群. 虽然这个定理是充分必要的, 但此处不证明“充分性”.

2. 证明存在次数为 5 的多项式 $f(x) \in \mathbb{Q}[x]$, 其在 $\mathbb{Q}$ 上的分裂域 E, 使得 $G(E/\mathbb{Q}) \simeq S_5$, S_5 为 5 个字母的对称群. 回顾, S_5 的合成列是 $\{\imath\} < A_5 < S_5$. 因为 A_5 不是交换的, 结束证明.

下面引理将完成步骤 1 的大部分工作.

引理 49.3 设 F 是特征为 0 的域, $a \in F$. 如果 K 是 $x^n - a$ 在 F 上的分裂域, 则 $G(K/F)$ 是一个可解群.

历史笔记

第一个公开发表的三次方程根式求解公式, 是卡尔达诺 1545 年发表在《大术》(*Ars Magna*) 中的, 尽管这个方法的最初发现部分地归功于希皮奥内・德尔・费罗 (Scipione del Ferro) 和尼科洛・塔尔塔利亚 (Niccolo Tartaglia). 卡尔达诺的学生洛多维科・费拉里 (Lodovico Ferrari) 发现了四次方程根式求解方法, 这也出现在卡尔达诺的著作中.

在许多数学家尝试用类似的方法求解五次方程之后, 1770 年, 拉格朗日第一次尝试详细分析 3 次和 4 次多项式求解的基本原理, 并证明了为什么这些方法在高次多项式求解中失败. 他的基本见解是, 在前面的情况中, 存在根的有理函数, 在根的所有可能置换下, 它们分别具有两个和三个值, 因此这些有理函数可以写成比原来的次数小的方程的根. 这种函数在高次方程中是不明显的.

五次方程不可解的第一个证明是由数学家保罗・鲁菲尼 (Paolo Ruffini,1765—1822) 在 1799 年在他的代数书中给出的. 他的证明沿用拉格朗日提出的路线, 因为实际上他确定了 S_5 的所有子群, 并证明了这些子群如何作用于方程根的有理函数. 不幸的是, 在他发表的各种版本的证明中有几处漏洞. 阿贝尔 1824 年和 1826 年发表了一个完整的证明, 弥补了鲁菲尼的所有漏洞, 最终解决了这个长达几个世纪的问题.

证明 首先假设 F 包含所有 n 次单位根. 由推论 28.7, n 次单位根构成 $\langle F^*, \cdot\rangle$ 的循环子群. 设 ζ 是子群的生成元.(实际上, 生成元正是 n 次本原单位根.) 那么 n 次单位根为

$$1, \zeta, \zeta^2, \cdots, \zeta^{n-1}$$

如果 $\beta \in \overline{F}$ 是 $x^n - a \in F[x]$ 的零点, 那么 $x^n - a$ 的所有零点为

$$\beta, \zeta\beta, \zeta^2\beta, \cdots, \zeta^{n-1}\beta$$

由于 $K = F(\beta)$, $G(K/F)$ 中的自同构 σ 由自同构 σ 在 β 上的值 $\sigma(\beta)$ 决定. 现在如果 $\sigma(\beta) = \zeta^i\beta, \tau(\beta) = \zeta^j\beta, \tau \in G(K/F)$, 那么由于 $\zeta^i \in F$, 有

$$(\tau\sigma)(\beta) = \tau(\sigma(\beta)) = \tau(\zeta^i\beta) = \zeta^i\tau(\beta) = \zeta^i\zeta^j\beta$$

同样,

$$(\sigma\tau)(\beta) = \zeta^j\zeta^i\beta$$

因此 $\sigma\tau = \tau\sigma$, 所以 $G(K/F)$ 是交换的, 因此是可解的.

现在假设 F 不包含 n 次本原单位根. 设 ζ 是 $\overline{F}$ 中 n 次单位根循环群的生成元, β 是 $x^n - a$ 的零点. 由于 β 和 $\zeta\beta$ 都在 $x^n - a$ 的分裂域 K 中, 所以 $\zeta = (\zeta\beta)/\beta$ 在 K 中. 设 $F' = F(\zeta)$, 因此 $F < F' \leqslant K$. 因为 F 是 $x^n - 1$ 的分裂域,F' 是 F 的正规扩张. 由于 $F' = F(\zeta)$, $G(F'/F)$ 中自同构 η 由 $\eta(\zeta)$ 确定. 因为 $x^n - 1$ 的所有零点都是 ζ 的幂, 有某 i, 使得 $\eta(\zeta) = \zeta^i$. 如果 $\mu \in G(F'/F)$ 使得 $\mu(\zeta) = \zeta^j$, 那么

$$(\mu\eta)(\zeta) = \mu(\eta(\zeta)) = \mu(\zeta^i) = (\zeta^j)^i = \zeta^{ij}$$

同样地,

$$(\eta\mu)(\zeta) = \zeta^{ij}$$

因此 $G(F/F)$ 是交换的. 根据定理 46.10,

$$\{\imath\} \leqslant G(K/F') \leqslant G(K/F)$$

是正规群列, 因此是次正规群列. 证明的第一部分证明了 $G(K/F')$ 是交换的, 由伽罗瓦理论知 $G(K/F)/G(K/F')$ 同构于 $G(F'/F)$, 后者是交换的. 习题 6 证明, 如果群有一个具有交换商群的次正规子群列, 那么这个群列的任何精细也具有交换因子群. 因此, $G(K/F)$ 的合成列必有交换商群, 所以 $G(K/F)$ 是可解的. □

下面定理将完成流程的步骤 1.

定理 49.4 *设 F 是特征为零的域, $F \leqslant E \leqslant K \leqslant \overline{F}$, 其中 E 是 F 的正规扩张, K 是 F 的根式扩张. 那么 $G(E/F)$ 是可解群.*

证明 先证明 K 包含在 F 的有限正规根式扩张 L 中, 且 $G(L/F)$ 是可解群. 由于 K 是 F 的根式扩张, 所以 $K = F(\alpha_1, \alpha_2, \cdots, \alpha_r)$, 其中对 $1 < i \leqslant r$ 有 $\alpha_i^{n_i} \in F(\alpha_1, \alpha_2, \cdots, \alpha_{i-1})$, 而 $\alpha_1^{n_1} \in F$. 为了构造 L, 先构造 $f_1(x) = x^{n_1} - \alpha_1^{n_1}$ 在 F 上的分裂域 L_1. 那么 L_1 是 F 的正规扩张, 引理 49.3 表明 $G(L_1/F)$ 是可解群. 现在 $\alpha_2^{n_2} \in L_1$, 构造多项式

$$f_2(x) = \prod_{\sigma \in G(L_1/F)} [(x^{n_2} - \sigma(\alpha_2)^{n_2}]$$

由于这个多项式在 $G(L_1/F)$ 中的任意 σ 作用下是不变的, 可以看出 $f_2(x) \in F[x]$. 设 L_2 是 $f_2(x)$ 在 L_1 上的分裂域, 那么 L_2 也是 F 上的分裂域, 因此是 F 的正规根式扩张. 可以通过引理 49.3 中的重复步骤, 从 L_1 出发构造 L_2, 在每个步骤中用 $x^{n_2} - \sigma(\alpha_2)^{n_2}$ 的分裂域替代. 由引理 49.3 和习题 7, 由此得到的每个新扩张在 F 上的伽罗瓦群仍然是可解的. 持续以这种方式在 F 上构造分裂域过程: 在第 i 步, 构造多项式

$$f_i(x) = \prod_{\sigma \in G(L_{i-1}/F)} [(x^{n_i} - \sigma(\alpha_i)^{n_i}]$$

在 L_{i-1} 上的分裂域. 最后得到域 $L = L_r$ 是 F 上的正规根式扩张, 且 $G(L/F)$ 是可解群. 从构造可以得出 $K \leqslant L$.

为得出最后结论, 只需要注意, 根据定理 46.8, $G(E/F) \cong G(L/F)/G(L/E)$. 因此 $G(E/F)$ 是 $G(L/F)$ 的一个商群, 从而是 $G(L/F)$ 的一个同态象. 由于 $G(L/F)$ 是可解的, 4.18 节习题 31 表明 $G(E/F)$ 是可解的. □

五次方程的不可解性

剩下需要找到一个多项式 $f(x) \in \mathbb{Q}[x]$, 它的分裂域的伽罗瓦群是 S_5. 多项式 $f(x) = 2x^5 - 5x^4 + 5$ 正是所需的. 首先证明下面定理, 给出一个简单的条件判断 S_5 的一个子群实际上是 S_5. 将用这个定理来证明 $f(x)$ 在 $\mathbb{Q}$ 上分裂域的伽罗瓦群与 S_5 同构.

定理 49.5 设 H 是 S_5 的子群. 如果 H 有一个对换和一个 5-循环, 那么 $H = S_5$.

证明 通过重新标记点可以假设, 5-循环 $(0,1,2,3,4)$ 在 H 中, 对换 $(0,j)$ 也在 H 中, $j \neq 0$. 将 S_5 视为 $\mathbb{Z}_5$ 中元素的置换. 对于每个 $0 \leqslant r \leqslant 4$, 通过 5-循环 $(0,1,2,3,4)^r$ 的共轭, 得到

$$(0,1,2,3,4)^r(0,j)(0,1,2,3,4)^{-r} = (r, r+j)$$

其中加法是 $\mathbb{Z}_5$ 中的. 因此 $(0,j)$ 和 $(j,2j)$ 都在 H 中. 因此

$$(0,j)(j,2j)(0,j) = (0,2j) \in H$$

与前面类似, 通过用 $(0,1,2,3,4)^r$ 对 $(0,2j)$ 共轭, 得到 $(r, r+2j) \in H$, $0 \leqslant r \leqslant 4$. 现在,

$$(0,2j)(2j,3j)(0,2j) = (0,3j) \in H$$

再次用 $(0,1,2,3,4)$ 的幂来共轭作用, 表明 $(r, r+3j) \in H$. 进一步,

$$(0,3j)(4j,3j)(0,3j) = (0,4j) \in H$$

因此 $(r, r+4j) \in H$. 综上, 得到

$$\{(r, r+sj | r \in \mathbb{Z}_5, s \in \mathbb{Z}_5^*\} \subseteq H$$

但是

$$\{sj | s \in \mathbb{Z}_5^*\} = \mathbb{Z}_5^*$$

因为 $j \neq 0$ 是域 $\mathbb{Z}_5$ 中的一个单位. 因此, H 包含如下集合中所有对换:

$$\{(r, r+sj) | r \in \mathbb{Z}_5, s \in \mathbb{Z}_5^*\} = \{(r, r+t) | r \in \mathbb{Z}_5, t \in \mathbb{Z}_5^*\}$$

这是 S_5 中所有对换的集合. 由定理 8.15, $H = S_5$. □

现在回到多项式 $f(x) = 2x^5 - 5x^4 + 5$ 上. 对 $p = 5$, 利用艾森斯坦判别法定理 28.16, $f(x)$ 在 $\mathbb{Q}$ 上不可约. 为更好地理解 $f(x)$ 的零点, 做如下计算:

$$f(-1) = -2 < 0, f(0) = 5 > 0$$

$$f(2)=-11<0, f(3)=86>0$$

由微积分的介值定理，如果 $f(x)$ 是一个连续函数，且 $f(a)$ 和 $f(b)$ 符号相反，那么 $f(x)$ 在 a 和 b 之间有一个零点. 由于多项式 $f(x)$ 是连续的，$f(x)$ 至少有三个实数零点：一个在 -1 和 0 之间，一个在 0 和 2 之间，还有一个在 2 和 3 之间. $f(x)$ 的导数为

$$f'(x)=10x^4-20x^3=10x^3(x-2)$$

$f'(x)$ 的零点是 0 和 2. 根据微积分的中值定理，在 $f(x)$ 的任意两个实零点之间，都有一个 $f'(x)$ 的零点. 于是，$f(x)$ 不能有超过三个实零点. 设 K 是 $f(x)$ 在 $\mathbb{Q}$ 上的分裂域. 由于 $f(x)$ 在 $\mathbb{Q}$ 上不可约，且 $\mathbb{Q}$ 是完备域，因此 K 包含 $f(x)$ 的五个不同零点. 所以 $f(x)$ 有两个复零点，它们是复共轭的.

由于 $G(K/\mathbb{Q})$ 与 $f(x)$ 的零点置换群的一个子群是同构的. 该同构将每个 σ 映射到由 σ 限制在 $f(x)$ 的零点上给出的置换. 对于 $f(x)$ 的任意零点 $\alpha\in K$,

$$[\mathbb{Q}(\alpha):\mathbb{Q}]=\deg(\operatorname{irr}(\alpha,\mathbb{Q}))=\deg(f(x))=5$$

因此

$$|G(K/\mathbb{Q})|=[K:\mathbb{Q}]=[K:\mathbb{Q}(\alpha)]\cdot[\mathbb{Q}(\alpha):\mathbb{Q}]=[K:\mathbb{Q}(\alpha)]\cdot 5$$

根据柯西定理 14.20，$G(K/\mathbb{Q})$ 有一个 5 阶子群，因此有一个 5 阶元. 因为 S_5 中唯一的 5 阶元是 5-循环的，所以 $G(K/\mathbb{Q})$ 有一个元素在 $f(x)$ 的零点上的置换是 5-循环的. 而且，复共轭是 $G(K/\mathbb{Q})$ 中的一个元素，它保持 $f(x)$ 的每个实零点不变而交换两个复零点. 因此，$G(K/\mathbb{Q})$ 的元素在 $f(x)$ 的零点上的置换为 2-循环. 根据定理 49.5,$G(K/\mathbb{Q})$ 同构于 S_5.

定理 49.6　*$\mathbb{Q}[x]$ 中有多项式不可根式求解.*

证明　正如上面发现的，$f(x)=2x^5-5x^4+5$ 就是这样的多项式，因为它在 $\mathbb{Q}$ 上的分裂域的伽罗瓦群与 S_5 同构，而 S_5 不是可解群. □

还有许多其他的多项式不可根式求解. 在上述证明中，多项式 $f(x)$ 需要一些关键性质才能具有伽罗瓦群 S_5. 首先，要求 $f(x)$ 是 $\mathbb{Q}$ 上次数为 5 的不可约多项式. 然后利用 $f(x)$ 有三个实零点和两个复零点的事实. 只要多项式满足这些条件，多项式就不可根式求解. 具有这些性质的多项式集是无限的，如习题 8 所示.

习题 9 给出了构造 $F[x]$ 中多项式的一种不同的方法，使得其在 F 上的伽罗瓦群是 S_5，其中 F 是 $\mathbb{R}$ 的一个子域. 这种方法还表明，即便多项式不是有理系数的，仍然有无穷多个多项式不能根式求解. 虽然习题 8 和习题 9 都产生了无穷多个不可根式求解的多项式，但习题 8 中是可数的，而习题 9 中是不可数的.

习题

概念

1. x^2+x+1 在 $\mathbb{Z}_2$ 上的分裂域 K 可以通过在 $\mathbb{Z}_2$ 添加一个 $\mathbb{Z}_2$ 中元素的平方根得到吗?K 是 $\mathbb{Z}_2$ 的根式扩张吗?

2. 如果 $F \leqslant \mathbb{R}$, $F[x]$ 中形如 $ax^8+bx^6+cx^4+dx^2+e(a \neq 0)$ 的多项式, 是否可在 F 上根式求解? 为什么?

3. 判断下列命题的真假.

a. 设 F 是特征为 0 的域. $F[x]$ 中多项式可根式求解当且仅当其在 $\overline{F}$ 中的分裂域包含在 F 的一个根式扩张中.

b. 设 F 是特征为 0 的域. $F[x]$ 中多项式可根式求解当且仅当其在 $\overline{F}$ 中的分裂域在 F 上的伽罗瓦群是可解的.

c. $x^{17}-5$ 在 $\mathbb{Q}$ 上的分裂域的伽罗瓦群是可解的.

d. 如果 $f(x) \in \mathbb{Q}[x]$ 是具有三个实零点和两个复零点的五次多项式, 则 $f(x)$ 不可根式求解.

e. 有限域的有限扩域的伽罗瓦群是可解的.

f. 五次多项式在任意域上都不能根式求解.

g. 域 $F \leqslant \mathbb{R}$ 上四次多项式都可以根式求解.

h. 域 $F \leqslant \mathbb{R}$ 上三次多项式的零点总可以从 F 的元素开始通过有限次加、减、乘、除和求平方根运算得到.

i. 特征为 0 的域 F 上三次多项式的零点永远不可能从 F 的元素开始通过有限次加、减、乘、除和求平方根运算得到.

j. 群的次正规列理论在伽罗瓦理论应用中占有重要地位.

理论

4. 设 F 是域, $f(x)=ax^2+bx+c \in F[x]$, 其中 $a \neq 0$. 证明如果 F 的特征不是 2, 则 $f(x)$ 在 F 上的分裂域是 $F(\sqrt{b^2-4ac})$. (提示: 像高中一样, 通过配方, 导出“二次根公式”.)

5. 证明如果 F 是特征不是 2 的域, $f(x)=ax^4+bx^2+c$, 其中 $a \neq 0$, 则 $f(x)$ 在 F 上可根式求解.

6. 证明对于有限群, 具有交换商群的次正规列的加细也具有交换商群, 从而完成引理 49.3 的证明. (提示: 用定理 16.8.)

7. 证明对于有限群, 具有可解商群的次正规列可以加细为具有交换商群的合成列, 从而完成定理 49.4 的证明. (提示: 用定理 16.8.)

8. 设 p 是素数, $f(x) = x^5 - p^2x + p \in \mathbb{Q}[x]$. 证明 $f(x)$ 不可根式求解. (提示: 模仿 $2x^5 - 5x^4 + 5$ 不可根式求解的证明.)

9. 这是一种替代方法, 用于求系数在 $\mathbb{R}$ 的一个子域 F 中多项式, 使其在 F 上的伽罗瓦群为 S_5.

a. 假设 $F \leqslant \mathbb{R}$ 是可数域, x 是一个不定元. 证明 $F[x], F(x)$ 和 F 上实代数数集合都是可数集.

b. 证明存在实数序列 $y_1, y_2, \cdots \in \mathbb{R}$, 使得 y_1 在 $\mathbb{Q}$ 上是超越的, 且对于 $i > 1$, y_i 在 $\mathbb{Q}(y_1, y_2, \cdots, y_{i-1})$ 上超越.

c. 用 b 部分的记号, 设 $K = \mathbb{Q}(y_1, y_2, y_3, y_4, y_5)$, 以及

$$f(x) = \prod_{i=1}^{5}(x - y_i)$$

设 s_1, s_2, s_3, s_4, s_5 是初等对称函数 (如 9.47 节所定义) 在 y_1, y_2, y_3, y_4, y_5 处的取值. 证明 $f(x) \in F = \mathbb{Q}(s_1, s_2, s_3, s_4, s_5)$.

d. 证明 K 是 $f(x)$ 在 F 上的分裂域, $G(K/F)$ 与 S_5 同构.

附录：矩阵代数

现在对矩阵代数做一个简要的总结. 矩阵出现在本书某些章节的例子中, 也出现在一些习题中.

矩阵 (matrix) 是数字的矩形数组. 例如,

$$\begin{bmatrix} 2 & -1 & 4 \\ 3 & 1 & 2 \end{bmatrix} \tag{1}$$

是一个有两行三列的矩阵. 有 m 行 n 列的矩阵是 $m \times n$ 矩阵, 所以矩阵 (1) 是 2×3 矩阵. 如果 $m = n$, 矩阵是**方阵** (square). 矩阵中的元素可以是任意类型的数——整数、有理数、实数或复数. 记 $M_{m\times n}(\mathbb{R})$ 为具有实数元素的 $m \times n$ 矩阵的集合. 如果 $m = n$, 记为 $M_n(\mathbb{R})$. 同样有 $M_n(\mathbb{Z}), M_{2\times 3}(\mathbb{C})$ 等.

具有相同行数和相同列数的两个矩阵可以以明显的方式相加, 即对应位置的元素相加.

例 A1 在 $M_{2\times 3}(\mathbb{Z})$ 中,

$$\begin{bmatrix} 2 & -1 & 4 \\ 3 & 1 & 2 \end{bmatrix} + \begin{bmatrix} 1 & 0 & -3 \\ 2 & -7 & 1 \end{bmatrix} = \begin{bmatrix} 3 & -1 & 1 \\ 5 & -6 & 3 \end{bmatrix}$$

用大写黑斜体字母表示矩阵. 设 $\boldsymbol{A}, \boldsymbol{B}, \boldsymbol{C}$ 是 $m \times n$ 矩阵, 则 $\boldsymbol{A}+\boldsymbol{B} = \boldsymbol{B}+\boldsymbol{A}, \boldsymbol{A}+(\boldsymbol{B}+\boldsymbol{C}) = (\boldsymbol{A}+\boldsymbol{B})+\boldsymbol{C}$.

矩阵乘法 $\boldsymbol{AB}$ 只有在 $\boldsymbol{A}$ 的列数等于 $\boldsymbol{B}$ 的行数时才有定义. 也就是说, 如果 $\boldsymbol{A}$ 是 $m \times n$ 矩阵, 那么对于某整数 s, $\boldsymbol{B}$ 必须是 $n \times s$ 矩阵. 首先定义如下乘积 $\boldsymbol{AB}$, 其中 $\boldsymbol{A}$ 是 $1 \times n$ 矩阵, $\boldsymbol{B}$ 是 $n \times 1$ 矩阵:

$$\boldsymbol{AB} = [a_1 a_2 \cdots a_n] \begin{bmatrix} b_1 \\ b_2 \\ \vdots \\ b_n \end{bmatrix} = a_1 b_1 + a_2 b_2 + \cdots + a_n b_n \tag{2}$$

结果是一个数. 不必区分单个数和 1×1 矩阵. 可以将这个乘积视为向量的点积. 只有一行或一列的矩阵分别是**行向量** (row vector) 或**列向量** (column vector).

例 A2　可以发现

$$[3 \quad -7 \quad 2]\begin{bmatrix} 1 \\ 4 \\ 5 \end{bmatrix} = (3)(1) + (-7)(4) + (2)(5) = -15$$

设 $\boldsymbol{A}$ 是 $m \times n$ 矩阵, $\boldsymbol{B}$ 是 $n \times s$ 矩阵. 注意, $\boldsymbol{A}$ 的每一行与 $\boldsymbol{B}$ 的每一列都有 n 个数. 乘积 $\boldsymbol{C} = \boldsymbol{AB}$ 定义为一个 $m \times s$ 矩阵. $\boldsymbol{AB}$ 的第 i 行第 j 列的元素按照式 (2) 定义的那样计算, 用 $\boldsymbol{A}$ 的第 i 行乘以 B 的第 j 列.

例 A3　计算

$$\boldsymbol{AB} = \begin{bmatrix} 2 & -1 & 3 \\ 1 & 4 & 6 \end{bmatrix}\begin{bmatrix} 3 & 1 & 2 & 1 \\ 1 & 4 & 1 & -1 \\ -1 & 0 & 2 & 1 \end{bmatrix}$$

解　注意 $\boldsymbol{A}$ 是 2×3 矩阵, $\boldsymbol{B}$ 是 3×4 矩阵. 所以 $\boldsymbol{AB}$ 是 2×4 矩阵. 第二行和第三列的元素是

$$(\boldsymbol{A}\text{的第二行})(\boldsymbol{B}\text{的第三列}) = [1 \quad 4 \quad 6]\begin{bmatrix} 2 \\ 1 \\ 2 \end{bmatrix} = 2 + 4 + 12 = 18$$

用这种方法计算 $\boldsymbol{AB}$ 的所有八个元素, 得到

$$\boldsymbol{AB} = \begin{bmatrix} 2 & -2 & 9 & 6 \\ 1 & 17 & 18 & 3 \end{bmatrix}$$

例 A4　乘积

$$\begin{bmatrix} 2 & -1 & 3 \\ 1 & 4 & 6 \end{bmatrix}\begin{bmatrix} 2 & 1 \\ 5 & 4 \end{bmatrix}$$

没有定义, 因为第一个矩阵第一行中的元素数不等于第二个矩阵第一列中的元素数.

对于大小相同的方阵, 加法和乘法都是有定义的. 习题 10 要求说明矩阵乘法不是交换的.

也就是说，对于 $\boldsymbol{A},\boldsymbol{B} \in M_2(\mathbb{Z})$，即使 $\boldsymbol{AB}$ 和 $\boldsymbol{BA}$ 两个乘积都有定义，它们也不必相等. 可以证明当表达式都有定义时，$\boldsymbol{A}(\boldsymbol{BC}) = (\boldsymbol{AB})\boldsymbol{C}, \boldsymbol{A}(\boldsymbol{B}+\boldsymbol{C}) = \boldsymbol{AB}+\boldsymbol{AC}$.

设 $\boldsymbol{I}_n$ 是 $n \times n$ 矩阵，从左上角到右下角的对角线上元素为 1，其他元素都是 0，例如，

$$\boldsymbol{I}_3 = \begin{bmatrix} 1 & 0 & 0 \\ 0 & 1 & 0 \\ 0 & 0 & 1 \end{bmatrix}$$

容易看出，如果 $\boldsymbol{A}$ 是任意 $n \times s$ 矩阵，$\boldsymbol{B}$ 是任意 $r \times n$ 矩阵，那么 $\boldsymbol{I}_n\boldsymbol{A} = \boldsymbol{A}, \boldsymbol{B}\boldsymbol{I}_n = \boldsymbol{B}$. 也就是说，在有定义的矩阵乘法中，矩阵 $\boldsymbol{I}_n$ 的作用与数字 1 的作用相同.

设 $\boldsymbol{A}$ 是 $n \times n$ 矩阵，考虑矩阵方程 $\boldsymbol{AX} = \boldsymbol{B}$，其中 $\boldsymbol{A}$ 和 $\boldsymbol{B}$ 是已知的，但 $\boldsymbol{X}$ 是未知的. 如果能找到一个 $n \times n$ 矩阵 $\boldsymbol{A}^{-1}$，使 $\boldsymbol{A}^{-1}\boldsymbol{A} = \boldsymbol{A}\boldsymbol{A}^{-1} = \boldsymbol{I}_n$，那么可以得出

$$\boldsymbol{A}^{-1}(\boldsymbol{AX}) = \boldsymbol{A}^{-1}\boldsymbol{B}, (\boldsymbol{A}^{-1}\boldsymbol{A})\boldsymbol{X} = \boldsymbol{A}^{-1}\boldsymbol{B}, \boldsymbol{I}_n\boldsymbol{X} = \boldsymbol{A}^{-1}\boldsymbol{B}, \boldsymbol{X} = \boldsymbol{A}^{-1}\boldsymbol{B},$$

这样就找到了期望的矩阵 $\boldsymbol{X}$. 这样的矩阵 $\boldsymbol{A}^{-1}$ 的作用类似于数的倒数:$\boldsymbol{A}^{-1}\boldsymbol{A} = \boldsymbol{I}_n$ 和 $(1/r)r = 1$. 这就是记为 $\boldsymbol{A}^{-1}$ 的原因. 如果 $\boldsymbol{A}^{-1}$ 存在，则方阵 A 是**可逆的** (invertible)，A^{-1} 是 A 的**逆** (inverse). 如果 A^{-1} 不存在，那么 $\boldsymbol{A}$ 是**奇异的** (singular). 可以证明，如果存在一个 $n \times n$ 矩阵 $\boldsymbol{A}^{-1}$ 使得 $\boldsymbol{A}^{-1}\boldsymbol{A} = \boldsymbol{I}_n$，那么 $\boldsymbol{A}\boldsymbol{A}^{-1} = \boldsymbol{I}_n$，并且只有一个矩阵 $\boldsymbol{A}^{-1}$ 具有此性质.

例 A5 设

$$\boldsymbol{A} = \begin{bmatrix} 2 & 9 \\ 1 & 4 \end{bmatrix}$$

可以验证

$$\begin{bmatrix} -4 & 9 \\ 1 & -2 \end{bmatrix}\begin{bmatrix} 2 & 9 \\ 1 & 4 \end{bmatrix} = \begin{bmatrix} 2 & 9 \\ 1 & 4 \end{bmatrix}\begin{bmatrix} -4 & 9 \\ 1 & -2 \end{bmatrix} = \begin{bmatrix} 1 & 0 \\ 0 & 1 \end{bmatrix}$$

因此，

$$\boldsymbol{A}^{-1} = \begin{bmatrix} -4 & 9 \\ 1 & -2 \end{bmatrix}$$

把如何确定 $\boldsymbol{A}^{-1}$ 的存在性及其计算的问题留给线性代数课程.

与 $n \times n$ 矩阵 $\boldsymbol{A}$ 相关的是一个称为 $\boldsymbol{A}$ 的行列式的数, 用 $\det(\boldsymbol{A})$ 表示. 这个数可以用矩阵 $\boldsymbol{A}$ 中出现的数的一些乘积的和与差来计算, 例如, 2×2 矩阵 $\begin{bmatrix} a & b \\ c & d \end{bmatrix}$ 的行列式是 $ad - bc$. 注意, 在 n 维欧氏空间 $\mathbb{R}^n$ 中, 元素为实数的 $n \times 1$ 矩阵可以看作一个点的坐标. 在这样的一个单列矩阵左边乘以一个实 $n \times n$ 矩阵 $\boldsymbol{A}$, 得到 $\mathbb{R}^n$ 中另一点对应的这样的单列矩阵. 因此左边乘以 $\boldsymbol{A}$ 得到了 $\mathbb{R}^n$ 的映射. 可以证明 $\mathbb{R}^n$ 中的一个体积为 V 的微元, 通过乘以 $\boldsymbol{A}$ 得到体积为 $|\det(\boldsymbol{A})| \cdot V$ 的微元, 这是为什么行列式很重要的原因之一.

本书需要的 $n \times n$ 矩阵 $\boldsymbol{A}$ 和 $\boldsymbol{B}$ 行列式的性质如下:

1. $\det(\boldsymbol{I}_n) = 1$.

2. $\det(\boldsymbol{AB}) = \det(\boldsymbol{A})\det(\boldsymbol{B})$.

3. $\det(\boldsymbol{A}) \neq 0$ 当且仅当 $\boldsymbol{A}$ 是可逆矩阵.

4. 如果 $\boldsymbol{B}$ 是通过交换 $\boldsymbol{A}$ 的两行 (或两列) 得到的, 则 $\det(\boldsymbol{B}) = -\det(\boldsymbol{A})$.

5. 如果 $\boldsymbol{A}$ 的项在从左上角到右下角的主对角线上方全是 0, 那么 $\det(\boldsymbol{A})$ 就是这条对角线上的元素的乘积. 如果主对角线下方的所有项都为零, 也是如此.

习题

在习题 1~9 中, 如果矩阵运算有定义, 计算所给的矩阵运算表达式.

1. $\begin{bmatrix} -2 & 4 \\ 1 & 5 \end{bmatrix} + \begin{bmatrix} 4 & -3 \\ 1 & 2 \end{bmatrix}$.

2. $\begin{bmatrix} 1+\mathrm{i} & -2 & 3-\mathrm{i} \\ 4 & \mathrm{i} & 2-\mathrm{i} \end{bmatrix} + \begin{bmatrix} 3 & \mathrm{i}-1 & -2+\mathrm{i} \\ 3-\mathrm{i} & 1+\mathrm{i} & 0 \end{bmatrix}$.

3. $\begin{bmatrix} \mathrm{i} & -1 \\ 4 & 1 \\ 3 & -2\mathrm{i} \end{bmatrix} - \begin{bmatrix} 3-\mathrm{i} & 4\mathrm{i} \\ 2 & 1+\mathrm{i} \\ 3 & -\mathrm{i} \end{bmatrix}$.

4. $\begin{bmatrix} 1 & -1 \\ 3 & 1 \end{bmatrix} \begin{bmatrix} 2 & 4 \\ -1 & 3 \end{bmatrix}$.

5. $\begin{bmatrix} 3 & 1 \\ -4 & 2 \end{bmatrix} \begin{bmatrix} 1 & 5 & -3 \\ 2 & 1 & 6 \end{bmatrix}$.

6. $\begin{bmatrix} 4 & -1 \\ 3 & 2 \end{bmatrix} \begin{bmatrix} 1 & 0 \\ -1 & 7 \\ 3 & 1 \end{bmatrix}$.

7. $\begin{bmatrix} \mathrm{i} & 1 \\ -2 & 1 \end{bmatrix} \begin{bmatrix} 3\mathrm{i} & 1 \\ 4 & -2\mathrm{i} \end{bmatrix}$.

8. $\begin{bmatrix} 1 & -1 \\ 1 & 0 \end{bmatrix}^4$.

9. $\begin{bmatrix} 1 & -\mathrm{i} \\ \mathrm{i} & 1 \end{bmatrix}^4$.

10. 在 $M_2(\mathbb{Z})$ 中给出一个例子, 说明矩阵乘法不可交换.

11. 通过试验找出 $\begin{bmatrix} 0 & 1 \\ -1 & 0 \end{bmatrix}^{-1}$.

12. 通过试验找出 $\begin{bmatrix} 2 & 0 & 0 \\ 0 & 4 & 0 \\ 0 & 0 & -1 \end{bmatrix}^{-1}$.

13. 如果 $\boldsymbol{A} = \begin{bmatrix} 3 & 0 & 0 \\ 10 & -2 & 0 \\ 4 & 17 & 8 \end{bmatrix}$, 计算 $\det(\boldsymbol{A})$.

14. 证明如果 $\boldsymbol{A}, \boldsymbol{B} \in M_n(\mathbb{C})$ 是可逆的, 则 $\boldsymbol{AB}$ 和 $\boldsymbol{BA}$ 也是可逆的.

参 考 文 献

经典著作

1. N. Bourbaki, *Eléments de Mathématique*, Book II of Part I, *Algèbre*. Paris: Hermann, 1942-58.
2. N. Jacobson, *Lectures in Abstract Algebra*. Princeton, NJ: Van Nostrand, vols. I, 1951, II, 1953, and III, 1964.
3. O. Schreier and E. Sperner, *Introduction to Modern Algebra and Matrix Theory* (English translation), 2nd Ed. New York: Chelsea, 1959.
4. B. L. van der Waerden, *Modern Algebra* (English translation). New York: Ungar, vols. I, 1949, and II, 1950.

一般代数

5. M. Artin, *Algebra*. (Classic Version), 2nd Edition, London: Pearson, 2018.
6. A. A. Albert, *Fundamental Concepts of Higher Algebra*. Chicago: University of Chicago Press, 1956.
7. G. Birkhoff and S. MacLane, *A Survey of Modern Algebra*, 3rd Ed. New York: Macmillan, 1965.
8. J. A. Gallian, *Contemporary Abstract Algebra*, 8th Ed. Boston, MA: Brook/Cole, 2013.
9. I. N. Herstein, *Topics in Algebra*. New York: Blaisdell, 1964.
10. T. W. Hungerford, *Algebra*. New York: Springer, 1974.
11. S. Lang, *Algebra*. Reading, MA: Addison-Wesley, 1965.
12. S. MacLane and G. Birkhoff, *Algebra*. New York: Macmillan, 1967.
13. N. H. McCoy and G. J. Janusz, *Introduction to Modern Algebra*. Cambridge, MA: Academic Press, 2001.
14. G. D. Mostow, J. H. Sampson, and J.Meyer, *Fundamental Structures of Algebra*. New York: McGraw-Hill, 1963.
15. W. W. Sawyer, *A Concrete Approach to Abstract Algebra*. Mineola, NY: Dover, 1978.

群论

16. W. Burnside, *Theory of Groups of Finite Order*, 2nd Ed. Cambridge, UK: Cambridge University Press, 2012.

17. H. S. M. Coxeter and W. O. Moser, *Generators and Relations for Discrete Groups*, 2nd Ed. Berlin: Springer, 1965.

18. M. Hall, Jr., *The Theory of Groups*. Mineola, NY: Dover, 2018.

19. A. G. Kurosh, *The Theory of Groups* (English translation). New York: Chelsea, vols. I, 1955, and II, 1956.

20. W. Ledermann, *Introduction to the Theory of Finite Groups*, 4th rev. Ed. New York: Interscience, 1961.

21. J. G. Thompson and W. Feit, "Solvability of Groups of Odd Order." *Pac. J. Math.*, **13**(1963), 775-1029.

22. M. A. Rabin, "Recursive Unsolvability of Group Theoretic Problems." *Ann. Math.*, **67**(1958), 172-194.

环论

23. W. W. Adams and P. Loustaunau, *An Introduction to Gröbner Bases* (Graduate Studies in Mathematics, vol. 3). Providence, RI: American Mathematical Society, 1994.

24. E. Artin, C. J. Nesbitt, and R. M. Thrall, *Rings with Minimum Condition.* Ann Arbor: University of Michigan Press, 1964.

25. N. H. McCoy, *Rings and Ideals* (Carus Monograph No. 8), 5th Ed. Buffalo: The Mathematical Association of America, 1971.

26. N. H. McCoy, *The Theory of Rings*. New York: Macmillan, 1964.

域论

27. E. Artin, *Galois Theory* (Notre Dame Mathematical Lecture No. 2), 2nd Ed. Notre Dame, IN: University of Notre Dame Press, 1944.

28. O. Zariski and P. Samuel, *Commutative Algebra.* Princeton, NJ: Van Nostrand, vol. I, 1958.

数论

29. G. H. Hardy and E. M. Wright, *An Introduction to the Theory of Numbers*, 6th Ed. Oxford: Oxford University Press, 2008.

30. S. Lang, *Algebraic Numbers.* Reading, MA: Addison-Wesley, 1964.

31. W. J. LeVeque, *Elementary Theory of Numbers*, Mineola, NY: Dover, 1990.

32. W. J. LeVeque, *Topics in Number Theory.* Mineola, NY: Dover, 2002.

33. T. Nagell, *Introduction to Number Theory*, 2nd Ed. Providence, RI: American Mathematical Society, 2001.

34. I. Niven and H. S. Zuckerman, *An Introduction to the Theory of Numbers*, 5th Ed. New York: Wiley, 1991.

35. H. Pollard, *The Theory of Algebraic Numbers* (Carus Monograph No. 9). Buffalo: The Mathematical Association of America; New York: Wiley, 1950.

36. D. Shanks, *Solved and Unsolved Problems in Number Theory.* Washington, DC: Spartan Books, vol. I, 1962.
37. B. M. Stewart, *Theory of Numbers*, 2nd Ed. New York: Macmillan, 1964.
38. J. V. Uspensky and M. H. Heaslet, *Elementary Number Theory.* New York: McGraw-Hill, 1939.
39. E. Weiss, *Algebraic Number Theory.* Mineola, NY: Dover, 1998.

同论代数

40. J. P. Jans, *Rings and Homology.* New York: Holt, 1964.
41. S. MacLane, *Homology.* Berlin: Springer, 1963.

其他文献

42. A. A. Albert (ed.), *Studies in Modern Algebra* (MAA Studies in Mathematics, vol. 2). Buffalo: The Mathematical Association of America; Englewood Cliffs, NJ: Prentice-Hall, 1963.
43. E. Artin, *Geometric Algebra.* New York: Interscience, 1957.
44. R. Courant and H. Robbins, *What Is Mathematics*? Oxford University Press, 1941.
45. H. S. M. Coxeter, *Introduction to Geometry*, 2nd Ed. New York: Wiley, 1969.
46. R. H. Crowell and R. H. Fox, *Introduction to Knot Theory.* New York: Ginn, 1963.
47. H. B. Edgerton, *Elements of Set Theory.* San Diego: Academic Press, 1977.
48. C. Schumacher, *Chapter Zero.* Reading, MA: Addison-Wesley, 1996.

部分习题答案

第 0 章

1. $\{-\sqrt{3}, \sqrt{3}\}$.
3. $\{1,-1,2,-2,3,-3,4,-4,5,-5,6,-6,10,-10,12,-12,15,-15, 20,-20,30,-30,60,-60\}$.
5. 不是集合 (不是良好定义的).
7. 空集 $\varnothing$.
9. 不是良好定义的.
11. $(a,1),(a,2),(a,c),(b,1),(b,2),(b,c),(c,1),(c,2),(c,c)$.
13. 作过 P 和 x 的直线, 与 CD 交于 y.
15. $f: S \to \mathbb{R}, f(x) = \begin{cases} \dfrac{1}{x-1/2}+2, & 0<x<1/2 \\ 0, & x=1/2 \\ \dfrac{1}{x-1/2-2}, & 1/2<x<1 \end{cases}$
17. 猜想 $|\mathscr{P}(A)| = 2^s$.(答案中的证明常省略.)
21. $10^2, 10^5, 10^{\aleph_0} = 12^{\aleph_0} = 2^{\aleph_0} = |\mathbb{R}|$. (满足 $0 \leqslant x \leqslant 1$ 的数 x 可以写成 12 进制数和 2 进制数, 与 10 进制数类似.)
23. 1. 25. 5. 27. 52.
29. 不是等价关系. 31. 不是等价关系.
33. 等价关系:$\overline{1} = \{1,2,\cdots,9\}$,$\overline{10} = \{10,11,\cdots,99\}$,
 $\overline{100} = \{100,101,\cdots,999\}$,
 一般地, $\overline{10^n} = \{10^n, 10^n+1, \cdots, 10^{n+1}-1\}$.
35. a. $\{\cdots,-3,0,3,\cdots\}, \{\cdots,-2,1,4,\cdots\}, \{\cdots,-5,-2,1,\cdots\}$.
 b. $\{\cdots,-4,0,4,\cdots\}, \{\cdots,-3,1,4,\cdots\}, \{\cdots,-6,-2,2,\cdots\}$,
 $\{\cdots,-5,-1,3,\cdots\}$.
 c. $\{\cdots,-5,0,5,\cdots\}, \{\cdots,-4,1,6,\cdots\}, \{\cdots,-3,2,7,\cdots\}$,
 $\{\cdots,-2,3,8\cdots\}, \{\cdots,-1,4,9,\cdots\}$.
37. $\overline{1} = \{x \in \mathbb{Z} | x \div n$ 余 $1\}$ 由 n 的值决定.
41. 名称二对二映射表明, 这样的映射 f 应该把每一对不同的点对应到两个不同的点. 这在传统意义上就是一对一的. (如果定义域只有一个元素, 不能作为一个映射不是二对二的理由, 不能成为二对二的唯一理由是将两个点对应为一个点，而不是集合中没有两个点.）相反，传统意义上的一对一映射将任意一对点对应到两个不同的点. 因此，传统上称为一对一的映射恰恰是那些将两个点对应到两个点的映射，这是看待它们的一种更直观的统一的方式. 另外，表明映射是一对一的标准方法，是确切显示它不会将两个点对应到一个点. 因此，用二对二的术语证明一个映射是一对一更加自然.

1.1

1. e, b, a.　　3. $a, c.*$ 不是结合的.

5. 顶行 d; 第二行 a; 第四行 c, b.

7. 不是交换的，不是结合的.

9. 交换的，不是结合的，有单位元.

11. 不是交换的，不是结合的.

13. $8, 729, n^{[n(n+1)/2]}$.　　15. $n^{(n-1)^2}$.

19. 具有二元运算 $*$ 的集合 S 中的单位元 $e \in S$ 使得对所有 $a \in S$ 有 $a * e = e * a = a$.

21. 是.　　23. 不是. 条件 2 不满足.

25. 不是. 条件 1 不满足.

27. a. 是.　　b. 是.

29. 设 $S = \{?, \Delta\}$. 对所有 $a, b \in S$ 定义 $*$ 和 $*'$ 为 $a * b = ?$ 和 $a *' b = \Delta$. (可以有其他答案.)

31. 真.　　33. 真.

35. 假. 设 $f(x) = x^2, g(x) = x, h(x) = 2x + 1$. 那么 $(f(x) - g(x)) - h(x) = x^2 - 3x - 1$, 但 $f(x) - (g(x) - h(x)) = x^2 - (-x - 1) = x^2 + x + 1$.

37. 真.　　39. 真.　　41. 假. 设 $*$ 和 $*'$ 是 $\mathbb{Z}$ 上的 $+$.

1.2

1. 不是.$\mathscr{G}_3$ 不成立.　　3. 不是.$\mathscr{G}_1$ 不成立.

5. 不是.$\mathscr{G}_1$ 不成立.　　7. 不是.$\mathscr{G}_3$ 不成立.

9. 不是.$\mathscr{G}_1$ 不成立.　　11. 是.　　13. 是.

15. 不是. 零矩阵是上三角矩阵，没有逆矩阵.

17. 是.　　19. (证明省略.)c.$-1/3$.

21. $2, 3$.(对于 4 元集，回答要困难得多，答案不是 4.)

25. a. 假.　　c. 真.　　e. 假.　　g. 真.　　i. 假.

35. b^2a^{12}.

1.3

1. $-\mathrm{i}$.　　3. -1.　　5. $20 - 9\mathrm{i}$.　　7. $17 - 15\mathrm{i}$.

9. $-4 + 4\mathrm{i}$.　　11. $\sqrt{\pi^2 + \mathrm{e}^2}$.

13. $\sqrt{2}\left(-\frac{1}{\sqrt{2}} - \frac{1}{\sqrt{2}}\mathrm{i}\right)$.　　15. $\sqrt{34}\left(-\frac{3}{\sqrt{34}} + \frac{5}{\sqrt{34}}\mathrm{i}\right)$.

17. $\frac{1}{\sqrt{2}}\pm\frac{1}{\sqrt{2}}\mathrm{i}, -\frac{1}{\sqrt{2}}\pm\frac{1}{\sqrt{2}}\mathrm{i}$.　　19. $3\mathrm{i}, \pm\frac{3\sqrt{3}}{2}-\frac{3}{2}\mathrm{i}$.

21. $\sqrt{3}\pm\mathrm{i}, \pm 2\mathrm{i}, -\sqrt{3}\pm\mathrm{i}$.　　23. 7.　　25. $\frac{3}{8}$.

27. $\sqrt{2}$.　　29. $x=6$.　　31. 5.　　33. $1,7$.

37. $\zeta^0\leftrightarrow 0, \zeta^3\leftrightarrow 7, \zeta^4\leftrightarrow 4, \zeta^5\leftrightarrow 1, \zeta^6\leftrightarrow 6, \zeta^7\leftrightarrow 3$.

39. 由 $\zeta\leftrightarrow 4$, 有 $\zeta^2\leftrightarrow 2, \zeta^3\leftrightarrow 0$, 且 $\zeta^4\leftrightarrow 4$, 因此这不是单射.

41. 由乘法

$$z_1z_2=|z_1||z_2|[(\cos\theta_1\cos\theta_2-\sin\theta_1\sin\theta_2)+(\cos\theta_1\sin\theta_2+\sin\theta_1\cos\theta_2)\mathrm{i}]$$

所需结果由习题 40 和等式 $|z_1||z_2|=|z_1z_2|$ 得出.

45. 设 $f:\mathbb{R}_b\to\mathbb{R}_c$, $f(x)=\frac{c}{b}x$.

1.4

1. $\begin{pmatrix}1&2&3&4&5&6\\1&2&3&6&5&4\end{pmatrix}$.　　3. $\begin{pmatrix}1&2&3&4&5&6\\3&4&1&6&2&5\end{pmatrix}$.

5. $\begin{pmatrix}1&2&3&4&5&6\\2&6&1&5&4&3\end{pmatrix}$.　　7. $\imath$.　　9. $\imath$.

11. a.$\begin{pmatrix}1&2&3&4&5&6&7&8\\4&3&2&5&1&6&7&8\end{pmatrix}$.　　b.$\begin{pmatrix}1&2&3&4&5&6&7&8\\8&6&4&2&1&7&3&5\end{pmatrix}$.

c.$\begin{pmatrix}1&2&3&4&5&6&7&8\\2&3&1&5&4&7&8&6\end{pmatrix}$.

13. a.ρ^6.　　b.ρ.　　c.$\mu\rho^{10}$.　　d.$\mu\rho^{10}$.

15. $\{1,2,3,4,5,6\}$.　　17. $\{1,5\}$.

19. a. 这些是“初等置换矩阵”, 由单位矩阵置换行得到. 一个矩阵 $\boldsymbol{A}$ 左乘这些矩阵之一 $\boldsymbol{P}$, 那么 $\boldsymbol{A}$ 的行发生的置换与从 3×3 单位矩阵得到 $\boldsymbol{P}$ 发生的置换一样. 由于关于三个行的所有 6 个置换都有了, 可以看到它们相当于 S_3 的元素在分量为 $1,2,3$ 的列向量上的置换. 由于 S_3 是一个群, 因此它们构成群.

b. 对称群 S_3.

21. 需要加上 ϕ 是既单又满的.　　23. 这是正确的定义.

25. 不是置换.　　27. 不是置换.

29. a. 真.　　c. 真.　　e. 假.　　g. 假.

1.5

1. 是.　　3. 是.　　5. 是.　　7. $\mathbb{Q}^+$ 和 $\{\pi^n|n\in\mathbb{Z}\}$.

9. 是.　　11. 不是. 乘法不封闭.　　13. 是.

15. a. 是.　　b. 不是. 不是 $\widetilde{F}$ 的子集.

17. a. 不是. 加法不封闭.　　b. 是.

19. a. 是.　　b. 不是. 常函数 0 不在 $\widetilde{F}$ 中.

21. a.$-50, -25, 0, 25, 50$.　　b.$4, 2, 1, 1/2, 1/4$.

c.$1, \pi, \pi^2, 1/\pi, 1/\pi^2$.　　d.$\imath, \rho^3, \rho^6, \rho^9, \rho^{12}, \rho^{15}$.

e.$\imath, (1,2,3)(5,6), (1,3,2), (5,6), (1,2,3), (1,3,2)(5,6)$.

23. 所有矩阵 $\begin{bmatrix} 1 & n \\ 0 & 1 \end{bmatrix}, n \in \mathbb{Z}$.

25. 所有矩阵 $\begin{bmatrix} 4^n & 0 \\ 0 & 4^n \end{bmatrix}$ 或 $\begin{bmatrix} 0 & -2^{2n+1} \\ -2^{2n+1} & 0 \end{bmatrix}, n \in \mathbb{Z}$.

27. 4.　　29. 3.　　31. 4.　　33. 2.　　35. 3.

39. a. 真.　　c. 真.　　e. 假.　　g. 假.　　i. 真.

41. 是子群:$\imath$ 在集合中, 映射复合封闭, 如果 $\sigma(b) = b$ 那么 $\sigma^{-1}(b) = b$.

43. 不是子群. 设 $A = \mathbb{Z}, B = \mathbb{Z}^+, b = 1$, 则 $\mathbb{Z}$ 到 $\mathbb{Z}$ 的置换 $\sigma(n) = n + 1$ 在集合中, 但 σ^{-1} 不在集合中.

1.6

1. $q = 4, r = 6$.　　3. $q = -5, r = 3$.　　5. 8.

7. 60.　　9. 4.　　11. 24.　　13. 2.

15. 2.　　17. 6.　　19. 4.　　21. 无限循环群.

23. 75.　　25. 6.　　27. 12.　　29. 30.

31.

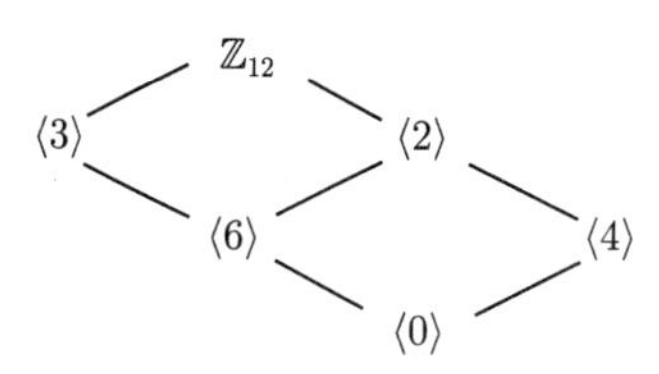

33.

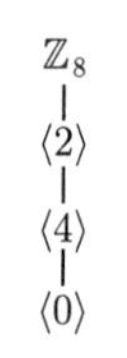

41. a. 真.　　c. 假.　　e. 真.　　g. 假.　　i. 真.

43. $\langle \mathbb{Q}, + \rangle$.　　45. 不存在.

47. i, −i.　　49. $\frac{\sqrt{2}}{2}(\pm1\pm\mathrm{i})$.　　63. $(p-1)p^{r-1}$.

1.7

1. $0,1,2,3,4,5,6,7,8,9,10,11$.　　3. $\mathbb{Z}_{25}$.

5. $\cdots,-24,-18,-12,-6,0,6,12,18,24,\cdots$.

7. $\{\imath,\rho^2,\rho^4,\rho^6,\mu,\mu\rho^2,\mu\rho^4,\mu\rho^6\}$.

9. a.c.　　b.e.　　c.d.

11.

	e	a	b	c	d	f
e	e	a	b	c	d	f
a	a	e	c	b	f	d
b	b	d	e	f	a	c
c	c	f	a	d	e	b
d	d	b	f	e	c	a
f	f	c	d	a	b	e

13. 选择一对生成有向弧, 称它们为弧 1 和弧 2, 从有向图的任何一个顶点开始, 看序列弧 1、弧 2 与弧 2、弧 1 是否到达相同的顶点.(这相当于问两个对应群的生成元是否交换.) 群是交换的当且仅当这两个序列对的每对生成的有向弧到达相同的顶点.

15. 不一定. 因为循环群的有向图可以由两个元素或者两个以上元素的生成集构成, 它们不生成群.

17.

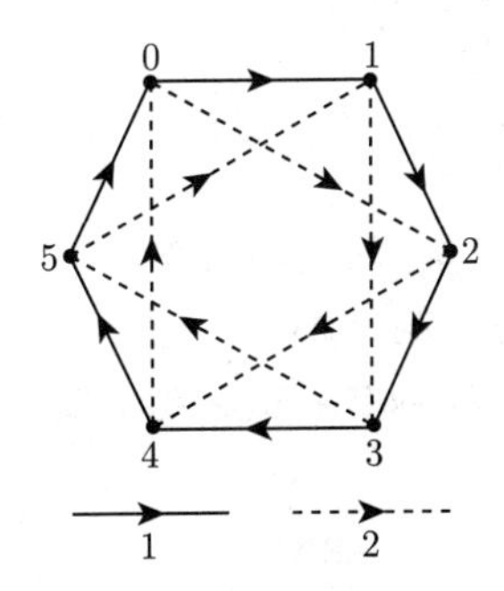

19. a. 从任一个顶点 a 开始, 图中任何到达同一个终点 a 的路径, 表示了生成元的乘积或者其逆元等于单位元, 因此得到一个关系.

   b. $a^4=e,b^2=e,(ab)^2=e$.

2.8

1. 同态.　　3. 同态.　　5. 不是同态.

7. 同态.　　9. 不是同态.

11. $\mathrm{Ker}(\phi) = \langle 4 \rangle$.　　13. $\mathrm{Ker}(\phi) = \langle (5,3) \rangle$.　　15. $\{0, 0\}$.

17. $\{1,2,5\}, \{3\}, \{4,6\}$.

19. $\{1,2,3,4,5\}, \{6\}, \{7,8\}$.

21. $\{2n | n \in \mathbb{Z}\}, \{2n+1 | n \in \mathbb{Z}\}$.

23. $(1,8)(3,6,4)(5,7) = (1,8)(3,4)(3,6)(5,7)$.

25. $(1,5,4,8)(2,3)(6,7) = (1,8)(1,4)(1,5)(2,3)(6,7)$.

31. a. 假.　　c. 假.　　e. 假.　　g. 真.　　i. 真.

2.9

1. 不是循环群.

元素	阶	元素	阶
$(0,0)$	1	$(0,2)$	2
$(1,0)$	2	$(1,2)$	2
$(0,1)$	4	$(0,3)$	4
$(1,0)$	4	$(1,3)$	4

3. 2.　　5. 9.　　7. 60.

9. $\{(0,0),(0,1)\}, \{(0,0),(1,0)\}, \{(0,0),(1,1)\}$.

11. $\{(0,0),(0,1),(0,2),(0,3)\}$, $\{(0,0),(0,2),(1,0),(1,2)\}$,
$\{(0,0),(1,1),(0,2),(1,3)\}$.

13. $\mathbb{Z}_{20} \times \mathbb{Z}_3, \mathbb{Z}_{15} \times \mathbb{Z}_4, \mathbb{Z}_{12} \times \mathbb{Z}_5, \mathbb{Z}_5 \times \mathbb{Z}_3 \times \mathbb{Z}_4$.

15. 12.　　17. 168.　　19. 180.

21. $\mathbb{Z}_8, \mathbb{Z}_2 \times \mathbb{Z}_4, \mathbb{Z}_2 \times \mathbb{Z}_2 \times \mathbb{Z}_2$.

23. $\mathbb{Z}_{32}, \mathbb{Z}_2 \times \mathbb{Z}_{16}, \mathbb{Z}_4 \times \mathbb{Z}_8$, $\mathbb{Z}_2 \times \mathbb{Z}_2 \times \mathbb{Z}_8$, $\mathbb{Z}_2 \times \mathbb{Z}_4 \times \mathbb{Z}_4$,
$\mathbb{Z}_2 \times \mathbb{Z}_2 \times \mathbb{Z}_2 \times \mathbb{Z}_4$, $\mathbb{Z}_2 \times \mathbb{Z}_2 \times \mathbb{Z}_2 \times \mathbb{Z}_2 \times \mathbb{Z}_2$.

25. $\mathbb{Z}_9 \times \mathbb{Z}_{121}$, $\mathbb{Z}_3 \times \mathbb{Z}_3 \times \mathbb{Z}_{121}$, $\mathbb{Z}_9 \times \mathbb{Z}_{11} \times \mathbb{Z}_{11}, \mathbb{Z}_3 \times \mathbb{Z}_3 \times \mathbb{Z}_{11} \times \mathbb{Z}_{11}$.

29. a.

n	2	3	4	5	6	7	8
群个数	2	3	5	7	11	15	22

b. i)225.　　ii)225.　　iii)110.

31. a. 当两个 n 边形上的弧方向相同 (都是逆时针或者顺时针) 时, 是交换群.
b. $\mathbb{Z}_2 \times \mathbb{Z}_n$.　　c. 当 n 是奇数.　　d. 二面体群 D_n.

33. $\mathbb{Z}_2$ 是一个例子.

35. S_3 是一个例子.

37. 个数相同.　　41. $\{-1, 1\}$.

2.10

1. $4\mathbb{Z}=\{\cdots,-8,-4,0,4,8,\cdots\}$,
   $1+4\mathbb{Z}=\{\cdots,-7,-3,1,5,9,\cdots\}$,
   $2+4\mathbb{Z}=\{\cdots,-6,-2,2,6,10,\cdots\}$,
   $3+4\mathbb{Z}=\{\cdots,-5,-1,3,7,11,\cdots\}$.
3. $\{0,3,6,9,12,15\},\{1,4,7,10,13,16\},\{2,5,8,11,14,17\}$.
5. $\langle 18\rangle=\{0,18\},1+\langle 18\rangle=\{1,19\},2+\langle 18\rangle=\{2,20\},\cdots,17+\langle 18\rangle=\{17,35\}$.
7. $\{\imath,\mu\rho\},\{\rho,\mu\rho^2\},\{\rho^2,\mu\rho^3\},\{\rho^3,\mu\}$, 与左陪集不一样.
9. $\{\imath,\rho^2\},\{\rho,\rho^3\},\{\mu,\mu\rho^2\},\{\mu\rho,\mu\rho^3\}$.
11. 4. 13. 12. 15. 24.
21. $2\mathbb{Z}\leqslant\mathbb{Z}$ 有 2 个陪集.
23. $G=\mathbb{Z}_2$, 子群 $H=\mathbb{Z}_2$.
25. 不可能. 类的个数要整除群的阶, 但 12 不整除 6.

2.11

1. a. 保持一个数 c 不变的 $\mathbb{R}$ 的等距变换有恒等变换和关于 c 的反射, 对所有的 $x\in\mathbb{R}$, 将 $c+x$ 映射到 $c-x$.
   b. 保持一个点 P 不变的 $\mathbb{R}^2$ 的等距变换有绕 P 旋转 $\theta(0\leqslant\theta<360^\circ)$ 的旋转和关于通过 P 的轴的反射.
   c. 保持一条直线段不变的 $\mathbb{R}$ 的等距变换有关于线段中点的反射 (参见 a 中的答案) 和恒等变换.
   d. 保持一条直线段不变的 $\mathbb{R}^2$ 的等距变换有关于线段中点的 180° 旋转、关于线段垂直平分线的反射和恒等变换.
   e. 保持一条直线段不变的 $\mathbb{R}^3$ 的等距变换有关于线段所在直线为轴的任何角的旋转、关于包含线段的任何平面的反射和关于过线段中点垂直于线段的平面的反射.
3.

	τ	ρ	μ	γ
τ	τ	ρ	$\mu\gamma$	$\mu\gamma$
ρ	ρ	$\rho\tau$	$\mu\gamma$	$\mu\gamma$
μ	$\mu\gamma$	$\mu\gamma$	$\tau\rho$	$\tau\rho$
γ	$\mu\gamma$	$\mu\gamma$	$\tau\rho$	$\tau\rho$

5.

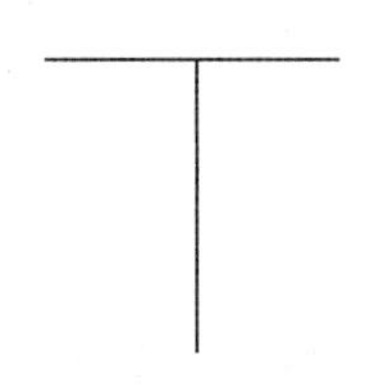

7.

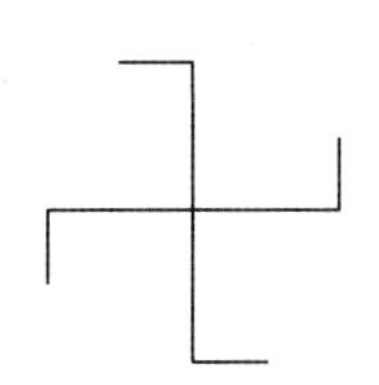

9. 平移: 阶 ∞; 旋转: 阶 $n \geqslant 2$ 或 ∞; 反射: 阶 2; 滑动反射: 阶 ∞.

11. 旋转.　　13. 恒等和反射.

17. 是. 两个平移的乘积是平移, 平移的逆是平移.

19. 是. 关于直线 L 有一个反射 μ, 而 μ^2 是恒等变换, 所以得到一个同构于 $\mathbb{Z}$ 的群.

21. 只有反射和旋转 (以及恒等变换), 因为平移和滑动反射在平面等距群中的阶是无限的.

25. a. 不是.　b. 不是.　c. 是.　d. 不是.　e. D_∞.

27. a. 是.　b. 不是.　c. 不是.　d. 不是.　e. D_∞.

29. a. 不是.　b. 不是.　c. 不是.　d. 是.　e. $\mathbb{Z}$.

31. a. 是.$90°$, $180°$.　b. 是.　c. 不是.

33. a. 不是.　b. 不是.　c. 不是.

35. a. 是.$180°$.　b. 是.　c. 不是.

37. a. 是.$120°$.　b. 是.　c. 不是.

39. a. 是.$120°$.　b. 不是.　c. 不是.　d. $(1,0),(1,\sqrt{3})$.

3.12

1. 3.　3. 4.　5. 3.　7. 1.

9. 4.　11. 3.　13. 5.　15. 1.

21. a. 当考虑商群 G/H 时, 要利用 a,b 是 G 中元素, 而不是直接设为 G/H 中元素. 学生可能不理解 G/H 是什么形式的, 因此可能写不出任何有意义的内容.

 b. 要证明 G/H 是交换的. 设 aH 和 bH 是 G/H 的两个元素.

23. a. 真.　c. 真.　e. 真.　g. 真.　i. 真.

35. 例子: 设 $G = N = S_3$, $H = \{\rho_0, \mu_1\}$. 那么 N 在 G 中是正规的, 但 $H \cap N = H$ 在 G 中不是正规的.

3.13

1. $\mathbb{Z}_2$.　3. $\mathbb{Z}_4$.　5. $\mathbb{Z}_4 \times \mathbb{Z}_8$.　7. $\mathbb{Z} \times \mathbb{Z}_2$.

9. $\mathbb{Z}_3 \times \mathbb{Z} \times \mathbb{Z}_4$.　11. $\mathbb{Z}_2 \times \mathbb{Z}$.　13. $\mathbb{Z} \times \mathbb{Z}_2$.

15. $Z(D_4) = C = \{\imath, \rho^2\}$.

17. $Z(S_3 \times D_4) = \{\{\imath, \imath\}, \{\imath, \rho\}\}, C = A_3 \times \{\imath, \rho\}$.

21. a. 真.　c. 假.　e. 假.　g. 假.　i. 真.

23. $\{f \in F^* | f(0) = 1\}$.

25. 是. 设 $f(x) = \begin{cases} 1, & x \geqslant 0 \\ = -1, & x < 0 \end{cases}$, 那么 $f(x) \cdot f(x) = 1$, 因此 $f^2 \in K^*$, 但是 f 不在 K^* 中. 因此 fK^* 在 F^*/K^* 中阶为 2.

27. U.　29. 绝对值为 1 的复数乘法群 U.

31. 设 $G = \mathbb{Z}_2 \times \mathbb{Z}_4$, 则 $H = \langle(1,0)\rangle$ 同构于 $K = \langle(0,2)\rangle$, 但是 G/H 同构于 $\mathbb{Z}_4$, 而 G/K 同构于 $\mathbb{Z}_2 \times \mathbb{Z}_2$.

33. a.$\{e\}$.　b. 整个群.

3.14

1. $X_\imath = X, X_\rho = \{C\}, X_\rho = \{m_1, m_2, d_1, d_2, C\}, X_{\rho^3} = \{C\}$,
$X_{\mu\rho} = \{s_1, s_3, m_1, m_2, C, P_1, P_3\}, X_{\mu\rho^3} = \{s_2, s_0, m_1, m_2, C, P_2, P_0\}$,
$X_\mu = \{2, 0, d_1, d_2, C\}, X_{\mu\rho^2} = \{1, 3, d_1, d_2, C\}$.

3. $\{1,2,3,0\}, \{s_1, s_2, s_3, s_0\}, \{m_1, m_2\}, \{d_1, d_2\}, \{C\}, \{P_1, P_2, P_3, P_0\}$.

5. $\{\imath\}$.

7. 三个轨道:$\{\langle\mu\rangle, \langle\mu\rho^2\rangle\}, \{\langle\mu\rho\rangle, \langle\mu\rho^3\rangle\}, \{\langle\rho^2\rangle\}$.

9. 3, 3;　3, 1, 1, 1;　1, 1, 1, 1, 1, 1.

11. 8, 2;　8, 1, 1;　4, 4, 2;　4, 4, 1, 1;　4, 2, 2, 2;　4, 2, 2, 1, 1;
4, 2, 1, 1, 1, 1;　4, 1, 1, 1, 1, 1, 1;　2, 2, 2, 2, 2;　2, 2, 2, 2, 1, 1;
2, 2, 2, 1, 1, 1, 1;　2, 2, 1, 1, 1, 1, 1, 1;　2, 1, 1, 1, 1, 1, 1, 1, 1;
1, 1, 1, 1, 1, 1, 1, 1, 1, 1.

15. 传递 G 集只有一个轨道.

17. a.$\{s_1, s_2, s_3, s_0\}$ 和 $\{P_1, P_2, P_3, P_0\}$.

21. b. 圆心在原点且过点 P 的圆上的点.
c. 群 $G_P = \mathbb{R}$ 的子群 $\langle 2\pi \rangle$.

25. a.$K = g_0 H g_0^{-1}$.　b. 猜想:H 和 K 是 G 的共轭子群.

27. 有四个:X, Y, Z 和 $\mathbb{Z}_6$.

	X	Y		Z		
	a	a	b	a	b	c
0	a	a	b	a	b	c
1	a	b	a	b	c	a
2	a	a	b	c	a	b
3	a	b	a	a	b	c
4	a	a	b	b	c	a
5	a	b	a	c	a	b

3.15

1. 5.　　3. 2.　　5. 11712.

7. a.45.　　b.231.　　9. a.90.　　b.6426.

4.16

1. a.$K = \{0, 3, 6, 9\}$.

   b.$0 + K = \{0, 3, 6, 9\}, 1 + K = \{1, 4, 7, 10\}, 2 + K = \{2, 5, 8, 11\}$.

   c.$\mu(0 + K) = 0, \mu(1 + K) = 2, \mu(2 + K) = 1$.

3. a.$HN = \{0, 2, 4, 6, 8, 10, 12, 14, 16, 18, 20, 22\}, H \cap N = \{0, 12\}$.

   b.$0 + N = \{0, 6, 12, 18\}, 2 + N = \{2, 8, 14, 20\}, 4 + N = \{4, 10, 16, 22\}$.

   c.$0 + (H \cap N) = \{0, 12\}, 4 + (H \cap N) = \{4, 16\}, 8 + (H \cap N) = \{8, 20\}$.

   d.$\mu(0 + (H \cap N)) = 0 + N = \{0, 6, 12, 18\}$,

   $\mu(4 + (H \cap N)) = 4 + N = \{4, 10, 16, 20\}$,

   $\mu(8 + (H \cap N)) = 8 + N = \{2, 8, 13, 20\}$.

5. a.$0 + H = \{0, 4, 8, 12, 16, 20\}$, $1 + H = \{1, 5, 9, 13, 17, 21\}$,

   $2 + H = \{2, 6, 10, 14, 18, 22\}$, $3 + H = \{3, 7, 11, 15, 19, 23\}$.

   b.$0 + K = \{0, 8, 16\}, 1 + K = \{1, 9, 17\}, 2 + K = \{2, 10, 18\}$,

   $3 + K = \{3, 11, 19\}$, $4 + K = \{4, 12, 20\}, 5 + K = \{5, 13, 21\}$,

   $6 + K = \{6, 14, 22\}$, $7 + K = \{7, 15, 23\}$.

   c.$0 + K = \{0, 8, 16\}, 4 + K = \{4, 12, 20\}$.

   d.$(0 + K) + (H/K) = H/K = \{0 + K, 4 + K\} = \{\{0, 8, 16\}, \{4, 12, 20\}\}$,

   $(1 + K) + (H/K) = \{1 + K, 5 + K\} = \{\{1, 9, 17\}, \{5, 13, 21\}\}$,

   $(2 + K) + (H/K) = \{2 + K, 6 + K\} = \{\{2, 10, 18\}, \{6, 14, 22\}\}$,

   $(3 + K) + (H/K) = \{3 + K, 7 + K\} = \{\{3, 11, 19\}, \{7, 15, 23\}\}$.

   e.$\phi(\{\{0, 8, 16\}, \{4, 12, 20\}\}) = \{0, 4, 8, 12, 16, 20\}$,

   $\phi(\{\{1, 9, 17\}, \{5, 13, 21\}\}) = \{1, 5, 9, 13, 17, 21\}$,

   $\phi(\{\{2, 10, 18\}, \{6, 14, 22\}\}) = \{2, 6, 10, 14, 18, 22\}$,

   $\phi(\{\{3, 11, 19\}, \{7, 15, 23\}\}) = \{3, 7, 11, 15, 19, 23\}$.

4.17

1. 3.　　3. 1, 3.

5. 西罗 3 子群有 $\langle(1,2,3)\rangle, \langle(1,2,4)\rangle, \langle(1,3,4)\rangle, \langle(2,3,4)\rangle$.
   另外 $(3,4)\langle(1,2,3)\rangle(3,4) = \langle(1,2,4)\rangle$, 等等.

7. $1, 2, 3, 4, 5, 7, 9, 11, 13, 15, 17, 19$.

13. a. 真.　c. 假.　e. 真.　g. 真.　i. 假.

4.18

1. $\{0\} < 10\mathbb{Z} < \mathbb{Z}$ 的精细 $\{0\} < 250\mathbb{Z} < 10\mathbb{Z} < \mathbb{Z}$ 与 $\{0\} < 25\mathbb{Z} < \mathbb{Z}$ 的精细 $\{0\} < 250\mathbb{Z} < 25\mathbb{Z} < \mathbb{Z}$ 是同构的.

3. $\{0\} < \langle 27\rangle < \langle 9\rangle < \mathbb{Z}_{54}$ 和 $\{0\} < \langle 18\rangle < \langle 2\rangle < \mathbb{Z}_{54}$.

5. 第一个群列的精细为 $\{(0,0)\} < (4800\mathbb{Z}) \times \mathbb{Z} < (240\mathbb{Z}) \times \mathbb{Z} < (60\mathbb{Z}) \times \mathbb{Z} < (10\mathbb{Z}) \times \mathbb{Z} < \mathbb{Z} \times \mathbb{Z}$;
   第二个群列的精细为 $\{(0,0)\} < \mathbb{Z} \times (4800\mathbb{Z}) < \mathbb{Z} \times (480\mathbb{Z}) < \mathbb{Z} \times (80\mathbb{Z}) < \mathbb{Z} \times (20\mathbb{Z}) < \mathbb{Z} \times \mathbb{Z}$.

7. $\{0\} < \langle 16\rangle < \langle 8\rangle < \langle 4\rangle < \langle 2\rangle < \mathbb{Z}_{48}$,
   $\{0\} < \langle 24\rangle < \langle 8\rangle < \langle 4\rangle < \langle 2\rangle < \mathbb{Z}_{48}$,
   $\{0\} < \langle 24\rangle < \langle 12\rangle < \langle 4\rangle < \langle 2\rangle < \mathbb{Z}_{48}$,
   $\{0\} < \langle 24\rangle < \langle 12\rangle < \langle 6\rangle < \langle 2\rangle < \mathbb{Z}_{48}$,
   $\{0\} < \langle 24\rangle < \langle 12\rangle < \langle 6\rangle < \langle 3\rangle < \mathbb{Z}_{48}$.

9. $\{(\imath,0)\} < A_3 \times \{0\} < S_3 \times \{0\} < S_3 \times \mathbb{Z}_2$,
   $\{(\imath,0)\} < \{\imath\} \times \mathbb{Z}_2 < A_3 \times \mathbb{Z}_2 < S_3 \times \mathbb{Z}_2$,
   $\{(\imath,0)\} < A_3 \times \{0\} < A_3 \times \mathbb{Z}_2 < S_3 \times \mathbb{Z}_2$.

11. $\{\imath\} \times \mathbb{Z}_4$.

13. $\{\imath\} \times \mathbb{Z}_4 \leqslant \{\imath\} \times \mathbb{Z}_4 \leqslant \{\imath\} \times \mathbb{Z}_4 \leqslant \cdots$.

17. a. 真.　c. 真.　e. 假.　g. 假.　i. 真.
    i. 若尔当 赫尔德定理用于 $\mathbb{Z}_n$ 可以得到算术基本定理.

19. 是.$\{\imath\} < \{\imath, \rho\} < \{\imath, \rho, \rho^2, \rho^3\} < D_4$ 是一个合成列 (实际是主群列), 所有的商群同构于 $\mathbb{Z}_2$, 因此是交换的.

21.

链(3)

$$\begin{aligned}\{0\} &\leqslant \langle 12\rangle \leqslant \langle 12\rangle \leqslant \langle 12\rangle \\ &\leqslant \langle 12\rangle \leqslant \langle 12\rangle \leqslant \langle 4\rangle \\ &\leqslant \langle 2\rangle \leqslant \mathbb{Z}_{24} \leqslant \mathbb{Z}_{24}\end{aligned}$$

链(4)

$$\begin{aligned}\{0\} &\leqslant \langle 12\rangle < \langle 12\rangle \leqslant \langle 6\rangle \\ &\leqslant \langle 6\rangle \leqslant \langle 6\rangle \leqslant \langle 3\rangle \\ &\leqslant \langle 3\rangle \leqslant \mathbb{Z}_{24} \leqslant \mathbb{Z}_{24}\end{aligned}$$

同构

$\langle 12\rangle/\{0\} \cong \langle 12\rangle/\{0\} \cong \mathbb{Z}_2$, $\langle 12\rangle/\langle 12\rangle \cong \langle 6\rangle/\langle 6\rangle \cong \{0\}$,
$\langle 12\rangle/\langle 12\rangle \cong \langle 3\rangle/\langle 3\rangle \cong \{0\}$, $\langle 12\rangle/\langle 12\rangle \cong \langle 12\rangle/\langle 12\rangle \cong \{0\}$,
$\langle 12\rangle/\langle 12\rangle \cong \langle 6\rangle/\langle 6\rangle \cong \{0\}$, $\langle 4\rangle/\langle 12\rangle \cong \mathbb{Z}_{24}/\langle 3\rangle \cong \mathbb{Z}_3$,
$\langle 2\rangle/\langle 4\rangle \cong \langle 6\rangle/\langle 12\rangle \cong \mathbb{Z}_2$, $\mathbb{Z}_{24}/\langle 2\rangle \cong \langle 3\rangle/\langle 6\rangle \cong \mathbb{Z}_2$,

$\mathbb{Z}_{24}/\mathbb{Z}_{24} \cong \mathbb{Z}_{24}/\mathbb{Z}_{24} \cong \{0\}$.

4.19

1. $\{(1,1,1),(1,2,1),(1,1,2)\}$.
3. 不是.$n(2,1)+m(4,1)$ 的第一坐标不能是奇数.
7. $2\mathbb{Z} < \mathbb{Z}$, 秩 $r=1$.

4.20

1. a.$a^2b^2a^3c^3b^{-2}, b^2c^{-3}a^{-3}b^{-2}a^{-2}$.
   b.$a^{-1}b^3a^4c^6a^{-1}, ac^{-6}a^{-4}b^{-3}a$.
3. a.16. b.36. c.36.
5. a.16. b.36. c.18.
11. a. 部分解答:$\{1\}$ 是 $\mathbb{Z}_4$ 的基. c. 是.
13. c.S 上的信号群同构于 S 上的自由群$F[S]$.

4.21

1. $(a : a^4=1); (a,b : a^4=1, b=a^2); (a,b,c : a=1, b^4=1, c=1)$.(可以有其他答案.)
3. 八元数群:

	1	a	a^2	a^3	b	ab	a^2b	a^3b
1	1	a	a^2	a^3	b	ab	a^2b	a^3b
a	a	a^2	a^3	1	ab	a^2b	a^3b	b
a^2	a^2	a^3	1	a	a^2b	a^3b	b	ab
a^3	a^3	1	a	a^2	a^3b	b	ab	a^2b
b	b	a^3b	a^2b	ab	1	a^3	a^2	a
ab	ab	b	a^3b	a^2b	a	1	a^3	a^2
a^2b	a^2b	ab	b	a^3b	a^2	a	1	a^3
a^3b	a^3b	a^2b	ab	b	a^3	a^2	a	1

四元数群: 将八元数群运算表右下角的 16 个元素换为如下,

a^2	a	1	a^3
a^3	a^2	a	1
1	a^3	a^2	a
a	1	a^3	a^2

5. $\mathbb{Z}_{21}.(a,b : a^7=1, b^3=1, ba=a^2b)$.

5.22

1. 0. 3. 1. 5. $(1,6)$.
7. 交换环, 无单位元, 不是域.

9. 交换环, 有单位元, 不是域.

11. 交换环, 有单位元, 不是域.

13. 不是.$\{ri|r \in \mathbb{R}\}$ 在乘法下不封闭.

15. $(1,1),(1,-1),(-1,1),(-1,-1)$.

17. 所有非零 $q \in \mathbb{Q}$.　　19. 1, 3.

21. 设 $R=\mathbb{Z}$ 有单位元 1, $R'=\mathbb{Z}\times\mathbb{Z}$ 有单位元 $1'=(1,1)$. 设 $\phi: R \to R'$ 定义为 $\phi(n)=(n,0)$, 则 $\phi(1)=(1,0)\neq 1'$.

23. $\phi_1:\mathbb{Z}\to\mathbb{Z}$ 使得 $\phi_1(n)=0$, 而 $\phi_2:\mathbb{Z}\to\mathbb{Z}$ 使得 $\phi_2(n)=n$.

25. $\phi_1:\mathbb{Z}\times\mathbb{Z}\to\mathbb{Z}$ 使得 $\phi_1(n,m)=0$,
$\phi_2:\mathbb{Z}\times\mathbb{Z}\to\mathbb{Z}$ 使得 $\phi_2(n,m)=n$,
$\phi_3:\mathbb{Z}\times\mathbb{Z}\to\mathbb{Z}$ 使得 $\phi_3(n,m)=m$.

27. 理由不正确, 因为两个非零矩阵的乘积 $(\boldsymbol{X}-\boldsymbol{I}_3)(\boldsymbol{X}+\boldsymbol{I}_3)$ 可以是零矩阵. 计算 $\begin{bmatrix} 0 & 0 & 1 \\ 0 & 1 & 0 \\ 1 & 0 & 0 \end{bmatrix}^2 = \boldsymbol{I}_3$.

29. 2, 10. 在 $\mathbb{Z}_{14}$ 中有非零元 2 和 7 的乘积为 0, 在 $\mathbb{Z}_{13}$ 不是这样的.

33. $\mathbb{Z}_6$ 中 $a=2, b=3$

35. a. 真.　　c. 假.　　e. 真.　　g. 真.　　i. 真.

5.23

1. 0, 3, 5, 8, 9, 11.　　3. 无解.

5. 0.　　7. 0.　　9. 12.

11. 1, 5 是单位;2, 3, 4 是零因子.

13. 1, 2, 4, 7, 8, 11, 13, 14 是单位;3, 5, 6, 9, 10, 12 是零因子.

15. $(1,1),(1,2),(2,1),(2,2)$ 是单位;$(0,1),(0,2),(1,0),(2,0)$ 是零因子.

17. $a^4+2a^2b^2+b^4$.　　19. $a^6+2a^3b^3+b^6$.

23. a. 假.　　c. 假.　　e. 真.　　g. 假.　　i. 假.

25. (1) $\mathrm{Det}(\boldsymbol{A})=0$.
(2) $\boldsymbol{A}$ 的列向量相关.　　(3) $\boldsymbol{A}$ 的行向量相关.
(4) 0 是 $\boldsymbol{A}$ 的一个特征值.　　(5) $\boldsymbol{A}$ 不是可逆的.

5.24

1. 3 或 5.　　3. 3, 5, 6, 7, 10, 11, 12, 14 之一.　　5. 2.

7. $\varphi(1)=1, \varphi(7)=6, \varphi(13)=12, \varphi(19)=18, \varphi(25)=20$,
$\varphi(2)=1, \varphi(8)=4, \varphi(14)=6, \varphi(20)=8, \varphi(26)=12$,
$\varphi(3)=2, \varphi(9)=6, \varphi(15)=8, \varphi(21)=12, \varphi(27)=18$,
$\varphi(4)=2, \varphi(10)=4, \varphi(16)=8, \varphi(22)=10, \varphi(28)=12$,
$\varphi(5)=4, \varphi(11)=10, \varphi(17)=16, \varphi(23)=22, \varphi(29)=28$,

$\varphi(6)=2, \varphi(12)=4, \varphi(18)=6, \varphi(24)=8, \varphi(30)=8.$

9. $(p-1)(q-1)$.　　11. $1+4\mathbb{Z}, 3+4\mathbb{Z}$.

13. 无解.　　15. 无解.

17. $3+65\mathbb{Z}, 16+65\mathbb{Z}, 29+65\mathbb{Z}, 42+65\mathbb{Z}, 55+65\mathbb{Z}$.

19. 1.　　21. 9.

23. a. 假.　　c. 真.　　e. 真.　　g. 假.　　i. 假.

5.25

1. $n=pq=15, (p-1)(q-1)=8$, 因此为 $(3,3),(5,5)$.

3. $n=pq=33, (p-1)(q-1)=20$, 因此为 $(3,7),(7,3),(9,9),(11,11),(13,17),(17,13)$.

5. $s=77$.

7. a.$y=64$.　　b.$r=13$.　　c.$64^{13}\equiv 25 \pmod{143}$.

9. 密钥 $p=257, q=359, n=92263, r=1493$.
   公钥 $n=92263, s=9085$.

6.26

1. $\{q_1+q_2\mathrm{i} | q_1, q_2\in\mathbb{Q}\}$.

15. 同构于所有分母是 2 的幂的分数构成的有理数环 D.

17. 试图证明引理 26.3 中的传递性会遇到麻烦, 因为乘法消去律不成立. 对 $R=\mathbb{Z}_6$ 和 $T=\{1,2,4\}$, 有 $(1,2)\sim(2,4)$, 因为在 $\mathbb{Z}_6$ 中 $(1)(4)=(2)(2)=4$, 且 $(2,4)\sim(2,1)$, 因为 $(2)(1)=(4)(2)$. 然而 $(1,2)$ 不等价于 $(2,1)$, 因为在 $\mathbb{Z}_6(1)(1)\neq(2)(2)$.

6.27

1. $f(x)+g(x)=2x^2+5, f(x)g(x)=6x^2+4x+6$.

3. $f(x)+g(x)=5x^2+5x+1, f(x)g(x)=x^3+5x$.

5. 16.　　7. 7.　　9. 2.　　11. 0.

13. 2, 3.　　15. 0, 2, 4.　　17. 0, 1, 2, 3.

21. $0, x-5, 2x-10, x^2-25, x^2-5x, x^4-5x^3$.(可以有其他答案.)

23. a. 真.　　c. 真.　　e. 假.　　g. 真.　　i. 真.

25. a. D 的单位.　　b. $1, -1$.　　c. 1, 2, 3, 4, 5, 6.

27. b. 假.　　c. $F[x]$.

31. a. 4, 27　　b. $\mathbb{Z}_2\times\mathbb{Z}_2, \mathbb{Z}_3\times\mathbb{Z}_3\times\mathbb{Z}_3$.

6.28

1. $q(x)=x^4+x^3+x^2+x-2, r(x)=4x+3$.

3. $q(x)=6x^4+7x^3+2x^2-x+2, r(x)=4$.

5. 2, 3.　　7. 3, 10, 5, 11, 14, 7, 12, 6.

9. $(x-1)(x+1)(x-2)(x+2)$.
11. $(x-3)(x+3)(2x+3)$.
13. 是. 在 $\mathbb{Z}_5$ 中次数为 3, 没有零点. $2x^3+x^2+2x+2$.
15. 部分解答:$g(x)$ 在 $\mathbb{R}$ 上不可约, 但不是在 $\mathbb{C}$ 上不可约.
19. 是.$p=3$. 21. 是.$p=5$.
25. a. 真. c. 真. e. 真. g. 真. i. 真.
27. x^2+x+1.
29. $x^2+1, x^2+x+2, x^2+2x+2, 2x^2+2, 2x^2+x+1, 2x^2+2x+1$.
31. $p(p-1)^2/2$.

6.29

1. 32. 3. $\mathbb{Z}_2^5$.
5. a.$\{(0,0)\}, \{(0,0),(1,1)\}, \mathbb{Z}_2^2$.
   b.$\{0,0,0\}, \{(0,0,0),(1,1,1)\}, \mathbb{Z}_2^3$.
   c.$\{(0,0,0,0)\}, \{(0,0,0,0),(1,1,1,1)\}$,
   $\{(0,0,0,0),(0,1,0,1),(1,0,1,0),(1,1,1,1)\}, \mathbb{Z}_2^4$.
7. a. $x^7+1=(x^3+x+1)(x^4+x^2+x+1)$.
   b. C 由 $x^3+x+1, x^4+x^3+x^2+1$ 和 0 以及 $x^6+x^5+x^4+x^3+x^2+x+1$ 的循环移位构成.
   c. 可以检测和纠正 1 位错误.
   d. 可以检测 2 位错, 但不能纠错.
9. a. 用长除法验证 $(x^3+1)(x^6+x^3+1)=x^9+1$.
   b. $C=\{x^6+x^3+1, x^7+x^4+x, x^8+x^5+x^2$,
   $x^7+x^6+x^4+x^3+x+1, x^8+x^7+x^5+x^4+x^2+x$, $x^8+x^6+x^5+x^3+x^2+1$, x^8+x^7+ $x^6+x^5+x^4+x^3+x^2+x^1+1, 0\}$.
   c. 非零单词之间的最小权重是 3, 因此两个码字之间的最小距离是 3, 所以 C 检测和纠一位错.
   d. 检测 2 位错, 但不能纠错.
11. $x^9+1=(x+1)(x^2+x+1)(x^6+x^3+1)$, 所以多项式 $x+1, x^2+x+1, x^6+x^3+1, (x+1)(x^2+x+1), (x+1)(x^6+x^3+1), (x^2+x+1)(x^6+x^3+1)$ 都生成码字长为 9 的循环码.

6.30

1. 共有 9 种可能:
   $\phi(1,0)=(1,0)$, 而 $\phi(0,1)=(0,0)$ 或 $(0,1)$,
   $\phi(1,0)=(0,1)$, 而 $\phi(0,1)=(0,0)$ 或 $(1,0)$,
   $\phi(1,0)=(1,1)$, 而 $\phi(0,1)=(0,0)$,
   $\phi(1,0)=(0,0)$, 而 $\phi(0,1)=(0,0),(1,0),(0,1)$, 或 $(1,1)$.
3. $\langle 0\rangle=\{0\}, \mathbb{Z}_{12}/\{0\}\cong\mathbb{Z}_{12}$,
   $\langle 1\rangle=\{0,1,2,3,4,5,6,7,8,9,10,11\}, \mathbb{Z}_{12}/\langle 1\rangle\cong\{0\}$,

$\langle 2\rangle = \{0,2,4,6,8,10\}, \mathbb{Z}_{12}/\langle 2\rangle \cong \mathbb{Z}_2$,

$\langle 3\rangle = \{0,3,6,9\}, \mathbb{Z}_{12}/\langle 3\rangle \cong \mathbb{Z}_3$,

$\langle 4\rangle = \{0,4,8\}, \mathbb{Z}_{12}/\langle 4\rangle \cong \mathbb{Z}_4$,

$\langle 6\rangle = \{0,6\}, \mathbb{Z}_{12}/\langle 6\rangle \cong \mathbb{Z}_6$.

9. 设 $\phi : \mathbb{Z} \to \mathbb{Z} \times \mathbb{Z}$ 定义为 $\phi(n) = (n, 0), n \in \mathbb{Z}$.

11. R/R 和 $R/\{0\}$ 不是真有意义, 因为 R/R 是仅含 0 的环, 而 $R/\{0\}$ 同构于 R.

13. $\mathbb{Z}$ 是整环.$\mathbb{Z}/4\mathbb{Z}$ 同构于 $\mathbb{Z}_4$, 有零因子 2.

15. $\{(n,n)|n \in \mathbb{Z}\}$.(可以有其他答案.)

31. $\mathbb{Z}_{12}$ 的拟零根为 $\{0,6\}$.$\mathbb{Z}$ 的拟零根为 $\{0\}$,

$\mathbb{Z}_{32}$ 的拟零根为 $\{0,2,4,6,8,\cdots,30\}$.

35. a. 设 $R = \mathbb{Z}, N = 4\mathbb{Z}$, 则 $\sqrt{N} = 2\mathbb{Z} \neq 4\mathbb{Z}$.

b. 设 $R = \mathbb{Z}, N = 2\mathbb{Z}$, 则 $\sqrt{N} = N$.

6.31

1. $\{0,2,4\}$ 和 $\{0,3\}$ 都是素理想且是极大理想.

3. $\{(0,0),(1,0)\}$ 和 $\{(0,0),(0,1)\}$ 是素理想和极大理想.

5. 1. 7. 2. 9. $1,4$. 15. $2\mathbb{Z} \times \mathbb{Z}$. 17. $4\mathbb{Z} \times \{0\}$.

19. 是.$x^2 - 6x + 6$ 在 $\mathbb{Q}$ 上不可约, 对 $p = 2$ 用艾森斯坦判别法.

27. 是.$\mathbb{Z}_2 \times \mathbb{Z}_3$.

29. 不是. 把整环扩大到商域将得到包含两个不同素域 $\mathbb{Z}_p$ 和 $\mathbb{Z}_q$ 的域, 不可能.

6.32

1. $1e + 0a + 3b$. 3. $2e + 2a + 2b$.

5. j. 7. $(1/50)j - (3/50)k$.

9. $\mathbb{R}^*$, 即 $\{a_1 + 0\mathrm{i} + 0\mathrm{j} + 0\mathrm{k} | a_1 \in \mathbb{R}, a_1 \neq 0\}$.

11. a. 假. c. 假. e. 假. g. 真. i. 真.

c. 若 $|A| = 1$, 则 $\mathrm{End}(A) = \{0\}$.

e.$0 \in \mathrm{End}(A)$ 不在 $\mathrm{Iso}(A)$ 中.

19. a.$\boldsymbol{K} = \begin{bmatrix} \mathrm{i} & 0 \\ 0 & -\mathrm{i} \end{bmatrix}$.

b. 记系数为 b 的矩阵为 $\boldsymbol{B}$, 系数为 c 的矩阵为 $\boldsymbol{C}$, 2×2 单位矩阵为 $\boldsymbol{I}$, 需要验证

$$\boldsymbol{B}^2 = -\boldsymbol{I}, \boldsymbol{C}^2 = -\boldsymbol{I}, \boldsymbol{K}^2 = -\boldsymbol{I}, \boldsymbol{CK} = \boldsymbol{B},$$

$$\boldsymbol{KB} = \boldsymbol{C}, \boldsymbol{CB} = -\boldsymbol{K}, \boldsymbol{KC} = -\boldsymbol{B}, \boldsymbol{BK} = -\boldsymbol{C}.$$

c. 需要验证 ϕ 是单的.

7.33

1. $\{(0,1),(1,0)\},\{(1,1),(-1,1)\},\{(2,1),(1,2)\}$.(可以有其他答案.)
3. 不是.$2(-1,1,2)-4(2,-3,1)+(10,-14,0)=(0,0,0)$.
5. $1,\sqrt{2}$.(答案有许多.)
7. 无限维. 9. 有限维.
15. a. 真. c. 真. e. 假. g. 假. i. 假.
17. a. 由 S 生成的 V 的子空间是 V 的包含 S 的所有子空间的交.
19. 部分解答:F^n 的一个基为 $\{(1,0,\cdots,0),(0,1,\cdots,0),\cdots,(0,0,\cdots,1)\}$, 其中 1 是 F 中的乘法单位元.
25. a. 同态.
    b. 部分解答:ϕ 的核空间 (或零空间) 为 $\{\alpha\in V|\phi(\alpha)=0\}$.
    c.ϕ 是 V 与 V' 的同构, 若 $\mathrm{Ker}(\phi)=\{0\}$, 且 ϕ 是 V 到 V' 的满映射.

7.34

1. 是. 3. 不是. 5. 不是. 7. 是.
9. 在 $\mathbb{Z}[x]$ 中: 只有 $2x-7,-2x+7$.
   在 $\mathbb{Q}[x]$ 中:$4x-14,x-7/2,6x-21,-8x+28$.
   在 $\mathbb{Z}_{11}[x]$ 中:$10x-2,6x+1,3x-5,5x-1$.
11. $26,-26$. 13. $198,-198$.
15. 已经是 "本原的", 因为 $\mathbb{Q}$ 中非零元都是单位. 事实上 $18ax^2-12ax+48a$ 对所有 $a\in\mathbb{Q}(a\neq 0)$ 是本原的.
17. $2ax^2-3ax+6a$ 对所有 $a\in\mathbb{Z}_7,a\neq 0$ 是本原的, 因为这样的 $a\in\mathbb{Z}_7$ 是单位.
21. a. 真. c. 真. e. 真. g. 假. i. 假.
    i.p 或其相伴元出现在每个不可约分解中.
23. $2x+4$ 在 $\mathbb{Q}[x]$ 中不可约, 但在 $\mathbb{Z}[x]$ 中不是.
31. 部分解答:$x^3-y^3=(x-y)(x^2+xy+y^2)$.

7.35

1. 是. 3. 不是.(1) 不符合. 5. 是.
7. 61. 9. x^3+2x-1. 11. 66.
13. a. 真. c. 真. e. 真. g. 真. i. 真.
23. 部分解答: 方程 $ax=b$ 在 $\mathbb{Z}_n$ 中对非零 $a,b\in\mathbb{Z}$ 有解, 当且仅当 a,n 在 $\mathbb{Z}$ 中的最大公因子整除 b.

7.36

1. $5=(1+2\mathrm{i})(1-2\mathrm{i})$. 3. $4+3\mathrm{i}=(1+2\mathrm{i})(2-\mathrm{i})$.
5. $6=(2)(3)=(-1+\sqrt{-5})(-1-\sqrt{-5})$. 7. $7-\mathrm{i}$.
15. c.

i) 阶 9, 特征 3. ii) 阶 2, 特征 2. iii) 阶 5, 特征 5.

7.37

1. $\{x, y\}$. 3. $\{x+4, y-5\}$.

5. 第一个多项式乘以 -2 加到第二个多项式, 有 $I=\langle x+y+z, -y+z-4\rangle$. 代数簇是 $\{4-2z, z-4, z) | z\in\mathbb{R}\}$, 是过 $(4,-4,0)$ 的直线.

7. $I=\langle x^2+x-2\rangle$. 代数簇是 $\{1,-2\}$.

9. F^2. 11. a.$\varnothing$. b. $\{\mathrm{i}, -\mathrm{i}\}$.

13. a. 真. c. 真. e. 真. g. 真. i. 真.

7.38

1. $-3x^3+7x^2y^2z-5x^2yz^3+2xy^3z^5$.

3. $2x^2yz^2-2xy^2z^2-7x+3y+10z^3$.

5. $2z^5y^3x-5z^3yx^2+7zy^2x^2-3x^3$.

7. $10z^3-2z^2y^2x+2z^2yx^2+3y-7x$.

9. $1<z<y<x<z^2<yz<y^2<xz<xy<x^2<z^3<yz^2<y^2z<y^3<xz^2<xyz<xy^2<x^2z<x^2y<x^3<\cdots$.

11. $3y^2z^5-8z^7+5y^3z^3-4x$.

13. $3yz^3-8xy-4xz+2yz+38$.

15. $\langle y^5+y^3, y^3+z, x-y^4\rangle$.

17. $\langle y^2z^3+3, -3y-2z, y^2z^2+3\rangle$.

19. $\{1\}$. 21. $\{x-1\}$.

23. $\{2x+y-5, y^2-9y+18\}$, 代数簇为 $\{(1,3), (-1/2, 6)\}$.

25. $\{x+y, y^3-y+1\}$, 代数簇含一个点 $(a,-a)$, 其中 $a\approx 1.3247$.

27. a. 假. c. 真. e. 真. g. 真. i. 假.

29. 含有 d_1 和 d_2 的阶最大.

8.39

1. x^2-2x-1. 3. x^2-2x+2.

5. $x^{12}+3x^8-4x^6+3x^4+12x^2+5$.

7. $\mathrm{Irr}(\alpha,\mathbb{Q})=x^4-2/3x^2-62/9$;$\deg(\alpha,\mathbb{Q})=4$.

9. 代数, $\deg(\alpha,F)=2$. 11. 超越.

13. 代数, $\deg(\alpha,F)=2$. 15. 代数, $\deg(\alpha,F)=1$.

17. $x^2+x+1=(x-\alpha)(x+1+\alpha)$.

23. a. 真. c. 真. e. 假. g. 假. i. 假.

25. b.$x^3+x^2+1=(x-\alpha)(x-\alpha^2)[x-(1+\alpha+\alpha^2)]$.

27. 不可约多项式 $\text{Irr}(\alpha, F)$ 是 $F[x]$ 中以 α 为根的多项式生成的主理想的生成元, 因此 $\text{Irr}(\alpha, F)$ 是以 α 为根的首 1 多项式中次数最小者. 同时 $\text{Irr}(\alpha, F)$ 是仅有的以 α 为根的首 1 不可约多项式.

8.40

1. $2, \{1, 2\}$.　　3. $4, \{1, \sqrt{3}, \sqrt{2}, \sqrt{6}\}$.
5. $6, \{1, \sqrt{2}, \sqrt[3]{2}, \sqrt{2}\sqrt[3]{2}, (\sqrt[3]{2})^2, \sqrt{2}(\sqrt[3]{2})^2\}$.
7. $2, \{1, \sqrt{6}\}$.
9. $9, \{1, \sqrt[3]{2}, \sqrt[3]{3}, \sqrt[3]{4}, \sqrt[3]{6}, \sqrt[3]{9}, \sqrt[3]{12}, \sqrt[3]{18}, \sqrt[3]{36}\}$.
11. $2, \{1, \sqrt{2}\}$.　　13. $2, \{1, \sqrt{2}\}$.
19. a. 假.　　c. 假.　　e. 假.　　g. 假.　　i. 假.
23. 部分解答: 对 $n \in \mathbb{Z}$ 存在 2^n 阶的扩张.

8.41

所有奇数编号习题都是证明题, 此处略去.

8.42

1. 是.　　3. 是.　　5. 6.　　7. 0.

9.43

1. $\sqrt{2}, -\sqrt{2}$.　　3. $3+\sqrt{2}, 3-\sqrt{2}$.
5. $\sqrt{2}+\text{i}, \sqrt{2}-\text{i}, -\sqrt{2}+\text{i}, -\sqrt{2}-\text{i}$.
7. $\sqrt{1+\sqrt{2}}, -\sqrt{1+\sqrt{2}}, \sqrt{1-\sqrt{2}}, -\sqrt{1-\sqrt{2}}$.
9. $\sqrt{3}$.　　11. $-\sqrt{2}+3\sqrt{5}$.　　13. $-\sqrt{2}+\sqrt{45}$.
15. $\sqrt{3}+\sqrt{5}$.　　17. $\mathbb{Q}(\sqrt{2}, \sqrt{3}, \sqrt{5})$.　　19. $\mathbb{Q}(\sqrt{3}, \sqrt{10})$.
21. $\mathbb{Q}$.　　25. a.$3-\sqrt{2}$.　　b. 图相同.　　39. 是.

9.44

1. 2.　　3. 4.　　5. 2.　　7. 1.　　9. 2.
11. $\sqrt{2} \to \sqrt{2}, \sqrt{3} \to \sqrt{3}, \sqrt{5} \to \sqrt{5}$;
$\sqrt{2} \to \sqrt{2}, \sqrt{3} \to -\sqrt{3}, \sqrt{5} \to -\sqrt{5}$.
13. $\sqrt{2} \to \sqrt{2}, \sqrt{3} \to \sqrt{3}, \sqrt{5} \to -\sqrt{5}$;
$\sqrt{2} \to \sqrt{2}, \sqrt{3} \to -\sqrt{3}, \sqrt{5} \to \sqrt{5}$;
$\sqrt{2} \to -\sqrt{2}, \sqrt{3} \to \sqrt{3}, \sqrt{5} \to \sqrt{5}$;
$\sqrt{2} \to -\sqrt{2}, \sqrt{3} \to -\sqrt{3}, \sqrt{5} \to -\sqrt{5}$.
15. 共 6 个扩张, 将 $\sqrt{3}\text{i}$ 映射到 $\pm\sqrt{3}\text{i}$ 和将 $\sqrt[3]{2}$ 映射到 $\alpha_1, \alpha_2, \alpha_3$ 之一的组合.
17. a.$\mathbb{Q}(\pi^2)$.　　b.$\sqrt{\pi}$ 映射到 $\pm\sqrt{\pi}\text{i}$.
19. $1 \leqslant [E:F] \leqslant n!$.

21. 设 $F=\mathbb{Q}, E=\mathbb{Q}(\sqrt{2})$, 则 $f(x)=x^4-5x^2+6=(x^2-2)(x^2-3)$ 在 E 中有零点, 但在 E 中不是分裂的.

9.45

1. $\alpha=\sqrt[6]{2}=2/(\sqrt[3]{3}\sqrt{2}), \sqrt{2}=(\sqrt[6]{2})^3, \sqrt[3]{2}=(\sqrt[6]{2})^2$. (可以有其他答案.)
3. $\alpha=\sqrt{2}+\sqrt{5}, \sqrt{2}=1/6\alpha^3-11/6\alpha, \sqrt{5}=17/6\alpha-1/6\alpha^3$.(可以有其他答案.)
7. $f(x)=x^4-4x^2+4=(x^2-2)^2$. 此处 $f(x)$ 不是不可约多项式.$f(x)$ 的每个不可约因式只有 1 重.

9.46

1. 4. 3. 8. 5. 4. 7. 2.

9. 群有两个元素, $\mathbb{Q}(\mathrm{i})$ 的单位变换 $\imath$ 和使得 $\sigma(\mathrm{i})=-\mathrm{i}$ 的 σ.

11. b. 设 $\alpha_1=\sqrt[3]{5}, \alpha_2=\sqrt[3]{5}\cdot\dfrac{-1+\mathrm{i}\sqrt{3}}{2}, \alpha_3=\sqrt[3]{5}\cdot\dfrac{-1-\mathrm{i}\sqrt{3}}{2}$.

映射为

$\imath$, 其中 $\imath$ 为单位映射;

ρ, 其中 $\rho(\alpha_1)=\alpha_2, \rho(\mathrm{i}\sqrt{3})=\mathrm{i}\sqrt{3}$;

ρ^2, 其中 $\rho^2(\alpha_1)=\alpha_3$, $\rho^2(\mathrm{i}\sqrt{3})=\mathrm{i}\sqrt{3}$;

μ, 其中 $\mu(\alpha_1)=\alpha_1$, $\mu(\mathrm{i}\sqrt{3})=-\mathrm{i}\sqrt{3}$;

$\mu\rho$, 其中 $\mu\rho(\alpha_1)=\alpha_3$, $\mu\rho(\mathrm{i}\sqrt{3})=-\mathrm{i}\sqrt{3}$;

$\mu\rho^2$, 其中 $\mu\rho^2(\alpha_1)=\alpha_2$, $\mu\rho^2(\mathrm{i}\sqrt{3})=-\mathrm{i}\sqrt{3}$.

c. S_3.a 中记号与标准记号一致, 因为 $D_3\cong S_3$.

d. 群图

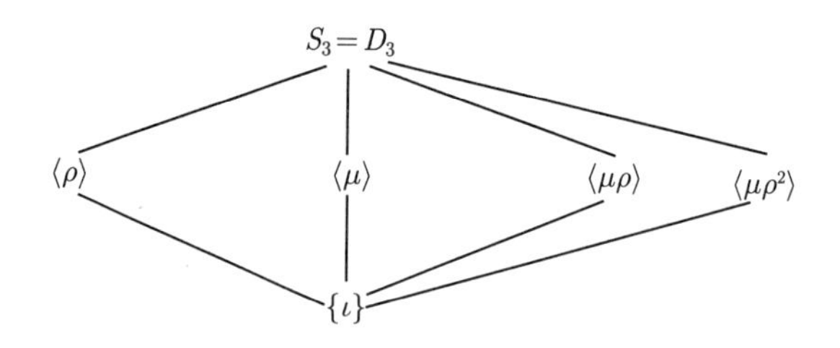

域图

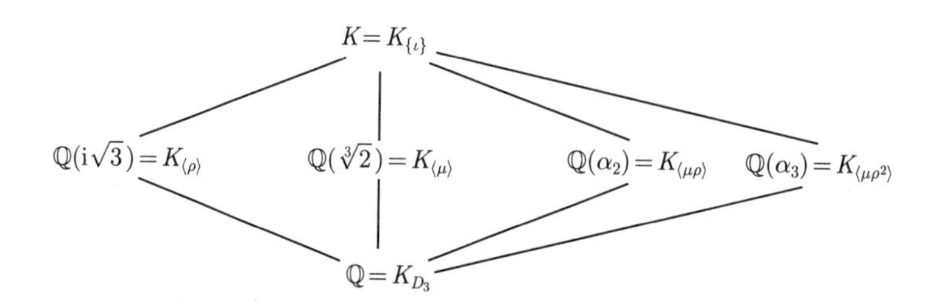

13. $x^3-1\in\mathbb{Q}[x]$ 的分裂域为 $\mathbb{Q}(\mathrm{i}\sqrt{3})$, 群为 2 阶循环群, 其中元素为 $\mathbb{Q}(\mathrm{i}\sqrt{3})$ 中单位元 $\imath$, 以及 σ 满足 $\sigma(\mathrm{i}\sqrt{3})=-\mathrm{i}\sqrt{3}$.

15. a. 假. c. 真. e. 真. g. 假. i. 假.

25. 部分解答:$G(K/(E\vee L))=G(K/E)\cap G(K/L)$.

9.47

3. $\mathbb{Q}(\sqrt[4]{2},\mathrm{i}):\sqrt[4]{2}+\mathrm{i},x^8+4x^6+2x^4+28x^2+1$;
   $\mathbb{Q}(\sqrt[4]{2}):\sqrt[4]{2},x^4-2$;
   $\mathbb{Q}(\mathrm{i}\sqrt[4]{2}):\mathrm{i}(\sqrt[4]{2}),x^4-2$;
   $\mathbb{Q}(\sqrt{2},\mathrm{i}):\sqrt{2}+\mathrm{i},x^4-2x^2+9$;
   $\mathbb{Q}(\sqrt[4]{2}+\mathrm{i}(\sqrt[4]{2})):\sqrt[4]{2}+\mathrm{i}(\sqrt[4]{2}),x^4+8$;
   $\mathbb{Q}(\sqrt[4]{2}-\mathrm{i}(\sqrt[4]{2})):\sqrt[4]{2}-\mathrm{i}(\sqrt[4]{2}),x^4+8$;
   $\mathbb{Q}(\sqrt{2}):\sqrt{2},x^2-2$;
   $\mathbb{Q}(\mathrm{i}):\mathrm{i},x^2+1$;
   $\mathbb{Q}(\mathrm{i}\sqrt{2}):\mathrm{i}\sqrt{2},x^2+2$;
   $\mathbb{Q}:1,x-1$.

5. 5 阶循环群, 元素如下, 其中 $\sqrt[5]{2}$ 是 2 的 5 次实根.

	$\imath$	σ_1	σ_2	σ_3	σ_4
$\sqrt[5]{2}\to$	$\sqrt[5]{2}$	$\zeta(\sqrt[5]{2})$	$\zeta^2(\sqrt[5]{2})$	$\zeta^3(\sqrt[5]{2})$	$\zeta^4(\sqrt[5]{2})$

7. x^8-1 在 $\mathbb{Q}$ 上的分裂域就是 x^4+1 在 $\mathbb{Q}$ 上的分裂域, 例 47.7 中有完整的解答. (这也是解答此题的捷径.)

9. a. $s_1^2-2s_2$. b. $\dfrac{s_1s_2-3s_3}{s_3}$.

9.48

3. a. 16. b. 400. c. 2160. 5. 3^0.

7. a. 真. c. 假. e. 真. g. 真. i. 假.

9. $\Phi_1(x)=x-1$,
   $\Phi_2(x)=x+1$,
   $\Phi_3(x)=x^2+x+1$,
   $\Phi_4(x)=x^2+1$,
   $\Phi_5(x)=x^4+x^3+x^2+x+1$,
   $\Phi_6(x)=x^2-x+1$.

9.49

1. 不是. K 是 $\mathbb{Z}_2$ 的根式扩张.

3. a. 真. c. 真. e. 真. g. 真.
   i. 假.$\mathbb{Q}$ 上的 x^3-2x 是一个反例.

附录：矩阵代数

1. $\begin{bmatrix} 2 & 1 \\ 2 & 7 \end{bmatrix}$.　　3. $\begin{bmatrix} -3+2\mathrm{i} & -1-4\mathrm{i} \\ 2 & -\mathrm{i} \\ 0 & -\mathrm{i} \end{bmatrix}$.

5. $\begin{bmatrix} 5 & 16 & -3 \\ 0 & -18 & 24 \end{bmatrix}$.　　7. $\begin{bmatrix} 1 & -\mathrm{i} \\ 4-6\mathrm{i} & -2-2\mathrm{i} \end{bmatrix}$.

9. $\begin{bmatrix} 8 & -8\mathrm{i} \\ 8\mathrm{i} & 8 \end{bmatrix}$.　　11. $\begin{bmatrix} 0 & -1 \\ 1 & 0 \end{bmatrix}$.　　13. -48.

推荐阅读

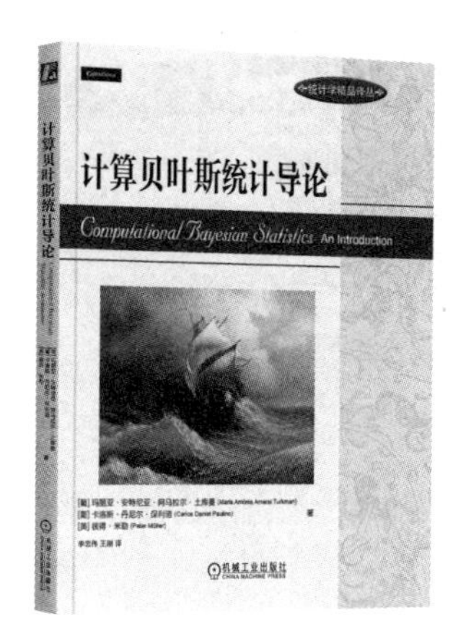

计算贝叶斯统计导论

ISBN：978-7-111-72106-2

高维统计学：非渐近视角

ISBN：978-7-111-71676-1

最优化模型:线性代数模型、凸优化模型及应用

ISBN：978-7-111-70405-8

统计推断：面向工程和数据科学

ISBN：978-7-111-71320-3

概率与统计：面向计算机专业（原书第3版）

ISBN：978-7-111-71635-8

概率论基础教程（原书第10版）

ISBN：978-7-111-69856-2